注册建筑师考试丛书

一级注册建筑师考试教材

·2·

建 筑 结 构

（第十六版）

《注册建筑师考试教材》编委会　编

曹纬浚　主编

中国建筑工业出版社

图书在版编目(CIP)数据

一级注册建筑师考试教材.2,建筑结构/《注册建筑师考试教材》编委会编；曹纬浚主编.—16版.—北京：中国建筑工业出版社,2020.12(2021.3重印)

(注册建筑师考试丛书)

ISBN 978-7-112-25698-3

Ⅰ.①一… Ⅱ.①注… ②曹… Ⅲ.①建筑结构－资格考试－自学参考资料 Ⅳ.①TU

中国版本图书馆 CIP 数据核字(2020)第 241017 号

责任编辑：张　建
责任校对：姜小莲

注册建筑师考试丛书
一级注册建筑师考试教材
·2·

建 筑 结 构

(第十六版)

《注册建筑师考试教材》编委会　编

曹纬浚　主编

*

中国建筑工业出版社出版、发行(北京海淀三里河路9号)

各地新华书店、建筑书店经销

北京红光制版公司制版

北京同文印刷有限责任公司印刷

*

开本：787毫米×1092毫米　1/16　印张：33¼　字数：805千字
2020年12月第十六版　　2021年3月第三十二次印刷
定价：99.00元
ISBN 978-7-112-25698-3
(36608)

《注册建筑师考试教材》
编　委　会

主 任 委 员　赵春山

副主任委员　于春普　曹纬浚

主　　　编　曹纬浚

主编助理　曹京　陈璐

编　　　委（以姓氏笔画为序）

于春普　王又佳　王昕禾　尹　桔

叶　飞　冯　东　冯　玲　刘　博

许　萍　李　英　李魁元　何　力

汪琪美　张思浩　陈　岚　陈　璐

陈向东　赵春山　荣玥芳　侯云芬

贾昭凯　钱民刚　郭保宁　黄　莉

曹　京　曹纬浚　樊振和　穆静波

魏　鹏

序

赵春山

（住房和城乡建设部执业资格注册中心原主任
兼全国勘察设计注册工程师管理委员会副主任
中国建筑学会常务理事）

我国正在实行注册建筑师执业资格制度，从接受系统建筑教育到成为执业建筑师之前，首先要得到社会的认可，这种社会的认可在当前表现为取得注册建筑师执业注册证书，而建筑师在未来怎样行使执业权力，怎样在社会上进行再塑造和被再评价从而建立良好的社会资源，则是另一个角度对建筑师的要求。因此在如何培养一名合格的注册建筑师的问题上有许多需要思考的地方。

一、正确理解注册建筑师的准入标准

我们实行注册建筑师制度始终坚持教育标准、职业实践标准、考试标准并举，三者之间相辅相成、缺一不可。所谓教育标准就是大学专业建筑教育。建筑教育是培养专业建筑师必备的前提。一个建筑师首先必须经过大学的建筑学专业教育，这是基础。职业实践标准是指经过学校专门教育后又经过一段有特定要求的职业实践训练积累。只有这两个前提条件具备后才可报名参加考试。考试实际就是对大学建筑教育的结果和职业实践经验积累结果的综合测试。注册建筑师的产生都要经过建筑教育、实践、综合考试三个过程，而不能用其中任何一个去代替另外两个过程，专业教育是建筑师的基础，实践则是在步入社会以后通过经验积累提高自身能力的必经之路。从本质上说，注册建筑师考试只是一个评价手段，真正要成为一名合格的注册建筑师还必须在教育培养和实践训练上下功夫。

二、关注建筑专业教育对职业建筑师的影响

应当看到，我国的建筑教育与现在的人才培养、市场需求尚有脱节的地方，比如在人才知识结构与能力方面的实践性和技术性还有欠缺。目前在建筑教育领域实行了专业教育评估制度，一个很重要的目的是想以评估作为指挥棒，指挥或者引导现在的教育向市场靠拢，围绕着市场需求培养人才。专业教育评估在国际上已成为了一种通行的做法，是一种通过社会或市场评价教育并引导教育围绕市场需求培养合格人才的良好机制。

当然，大学教育本身与社会的具体应用需要之间有所区别，大学教育更侧重于专业理论基础的培养，所以我们就从衡量注册建筑师第二个标准——实践标准上来解决这个问题。注册建筑师考试前要强调专业教育和三年以上的职业实践。现在专门为报考注册建筑

师提供一个职业实践手册，包括设计实践、施工配合、项目管理、学术交流四个方面共十项具体实践内容，并要求申请考试人员在一名注册建筑师指导下完成。

理论和实践是相辅相成的关系，大学的建筑教育是基础理论与专业理论教育，但必须要给学生一定的时间使其把理论知识应用到实践中去，把所学和实践结合起来，提高自身的业务能力和专业水平。

大学专业教育是作为专门人才的必备条件，在国外也是如此。发达国家对一个建筑师的要求是：没有经过专门的建筑学教育是不能称之为建筑师的，而且不能进入该领域从事与其相关的职业。企业招聘人才也首先要看他们是否具备扎实的基本知识和专业本领，所以大学的本科建筑教育是必备条件。

三、注意发挥在职教育对注册建筑师培养的补充作用

在职教育在我国有两个含义：一种是后补充学历教育，即本不具备专业学历，但工作后经过在职教育通过社会自学考试，取得从事现职业岗位要求的相应学历；还有一种是继续教育，即原来学的本专业和其他专业学历，随着科技发展和自身业务领域的拓宽，原有的知识结构已不适应了，于是通过在职教育去补充相关知识。由于我国建筑教育在过去一段时期底子薄，培养数量与社会需求差距很大。改革开放以后为了满足快速发展的建筑市场需求，一批没有经过规范的建筑教育的人员进入了建筑师队伍。而要解决好这一历史问题，提高建筑师队伍整体职业素质，在职教育有着重要的补充作用。

继续教育是在职教育的一种行之有效的教育形式，它特指具有专业学历背景的在职人员从业后，因社会的发展使得原有知识需要更新，要通过参加新知识、新技术的学习以调整原有知识结构、拓宽知识范围。它在性质上与在职培训相同，但又不能完全画等号。继续教育是有计划性、目标性、提高性的，从整体人才队伍和个人知识总体结构上作调整和补充。当前，社会在职教育在制度上和措施上还不够完善，质量很难保证。有一些人把在职读学历作为"镀金"，把继续教育当作"过关"。虽然最后证明拿到了，但实际的本领和水平并没有相应提高。为此需要我们做两方面的工作，一是要让我们的建筑师充分认识到在职教育是我们执业发展的第一需求；二是我们的教育培训机构要完善制度、改进措施、提高质量，使参加培训的人员有所收获。

四、为建筑师创造一个良好的职业环境

要向社会提供高水平、高质量的设计产品，关键还是要靠注册建筑师的自身素质，但也不可忽视社会环境的影响。大众审美的提高可以让建筑师感受到社会的关注，增强自省意识，努力创造出一个经受得住大众评价的作品。但目前实际上建筑师的很多设计思想受开发商与业主方面很大的影响，有时建筑水平并不完全取决于建筑师，而是取决于开发商与业主的喜好。有的业主审美水平不高，很多想法往往只是自己的意愿，这就很难做出与社会文化、科技、时代融合的建筑产品。要改善这种状态，首先要努力创造尊重知识、尊重人才的社会环境。建筑师要维护自己的职业权力，大众要尊重建筑师的创作成果，业主不要把个人喜好强加于建筑师。同时建筑师自身也要提高自己的素质和修养，增强社会责任感，建立良好的社会信誉。要让创造出的作品得到大众的尊重，首先自己要尊重自己的劳动成果。

五、认清差距，提高自身能力，迎接挑战

目前中国的建筑师与国际水平还存在着一定差距，而面对信息化时代，如何缩小差距以适应时代变革和技术进步，及时调整并制定新的对策，成为建筑教育需要探讨解决的问题。

我们现在的建筑教育不同程度地存在重艺术、轻技术的倾向。在注册建筑师资格考试中明显感觉到建筑师们在相关的技术知识包括结构、设备、材料方面的把握上有所欠缺，这与教育有一定的关系。学校往往比较注重表现能力方面的培养，而技术方面的教育则相对不足。尽管这些年有的学校进行了一些课程调整，加强了技术方面的教育，但从整体来看，现在的建筑师在知识结构上还是存在缺欠。

建筑是时代发展的历史见证，它凝固了一个时期科技、文化发展的印记，建筑师如果不能与时代发展相适应，努力学习和掌握当代社会发展的科学技术与人文知识，提高建筑的科技、文化内涵，就很难创造出高水平的作品。

当前，我们的建筑教育可以利用互联网加强与国外信息的交流，了解和掌握国外在建筑方面的新思路、新理念、新技术。这里想强调的是，我们的建筑教育还是应该注重与社会发展相适应。当今，社会进步速度很快，建筑所蕴含的深厚文化底蕴也在不断地丰富、发展。现代建筑创作不能单一强调传统文化，要充分运用现代科技发展成果，使建筑在经济、安全、健康、适用和美观方面得到全面体现。在人才培养上也要与时俱进。加强建筑师科技能力的培养，让他们学会适应和运用新技术、新材料去进行建筑创作。

一个好的建筑要实现它的内在和外表的统一，必须要做到：建筑的表现、材料的选用、结构的布置以及设备的安装融为一体。但这些在很多建筑中还做不到，这说明我们一些建筑师在对新结构、新设备、新材料的掌握和运用上能力不够，还需要加大学习的力度。只有充分掌握新的结构技术、设备技术和新材料的性能，建筑师才能够更好地发挥创造水平，把技术与艺术很好地融合起来。

中国加入WTO以后面临国外建筑师的大量进入，这对中国建筑设计市场将会有很大的冲击，我们不能期望通过政府设立各种约束限制国外建筑师的进入而自保，关键是要使国内建筑师自身具备与国外建筑师竞争的能力，充分迎接挑战、参与竞争，通过实践提高我们的设计水平，为社会提供更好的建筑作品。

前　言

一、本套书编写的依据、目的及组织构架

原建设部和人事部自 1995 年起开始实施注册建筑师执业资格考试制度。

本套书以考试大纲为依据，结合考试参考书目和现行规范、标准进行编写，并结合历年真实考题的知识点做出修改补充。由于多年不断对内容的精益求精，本套书是目前市面上同类书中，出版较早、流传较广、内容严谨、口碑销量俱佳的一套注册建筑师考试用书。

本套书的编写目的是指导复习，因此在保证内容综合全面、考点覆盖面广的基础上，力求重点突出、详略得当；并着重对工程经验的总结、规范的解读和原理、概念的辨析。

为了帮助考生准备注册考试，本书的编写教师自 1995 年起就先后参加了全国一、二级注册建筑师考试辅导班的教学工作。他们都是在本专业领域具有较深造诣的教授、一级注册建筑师、一级注册结构工程师和具有丰富考试培训经验的名师、专家。

本套《注册建筑师考试丛书》自 2001 年出版至今，除 2002、2015、2016 三年停考之外，每年均对教材内容作出修订完善。现全套书包含：《一级注册建筑师考试教材》（共 6 个分册）、《一级注册建筑师考试历年真题与解析》（知识题科目，共 5 个分册）；《二级注册建筑师考试教材》（共 3 个分册）、《二级注册建筑师考试历年真题与解析》（知识题科目，共 2 个分册）。

二、本书（本版）修订说明

（1）第十一章"钢筋混凝土结构设计"增补了《混凝土结构耐久性设计标准》GB/T 50476—2019 的有关内容；并在混凝土耐久性设计方面，比较了《混凝土结构设计规范》和《混凝土结构耐久性设计标准》内容架构的不同。

（2）第十二章"钢结构设计"第二节增补了钢结构隔热、防腐蚀设计的相关规范规定，以及《低合金高强度结构钢》GB/T 1591—2018 对一般结构和工程用低合金高强度结构钢牌号的表示方法。

（3）第十五章"建筑抗震设计"第一节增补了"四级地震作用""各类建筑结构的抗震计算方法""重力荷载代表值""建筑结构的地震影响系数"，以及"地震作用的决定因素"等内容。

（4）其余章节皆根据近年试题的命题情况以及读者反馈的修改意见，对章节内容（包括例题解析）作了局部修订和增补。

（5）本教材用 2017（仅见于第八章的习题）、2018、2019 三年试题，更新了各章后的全部习题，并为每道习题编写了参考答案和详细解析。

（6）本版新增基于 2020 年真题的"建筑结构"模拟试卷，整份试卷共 85 道题，并提供参考答案和详细解析。以便于考生熟悉新试题的命题思路，并在掌握教材内容的基础上，用最新试题做考前自测，检验学习情况，查漏补缺。

三、本套书配套使用说明

考生在学习《一级教材》时，除应阅读相应的标准、规范外，还应多做试题，以便巩固知识，加深理解和记忆。《一级历年真题与解析》是《一级教材》的配套试题集，收录了2003年以来知识题的多年真实试题并附详细的解答提示和参考答案。其5个分册，分别对应《一级教材》的前5个分册。《一级历年真题与解析》的每个分册均包含两个部分，即按照《一级教材》章节设置的分散试题和近几年的整套试题。考生可以在考前做几次自测练习。

《一级教材》的第六分册收录了一级注册建筑师资格考试的"建筑方案设计""建筑技术设计"和"场地设计"3个作图考试科目的多年真实试题，并提供了参考答卷，部分试题还附有评分标准；对作图科目考试的复习大有好处。

四、《一级教材》各分册作者

《第1分册　设计前期 场地与建筑设计（知识）》——第一、二章王昕禾；第三、七章尹桔；第四章何力；第五章王又佳；第六章荣玥芳。

《第2分册　建筑结构》——第八章钱民刚；第九、十章黄莉、王昕禾；第十一章冯东、黄莉；第十二～十四章冯东、叶飞；第十五、十六章黄莉。

《第3分册　建筑物理与建筑设备》——第十七章汪琪美；第十八章刘博；第十九章李英；第二十章许萍；第二十一章贾昭凯、贾岩；第二十二章冯玲。

《第4分册　建筑材料与构造》——第二十三章侯云芬；第二十四章陈岚。

《第5分册　建筑经济 施工与设计业务管理》——第二十五章陈向东；第二十六章穆静波；第二十七章李魁元。

《第6分册　建筑方案 技术与场地设计（作图）》——第二十八、三十章张思浩；第二十九章建筑剖面及设备部分魏鹏、臧楠楠，建筑构造及结构部分王昕禾、臧楠楠。

本套书一直以来得到了广大考生朋友的大力支持。今年要特别感谢王治新、魏鹏和张婧3位朋友给予我们的无私帮助。王治新对本套《一级教材》中的《第2分册　建筑结构》《第4分册　建筑材料与构造》《第5分册　建筑经济 施工与设计业务管理》3个分册提出了详尽的修改建议，这无疑促进了这3个分册教材质量的提升，也成为2021版教材修订的主要依据之一。魏鹏和张婧两位老师为本版一、二级教材的修订提供了近年试题（作为章后习题）。在此，对他们一并表示衷心的感谢！我们也诚挚地希望各位注册建筑师考试的师生能对本套教材的编写提出更多的宝贵意见和建议。

在此预祝各位考生取得好成绩，考试顺利过关！

《注册建筑师考试教材》编委会

2020年9月

目　录

第八章 建 筑 力 学

建筑力学包括静力学、材料力学、结构力学三部分内容。

第一节 静力学基本知识和基本方法

静力学研究物体在力作用下的平衡规律，主要包括物体的受力分析、力系的等效简化、力系的平衡条件及其应用。

一、静力学基本知识

（一）静力学的基本概念

1. 力的概念

力是物体间相互的机械作用，这种作用将使物体的运动状态发生变化——运动效应，或使物体的形状发生变化——变形效应。力的量纲为牛顿（N）。力的作用效果取决于力的三要素：力的大小、方向、作用点。力是矢量，满足矢量的运算法则。当求共点二力之合力时，采用力的平行四边形法则：其合力可由两个共点力为边构成的平行四边形的对角线确定，见图 8-1(a)。或者说，合力矢等于此二力的几何和，即

$$F_R = F_1 + F_2 \tag{8-1}$$

显然，求 F_R 时，只需画出平行四边形的一半就够了，即以力矢 F_1 的尾端 B 作为力矢 F_2 的起点，连接 AC 所得矢量即为合力 F_R。如图 8-1(b) 所示三角形 ABC 称为力三角形。这种求合力的方法称为力的三角形法则。

力的三角形法则可以很容易地扩展成力的多边形法则。设一平面汇交力系 F_1，F_2，F_3，F_4，各力作用线汇交于点 A，如图 8-2（a）所示。

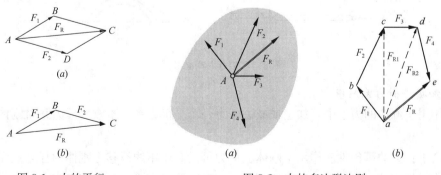

图 8-1 力的平行
四边形法则

图 8-2 力的多边形法则
（a）平面汇交力系；（b）力的多边形

1

为合成此力系，可根据力的平行四边形法则，逐步两两合成各力，最后求得一个通过汇交点 A 的合力 F_R；还可以用更简便的方法求此合力 F_R 的大小与方向。任取一点 a，将各分力的矢量依次首尾相连，由此组成一个不封闭的**力多边形** $abcde$，如图 8-2 (b) 所示。此图中的虚线 $\overrightarrow{ac}$ 矢（F_{R1}）为力 F_1 与 F_2 的合力矢，又虚线 $\overrightarrow{ad}$ 矢（F_{R2}）为力 F_{R1} 与 F_3 的合力矢，在作力多边形时不必画出。力多边形的封闭边 ae 即为合力 F_R 的大小和方向。

例 8-1 （2005 年）平面汇交力系（F_1、F_2、F_3、F_4、F_5）的力多边形如图 8-3 所示，该力系的合力等于（　　）。

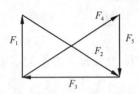

A F_3　　　　B $-F_3$　　　　C F_2　　　　D F_5

解析： 根据力的多边形法则可知，F_1、F_2 和 F_3 首尾顺序连接而成的力矢三角形自行封闭，封闭边为零，故 F_1、F_2 和 F_3 的合力为零。剩余的二力 F_4 和 F_5 首尾顺序连接，其合力应是从 F_4 的起点指向 F_5 的终点，即 $-F_3$ 的方向。

图 8-3　某平面汇交力系

答案： B

2. 刚体的概念

在物体受力以后的变形对其运动和平衡的影响小到可以忽略不计的情况下，便可把物体抽象成为不变形的力学模型——刚体。

3. 力系的概念

同时作用在刚体上的一群力，称为力系。

4. 平衡的概念

平衡是指物体相对惯性参考系静止或作匀速直线平行移动的状态。

（二）静力学的基本原理

1. 二力平衡原理

不计自重的刚体在二力作用下平衡的必要和充分条件是：二力沿着同一作用线，大小相等，方向相反。仅受两个力作用且处于平衡状态的物体，称为二力体，又称二力构件、二力杆，见图 8-4。

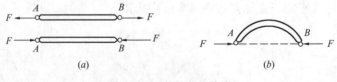

(a)　　　　　　　　　　　　　　　　　　(b)

图 8-4　二力平衡必共线

2. 加减平衡力系原理

在作用于刚体的力系中，加上或减去任意一个平衡力系，不改变原力系对刚体的作用效应。

推论 I：力的可传性。 作用于刚体上的力可沿其作用线滑移至刚体内任意点而不改变力对刚体的作用效应；因此，对刚体而言，力的三要素实际上是大小、方向和作用线。

推论 II：三力平衡汇交定理。 作用于刚体上三个相互平衡的力，若其中两个力的作用线汇交于一点，则此三力必在同一平面内，且第三个力的作用线通过汇交点，如图 8-5 所示。

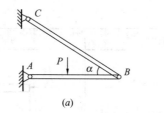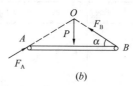

(a)   (b)

图 8-5 三力平衡必汇交

（三）约束与约束力（约束反力）

阻碍物体运动的限制条件称为约束，约束对被约束物体的机械作用称为约束力（或约束反力）。**约束反力的方向永远与主动力的运动趋势相反。**

工程中常见的几种类型约束的性质以及相应约束力的确定方法见表 8-1。

几种典型约束的性质及相应约束力的确定方法　　　　　　　　　　表 8-1

约束的类型	约束的性质	约束力的确定
柔体约束（如绳索、胶带、链条等）	柔体约束只能限制物体沿着柔体的中心线伸长方向的运动，而不能限制物体沿其他方向的运动	约束力必定沿柔体的中心线，且背离被约束的物体
光滑接触约束	光滑接触约束只能限制物体沿接触面的公法线指向支承面的运动，而不能限制物体沿接触面或离开支承面的运动	光滑接触面的约束力通过接触点，沿接触面的公法线并指向被约束的物体
可动铰支座（辊轴支座）	可动铰支座不能限制物体绕销钉的转动和沿支承面的运动，而只能限制物体在支承面垂直方向的运动	可动铰支座的约束反力通过销钉中心且垂直于支承面，指向待定
链杆约束	链杆约束只能限制物体沿链杆中心线方向的运动，而其他方向的运动都不能限制	链杆约束的约束反力沿着链杆中心线，指向待定

约束的类型	约束的性质	约束力的确定
固定铰链支座 圆柱铰链（中间铰）	铰链约束只能限制物体在垂直于销钉轴线的平面内任意方向的运动，而不能限制物体绕销钉的转动	约束反力作用在垂直于销钉轴线的平面内，通过销钉中心，而方向待定
定向支座	定向支座只能限制物体沿支座链杆方向的运动和物体绕支座的转动，而不能限制物体沿支承面的运动	约束力可表示为一个垂直于支承面的力和一个约束力偶，指向与主动力相反
固定端约束	固定端约束既能限制物体移动，又能限制物体绕固定端转动	约束反力可表示为两个互相垂直的分力和一个约束力偶，指向均待定

【口诀】 1，2，3。

即：第 1 类约束，有 1 个约束力；第 2 类约束，有 2 个约束力；第 3 类约束，有 3 个约束力（约束力偶可当作广义力）。

图 8-6 和图 8-7 中给出了可动铰支座和链杆、圆柱铰链（中间铰）与固定铰链支座的实例、简图、分解图和约束力的图示。

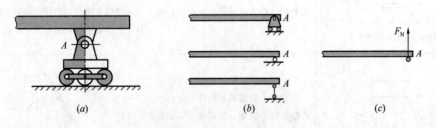

图 8-6　可动铰支座和链杆

(a) 辊轴实例；(b) 简图；(c) 约束力

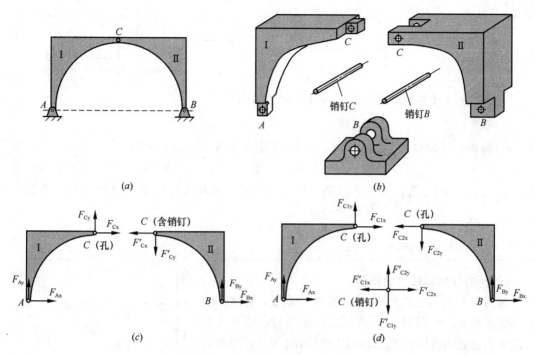

图 8-7　圆柱铰链（中间铰）与固定铰链支座

（a）拱形桥；（b）中间铰链 C 和固定铰链 B 分解图；（c）约束力（不单独分析销钉 C）；

（d）约束力（单独分析销钉 C）

例 8-2　（2010 年）图 8-8 所示固定铰支座的 4 种画法中，错误的是：

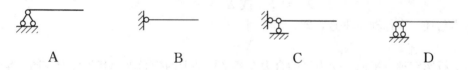

图 8-8　固定铰支座图示

解析：固定铰支座所能约束的位移为水平位移和竖向位移。故 A、B、C 正确，D 错误。

答案：D

例 8-3　图 8-9 所示支承可以简化为下列哪一种支座形式？

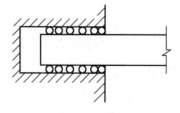

图 8-9　某支承

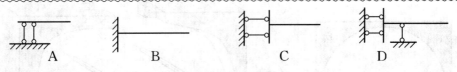

A   B   C   D

解析： 支承所能约束的位移为转动和竖向位移。

答案： A

例 8-4 （2009 年） 图 8-10 所示结构固定支座 A 处竖向反力为：

      A P B $2P$ C 0 D $0.5P$

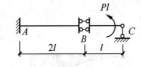

    解析： B 处的定向支座只能传递水平力和力偶，不能传递竖向力。

        答案： C

图 8-10 某杆件受力图示

（四）力在坐标轴上的投影

过力矢 F 的两端 A、B，向坐标轴作垂线，在坐标轴上得到垂足 a、b，线段 ab，再冠之以正负号，便称为力 F 在坐标轴上的投影。如图 8-11 中所示的 X、Y 即为力 F 分别在 x 与 y 轴上的投影，其值为力 F 的模乘以力与投影轴正向间夹角的余弦，即：

$$X = |F|\cos\alpha$$
$$Y = |F|\cos\beta = |F|\sin\alpha \qquad (8\text{-}2)$$

图 8-11 力在坐标轴上的投影

若力与任一坐标轴 x 平行，即 $\alpha = 0°$ 或 $\alpha = 180°$ 时：

$$X = |F| \text{ 或 } X = -|F|$$

若力与任一坐标轴 x 垂直，即 $\alpha = 90°$ 时：

$$X = 0$$

合力投影定理。平面汇交力系的合力在某坐标轴上的投影等于其各分力在同一坐标轴上的投影的代数和。

$$F_x = \sum X_i \qquad F_y = \sum Y_i \qquad (8\text{-}3)$$

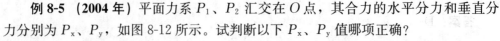

    例 8-5 （2004 年） 平面力系 P_1、P_2 汇交在 O 点，其合力的水平分力和垂直分力分别为 P_x、P_y，如图 8-12 所示。试判断以下 P_x、P_y 值哪项正确？

    A $P_x = 3\sqrt{3}$，$P_y = 1$

    B $P_x = 3$，$P_y = 3\sqrt{3}$

    C $P_x = 3$，$P_y = -\sqrt{3}$

    D $P_x = 3\sqrt{3}$，$P_y = 3$

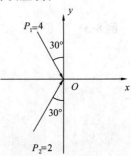

    解析： $P_x = P_1\sin30° + P_2\sin30° = 3$

           $P_y = -P_1\cos30° + P_2\cos30° = -\sqrt{3}$

答案： C

图 8-12 某平面汇交力系

例 8-6 （2004 年） 如图 8-13 所示平面平衡力系中，P_2 的正确数值是多少（与图8-13中方向相同为正值，反之为负值）？

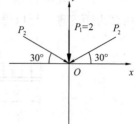

A $P_2 = -2$ B $P_2 = -4$

C $P_2 = 2$ D $P_2 = 4$

解析：因为 $\sum F_y = -P_1 - 2P_2 \sin 30° = 0$ 所以 $P_2 = -P_1 = -2$

答案：A

思考：画出此三力平衡的力的三角形。

图 8-13 某平面平衡力系

（五）力矩及其性质

1. 力对点之矩

力使物体绕某支点（或矩心）转动的效果可用力对点之矩度量。设力 F 作用于刚体上的 A 点，如图 8-14 所示，用 r 表示空间任意点 O 到 A 点的矢径，于是，力 F 对 O 点的力矩定义为矢径 r 与力矢 F 的矢量积，记为 $M_O(F)$。即

$$M_O(F) = r \times F \tag{8-4}$$

式（8-4）中点 O 称作力矩中心，简称矩心。力 F 使刚体绕 O 点转动效果的强弱取决于：①力矩的大小；②力矩的转向；③力和矢径所组成平面的方位。因此，力矩是一个矢量，矢量的模即力矩的大小为：

$$|M_O(F)| = |r \times F| = rF \sin\theta = Fd \tag{8-5}$$

矢量的方向与 OAB 平面的法线 n 一致，按右手螺旋法则确定。力矩的单位为 N·m 或 kN·m。

在平面问题中，如图 8-15 所示，力对点之矩为代数量，表示为：

$$M_O(F) = \pm Fd \tag{8-6}$$

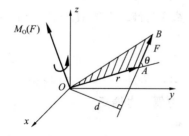

图 8-14 力对点之矩   图 8-15 平面内的力矩

式中，d 为力到矩心 O 的垂直距离，称为力臂。习惯上，力使物体绕矩心逆时针转动时，式（8-6）取正号，反之取负号。

2. 力矩的性质

（1）力对点之矩，不仅取决于力的大小，同时还取决于矩心的位置，故不明确矩心位置的力矩是无意义的。

（2）力的数值为零，或力的作用线通过矩心时，力矩为零。

（3）合力矩定理：合力对一点之矩等于各分力对同一点之矩的代数和，即：
$$M_O(R) = M_O(F_1) + M_O(F_2) + \cdots + M_O(F_n) = \sum M_O(F) \tag{8-7}$$
由合力矩定理，可以得到分布力的合力大小和合力作用线的位置，如图 8-16 所示。

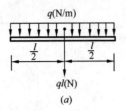 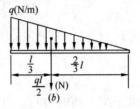

图 8-16　分布力的大小及其作用线位置

(a) 均布荷载的合力；(b) 三角形线性分布荷载的合力

由图 8-16 可见，分布荷载的合力大小等于分布荷载的面积，而分布荷载的合力作用线则通过分布荷载面积的形心。

例 8-7　（2011 年） 某建筑立面如图 8-17 (a) 所示，在图示荷载作用下的基底倾覆力矩为：

A　270kN・m（逆时针）

B　270kN・m（顺时针）

C　210kN・m（逆时针）

D　210kN・m（顺时针）

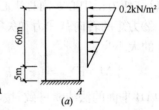 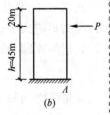

图 8-17

解析： 沿建筑立面纵深方向取 1m 厚度，可以把图 8-17 (a) 中的面荷载简化为线荷载（0.2kN/m）。这样其合力 P 等于三角形的面积 $\frac{1}{2} \times 60 \times 0.2 = 6$kN，合力 P 的作用线位于三角形的形心处，距顶点为 $\frac{1}{3} \times 60 = 20$m，如图 8-17 (b) 所示。对基底的倾覆力矩 $M_A(P) = Ph = 6 \times 45 = 270$kN・m，为逆时针方向。

答案： A

（六）力偶、力偶矩

1. 力偶

大小相等、方向相反、作用线平行但不重合的两个力组成的力系，称为力偶。用符号（F，F'）表示，如图 8-18 所示。图中的 L 平面为力偶作用平面，d 为两力之间的距离，称为力偶臂。

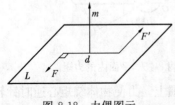

图 8-18　力偶图示

2. 力偶的性质

（1）力偶无合力，即不能简化为一个力，或者说不能与一个力等效。故力偶对刚体只产生转动效应而不产生移动效应。

（2）力偶对刚体的转动效应用力偶矩度量。

在空间问题中，力偶矩为矢量，其方向由右手定则确定，如图 8-18 所示。

在平面问题中，力偶矩为代数量，表示为：

$$m = \pm Fd \tag{8-8}$$

通常取逆时针转向的力偶矩为正，反之为负。

（3）作用在刚体上的两个力偶，其等效的充分必要条件是此二力偶的力偶矩矢相等。由此性质可得到如下推论：

推论 I　只要力偶矩矢保持不变，力偶可在其作用面内任意移动和转动，亦可在其平行平面内移动，而不改变其对刚体的作用效果。因此力偶矩矢为自由矢量。

推论 II　只要力偶矩矢保持不变，力偶中的两个力及力偶臂均可改变，而不改变其对刚体的作用效果。

由力偶的上述性质可知，力偶对刚体的作用效果取决于力偶的三要素，即力偶矩的大小、力偶作用平面的方位及力偶在其作用面内的转向。

图 8-19（a）、（b）表示的为同一个力偶，其力偶矩为 $m = Fd$。

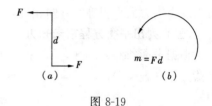

图 8-19

在平面力系中，力偶对平面内任一点的力偶矩都相同，与点的位置无关。

（七）力的平移定理

显然，力可沿作用线移动，而不改变其对刚体的作用效果，现在要来研究如何将力的作用线进行平移。

如图 8-20 所示，在 B 点加一对与力 F 等值、平行的平衡力，并使 $F = F' = -F''$，其中 F 与 F'' 构成一力偶，称为附加力偶，其力偶矩 $m = Fd = m_B(F)$。这样，作用于 A 点的力 F 与作用于 B 点的力 F' 和一个力偶矩为 m 的附加力偶等效。由此得出结论：作用于刚体上的力 F 可平移至体内任一指定点，但同时必须附加一力偶，其力偶矩等于原力 F 对于新作用点 B 之矩。这就是力的平移定理。

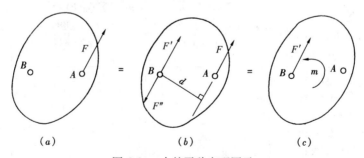

图 8-20　力的平移定理图示

力的平移定理在力系的简化和工程计算中有广泛的应用。

图 8-21 所示为工业厂房中常见的牛腿柱。偏心压力 P 可以平行移动到牛腿柱的轴线上，成为一个轴向压力 P 和一个力偶 $m = Pe$，牛腿柱的计算可简化为轴向压缩和弯曲的组合变形。

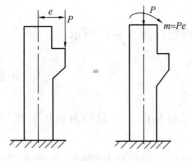

图 8-21　受偏心压力作用的
牛腿柱的简化计算

利用力的平移定理可以把任意力系简化为一个主矢 F'_R 和一个主矩 M_O 的简化结果。

二、静力学基本方法

【口诀】 取，画，列。

（一）选取适当的研究对象。

可以选取整体，也可以选取某一部分。选取的原则是能够通过已知力求得未知力。

（二）画出研究对象的受力图

一般先画已知的主动力，后画未知的约束反力。约束反力的方向永远与主动力的运动趋势相反。只画研究对象的外力，不画其内力。作用力与反作用力大小相等、方向相反，作用在一条直线上，作用在两个物体上。

（三）列出平衡方程求未知力

根据平衡条件 $F'_R = 0$，$M_O = 0$，可得平面任意力系和平面特殊力系的几种不同形式的平衡方程（表 8-2）。

平面力系的平衡方程　　　　　　　　　　　　　　　　表 8-2

力(偶)系	平面任意力系	平面汇交力系	平面平行力系（取 y 轴与各力作用线平行）	平面力偶系
平衡条件	主矢、主矩同时为零 $F'_R = 0$，$M_O = 0$	合力为零 $F_R = 0$	主矢、主矩同时为零 $F'_R = 0$ $M_O = 0$	合力偶矩为零 $M = 0$
基本形式平衡方程	$\sum F_x = 0$ $\sum F_y = 0$ $\sum m_O(F) = 0$	$\sum F_x = 0$ $\sum F_y = 0$	$\sum F_y = 0$ $\sum m_O(F) = 0$	$\sum m = 0$
二力矩形式平衡方程	$\sum F_x = 0$(或$\sum F_y = 0$) $\sum m_A(F) = 0$ $\sum m_B(F) = 0$ A、B 两点连线不垂直于 x 轴(或 y 轴)	$\sum m_A(F) = 0$ $\sum m_B(F) = 0$ A、B 两点与力系的汇交点不在同一直线上	$\sum m_A(F) = 0$ $\sum m_B(F) = 0$ A、B 两点连线不与各力平行	—
三力矩形式平衡方程	$\sum m_A(F) = 0$ $\sum m_B(F) = 0$ $\sum m_C(F) = 0$ A、B、C 三点不在同一直线上	—	—	—

【注意】 重点掌握平面力系基本形式平衡方程的本质，就是要使物体保持静止不动：

$\sum F_x = 0$：水平方向合力为零，向左力＝向右力；

$\sum F_y = 0$：铅垂方向合力为零，向上力＝向下力；

$\sum M_O(F) = 0$：对任选点 O 合力矩为零，顺时针力矩＝逆时针力矩。

掌握了这个本质，就可以融会贯通，灵活运用。

例 8-8 **(2009)** 如图 8-22(a)所示外伸梁，其支座 A、B 处的反力分别为下列何值？

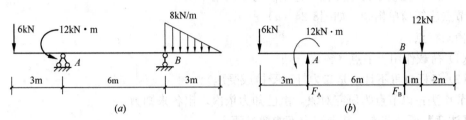

图 8-22　外伸梁受力图示

A　12kN、6kN　　　　　　　　　　B　9kN、9kN

C　6kN、12kN　　　　　　　　　　D　3kN、15kN

解析：注意到三角形分布荷载的合力为 $\dfrac{3 \times 8}{2} = 12$kN，合力作用线到 B 的距离为

1m，如图 8-22(b)所示。用平衡方程 $\sum M_B = 0$，可得：

$$F_A \times 6 + 12 \times 1 = 12 + 6 \times 9 \quad \therefore F_A = 9\text{kN}$$

再用平衡方程 $\sum F_y = 0$，可得：

$$F_A + F_B = 6 + 12 \quad \therefore \quad F_B = 9\text{kN}$$

答案：B

例 8-9　两圆管重量分别为 12kN 和 4kN，放在支架 ABC 上图 8-23(a) 所示位置。试判断 BC 杆内力为何值？

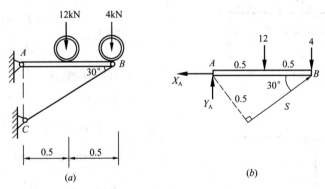

图 8-23　支架受力分析

A　$20\sqrt{3}$kN　　　　　　　　　　B　10kN

C　$10\sqrt{3}$kN　　　　　　　　　　D　20kN

解析：取 AB 为研究对象，画 AB 杆受力图如图 8-23(b)所示，对支点 A 取力矩。

$$\sum M_A = 0: \ S \times 0.5 = 12 \times 0.5 + 4 \times 1$$

$$S = 20\text{kN}$$

答案：D

【注意】在应用力矩方程时，选未知力的交点（往往是支点）为矩心，计算是最简单、最方便的。静力学创始人阿基米德的名言："给我一个支点，我可以撬起地球"。他讲的就是杠杆原理，也就是力矩方程，这是静力学的精华所在。

节点法解简单桁架，如图8-24（a）所示。

桁架特点：

（1）荷载作用于节点（铰链）处。

（2）各杆自重不计，是二力杆（受拉或受压）。

节点法：以节点为研究对象，由已知力依次求出各未知力。

【注意】所选节点，其未知力不能超过两个。

在画节点的受力图和杆的受力图中，既要考虑节点的平衡，又要考虑杆的平衡。在桁架中，杆和节点之间的作用力和反作用力，如果一个是拉力，另一个也是拉力；如果一个是压力，另一个也是压力。

见图 8-24(b)。

节点 A：

$$\begin{cases} \Sigma X = 0：T_2 - T_1\cos\alpha = 0 \\ \Sigma Y = 0：T_1\sin\alpha - P = 0 \end{cases}$$

求出：

$$T_1 = \frac{P}{\sin\alpha}, \quad T_2 = P\cot\alpha$$

见图 8-24(c)。

节点 B：$\begin{cases} T_4 = T_2 = P\cot\alpha \\ T_3 = P \end{cases}$

见图 8-24(d)。

节点 C：

$$\begin{cases} T_1\cos\alpha = T_5\cos\alpha + T_6\cos\alpha \\ T_6\sin\alpha = T_5\sin\alpha + T_1\sin\alpha + T_3 \end{cases}$$

求出：$T_6 = \dfrac{3P}{2\sin\alpha}$，$T_5 = -\dfrac{P}{2\sin\alpha}$（与所设方向相反）

截面法求指定杆所受的力：不需逐一求所有的杆。

已知：$P = 1200\text{N}$，$F = 400\text{N}$，$a = 4\text{m}$，$b = 3\text{m}$。求 1、2、3、4 杆所受的力。

（1）取整体平衡，求支反力，如图 8-25(a)所示。

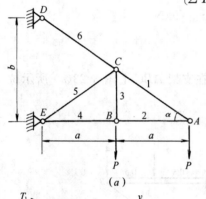

(a)

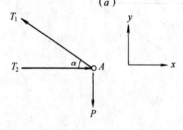

(b)

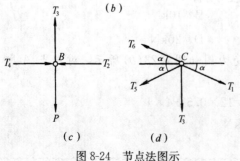

(c)　　　　(d)

图 8-24　节点法图示

$\sum m_A = 0$：
$$-P \cdot 2a - F \cdot b + Y_B \cdot 3a = 0$$
$$Y_B = \frac{2Pa + Fb}{3a} = 900\text{N}$$

$\sum X = 0$：
$$X_A = F = 400\text{N}$$

$\sum Y = 0$：
$$Y_A + Y_B - P = 0$$
$$Y_A = P - Y_B = 300\text{N}$$

（2）假想一适当截面，把桁架截开成两部分，选取一部分作为研究对象，如图 8-25(b)所示，求 S_1，S_2，S_3。

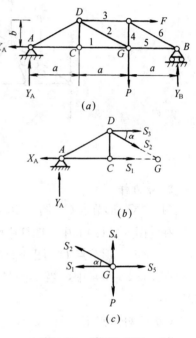

图 8-25　节面法图示

$\sum m_D = 0$：$\quad S_1 b - X_A \cdot b - Y_A \cdot a = 0$
$$S_1 = \frac{X_A \cdot b + Y_A \cdot a}{b} = 800\text{N}（拉力）$$

$\sum Y = 0$：$\quad Y_A - S_2 \cdot \sin\alpha = 0$
$$S_2 = \frac{Y_A}{\sin\alpha} = 500\text{N}（拉力）\left(\sin\alpha = \frac{3}{5}\right)$$

$\sum m_G = 0$：$\quad -S_3 \cdot b - Y_A \cdot 2a = 0$
$$S_3 = -\frac{2aY_A}{b} = -800\text{N}（压力）$$

（3）最后，再用节点法求 S_4：取节点 G，如图 8-25(c)所示。

$\sum Y = 0$：$S_4 + S_2 \sin\alpha - P = 0$
$$S_4 = P - S_2 \sin\alpha = 900\text{N}（拉力）$$

三、特殊杆件的内力

1. 零杆

在桁架的计算中，有时会遇到某些杆件内力为零的情况。这些内力为零的杆件称为零杆。出现零杆的情况可归结如下：

（1）两杆节点 A［图 8-26(a)］

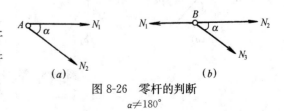

图 8-26　零杆的判断
$\alpha \neq 180°$

13

两杆节点 A 上无荷载作用时，该两杆的内力都等于零，$N_1=N_2=0$。

（2）三杆节点 B ［图 8-26(b)]

三杆节点 B 上无荷载作用时，如果其中有两杆在一直线上，则另一杆必为零杆，$N_3=0$。

上述结论都不难由节点平衡条件得以证实，在分析桁架时，可先利用它们判断出零杆，以简化计算。

以 $\oplus$ 代表受拉杆，$\ominus$ 代表受压杆，$\bigcirc$ 代表零杆，则下图所示桁架在图示荷载作用下的内力符号如图 8-27 所示。

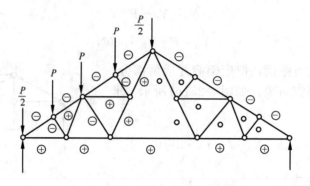

图 8-27　桁架的零杆判断

2. 等力杆

（1）"X" 形节点 C ［图 8-28(a)]

在 ［图 8-28(a)] 中，四杆中两两共线，则必有 $N_1=N_2$，$N_3=N_4$。

（2）"Λ" 形节点 D ［图 8-28(b)]

在图 8-28(b) 中，当 N_3 在 N_1 和 N_2 的角平分线上时，则有 $N_1=N_2$，$N_3=2N_1\cos\alpha$。

（3）三杆节点 E ［图 8-28(c)]

图 8-28(c) 所示三杆节点，N_3 与 N_1 和 N_2 的角平分线垂直，N_1 与 N_2 属于反对称受力，则有 $N_1=-N_2$，$N_3=2N_1\sin\alpha$。

（4）"K" 形节点 F ［图 8-28(d)]

如图 8-28(d) 所示，N_1 和 N_2 属于反对称反力，故 $N_1=-N_2$。

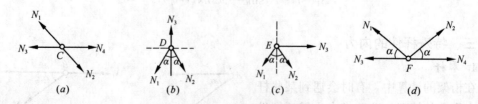

图 8-28　等力杆的判断

例 8-10 （2010 年）图 8-29 所示桁架在竖向外力 P 作用下的零杆根数为：

A　1 根　　　　　　　　B　3 根
C　5 根　　　　　　　　D　7 根

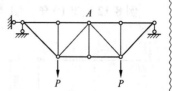

图 8-29

解析： 图示结构为对称结构受对称荷载作用，在对称轴上反对称内力应该为零。由零杆判别法可知，三根竖杆为零杆。三根竖杆去掉后，A 点成为 K 字形节点，属于反对称的受力特点，故通过 A 点的两根斜杆内力也是零。

答案： C

例 8-11　图 8-30 所示 4 个桁架结构中，哪个结构中的斜腹杆是零杆？

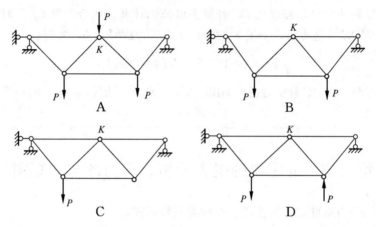

图 8-30

解析： 在分析图 8-31 中，A 图中节点 K 上有外力，C 图中荷载不对称，D 图中荷载反对称，都不符合 K 字形节点两根斜杆为零的条件，注意 D 图的下弦水平杆为零杆。只有 B 图符合结构对称、荷载对称，K 字形节点上无外力，而且 K 字形节点在对称轴上的条件。这时 K 字形节点上的反对称力为零，两根斜杆是零杆。

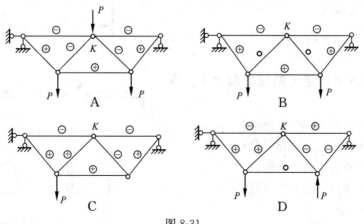

答案： B

图 8-31

例 8-12 （2010 年）图 8-32(*a*) 所示结构固定支座 *A* 的竖向反力为：

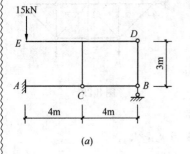 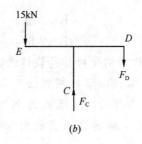 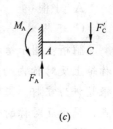

(a) (b) (c)

图 8-32

A 30kN   B 20kN   C 15kN   D 0kN

解析：这是一个物体系统的平衡问题。首先，根据零杆判别法，由 *B* 点的受力分析可知 *BC* 杆为零杆，可以把 *BC* 杆撤去以简化计算。然后，取 *CDE* 杆为研究对象，画出杆 *CDE* 的受力图，如图 8-32(*b*) 所示。由 $\sum M_D=0$，可得：

$$F_C \times 4 = 15 \times 8 \quad \therefore F_C = 30\text{kN}$$

再取 *AC* 杆，画 *AC* 杆受力图，如图 8-32(*c*) 所示，由 $\sum F_Y=0$：$F_A = F'_C = 30\text{kN}$

答案：A

第二节　静定梁的受力分析、剪力图与弯矩图

单跨静定梁分为悬臂梁、简支梁、外伸梁三种形式。

如图 8-33(*a*) 所示。

$$\begin{cases} \sum m_A=0：Y_B \cdot L = P \cdot \dfrac{2}{3}L \text{ 得 } Y_B = \dfrac{2}{3}P \\[2mm] \sum m_B=0：Y_A \cdot L = P \cdot \dfrac{L}{3} \text{ 得 } Y_A = \dfrac{P}{3} \\[2mm] \sum X=0：X_A=0 \end{cases}$$

检验：$\sum Y = Y_A + Y_B - P = 0$。

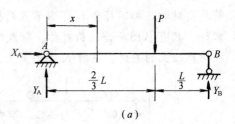

(a)

一、截面法求指定 *x* 截面的剪力 *V*，弯矩 *M*

（1）截开：如图 8-33(*b*) 所示；

（2）取左（或右）为研究对象；

（3）画左（或右）的受力图；

（4）列左（或右）的平衡方程。

$\sum Y=0$：$V=Y_A$

$\sum M_O=0$：$M=Y_A \cdot x$

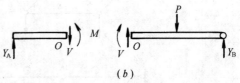

(b)

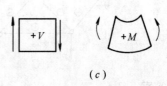

(c)

图 8-33

【注意】 V、M方向按正向假设画出。

剪力与弯矩＋、－号规定：如图8-33(c)所示。

剪力V：顺时针为正，反之为负。

弯矩M：如图向上弯为正，反之为负。

上题中，如

$$X=\frac{L}{3}时：$$

则

$$V=Y_A=\frac{P}{3} \qquad \oplus$$

$$M=Y_A \cdot \frac{L}{3}=\frac{PL}{9} \qquad \oplus$$

从左、从右计算结果相同。

外伸梁如图8-34（a）所示，求$V_{C左}$，$M_{C左}$，$V_{C右}$，$M_{C右}$。

$$\sum M_A=0：qa^2+qa \cdot 3a=Y_B \cdot 2a+qa \cdot \frac{a}{2}$$

$$Y_B=\frac{7}{4}qa$$

$$\sum M_B=0：Y_A \cdot 2a+qa^2+qa \cdot a=qa \cdot \frac{5}{2}a$$

$$Y_A=\frac{1}{4}qa$$

检验：

$\sum Y=Y_A+Y_B-qa-qa=0$

如图8-34(b)所示：

$$\sum Y=0：\frac{1}{4}qa=V_{C左}+qa$$

$$V_{C左}=\frac{1}{4}qa-qa=-\frac{3}{4}qa \qquad (8-9)$$

$$\sum M_O=0：M_{C左}+qa \cdot \frac{3}{2}a=\frac{1}{4}qa \cdot a$$

$$M_{C左}=\frac{1}{4}qa \cdot a-\frac{3}{2}qa^2=-\frac{5}{4}qa^2 \quad (8-10)$$

如图8-34(c)所示：$\sum Y=0：V_{C右}+\frac{7}{4}qa=qa$

$$V_{C右}=qa-\frac{7}{4}qa=-\frac{3}{4}qa \qquad (8-11)$$

$$\sum M_O=0：M_{C右}+qa \cdot 2a=\frac{7}{4} \cdot qa \cdot a$$

$$M_{C右}=\frac{7}{4}qa \cdot a-qa \cdot 2a=-\frac{1}{4}qa^2 \quad (8-12)$$

由式(8-9)～式(8-12)可以看出以下求剪力和弯矩的规律。

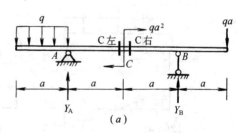

(a)

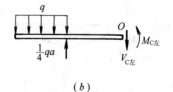

(b)

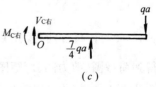

(c)

图8-34

二、直接法求 V、M

剪力 V = 截面一侧（左侧或右侧）所有竖向外力的代数和。

弯矩 M = 截面一侧（左侧或右侧）所有外力对截面形心 O 力矩的代数和。

式中各项的 $+$、$-$ 号：如图 8-35 所示为 $+$、反之为 $-$。

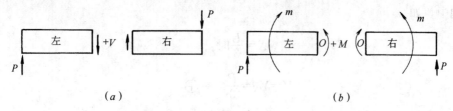

图 8-35

(a) 产生正号剪力的外力；(b) 产生正号弯矩的外力和外力偶

剪力图与弯矩图：根据剪力方程 $V=V(x)$，弯矩方程 $M=M(x)$ 画出。在图 8-36 中列出了几种常用的剪力图和弯矩图。

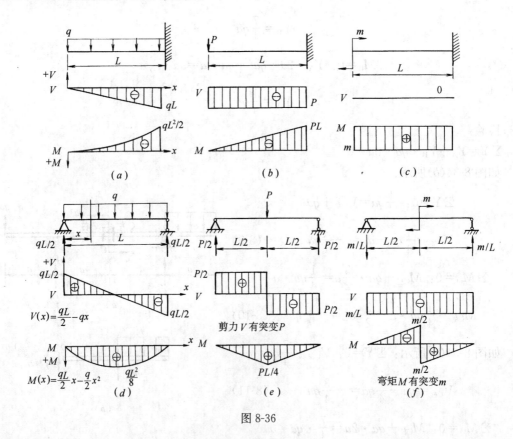

图 8-36

$q(x)$，$V(x)$，$M(x)$ 的微分关系：$\dfrac{\mathrm{d}V}{\mathrm{d}x}=q(x)$，$\dfrac{\mathrm{d}M}{\mathrm{d}x}=V(x)$，$\dfrac{\mathrm{d}^2M}{\mathrm{d}x^2}=q(x)$。根据微分关系可以得到荷载图、剪力图、弯矩图之间的规律，如图 8-37 所示。

从图 8-36、图 8-37 可以看出不同荷载情况下梁式直杆内力图的形状特征如下：

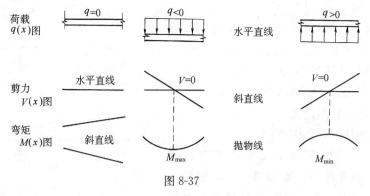

图 8-37

【口诀】零、平、斜;平、斜、抛。

(1) 无荷载区段:V 图为平直线,M 图为斜直线;当 V 为正时,M 图线相对于基线为顺时针转(锐角方向),当 V 为负时,为逆时针转,当 $V=0$ 时,M 图为平直线。

(2) 均布荷载区段:V 图为斜直线,M 图为二次抛物线,抛物线的凸出方向与荷载指向一致,$V=0$ 处 M 有极值。

(3) 集中荷载作用处:V 图有突变,突变值等于该集中荷载值,M 图为一尖角,尖角方向与荷载指向一致;若 V 发生变化,则 M 有极值。

(4) 集中力偶作用处:M 图有突变,突变值等于该集中力偶值,V 图无变化。

(5) 铰节点一侧截面上:若无集中力偶作用,则弯矩等于零;若有集中力偶作用,则弯矩等于该集中力偶值。

(6) 自由端截面上:若无集中力(力偶)作用,则剪力(弯矩)等于零;若有集中力(力偶)作用,则剪力(弯矩)值等于该集中力(力偶)值。

内力图的上述特征(微分规律、突变规律、端点规律)适用于梁、刚架、组合结构等各类结构的梁式直杆,并且与结构是静定还是超静定无关。

例 8-13 (2013) 根据图 8-38 所示梁的弯矩图和剪力图,判断为下列何种外力产生的?

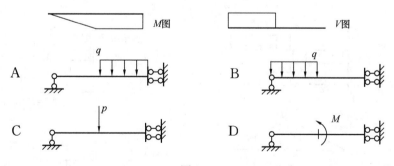

图 8-38

解析: 根据"零平斜、平斜抛"的规律,可知外力图中不应有均布荷载,A、B图不对。又根据剪力图 V 图中间截面上有突变,在外力图上要对应有集中力 P,故只能选 C 图。

答案: C

例 8-14 （2009）关于图 8-39 所示结构的内力图，以下说法正确的是（　　）。

A M 图、V 图均正确

B M 图正确，V 图错误

C M 图、V 图均错误

D M 图错误，V 图正确

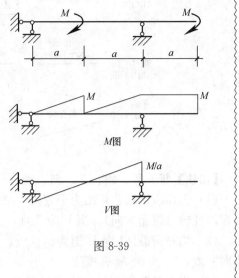

图 8-39

解析：图 8-39 所示梁上无均布荷载作用，因此根据荷载图、剪力图、弯矩图的关系，应该是"零、平、斜"的规律；剪力图应为水平直线，弯矩图为斜直线，故剪力图是错误的。再计算原图的支座反力为 $\dfrac{M}{a}$，左端支反力向下，右边的支反力向上，可验证 M 图是正确的。

答案：B

三、快速作图法

快速作图法又称简易作图法，如图 8-40、图 8-41 所示，其步骤如下：

（1）求支反力，并校核。

（2）根据外力不连续点分段。

（3）确定各段 V、M 图的大致形状。

（4）由直接法求分段点、极值点的 V、M 值。

如图 8-40 所示。

如图 8-41 所示。

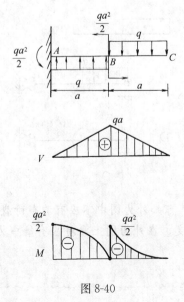

图 8-40

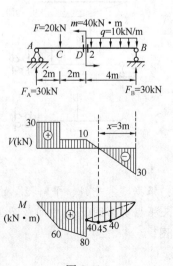

图 8-41

取整体：

$$\sum M_A = 0 : \quad F_B \times 8 + 40 = 20 \times 2 + (10 \times 4) \times 6$$

$$F_B = 30 \text{kN}$$

$$\sum Y = 0 : \quad F_A + F_B = 20 + 10 \times 4$$

$$F_A = 30 \text{kN}$$

直接法（截面法）：

$$V_1 = 30 - 20 = 10 \text{kN}$$

$$V_2 = 10 \times 4 - 30 = 10 \text{kN}$$

$$M_1 = 30 \times 4 - 20 \times 2 = 80 \text{kN} \cdot \text{m}$$

$$M_2 = 30 \times 4 - (10 \times 4) \times 2 = 40 \text{kN} \cdot \text{m}$$

$$V(x) = 10x - 30 = 0, x = 3\text{m}$$

$$M(x) = 30 \times 3 - 10 \times 3 \times \frac{3}{2} = 45 \text{kN} \cdot \text{m}$$

四、叠加法作弯矩图

梁上同时作用几个荷载时所产生的弯矩等于各荷载单独作用时的弯矩的代数和。

如图 8-42 所示。

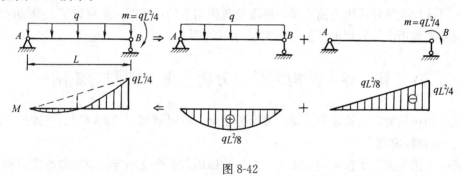

图 8-42

如图 8-43 所示。

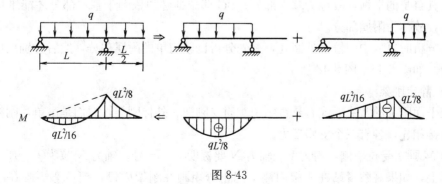

图 8-43

如图 8-44 所示。

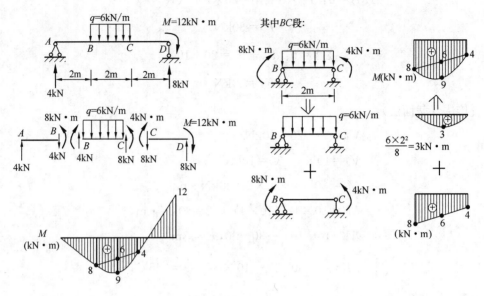

图 8-44

本例中求 BC 段弯矩图的方法称为区段叠加法，可推广到求任一杆段的弯矩图：

（1）先求出杆段两端的弯矩值，画出杆段在杆端弯矩作用下对应的直线图形。

（2）再叠加上将杆段视为简支梁在杆段荷载作用下的弯矩图，就可以了。叠加时注意应是对应点处弯矩值代数相加（参见图 8-41 及其说明）。

第三节　静定结构的受力分析、剪力图与弯矩图

静定结构包括静定桁架、静定梁、多跨静定梁、静定刚架、三铰刚架、三铰拱等。

（一）多跨静定梁

多跨静定梁是由若干根梁用铰相连，并与基础用若干个支座连接而成的静定结构。例如图 8-45 中的多跨静定梁，AB 部分（在竖向荷载作用下）不依赖于其他部分的存在就能独立维持其自身的平衡，故称为基本部分；BC 部分则必须依赖于基本部分才能维持其自身的平衡，故称为附属部分。

受力分析时要从中间铰链处断开，首先分析比较简单的附属部分，然后分别按单跨静定梁处理。如图 8-45～图 8-48 所示。

（二）静定刚架

静定平面刚架的常见形式有悬臂刚架、简支刚架、外伸刚架，它们是由单片刚接杆件与基础直接相连，各有三个支座反力。

弯矩 M 画在受拉一侧，剪力 V、轴力 N 要标明＋、—号。轴力 N 拉为 $\oplus$、压为 $\ominus$。

实际上，如果观察者站在刚架内侧，把正弯矩画在刚架内侧，把负弯矩画在刚架外侧，那么与弯矩画在受拉一侧是完全一致的。如图 8-49～图 8-51 所示。

校核：利用刚节点 C 的平衡。

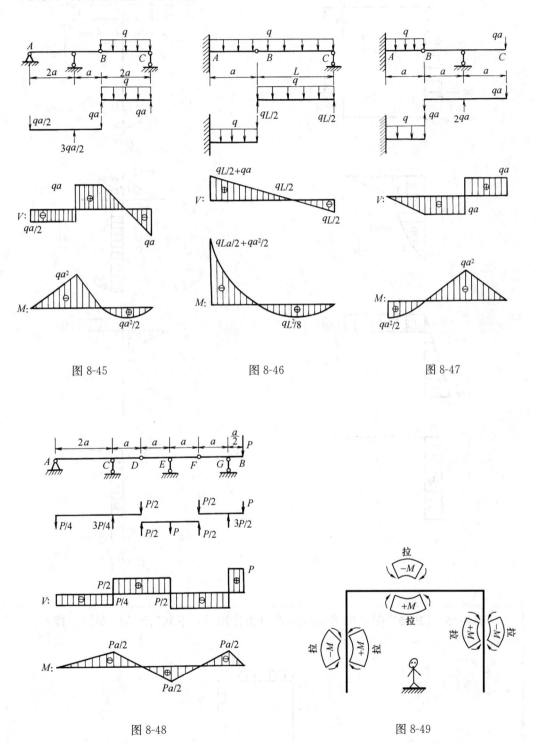

图 8-45 图 8-46 图 8-47

图 8-48 图 8-49

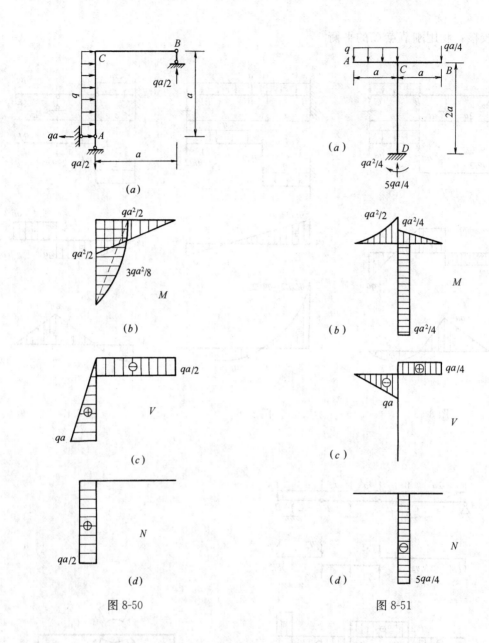

图 8-50

图 8-51

例 8-15 （2010）图 8-52 所示刚架在外力作用下，下列何组 M、Q 图正确？

图 8-52

24

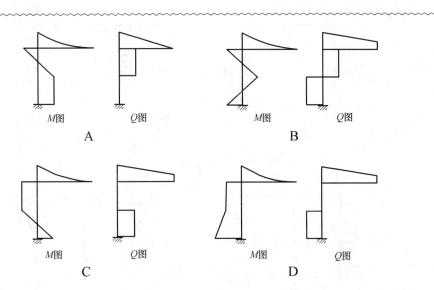

M图　　Q图
A

M图　　Q图
B

M图　　Q图
C

M图　　Q图
D

解析： 由受力分析可知，A 端的支座反力 $F_{Ax}=P$，为水平向左，F_{Ay} 为铅垂向上，而固定端 A 的反力偶矩 M_A 为绕 A 端逆时针转动。故 A 端弯矩为左侧受拉，M 图画在 A 端左侧，而 BC 段剪力 $Q=0$，因此只能选 D。

答案： D

例 8-16 **（2013）** 图 8-53 所示结构的受力弯矩图，正确的是：

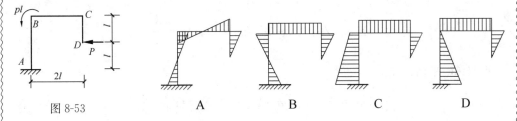

图 8-53

A　　　B　　　C　　　D

解析： 首先分析整体受力，根据约束反力的方向永远与主动力的运动趋势相反的规律，可以判断固定端的反力偶 M_A 为顺时针方向；如图 8-54 所示，A 端右侧受拉，M 图在 A 端应画在右侧，故可排除 A 和 C；然后再根据刚节点 B 的平衡关系，可见 D 图是正确的。

答案： D

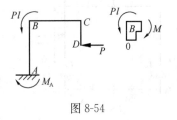

图 8-54

（三）三铰刚架

三铰刚架由两片刚接杆件与基础之间通过三个铰两两铰接而成，有 4 个支座反力（图 8-55）。三铰刚架的一个重要受力特性是在竖向荷载作用下会产生水平反力（即推力）。多跨（或多层）静定刚架则与多跨静定梁类似，其各部分可以分为基本部分[如图 8-56(a) 中的 ACD 部分]和附属部分[如图 8-56(a) 中的 BC 部分]。

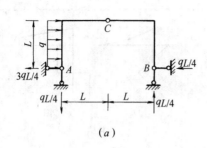

(a)

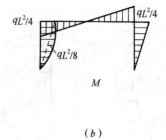

(b)

图 8-55

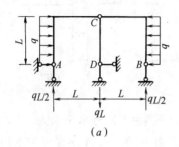

(a)

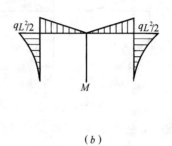

(b)

图 8-56

如图 8-57（a）所示的三铰刚架，可先取整体研究平衡：

$$\sum m_A = 0: \quad Y_B \cdot 2a = qa \cdot \frac{3}{2}a, \quad Y_B = \frac{3}{4}qa$$

$$\sum m_B = 0: \quad Y_A \cdot 2a = qa \cdot \frac{a}{2}, \quad Y_A = \frac{qa}{4}$$

再取 AC 平衡：

$$\sum m_C = 0: \quad X_A \cdot a = Y_A \cdot a. \quad X_A = Y_A = \frac{qa}{4}$$

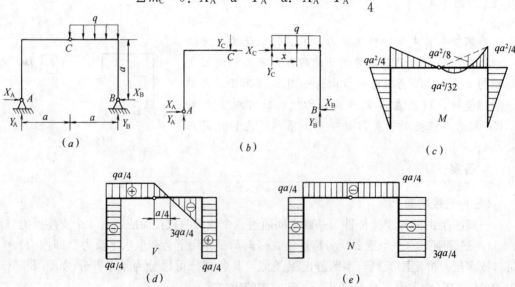

图 8-57

26

$$\sum X=0 : X_C=X_A=\frac{qa}{4}$$

$$\sum Y=0 : Y_C=Y_A=\frac{qa}{4}$$

最后取 BC，平衡：$X_B=X_C=\frac{qa}{4}$，令 $V(x)=\frac{qa}{4}-qx=0$，

得 $x=\frac{a}{4}$ $M(x)=\frac{qa}{4}\cdot\frac{a}{4}-\frac{q}{2}\left(\frac{a}{4}\right)^2=\frac{qa^2}{32}$

例 8-17 （2013）关于图 8-58 所示结构受力，正确的是：

A $R_A=R_B$、$V_A=V_B$

B $R_A<R_B$、$V_A>V_B$

C $R_A<R_B$、$V_A=V_B$

D $R_A>R_B$、$V_A=V_B$

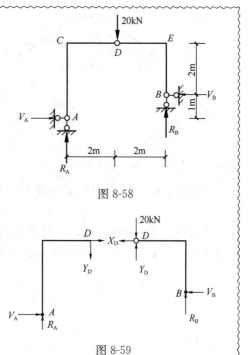

图 8-58

图 8-59

解析： 首先从整体受力分析可知 $V_A=V_B$，再把中间铰链拆开，分别画出 AD 杆和 BD 杆的受力图，如图 8-59 所示。取 BD 杆，由 $\sum M_D=0$，得：$R_B\times2=V_B\times2$，所以，$R_B=V_B$，也即 $R_B=V_B=V_A$；再取 AD 杆，由 $\sum M_D=0$，得：$R_A\times2=V_A\times3$，所以 $R_A=\frac{3}{2}V_A$，也即 $R_A=\frac{3}{2}R_B$

答案： D

（四）三铰拱

三铰拱是一种静定的拱式结构，它由两片曲杆与基础间通过三个铰两两铰接而成，与三铰刚架的组成方式类似，都属于推力结构。

拱结构与梁结构的区别，不仅在于外形不同，更重要的还在于在竖向荷载作用下是否产生水平推力。为避免产生水平推力，有时在三铰拱的两个拱脚间设置拉杆来消除支座所承受的推力，这就是所谓的带拉杆的三铰拱。如图 8-60（a）所示三铰拱的水平推力 F_x 等于相应简支梁 [图 8-60（b）] 上与拱的中间铰位置相对应的截面 C 的弯矩 M_C^0 除以拱高 f，即 $F_x=\frac{M_C^0}{f}$。拱的合理轴线，可以在给定荷载作用下，使拱上各截面只承受轴力，而弯矩为零。

（五）应力、惯性矩、极惯性矩、截面模量和面积矩的概念

应力是横截面上内力分布的集度，数值上等于单位面积上的内力。应力的单位与压强相同，量纲是 Pa，$1Pa=1N/m^2$，$1kPa=10^3Pa$，$1MPa=10^6Pa=1N/mm^2$，$1GPa=$

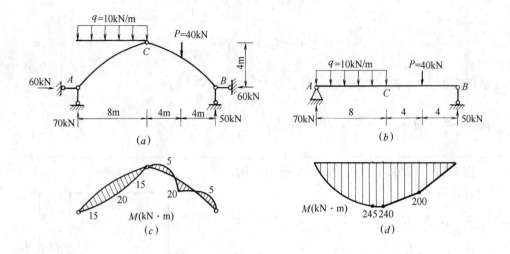

图 8-60

10^9Pa。

正应力 σ 是与横截面垂直（正交）的应力分量，剪应力 τ 是与横截面相切的应力分量。

惯性矩、极惯性矩、截面模量和面积矩都是只与截面的形状与尺寸有关的截面图形的几何性质，参见图 8-61，图中 A 为截面面积。

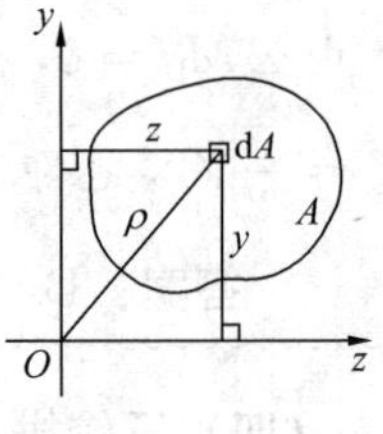

惯性矩 $\quad\quad I_z = \int_A y^2 \, \mathrm{d}A, \quad I_y = \int_A z^2 \, \mathrm{d}A \quad\quad\quad (8\text{-}13)$

极惯性矩 $\quad\quad I_P = \int_A \rho^2 \, \mathrm{d}A = I_z + I_y \quad\quad\quad\quad (8\text{-}14)$

抗弯截面模量 $\quad\quad W_z = \dfrac{I_z}{y_{\max}} \quad\quad\quad\quad\quad\quad (8\text{-}15)$

图 8-61

抗扭截面模量 $\quad\quad W_P = \dfrac{I_P}{\rho_{\max}} \quad\quad\quad\quad\quad\quad (8\text{-}16)$

面积矩 $\quad\quad\quad S_z = \int_A y \, \mathrm{d}A = A \cdot y_c$

$\quad\quad\quad\quad\quad\quad = A_1 y_1 + A_2 y_2 + A_3 y_3 + \cdots\cdots \quad\quad (8\text{-}17)$

惯性矩的平行移轴公式 $\quad\quad I_z = I_{zc} + a^2 A \quad\quad\quad\quad (8\text{-}18)$

其中 z_c 为形心轴，a 为两平行轴 z 轴与 z_c 轴之间的距离。

（六）杆的四种基本变形一览表（表 8-3）

杆的四种基本变形一览表

表 8-3

类型	轴向拉伸（压缩）	剪 切	扭 转	平 面 弯 曲	
外力特点					
横截面内力	轴力 N 等于截面一侧所有轴向外力代数和	剪力 V 等于 P	扭矩 T 等于截面一侧对 x 轴外力偶矩代数和	弯矩 M 等于截面一侧外力对截面形心力矩代数和	剪力 V 等于截面一侧所有竖向外力代数和
应力分布情况	\n\n均布	\n\n假设均布	\n\n线性分布	\n\n线性分布	\n\n抛物线分布
应力公式	$\sigma=\dfrac{N}{A}$	$\tau=\dfrac{V}{A_s}$ $\sigma_{bs}=\dfrac{P_{bs}}{A_{bs}}$	$\tau_\rho=\dfrac{T}{I_p}\rho$	$\sigma=\dfrac{M}{I_z}y$	$\tau=\dfrac{VS_z}{bI_z}$
强度条件	$\sigma_{max}=\dfrac{N_{max}}{A}\leqslant[\sigma]$	$\tau=\dfrac{V}{A_s}\leqslant[\tau]$ $\sigma_{bs}=\dfrac{P_{bs}}{A_{bs}}\leqslant[\sigma_{bs}]$	$\tau_{max}=\dfrac{T_{max}}{W_P}\leqslant[\tau]$	$\sigma_{max}=\dfrac{M_{max}}{W_z}\leqslant[\sigma]$	$\tau_{max}=\dfrac{V_{max}S_{zmax}}{bI_z}$ $\leqslant[\tau]$ 矩形 $\tau_{max}=\dfrac{3V_{max}}{2A}$
变形	$\Delta l=\dfrac{Nl}{EA}$		$\phi=\dfrac{Tl}{GI_P}$	$f_c=\dfrac{5ql^4}{384EI}$	$\theta_A=\dfrac{ql^3}{24EI}$
刚度条件			$\theta_{max}=\dfrac{T}{GI_P}\leqslant[\theta]$	$\dfrac{f_{max}}{l}\leqslant\left[\dfrac{f}{l}\right]$	$\theta_{max}\leqslant[\theta]$

其中　矩形截面如图 8-62(*a*)所示：

$$I_z=\frac{bh^3}{12}\quad W_z=\frac{bh^2}{6}\quad S_z=\frac{bh^2}{8}$$

$$I_y=\frac{hb^3}{12}\quad W_y=\frac{hb^2}{6}\tag{8-19}$$

圆形截面如图 8-62（*b*）所示：

$$I_z=I_y=\frac{\pi}{64}D^4\quad W_z=W_y=\frac{\pi}{32}D^3\tag{8-20}$$

$$I_P=\frac{\pi}{32}D^4\quad W_P=\frac{\pi}{16}D^3\tag{8-21}$$

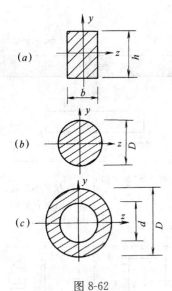

图 8-62

空心圆截面如图 8-62（c）所示，设 $\alpha=\dfrac{d}{D}$

$$I_z=I_y=\frac{\pi}{64}D^4\,(1-\alpha^4) \qquad W_z=W_y=\frac{\pi}{32}D^3\,(1-\alpha^4)$$

$$(8\text{-}22)$$

$$I_P=\frac{\pi}{32}D^4\,(1-\alpha^4) \qquad W_P=\frac{\pi}{16}D^3\,(1-\alpha^4) \qquad (8\text{-}23)$$

表 8-3 中 E 为材料拉压弹性模量，A 为横截面面积，G 为材料剪变模量。EA 为杆件的抗拉（压）刚度，GA 为杆件的抗剪刚度，GI_P 为杆件的抗扭刚度，EI 为杆件的抗弯刚度。

（七）静定结构的基本特征

在几何组成方面，静定结构是没有多余约束的几何不变体系。在静力学方面，静定结构的全部反力和内力均可由静力平衡条件确定。其反力和内力只与荷载以及结构的几何形状和尺寸有关，而与构件所用材料及其截面形状和尺寸无关，与各杆间的刚度比无关。

由于静定结构不存在多余约束，因此可能发生的支座支撑方向的位移、温度改变、制造误差，以及材料的收缩或徐变，会导致结构产生位移，但不会产生反力和内力。

常用的几类静定结构的内力特点：

（1）梁。梁为受弯构件，由于其截面上的应力分布不均匀，故材料的效用得不到充分发挥。简支梁一般多用于小跨度的情况。在同样跨度并承受同样均布荷载的情况下，悬臂梁的最大弯矩值和最大挠度值都远大于简支梁，故悬臂梁一般只宜作跨度很小的阳台、雨篷、挑廊等承重结构。

（2）桁架。在理想的情况下，桁架各杆只产生轴力，其截面上的应力分布均匀且能同时达到极限值，故材料效用能得到充分发挥，与梁相比它能跨越较大的跨度。

（3）三铰拱。三铰拱也是受弯结构，由于有水平推力，所以拱的截面弯矩比相应简支梁的弯矩要小，利用空间也比简支梁优越，常用作屋面承重结构（图 8-60）。

（4）三铰刚架。内力特点与三铰拱类似，且具有较大的空间，多用于屋面的承重结构。

第四节　图乘法求位移

结构在荷载或其他一些因素（如温度改变、支座移动、材料收缩、制造误差等）的作用下会产生变形和位移。结构位移计算的常用方法是单位荷载法，它是基于变形体系的虚功原理建立的。

利用虚功原理计算结构的位移，首先要虚设一个单位力状态，即在原结构所求位移处沿位移方向虚设一个与所求位移对应的单位力。这样，力状态的外力（包括单位力及所引起的支座反力）在实际状态的位移上所做的虚功，就等于力状态的内力在实际位移状态的变形上所做的虚功（或称虚变形能），即：

$$1\times\Delta+\Sigma\overline{R}c=\Sigma\int\overline{N}\mathrm{d}u+\Sigma\int\overline{M}\mathrm{d}\varphi+\Sigma\int\overline{Q}\mathrm{d}v$$

或

$$\Delta = \Sigma \int \overline{N} du + \Sigma \int \overline{M} d\varphi + \Sigma \int \overline{Q} dv - \Sigma \overline{R} c$$

式中 Δ 为所求位移；$\overline{R}$ 和 $\overline{N}$、$\overline{M}$、$\overline{Q}$ 分别为虚拟力状态中的支座反力、轴力、弯矩和剪力，c 为实际状态的支座位移。

对于桁架结构，

$$\Delta = \sum_{i=1}^{n} \frac{N_i \overline{N}_i l_i}{EA} \tag{8-24}$$

式中 N_i——外荷载产生的各杆轴力；

$\overline{N}_i$——单位荷载产生的各杆轴力；

l_i——各杆长度；

EA——各杆抗拉刚度。

例 8-18 （2008）为减少图 8-63 所示结构 B 点的水平位移，最有效的措施是（　）。

A 增加 AB 的刚度 EA_{AB}

B 增加 AC 的刚度 EA_{AC}

C 增加 BD 的刚度 EA_{BD}

D 增加 CD 的刚度 EA_{CD}

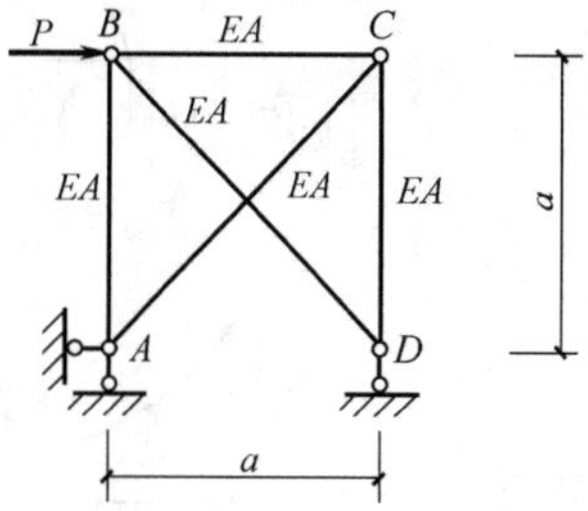

解析： $N_{BD}=0$，$N_{BA}=0$，$N_{BC}=N_{CD}=-P$，$N_{AC}=\sqrt{2}P$

根据单位力法位移计算公式 $\Delta = \Sigma \dfrac{\overline{N} N_P L}{EA}$ 可知，

图 8-63

AC 杆对 B 点的水平位移贡献最大，故为减少 B 点的水平位移，最有效的措施是增加 AC 的刚度。

答案： B

对于梁和刚架结构，荷载作用下杆件的剪切和轴向变形对位移的贡献一般较小，可以忽略。这样梁和刚架在荷载作用下的位移计算公式可以简化为（因梁截面的弯曲变形为 $d\varphi = \dfrac{M_P}{EI} dx$）：

$$\Delta = \Sigma \int \frac{\overline{M} M_P}{EI} dx \tag{8-25}$$

利用上式计算梁和刚架的位移时，如果结构满足以下三个条件，则可采用图乘法代替公式中的积分运算：

（1）杆轴为直线。

（2）杆段 $EI=$ 常数。

（3）各杆段的两个弯矩图至少有一个为直线图形。

利用图乘法，各杆段的上述积分式就等于一个图形的面积乘以其形心对应位置的另一图形的竖标，但取竖标的图形必须为直线（图 8-64）。

$$\Delta = \sum_{i=1}^{n} \int_{L_i} \frac{M_P \overline{M}}{EI} dx = \sum_i \frac{1}{EI} \omega_P \cdot y_C \qquad (8\text{-}26)$$

式中　M_P——外荷载作用时的弯矩图；

$\overline{M}$——单位荷载作用时的弯矩图；

ω_P——M_P 图的面积；

y_C——M_P 图形心对应的 $\overline{M}$ 图的坐标。

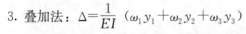

图 8-64

【注意】　1. 结果按 ω_P 与 y_C 在基线的同一侧时为正，否则为负；

2. y_C 必须从直线图形上取得；

3. 叠加法：$\Delta = \dfrac{1}{EI}$ $(\omega_1 y_1 + \omega_2 y_2 + \omega_3 y_3)$

其中 M_P、$\overline{M}$ 都可以是几个图形组成，求代数和；

4. 常遇图形的面积及其形心的位置如下（图8-65中曲线为二次抛物线）。

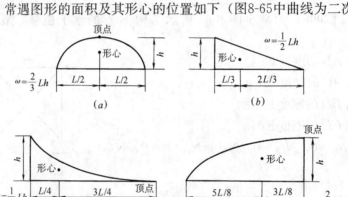

图 8-65

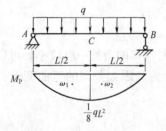

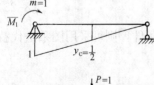

图 8-66

试求图 8-66 所示简支梁 A 端的角位移 Φ_A 和中点 C 的竖向位移 Δ_C，EI 为常数，$\omega = \omega_1 + \omega_2$。

$$\Phi_A = \frac{1}{EI} \omega \cdot y_C$$

$$= \frac{1}{EI} \left(\frac{2}{3} L \cdot \frac{qL^2}{8} \right) \times \frac{1}{2}$$

$$= \frac{qL^3}{24EI} \ (\downarrow)$$

$$\Delta_C = \frac{1}{EI} (\omega_1 y_1 + \omega_2 y_2) = \frac{2}{EI} \omega_1 y_1$$

$$= \frac{2}{EI} \left(\frac{2}{3} \cdot \frac{L}{2} \cdot \frac{qL^2}{8} \right) \cdot \frac{5}{32} L$$

$$= \frac{5qL^4}{384EI} \ (\downarrow)$$

例 8-19 **(2009)** 以下关于图 8-67 所示两结构 A、B 点的水平位移,正确的是(　　)。

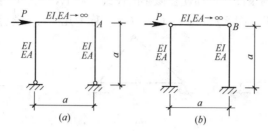

图 8-67

A　$\Delta_A = 1.5\Delta_B$　　　　　　　　　B　$\Delta_A = \Delta_B$

C　$\Delta_A = 0.75\Delta_B$　　　　　　　　D　$\Delta_A = 0.5\Delta_B$

解析:

【方法一】 A 点所在结构为对称结构,受反对称荷载,可简化为 [图 8-68(a)]。B 点所在结构为一次超静定排架,可简化为 [图 8-68(b)]。然后分别用图乘法计算,设横杆刚度为 EI_2 可得:

$$\Delta_A = \frac{1}{EI}\omega_1 y_1 + \frac{1}{EI_2}\omega_2 y_2$$

$$= \frac{1}{EI}\left(\frac{1}{2}\cdot a\cdot\frac{Pa}{2}\right)\cdot\frac{2}{3}a + 0$$

$$= \frac{Pa^3}{6EI}$$

$$\Delta_B = \frac{1}{EI}\omega_p\cdot y_C$$

$$= \frac{1}{EI}\left(\frac{1}{2}\cdot a\cdot\frac{Pa}{2}\right)\frac{2}{3}a = \frac{Pa^3}{6EI}$$

$$\therefore\quad \Delta_A = \Delta_B$$

【方法二】 从定性的角度分析,当横杆的刚度 EI 和 EA 趋于无穷大时,(a) 图上边的约束等价于 (b) 图下边的约束;而 (a) 图下边的约束等价于 (b) 图上边的约束。同时受力和反力也是等价的,因此 $\Delta_A = \Delta_B$。

答案: B

第五节　超静定结构

一、平面体系的几何组成分析

(一) 几何不变体系、几何可变体系

1. 几何不变体系

在不考虑材料应变的条件下,任何荷载作用后体系的位置和形状均能保持不变 [图 8-69 (a)、(b)、(c)]。这样的体系称为几何不变体系。

2. 几何可变体系

在不考虑材料应变的条件下，即使在微小的荷载作用下，也会产生机械运动而不能保持其原有形状和位置的体系 [图 8-69 (d)、(e)、(f)] 称为几何可变体系（也称常变体系）。

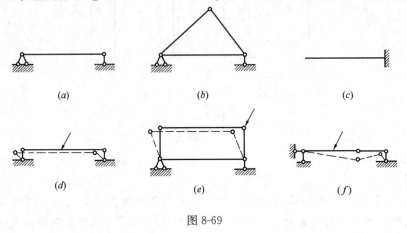

图 8-69

（二）自由度和约束的概念

1. 自由度

在介绍自由度之前，先了解一下有关刚片的概念。在几何组成分析中，把体系中的任何杆件都看成是不变形的平面刚体，简称刚片。显然，每根杆件或每根梁、柱都可以看作是一个刚片，建筑物的基础或地球也可看作是一个大刚片，某一几何不变部分也可视为一个刚片。这样，平面杆系的几何组成分析就在于分析体系各个刚片之间的连接方式能否保证体系的几何不变性。

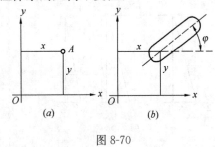

图 8-70

自由度是指确定体系位置所需要的独立坐标（参数）的数目。例如，一个点在平面内运动时，其位置可用两个坐标来确定，因此平面内的一个点有两个自由度 [图 8-70 (a)]。又如，一个刚片在平面内运动时，其位置要用 x、y、φ 三个独立参数来确定，因此平面内的一个刚片有三个自由度 [图 8-70 (b)]。由此看出，**体系几何不变的必要条件是自由度等于或小于零。**那么，如何适当、合理地给体系增加约束，使其成为几何不变体系是以下要解决的问题。

2. 约束和多余约束

减少体系自由度的装置称为约束。减少一个自由度的装置即为一个约束，并以此类推。约束主要有链杆（一根两端铰接于两个刚片的杆件称为链杆，如直杆、曲杆和折杆）、单铰（即连接两个刚片的铰）和刚结点三种形式。假设有两个刚片，其中一个不动，设为基础，此时体系的自由度为 3。若用一链杆将它们连接起来，如图 8-71 (a) 所示，则除了确定链杆连接处 A 的位置需一转角坐标 φ_1 外，确定刚片绕 A 转动时的位置还需一转角坐标 φ_2；此时只需两个独立坐标就能确定该体系的运动位置，则体系的自由度为 2，它比没有链杆时减少了一个自由度，所以**一根链杆相当于一个约束。**若用一个单铰把刚片同基础连接起来，如图 8-71 (b) 所示，则只需转角坐标 φ 就能确定体系的运动位置，这时体系比原体系减少了两个自由度，所以**一个单铰相当于两个约束**。若将刚片同基础刚性连接起来，如图 8-71（c），则它们将成为一个整体，都不能动；体系的自由度为 0，因此**刚结点相当于三个约束**。

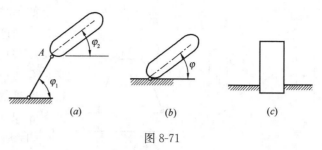

图 8-71

一个平面体系，通常都是由若干个构件加入一定约束组成的。加入约束的目的是为了减少体系的自由度。**如果在体系中增加一个约束，而体系的自由度并不因此而减少，则该约束被称为多余约束。**应当指出，多余约束只说明为保持体系几何不变是多余的，但在几何体系中增设多余约束，往往可以改善结构的受力状况，并非真是多余。

如图 8-72 所示，平面内有一自由点 A，在图 8-72（a）中 A 点通过两根链杆与基础相连，这时两根链杆分别使 A 点减少一个自由度，而使 A 点固定不动，因而两根链杆都非多余约束。在图 8-72（b）中，A 点通过三根链杆与基础相连，这时 A 虽然固定不动，但减少的自由度仍然为 2，显然三根链杆中有一根没有起到减少自由度的作用，因而是多余约束（可把其中任意一根作为多余约束）。

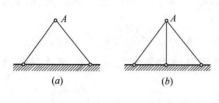

图 8-72

又如图 8-73（a）表示在点 A 加一根水平的支座链杆 1 后，A 点还可以移动，是几何可变体系。

图 8-73（b）是用两根不在一条直线上的支座链杆 1 和 2 把 A 点连接在基础上，A 点上下、左右移动的自由度全被限制住了，不能发生移动。故图 8-73（b）是**约束数目恰好够用的几何不变体系，称为无多余约束的几何不变体系。**

图 8-73（c）是在图 8-73（b）的基础上又增加一根水平的支座链杆 3，这第三根链杆，就保持几何不变而言，是多余的，故图 8-73（c）是有一个多余约束的几何不变体系。

图 8-73（d）是用在一条水平直线上的两根链杆 1 和 2 把 A 点连接在基础上，保持几何不变的约束数目是够用的。但是这两根水平链杆只能限制 A 点的水平位移，不能限制 A 点的竖向位移。在图 8-73（d）两根链杆处于水平线上的瞬时，A 点可以发生很微小的竖向位移到 A′点处，这时，链杆 1 和 2 不再在一直线上，A′点就不继续向下移动了。这种本来是几何可变的，经微小位移后又成为几何不变的体系，称为**瞬变体系**。瞬变体系是约束数目够用，由于约束的布置不恰当而形成的体系。瞬变体系在工程中也是不能被采用的。

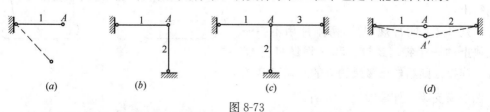

图 8-73

（三）几何不变体系的基本组成规则

基本规则是几何组成分析的基础，在进行几何组成分析之前先介绍一下虚铰的概念。

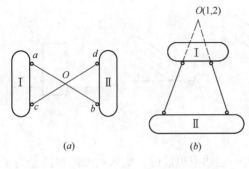

图 8-74

如果两个刚片用两根链杆连接〔图 8-74 (a)〕，则这两根链杆的作用就和一个位于两杆交点 O 的铰的作用完全相同。由于在这个交点 O 处的并不是真正的铰，所以称它为**虚铰**。虚铰的位置即在这两根链杆的交点上，如图 8-74 (a) 的 O 点。

如果连接两个刚片的两根链杆并没有相交，则虚铰在这两根链杆延长线的交点上，如图 8-74 (b) 所示。

下面就分别叙述组成几何不变平面体系的三个基本规则：

1. 二元体概念及二元体规则

图 8-75 (a) 所示为一个三角形铰接体系，假如链杆 I 固定不动，那么通过前面的叙述，我们已知它是一个几何不变体系。

将图 8-75 (a) 中的链杆 I 看作是一个刚片，成为图 8-75 (b) 所示的体系。从而得出：

规则 1（二元体规则）：一个点与一个刚片用两根不共线的链杆相连，则组成无多余约束的几何不变体系。

由两根不共线的链杆连接一个节点的构造，称为二元体〔如图 8-75 (b) 中的 BAC〕。

推论 1：在一个平面杆件体系上增加或减少若干个二元体，都不会改变原体系的几何组成性质。

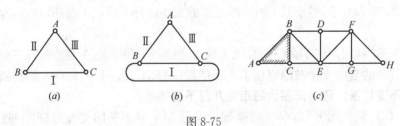

图 8-75

如图 8-75 (c) 所示的桁架，就是在铰接三角形 ABC 的基础上，依次增加二元体而形成的一个无多余约束的几何不变体系。同样，我们也可以对该桁架从 H 点起依次拆除二元体而成为铰接三角形 ABC。

2. 两刚片规则

将图 8-75 (a) 中的链杆 I 和链杆 II 都看作是刚片，就成为图 8-76 (a) 所示的体系。从而得出：

规则 2（两刚片规则）：两刚片用不在一条直线上的一个铰（**B** 铰）和一根链杆（**AC** 链杆）连接，则组成无多余约束的几何不变体系。例如简支梁、外伸梁就是实例。

如果将图 8-76 (a) 中连接两刚片的铰 B 用虚铰代替，即用两根不共线、不平行的链杆 a、b 来代替，就成为图 8-76 (b) 所示体系，则有：

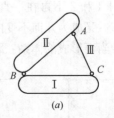
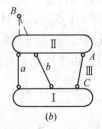

图 8-76

推论2：两刚片用既不完全平行也不交于一点的三根链杆连接，则组成无多余约束的几何不变体系。

如果三根链杆完全平行或交于一点，则成为可变体系。

3. 三刚片规则

将图8-75（a）中的链杆Ⅰ、链杆Ⅱ和链杆Ⅲ都看作是刚片，就成为图8-77（a）所示的体系。从而得出：

规则3（三刚片规则）：三刚片用不在一条直线上的三个铰两两连接，则组成无多余约束的几何不变体系。例如三铰刚架、三铰拱就是实例。

如果三个铰在一条直线上，则成为瞬变体系。

如果将图中连接三刚片之间的铰 A、B、C 全部用虚铰代替，即都用两根不共线、不平行的链杆来代替，就成为图8-77（b）所示体系，则有：

推论3：三刚片分别用不完全平行也不共线的二根链杆两两连接，且所形成的三个虚铰不在同一条直线上，则组成无多余约束的几何不变体系。

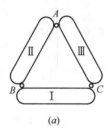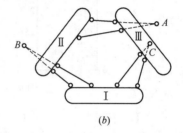

图 8-77

从以上叙述可知，这三个规则及其推论，实际上都是三角形规律的不同表达方式，即三个不共线的铰，可以组成无多余约束的铰接三角形体系。

例8-20（2011年）下列图8-78所示结构属于何种体系？

A 无多余约束的几何不变体系

B 有多余约束的几何不变体系

C 常变体系

D 瞬变体系

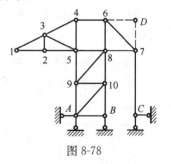

图 8-78

解析：

【方法一】依次拆除二元体1、2、3、4、5、6、7、8、9、10，得到一个简支梁 AB 和一个铰链支座 C（也是一个二元体）。显然是无多余约束的几何不变体系。

【方法二】把三角形结构1-2-3-4-5看作刚片Ⅰ，把三角形6-7-8看作刚片Ⅱ，把三角形结构5-8-9-10-A-B 与地面连接在一起，看作刚片Ⅲ。这三个刚片用铰链5、铰链8和虚铰 D 这三个铰链两两相连，组成一个无多余约束的几何不变体系。

答案：A

【注意】从本题可以看到，采用不同的基本组成规则，分析的结果是唯一的。在分析具体问题时，要根据不同情况灵活运用，尽可能采用最简捷的方法。

二、超静定结构的特点和优点

(一) 特点

(1) 反力和内力只用静力平衡条件不能全部确定。

(2) 具有多余约束 (多余联系) 的几何不变体系。

(3) 超静定结构在荷载作用下的反力和内力仅与各杆的相对刚度有关, 一般相对刚度较大的杆, 其反力和内力也较大; 各杆内力之比等于各杆刚度之比 (见例 8-21)。

(4) 超静定结构在发生支座沉降、温度改变、制造误差, 以及材料的收缩或徐变时, 可能会产生内力。要看这些因素引起的变形是否受超静定结构多余约束的阻碍, 如果有, 一般各杆刚度绝对值增大, 内力也随之增大; 如果没有, 可以自由变形, 就不会引起内力。

例 8-21 (2011 年) 图 8-79 所示结构中哪根杆剪力最大?

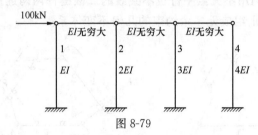

图 8-79

A 杆 1　　　　B 杆 2　　　　C 杆 3　　　　D 杆 4

解析: 此结构显然是一个超静定结构。100kN 的外力要按照各杆的刚度比来分配。1、2、3、4 各杆所受的外力分别是 10kN、20kN、30kN、40kN, 显然杆 4 的内力最大, 剪力也最大。

答案: D

例 8-22 (2009 年) 图 8-80 (a) 所示排架的环境温度升高 t℃时, 以下说法错误的是:

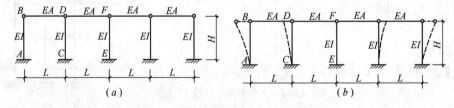

图 8-80

A 横梁中仅产生轴力　　　　　　B 柱底弯矩 $M_{AB} > M_{CD} > M_{EF}$

C 柱 EF 中不产生任何内力　　　D 柱高 H 减小, 柱底弯矩 M_{AB} 减小

解析: 排架环境温度升高, 横梁、立柱受热膨胀, 长度均增大; 引起杆件变形, 产生内力, 柱底弯矩 M_{AB}、M_{CD} 增加, 如图 8-80 (b) 所示。

答案: D

（二）优点

（1）防护能力强。

（2）内力和变形分布较均匀，内力和变形的峰值较小。

三、超静定次数的确定

超静定次数＝多余约束（多余反力）的数目

确定方法：去掉结构的多余约束，使原结构变成一个静定的基本结构，则所去掉的约束（联系）的数目即为结构的超静定次数。

在结构上去掉多余约束的方法，通常有如下几种：

（1）切断一根链杆，或撤去一个支座链杆，相当于去掉一个联系（图 8-81 及图 8-82）。

（2）去掉一个固定铰或中间铰，相当于去掉两个联系（图 8-83）。

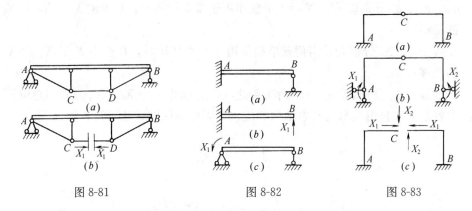

图 8-81   图 8-82   图 8-83

（3）将一刚接处切断，或者撤去一个固定支座，相当于去掉三个联系（图 8-84、图 8-85）。

（4）将一固定支座改成铰支座，或将受弯杆件某处改成铰接，相当于去掉一个联系（图 8-84）。

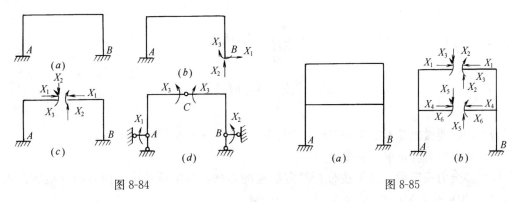

图 8-84   图 8-85

四、用力法求解超静定结构

步骤：

（1）确定基本未知量——多余力的数目 n。

（2）去掉结构的多余联系得出一个静定的基本结构，并以多余力代替相应多余联系的作用。

（3）根据基本结构在多余力和原有荷载的共同作用下，在去掉多余联系处（B 点）的位移应与原结构中相应的位移相同的条件，建立力法典型方程：

$$\begin{cases} \Delta_1 = \delta_{11} X_1 + \delta_{12} X_2 + \cdots\cdots + \Delta_{1P} = 0 \\ \Delta_2 = \delta_{21} X_1 + \delta_{22} X_2 + \cdots\cdots + \Delta_{2P} = 0 \\ \qquad\qquad\qquad \cdots\cdots \\ \Delta_n = \delta_{n1} X_1 + \delta_{n2} X_2 + \cdots\cdots + \Delta_{nP} = 0 \end{cases}$$

式中　δ_{11}、δ_{21}、δ_{n1} 分别表示当 $X_1 = 1$ 单独作用于基本结构时，B 点沿 X_1、X_2 和 X_n 方向的位移；

δ_{12}、δ_{22}、δ_{n2} 分别表示当 $X_2 = 1$ 单独作用于基本结构时，B 点沿 X_1、X_2 和 X_n 方向的位移；

Δ_{1P}、Δ_{2P}、Δ_{nP} 分别表示当荷载单独作用于基本结构时，B 点沿 X_1、X_2 和 X_n 方向的位移；

Δ_1、Δ_2、Δ_n 分别表示去掉多余联系处（B 点）沿 X_1、X_2、X_n 方向的总位移。

其中各系数和自由项都为基本结构的位移，因而可用图乘法求得，如：

$$\delta_{11} = \frac{1}{EI} \int_L \overline{M_1}\, \overline{M_1}\, \mathrm{d}x$$

$$\delta_{12} = \delta_{21} = \frac{1}{EI} \int_L \overline{M_1}\, \overline{M_2}\, \mathrm{d}x$$

$$\delta_{22} = \frac{1}{EI} \int_L \overline{M_2}\, \overline{M_2}\, \mathrm{d}x$$

$$\Delta_{1P} = \frac{1}{EI} \int_L \overline{M_1}\, M_P\, \mathrm{d}x$$

$$\Delta_{2P} = \frac{1}{EI} \int_L \overline{M_2}\, M_P\, \mathrm{d}x, \cdots\cdots$$

为此，需要做出基本结构的单位内力图 $\overline{M_1}$、$\overline{M_2}$ ……和荷载内力图 M_P。

（4）解典型方程，求出各多余力。

（5）多余力确定后，即可按分析静定结构的方法，给出原结构的内力图（最后内力图），按叠加原理：$M = X_1 \overline{M_1} + X_2 \overline{M_2} + \cdots\cdots M_P$。

图 8-86（a）所示梁超静定次数 $n = 1$，力法典型方程：

$$\Delta_1 = \delta_{11} X_1 + \Delta_{1P} = 0$$

图 8-86（c）中　　　　　　　　　　　$\Delta_{11} = \delta_{11} X_1$

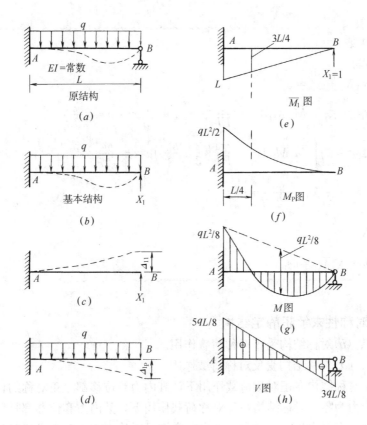

图 8-86

式中
$$\delta_{11}=\frac{1}{EI}\cdot\frac{L^2}{2}\cdot\frac{2}{3}L=\frac{L^3}{3EI}$$

$$\Delta_{1P}=-\frac{1}{EI}\left(\frac{1}{3}\cdot L\cdot\frac{qL^2}{2}\right)\cdot\frac{3}{4}L=-\frac{qL^4}{8EI}$$

所以
$$X_1=-\frac{\Delta_{1P}}{\delta_{11}}=\frac{qL^4}{8EI}\cdot\frac{3EI}{L^3}=\frac{3}{8}qL$$

而
$$M_A=X_1\overline{M}_1+M_P=X_1L-\frac{qL^2}{2}=\frac{3}{8}qL^2-\frac{qL^2}{2}=-\frac{1}{8}qL^2$$

例 8-23 图 8-87 所示。

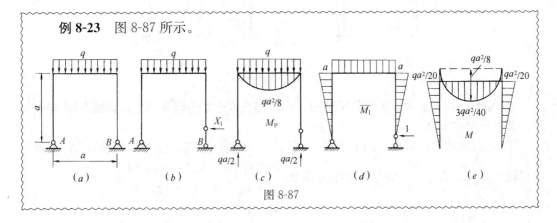

图 8-87

超静定次数 $n=1$

力法方程:

$$\Delta_1 = \delta_{11}X_1 + \Delta_{1P} = 0$$

因为 $\quad \delta_{11} = \dfrac{1}{EI}\displaystyle\int_L \overline{M}_1\,\overline{M}_1\,dx = \dfrac{2}{EI}\dfrac{a^2}{2}\dfrac{2}{3}a + \dfrac{1}{EI}a^2 \cdot a = \dfrac{5a^3}{3EI}$

$$\Delta_{1P} = \dfrac{1}{EI}\int_L \overline{M}_1 M_P\,dx = \dfrac{-1}{EI}\left(\dfrac{2}{3}a\dfrac{qa^2}{8}\right)a = -\dfrac{qa^4}{12EI}$$

所以 $\quad \Delta_1 = \dfrac{5a^3}{3EI}X_1 - \dfrac{qa^4}{12EI} = 0$

$$X_1 = \dfrac{qa}{20}$$

$$M = X_1\overline{M}_1 + M_P$$

五、利用对称性求解超静定结构

图 8-88(a)、(b)对称结构受正对称荷载作用。

图 8-88(c)、(d)对称结构受反对称荷载作用。

不难发现，对称结构在正对称荷载作用下，其内力和位移都是正对称的，且在对称轴上反对称的多余力为零；对称结构在反对称荷载作用下，其内力和位移都是反对称的，且在对称轴上对称的多余力为零。注意：轴力和弯矩是对称内力，剪力是反对称内力。

实际上，如果结构对称、荷载对称，则轴力图、弯矩图对称，剪力图反对称，在对称轴上剪力为零。如果结构对称、荷载反对称，则轴力图、弯矩图反对称，剪力图对称，在对称轴上轴力、弯矩均为零。

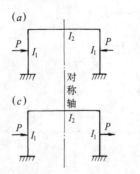
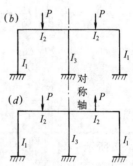

图 8-88

图 8-89 (a) 所示为 3 次超静定结构。依对称性取一半为研究对象，如图8-89 (b) 所示，其中反对称力 $X_2 = 0$。

用 Δ_1 表示切口两边截面的水平相对线位移，Δ_2 表示其铅垂相对线位移，Δ_3 表示其相对转角，由于 $X_2 = 0$，则力法方程化简为 $\begin{cases}\Delta_1 = \delta_{11}X_1 + \delta_{13}X_3 + \Delta_{1P} = 0 \\ \Delta_3 = \delta_{31}X_1 + \delta_{33}X_3 + \Delta_{3P} = 0\end{cases}$

由图 8-89(c)、(d)、(e)所示 M_P、$\overline{M}_1$、$\overline{M}_3$ 的图形，可得：

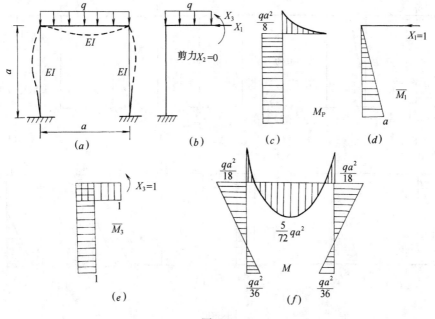

图 8-89

$$\delta_{11}=\frac{1}{EI}\frac{a^2}{2}\frac{2}{3}a=\frac{a^3}{3EI}$$

$$\delta_{33}=\frac{1}{EI}\left(\frac{a}{2}\times1\times1+a\times1\times1\right)=\frac{3a}{2EI}$$

$$\delta_{13}=\delta_{31}=\frac{1}{EI}\cdot\frac{a^2}{2}\cdot1=\frac{a^2}{2EI}$$

$$\Delta_{1P}=-\frac{1}{EI}\cdot\frac{a^2}{2}\cdot\frac{qa^2}{8}=-\frac{qa^4}{16EI}$$

$$\Delta_{3P}=-\frac{1}{EI}\left(\frac{1}{3}\frac{a}{2}\frac{qa^2}{8}\cdot1+\frac{qa^2}{8}\cdot a\cdot1\right)=-\frac{7qa^3}{48EI}$$

代回力法方程，得
$$\begin{cases}\dfrac{a^3}{3EI}X_1+\dfrac{a^2}{2EI}X_3-\dfrac{qa^4}{16EI}=0\\[2mm]\dfrac{a^2}{2EI}X_1+\dfrac{3a}{2EI}X_3-\dfrac{7qa^3}{48EI}=0\end{cases}$$

解出 $X_1=\dfrac{qa}{12}$, $X_3=\dfrac{5}{72}qa^2$

由 $M(x)=M_P+X_1\overline{M}_1+X_3\overline{M}_3$ 可得到最后弯矩图 M，如图 8-89(f)所示；根据荷载图与弯矩图可知位移变形图，如图 8-89(a)中虚线所示。

图 8-90(a)原为 3 次超静定结构，但可把它分解成图 8-90(b)和图 8-90(c)的叠加。而图 8-90(b)不产生弯矩，所以图 8-90(a)的弯矩与图 8-90(c)相同。利用图 8-90(c)的反对称性，把它从对称轴切断，则对称内力 $X_1=0$，$X_3=0$，力法方程化简为一次：

$$\Delta_2=\delta_{22}X_2+\Delta_{2P}=0$$

取左半部分计算：$\delta_{22}=\dfrac{1}{EI}\left(\dfrac{1}{2}\cdot\dfrac{a}{2}\cdot\dfrac{a}{2}\cdot\dfrac{a}{3}+\dfrac{a}{2}\cdot a\cdot\dfrac{a}{2}\right)=\dfrac{7a^3}{24EI}$

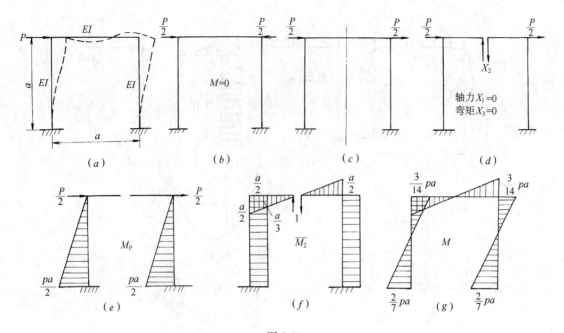

图 8-90

$$\Delta_{2P} = -\frac{1}{EI}\left(\frac{1}{2}a \cdot \frac{Pa}{2}\right)\frac{a}{2} = -\frac{Pa^3}{8EI}$$

代回力法方程，可得 $X_2 = \frac{3}{7}P$。

利用 $M = M_P + X_2\overline{M}_2$ 画出弯矩图 8-90(g)，其中右半部分可利用反对称性画出。根据荷载图与弯矩图可知位移变形图如图 8-90(a)中虚线所示。

奇数跨和偶数跨两种对称刚架的简化。

图 8-91(a)中 C 截面不会发生转角和水平线位移，但可发生竖向线位移；同时在 C 截

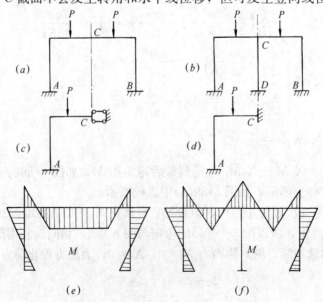

图 8-91

44

面上将有弯矩和轴力，但无剪力。故可用图8-91(c)中C处的定向支撑来代替。

图8-91(b)中CD杆只有轴力和轴向变形(否则不对称)。

在刚架分析中，一般忽略轴力的影响，所以C点将无任何位移发生。

故可用图8-91(d)中C处的固定支座来代替。

图8-91(a)、(b)的弯矩图的大致形状如图8-91(e)、(f)所示。

六、多跨超静定连续梁的活载布置

多跨超静定连续梁在均布荷载作用下的弯矩和位移如图8-92所示。

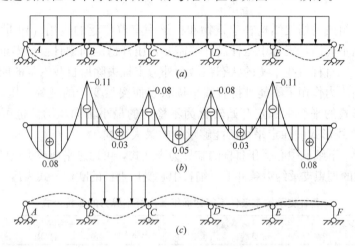

图 8-92

应用结构力学的影响线理论，可以找到多跨超静定连续梁相应内力量值的最不利荷载位置。我们以图8-93(a)所示五跨连续梁有关弯矩的最不利活载的布置为例，说明其规律性。

(1) 从图8-93(b)、(c)中可知：求某跨跨中附近的最大正弯矩时，应在该跨布满活

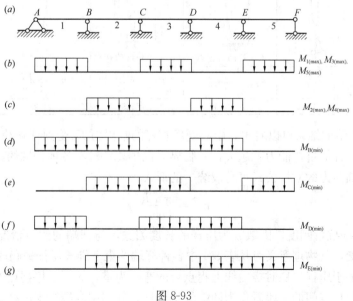

图 8-93

载，其余每隔一跨布满活载。

（2）从图8-93(d)、(e)、(f)、(g)中可知：求某支座的最大负弯矩及支座截面最大剪力时，应在该支座相邻两跨布满活载，其余每隔一跨布满活载（特殊结构除外）。掌握上述规律后，对于有关多跨连续梁的相应问题，就可以迎刃而解了。

对于不同的超静定结构，有时使用位移法和力矩分配法也很方便。由于篇幅所限，兹不赘述。

第六节 压 杆 稳 定

轴向拉压杆组成的桁架结构在建筑物和桥梁中有着广泛的应用。19世纪末以来，单纯的强度计算已不能满足工程中压杆设计的需要，压杆稳定问题日益显得重要。所谓压杆稳定是指中心受压直杆直线平衡的状态在微小外力干扰去除后自我恢复的能力。压杆失稳是指压杆在轴向压力作用下不能维持直线平衡状态而突然变弯的现象。压杆的临界力 F_{cr} 是使压杆直线形式的平衡由稳定开始转化为不稳定的最小轴向压力。也可以说，临界力 F_{cr} 是压杆保持直线形式的稳定平衡所能够承受的最大荷载。

不同杆端约束下细长中心受压直杆的临界力表达式，可通过平衡或类比的方法推出。本节给出几种典型的理想支承约束条件下，细长中心受压直杆的欧拉公式表达式（表8-4）。

各种支承约束条件下等截面细长压杆临界力的欧拉公式　　表8-4

支端情况	两端铰支	一端固定另端铰支	两端固定	一端固定另端自由	两端固定但可沿横向相对移动
失稳时挠曲线形状		$0.7l$	$0.5l$　C、D—挠曲线拐点	$2l$	$\frac{l}{2}$　C—挠曲线拐点
		C—挠曲线拐点			
临界力 F_{cr} 欧拉公式	$F_{cr}=\dfrac{\pi^2 EI}{l^2}$	$F_{cr}\approx\dfrac{\pi^2 EI}{(0.7l)^2}$	$F_{cr}=\dfrac{\pi^2 EI}{(0.5l)^2}$	$F_{cr}=\dfrac{\pi^2 EI}{(2l)^2}$	$F_{cr}=\dfrac{\pi^2 EI}{l^2}$
长度因数 μ	$\mu=1$	$\mu\approx0.7$	$\mu=0.5$	$\mu=2$	$\mu=1$

由表8-4所给的结果可以看出，中心受压直杆的临界力 F_{cr} 受到杆端约束情况的影响。杆端约束越强，杆的抗弯能力就越大，其临界力也越高。对于各种杆端约束情况，细长中心受压等直杆临界力的欧拉公式可写成统一的形式

$$F_{cr}=\frac{\pi^2 EI}{(\mu l)^2} \tag{8-27}$$

式中，EI 为杆的抗弯刚度。因数 μ 为压杆的**长度因数**，与杆端的约束情况有关。μl 为原压杆的**相当长度**，其物理意义可从表8-4中各种杆端约束下细长压杆失稳时挠曲线形状的比拟来说明：由于压杆失稳时挠曲线上拐点处的弯矩为零，故可设想拐点处有一铰，而将压杆在挠曲线两拐点间的一段看作两端铰支压杆，并利用两端铰支压杆临界力的欧拉公

46

式（式8-27），得到原支承条件下压杆的临界力 F_{cr}。这两拐点之间的长度，即为原压杆的相当长度 μl。或者说，相当长度为各种支承条件下的细长压杆失稳时，挠曲线中相当于半波正弦曲线的一段长度。

应当注意，细长压杆临界力的欧拉公式（式8-27）中，I 是横截面对某一形心主惯性轴的惯性矩。若杆端在各个方向的约束情况相同（如球形铰等），则 I 应取最小的形心主惯性矩。若杆端在不同方向的约束情况不同（如柱形铰），则 I 应取挠曲时横截面对其相应方向的中性轴的惯性矩。在工程实际问题中，支承约束程度与理想的支承约束条件总有所差异，因此，其长度因数 μ 值应根据实际支承的约束程度，以表8-4作为参考加以选取。在有关的设计规范中，对各种压杆的 μ 值多有具体的规定。

例 8-24 （2011年）对于相同材料的等截面轴心受压杆件，在图8-94中的三种情况下，其承载能力 P_1、P_2、P_3 的比较结果为：

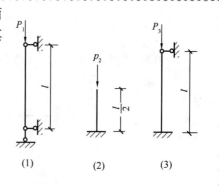

A $P_1=P_2<P_3$ B $P_1=P_2>P_3$

C $P_1>P_2>P_3$ D $P_1<P_2<P_3$

解析：图中杆1的相当长度为 $1\times l=l$；

杆2的相当长度为 $2\times\dfrac{l}{2}=l$；

杆3的相当长度为 $0.7l$。

由公式 $F_{cr}=\dfrac{\pi^2 EI}{(\mu l)^2}$ 可知，当 EI 相同时，μl

图 8-94

越小，F_{cr} 越大，故杆3的临界力 P_3 最大，而杆1和杆2的临界力 $P_1=P_2$。

答案：A

习 题

8-1 (2019)题8-1图结构为几次超静定结构？（ ）

A 0次 B 1次 C 2次 D 3次

8-2 (2019)题8-2图结构为几次超静定结构？（ ）

A 1次 B 2次 C 3次 D 4次

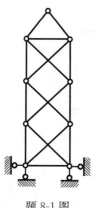

题 8-1 图

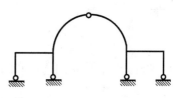

题 8-2 图

8-3 **(2019)**题 8-3 图结构零杆有几根?(　　)

　　A 0根　　　　　　B 2根　　　　　　C 3根　　　　　　D 4根

8-4 **(2019)**题 8-4 图结构内力不为 0 的杆是(　　)。

　　A *AE* 段　　　　　B *AD* 段　　　　　C *CE* 段　　　　　D *BD* 段

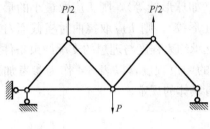

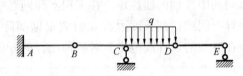

題 8-3 图　　　　　　　　　　　　　　　　題 8-4 图

8-5 **(2019)**题 8-5 图 *A* 支座处的弯矩值为(　　)。

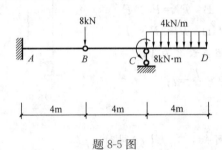

題 8-5 图

　　A 8kN・m　　　　　B 16kN・m　　　　　C 32kN・m　　　　　D 48kN・m

8-6 **(2019)**下图所示结构在外部荷载作用下,弯矩图错误的是(　　)。

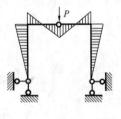

A

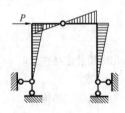

B

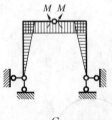

C

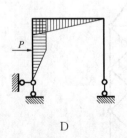

D

8-7 **(2019)**题 8-7 图所示对称结构在外力作用下,零杆的数量是(　　)。

　　A 1　　　　　　　　B 2　　　　　　　　C 3　　　　　　　　D 4

8-8 **(2019)**题 8-8 图所示结构 *A* 点的支座反力是（向上为正）(　　)。

A $R_A = 0$　　　　B $R_A = \dfrac{1}{2}P$　　　　C $R_A = P$　　　　D $R_A = -\dfrac{1}{2}P$

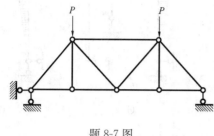

题 8-7 图

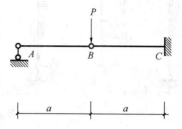

题 8-8 图

8 - 9　**(2019)**题 8-9 图所示框架结构的弯矩图，正确的是(　　　)。

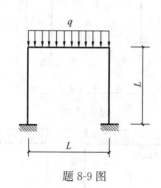

题 8-9 图

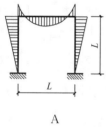

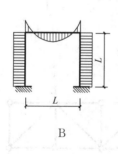

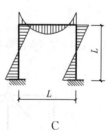

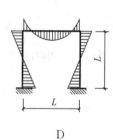

A　　　　　　　　　B　　　　　　　　　C　　　　　　　　　D

8 - 10　**(2019)**题 8-10 图所示框架结构的弯矩图，正确的是(　　　)。

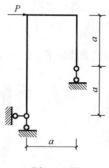

题 8-10 图

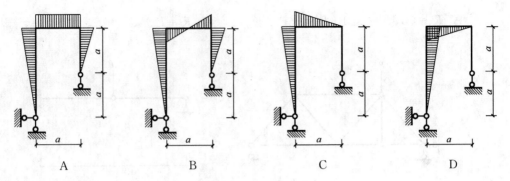

A   B   C   D

8-11 **(2019)**在外力作用下，题 8-11 图所示结构轴力图正确的是(   )。

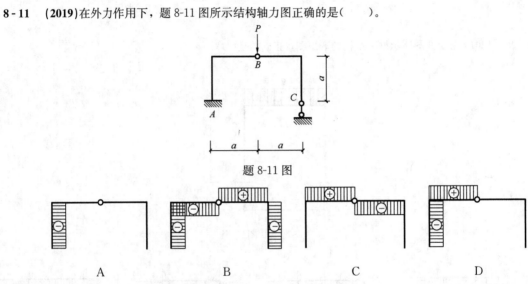

题 8-11 图

A   B   C   D

8-12 **(2019)**题 8-12 图所示结构有多少根零杆?(   )

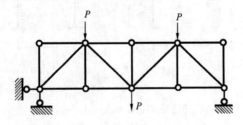

题 8-12 图

A 4 根   B 5 根   C 6 根   D 7 根

8-13 **(2019)**题 8-13 图所示简支梁在两种荷载作用下，以下说法错误的是(   )

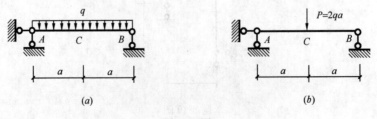

题 8-13 图

A (b) 图 C 点弯矩大   B (b) 图 C 点挠度大

C 二者剪力图相同   D 二者支座反力相同

8-14 **(2019)**题 8-14 图所示结构弯矩正确的是( )。

题 8-14 图

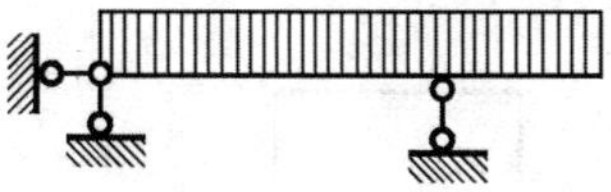

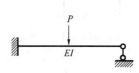

A 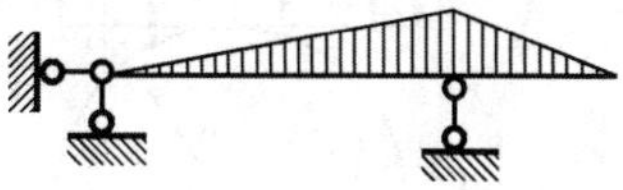   B

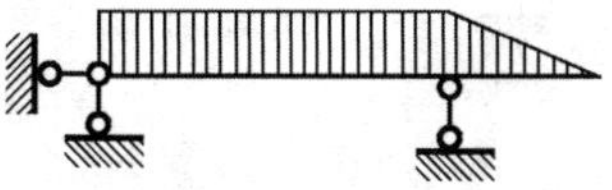

C 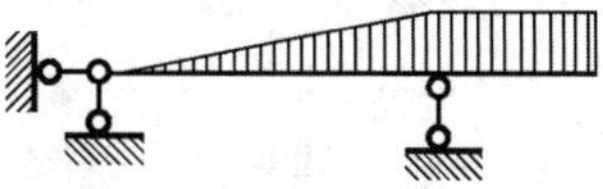   D

8-15 **(2019)**如题 8-15 图所示，为减少 B 点的水平位移，最有效的是增加哪个杆的轴向刚度 EA?( )

A AB 杆   B BC 杆   C BD 杆   D CD 杆

8-16 **(2019)**题 8-16 图所示结构跨中弯矩值为 M，在截面刚度 E 扩大 1 倍变为 2E 时，M 值为多少?( )

A $\frac{1}{2}M$ B 1M   C 2M   D 4M

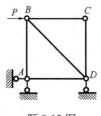

题 8-15 图

题 8-16 图

8-17 **(2019)**O 点水平位移最小的是?( )

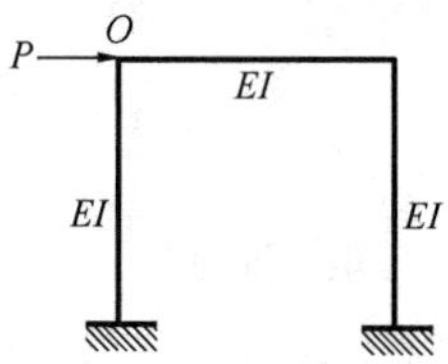

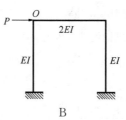

A   B

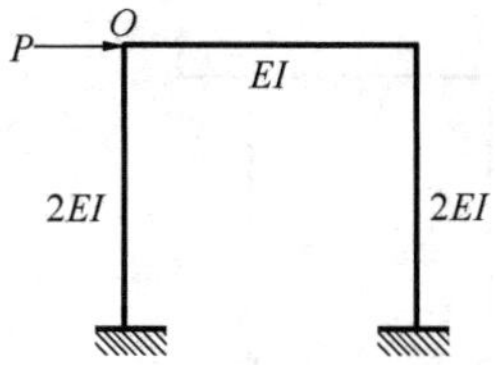

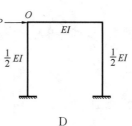

C   D

8-18 **(2019)**半径为 R 的圆弧拱结构，在均布荷载 q 作用下，下列说法错误的是（　　）。

    A　减少矢高 H，支座水平推力变大

    B　$L=2R$，$H=R$ 时，水平推力为 0

    C　支座竖向反力比同等条件简支梁的竖向反力小

    D　跨中点的弯矩比同条件下的简支梁跨中弯矩小

8-19 **(2019)**刚架结构发生竖向沉降 ΔL，轴力图正确的是？（　　）

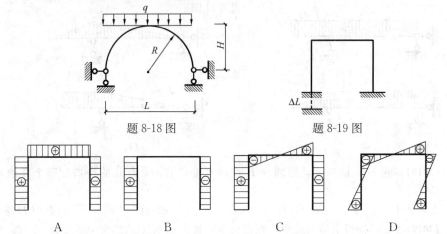

题 8-18 图　　　　　　　　　　题 8-19 图

    A　　　　　　　　B　　　　　　　　C　　　　　　　　D

8-20 **(2019)**单层多跨框架，温度均匀变化（Δt 不等于 0）A、B、C 三点的弯矩大小排序是（　　）。

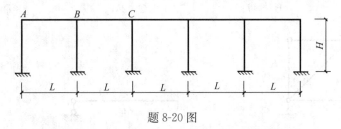

题 8-20 图

    A　$M_A=M_B=M_C$　　B　$M_A>M_B>M_C$　　C　$M_A<M_B<M_C$　　D　不确定

8-21 **(2019)**题 8-21 图所示结构 C 点处的轴力为（　　）。

    A　40kN　　　　　　B　$\dfrac{80}{3}\sqrt{3}$kN　　　　C　10kN　　　　　　D　$\dfrac{20}{3}\sqrt{3}$kN

8-22 **(2019)**题 8-22 图所示结构中 C 点内力为（　　）。

    A　无内力　　　　　　　　　　　　　B　有剪力

    C　有剪力、轴力　　　　　　　　　　D　有剪力、弯矩、轴力

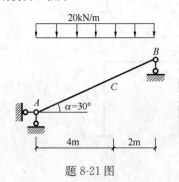

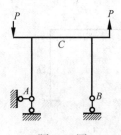

题 8-21 图　　　　　　　　　　题 8-22 图

8-23 **(2019)**三铰拱的受力特点是(　　)。

 A 在竖向荷载作用下，除产生竖向反力外，还产生水平推力

 B 竖向反力为 0

 C 竖向反力随着拱高增大而增大

 D 竖向反力随着拱高增大而减小

8-24 **(2018)**求题 8-24 图的零杆数量(　　)。

 A 1 根   B 2 根   C 3 根   D 4 根

8-25 **(2018)**求题 8-25 图的超静定次数(　　)。

 A 1 次   B 2 次   C 3 次   D 4 次

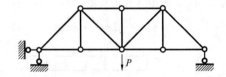 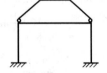

题 8-24 图   题 8-25 图

8-26 **(2018)**题 8-26 图所示结构在外荷载 q 作用下，产生内力的杆件是(　　)。

 A *AE*   B *BC*   C *AC*   D *BE*

8-27 **(2018)**题 8-27 图所示结构，在外力 P 作用下，正确弯矩图是(　　)

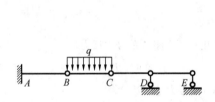 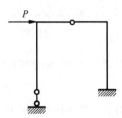

题 8-26 图   题 8-27 图

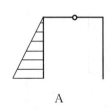 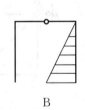 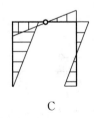 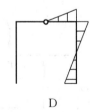

  A   B   C   D

8-28 **(2018)**题 8-28 图所示结构在外力 P 作用下，正确的剪力图为(　　)。

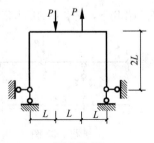

题 8-28 图

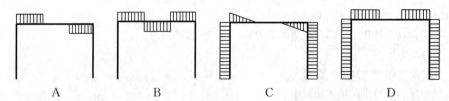

A	B	C	D

8-29 **(2018)**题 8-29 图所示简支梁在外力 P 作用下，跨中 A 点左侧的内力是（　　）。

A　$M_{AB}=PL$　$Q_{AB}=P$　　　　　　B　$M_{AB}=PL$　$Q_{AB}=\dfrac{P}{2}$

C　$M_{AB}=\dfrac{PL}{2}$　$Q_{AB}=\dfrac{P}{2}$　　　　D　$M_{AB}=\dfrac{PL}{2}$　$Q_{AB}=0$

8-30 **(2018)**题 8-30 图所示简支梁在荷载 q 作用下，跨中 A 点的弯矩是（　　）。

A　$\dfrac{1}{8}qL^2$　　　　B　$\dfrac{1}{8}qL^2\left(\dfrac{1}{\cos\alpha}\right)^2$　　　　C　$\dfrac{1}{8}qL\,(L\cdot\cos\alpha)^2$　　　　D　$\dfrac{1}{8}\left(\dfrac{qL^2}{\cos\alpha}\right)$

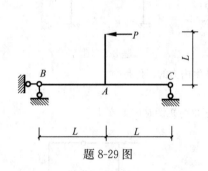

题 8-29 图

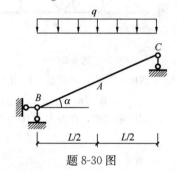

题 8-30 图

8-31 **(2018)**题 8-31 图所示结构在外力作用下，支座 A 的竖向反力是（　　）。

A　0　　　　　　B　$\dfrac{P}{2}$　　　　　　C　P　　　　　　D　$\dfrac{3P}{2}$

8-32 **(2018)**题 8-32 图所示结构中，杆 AB 的轴力是（　　）。

A　$N_{AB}=P$　　　　B　$N_{AB}=\dfrac{1}{2}P$　　　　C　$N_{AB}=0$　　　　D　$N_{AB}=\sqrt{2}P$

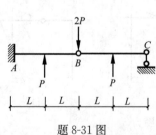

题 8-31 图

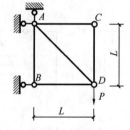

题 8-32 图

8-33 **(2018)**题 8-33 图所示结构在外力作用下，支座 D 的反力是（　　）。

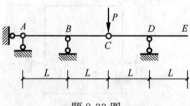

题 8-33 图

A　$R_D=0$　　　　B　$R_D=\dfrac{1}{2}P$　　　　C　$R_D=P$　　　　D　$R_D=-\dfrac{1}{2}P$

8-34 **(2018)**题 8-34 图所示结构体系，在不同荷载作用下，内力改变的杆件数量是(   )。

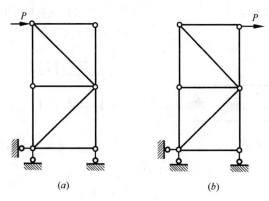

题 8-34 图

A 0 根   B 1 根   C 2 根   D 3 根

8-35 **(2018)**题 8-35 图所示结构体在外力 q 作用下，弯矩图哪个正确？(   )

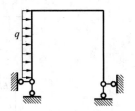

题 8-35 图

 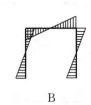 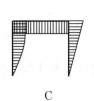 

A   B   C   D

8-36 **(2018)**在题 8-36 图结构所示受力情况下，轴力图正确的是(   )。

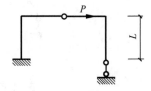

题 8-36 图

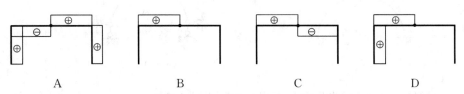

A   B   C   D

8-37 **(2018)**题 8-37 图所示结构 D 支座处的反力是(   )。

A 0   B ql C $2ql$ D $\dfrac{ql}{2}$

8-38 **(2018)** 题 8-38 图所示悬臂梁在不同荷载下，下列说法正确的是（　　）。

A　端点 B 的竖向位移相同　　　　　　　B　支座 A 的竖向反力相同

C　两者的剪力图相同　　　　　　　　　　D　两者的弯矩图相同

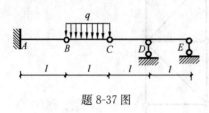

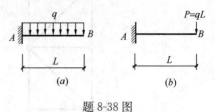

题 8-37 图　　　　　　　　　　　　　　　　　题 8-38 图

8-39 **(2018)** 图示 4 种刚架中，跨中 A 点位移最小的是（　　）。

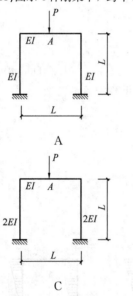

A　　　　　　　　　　　　　　　　　　B

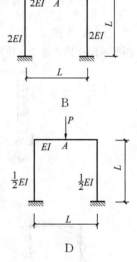

C　　　　　　　　　　　　　　　　　　D

8-40 **(2018)** 题 8-40 图所示刚架 O 点位移最大的是（　　）。

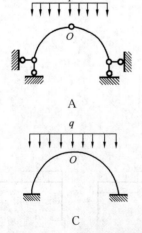

A　　　　　　　　　　　　　　　　　　B

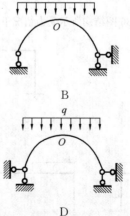

C　　　　　　　　　　　　　　　　　　D

8-41 **(2018)** 题 8-41 图所示结构温度变化后引起的内力变化正确的是（　　）。

A　$M_{C'C} > M_{B'B}$ 且 $N_{BC} > N_{BA}$　　　　　　　　　　B　$M_{C'C} > M_{B'B}$ 且 $N_{BC} < N_{BA}$

C　$M_{C'C} < M_{B'B}$ 且 $N_{BC} < N_{BA}$　　　　　　　　　　D　$M_{C'C} < M_{B'B}$ 且 $N_{BC} > N_{BA}$

8-42 **(2018)**题 8-42 图所示多跨静定梁，B 支座左侧截面剪应力为（　　）。

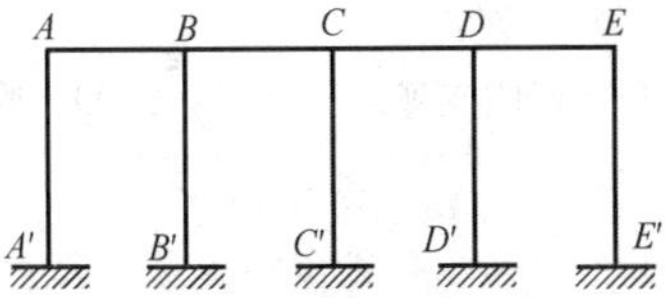

题 8-41 图

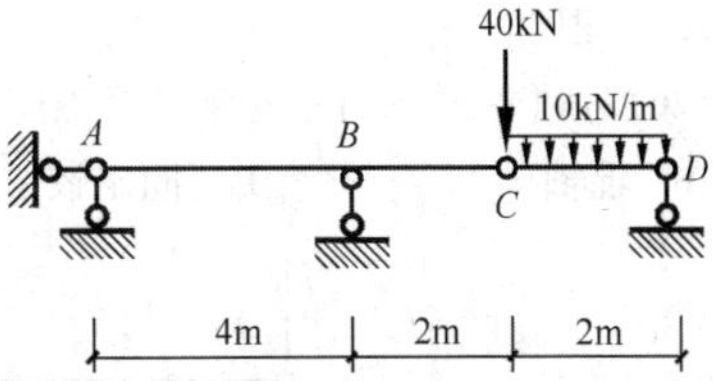

题 8-42 图

A　$-15kN$　　　　　　B　$-25kN$　　　　　　C　$-40kN$　　　　　　D　$-50kN$

8-43 **(2018)**求题 8-43 图所示 C 点处截面的弯矩（　　）。

A　$10kN \cdot m$　　　　　B　$20kN \cdot m$　　　　　C　$30kN \cdot m$　　　　　D　$40kN \cdot m$

8-44 **(2018)**题 8-44 图所示支座可以简化为（　　）。

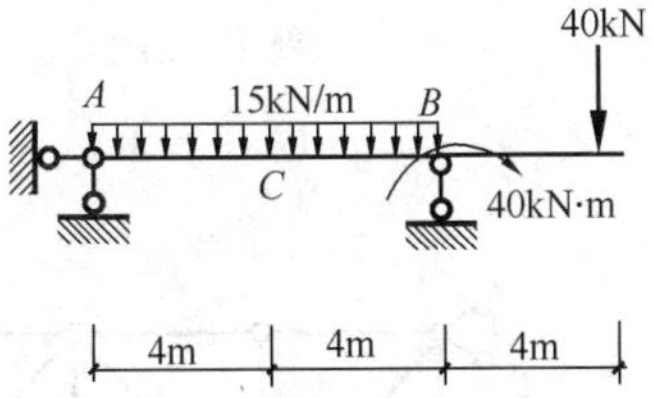

题 8-43 图

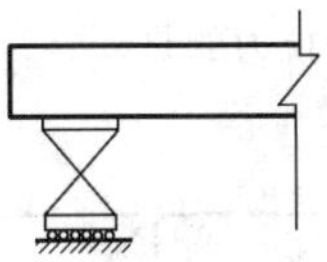

题 8-44 图

A　　　　　　　　　B　　　　　　　　　C　　　　　　　　　D

8-45 **(2017)**题 8-45 图所示桁架结构中零杆的个数为（　　）。

A　2 根　　　　　　　B　3 根　　　　　　　C　4 根　　　　　　　D　5 根

8-46 **(2017)**题 8-46 图所示桁架结构中零杆的个数为（　　）。

A　5 根　　　　　　　B　9 根　　　　　　　C　15 根　　　　　　D　17 根

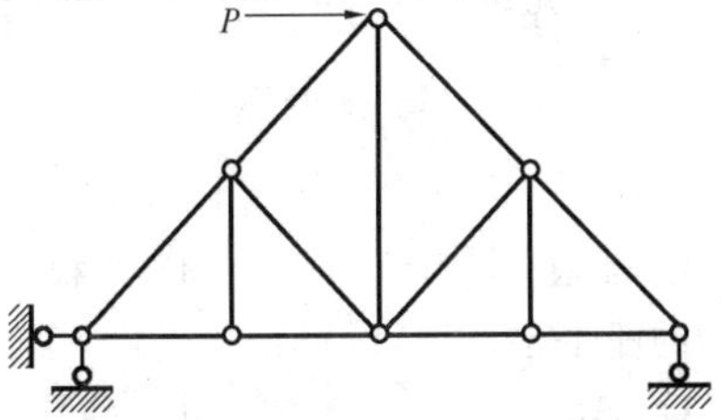

题 8-45 图

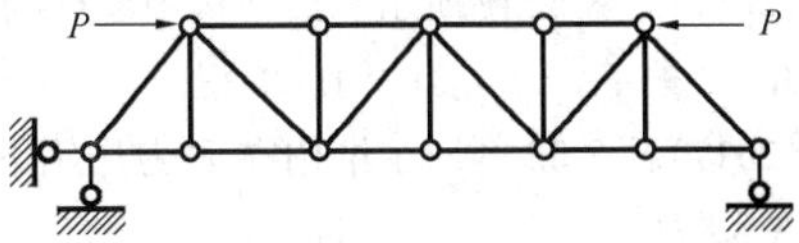

题 8-46 图

8-47 **(2017)**题 8-47 图所示结构中零杆的个数为（　　）。

A　2 根　　　　　　　B　4 根　　　　　　　C　6 根　　　　　　　D　7 根

8-48 **(2017)**题 8-48 图所示桁架结构中零杆的个数是（　　）。

A　3 根　　　　　　　B　5 根　　　　　　　C　7 根　　　　　　　D　9 根

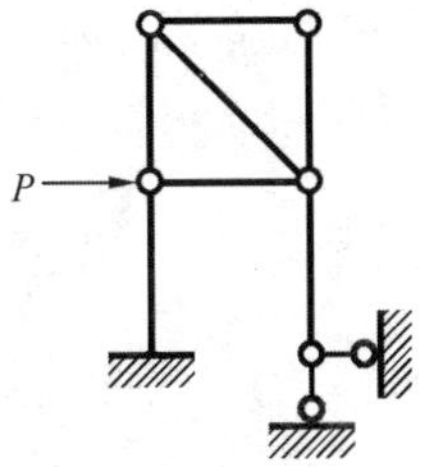

题 8-47 图

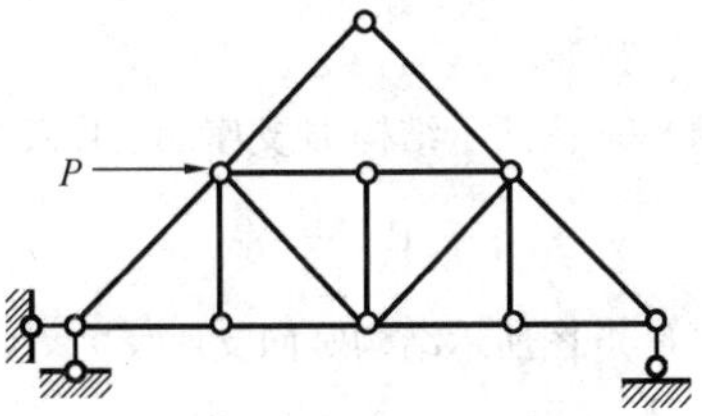

题 8-48 图

8-49 **(2017)**题 8-49 图所示桁架结构中零杆的个数是(　　)。

A　2 根　　　　　　B　3 根　　　　　　C　4 根　　　　　　D　5 根

8-50 **(2017)**题 8-50 图所示支座是属于何种支座简图?(　　)

A　辊轴　　　　　　B　固定铰链　　　　C　定向支座　　　　D　固定端

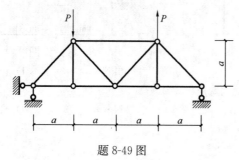

题 8-49 图　　　　　　　　　　　　　　题 8-50 图

8-51 **(2017)**图中斜杆都为拉力的是(　　)。

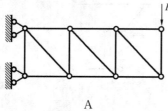

A　　　　　　　　　　　　　　　　　　B

C　　　　　　　　　　　　　　　　　　D

8-52 **(2017)**题 8-52 图所示桁架结构中零杆的数量为(　　)。

A　2 根　　　　　　B　3 根　　　　　　C　4 根　　　　　　D　5 根

8-53 **(2017)**题 8-53 图所示结构在 P 力作用下产生内力的杆件是(　　)。

A　*AB*　　　　　　B　*AC*　　　　　　C　*AD*　　　　　　D　*CD*

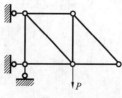

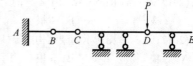

题 8-52 图　　　　　　　　　　　　　　题 8-53 图

8-54 **(2017)**题 8-54 图所示结构 B 支座的支座反力是(　　)。

A　$\dfrac{P}{4}$　　　　　　B　$\dfrac{P}{2}$　　　　　　C　P　　　　　　D　$2P$

8-55 **(2017)**题 8-55 图所示结构竖向支座反力 R_A、R_B 的绝对值为(　　)。

A　$\dfrac{P}{2}$，$\dfrac{P}{2}$　　　B　$\dfrac{2P}{3}$，$\dfrac{P}{3}$　　　C　P，0　　　　　　D　0，P

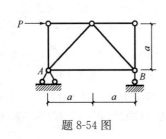

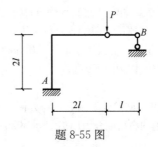

题 8-54 图　　　　　　　　　题 8-55 图

8-56 (2017)题 8-56 图所示（a）、（b）两幅图中内力改变的杆件数量是(　　　)。

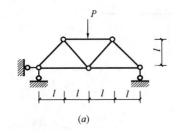

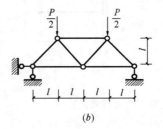

(a)　　　　　　　　　　　　　(b)

题 8-56 图

　A　0　　　　　　　B　1　　　　　　　C　2　　　　　　　D　3

8-57 (2017)题 8-57 图所示简支梁跨中 a 点的弯矩是(　　　)。

　A　0　　　　　B　$\dfrac{1}{2}PL$　　　　　C　PL　　　　　D　$\dfrac{3}{2}PL$

8-58 (2017)题 8-58 图所示外伸梁 a 截面处的剪力和弯矩为(　　　)。

　A　-9kN，$-28\text{kN}\cdot\text{m}$　　　　　　　　B　$+3\text{kN}$，$-28\text{kN}\cdot\text{m}$
　C　-3kN，$+28\text{kN}\cdot\text{m}$　　　　　　　　D　$+3\text{kN}$，$+28\text{kN}\cdot\text{m}$

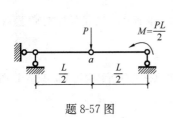

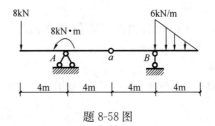

题 8-57 图　　　　　　　　　　题 8-58 图

参考答案及解析

8-1　**解析**：去掉上、下两根横杆，则成为由 7 个二元体组成的静定结构，故有两个多余约束，属于 2 次超静定结构。

　　　　答案：C

8-2　**解析**：去掉左、右两端的两个固定铰支座（即去掉 4 个多余约束）后，成为一个静定的三铰结构；故有 4 个多余约束，属于 4 次超静定结构。

　　　　答案：D

8-3　**解析**：题 8-3 图所示桁架受到一组相互平衡的力系作用，根据"加减平衡力系原理"，这一组力系不会产生支座反力。因此，两个端点都可以看作无外力作用的两杆节点，故与这两个端点相连的 4 根杆都是零杆。

　　　　答案：D

8 - 4 **解析**：首先分析 *DE* 杆的受力，可知其受力为 0。再依次分析 *BCD* 杆和 *AB* 杆的受力，可知其受力图如题 8-4 解图所示，故 *AB* 杆和 *BC* 杆受力不为 0，内力也不为 0。

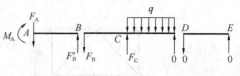

题 8-4 解图

答案：B

8 - 5 **解析**：首先从中间铰链处断开，为方便起见，把中间铰链 *B* 连同其上作用的集中力 8kN 放在 *AB* 杆上，把均布力的合力用集中力 16kN 代替，作用在 *CD* 段的中点，如题 8-5 解图所示。

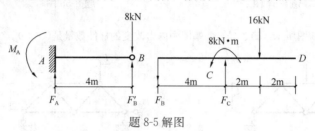

题 8-5 解图

取 *BCD* 杆为研究对象，$\sum M_C = 0$，

可得到：$F_B \times 4 + 8 = 16 \times 2$ $\therefore F_B = 6$

再取 *AB* 杆为研究对象，由直接法可得：

$M_A = 6 \times 4 - 8 \times 4 = -8\text{kN} \cdot \text{m}$（绝对值为 8kN·m）

答案：A

8 - 6 **解析**：题目中所列 4 个结构在外部荷载作用下的弯矩图，图 A 显然是错误的，因为在中间铰链处，没有集中力偶作用，弯矩应该是 0，不是 0 就是错误的。其他 3 个弯矩图正确。

答案：A

8 - 7 **解析**：此题为对称结构受对称荷载作用，对称轴上 K 形节点的 2 根斜杆为反对称内力的杆，这 2 根杆为零杆。再根据三杆节点的零杆判别法可知，2 根竖杆也是零杆，故有 4 根零杆。

答案：D

8 - 8 **解析**：*A* 点可以看作是桁架结构中的两杆节点，无外力作用，所以 *A* 点的链杆支座是零杆，*A* 点的支座反力是 0。

答案：A

8 - 9 **解析**：根据教材上图 8-89 有关利用对称性求解超静定结构的有关分析结果可知，只有 D 图是正确的。

答案：D

8 - 10 **解析**：根据受力分析可知，右下角的链杆支座只有一个垂直向上的支座反力，所以右侧的杆没有弯矩，故排除 A 和 B 选项；而 C 图不符合把弯矩画在受拉一侧的规律，故应选 D。

答案：D

8 - 11 **解析**：根据 *BC* 段的受力分析，可知 *BC* 杆上没有任何外力，所以原结构受力相当于一个悬臂刚架 *AB* 受一个集中力 *P* 作用，而且横梁上没有轴力，故应选 A。

答案：A

8 - 12 **解析**：如题 8-12 解图所示，节点 *A* 和 *B* 是属于两杆节点，故杆 1、2、3、4 均为零杆；而 *C*、*D*、*E* 3 个节点均属于三杆节点，故杆 5、6、7 亦为零杆。共有 7 根零杆。

答案：D

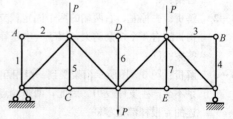

题 8-12 解图

8-13   解析：图示两根梁的支座反力相同，都是 qa；最大剪力相同，也都是 qa，但是剪力图不同，如解图所示；故 A、B、D 都是正确的。

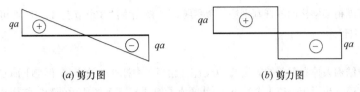

(a) 剪力图   (b) 剪力图

题 8-13 解图

答案：C

8-14   解析：根据梁的弯矩图的端点规律，左端没有集中力偶，故弯矩为零；右端有集中力偶，右端弯矩就是集中力偶的力偶矩 M；故应该选 D。

答案：D

8-15   解析：由节点法，可以从节点 C 求出 $N_{BC}=N_{CD}=0$，从节点 B 求出 $N_{BA}=P$，$N_{BD}=-\sqrt{2}P$；从节点 D 求出 $N_{AD}=P$；可见 BD 杆的轴力最大，杆件最长。由胡克定律可知：$\Delta l=\dfrac{Nl}{EA}$，所以最有效的方法是增加 BD 杆的轴向刚度 EA。

答案：C

8-16   解析：从超静定结构的有关例题可以看出，超静定梁的弯矩大小与其本身的抗弯刚度 EI 的大小无关。

答案：B

8-17   解析：图示刚架 O 点的水平位移和刚架的总体刚度（特别是两个竖杆的刚度）成反比。由于图 C 的总体刚度之和最大，为 $5EI$，所以 C 图中 O 点的水平位移最小。

答案：C

8-18   解析：题 8-18 图所示两铰拱水平推力不是 0，而且支座竖向反力和同等条件简支梁的竖向反力相同，所以 B、C 的说法都是错误的。

答案：B、C

8-19   解析：图示刚架左侧支座发生沉降，相当于在左侧支座产生一个向下的垂向力，相应地右侧支座也要产生一个向上的垂向力，而水平横梁上则无轴向力，故应选 B。

答案：B

8-20   解析：因为结构对称，环境温度变化 Δt 也是对称的，所以题 8-20 图所示超静定结构的变形也是对称的。由于变形的累积效应，越往外累积的变形越大，相应的弯矩也越大，故应选 B。

答案：B

8-21   解析：首先求支座反力：$F_A=F_B=\dfrac{1}{2}\times 20\times 6=60\mathrm{kN}$。

取 C 截面右侧，见题 8-21 解图可知：
$F_N=60\times\cos 60°-20\times 2\times\cos 60°=10\mathrm{kN}$。

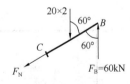

题 8-21 解图

答案：C

8-22   解析：根据结构的对称性和反对称性规律可知，如果结构对称、荷载反对称，则轴力图、弯矩图反对称；剪力图对称；在对称轴上轴力、弯矩均为 0。此题就是结构对称、荷载反对称的情况，所以在对称轴上轴力、弯矩均为 0，只有剪力不为 0。

答案：B

8-23   解析：拱结构与梁结构的区别，在于拱结构在竖向荷载作用下，除产生竖向反力外，还产生水平推力，所以选项 A 是正确的。竖向反力与拱高的值无关，均为竖向荷载值的一半。故 B、C、D 选项都是错误的。

答案：A

8-24 **解析**：根据桁架结构的零杆判别法，考察题 8-24 解图中的 3 个节点 A、B、C 可知，三根竖杆 1、2、3 是零杆。

答案：C

8-25 **解析**：原结构去掉右下角的固定端 D 支座（相当于去掉 3 个约束），再把上面 C 点的中间铰链变成链杆支座（相当于去掉 1 个约束），就变成了如题 8-25 解图所示的静定结构——悬臂刚架 AB-CD 加简支钢架 BC。共去掉了 4 个多余约束，为 4 次超静定结构。

答案：D

8-26 **解析**：首先分析 BC 杆，可知 B、C 两点都有支座反力；再把 B、C 两点的支座反力的反作用力加在 AB 杆和 CDE 杆上，如题 8-26 解图所示，可见各杆上均有力的作用，故各杆都要产生内力。

答案：A

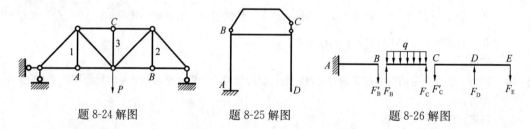

题 8-24 解图　　　　题 8-25 解图　　　　题 8-26 解图

8-27 **解析**：首先进行左半部分 AC 杆的受力分析，再对右半部分 BC 杆进行受力分析，如题 8-27 解图所示。可见 AC 杆上没有弯矩，正确的弯矩图为 B 图。

答案：B

8-28 **解析**：首先进行受力分析，画出图示结构的受力图，如题 8-28 解图所示。由于外荷载是一对力偶（逆时针转），所以支座反力为一对反方向的力偶（顺时针转）。

$$\sum M=0；F_A \times 3L=P \times L$$

故 $F_A=\dfrac{P}{3}=F_B$

由此可知正确的剪力图为 B 图。

答案：B

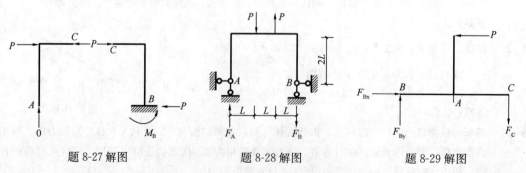

题 8-27 解图　　　　题 8-28 解图　　　　题 8-29 解图

8-29 **解析**：取整体为研究对象，画其受力图如题 8-29 解图所示。

$$\sum M_C=0；F_{By} \times 2L=P \times L$$

$$\therefore F_{By} = \frac{P}{2}$$

再用直接法求跨中 A 点左侧的内力：

$$Q_{AB} = F_{By} = \frac{P}{2}$$

$$M_{AB} = F_{By} \cdot L = \frac{PL}{2}$$

答案：C

8-30 **解析：** 此题虽然梁的轴线是斜的，但是荷载分布仍为垂直于水平轴均匀分布，支座反力也是垂向分布的。跨中的弯矩计算和水平轴受均布荷载作用的简支梁相同。

$$M_A = \frac{1}{2}qL \cdot \frac{L}{2} - \frac{1}{2}qL \cdot \frac{L}{4} = \frac{1}{8}qL^2$$

答案：A

8-31 **解析：** 首先取 BC 杆为研究对象如题 8-31 解图所示，不难求出 B 点的约束反力为 $\frac{P}{2}$，然后取 AB 杆（含中间铰链 B）为研究对象：

$$\sum F_y = 0: F_A + P + \frac{P}{2} = 2P$$

$$F_A = \frac{P}{2}$$

答案：B

8-32 **解析：** 利用桁架结构的零杆判别法，考察三杆节点 B，可知 AB 杆为零杆。

答案：C

8-33 **解析：** 取 CDE 杆（含铰链 C）为研究对象，如题 8-33 解图所示。

$$\sum M_C = 0: R_D \times L = 0 \quad \therefore R_D = 0$$

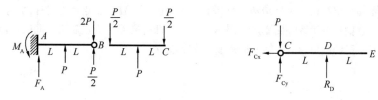
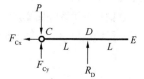

题 8-31 解图   题 8-33 解图

答案：A

8-34 **解析：** 两个图的外力作用线相同，所以产生的支座反力也相同。题 8-34 图（a）中可知顶上横杆是零杆。题 8-34 图（b）中可知顶上横杆受拉力 P。只有 P 力作用线上的横杆内力有改变，其余杆内力都不变。

答案：B

8-35 **解析：** A 图横梁弯矩图为抛物线不对，B 图左下角、右下角弯矩不为零错误，C 图右上角弯矩的平衡关系不对；只有 D 图是完全正确的。

答案：D

8-36 **解析：** 为了方便分析，把中间铰链和其上作用的集中力 P 放在左侧，首先分析右边的刚架，可知其既无外力又无重力，支座反力为 0，内力亦为 0。而左边的刚架是一个受水平力 P 作用的悬臂刚架，其水平杆上有受拉的轴力，竖杆上无轴力。

答案：B

8-37 **解析：** 首先取 BC 杆为研究对象，画出其受力图如解图所示。不难求得：

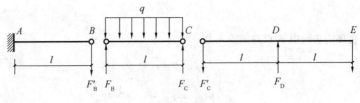

题 8-37 解图

$$F_B = F_C = \frac{ql}{2}$$

再取 CDE 杆为研究对象，画出其受力图如解图所示。

由 $\sum M_E = 0$：$F_D \cdot l = F'_C \cdot 2l$

可知：$F_D = 2F'_C = ql$

答案： B

8-38 **解析：** 题 8-38 图所示悬臂梁在均布荷载 q 和集中力 $P = ql$ 作用下，只有支座 A 的竖向反力相同，两者的剪力图、弯矩图和端点 B 的竖向位移都是不同的。

答案： B

8-39 **解析：** 图示刚架跨中 A 点位移与刚架的总刚度，尤其是横梁的刚度大小成反比。可以设想刚度 EI 的变化是从零到无穷大。其中 B 图刚架的总刚度和横梁的刚度都是最大的，故 B 图跨中 A 点位移最小。

答案： B

8-40 **解析：** 一般来说，超静定次数越低，跨中弯矩越大，跨中 O 点的竖向位移也越大。图示 4 种拱形结构，C 图是 3 次超静定，D 图是 1 次超静定，只有 A 图和 B 图是静定结构。而 A 图是三铰拱，中点铰链弯矩为零，整体结构的弯矩要比 B 图弯矩小；所以 B 图超静定次数最低，弯矩最大，位移也最大。

答案： B

8-41 **解析：** 图示超静定结构是对称结构，引起变形的外因——温度变化也是对称的，故其变形也是对称的，而且横杆越接近外侧变形积累越大，故竖杆的底部弯矩也越大。同时，由于横杆越靠近外侧，其所受的约束越少，轴力也越小。故应选 D。

答案： D

8-42 **解析：**

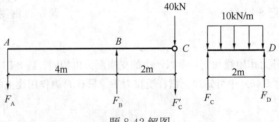

题 8-42 解图

首先从中间铰链 C 处断开，为便于分析，把中间铰链 C 及作用在 C 铰链上的集中力 40kN 都放在 ABC 杆上，如解图所示。

从 CD 杆的受力图，不难求出：

$$F_C = F_D = \frac{1}{2} \times 10 \times 2 = 10\text{kN}$$

然后把 $F'_C = F_C = 10\text{kN}$ 按照图示方向加到 ABC 杆上，$\sum M_B = 0$：$F_A \times 4 = (40 + 10) \times 2$

$\therefore F_A = 25\text{kN}$

最后由直接法，得到：$V_{B左} = -F_A = -25\text{kN}$

答案： B

8-43 解析：首先进行受力分析，由于没有水平力，所以 A 点的水平支座反力为0，梁的受力图如解图所示。

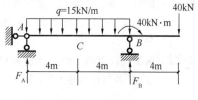

$$\sum M_B = 0：F_A \times 8 + 40 + 40 \times 4 = 15 \times 8 \times 4$$

得到 $F_A = 35\text{kN}$

再由直接法求 C 截面的弯矩：

$$M_C = 35 \times 4 - (15 \times 4) \times 2 = 20\text{kN} \cdot \text{m}$$

题 8-43 解图

答案： B

8-44 解析：题 8-44 图所示支座是典型的辊轴支座，只有一个竖直向上的支座反力，故和链杆支座 B 图相同。

答案： B

8-45 解析：运用桁架结构的零杆判别法，依次考察三杆节点 A、B、C、D、E，可以看出1、2、3、4、5杆为零杆。

答案： D

8-46 解析：题 8-46 图所示桁架结构受一对平衡力作用。根据加减平衡力系原理可知支座反力为0，再按照解图所示顺序，依次考察 A、B、C、D、E 各点，可知1、2、3、4、5、6、7、8杆为零杆。依对称性，左边8个杆也为零杆。最后由 F 点可知9杆也是零杆。故有17根零杆。

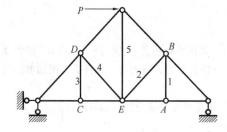

题 8-45 解图

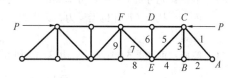

题 8-46 解图

答案： D

8-47 解析：运用桁架结构的零杆判别法，依次考察解图中 A、B、C 三点，可知1、2、3、4、5、6杆均为零杆。

答案： C

8-48 解析：从两杆节点 A 可判断1、2杆为零杆，从三杆节点 B、C、D 可判断3、4、5杆是零杆，故有5根零杆。

答案： B

8-49 解析：从三杆节点 A、B 可以判断出1、2杆是零杆。再从结构对称、荷载反对称的特点，可以判断出在对称轴上对称力（3杆的轴力）为0。这个结论也可以用截面法来验证，故有3根零杆。

答案： B

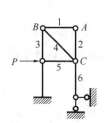

题 8-47 解图

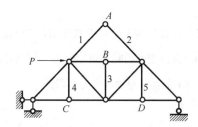

题 8-48 解图

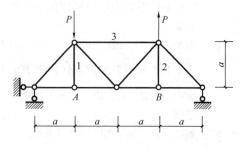

题 8-49 解图

8-50 **解析**：题 8-50 图所示支座有 3 根约束链杆，相当于固定端支座——左右不能动，上下不能动，也不能转动，故有 3 个约束力。

答案：D

8-51 **解析**：以图 A 为例，如解图所示，用节点法（位置照抄、箭头相反）依次画出 A、B、C、D、E、F 各节点的受力图，可知 3 根斜杆（1、2、3 杆）均为拉力。

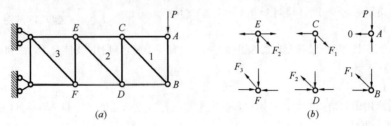

题 8-51 解图

其他各图的分析方法相同；B 图中有 3 根零杆，C 图中有 3 根零杆，D 图中有 2 根零杆。

答案：A

8-52 **解析**：先看两杆节点 A，可知 1 杆和 2 杆是零杆；再看节点 B，可知 3 杆和 4 杆是零杆。共有 4 根零杆。

答案：C

8-53 **解析**：先分析 DE 杆，可知 DE 杆无支座反力、无内力；再分析 BC 杆，可知 BC 杆无反力、无内力，从而 AB 杆也无反力、无内力；只有 CD 杆有反力、有内力。各杆受力图如解图所示。

答案：D

8-54 **解析**：取题 8-54 图所示结构整体为研究对象，画出整体的受力图，如解图所示。

$$\sum M_A = 0：F_B \times 2a = P \times a \quad \therefore \ F_B = \frac{P}{2}$$

答案：B

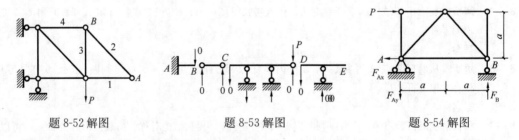

题 8-52 解图　　　　　　题 8-53 解图　　　　　　题 8-54 解图

8-55 **解析**：可以将节点 B 看作是桁架结构的两杆节点。B 点连接的两根杆均为零杆，可以去掉。剩余的悬臂刚架支座 A 的竖向反力为 P。

答案：C

8-56 **解析**：题 8-56 图所示 (a)、(b) 两图都是对称结构受对称荷载作用，支座反力也对称，都等于 $\frac{P}{2}$，所以与两个支座联系的 4 根杆内力不会改变。同时，对称轴上 K 形节点的两根斜杆是反对称内力，是零杆，内力也不会改变。只有上面的一根横杆内力不同。

答案：B

8-57 **解析**：简支梁受力图如解图所示：

$$\sum M_B = 0：F_A \times L = P \times \frac{L}{2} + \frac{PL}{2}$$

可得：$F_A = P$

再由直接法求 a 点的弯矩：

$$M_a = F_A \times \frac{L}{2} = \frac{PL}{2}$$

答案：B

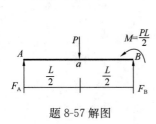

题 8-57 解图

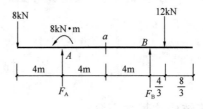

题 8-58 解图

8-58 **解析：** 三角形分布荷载的合力为：

$$F = \frac{1}{2} \times 4 \times 6 = 12\text{kN}$$

画出 AB 梁的受力图（题 8-58 解图），

$$\sum M_A = 0: F_B \times 8 + 8 + 8 \times 4 = 12 \times 8\frac{4}{3}$$

可得：$F_B = 9\text{kN}$

用直接法，取 a 截面的右侧，可得：

$$V_a = +12 - 9 = 3\text{kN}$$

$$M_a = +9 \times 4 - 12 \times 4\frac{4}{3} = -28\text{kN} \cdot \text{m}$$

答案：B

第九章　建筑结构与结构选型

第一节　概　述

一、建筑结构的基本概念

（一）基本术语

1. 建筑物

人类建造活动的一切成果，如房屋建筑、桥梁、码头、水坝等。房屋建筑以外的其他建筑物有时也称构筑物。

2. 结构

能承受和传递作用并具有适当刚度的由各连接部件组合而成的整体，俗称承重骨架。

3. 工程结构

房屋建筑、铁路、公路、水运和水利水电等各类土木工程的建筑物结构的总称。

4. 结构体系

结构中的所有承重构件及其共同工作的方式。

5. 建筑结构

组成工业与民用建筑包括基础在内的承重体系，为房屋建筑结构的简称。对组成建筑结构的构件、部件，当其含义不致混淆时，亦可统称为结构。

6. 建筑结构单元

房屋建筑结构中，由伸缩缝、沉降缝或防震缝隔开的区段。

7. 作用

施加在结构上的集中力或分布力和引起结构外加变形或约束变形的原因。前者也称直接作用（荷载），后者也称间接作用。

8. 作用效应

由作用引起的结构或结构构件的反应。如内力、变形等。

9. 结构抗力

结构或结构构件承受作用效应的能力。如承载力、刚度等。

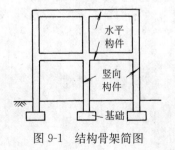

图 9-1　结构骨架简图

（二）建筑结构的组成

结构构件是指在物理上可以区分出的部分，如柱、墙、梁、板、基础桩等。

建筑结构一般都是由以下结构构件组成（图 9-1）：

1. 水平构件

用以承受竖向荷载的构件，一般有梁和板。

2. 竖向构件

用以支承水平构件或承受水平荷载的构件，一般有柱、墙和基础桩。

注：基础是指将结构所承受的各种作用传递到地基（支承基础的土或岩体）上的结构组成部分，一般有：无筋扩展基础、扩展基础、柱下条形基础、高层建筑箱形和筏形基础、桩基础。

部件是指结构中由若干构件组成的具有一定功能的组合件，如楼梯、阳台、屋盖等。

（三）建筑结构的类型

1. 按组成建筑结构的主要建筑材料划分

（1）木结构：原木结构、方木结构、胶合木结构。

（2）砌体结构：砖砌体结构、砌块砌体结构、石砌体结构、配筋砌体结构。

（3）钢结构：冷弯型钢结构、预应力钢结构。

（4）混凝土结构：素混凝土结构、钢筋混凝土结构、预应力混凝土结构。

（5）混合结构：对高层建筑结构，由钢框架（框筒）、型钢混凝土框架（框筒）、钢管混凝土框架（框筒）与钢筋混凝土核心筒组成，并共同承受水平和竖向作用的结构。在多层房屋建筑中，该术语专指一般以砌体为主要承重构件和混凝土楼盖和屋盖（或木屋架屋盖、钢木屋架屋盖）等共同组成的结构。

注：组合结构是指同一截面或各杆件由两种或两种以上材料制成的结构。

2. 按组成建筑结构的结构形式划分

（1）平板结构体系。一般有：常规平板结构（板式结构、梁板式结构）、桁架与屋架结构、刚架与排架结构、空间网格结构（双层或多层网架、直线形立体桁架结构）、高层建筑结构（框架、剪力墙、框架-剪力墙、筒体、悬挂结构）。

（2）曲面结构体系。一般有：拱结构、空间网格结构（单层、双层或局部双层网壳、曲线形立体桁架结构）、索结构（悬索结构、斜拉结构、张弦结构、索穹顶）、薄壁空间结构（薄壳、折板、幕结构）等。

注：膜建筑是20世纪中期发展起来的一种新型建筑形式。膜不是结构，是建筑的围护系统，而真正的结构是那些支承和固定膜的钢结构，可分为充气膜建筑和张拉膜建筑。

幕结构是由双曲面壳结构经转化而形成的一种结构形式，也可称其为双向折板结构。

3. 按建筑结构的承载方式划分

（1）墙承载结构，如砌体结构、砖木结构、剪力墙结构等。

（2）柱结构，如框架结构、排架结构、刚架结构等。

（3）特殊类型结构，这里指不归入前两种类型的结构，如拱结构和大跨度空间结构等。

注：参见——樊振和. 建筑结构体系及选型. 北京：中国建筑工业出版社，2011。

4. 规范对单层、多层、高层以及大跨度建筑的规定

《民用建筑设计统一标准》GB 50352—2019：

（1）建筑高度不大于27.0m的住宅建筑、建筑高度不大于24.0m的公共建筑及建筑高度大于24.0m的单层公共建筑为低层或多层民用建筑。

（2）建筑高度大于27.0m的住宅建筑和建筑高度大于24.0m的非单层公共建筑，且高度不大于100.0m的，为高层民用建筑。

（3）建筑高度大于100.0m为超高层建筑。

《建筑设计防火规范》GB 50016—2014（2018年版）：

（1）建筑高度不大于 27m 的住宅建筑（包括设置商业服务网点的建筑）为单、多层民用建筑。

（2）建筑高度大于 24m 的单层公共建筑，建筑高度不大于 24m 的其他公共建筑为单、多层民用建筑。

（3）其他为高层民用建筑，并分为一类与二类。

《高层建筑混凝土结构技术规程》JGJ 3—2010：

10 层及 10 层以上或房屋高度大于 28m 的住宅建筑和房屋高度大于 24m 的其他高层民用建筑。

《空间网格结构技术规程》JGJ 7—2010：

本规程中大、中、小跨度划分系针对屋盖而言；大跨度为 60m 以上；中跨度为 30～60m；小跨度为 30m 以下。

《建筑抗震设计规范》GB 50011—2010（2016 年版）：

现浇钢筋混凝土房屋的大跨度框架是指跨度不小于 18m 的框架。

《钢结构设计标准》GB 50017—2017：

大跨度钢结构体系可分为如下三类，其常见形式为：

（1）以整体受弯为主的结构：平面桁架、立体桁架、空腹桁架、网架、组合网架钢结构以及与钢索组合形成的各种预应力钢结构；

（2）以整体受压为主的结构：实腹钢拱、平面或立体桁架形式的拱形结构、网壳、组合网壳钢结构以及与钢索组合形成的各种预应力钢结构；

（3）以整体受拉为主的结构：悬索结构、索桁架结构、索穹顶等。

此外尚可按建筑结构的受力特点划分为：平面结构体系与空间结构体系两大类。

二、建筑结构基本构件与结构设计

组成结构体系的单元体称为基本构件。按受力特征来划分主要有以下三类：轴心受力构件、偏心受力构件和受弯构件。

按其主要受力性质常常又划分为：拉杆、压杆和受弯构件。

（一）轴心受力构件

当构件所受外力的作用点与构件截面的形心重合时，则构件横截面产生的应力为均匀分布，这种构件称为轴心受力构件。可分为：

1. 轴心受拉构件

构件所受的力，使构件横断面仅产生均匀拉应力时即为轴心受拉构件。常用于桁架的下弦杆及受拉斜腹杆。

如图 9-2 所示构件内的应力为：

$$\sigma_1 = \frac{F}{bh} \qquad (9\text{-}1)$$

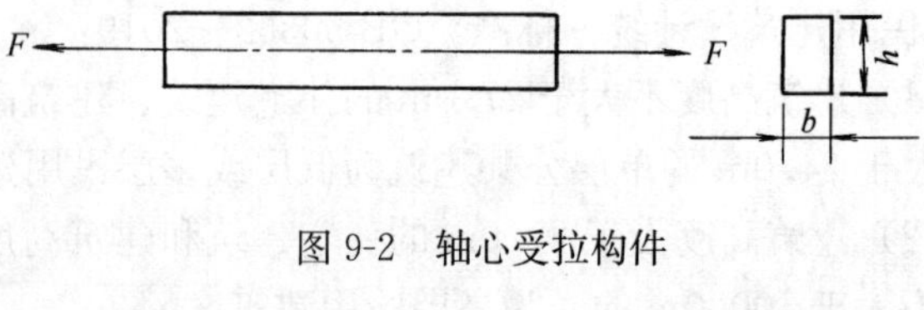

图 9-2 轴心受拉构件

此构件的承载能力为 $\sigma_1 \leqslant [\sigma]$。

式中 $[\sigma]$——材料的允许应力。

这种构件最能充分发挥材料的强度。

2. 轴心受压构件

外力以压力的方式作用在构件的轴心处，使构件产生均匀压应力时，即为轴心受压构件，如图 9-3 所示。

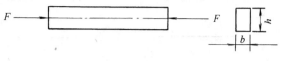

图 9-3　轴心受压构件

其截面应力为：

$$\sigma_1 = \frac{F}{bh} \tag{9-2}$$

但轴心受压构件的实际承载力是由稳定性控制，稳定系数 $\psi < 1$，故其承载力的表达式为：

$$\sigma_2 = \frac{F}{\psi bh} \leqslant [\sigma] \tag{9-3}$$

这是因为受压构件承载时，截面应力尚未达到材料的强度设计值前就会因弯折而失去承载能力，这种现象称为丧失稳定性。上式中的 ψ 值即为按稳定考虑的承载力与强度承载力的比值，称为稳定系数。

由此可见相同材料的拉杆与压杆受同样的荷载 F 作用时，拉杆所需的截面尺寸要比压杆小。

拉杆所需截面为：
$$A_1 = \frac{F}{[\sigma]}$$

压杆所需截面为：
$$A_2 = \frac{F}{\psi [\sigma]}$$

式中　$[\sigma]$——材料的强度设计值（即允许应力）。

$\psi < 1$，故 $A_2 > A_1$

ψ 值与杆件的长细比 λ 有关；$\lambda = \dfrac{l_0}{i}$

式中　l_0——杆件计算长度；

　　　i——截面的回转半径；$i = \sqrt{\dfrac{I}{A}}$；

　　　I——截面的惯性矩；矩形截面时 $I = \dfrac{1}{12}bh^3$，$A = b \times h$。

所以　　　$i = \sqrt{\dfrac{1}{12} \cdot b \cdot h^3 / b \cdot h} = \sqrt{\dfrac{1}{12} \cdot h^2} = \sqrt{\dfrac{1}{12}} h = 0.289h$

λ 越大，ψ 越小，则实际承载力越小。

一般提高压杆承载力的措施为：

（1）选用有较大 i 值的截面，即面积分布尽量远离中和轴。

（2）改变柱端固接条件或增设中间支承以改变杆件计算长度 l_0。

（二）偏心受力构件

偏心受力构件分为两种：偏心受拉和偏心受压构件。

1. 偏心受拉构件

（1）定义：构件承受的拉力作用点与构件的轴心偏离，使构件产生既受拉又受弯时，即为偏心受拉构件（亦称拉弯构件）。常见于屋架下弦有节间荷载时。

（2）构件的受力状态（图 9-4）

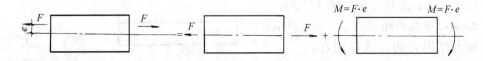

图 9-4　偏心受拉构件

由图 9-4 可知其截面产生的应力是由两种应力叠加的，其边沿应力公式为：

$$\sigma_{\min}^{\max}=\frac{F}{b\cdot h}\pm\frac{M}{W}=\frac{F}{bh}\pm\frac{F\cdot e}{\frac{1}{6}b\cdot h^2}=\frac{F}{bh}\left(1\pm\frac{6\cdot e}{h}\right) \tag{9-4}$$

构件的承载能力应满足 $\sigma_{\max}\leqslant[\sigma]$。

$\sigma_{\max}$——边沿最大拉应力；

$\sigma_{\min}$——边沿最小拉应力；

　W——截面抵抗矩。

由上式可见在受同样的外拉力时偏心受拉构件，其应力要比轴心受拉构件，增大许多，因此在结构设计应尽量避免出现这种构件。

2. 偏心受压构件

（1）定义：构件承受的压力作用点与构件的轴心偏离，使构件产生既受压又受弯时即为偏心受压构件（亦称压弯构件）。常见于屋架的上弦杆、框架结构柱、砖墙及砖垛等。

（2）构件的受力状态（图 9-5）

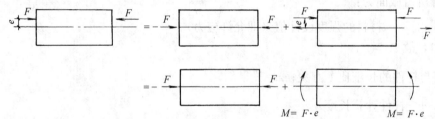

图 9-5　偏心受压构件

截面产生的边沿应力公式为：

$$\sigma_{\min}^{\max}=\frac{F}{bh}\pm\frac{M}{W}=\frac{F}{bh}\left(1\pm\frac{6e}{h}\right) \tag{9-5}$$

式中　$\sigma_{\max}$——边沿最大压应力；

　　　$\sigma_{\min}$——边沿最小压应力。

由上式可见，在受同样的压力 F 时，当作用点与截面轴心偏离时，截面内的压应力增加甚多，而且当偏心距较大时截面内除压应力外将产生一部分拉应力。

在实践中尚有双向偏心构件。

(三)　受弯构件

1. 定义

当一水平构件在跨间承受荷载，使其产生弯曲，构件将产生弯矩和剪力，截面内将产生弯曲应力和剪应力。这种构件即称为受弯构件。这是结构设计中最常见的构件。

2. 受弯构件的受力状态

（1）简支梁在不同荷载作用下的弯矩 M 及剪力 V（图 9-6）。

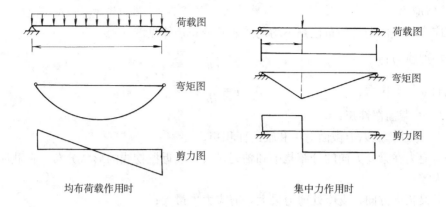

图 9-6 简支梁在不同荷载作用下的弯矩 M 及剪力 V

（2）多跨连续梁在均布荷载作用下的弯矩和剪力（图 9-7）。

在跨度范围内弯矩和剪力都是变化的。

（3）梁截面内的应力分布

1）弯曲应力（图 9-8）

$$\sigma = \pm \frac{M \cdot y}{I} \qquad\qquad (9-6)$$

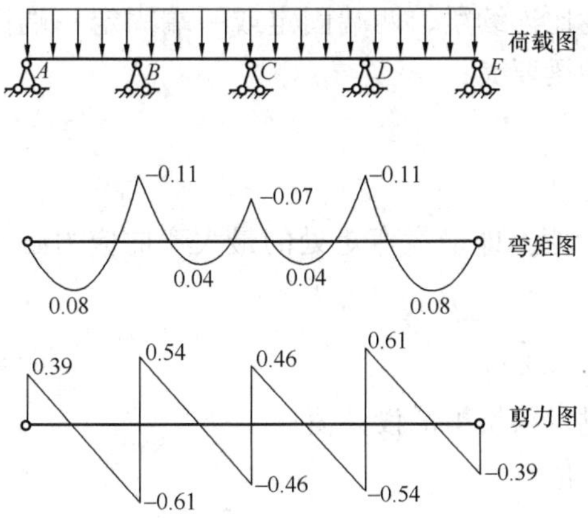

图 9-7

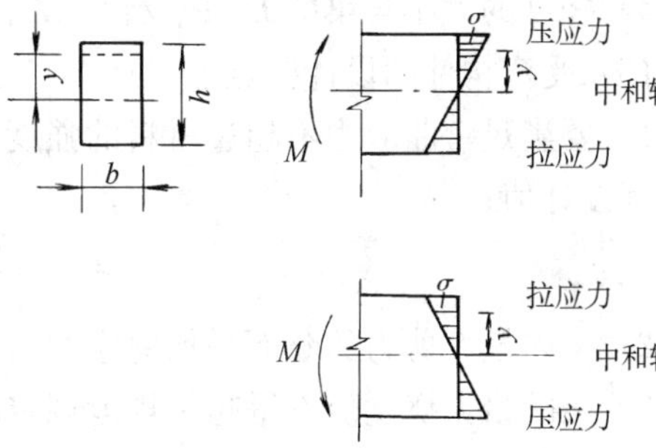

图 9-8 弯曲应力分布图

边沿最大应力：

$$\pm \sigma_{max} = \pm \frac{M \cdot \frac{h}{2}}{\frac{1}{12} \cdot bh^3} = \pm \frac{6 \cdot M}{bh^2}$$

$+\sigma_{max}$——边沿最大拉应力；

$-\sigma_{max}$——边沿最大压应力。

弯曲应力沿截面高度为三角形分布，中和轴处应力为零；向下弯曲时（⌣）中和轴以上为压应力，中和轴以下为拉应力；向上弯曲时（⌢），中和轴以上为拉应力，以下为压应力。

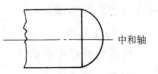

图 9-9 剪应力分布规律图

2）剪应力

剪应力在截面上的分布也是不均匀的，其分布规律见图 9-9。

平均剪应力：
$$\tau = \frac{V}{bh} \qquad\qquad (9\text{-}7)$$

截面上的剪应力：
$$\tau = \frac{VS}{Ib} \qquad\qquad (9\text{-}8)$$

式中　I——截面惯性矩；

　　S——计算点以上截面对中和轴的面积矩。

①剪应力在梁高方向的分布是中和轴处最大，以近抛物线的形状分布，在截面边沿处剪应力为零；

②沿梁长度方向，支座处剪力最大，剪应力也最大；

③截面的抗剪主要靠腹板（即梁的截面中部）。

（4）受弯构件的变形（图 9-10）

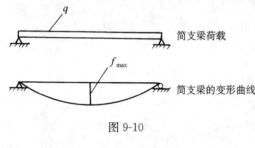

图 9-10

受弯构件在荷载作用下要产生弯曲，于是将产生弯曲变形，使梁产生挠度。

1）梁的挠度跨中最大；

2）挠度的大小与正弯矩成正比；

3）跨度相同、荷载相同时，简支梁的挠度比连续梁、两端固定或一端固定一端简支的梁要大；

4）挠度的大小与梁的 EI 成反比。

（5）受弯构件的设计要点

1）要满足弯曲应力不超过材料的强度设计值。即最大弯矩处的最大弯曲应力必须小于强度设计值；
$$\sigma_{\max} = \frac{M_{\max}}{W} \leqslant [\sigma] \qquad\qquad (9\text{-}9)$$

2）梁内最大剪力的断面平均剪应力不超过材料抗剪的设计值；

3）梁的最大挠度值不得超过规范规定的限值。

（四）几种基本构件的比较

上述几种基本构件的合理应用，就能取得合理的结构设计。

1. 轴心受拉构件是受力最好的构件

（1）最能充分发挥材料性能。因在外力作用下，沿构件全长及截面的内力及应力都是均匀分布。

（2）在承受相同的荷载下，与受压和受弯构件相比所需的断面最小。

（3）只有具有最多数量的轴拉构件和较少轴压及受弯构件组成的结构体系才是最省材料和经济合理的体系。

2. 轴压构件

承载力受稳定的影响，故应避免长杆受压，设计时要特别注意侧向稳定。

3. 偏心受压构件

在相同截面下，因受偏心弯矩的影响，其承载力将随偏心距的加大而大为减小。而且也要考虑侧向稳定的影响。

4. 受弯构件

（1）构件内的内力不均匀分布，因此不能充分发挥材料的作用。

（2）还存在变形能否满足要求的问题，有时虽已满足强度要求，变形不能满足时，则应按变形要求增大构件断面尺寸。

第二节 多层与高层建筑结构体系

在建筑材料的应用上，砌体结构多用于多层建筑结构，而钢筋混凝土结构、钢结构、混合结构常用于多高层建筑结构。随着建筑高度的增加，钢结构的应用比例随之增多。

多高层建筑结构类型有砌体结构、框架结构、剪力墙结构、框架-剪力墙结构、筒体结构、复杂高层建筑结构等。

一、多层砌体结构

（一）概述

砌体结构是由砌块和砂浆砌筑而成的以墙、柱作为建筑物主要受力构件的结构。是砖砌体、砌块砌体和石砌体结构的统称。

在同一房屋结构体系中，砌体结构房屋通常采用两种或两种以上不同材料组成，即由钢筋混凝土楼（屋）盖和砖砌体砌筑而成的承重墙组成。

（二）砌体结构的特点和应用范围

1. 主要优点

和其他建筑材料相比，砌体材料具有良好的耐火、保温、隔声和抗腐蚀性，且具有较好的大气稳定性；可以就地取材，生产和施工工艺简单。

2. 主要缺点

（1）砌体结构是墙承重结构，一般宜采用刚性方案，故其横墙间距受到限制，因此不能获得较大的空间，限制了建筑内部空间的灵活使用，这也是墙承载结构共同的局限性。

（2）砌体结构是脆性材料，抗压能力尚可，但抗拉、抗剪强度都低。与钢筋混凝土结构和钢结构比较，建筑整体性和抗震性能都较差，故建造的层数有限，一般不超过 7 层，主要适用于住宅、公寓、旅馆和中小型病房楼等建筑。

（三）砌体结构设计及抗震要求

详见"第十三章 砌体结构设计"及"第十五章 建筑抗震设计基本知识"第二节"二、多层砌体房屋和底部框架砌体房屋"。

二、框架结构

以下内容主要围绕多高层钢筋混凝土框架结构体系展开介绍。钢结构体系原理相同，内容详见第十五章第二节"三、多层和高层钢结构房屋"。

（一）框架结构的特点与优点

1. 基本概念

（1）框架是由梁和柱刚性连接的骨架结构。

（2）框架结构采用的材料：

1）型钢；

2）钢筋混凝土。

2. 框架结构的特点

（1）框架的连接点是刚节点，是一个几何不变体。

（2）在竖向荷载作用下，梁、柱互相约束，从而减少横梁的跨中弯矩，其变形及弯矩图见图 9-11。

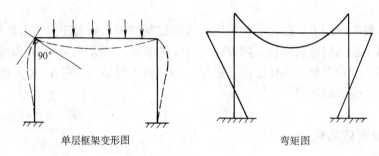

单层框架变形图　　　　　　　　　　弯矩图

图 9-11　单层框架（刚架）竖向荷载作用下变形及弯矩图

（3）在水平力作用下，梁柱的刚接可提高柱子的抗推刚度减小水平变形，成为很好的抗侧力结构（图 9-12）。

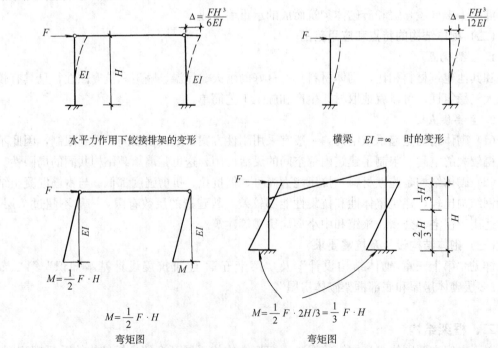

水平力作用下铰接排架的变形　　　　　　　横梁　$EI = \infty$　时的变形

$$M = \frac{1}{2} F \cdot H$$

弯矩图

$$M = \frac{1}{2} F \cdot 2H/3 = \frac{1}{3} F \cdot H$$

弯矩图

图 9-12

3. 框架结构的优点

（1）框架结构所用的钢筋混凝土或型钢有很好的抗压和抗弯能力，因此，可以加大建筑物的空间和高度。

（2）可以减轻建筑物的重量。

（3）有较好的抗震能力。

（4）有较好的延性。

（5）有较好的整体性。

4. 框架结构的缺点

因构件截面尺寸不可能太大故承载力和刚度受到一定限制，因此房屋的高度受到限制。

（二）框架结构的类型

1. 按构件组成划分为两种类型

（1）梁板式结构。由梁、板、柱三种基本构件组成骨架形成的框架结构。

（2）无梁式结构。由板和柱子组成的结构。

2. 按框架的施工方法划分为四种类型

（1）现浇整体式框架

框架全部构件均在现场现浇成整体。

1）整体性和抗震性能好；

2）构件尺寸不受标准构件限制。

（2）装配式框架

框架全部构件采用预制装配。

1）可加速施工进度，提高建筑工业化程度；

2）节点构造刚性差，抗震性能差。

（3）半现浇框架

梁、柱现浇，楼板预制或现浇柱，预制梁板。

1）梁、柱整体性较好，适用于抗震建筑；

2）楼板预制可节约模板，约20%。

（4）装配整体式框架

预制梁、柱，装配时通过局部现浇混凝土使构件连接成整体。

1）保证了节点的刚接，结构整体性好；

2）可省去连接件；

3）增加了后浇混凝土工序；

4）比全现浇可节省模板及加快进度。

（三）框架结构的平面布置方式

框架结构的平面布置方式如图 9-13 所示。

（1）横向为主要承重框架，纵向为连系梁，只适用于非地震区。

（2）纵向为主要承重框架，横向为连系梁：

1）有利于提高楼层净高的有效利用；

2）房间的使用和划分比较灵活；

3）不适用于地震区。

（3）主要承重框架纵横两个方向布置：

1）当两个方向的水平力相差不大时，则必须采用这种布置；

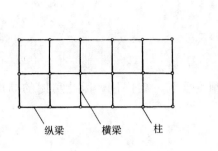

纵梁　横梁　柱

框架结构平面

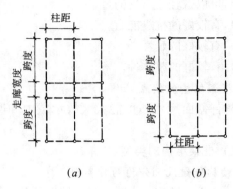

柱距

走廊宽度　跨度　跨度

跨度　跨度

柱距

(a)　　　(b)

柱网布置方式

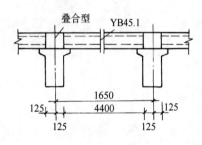

叠合型　YB45.1

1650
4400
125　125　125　125

非模数柱网布置

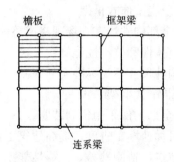

檐板　框架梁

连系梁

横向框架承重方案

楼板　框架梁　连系梁

卡口板

纵向框架承重方案

楼板　框架梁　次梁

纵横向框架混合承重方案

图 9-13
(a) 内廊式；(b) 跨度组合式

2) 适用于地震区及平面为正方形的房屋。

(四) 框架结构的受力特性

(1) 框架结构在竖向力作用下的变形和弯矩 (图 9-14)。

(2) 框架结构在水平力作用下的变形和弯矩 (图 9-15)。

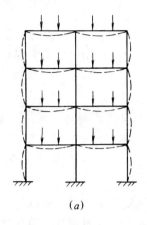
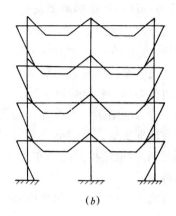

(a)   (b)

图 9-14

（<i>a</i>）框架在竖向力作用下的变形；（<i>b</i>）框架在竖向力作用下产生的弯矩图

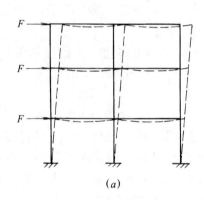
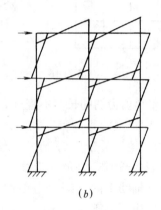

(a)   (b)

图 9-15

（<i>a</i>）水平力作用下框架的变形；（<i>b</i>）水平力作用下框架的弯矩

三、剪力墙结构

（一）剪力墙的概念和结构效能

（1）建筑物中的竖向承重构件主要由墙体承担时，这种墙体既承担水平构件传来的竖向荷载，同时承担风荷载或地震作用传来的水平地震作用。剪力墙即由此而得名（抗震规范定名为抗震墙）。

（2）剪力墙是建筑物的分隔墙和围护墙，因此墙体的布置必须同时满足建筑平面布置和结构布置的要求。

（3）剪力墙结构体系，有很好的承载能力，而且有很好的整体性和空间作用，比框架结构有更好的抗侧力能力，因此，可建造较高的建筑物。

（4）剪力墙的间距有一定限制，故不可能开间太大。对需要大空间时就不太适用。灵活性就差。一般适用住宅、公寓和旅馆。

（5）剪力墙结构的楼盖结构一般采用平板，可以不设梁，所以空间利用比较好，可节约层高。

(二）剪力墙结构体系的类型及适用范围

（1）框架-剪力墙结构。是由框架与剪力墙组合而成的结构体系，适用于需要有局部大空间的建筑，这时在局部大空间部分采用框架结构，同时又可用剪力墙来提高建筑物的抗侧能力，从而满足高层建筑的要求。

（2）普通剪力墙结构。全部由剪力墙组成的结构体系。

（3）框支剪力墙结构。当剪力墙结构的底部需要有大空间，剪力墙无法全部落地时，就需要采用底部框支剪力墙的框支剪力墙结构。

（三）普通剪力墙结构的结构布置

1. 平面布置

（1）剪力墙结构中全部竖向荷载和水平力都由钢筋混凝土墙承受，所以剪力墙应沿平面主要轴线方向布置（图9-16）。

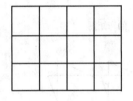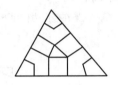

图 9-16

1）矩形、L形、T形平面时，剪力墙沿两个正交的主轴方向布置；

2）三角形及 Y 形平面可沿三个方向布置；

3）正多边形、圆形和弧形平面，则可沿径向及环向布置。

（2）单片剪力墙的长度不宜过大：

1）长度很大的剪力墙，刚度很大将使结构的周期过短，地震力太大不经济；

2）剪力墙以处于受弯工作状态时，才能有足够的延性，故剪力墙应当是高细的，如果剪力墙太长时，将形成低宽剪力墙，就会由受剪破坏，剪力墙呈脆性，不利于抗震。故同一轴线上的连续剪力墙过长时，应用楼板或小连梁分成若干个墙段，每个墙段的高宽比应不小于 2。每个墙段可以是单片墙，小开口墙或联肢墙。每个墙肢的宽度不宜大于 8.0m，以保证墙肢是由受弯承载力控制，和充分发挥竖向分布筋的作用。内力计算时，墙段之间的楼板或弱连梁不考虑其作用，每个墙段作为一片独立剪力墙计算。

（3）剪力墙的数量要在方案阶段合理的确定，以对称，均匀，数量适当为好。

1）剪力墙的开间通常为 6.0~7.0m 的大开间，比 3.0~3.9m 的小开间更为经济合理，降低了材料用量，而且增大建筑使用面积；

2）剪力墙结构的基本周期控制：若周期过短，地震作用过大时，宜减少墙的数量。

（4）调整剪力墙结构刚度的方法有：

1）适当减小剪力墙的厚度；

2）降低连梁的高度；

3）增大门窗洞口宽度；

4）对较长的墙肢设置施工洞，分为两个墙肢。超过 8.0m 长时都应用施工洞划分为小墙肢。

2. 竖向布置

（1）剪力墙应在整个建筑的竖向延续，上到顶，下到底，中间楼层也不要中断。剪力墙不连续会造成刚度突变，对抗震非常不利。

（2）顶层取消部分剪力墙时，其余剪力墙应在构造上予以加强。

（3）底层取消部分剪力墙时，应设置转换层。

（4）为避免刚度突变，剪力墙的厚度应按阶段变化，每次厚度减小宜为 $50 \sim 100mm$，不宜过大，使墙体刚度均匀连续改变。厚度改变和混凝土强度等级的改变宜错开楼层。

（5）厚度变化时宜两侧同时内收。外墙及电梯间墙可只单面内收。

（6）剪力墙上的洞口宜上下对齐，并列布置，这种墙传力直接，受力明确，内力分布清楚；抗震性能好。错洞口上下不对齐，受力复杂，洞边容易产生应力集中，配筋大，地震时容易破坏。

（7）相邻洞口之间及洞口与墙边缘之间要避免小墙肢。当墙肢的宽度与厚度之比小于 3 的小墙肢，在反复荷载作用下，早开裂，早破坏，故墙肢宽度不宜小于 $3b_w$（b_w 为墙厚），且不应小于 500mm。

（8）刀把形剪力墙会使剪力墙受力复杂，应力局部集中，而且竖向地震作用会产生较大的影响，宜十分慎重。如图 9-17 所示。

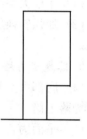

图 9-17

（四）剪力墙的构造要求

1. 剪力墙的数量

对目前设计的 $16 \sim 28$ 层住宅来看，底层部分剪力墙截面总面积与楼面面积之比大约为：

$$小开间(3 \sim 4m):A_w/A_f = 6\% \sim 8\%$$
$$大开间(7 \sim 8m):A_w/A_f = 4\% \sim 6\%$$

式中 A_w——剪力墙截面总面积；

A_f——楼面面积。

2. 剪力墙厚度

底层厚度可按每层 10mm 大约初估；最小厚度按 160mm（表 9-1）。

剪力墙住宅的墙厚（mm）

表 9-1

层　数	小开间（3.3~4m）	大开间（6~8m）	层　数	小开间（3.3~4m）	大开间（6~8m）
20~24	200	220~240	10~16	160	180
18~20	180	200~220	8~10	160	160
16~18	180	200			

（五）框支剪力墙结构的设计要点

1. 框支剪力墙结构的概念与特点

框支剪力墙结构是指：当有的高层建筑为了满足多功能、综合用途的需要，在竖向，顶部楼层作为住宅、旅馆；中部楼层作为办公用房；下部楼层作为商店、餐馆、文化娱乐设施。不同用途的楼层，需要大小不同的开间，从而采用不同的结构形式。

上部楼层采用剪力墙结构以满足住宅和旅馆的要求；

中部办公楼用房则需要中、小室内空间同时存在，则宜采用框架-剪力墙结构来满足其要求；

底部作为商店等用房则需要有尽量大的空间，则宜加大柱网，尽量减少墙体。

上述要求与结构的合理布置正好相反，以高层建筑的受力规律，下部楼层受力很大，上部楼层的受力相对要小得多，正常的结构布置应当是下部刚度要大，墙体应多，柱网应密，到上部逐渐减少墙、柱、扩大轴线间距，二者正好矛盾。

为了解决上述矛盾，就出现了底层大空间的框支剪力墙结构。

2. 设计中的关键问题

这种结构由于底部与上部结构的刚度产生突变，故在所发生的地震中，其破坏都较严重，抗震性能较差，故在设计中要特别加以注意，设计中要考虑两个关键问题：

(1) 保证大空间有充分的刚度，防止竖向的刚度过于悬殊。

(2) 加强转换层的刚度与承载力，保证转换层可以将上层剪力可靠地传递到落地墙上去。

3. 落地剪力墙的布置和数量

(1) 底部大空间层应有落地剪力墙（或）落地筒体，落地纵横剪力墙最好成组布置，结合为落地筒。

(2) 平面为长矩形，横向剪力墙的片数较多时，落地的横向剪力墙的数目与横向剪力墙数目之比，非抗震设计时不宜少于 30%；抗震设计时不宜少于 50%，对于一般平面，令上下层刚度比为 γ：

$$\gamma = \frac{G_{i+1} \times A_{i+1} h_i}{G_i A_i h_{i+1}} \tag{9-10}$$

式中　G_i，G_{i+1}——第 i 层，$i+1$ 层混凝土剪变模量（$G=0.425E$）；

　　　A_i，A_{i+1}——第 i 层，$i+1$ 层的折算抗剪截面面积；

$$A = A_w + 0.12A_c$$

　　　A_w——在所计算方向上剪力墙的全部有效截面面积；

　　　A_c——全部柱的截面积；

　　　h_i，h_{i+1}——第 i 层，$i+1$ 层的层高。

在非震区 γ 应尽量接近于 1，不应大于 3；

在抗震设计时，γ 应尽量接近于 1，不应大于 2。

为满足上述要求，可采取以下措施：

1) 与建筑协调，争取尽可能多的剪力墙落地必要时也可在别的部位设置补偿剪力墙；

2) 加大落地剪力墙的厚度、尽量增大落地墙的截面面积；

3) 提高大空间层的混凝土强度等级。

4. 落地剪力墙设计要点

落地剪力墙尽量不要开洞，或开小洞，以免刚度削弱太大。洞口宜布置在剪力墙的中部。

5. 转换层的设置

由剪力墙结构转换成框支剪力墙结构的大空间层时，其交接层即为转换层。

（1）转换层的结构形式

1）框架结构。不落地剪力墙用柱和梁形成框支梁来支承上面的剪力墙；

2）板柱结构。用厚板及柱来支承上部剪力墙；

3）空腹桁架结构。用空腹桁架及柱来支承上部剪力墙；

4）箱形刚性结构。

（2）框支梁、框支柱的基本要求

1）框支梁的宽度不小于上部剪力墙厚度的2倍；

2）框支梁上部相邻层的墙体非常重要，应力分布复杂，所以这层墙不宜设边门洞，不得在中柱上方开设门洞；

3）框支柱要严格要求，轴压比要比普通柱小些：

抗震等级	一级	二级	三级	四级
轴压比 μ_C	0.6	0.7	0.8	0.8

框支柱与框支梁要加强连接。

柱宽宜与梁同宽或比梁宽每边大50mm，且不小于450mm；断面高度 h_C，不小于柱宽，不小于梁跨的1/12，柱净高与柱截面高度之比大于或等于4。

（3）转换层楼板的要求

1）板厚不得小于180mm；

2）楼板应双层双向配筋，并加强与剪力墙的锚固。

四、框架-剪力墙结构

（一）框架-剪力墙结构的受力特点及适用范围

1. 框剪结构的特点及适用范围

框架-剪力墙（或称框剪结构），广泛应用于高层办公和公共建筑，也大量应用于高层旅馆建筑。

框架-剪力墙结构是由框架构成自由灵活的使用空间，来满足不同建筑功能的要求；同时又有足够的剪力墙，具有相当大的刚度，从而使结构具有较强的抗震能力，大大减少了建筑物的水平位移，避免填充墙在地震时严重破坏和倒塌。所以在有抗震设计要求时，宜优先采用框剪结构代替框架结构。

2. 框剪结构的受力特点

（1）水平力通过楼板传递分配到剪力墙及框架（图9-18）。

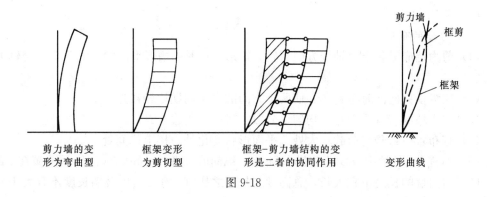

剪力墙的变　　　框架变形　　　框架-剪力墙结构的变　　　变形曲线
形为弯曲型　　　为剪切型　　　形是二者的协同作用

图9-18

（2）水平力产生的剪力在底部主要由剪力墙承担，因剪力墙在水平力作用时，底部变形小。但到顶部时，剪力主要由框架承担。即框架在顶部时变形较小（图9-19，图9-20）。

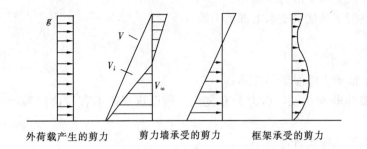

外荷载产生的剪力　　剪力墙承受的剪力　　框架承受的剪力

图 9-19

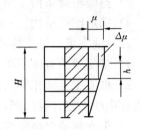

图 9-20　结构水平位移示意图

（二）框架-剪力墙结构中剪力墙的数量

1. 剪力墙数量对结构抗震及相关因素的影响

剪力墙的多少直接影响抗震能力，震害调查发现墙数量增加震害减少，日本福井和十胜冲地震中，钢筋混凝土墙每平方米楼面平均剪力墙长度少于 50mm 时，震害严重，每平方米楼面平均剪力墙长度多于 150mm 时，破坏轻微，甚至无害。

但是剪力墙过多也会造成不经济，因剪力墙增多，结构的刚度增大，周期缩短，地震作用加大，内力增大材料用量增加，基础造价也相应提高。

2. 合理的数量

（1）按许可位移值决定

按《高层建筑混凝土结构技术规程》JGJ 3—2010 许可位移的限值来核算结构必要刚度。

一般装修标准的框架-剪力墙结构顶点位移与全高之比 μ/H 不宜大于 1/700；较高装修时，μ/H 不宜超过 1/850，或由层间相对位移与层高之比 $\Delta\mu_{max}/h$ 的限制值来控制。

（2）用结构自震周期和地震作用来校核

一般较合理的基本自震周期为：

$$T_1 = (0.09 \sim 0.12)n(\text{实际周期 } \varphi_T = 1.0)$$

$$T_1 = (0.06 \sim 0.08)n(\text{实际周期 } \varphi_T = 0.7 \sim 0.8)$$

n 为结构层数。

3. 剪力墙的布置

（1）剪力墙应沿各主要轴线方向布置，矩形、L 形和槽形平面中，沿两个正交轴方向布置。

（2）应纵横方向同时布置，并使两个方向的自振周期比较接近。

（3）剪力墙的布置原则是：均匀、分散、对称、周边。

（4）宜布置在：竖向荷载较大处、平面形状变化处、楼电梯间处。

（5）不宜在伸缩缝和防震缝两侧同时布置，纵向剪力墙不宜布置在端部，宜布置在中部。

（6）剪力墙的长度不宜太长，总高度与长度之比宜大于 2。单肢墙长度不宜大于 8m，以免剪切破坏。

(7) 剪力墙的最大间距（表 9-2）。

剪力墙最大间距表　　　　　　　　　　　　　　表 9-2

结　　构	非抗震	6、7度	8度	9度
现　　浇	≤5B 且≤60m	≤4B 且≤50m	≤3B 且≤40m	≤2B 且≤30m
装配整体	≤3.5B 且≤50m	≤3B 且≤40m	≤2.5B 且≤30m	

注：B——建筑物的宽度。

剪力墙之间的楼面有较大开洞时剪力墙的间距还应小一些。

实际工程中，剪力墙的间距一般在 2.5B 及 30m 以内。这样的尺寸一般也已经可以满足建筑功能的要求了。

(8) 框剪结构体系中，在设剪力墙后，框架柱应保留，柱作为剪力墙的端部翼缘，可加强剪力墙的承载能力和稳定性，且剪力墙的端部配筋可配置在柱截面内，使剪力墙可一直坚持工作到最后。对比试验表明，取消框架柱后的剪力墙的极限承载力将下降30%。

(9) 位于楼层上的框架梁也应保留，虽然在内力分析时不考虑剪力墙上的框架梁的受力，但梁作为剪力墙的横向加劲肋，也可提高剪力墙的极限承载力。对比试验，无梁的剪力墙极限承载力要降低 10%。当实在无法加梁时，也应设置暗梁，暗梁的高度与明梁相同，纵筋与箍筋均与明梁相同。

(10) 剪力墙宜设在框架柱的轴线内，保持对中。不宜设在柱边。

五、筒体结构

当高层建筑结构层数多，高度大时，由平面抗侧力结构所构成的框架，剪力墙和框剪结构已不能满足建筑和结构的要求，而开始采用具有空间受力性能的筒体结构。

筒体结构的基本特征是：水平力主要是由一个或多个空间受力的竖向筒体承受。筒体可以由剪力墙组成，也可以由密柱框筒构成。

(一) 筒体结构的类型

(1) 筒中筒结构，由中央剪力墙内筒和周边外框筒组成；框筒由密柱（柱距≤4m）、高梁组成 [图 9-21 (a)]。

(2) 框架-核心筒结构，由中央剪力墙核心筒和周边外框架（稀柱）组成 [图 9-21 (b)]。

(3) 框筒结构 [图 9-21 (c)]。

(4) 多重筒结构 [图 9-21 (d)]。

(5) 成束筒结构 [图 9-21 (e)]。

(6) 多筒体结构 [图 9-21 (f)]。

应注意区分框架-核心筒结构与框筒结构概念的不同：

框架-核心筒结构是由周边的稀柱框架（通常外围框架柱的间距为 8m 左右）和剪力墙核心筒组成。

框筒属于筒中筒的一种，由内、外两个筒组成；外筒是由密柱框架组成的框架筒，内

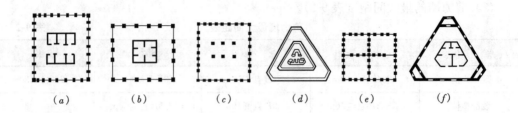

图 9-21　筒体结构的类型

(a) 筒中筒结构；(b) 框架-核心筒结构；(c) 框筒结构；(d) 多重筒结构；

(e) 成束筒结构；(f) 多筒体结构

筒是由混凝土剪力墙组成的筒体结构；通常外筒框架柱的间距为 4m 左右。对框筒结构外框柱的要求是密柱深梁，形成一套比外筒和内筒之间框架的刚度明显要大的体系，从而形成具有高刚度的外筒体系，与内筒相得益彰。

（二）筒体结构的受力性能和工作特点

（1）筒体是空间整截面工作的，如同一竖在地面上的悬臂箱形梁。框筒在水平力作用下不仅平行于水平力作用方向上的框架（称为腹板框架）起作用，而且垂直于水平方向上的框架（称为翼缘框架）也共同受力。薄壁筒在水平力作用下更接近于薄壁杆件，产生整体弯曲和扭转。

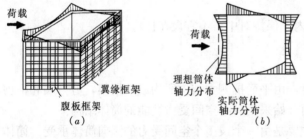

图 9-22　筒体受力特点

(a) 框筒简图；(b) 框筒轴力分析

（2）框筒虽然整体受力，却与理想筒体的受力有明显的差别。理想筒体在水平力作用下，截面保持平面，腹板应力直线分布，翼缘应力相等，而框筒则不保持平截面变形，腹板框架柱的轴力是曲线分布的，翼缘框架柱的轴力也是不均匀分布；靠近角柱的柱子轴力大，远离角柱的柱子的轴力小。这种应力分布不再保持直线规律的现象称为剪力滞后。由于存在这种剪力滞后现象，所以筒体结构不能简单按平面假定进行内力计算（图 9-22）。

（3）在筒体结构中，剪力墙筒的截面面积较大，它承受大部分水平剪力，所以柱子承受的剪力很小；而由水平力产生的倾覆力矩，则绝大部分由框筒柱的轴向力所形成的总体弯矩来平衡，剪力墙和柱承受的局部弯矩很小。由于这种整体受力的特点，使框筒和薄壁筒有较高的承载力和侧向刚度，而且比较经济。

（4）当外围柱子间距较大时，则外围柱子形不成框筒，中央剪力墙内筒往往将承受大部分外力产生的剪力和弯矩，外柱只能作为等效框架，共同承受水平力的作用，水平力在内筒与外柱之间的分配，类似框剪结构。

（5）成束筒由若干个筒体并联在一起，共同承受水平力，也可以看成是框筒中间加了一框架隔板。其截面应力分布大体上与整截面筒体相似，但出现多波形的剪力滞后现象，这样，它比同样平面的单个框筒受力要均匀一些。

（三）筒体结构设计的一般规定

本规定适用于钢筋混凝土框架-核心筒结构和筒中筒结构，其他类型的筒体结构可参照使用。

（1）筒中筒结构的高度不宜低于 80m，高宽比不宜小于 3。对高度不超过 60m 的框架-核心筒结构，可按框架-剪力墙结构设计。

（2）当相邻层的柱不贯通时，应设置转换梁等构件。

（3）筒体结构的楼盖外角宜设置双层双向钢筋（图 9-23），单层单向配筋率不宜小于 0.3%，钢筋的直径不应小于 8mm，间距不应大于 150mm，配筋范围不宜小于外框架（或外筒）至内筒外墙中距的 1/3 和 3m。

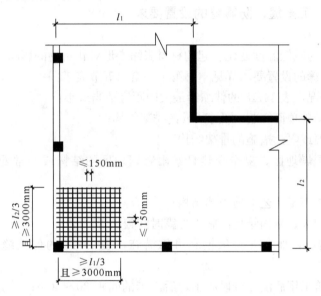

图 9-23 筒体结构楼盖外角双层双向配筋示意

（4）核心筒或内筒的外墙与外框柱间的中距，非抗震设计大于 15m、抗震设计大于 12m 时，宜采取增设内柱等措施。

（5）核心筒或内筒中剪力墙截面形状宜简单；截面形状复杂的墙体可按应力进行截面设计校核。

（6）筒体结构核心筒或内筒设计应符合下列规定：

1）墙肢宜均匀、对称布置；

2）筒体角部附近不宜开洞，当不可避免时，筒角内壁至洞口的距离不应小于 500mm 和开洞墙截面厚度的较大值；

3）筒体墙应按《高层建筑混凝土结构技术规程》JGJ 3 附录 D 验算墙体稳定，且外墙厚度不应小于 200mm，内墙厚度不应小于 160mm，必要时可设置扶壁柱或扶壁墙；

4）筒体墙的水平、竖向配筋不应少于两排，其最小配筋率应符合《高层建筑混凝土结构技术规程》JGJ 3 第 7.2.17 条的规定；

5）抗震设计时，核心筒、内筒的连梁宜配置对角斜向钢筋或交叉暗撑；

6）筒体墙的加强部位高度、轴压比限值、边缘构件设置以及截面设计，应符合《高层建筑混凝土结构技术规程》JGJ 3 第 7 章的有关规定。

（7）核心筒或内筒的外墙不宜在水平方向连续开洞，洞间墙肢的截面高度不宜小于1.2m；当洞间墙肢的截面高度与厚度之比小于 4 时，宜按框架柱进行截面设计。

（8）楼盖主梁不宜搁置在核心筒或内筒的连梁上。

（四）框架-核心筒结构、筒中筒结构的设计要求

框架-核心筒结构和筒中筒结构的设计要求详见本书第十五章第二节"一、多层和高层钢筋混凝土房屋"中的"（六）筒体结构抗震设计要求"。

注：其他结构体系的设计要求同样详见本书第十五章第二节。

六、伸缩缝、沉降缝、防震缝的设置要求

（一）伸缩缝

（1）伸缩缝是为减轻温度变化引起的材料胀缩变形对建筑物的影响而设置的间隙，钢筋混凝土房屋伸缩缝的设置要求详见本书第十一章第五节表 11-18。

（2）对下列情况，表 11-18 的伸缩缝最大间距宜适当减小：

1）柱高（从基础顶面算起）低于 8m 的排架结构；

2）屋面无保温或隔热措施的排架结构；

3）位于气候干燥地区、夏季炎热且暴雨频繁地区的结构或经常处于高温作用下的结构；

4）采用滑模类施工工艺的剪力墙结构；

5）材料收缩较大、室内结构因施工外露时间较长等。

（3）对下列情况，如有充分依据和可靠措施，表 11-18 的伸缩缝最大间距可适当增大：

1）混凝土浇筑采用后浇带分段施工，后浇带的间距 30～40m；后浇带的位置，应设置于温度应力较大的部位，构件受力较小的部位，一般在跨距的 1/3 处；带宽 800～1000mm，钢筋采用搭接接头，后浇带混凝土宜在两个月后浇灌，混凝土强度等级应提高一级；

2）采用专门的预应力措施；

3）采用减小混凝土温度变化或收缩的措施。

当增大伸缩缝间距时，尚应考虑温度变化和混凝土收缩对结构的影响。

（二）沉降缝

沉降缝是为减轻地基不均匀沉降对建筑物的影响而设置的从基础到结构顶部完全贯通的竖向缝，沉降缝设置规定详见本书第十六章第七节"（三）建筑措施"。

（三）防震缝

防震缝是为减轻或防止相邻结构单元由地震作用引起的碰撞破坏，用防震缝将房屋分成若干形体简单、结构刚度均匀的独立部分。

（1）钢筋混凝土房屋宜避免采用《建筑抗震设计规范》GB 50011 第 3.4 节规定的不规则建筑结构方案，不设防震缝；当需要设置防震缝时，应符合规范规定 [详见本书第十五章第二节"一、多层和高层钢筋混凝土房屋"中的"（一）一般规定"第（4）款]。

（2）多层砌体房屋设置防震缝的规定详见本书第十五章第二节"二、多层砌体房屋和

底部框架砌体房屋"中的"（二）抗震设计的一般规定"第 5 款。

（3）钢结构房屋设置防震缝的规定详见本书第十五章第二节"三、多层和高层钢结构房屋"中的"（一）一般规定"第（4）款。

第三节　单层厂房的结构体系

一、单层工业厂房的结构形式

（1）单层钢筋混凝土柱厂房：主要承重构件采用钢筋混凝土柱，钢筋混凝土屋架（薄腹梁）或钢屋架。当有吊车时，一般采用钢筋混凝土吊车梁。

（2）单层钢结构厂房：可采用刚接框架、铰接框架、门式刚架或其他结构体系。

门式刚架轻型厂房：门式刚架是由柱和梁结合在一起，形状像门字的结构。有钢筋混凝土门式刚架和钢门式刚架两种。其形状如图 9-24。

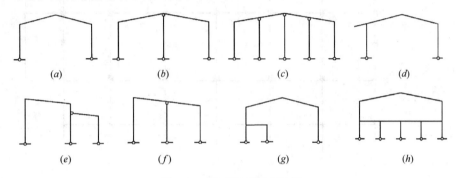

图 9-24　门式刚架形式示例

（a）单跨刚架；（b）双跨刚架；（c）多跨刚架；（d）带挑檐刚架；（e）带毗屋刚架；
（f）单坡刚架；（g）纵向带夹层刚架；（h）端跨带夹层刚架

（3）单层砖柱厂房：是指由烧结普通砖、混凝土普通砖砌筑的砖柱承重的中小型单层工业厂房。

二、单层工业厂房的柱网布置

单层厂房柱子的开间尺寸一般均为 6.0m，当有特殊需要时也可为：9m，12m。厂房的跨度（即柱子的进深间距）一般为：9m，12m，15m，18m，21m，24m，27m，30m等，柱网的尺寸都是 3.0m 的模数。厂房的山墙应布置抗风柱，其间距一般为 6.0m，亦可根据山墙门洞位置，调整确定抗风柱的位置（图 9-25）。

三、单层工业厂房围护墙

单层工业厂房的围护墙，宜采用外贴式的轻质墙体（或砖砌体），即外墙体紧贴柱外皮设置，轻质墙体与柱宜采用柔性连接。

1. 单层钢筋混凝土柱厂房

当有抗震设防要求时，单层钢筋混凝土柱厂房的砌体隔墙和围护墙应符合下列要求：

（1）砌体隔墙与柱宜脱开或柔性连接，并应采取措施使墙体稳定，隔墙顶部应设现浇

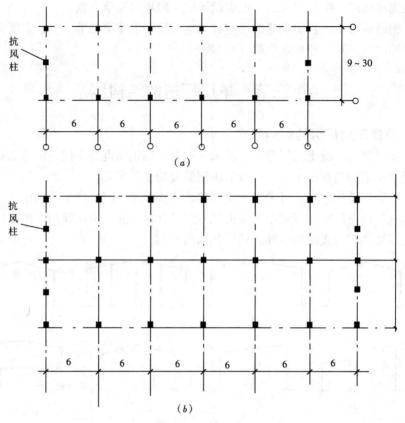

图 9-25　柱网布置示意图（单位：m）

(*a*) 单跨柱网布置示意图；(*b*) 多跨柱网布置示意图

钢筋混凝土压顶梁。

（2）厂房的砌体围护墙宜采用外贴式并与柱可靠拉结；不等高厂房的高跨封墙和纵横向厂房交接处的悬墙采用砌体时，不应直接砌在低跨屋盖上。

（3）砌体围护墙在下列部位应设置现浇钢筋混凝土圈梁：

1）梯形屋架端部上弦和柱顶的标高处应各设一道，但屋架端部高度不大于 900mm 时，可合并设置；

2）8 度和 9 度时，应按"上密下稀"的原则，每隔 4m 左右在窗顶增设一道圈梁，不等高厂房的高低跨封墙和纵墙跨交接处的悬墙，圈梁的竖向间距不应大于 3m；

3）山墙沿屋面应设钢筋混凝土卧梁，并应与屋架端部上弦标高处的圈梁连接。

（4）圈梁的构造应符合下列规定：

1）圈梁宜闭合，圈梁截面宽度宜与墙厚相同，截面高度不应小于 180mm；圈梁的纵筋，6～8 度时不应少于 $4\phi12$，9 度时不应少于 $4\phi14$；

2）厂房转角处柱顶圈梁在端开间范围内的纵筋，6～8 度时不宜少于 $4\phi14$，9 度时不宜少于 $4\phi16$，转角两侧各 1m 范围内的箍筋直径不宜小于 $\phi8$，间距不宜大于 100mm；圈梁转角处应增设不少于 3 根且直径与纵筋相同的水平斜筋；

3）圈梁应与柱或屋架牢固连接，山墙卧梁应与屋面板拉结；顶部圈梁与柱或屋架连接的锚拉钢筋不宜少于 $4\phi12$，且锚固长度不宜少于 35 倍钢筋直径，防震缝处圈梁与柱或屋架的拉结宜加强。

（5）8 度Ⅲ、Ⅳ类场地和 9 度时，砖围护墙下的预制基础梁应采用现浇接头；当另设条形基础时，在柱基础顶面标高处应设置连续的现浇钢筋混凝土圈梁，其配筋不应少于 $4\phi12$。

（6）墙梁宜采用现浇，当采用预制墙梁时，梁底应与砖墙顶面牢固拉结并应与柱锚拉；厂房转角处相邻的墙梁，应相互可靠连接。

2. 单层钢结构厂房

有抗震设防要求的单层钢结构厂房的砌体围护墙不应采用嵌式，8 度时尚应采取措施，使墙体不妨碍厂房柱列沿纵向的水平位移。

四、单层工业厂房的屋盖结构

（一）组成

一般由屋面梁（或屋架）、屋面板、檩条、托架、天窗架、屋盖支撑系统等组成。

（1）屋面根据材料的不同分为：由轻型板材组成的有檩体系和由大型屋面板（预制）组成的无檩体系。

（2）有檩体系是在屋面梁（或屋架）上铺设檩条，檩条上放置轻型板材而成。

（3）无檩体系是指在屋面梁或屋架上，直接放置预制大型钢筋混凝土预制板的屋盖。

（二）屋盖支撑系统

（1）屋盖结构的支撑系统，通常由下列支撑组成：

1）屋架和天窗架的横向支撑；还可分为屋架和天窗架的上弦横向支撑以及屋架下弦横向水平支撑；

2）屋架的纵向支撑；还可分为屋架上弦纵向支撑和屋架下弦纵向水平支撑；

3）屋架和天窗架的垂直支撑；

4）屋架和天窗架的水平系杆；还可分为屋架和天窗架上弦水平系杆以及屋架下弦水平系杆。

所有支撑应与屋架、托架、天窗架和檩条（或大型屋面板）等组成完整的体系。

（2）屋盖结构的支撑形式一般可按以下要求采用：

1）屋架和天窗架的上弦横向支撑，屋架下弦横向水平支撑和屋架上弦纵向支撑以及屋架下弦纵向水平支撑，一般采用十字交叉的形式（图 9-26）；

2）屋架和天窗架的垂直支撑，可参考图 9-27（a）~（d）的形式选用；其中，图 9-27（c）一般用于天窗架两侧的垂直支撑，图 9-27（d）为兼作檩条的垂直支撑；

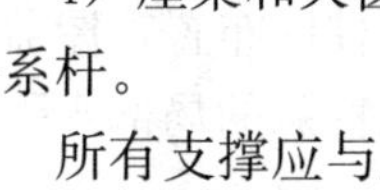

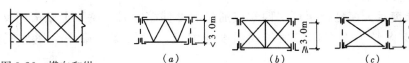

图 9-26　横向和纵
向支撑的形式

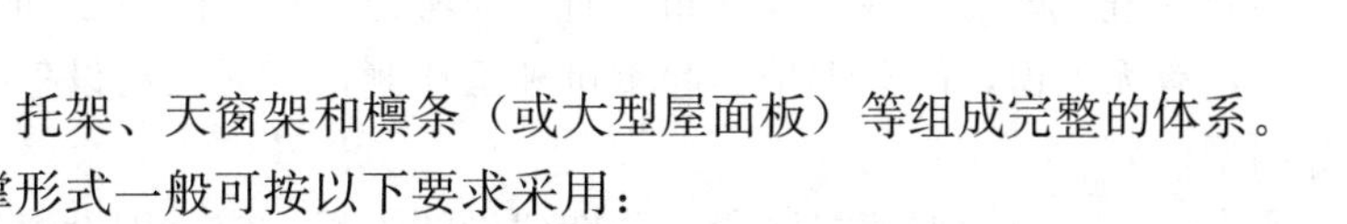

图 9-27　垂直支撑的形式

3）屋架和天窗架的水平系杆，包括柔性系杆（拉杆）和刚性系杆（压杆），通常，柔

91

性系杆采用单角钢，刚性系杆采用由两个角钢组成的十字形截面。

在有檩屋盖体系中，檩条可兼作横向支撑的承压杆（刚性杆）。此时，充任支撑承压杆的檩条应计算其所承受的轴心力。

（3）屋盖结构支撑是屋盖结构的一个组成部分，它的作用是将厂房某些局部水平荷载传递给主要承重结构，并保证屋盖结构构件在安装和使用过程中的整体刚度和稳定性。

各种支撑的主要作用如下：

1）屋架和天窗架上弦横向支撑，主要是保证屋架和天窗架上弦的侧向稳定，当屋架上弦横向支撑作为山墙抗风柱的支承点时，还能将水平风荷载或地震水平作用传到纵向柱列。

屋架下弦横向水平支撑，当作为山墙抗风柱的支承点时，或当屋架下弦设有悬挂吊车和其他悬挂运输设备时，能将水平风荷载或悬挂吊车等产生的水平作用或地震水平作用传到纵向柱列；同时能使下弦杆在动荷载作用下不致产生过大的振动。

2）屋架的纵向支撑通常和横向支撑构成封闭的支撑体系，加强整个厂房的刚度。屋架下弦纵向水平支撑能使吊车产生的水平作用分布到邻近的排架柱上，并承受和传递纵墙墙架柱传来的水平风荷载或地震水平作用。当厂房设有托架时，还能保证托架的平面外稳定。

3）屋架的垂直支撑及水平系杆主要是保证屋架上弦杆的侧向稳定和缩短屋架下弦杆平面外的计算长度。屋架端部的垂直支撑，承受由屋架横向支撑传来的水平风荷载或纵向地震水平作用；中部的垂直支撑主要是保证安装时屋架位置的正确性。当下弦横向水平支撑和垂直支撑设置在厂房两端或温度伸缩缝区段两端的第二个屋架间时，则第一个屋架间的下弦水平系杆，除能缩短屋架下弦平面外的计算长度外，当山墙抗风柱与屋架下弦连接时，尚有传递山墙水平风荷载和稳定抗风柱的作用。

4）天窗架的垂直支撑及水平系杆除了保证天窗架的侧向稳定外，对于天窗架侧立柱处的垂直支撑，还能承受和传递由天窗架上弦横向支撑传来的水平风荷载和纵向地震水平作用；天窗中部的垂直支撑主要是为了安装的需要而设置的。

（4）在进行屋盖结构支撑的布置时，应考虑：厂房的跨度和高度，柱网布置，屋盖结构形式，有无天窗，吊车类型、起重量和工作制，有无振动设备，有无特殊的局部水平荷载等因素。

通常，每一温度伸缩缝区段或分期建设的工程，应分别设置完整的支撑系统。

（5）屋架的上弦横向支撑和下弦横向水平支撑，一般宜设在厂房两端或温度伸缩缝区段两端的第一个屋架间内（图9-28）或第二个屋架间内。当温度伸缩缝区段的长度大于66m，小于和等于96m时，还应在这个区段中部的屋架上弦和下弦分别增设一道上弦横向支撑和下弦横向水平支撑。

当厂房设有天窗且天窗延伸至厂房两端或通过温度伸缩缝时，屋架上弦横向支撑和下弦横向水平支撑必须设在厂房两端或温度伸缩缝区段两端的第一个屋架间内（图9-29）。

当天窗通至厂房两端或温度伸缩缝区段两端的第二个屋架间时，或当厂房尽端不设置屋架而利用山墙承重时，屋架上弦横向支撑和下弦横向水平支撑一般宜设在厂房两端或温度伸缩缝区段两端的第二个屋架间内。

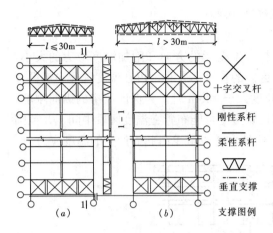

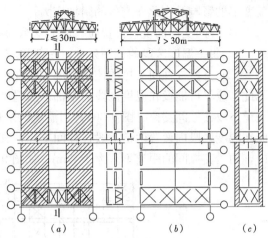

图 9-28 无天窗时的屋架支撑布置图

(a) 屋架上弦支撑布置图；(b) 屋架下弦支撑布置图

图 9-29 天窗延伸至厂房两端或通过温度伸缩缝时的屋架和天窗架的支撑布置图

(a) 屋架上弦支撑布置图；(b) 屋架下弦支撑布置图；(c) 天窗架上弦支撑布置图

五、单层厂房的柱间支撑

(一) 柱间支撑的基本知识

(1) 为确保厂房承重结构的正常工作，应沿厂房纵向在柱子之间设置柱间支撑，其作用是：

1) 用以保证厂房的纵向稳定与空间刚度；

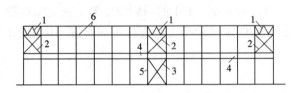

图 9-30 柱间支撑的组成

1—屋架端部垂直支撑；2—上段柱支撑；3—下段柱支撑；
4—吊车梁（或辅助桁架）；5—柱子；6—屋架端部
上、下弦水平系杆

2) 决定柱在排架平面外的计算长度；

3) 承受厂房端部山墙风荷载、吊车纵向水平荷载及温度应力等，在地震区，还将承受厂房纵向地震作用，并传至基础。

(2) 柱间支撑由以下各部分组成 (图 9-30)：

1) 在吊车梁以上至屋架下弦间设置的上段柱的柱间支撑，以及当为双阶柱时在上下两层吊车梁之间设置的中段柱的柱间支撑；

2) 在吊车梁以下至柱脚处设置的下段柱的柱间支撑。

屋架端部垂直支撑及屋架上、下弦水平处的纵向系杆、吊车梁及辅助桁架、柱子本身等也是柱间支撑体系的组成部分。

(二) 柱间支撑的布置原则

(1) 布置柱间支撑时应满足下列要求：

1) 柱间支撑的布置应满足生产净空的要求；

2) 柱间支撑的布置除满足纵向刚度要求外，还应考虑柱间支撑的设置对厂房结构温度变形的影响及由此而产生的附加应力；

  3）柱间支撑的设置位置应与屋盖支撑的布置相协调；

  4）每一温度区段的每一列柱，一般均应设置柱间支撑。

  （2）下段柱柱间支撑的位置，决定纵向结构温度变形的方向和附加温度应力的大小，因此，应尽可能设在温度区段的中部。当温度区段的长度不大时，可在温度区段中部设置一道下段柱柱间支撑（图9-30）；当温度区段长度大于120m时，为保证厂房的纵向刚度，应在温度区段内设置两道下段柱柱间支撑，其位置应尽可能布置在温度区段中间1/3范围内，两道支撑间的距离不宜大于66m，如图9-31所示，以减少由此而产生的温度应力。

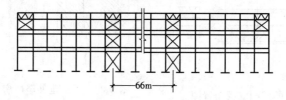

图 9-31 柱间支撑布置图

  （3）上段柱的柱间支撑除在有下段柱柱间支撑的柱间布置外，为了传递端部山墙风力，满足结构安装要求，提高厂房结构上部的纵向刚度，应在温度区段两端布置上段柱柱间支撑，如图9-30和图9-31所示。温度区段两端的上段柱柱间支撑对温度应力的影响很小，可忽略不计。

六、单层工业厂房图示

  国标图集《单层工业厂房设计示例（一）》09SG117-1中的重屋盖屋架上弦支撑布置、下弦系杆布置及柱间支撑布置示例，如图9-32所示（屋架上弦支撑平面布置图中未标注出杆件上弦支撑SC的位置）。

七、门式刚架的屋盖支撑布置及柱间支撑布置

1. 屋盖支撑

  一般在每个温度区段，须在两端第一开间或第二开间设置横向水平支撑；当在第二开间设置横向水平支撑时，应在第一开间相应位置设置刚性系杆；在横向交叉支撑之间应设刚性系杆，以组成几何不变体系。

2. 柱间支撑

  （1）在每个温度区段的第一个开间或第二个开间设置柱间支撑。并应与屋盖支撑同一开间。

  （2）柱间支撑的间距一般取36～45m。

  （3）当房屋高度较大时，柱间支撑应分层设置，并加设水平压杆。

  （4）当房屋内有吊车梁时，柱间支撑应分层设置，吊车梁以上的上部支撑应设置在端开间，并在中间或三分点处同时设置上、下部柱间支撑。

  （5）当边柱桥式吊车起重量大于或等于10t时，下柱支撑宜设两片；吊车起重量较小时，下部柱间支撑可设置单片。

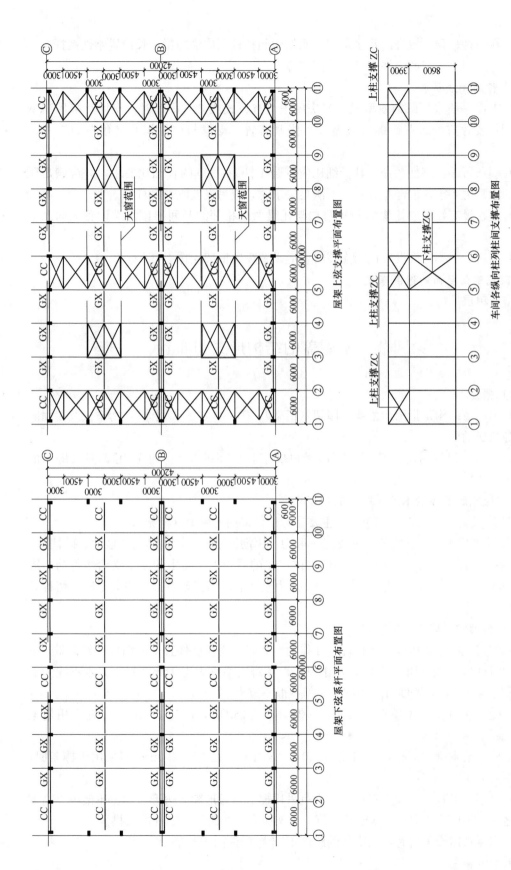

图 9-32　单层工业厂房图示

ZC—柱间支撑；CC—竖向（垂直）支撑；GX—刚性系杆

(6) 在边柱柱顶，屋脊以及多跨门式刚架中间柱柱顶应沿房屋全长设置刚性系杆。

(7) 多跨门式刚架的内柱应设置柱间支撑。

3. 支撑的构造要求

(1) 支撑一般采用圆钢或型钢，当房屋中设有桥式或梁式吊车时，支撑宜采用型钢支撑。圆钢支撑宜配置花篮螺钉或做成可张紧装置。支撑与构件间的夹角在 30°～60°范围。

(2) 檩条可兼作刚性系杆，其长细比应符合压杆 λ≤200 的长细比要求，并应满足压弯杆件的承载力要求，但经验算强度不满足要求时，应另设置刚性系杆。

(3) 应在设有托梁或托架的开间两端与托梁两端相邻的开间斜梁两端设置纵向水平支撑。

(4) 当房屋中不允许设置柱间支撑时，应设置纵向框架支撑。

4. 门式刚架屋面的檩条布置

要求同单层厂房。

第四节　木屋盖的结构形式与布置

(一) 概述

(1) 木屋盖结构是指用木梁或木屋架（桁架）、檩条（木檩或钢檩），木望板及屋面防水材料等组成的屋盖。

(2) 木屋盖根据房屋的情况，可用于单层空旷房屋的屋盖，也可用于多层房屋的屋盖。

1) 单层空旷房屋的木屋盖结构的特点是：

① 跨度较大（一般为 9～15m），主要受弯构件采用木屋架（桁架）；

② 屋盖结构中屋架（桁架）的支点一般为：钢筋混凝土柱、砌体墙（墙垛、砖柱）。

2) 多层房屋的木屋盖一般用于多层砌体房屋的屋顶，屋盖中的主要受弯构件为木梁（跨度≤6.0m）或檩条，这些受弯构件的支点为砌体墙；当檩条直接搭在墙上时，俗称硬山搁檩。

(二) 桁架和木梁的一般规定

(1) 木材宜用作受压或受弯构件，在作为屋架时，受拉杆件宜采用钢材（如：屋架下弦及受拉竖杆），当采用木下弦时，对于原木，其跨度不宜大于 15m；对于方木不应大于 12m。采用钢下弦，其跨度可适当加大，但一般不宜大于 18m。

(2) 受弯构件采用木梁时，其跨度一般不大于 6.0m，超过 6.0m 时，宜采用桁架（屋架）。

(3) 桁架或木梁的间距：当采用木檩时，其间距不宜大于 4.0m；当采用钢檩条时，其间距不宜大于 6.0m。

(4) 桁架的形状：一般为三角形，也可采用梯形、弧形和多边形屋架。屋架中央高度与跨度之比，不应小于表 9-3 规定的数值。桁架应有约为跨度 1/200 的起拱。

(5) 当屋顶需设天窗时，天窗架的跨度不宜大于屋架跨度的 1/3。

桁架最小高跨比		表 9-3

序　号	桁　架　类　型	h/l
1	三角形木桁架	1/5
2	三角形钢木桁架；平行弦木桁架；弧形、多边形和梯形木桁架	1/6
3	弧形、多边形和梯形钢木桁架	1/7

注：h——桁架中央高度；

　　l——桁架跨度。

（三）木屋盖的支撑

（1）为防止桁架的侧倾，保证受压弦杆的侧向稳定，承担和传递纵向水平力，应采取有效措施保证结构在施工和使用期间的空间稳定。

（2）屋盖中的支撑，应根据结构的形式和跨度、屋面构造及荷载等情况选用上弦横向支撑或垂直支撑。但当房屋跨度较大或有锻锤、吊车等振动影响时，除应选用上弦横向支撑外，尚应加设垂直支撑。

支撑构件的截面尺寸，可按构造要求确定。

注：垂直支撑系指在两榀屋架的上、下弦间设置交叉腹杆（或人字腹杆），并在下弦平面设置纵向水平系杆，用螺栓连接，与上部锚固的檩条构成一个不变的竖向桁架体系。

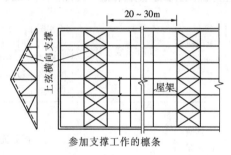

图 9-33　上弦横向支撑

（3）当采用上弦横向支撑时，若房屋端部为山墙，则应在房屋端部第二开间内设置（图9-33）；若房屋端部为轻型挡风板，则在第一开间内设置，若房屋纵向很长，对于冷摊瓦屋面或大跨度房屋尚应沿纵向每隔 20～30m 设置一道。

上弦横向支撑的斜杆如选用圆钢，应设有调整松紧的装置。

（4）当采用垂直支撑时，在跨度方向可根据屋架跨度大小设置一道或两道，沿房屋纵向应隔间设置并在垂直支撑的下端设置通长的纵向水平系杆。

在有上弦横向支撑的屋盖中，加设垂直支撑时，可仅在有上弦横向支撑的开间中设置，但应在其他开间设置通长的纵向水平系杆。

（5）在下列部位，均应设垂直支撑：

1）在梯形屋架的支座竖杆处；

2）屋架下弦低于支座呈折线形式，在下弦的折点处；

3）当设有悬挂吊车时，在吊轨处；

4）在杆系拱、框架及类似结构的受压下弦部分节点处；

5）在屋盖承重胶合大梁的支座处。

以上各项垂直支撑的设置方法，除第（3）项应按 4 的规定设置外，其余各项可仅在房屋两端第一开间（无山墙时）或第二开间（有山墙时）设置，但应在其他开间设置通长的水平系杆。

（6）对于下列非开敞式的房屋，可不设置支撑。但若房屋纵向很长，则应沿纵向每隔

20～30m 设置一道支撑：

    1）当有密铺屋面板和山墙，且跨度不大于 9m 时；

    2）当房屋为四坡顶，且半屋架与主屋架有可靠连接时；

    3）当房屋的屋盖两端与其他刚度较大的建筑物相连时。

    （7）当屋架设有天窗时，可按 3 和 4 条的规定设置天窗架支撑。天窗架的两边柱处，设置柱间支撑。在天窗范围内沿主屋架脊节点和支撑节点，应设通长的纵向水平系杆。

    （8）有抗震设防要求时木屋盖的支撑布置，宜符合表 9-4 的要求；支撑与屋架或天窗架应采用螺栓连接；山墙应沿屋面设置现浇钢筋混凝土卧梁，并应与屋盖构件锚拉。

木屋盖的支撑布置　　　　　　　　　　　　　表 9-4

支撑名称		烈　　　　度				
		6、7	8		9	
		各类屋盖	满铺望板	稀铺望板或无望板	满铺望板	稀铺望板或无望板
			无天窗	有天窗			
屋架支撑	上弦横向支撑	同非抗震设计	房屋单元两端天窗开洞范围内各设一道	屋架跨度大于 6m 时，房屋单元两端第二开间及每隔 20m 设一道	屋架跨度大于 6m 时，房屋单元两端的第二开间各设一道	屋架跨度大于 6m 时，房屋单元两端第二开间及每隔 20m 设一道
	下弦横向支撑	同非抗震设计				屋架跨度大于 6m 时，房屋单元两端第二开间及每隔 20m 设一道
	跨中竖向支撑	同非抗震设计				隔间设置并加下弦通长水平系杆
天窗架支撑	天窗两侧竖向支撑	天窗两端第一开间各设一道			天窗两端第一开间及每隔 20m 左右设一道	
	上弦横向支撑	跨度较大的天窗，参照无天窗屋架的支撑布置				

第五节　大跨度空间结构

一、桁架

    桁架应用极广，适用跨度范围（6～60m）非常大。以受力特点可分为：平面桁架、立体桁架、空腹桁架。通常所指的桁架全是平面桁架，只在强调其与立体桁架或空腹桁架有所区别时，才称之为平面桁架。文艺复兴时期，改进完善了木桁架，解决了空间屋顶结构的问题。10 世纪工业大发展，因工业、交通建设需要，进一步加大跨度，出现了各种钢屋架采用桁架。

（一）桁架的基本特点

（1）平面——外荷与支座反力都作用在全部桁架杆件轴线所在的平面内。

（2）几何不变——桁架的杆件按三角形法则构成。

（3）铰接——杆件相交的节点，计算按铰接考虑，木杆件的节点非常接近铰接；钢桁架或钢筋混凝土桁架的节点不是铰接、实际上属于刚架，其杆件除轴向力外，还存在弯矩，会产生弯曲应力，但很小，依靠节点构造措施能解决，故一般仍按节点铰接考虑。

（4）轴向受力——节点既是铰接，故各杆件（弦杆、竖杆、斜杆）均受轴向力，这是材尽其用的有效途径。

（二）桁架的合理形式

选择桁架形式的出发点是受力合理，能充分发挥材力，以取得良好的经济效益。桁架杆件虽然是轴向受力，但桁架总体仍摆脱不了弯曲的控制，在节点竖向荷载作用下，其上弦受压、下弦受拉，主要抵抗弯矩，而腹杆则主要抵抗剪力。平面桁架的形式与内力，见图 9-34。

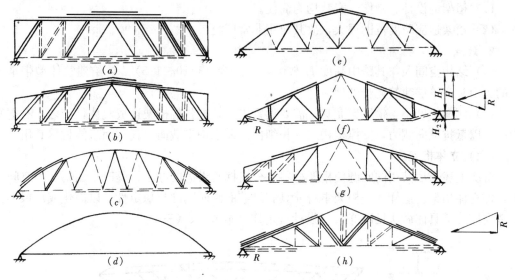

图 9-34　平面桁架的形式与内力

由受力分析可以看出，在其他条件相同的情况下，受力最合理，节点构造最简单，用料最经济，自重最轻巧，施工也可行的是多边形或弧形桁架，因其上弦非直线，制作较复杂，仅适用于较大跨度的情况。一般为便于构造与制作，上下弦各采用等截面杆件，其截面按最大内力决定，故内力较小的节间，材料未尽其用；为充分发挥材力，应尽量使弦杆各节点内力值接近。为进一步改进多边形桁架，使其上弦制作方便些，可做成折线形上弦的桁架，其高度变化接近于抛物线，这样适用于中、大跨（$l>18m$），但其制作仍比三角形或梯形桁架复杂，三角形桁架的最大特点是上弦为两根直料，构造与制作最简单，其受力极不均匀，仅适用于小、中跨（$l\leqslant18m$）的桁架情况。

（三）桁架选型

选择桁架形式时，除了要考虑桁架受力与经济合理外，还需要考虑下列问题：

（1）建筑体型与美观；

（2）屋面材料及其坡度；

（3）制作与吊装。

（四）桁架的空间支撑

支撑的位置设在山墙位置两端的第二开间内，对无山墙（包括伸缩缝处）房屋设在房屋两端第一开间内，房屋中间每隔一定距离（一般≤60m）亦需设置一道支撑，木屋架为20～30m。支撑包括上弦水平支撑、下弦水平支撑与垂直支撑，把上述开间相邻两端桁架联结成稳定的整体。在下弦平面通过纵向系杆，与上述开间空间体系相连，以保证整个房屋的空间刚度和稳定性。支撑的作用有三：

（1）保证屋盖的空间刚度与整体稳定；

（2）抵抗并传递屋盖纵向侧力，如山墙风荷载、纵向地震作用等；

（3）保证桁架上弦平面外的压曲，减少平面外长细比，并可以防止桁架下弦平面外的振动。

（五）桁架的优缺点

1. 优点

（1）桁架的设计、制作、安装均为简便。

（2）桁架适应跨度范围很大，故其应用非常广泛。

2. 缺点

（1）结构空间大，其跨中高度 H 较大，一般为（1/10～1/5）l_0，给建筑体型带来笨重的大山头，单层建筑尤难处理。

（2）侧向刚度小，钢屋架尤甚，需要设置支撑，把各榀桁架连成整体，使之具有空间刚度，以抵抗纵向侧力，支撑按构造（长细比）要求确定截面，耗钢而未能材尽其用。

（六）立体桁架

解决上述未尽其用的问题使桁架材料充分发挥其潜力的办法，是改平面桁架为空间桁架，即立体桁架。这样一来桁架本身就具有足够的侧向刚度与稳定性，以简化或从根本上取消支撑，其具体做法见图9-35，设计规定详见本节三、（三）。

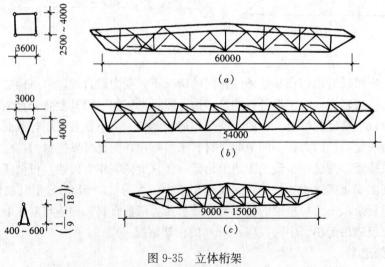

图 9-35　立体桁架

（a）并联；（b）倒锥体；（c）正锥体

（七）空腹桁架

由于使用上的需要或建筑功能上的要求，如在桁架高度范围内开门窗或天窗，或在桁架高度范围内作设备层，或需要穿越管道与人行道，或桁架暴露于室外需要适当美观等原因，不允许桁架有斜腹杆，只有竖杆的桁架，即是空腹桁架。

本节所述的平面桁架、立体桁架与空腹桁架，其总体仍然是受弯构件，本质是格构式梁或梁式桁架。

二、拱与薄壳

拱是抗压材料的理想形式，拱形的土穴、岩洞是自然界存在最多的天然结构。拱是受压的，土与石承压性能好，因此天然结构中拱形的土穴与岩洞占绝大多数。

壳体具有三大功能，即强度大、刚度大和板架合一，这是由于壳能双向直接传力、具有极大空间刚度和屋面与承重合一的面系结构。本节将拱与壳分述如下。

（一）拱

东西方古国，很早就产生了拱结构。如：中国的弧拱、古埃及、希腊的券拱；古罗马的半圆拱；拜占庭的帆拱；罗马建筑的肋形拱；哥特建筑的尖拱等。

现代的拱结构多采用圆弧拱或抛物线拱，其所采用的材料相当广泛，可用砖、石、混凝土、钢筋混凝土、预应力混凝土，也有采用木材和钢材的。拱结构的应用范围很广；最初用于桥梁，在建筑中，拱主要用于屋盖或跨门窗洞口，有时也用作楼盖、承托围墙或地下沟道顶盖。

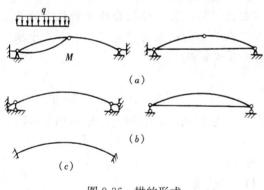

图 9-36　拱的形式
（a）三铰拱；（b）双铰拱；（c）无铰拱

拱所承受的荷载不同，其压力曲线的线形也不相同，一般按恒载下压力曲线确定；在活载作用下，拱内力可能产生弯矩，这时铰的设置就会影响拱内弯矩的分布状况。与刚架相仿，只有地基良好或两侧拱肢处有稳定边跨结构时才采用无铰拱，这种拱很少用于房屋建筑。双铰拱应用较多，为适应软弱地基上支座沉降差及拱拉杆变形，最好采用静定结构的三铰拱，如西安秦俑博物馆展览厅，由于地基为Ⅰ～Ⅱ级湿陷性土而采用 67m 跨的三铰拱。拱的形式见图 9-36。

拱身可分为两大类，即梁式拱和板式拱。

1. 梁式拱有两种

①肋形拱；②格构式拱。

2. 板式拱有六种

①筒拱；②凹波拱；③凸波拱；④双波拱；⑤折板拱；⑥箱形拱。

拱以曲杆抗衡并传递外力给支座，故铰支座不仅承受竖向力，并有相当大的水平向外的拱脚推力，其合力就位于拱轴曲线在支座点的切线方向上。拱脚有推力是其主要力学特征之一，矢高 f 越小，推力越大。一次超静定的双铰拱，支座的垂直或水平位移均会引起内力变化，对支座在推力作用下无变位的要求就更严格。由此可见，为了使拱保持正常工作，务必确保其支座能承受住推力而不位移，故拱脚推力的结构处理，是拱结构设计的中心问题。

3. 抵抗推力的一般处理方案

（1）推力由拉杆直接承担。

（2）推力由水平结构承担。

4. 抵抗推力的各部位处理方案

（1）连续拱的中间支座，两侧在恒荷载作用下，拱脚推力相互抵消，故中间各跨可不设拉杆；在非对称活荷载(雪、风荷载等)作用下，两侧不平衡推力可由作为中间支座的梁来抗衡。

（2）边跨拱的边支座处理：

①边圈梁；②挑檐板；③边跨平顶。

（3）推力由竖向结构承担，竖向结构有下列四种形式：

①扶壁墙墩；②飞券；③斜托墩；④边跨结构。

（4）推力直接由落地拱传递给基础，拱结构布置有下列6种：

①并列布置；②径向布置；③环向布置；④井式布置；⑤多叉布置；⑥拱环布置。

例 9-1 （2014） 三铰拱分别在沿水平方向均布的竖向荷载和垂直于拱轴的均布压力作用下，其合理拱轴线是（　　）。

A　均为抛物线　　　　　　　　　B　均为圆弧线

C　分别为抛物线和圆弧线　　　　D　分别为圆弧线和抛物线

解析： 不同荷载作用下三铰拱的合理拱轴线不同，按三铰拱合理拱轴线上的截面弯矩 $M=0$ 的条件，可分别求得三铰拱在沿水平方向均布的竖向荷载和垂直于拱轴的均布压力作用下，其合理拱轴线分别为抛物线和圆弧线。

答案： C

例 9-2 （2014） 基础置于湿陷性黄土的某大型拱结构，为避免基础不均匀沉降使拱结构产生附加内力，宜采用（　　）。

A　无铰拱　　　　　　　　　　　B　两铰拱

C　带拉杆的两铰拱　　　　　　　D　三铰拱

解析： 为避免基础不均匀沉降使拱结构产生附加内力，宜采用静定结构三铰拱。

答案： D

（二）薄壳

人类远在数千年前早已造出了各式各样的日用壳体，如锅、碗、坛、罐……以后工业逐渐发达，造出了灯泡、钢盔、木舟等不胜枚举。壳体结构的主要优点是覆盖面积大，无需中柱，室内空间开阔宽敞、能满足各种功能要求，故其应用极广，如1959年建成的北京站采用的就是双曲扁壳（矢高与最小跨度之比不大于1/5的壳体）。壳体结构虽逐渐增多，但其应用仍受到一定限制，由于其缺点是缺乏木材与模板，制作复杂。

横向受荷传力的梁起"担"的作用，不能材尽其用，并非经济的结构形式；以曲梁承荷传力的拱起"顶"的作用，能进一步发挥材力，是较先进的结构形式；壳体与此相仿，以曲板承荷传力，而且更进一步，它不像拱是单向受荷传力的平面结构，而是双向受荷传力的空间结构，起双向"顶"的作用，见图 9-37，这是空间壳与平面拱的根本区别。

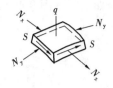

图 9-37　壳的应力

壳体是指由壳板（有时壳板上还有加劲肋）与其边缘构件组成的具有规定承载力的结构。

薄壳是指厚度与中曲面最小曲率半径之比不大于 1/20 的壳体；扁壳是指矢高与最小跨度之比不大于 1/5 的壳体；膜型扁壳是指两个主压应力方向上的截面内力彼此基本相等的扁壳。

壳体的混凝土强度等级不应低于 C25。壳板的厚度不应小于 50mm。

薄壳的造型有：

（1）底面为圆形的壳体形式可采用球面壳、椭球面壳、旋转抛物面壳和膜型扁壳。

（2）底面为矩形的壳体形式可采用双曲面扁壳、圆柱面壳、双曲抛物面扭壳和膜型扁壳。

当壳体上荷载分布变化较大，或圆形底面直径大于 10m、矩形底面边长大于 8m 时，不宜采用膜型扁壳。

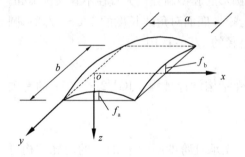

图 9-38　双曲扁壳的坐标和几何尺寸

1. 双曲扁壳

双曲扁壳应由壳板及竖向边缘构件组成，可采用等曲率或不等曲率壳。

双曲扁壳的矢高与底面最小边长之比不得大于 1/5。不等曲率双曲扁壳的较大曲率与较小曲率之比不宜大于 2（图 9-38）。

2. 圆柱面壳

圆柱面壳的壳体上应设置边梁和横格。圆柱面壳可按其几何特征和几何形状进行分类，并应符合下列规定：

（1）根据圆柱面壳的几何特征，可分为长壳和短壳。

长壳应满足下列条件：

$$B/l \leqslant 1 \qquad\qquad (9-11)$$

短壳应满足下列条件：

$$B/l > 1 \qquad\qquad (9-12)$$

式中　B——圆柱面壳的宽度，即圆柱面壳直线边梁间的水平距离；

　　　l——圆柱面壳的跨度，即圆柱面壳纵向支承横格的间距。

（2）根据圆柱面壳的几何形状，可分为单波和多波圆柱面壳。

（3）长壳、短壳的壳板矢高 f 不应小于壳体宽度 B 的 1/8，长壳的壳板矢高 f_{tot} 不宜小于壳体跨度 l 的 1/15（图 9-39）。

3. 双曲抛物面扭壳

双曲抛物面扭壳可通过一条曲率中心向下的抛物线沿另一条曲率中心向上的抛物线平移而生成，中曲面方程可按下式表示：

$$z = f_1\,(x) + f_2\,(y) \qquad\qquad (9-13)$$

如下图（图 9-40）所示。

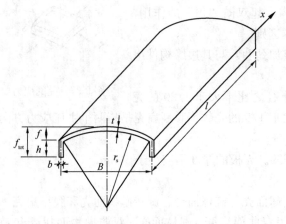 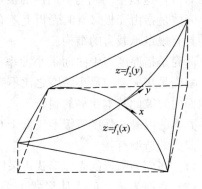

图 9-39　圆柱面壳的几何尺寸　　　　图 9-40　双曲抛物面扭壳

4. 膜型扁壳

（1）抗震设防烈度为 9 度时，不宜采用膜型扁壳。

（2）矩形底膜型扁壳最大边长不宜大于 8m，圆形底膜型扁壳最大直径不宜大于 10m。

（3）矩形底膜型扁壳壳板中央的最大矢高宜为矩形底面对角线长度的 1/8～1/12；圆形底膜型扁壳壳板中央的最大矢高宜为圆形底面直径的 1/5～1/10。

5. 圆形底旋转壳

本节不做详细论述，请参阅《钢筋混凝土薄壳结构设计规程》JGJ 22—2012 的有关章节。

6. 薄壳结构的抗震验算应符合下列规定：

（1）抗震设防烈度低于或等于 7 度时，对周边支承且跨度不大于 24m 的薄壳结构可不进行抗震验算，对跨度大于 24m 的薄壳结构应进行水平抗震验算。

（2）抗震设防烈度为 8 度或 9 度时，对各种薄壳结构均应进行水平和竖向抗震验算。

（3）当抗震设防烈度为 8 度或 8 度以上时，不宜采用装配整体式薄壳结构，宜采用现浇结构。

三、空间网格结构

按一定规律布置的杆件、构件通过节点连接而构成的空间结构，包括网架、曲面型网壳以及立体桁架等。

（一）网架

按一定规律布置的杆件通过节点连接而形成的平板型或微曲面型空间杆系结构，主要承受整体弯曲内力。

（1）网架结构可采用双层或多层形式；网壳结构可采用单层或双层形式，也可采用局部双层形式。

（2）网架结构可选用下列网格形式：

1）由交叉桁架体系组成的两向正交正放网架、两向正交斜放网架、两向斜交斜放网架、三向网架、单向折线形网架（图 9-41）；

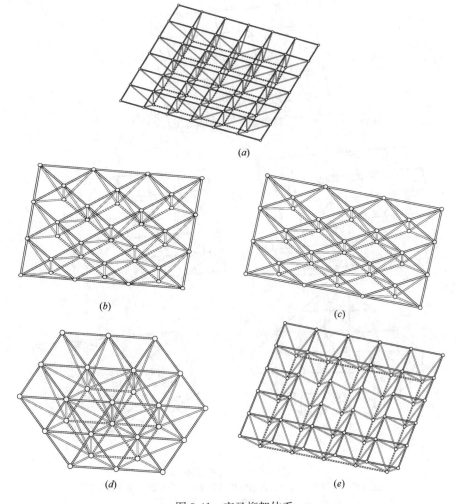

图 9-41　交叉桁架体系

(*a*) 两向正交正放网架；(*b*) 两向正交斜放网架；(*c*) 两向斜交斜放网架

(*d*) 三向网架；(*e*) 单向折线形网架

2）由四角锥体系组成的正放四角锥网架、正放抽空四角锥网架、棋盘形四角锥网架、斜放四角锥网架、星形四角锥网架（图 9-42）；

3）由三角锥体系组成的三角锥网架、抽空三角锥网架、蜂窝形三角锥网架（图 9-43）；

4）网架的网格高度与网格尺寸应根据跨度大小、荷载条件、柱网尺寸、支承情况、网格形式以及构造要求和建筑功能等因素确定，网架的高跨比可取 1/10～1/18。网架在短向跨度的网格数不宜小于 5。确定网格尺寸时宜使相邻杆件间的夹角大于 45°，且不宜小于 30°。

（二）网壳

按一定规律布置的杆件通过节点连接而形成的曲面状空间杆系或梁系结构，主要承受**整体薄膜内力。**

（1）网壳结构可采用球面、圆柱面、双曲抛物面、椭圆抛物面等曲面形式，也可采用各种组合曲面形式。

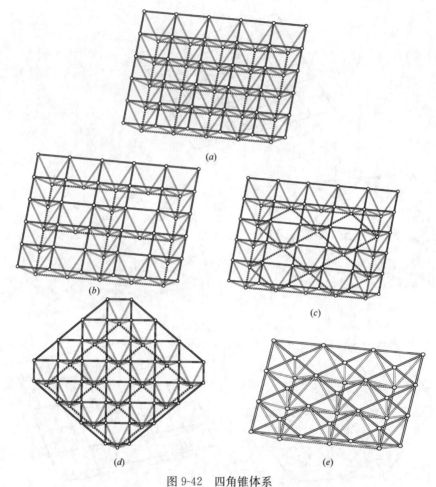

图 9-42　四角锥体系

（a）正放四角锥网架；（b）正放抽空四角锥网架；（c）棋盘形四角锥网架；
（d）斜放四角锥网架；（e）星形四角锥网架

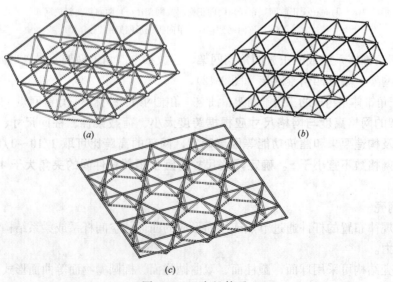

图 9-43　三角锥体系

（a）三角锥网架；（b）抽空三角锥网架；（c）蜂窝形三角锥网架

（2）单层网壳可选用下列网格形式：

1）单层圆柱面网壳可采用单向斜杆正交正放网格、交叉斜杆正交正放网格、联方网格及三向网格等形式（图9-44）；

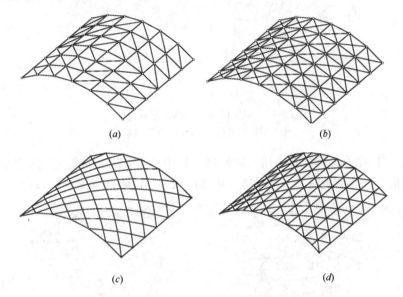

图 9-44　单层圆柱面网壳网格形式

（a）单向斜杆正交正放网格；（b）交叉斜杆正交正放网格；（c）联方网格；

（d）三向网格（其网格也可转90°方向布置）

2）单层球面网壳可采用肋环型、肋环斜杆型、三向网格、扇形三向网格、葵花形三向网格、短程线型等形式（图9-45）；

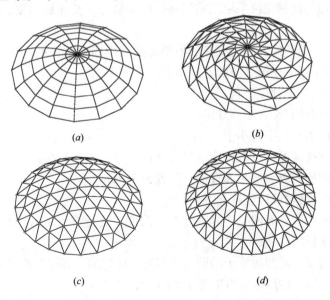

图 9-45　单层球面网壳网格形式（一）

（a）肋环型；（b）肋环斜杆型；（c）三向网格；（d）扇形三向网格

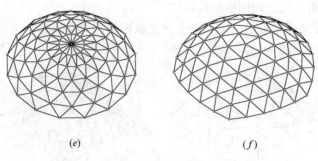

(e)   (f)

图 9-45 单层球面网壳网格形式（二）

(e) 葵花形三向网格；(f) 短程线型

3）单层双曲抛物面网壳宜采用三向网格，其中两个方向杆件沿直纹布置。也可采用两向正交网格，杆件沿主曲率方向布置，局部区域可加设斜杆（图 9-46）；

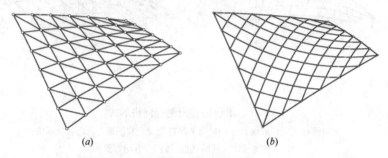

(a)   (b)

图 9-46 单层双曲抛物面网壳网格形式

(a) 杆件沿直纹布置；(b) 杆件沿主曲率方向布置

4）单层椭圆抛物面网壳可采用三向网格、单向斜杆正交正放网格、椭圆底面网格等形式（图 9-47）。

（3）双层网壳可由两向、三向交叉的桁架体系或由四角锥体系、三角锥体系等组成，其上、下弦网格可采用上述第 2 条的方式布置。

（4）单层网壳应采用刚接节点。

球面网壳结构设计宜符合下列规定：

1）球面网壳的矢跨比不宜小于 1/7；

2）双层球面网壳的厚度可取跨度（平面直径）的 1/30～1/60；

3）单层球面网壳的跨度（平面直径）不宜大于 80m。

（5）圆柱面网壳结构设计宜符合下列规定：

1）两端边支承的圆柱面网壳，其宽度 B 与跨度 L 之比宜小于 1.0（图 9-48），壳体的矢高可取宽度 B 的 1/3～1/6；

2）沿两纵向边支承或四边支承的圆柱面网壳，壳体的矢高可取跨度 L 的 1/2～1/5；

3）双层圆柱面网壳的厚度可取宽度 B 的 1/20～1/50；

4）两端边支承的单层圆柱面网壳，其跨度 L 不宜大于 35m；**沿两纵向边支承的单层圆柱面网壳，其跨度（此时为宽度 B）不宜大于 30m。**

（6）双曲抛物面网壳结构设计宜符合下列规定：

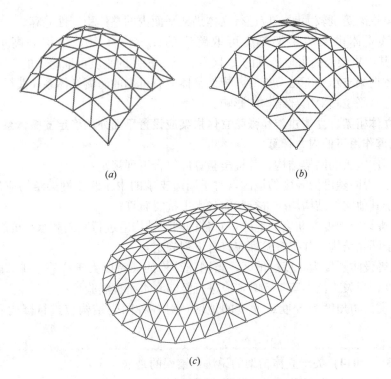

图 9-47　单层椭圆抛物面网壳网格形式

(*a*) 三向网格；(*b*) 单向斜杆正交正放网格；(*c*) 椭圆底面网格

1) 双曲抛物面网壳底面的两对角线长度之比不宜大于2；

2) 单块双曲抛物面壳体的矢高可取跨度的 $1/2 \sim 1/4$（跨度为两个对角支承点之间的距离），四块组合双曲抛物面壳体每个方向的矢高可取相应跨度的 $1/4 \sim 1/8$；

3) 双层双曲抛物面网壳的厚度可取短向跨度的 $1/20 \sim 1/50$；

4) 单层双曲抛物面网壳的跨度不宜大于 60m。

（7）椭圆抛物面网壳结构设计宜符合下列规定：

1) 椭圆抛物面网壳的底边两跨度之比不宜大于1.5；

2) 壳体每个方向的矢高可取短向跨度的 $1/6 \sim 1/9$；

3) 双层椭圆抛物面网壳的厚度可取短向跨度的 $1/20 \sim 1/50$；

4) 单层椭圆抛物面网壳的跨度不宜大于 50m。

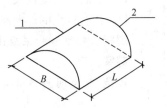

图 9-48　圆柱面网壳跨度 L、宽度 B 示意

1—纵向边；2—端边

（三）立体桁架

由上弦、腹杆与下弦杆构成的横截面为三角形或四边形的格构式桁架。

（1）立体桁架可采用直线或曲线形式。

（2）立体桁架的高度可取跨度的 $1/12 \sim 1/16$。

（3）立体拱架的拱架厚度可取跨度的 $1/20 \sim 1/30$，矢高可取跨度的 $1/3 \sim 1/6$。当按立体拱架计算时，两端下部结构除了可靠传递竖向反力外，还应保证抵抗水平位移的约束条件。当立体拱架跨度较大时，应进行立体拱架平面内的整体稳定性验算。

（4）张弦立体拱架的拱架厚度可取跨度的 $1/30\sim1/50$，结构矢高可取跨度的 $1/7\sim1/10$，其中拱架矢高可取跨度的 $1/14\sim1/18$，张弦的垂度可取跨度的 $1/12\sim1/30$。

（5）立体桁架支承于下弦节点时，桁架整体应有可靠的防侧倾体系，曲线形的立体桁架应考虑支座水平位移对下部结构的影响。

（6）对立体桁架、立体拱架和张弦立体拱架应设置平面外的稳定支撑体系。

（四）地震作用下的内力计算

（1）对用作屋盖的网架结构，其抗震验算应符合下列规定：

1）在抗震设防烈度为 8 度的地区，对于周边支承的中小跨度网架结构应进行竖向抗震验算，对于其他网架结构均应进行竖向和水平抗震验算；

2）在抗震设防烈度为 9 度的地区，对各种网架结构应进行竖向和水平抗震验算。

（2）对于网壳结构，其抗震验算应符合下列规定：

1）在抗震设防烈度为 7 度的地区，当网壳结构的矢跨比大于或等于 $1/5$ 时，应进行水平抗震验算；当矢跨比小于 $1/5$ 时，应进行竖向和水平抗震验算；

2）在抗震设防烈度为 8 度或 9 度的地区，对各种网壳结构应进行竖向和水平抗震验算。

例 9-3 （2014）关于立体桁架的说法，错误的是（　　）。

A　截面形式可为矩形、正三角形或倒三角形

B　下弦节点支承时应设置可靠的防侧倾体系

C　平面外刚度较大，有利于施工吊装

D　具有较大的侧向刚度，可取消平面外稳定支撑

解析：对立体桁架应设置平面外的稳定支撑体系，D 选项"可取消"说法错误。

答案：D

规范：《空间网格结构技术规程》JGJ 7—2010 第 3.4.4 条、第 3.4.5 条。

例 9-4 （2013）下列四种屋架形式，受力最合理的是（　　）。

A　三角形桁架　　　　　　　　B　梯形桁架

C　折线形上弦桁架　　　　　　D　平行弦桁架

解析：在受力条件相同的情况下，受力最合理的屋架形式是与弯矩图形状最符合的抛物线形桁架。但其上弦非直线，制作比较复杂，为使其上弦制作方便，通常做成折线形上弦的桁架，并使其高度变化接近于抛物线；三角形桁架（上、下弦的内力靠近支座递增，腹杆的内力靠近支座递减）与平行弦桁架（上、下弦的内力靠近跨中递增，腹杆的内力靠近跨中递减）的最大特点是受力极不均匀，浪费材料，梯形桁架的受力介于两者之间。综上分析，四种屋架形式中受力最合理的是 C。

答案：C

例 9-5 （2013）跨度为 60m 的平面网架，其合理的网架高度为（　　）。

解析： 网架的网格高度与网格尺寸应根据跨度大小、荷载条件、柱网尺寸、支承情况、网格形式以及构造要求和建筑功能等因素确定，网架的高跨比可取 1/10～1/18。所以跨度为 60m 的平面网架，其合理的网架高度为 3.3～6m。

答案： B

规范：《空间网格结构技术规程》JGJ 7—2010 第 3.2.5 条。

四、索结构

(一) 术语

1. 索结构

由拉索作为主要受力构件而形成的预应力结构体系。

2. 悬索结构

由一系列作为主要承重构件的悬挂拉索，按一定规律布置而组成的结构体系，包括单层索系（单索、索网）、双层索系及横向加劲索系。

3. 斜拉结构

在立柱（塔、桅）上挂斜拉索到主要承重构件而组成的结构体系。

4. 张弦结构

由上弦刚性结构或构件与下弦拉索以及上下弦之间撑杆组成的结构体系。

5. 索穹顶

由脊索、谷索、环索、撑杆及斜索组成并支承在圆形、椭圆形或多边形刚性周边构件上的结构体系。

6. 索桁架

由在同一竖向平面内两根曲率方向相反的索以及两索之间的撑杆组成的结构体系。

(二) 结构选型

(1) 索结构的选型应根据建筑物的功能与形状，综合考虑材料供应、加工制作与现场施工安装方法，选择合理的结构形式、边缘构件及支承结构，且应保证结构的整体刚度和稳定性。

(2) 当索结构用于建筑物屋盖时，宜选用《索结构技术规程》JGJ 257—2012 中所规定的悬索结构、斜拉结构、张弦结构或索穹顶。悬索结构可采用单层索系（单索、索网）、双层索系及横向加劲索系。

(3) 单索宜采用重型屋面。当平面为矩形或多边形时，可将拉索平行布置，构成单曲下凹屋面［图 9-49 (a)］。当平面为圆形时，拉索可按辐射状布置，构成碟形屋面，中心宜设置受拉环［图 9-49 (b)］。当平面为圆形并允许在中心设置立柱时，拉索可按辐射状布置，构成伞形屋面［图 9-49 (c)］。

(4) 索网宜采用轻型屋面。平面形状可为方形、矩形、多边形、菱形、圆形、椭圆形等（图 9-50）。

(5) 双层索系宜采用轻型屋面。承重索与稳定索可采用不同的组合方式，两索之间应分别以受压撑杆或拉索相连系。当平面为矩形或多边形时，承重索、稳定索宜平行布置，

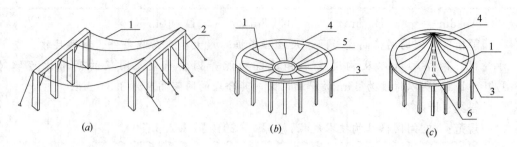

图 9-49　单索

1—承重索；2—边柱；3—周边柱；4—圈梁；5—受拉环；6—中柱

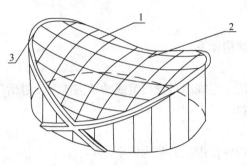

图 9-50　索网

1—承重索；2—稳定索；3—拱

构成索桁架形式的双层索系 ［图 9-51 （a）］；当平面为圆形时，承重索、稳定索宜按辐射状布置，中心宜设置受拉环 ［图 9-51 （b）］。

（6）横向加劲索系宜采用轻型屋面。当平面形状为方形、矩形或多边形时，拉索应沿纵向平行布置；横向加劲构件宜采用桁架或梁（图 9-52）。

（7）斜拉结构宜采用轻型屋面，设置的立柱（桅杆）应高出屋面；斜拉索可平行布置，也可按辐射状布置。

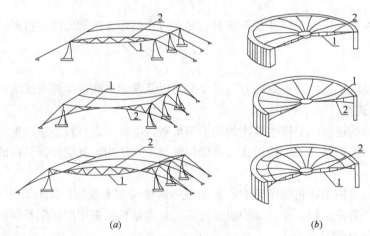

图 9-51　双层索系结构

（a）矩形平面；（b）圆形平面

1—承重索；2—稳定索

（8）张弦结构宜采用轻型屋面。张弦结构可按单向、双向或空间布置成形，以适应不同形状的平面，并应符合下列规定：

1）单向张弦结构的平面形状可为方形或矩形，按照上弦不同的构造方式宜采用张弦梁、张弦拱或张弦拱架等形式。

2）双向张弦结构的平面形状可为方形或矩形，宜采用如单向张弦结构的各种上弦构造方式呈正交布置成形。

3）空间张弦结构的平面形状可为圆形、椭圆形或多边形，宜采用辐射式张弦结构或张弦网壳（亦称弦支穹顶）。张弦网壳的网格形式应按现行行业标准《空间网格结构技术规程》JGJ 7 选用。

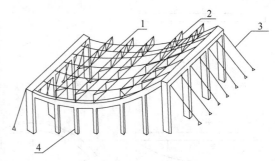

图 9-52　横向加劲索系

1—索；2—横向加劲构件；3—锚索；4—柱

（9）索穹顶的屋面宜采用膜材。当屋盖平面为圆形或拟椭圆形时，索穹顶的网格宜采用梯形［图 9-53（a）］、联方形［图 9-53（b）］或其他适宜的形式。索穹顶的上弦可设脊索及谷索，下弦应设若干层的环索，上下弦之间以斜索及撑杆连接。

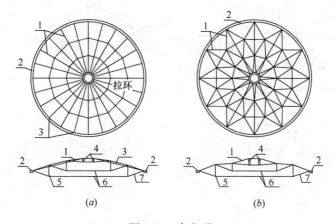

图 9-53　索穹顶

（a）梯形；（b）联方形

1—脊索；2—压环；3—谷索；4—拉环；5—撑杆；6—环索；7—斜索

（10）当索结构用于支承玻璃幕墙时，可采用单层索系或双层索系。单层索系宜采用单索、平面索网或曲面索网；双层索系宜采用索桁架。

（11）当索结构用于支承玻璃采光顶时，可采用单层索系、双层索系或张弦结构。单层索系宜采用曲面索网；双层索系宜采用平行布置或辐射布置的索桁架；张弦结构宜采用张弦拱。

（12）索结构应分别进行初始预拉力及荷载作用下的计算分析，计算中均应考虑几何非线性影响。

（13）在永久荷载控制的荷载组合作用下，索结构中的索不得松弛；在可变荷载控制的荷载组合作用下，索结构不得因个别索的松弛而导致结构失效。

（三）张弦梁结构及弦支穹顶结构

1. 张弦梁结构

大跨度张弦梁结构是一种有别于传统结构的新型杂交屋盖体系，是用撑杆连接抗弯受压构件和张拉构件而形成的自平衡体系，是近年快速发展和应用的一种大跨空间结构体系（图 9-54～图 9-56）。

（1）张弦梁结构由以下三类基本构件组成：

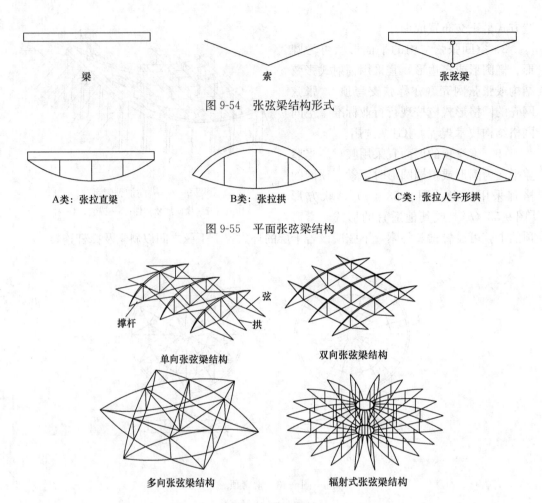

图 9-54　张弦梁结构形式

梁　　索　　张弦梁

A类：张拉直梁　　B类：张拉拱　　C类：张拉人字形拱

图 9-55　平面张弦梁结构

弦　撑杆　拱

单向张弦梁结构　　双向张弦梁结构

多向张弦梁结构　　辐射式张弦梁结构

图 9-56　空间张弦梁结构

1）刚性构件上弦（刚度较大的抗弯构件，通常为梁、拱或桁架）；

2）柔性拉索（高强度的弦，通常为索）；

3）中间连以撑杆。

（2）张弦梁的结构特点：

通过对柔性构件施加拉力，使相互连接的构件具有整体刚度。张弦梁结构体系受力简单明确、结构形式多样，充分发挥了刚性构件抗弯刚度高和柔性构件抗拉强度高的两种材料刚柔并济的优势，使张弦梁结构可以做到自重相对较轻，体系的刚度和形状稳定性相对较大，因而可以跨越很大的空间。

2. 弦支穹顶结构

（1）弦支穹顶结构体系组成

由上部单层网壳、下部的竖向撑杆、径向拉杆或者拉索和环向拉索组成。其中各环撑杆的上端与单层网壳对应的各环节点铰接，撑杆下端由径向拉索与单层网壳的下一环节点连接，同一环的撑杆下端由环向拉索连接在一起；使整个结构形成一个完整体系，结构的传力路径也比较明确（图 9-57）。

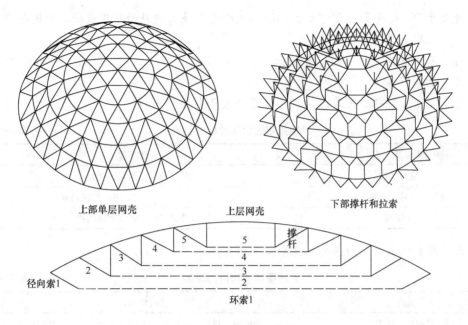

上部单层网壳   上层网壳   下部撑杆和拉索

图 9-57 弦支穹顶结构

（2）弦支穹顶结构特点

弦支穹顶结构体系传力路径明确，在正常使用荷载下，内力通过上端的单层网壳传到下端的撑杆上，再通过撑杆传给索，索受力后产生对支座的反向推力，使整个结构对下端约束环梁的横向推力大大减小。

（四）地震效应分析

（1）对于抗震设防烈度为 7 度及 7 度以上地区，索结构应进行多遇地震作用效应分析。

（2）对于抗震设防烈度为 7 度或 8 度地区、体形较规则的中小跨度索结构，可采用振型分解反应谱法进行地震效应分析；对于其他情况，应考虑索结构几何非线性，采用时程分析法进行单维地震作用抗震计算，并宜进行多维地震效应时程分析。

例 9-6 **（2014）** 某跨度为 120m 的大型体育馆屋盖，下列结构用钢量最省的是：

A 悬索结构   B 钢网架

C 钢网壳   D 钢桁架

解析： 钢网架、钢网壳、钢桁架均为平板或曲面结构，悬索结构是由柔性受拉索及其边缘构件形成的承重结构。索的材料可以采用钢丝束、钢丝绳、钢绞线、链条、圆钢，以及其他受拉性能良好的线材，故用钢量最省。

答案： A

【要点】

◆ 大跨屋盖的结构形式多样，新形式也不断出现，在抗震设计时，常用的结构形式包括：拱、平面桁架、立体桁架、网架、网壳、张弦梁、弦支穹顶共 7 类基本形式，以及由这些基本形式组合而成的大跨度钢屋盖建筑。采用非常用形式以及跨度大于 120m、结构单元长度大于300m或悬挑长度大于40m的大跨度钢屋盖建筑的抗震设计，应进行专门研究和论证，采取有效的加强措施。

◆ 对于悬索结构、膜结构、索杆张力结构等柔性屋盖体系，因抗震设计理论尚不成熟，抗震规范未列入。

◆ 存在拉索的预张拉屋盖结构，总体可分为三类（表9-5）。

存在拉索的预张拉屋盖结构　　　　　　　　　　　　　表9-5

结构类型	结构形式
预应力结构	预应力桁架、网架和网壳等
悬挂（斜拉）结构	悬挂（斜拉）桁架、网架和网壳等
张弦结构	张弦梁结构、弦支穹顶结构

◆ 大跨屋盖体系分单向传力体系和空间传力体系（表9-6）。

大跨屋盖结构传力体系　　　　　　　　　　　　　　表9-6

传力体系	结构形式
单向传力体系	平面拱、单向平面桁架、单向立体桁架、单向张弦梁等
空间传力体系	网架、网壳、双向立体桁架、双向张弦梁和弦支穹顶等

习　题

9-1　**(2019)** 跨度48m的羽毛球场使用平面网架，其合理网架高度是(　　)。

　　A　2m　　　　　　　B　4m　　　　　　　C　6m　　　　　　　D　8m

9-2　**(2019)** 关于立体桁架，说法错误的是?(　　)

　　A　截面可为矩形、正三角形或者倒三角形

　　B　下弦节点支撑时，应设置可靠的防侧倾体系

　　C　平面外刚度较大，有利于施工吊装

　　D　具有较大的侧向刚度，可取消平面外稳定支撑

9-3　**(2019)** 下列屋架受力特性从好到差，排序正确的是(　　)。

　　A　拱屋架、梯形屋架、三角屋架　　　　　　B　三角屋架、拱屋架、梯形屋架

　　C　拱屋架、三角屋架、梯形屋架　　　　　　D　三角屋架、梯形屋架、拱屋架

9-4　**(2019)** 下图哪一个剪力墙的布置合理?(　　)

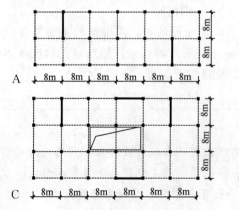

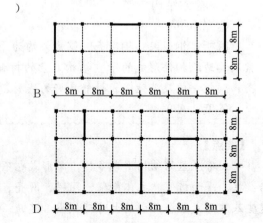

9 - 5 **(2019)** 120m跨度的体育馆采用什么结构，钢用量最省？（　　）

　　A 悬索结构　　　　　　B 桁架结构　　　　　　C 网架结构　　　　　　D 网壳结构

9 - 6 **(2018)** 确定网架结构的网格高度和网格尺寸与下列哪个因素无关？（　　）

　　A 网架跨度　　　　　B 屋面材料　　　　　C 荷载大小　　　　　D 支座材料

9 - 7 **(2018)** 某50m×50m的篮球馆建筑屋盖宜选用哪种结构形式？（　　）

　　A 钢筋混凝土井字梁　　　　　　　　　　B 平板网架

　　C 预应力钢筋混凝土屋盖　　　　　　　　D 钢筋混凝土主次梁

9 - 8 **(2018)** 以下单层网壳体，跨度从小到大排列正确的是（　　）。

　　A 圆柱壳体＜椭圆面壳体＜双曲面壳体＜球面壳体

　　B 圆柱壳体＜双曲面壳体＜椭圆壳体＜球面壳体

　　C 球面壳体＜圆柱壳体＜椭圆壳体＜双曲面壳体

　　D 圆柱壳体＜椭圆壳体＜球面壳体＜双曲面壳体

9 - 9 **(2018)** 大跨度屋盖布置的下列说法，错误的是（　　）。

　　A 宜采用轻型屋面系统

　　B 屋盖及其支承的布置宜均匀对称

　　C 宜优先采用单向传力体系

　　D 结构布置宜避免因局部削弱或突变形成薄弱部位

参考答案及解析

9 - 1 **解析**：根据《空间网架结构技术规程》JGJ 7—2010第3.2.5条：网架的网格高度与网格尺寸应根据跨度大小、荷载条件、柱网尺寸、支承情况、网格形式以及构造要求和建筑功能等因素确定，网架的高跨比可取1/10～1/18。题目中的羽毛球场地跨度为48m，根据规范要求，跨度应为2.6～4.8m，故B正确。

答案：B

9 - 2 **解析**：根据《空间网架结构技术规程》JGJ 7—2010第2.1.20条：立体桁架是由上弦、腹杆与下弦杆构成的横截面为三角形或四边形的格构式桁架。故A正确。

第3.4.4条：立体桁架支承于下弦节点时桁架整体应有可靠的防侧倾体系，曲线形的立体桁架应考虑支座水平位移对下部结构的影响。故B正确。

第3.4.5条：对立体桁架、立体拱架和张弦立体拱架应设置平面外的稳定支撑体系。故D "可取消平面外稳定支撑"的说法错误。当立体桁架应用于大、中跨度屋盖结构时，其平面外的稳定性应引起重视，应在上弦设置水平支撑体系（结合檩条）以保证立体桁架（拱架）平面外的稳定。

答案：D

9 - 3 **解析**：受力性能最合理的是拱屋架，其屋架形式与受力弯矩图形状最符合；其次是梯形屋架；最差的是三角形屋架，其构造与制作简单，但受力极不均匀。

答案：A

9 - 4 **解析**：根据《高层建筑混凝土结构技术规程》JGJ 3—2010第8.1.5条：框架-剪力墙结构应设计成双向抗侧力体系；抗震设计时，结构两主轴方向均应布置剪力墙。使结构各主轴方向的侧向刚度接近。故A图剪力墙单向布置且不对称，不合理。

第8.1.7条，框架-剪力墙结构中剪力墙的布置宜符合下列规定：

1 剪力墙宜均匀布置在建筑物的周边附近、楼梯间、电梯间、平面形状变化大及恒载较大的部位，剪力墙间距不宜过大；

2 平面形状凹凸较大时，宜在凸出部分的端部附近布置剪力墙；

3 纵、横剪力墙宜组成 L 形、T 形和 [等形式；

4 剪力墙宜贯通建筑物的全高，宜避免刚度突变；剪力墙开洞时，洞口宜上下对齐；

5 楼、电梯间等竖井宜尽量与靠近的抗侧力结构结合布置；

6 抗震设计时，剪力墙的布置宜使结构各主轴方向的侧向刚度接近。

第 8.1.8 条，长矩形平面或平面有一部分较长的建筑中，其剪力墙的布置尚宜符合下列规定：

1 横向剪力墙沿长方形的间距宜满足表 8.1.8 的要求，当这些剪力墙之间的楼盖有较大开洞时，剪力墙的间距应适当减小；

2 纵向剪力墙不宜集中布置在房间的进端。

剪力墙间距（m）　　　　　　　　　　　　　　　　　　　表 8.1.8

楼盖形式	非抗震设计（取较小值）	抗震设防烈度		
		6 度、7 度（取较小值）	8 度（取较小值）	9 度（取较小值）
现浇	5.0B，60	4.0B，50	3.0B，40	2.0B，30
装配整体	3.5B，50	3.0B，40	2.5B，30	—

从表中看出剪力墙间距还与抗震设防烈度和楼盖形式有关，B 图的剪力墙布置在端部，间距过大，不满足抗震设防烈度 8 度、9 度时现浇楼盖剪力墙最大间距的要求，也不满足装配整体式楼盖的剪力墙间距要求（具体抗震条件本题不够明确）；故 B 不合理。

D 图的剪力墙布置不对称均匀，导致刚度与质量偏心；故 D 不合理。

C 图的洞口位置在中心，剪力墙均匀布置在建筑物的周边附近，纵横方向均有墙，但不够对称。如果将仅有的 4 道剪力墙布置在洞口，又会带来刚度过于集中在中心而造成的结构扭转刚度不足问题。相比之下，4 幅平面图中，C 图与规范的符合度更好，较为合理。

答案：C

9 - 5 **解析**：120m 跨度的体育馆采用悬索结构钢用量最省。根据《索结构技术规程》JGJ 257—2012 第 2.1.4 条，悬索结构是由一系列作为主要承重构件的悬挂拉索按一定规律布置而组成的结构体系。拉索由索体与锚具组成，索体可采用钢丝束、钢绞线、钢丝绳或钢拉杆。

答案：A

9 - 6 **解析**：根据《空间网格结构技术规程》JGJ 7—2010 第 3.2.5 条，网架的网格高度与网格尺寸应根据跨度大小、荷载条件、柱网尺寸、支承情况、网格形式以及构造要求和建筑功能等因素确定，与支座材料无关。

答案：D

9 - 7 **解析**：50m×50m 体育馆跨度较大，若采用钢筋混凝土结构，将导致自重在整个荷载中所占比重过大而不经济，采用钢结构的平板网架结构最合适。

答案：B

9 - 8 **解析**：根据《空间网格结构技术规程》JGJ 7—2010 第 3.3.1.3 款：单层球面网壳的跨度（平面直径）不宜大于 80m；

第 3.3.2.4 款：沿两纵向边支承的单层圆柱面网壳，其跨度（宽度）不宜大于 30m；

第 3.3.3.4 款：单层双曲抛物面网壳的跨度不宜大于 60m；

第 3.3.4.4 款：单层椭圆抛物面网壳的跨度不宜大于 50m。

答案：A

9 - 9 **解析**：根据《建筑抗震设计规范》GB 50011—2010（2016 年版）第 10.2.2.5 款：大跨屋盖宜采

用轻型屋面系统；故 A 正确。

第 10.2.2.2 款：屋盖及其支承的布置宜均匀对称；故 B 正确。

第 10.2.2.3 款：屋盖及其支承结构宜优先采用两个水平方向刚度均衡的空间传力体系；故 C 错误。

第 10.2.2.4 款：大跨屋盖建筑结构布置宜避免因局部削弱或突变形成薄弱部位，产生过大的内力、变形集中。对于可能出现的薄弱部位，应采取措施提高其抗震能力。故 D 正确。

答案： C

第十章 建筑结构可靠性设计及荷载

本章内容涉及《建筑结构可靠性设计统一标准》GB 50068—2018 和《建筑结构荷载规范》GB 50009—2012 两本国家标准。其中《建筑结构可靠性设计统一标准》GB 50068—2018 为新版标准，原《建筑结构可靠度设计统一标准》GB 50068—2001 自 2019 年 4 月 1 日起废止。

《建筑结构可靠性设计统一标准》GB 50068—2018（以下简称《统一标准》），本次修订的主要技术内容如下：

（1）与《工程结构可靠性设计统一标准》GB 50153—2008 进行了全面协调；

（2）调整了建筑结构安全度的设置水平，提高了相关作用分项系数的取值，并对作用的基本组合，取消了原标准当永久荷载效应为主时起控制作用的组合式；

（3）增加了地震设计状况，并对建筑结构抗震设计，引入了"小震不坏、中震可修、大震不倒"的设计理念；

（4）完善了既有结构可靠性评定的规定；

（5）新增了结构整体稳固性设计的相关规定；

（6）新增了结构耐久性极限状态设计的相关规定等。

第一节 建筑结构可靠性设计

建筑结构设计宜采用以概率理论为基础、以分项系数表达的极限状态设计方法。当缺乏统计资料时，建筑结构设计可根据可靠的工程经验或必要的试验研究进行，也可采用容许应力（基础设计时，用容许应力方法确定基础底面积；用极限状态方法确定基础厚度及配筋）或单一安全系数（在地基稳定性验算中，要求抗滑力矩与滑动力矩之比大于安全系数 K）等经验方法进行。

一、术语

需掌握的基本术语详见《统一标准》，其中比较重要的部分节选如下：

2.1.1 结构

能承受作用并具有适当刚度的由各连接部件有机组合而成的系统。

2.1.2 结构构件

结构在物理上可以区分出的部件。

2.1.3 结构体系

结构中的所有承重构件及其共同工作的方式。

2.1.5 设计使用年限

设计规定的结构或结构构件不需进行大修即可按预定目的使用的年限。

2.1.6 设计状况

表征一定时段内实际情况的一组设计条件，设计应做到在该组条件下结构不超越有关的极限状态。

2.1.7 持久设计状况

在结构使用过程中一定出现，且持续期很长的设计状况，其持续期一般与设计使用年限为同一数量级。

2.1.8 短暂设计状况

在结构施工和使用过程中出现概率较大，而与设计使用年限相比，其持续期很短的设计状况。

2.1.9 偶然设计状况

在结构使用过程中出现概率很小，且持续期很短的设计状况。

2.1.10 地震设计状况

结构遭受地震时的设计状况。

2.1.11 荷载布置

在结构设计中，对自由作用的位置、大小和方向的合理确定。

2.1.13 极限状态

整个结构或结构的一部分超过某一特定状态就不能满足设计规定的某一功能要求，此特定状态为该功能的极限状态。

2.1.14 承载能力极限状态

对应于结构或结构构件达到最大承载力或不适于继续承载的变形的状态。

2.1.15 正常使用极限状态

对应于结构或结构构件达到正常使用的某项规定限值的状态。

2.1.18 耐久性极限状态

对应于结构或结构构件在环境影响下出现的劣化达到耐久性能的某项规定限值或标志的状态。

2.1.19 抗力

结构或结构构件承受作用效应和环境影响的能力。

2.1.20 结构整体稳固性

当发生火灾、爆炸、撞击或人为错误等偶然事件时，结构整体能保持稳固且不出现与起因不相称的破坏后果的能力。

2.1.21 关键构件

结构承载能力极限状态性能所依赖的结构构件。

2.1.22 连续倒塌

初始的局部破坏，从构件到构件扩展，最终导致整个结构倒塌或与起因不相称的一部分结构倒塌。

2.1.23 可靠性

结构在规定的时间内，在规定的条件下，完成预定功能的能力。

2.1.24 可靠度

结构在规定的时间内，在规定的条件下，完成预定功能的概率。

2.1.25 失效概率 p_f

结构不能完成预定功能的概率。

2.1.26 可靠指标 β

度量结构可靠度的数值指标，可靠指标 β 为失效概率 p_f 负的标准正态分布函数的反函数。

2.1.36 作用

加在结构上的集中力或分布力和引起结构外加变形或约束变形的原因。前者为直接作用，也称为荷载；后者为间接作用。

2.1.37 外加变形

结构在地震、不均匀沉降等因素作用下，边界条件发生变化而产生的位移和变形。

2.1.38 约束变形

结构在温度变化、湿度变化及混凝土收缩等因素作用下，由于存在外部约束而产生的内部变形。

2.1.39 作用效应

由作用引起的结构或结构构件的反应。

2.1.41 永久作用

在设计使用年限内始终存在且其量值变化与平均值相比可以忽略不计的作用；或其变化是单调的并趋于某个限值的作用。

2.1.42 可变作用

在设计使用年限内其量值随时间变化，且其变化与平均值相比不可忽略不计的作用。

2.1.43 偶然作用

在设计使用年限内不一定出现，而一旦出现其量值很大，且持续期很短的作用。

2.1.44 地震作用

地震动对结构所产生的作用。

2.1.52 作用的标准值

作用的主要代表值。可根据对观测数据的统计、作用的自然界限或工程经验确定。

2.1.53 设计基准期

为确定可变作用等取值而选用的时间参数。

2.1.54 可变作用的组合值

使组合后的作用效应的超越概率与该作用单独出现时其标准值作用效应的超越概率趋于一致的作用值；或组合后使结构具有规定可靠指标的作用值。可通过组合值系数对作用标准值的折减来表示。

2.1.58 作用的代表值

极限状态设计所采用的作用值。它可以是作用的标准值或可变作用的伴随值。

2.1.59 作用的设计值

作用的代表值与作用分项系数的乘积。

2.1.60 作用组合；荷载组合

在不同作用的同时影响下，为验证某一极限状态的结构可靠度而采用的一组作用设计值。

2.1.61 环境影响

环境对结构产生的各种机械的、物理的、化学的或生物的不利影响。环境影响会引起结构材料性能的劣化，降低结构的安全性或适用性，影响结构的耐久性。

2.1.62 材料性能的标准值

符合规定质量的材料性能概率分布的某一分位值或材料性能的名义值。

2.1.63 材料性能的设计值

材料性能的标准值除以材料性能分项系数所得的值。

2.1.66 结构分析

确定结构上作用效应的过程或方法。

注：新版《统一标准》术语增加了50条，限于篇幅，不能一一引用，上述基本术语需认真理解记忆。

二、基本要求

3.1.1 结构的设计、施工和维护应使结构在规定的设计使用年限内以规定的可靠度满足规定的各项功能要求。

3.1.2 结构的设计、施工和维护应使结构在规定的设计使用年限内以规定的可靠度满足规定的下列各项功能要求：

1 能承受在施工和使用期间可能出现的各种作用；

2 保持良好的使用性能；

3 具有足够的耐久性能；

4 当发生火灾时，在规定的时间内可保持足够的承载力；

5 当发生爆炸、撞击、人为错误等偶然事件时，结构能保持必要的整体稳固性，不出现与起因不相称的破坏后果，防止出现结构的连续倒塌。

3.1.3 结构设计时，应根据下列要求采取适当的措施，使结构不出现或少出现可能的损坏：

1 避免、消除或减少结构可能受到的危害；

2 采用对可能受到的危害反应不敏感的结构类型；

3 采用当单个构件或结构的有限部分被意外移除或结构出现可接受的局部损坏时，结构的其他部分仍能保存的结构类型；

4 不宜采用无破坏预兆的结构体系；

5 使结构具有整体稳固性。

3.1.4 宜采取下列措施满足对结构的基本要求：

1 采用适当的材料；

2 采用合理的设计和构造；

3 对结构的设计、制作、施工和使用等制定相应的控制措施。

【注意】 在建筑结构必须满足的5项功能中（上述第3.1.2条），第1、4、5这三项是对结构安全性的要求，第2项是对结构适用性的要求，第3项是对结构耐久性的要求；三者可概括为对结构可靠性的要求。

注：1. 新版《统一标准》取消了"正常施工""正常使用""正常维护"的表述，条文说明中仅对耐

久性提出了"正常维护"和"正常使用",也就是说:需要考虑非正常情况,规范要求更严格了。

2. 第 5 条"结构整体稳固性设计"是针对偶然作用的,偶然作用包括爆炸、撞击、火灾、极度腐蚀、设计施工错误和疏忽等。爆炸、撞击等是以荷载的形式直接作用于结构的,而火灾和极度腐蚀是以降低结构的承载力为特征的;虽然同样是偶然作用,但作用的方式不同,设计中采用的措施和方法也不同。

三、安全等级和可靠度

1. 安全等级

结构的安全等级与破坏后果有关;同时,结构安全等级又与"结构构件的可靠指标(β)"相关联。

【注意】大型的公共建筑等重要结构为一级;普通的住宅和办公楼等一般结构为二级;小型的或临时性储存建筑等次要结构为三级。新版《统一标准》要求如下。

3.2.1 建筑结构设计时,应根据结构破坏可能产生的后果,即危及人的生命、造成经济损失、对社会或环境产生影响等的严重性,采用不同的安全等级。建筑结构安全等级的划分应符合表 3.2.1 的规定。

建筑结构的安全等级
表 3.2.1

安全等级	破 坏 后 果
一级	很严重:对人的生命、经济、社会或环境影响很大
二级	严重:对人的生命、经济、社会或环境影响较大
三级	不严重:对人的生命、经济、社会或环境影响较小

3.2.2 建筑结构中各类结构构件的安全等级,宜与结构的安全等级相同,对其中部分结构构件的安全等级可进行调整,但不得低于三级。

2. 可靠度

可靠度是结构在规定的时间内,在规定的条件下,完成预定功能的概率,而可靠度是通过可靠指标 β 来控制的。预定功能指的是:结构的设计、施工和维护应使结构在规定的设计使用年限内,以规定的可靠度满足规定的各项功能要求。结构应满足的 5 项功能要求详见前文所述或《统一标准》第 3.1.2 条。

可靠指标 β 的功能主要有两个:其一,它是度量结构构件可靠性大小的尺度,对有充分的统计数据的结构构件,其可靠性大小可通过可靠指标 β 度量与比较;其二,目标可靠指标是分项系数法所采用的各分项系数取值的基本依据。为此,不同安全等级和失效模式的可靠指标宜适当拉开档次(《统一标准》第 3.2.5 条)。

《统一标准》表 3.2.6 中规定的房屋建筑结构构件持久设计状况承载能力极限状态设计的可靠指标,是以建筑结构安全等级为二级时延性破坏的 β 值 3.2 作为基准,其他情况下相应增减 0.5。可靠指标 β 为 3.2 时,其失效概率运算值 p_f 为 6.9×10^{-4}。可以这样理解,50 年"失效概率"是万分之 6.9;所以"失效概率"越低,可靠度越高。

3.2.3 可靠度水平的设置应根据结构构件的安全等级、失效模式和经济因素等确定。对结构的安全性、适用性和耐久性可采用不同的可靠度水平。

3.2.4 当有充分的统计数据时,结构构件的可靠度宜采用可靠指标 β 度量。结构构件设计时采用的可靠指标,可根据对现有结构构件的可靠度分析,并结合使用经验和经济因素等确定。

3.2.5 各类结构构件的安全等级每相差一级，其可靠指标的取值宜相差0.5。

3.2.6 结构构件持久设计状况承载能力极限状态设计的可靠指标，不应小于表3.2.6的规定。

结构构件的可靠指标 β　　　　　　　　表 3.2.6

破坏类型	安全等级		
	一级	二级	三级
延性破坏	3.7	3.2	2.7
脆性破坏	4.2	3.7	3.2

3.2.7 结构构件持久设计状况正常使用极限状态设计的可靠指标，宜根据其可逆程度取 0～1.5。

3.2.8 结构构件持久设计状况耐久性极限状态设计的可靠指标，宜根据其可逆程度取 1.0～2.0。

【注意】表3.2.6中的"延性破坏"是指结构构件在破坏前有明显的变形或其他预兆；"脆性破坏"是指结构构件在破坏前无明显的变形或其他预兆。

四、设计使用年限和耐久性

1. 设计使用年限

建筑结构的设计基准期应为50年，即房屋建筑结构的可变作用取值是按50年确定的。建筑结构设计时，应规定结构的设计使用年限。

【注意】①设计使用年限是"设计规定的结构或结构构件不需进行大修即可按预定目的使用的年限"。②应区分概念"设计基准期"和"设计使用年限"；当结构的设计使用年限与设计基准期不同时，应对可变作用的标准值进行调整；这是因为结构上的各种可变作用均是根据设计基准期确定其标准值的（γ_L 为考虑结构设计使用年限的荷载调整系数）。

3.3.3 建筑结构的设计使用年限，应按表3.3.3采用。

建筑结构的设计使用年限　　　　　　　　表 3.3.3

类别	设计使用年限（年）
临时性建筑结构	5
易于替换的结构构件	25
普通房屋和构筑物	50
标志性建筑和特别重要的建筑结构	100

2. 耐久性

结构耐久性是指在服役环境作用和正常使用维护条件下，结构抵御结构性能劣化（或退化）的能力。因此，在结构全寿命性能变化过程中，原则上结构劣化过程的各个阶段均可以选作耐久性极限状态的基准。

3.3.4 建筑结构设计时应对环境影响进行评估，当结构所处的环境对其耐久性有较大影响时，应根据不同的环境类别采用相应的结构材料、设计构造、防护措施、施工质量要求等，并应制定结构在使用期间的定期检修和维护制度，使结构在设计使用年限内不致因材料的劣化而影响其安全或正常使用。

3.3.5 ……耐久性极限状态设计可根据本标准附录 C 的规定进行。

五、极限状态设计原则

结构的可靠性包括安全性、适用性和耐久性，相应的可靠性设计也应包括承载能力、正常使用和耐久性三种极限状态设计。

注：新版《统一标准》增加了结构耐久性极限状态设计的内容。

1. 极限状态

4.1.1 极限状态可分为承载能力极限状态、正常使用极限状态和耐久性极限状态。极限状态应符合下列规定：

1 当结构或结构构件出现下列状态之一时，应认定为超过了承载能力极限状态：

1）结构构件或连接因超过材料强度而破坏，或因过度变形而不适于继续承载；

2）整个结构或其一部分作为刚体失去平衡；

3）结构转变为机动体系；

4）结构或结构构件丧失稳定；

5）结构因局部破坏而发生连续倒塌；

6）地基丧失承载力而破坏；

7）结构或结构构件的疲劳破坏。

2 当结构或结构构件出现下列状态之一时，应认定为超过了正常使用极限状态：

1）影响正常使用或外观的变形；

2）影响正常使用的局部损坏；

3）影响正常使用的振动；

4）影响正常使用的其他特定状态。

3 当结构或结构构件出现下列状态之一时，应认定为超过了耐久性极限状态：

1）影响承载能力和正常使用的材料性能劣化；

2）影响耐久性能的裂缝、变形、缺口、外观、材料削弱等；

3）影响耐久性能的其他特定状态。

4.1.2 对结构的各种极限状态，均应规定明确的标志或限值。

2. 设计状况

新标准修订时，借鉴了欧洲规范《结构设计基础》EN 1990：2002 的规定；在原有三种设计状况的基础上，增加了地震设计状况。

4.2.1 建筑结构设计应区分下列设计状况：

1 持久设计状况，适用于结构使用时的正常情况；

2 短暂设计状况，适用于结构出现的临时情况，包括结构施工和维修时的情况等；

3 偶然设计状况，适用于结构出现的异常情况，包括结构遭受火灾、爆炸、撞击时的情况等；

4 地震设计状况，适用于结构遭受地震时的情况。

4.2.2 对不同的设计状况，应采用相应的结构体系、可靠度水平、基本变量和作用组合等进行建筑结构可靠性设计。

3. 极限状态设计

建筑结构按极限状态设计时，对不同的设计状况应采用相应的作用组合，在每一种作用组合中还必须选取其中的最不利组合进行有关的极限状态设计。设计时应针对各种有关的极限状态进行必要的计算或验算；当有实际工程经验时，也可采用构造措施来代替验算。

4.3.1 对本标准第 4.2.1 条规定的四种建筑结构设计状况，应分别进行下列极限状态设计：

1 对四种设计状况均应进行承载能力极限状态设计；

2 对持久设计状况尚应进行正常使用极限状态设计，并宜进行耐久性极限状态设计；

3 对短暂设计状况和地震设计状况可根据需要进行正常使用极限状态设计；

4 对偶然设计状况可不进行正常使用极限状态和耐久性极限状态设计。

4.3.2 进行承载能力极限状态设计时，应根据不同的设计状况采用下列作用组合：

1 对于持久设计状况或短暂设计状况，应采用作用的基本组合；

2 对于偶然设计状况，应采用作用的偶然组合；

3 对于地震设计状况，应采用作用的地震组合。

4.3.3 进行正常使用极限状态设计时，宜采用下列作用组合：

1 对于不可逆正常使用极限状态设计，宜采用作用的标准组合；

2 对于可逆正常使用极限状态设计，宜采用作用的频遇组合；

3 对于长期效应是决定性因素的正常使用极限状态设计，宜采用作用的准永久组合。

总之四种建筑结构设计状况，应分别进行的极限状态设计如下（表 10-1）：

四种建筑结构设计状况所应进行的极限状态设计　　　　表 10-1

设计状况	承载能力极限状态	正常使用极限状态	耐久性极限状态
持久设计状况	应，基本组合	应	宜
短暂设计状况	应，基本组合	根据需要	—
偶然设计状况	应，偶然组合	不进行	不进行
地震设计状况	应，地震组合	根据需要	—

六、结构上的作用和环境影响

建筑结构设计时，应考虑结构上可能出现的各种直接作用、间接作用和环境影响。

1. 概述

外界因素包括在结构上可能出现的各种作用和环境影响，其中最主要的是各种作用。而就作用形态的不同，还可分为直接作用和间接作用，直接作用是指施加在结构上的集中力或分布力，习惯上常被称为荷载；不以力的形式出现在结构上的作用，则被归类为间接作用。它们都是引起结构外加变形和约束变形的原因，例如地面运动、基础沉降、材料收缩、温度变化等。无论是直接作用还是间接作用，都将使结构产生作用效应，诸如应力、内力、变形、裂缝等。

环境影响与作用不同，它是指能使结构材料随时间逐渐劣化的外界因素。随其性质的不同，环境影响可以是机械的、物理的、化学的或生物的。与作用一样，它们也会影响到结构的安全性和适用性。环境影响可分为**永久影响**、**可变影响**和**偶然影响**。例如，对处于海洋环境中的混凝土结构，氯离子对钢筋的腐蚀作用是永久影响，空气湿度对木材强度的影响是可变影响等。

2. 结构上的作用

5.2.2 同时施加在结构上的各单个作用对结构的共同影响，应通过作用组合来考虑；对不可能同时出现的各种作用，不应考虑其组合。

5.2.3 结构上的作用可按下列性质分类：

1 按随时间的变化分类：

1）永久作用；2）可变作用；3）偶然作用。

2 按随空间的变化分类：

1）固定作用；2）自由作用。

3 按结构的反应特点分类：

1）静态作用；2）动态作用。

4 按有无限值分类：

1）有界作用；2）无界作用。

5 其他分类。

作用还有其他分类方式，例如，当进行结构疲劳验算时，可按作用随时间变化的低周性和高周性分类；当考虑结构徐变效应时，可按作用在结构上持续期的长短分类。

5.2.4 结构上的作用随时间变化的规律，宜采用随机过程的概率模型进行描述，对不同的作用可采用不同的方法进行简化，并应符合下列规定：

1 对永久作用，可采用随机变量的概率模型。

2 对可变作用，在作用组合中可采用简化的随机过程概率模型。在确定可变作用的代表值时可采用将设计基准期内最大值作为随机变量的概率模型。

5.2.7 建筑结构按不同极限状态设计时，在相应的作用组合中对可能同时出现的各种作用，应采用不同的作用代表值。对可变作用，其代表值包括标准值、组合值、频遇值和准永久值。组合值、频遇值和准永久值可通过对可变作用的标准值分别乘以不大于1的组合值系数 ψ_c、频遇值系数 ψ_f 和准永久值系数 ψ_q 等折减系数表示。

5.2.8 对偶然作用，应采用偶然作用的设计值……

5.2.9 对地震作用，应采用地震作用的标准值……

作用按随时间的变化分类是作用最主要的分类方式，它直接关系到作用变量概率模型的选择。永久作用、可变作用和偶然作用的归类情况如表 10-2 所示。

永久作用、可变作用和偶然作用的归类情况 表 10-2

永久作用	可变作用	偶然作用
1 结构自重	1 使用时人员、物件等荷载	1 撞击
2 土压力	2 施工时结构的某些自重	2 爆炸
3 水位不变的水压力	3 安装荷载	3 罕遇地震
4 预应力	4 车辆荷载	4 龙卷风

永久作用	可变作用	偶然作用
5 地基变形	5 吊车荷载	5 火灾
6 混凝土收缩	6 风荷载	6 极严重的侵蚀
7 钢材焊接变形	7 雪荷载	7 洪水作用
8 引起结构外加变形或约束变形的各种施工因素	8 冰荷载	
	9 多遇地震	
	10 正常撞击	
	11 水位变化的水压力	
	12 扬压力	
	13 波浪力	
	14 温度变化	

注：在上述作用的举例中，地震作用和撞击既可作为可变作用，也可作为偶然作用，这完全取决于对结构重要性的评估；对一般结构，可以按规定的可变作用考虑。

3. 环境影响

5.3.1 环境影响可分为永久影响、可变影响和偶然影响三类。

环境影响对结构的效应主要是针对材料性能的降低，它是与材料本身有密切关系的；因此，环境影响的效应应根据材料特点而加以规定。在多数情况下涉及化学的和生物的损害，其中环境湿度的因素是关键的。

目前对环境影响只能根据材料特点，按其抗侵蚀性的程度来划分等级，设计时按等级采取相应措施。

七、分项系数设计方法

1. 一般规定

8.1.2 基本变量的设计值可按下列规定确定：

1 作用的设计值 F_d 可按下式确定：

$$F_d = \gamma_F F_r \tag{8.1.2-1}$$

式中　F_r——作用的代表值；

　　　γ_F——作用的分项系数。

2 材料性能的设计值 f_d 可按下式确定：

$$f_d = \frac{f_k}{\gamma_M} \tag{8.1.2-2}$$

式中　f_k——材料性能的标准值；

　　　γ_M——材料性能的分项系数，其值按有关的结构设计标准的规定采用。

注：几何参数的设计值与结构抗力的设计值详见《统一标准》。

2. 承载能力极限状态

对作用的基本组合，原标准给出了设计表达式，设计人员可用作设计，但仅限于作用与作用效应按线性关系考虑的情况；为非线性关系时不适用。新版《统一标准》首次提出考虑结构设计使用年限的荷载调整系数 γ_L。

8.2.1 结构或结构构件按承载能力极限状态设计时，应考虑下列状态：

1 结构或结构构件的破坏或过度变形，此时结构的材料强度起控制作用；

2 整个结构或其一部分作为刚体失去静力平衡，此时结构材料或地基的强度不起控制作用；

3 地基破坏或过度变形，此时岩土的强度起控制作用；

4 结构或结构构件疲劳破坏，此时结构的材料疲劳强度起控制作用。

8.2.2 结构或结构构件按承载能力极限状态设计时，应符合下列规定：

1 结构或结构构件的破坏或过度变形的承载能力极限状态设计，应符合下式规定：

$$\gamma_0 S_d \leqslant R_d \tag{8.2.2-1}$$

式中 γ_0——结构重要性系数，其值按本标准第 8.2.8 条的有关规定采用；

S_d——作用组合的效应设计值；

R_d——结构或结构构件的抗力设计值。

2 结构整体或其一部分作为刚体失去静力平衡的承载能力极限状态设计，应符合下式规定：

$$\gamma_0 S_{d,dst} \leqslant S_{d,stb} \tag{8.2.2-2}$$

式中 $S_{d,dst}$——不平衡作用效应的设计值；

$S_{d,stb}$——平衡作用效应的设计值。

……

8.2.3 承载能力极限状态设计表达式中的作用组合，应符合下列规定：

1 作用组合应为可能同时出现的作用的组合；

2 每个作用组合中应包括一个主导可变作用或一个偶然作用或一个地震作用；

3 当结构中永久作用位置的变异，对静力平衡或类似的极限状态设计结果很敏感时，该永久作用的有利部分和不利部分应分别作为单个作用；

4 当一种作用产生的几种效应非全相关时，对产生有利效应的作用，其分项系数的取值应予以降低；

5 对不同的设计状况应采用不同的作用组合。

8.2.4 对持久设计状况和短暂设计状况，应采用作用的基本组合，并应符合下列规定：

1 基本组合的效应设计值按下式中最不利值确定：

$$S_d = S(\sum_{i \geqslant 1} \gamma_{G_i} G_{ik} + \gamma_P P + \gamma_{Q_1} \gamma_{L_1} Q_{1k} + \sum_{j>1} \gamma_{Q_j} \psi_{cj} \gamma_{L_j} Q_{jk}) \tag{8.2.4-1}$$

式中 $S(\cdot)$——作用组合的效应函数；

G_{ik}——第 i 个永久作用的标准值；

P——预应力作用的有关代表值；

Q_{1k}——第 1 个可变作用的标准值；

Q_{jk}——第 j 个可变作用的标准值；

γ_{G_i}——第 i 个永久作用的分项系数，应按本标准第 8.2.9 条的有关规定采用；

γ_P——预应力作用的分项系数，应按本标准第 8.2.9 条的有关规定采用；

γ_{Q_1}——第 1 个可变作用的分项系数，应按本标准第 8.2.9 条的有关规定采用；

γ_{Q_j}——第 j 个可变作用的分项系数，应按本标准第 8.2.9 条的有关规定采用；

γ_{L_1}、γ_{L_j}——第 1 个和第 j 个考虑结构设计使用年限的荷载调整系数，应按本标准第 8.2.10 条的有关规定采用；

ψ_{cj}——第 j 个可变作用的组合值系数，应按现行有关标准的规定采用。

2 当作用与作用效应按线性关系考虑时，基本组合的效应设计值按下式中最不利值计算：

$$S_d = \sum_{i \geqslant 1} \gamma_{G_i} S_{G_{ik}} + \gamma_P S_P + \gamma_{Q_1} \gamma_{L_1} S_{Q_{1k}} + \sum_{j>1} \gamma_{Q_j} \psi_{cj} \gamma_{L_j} S_{Q_{jk}} \qquad (8.2.4\text{-}2)$$

式中 $S_{G_{ik}}$——第 i 个永久作用标准值的效应；

S_P——预应力作用有关代表值的效应；

$S_{Q_{1k}}$——第 1 个可变作用标准值的效应；

$S_{Q_{jk}}$——第 j 个可变作用标准值的效应。

8.2.5 对偶然设计状况，应采用作用的偶然组合，并应符合下列规定：

1 偶然组合的效应设计值按下式确定：

……

2 当作用与作用效应按线性关系考虑时，偶然组合的效应设计值按下式计算：

……

8.2.6 对地震设计状况，应采用作用的地震组合。

8.2.7 当进行建筑结构抗震设计时，结构性能基本设防目标应符合下列规定：

1 遭遇多遇地震影响，结构主体不受损坏或不需修复即可继续使用；

2 遭遇设防地震影响，可能发生损坏，但经一般修复仍可继续使用；

3 遭遇罕遇地震影响，不致倒塌或发生危及生命的严重破坏。

8.2.8 结构重要性系数 γ_0，不应小于表 8.2.8 的规定。

结构重要性系数 γ_0　　　　　　　　　　　　　　　表 8.2.8

结构重要性系数	对持久设计状况和短暂设计状况			对偶然设计状况和地震设计状况
	安全等级			
	一级	二级	三级	
γ_0	1.1	1.0	0.9	1.0

关于结构重要性系数，《建筑抗震设计规范》GB 50011—2010（2016 年版）条文说明第 5.4.1 条规定："根据地震作用的特点、抗震设计的现状，以及抗震设防分类与《统一标准》中安全等级的差异，重要性系数对抗震设计的实际意义不大。本规范（《抗震规范》）对建筑重要性的处理仍采用抗震措施的改变来实现，不考虑此项系数"。

8.2.9 建筑结构的作用分项系数，应按表 8.2.9 采用。

建筑结构的作用分项系数　　　　　　　　　　　　　　　表 8.2.9

作用分项系数　　　　　　适用情况	当作用效应对承载力不利时	当作用效应对承载力有利时
γ_G	1.3	$\leqslant 1.0$
γ_P	1.3	$\leqslant 1.0$
γ_Q	1.5	0

【注意】 新版《统一标准》的修订将永久作用分项系数 γ_G 由 1.2 调整为 1.3、可变作用分项系数 γ_Q 由 1.4 调整为 1.5；同时，相应调整预应力作用的分项系数 γ_P，由 1.2 调整为 1.3。

8.2.10 建筑结构考虑结构设计使用年限的荷载调整系数，应按表 8.2.10 采用。

建筑结构考虑结构设计使用年限的荷载调整系数 γ_L 表 8.2.10

结构的设计使用年限（年）	γ_L
5	0.9
50	1.0
100	1.1

注：对设计使用年限为 25 年的结构构件，γ_L 应按各种材料结构设计标准的规定采用。

3. 正常使用极限状态

对承载能力极限状态，安全与失效之间的分界线是清晰的；如钢材的屈服、混凝土的压坏、结构的倾覆、地基的滑移，都是清晰的物理现象。对正常使用极限状态，能正常使用与不能正常使用之间的分界线是模糊的，难以找到清晰的物理界限区分正常与不正常；在很大程度上依靠工程经验确定。

8.3.1 结构或结构构件按正常使用极限状态设计时，应符合下式规定：

$$S_d \leqslant C \tag{8.3.1}$$

式中 S_d——作用组合的效应设计值；

C——设计对变形、裂缝等规定的相应限值，应按有关的结构设计标准的规定采用。

新版《统一标准》按正常使用极限状态设计时的 3 种组合，分别有 2 种计算公式，新增加了"当作用与作用效应按非线性关系考虑时"组合的效应设计值计算公式。

8.3.2 按正常使用极限状态设计时，宜根据不同情况采用作用的标准组合、频遇组合或准永久组合，并应符合下列规定：

1 标准组合应符合下列规定：

1）标准组合的效应设计值按下式确定：

$$S_d = S\left(\sum_{i \geqslant 1} G_{ik} + P + Q_{1k} + \sum_{j>1} \psi_{cj} Q_{jk}\right) \tag{8.3.2-1}$$

2）当作用与作用效应按线性关系考虑时，标准组合的效应设计值按下式计算：

$$S_d = \sum_{i \geqslant 1} S_{G_{ik}} + S_P + S_{Q_{1k}} + \sum_{j>1} \psi_{cj} S_{Q_{jk}} \tag{8.3.2-2}$$

2 频遇组合应符合下列规定：

……

3 准永久组合应符合下列规定：

……

8.3.3 对正常使用极限状态，材料性能的分项系数 γ_M，除各种材料的结构设计标准有专门规定外，应取为 1.0。

【注意】 建筑结构设计宜采用以概率理论为基础、以分项系数表达的极限状态设计方法。

八、耐久性极限状态

1. 新版《统一标准》对耐久性极限状态设计的规定

（1）一般规定；

（2）设计使用年限；

（3）环境影响种类；

（4）耐久性极限状态；

（5）耐久性极限状态设计方法和措施。

2. 结构的环境影响分类

结构的环境影响可分为无侵蚀性的室内环境影响和侵蚀性环境影响等，根据环境侵蚀性的特点，宜按下列作用分类：

（1）生物作用；

（2）与气候等相关的物理作用；

（3）与建筑物内外人类活动相关的物理作用；

（4）介质的侵蚀作用；

（5）物理与介质的共同作用。

3. 耐久性极限状态的标志和限值

建筑结构的设计使用年限可按新版《统一标准》表 3.3.3 的规定采用，本部分仅节选《统一标准》"附录 C.4 耐久性极限状态"中的"耐久性极限状态的标志和限值"部分内容。

C.4.1 各类结构构件及其连接，应依据环境侵蚀和材料的特点确定耐久性极限状态的标志和限值。

C.4.2 对木结构宜以出现下列现象之一作为达到耐久性极限状态的标志：

1 出现霉菌造成的腐朽；

2 出现虫蛀现象；

3 发现受到白蚁的侵害等；

4 胶合木结构防潮层丧失防护作用或出现脱胶现象；

5 木结构的金属连接件出现锈蚀；

6 构件出现翘曲、变形和节点区的干缩裂缝。

C.4.3 对钢结构、钢管混凝土结构的外包钢管和组合钢结构的型钢构件等，宜以出现下列现象之一作为达到耐久性极限状态的标志：

1 构件出现锈蚀迹象；

2 防腐涂层丧失作用；

3 构件出现应力腐蚀裂纹；

4 特殊防腐保护措施失去作用。

C.4.4 对铝合金、铜及铜合金等构件及连接，宜以出现下列现象之一作为达到耐久性极限状态的标志：

1 构件出现表观的损伤；

2 出现应力腐蚀裂纹；

3 专用防护措施失去作用。

C.4.5 对混凝土结构的配筋和金属连接件，宜以出现下列状况之一作为达到耐久性极限状态的标志或限值：

1 预应力钢筋和直径较细的受力主筋具备锈蚀条件；

2 构件的金属连接件出现锈蚀；

3 混凝土构件表面出现锈蚀裂缝；

4 阴极或阳极保护措施失去作用。

C.4.6 对砌筑和混凝土等无机非金属材料的结构构件，宜以出现下列现象之一作为达到耐久性极限状态的标志或限值：

1 构件表面出现冻融损伤；

2 构件表面出现介质侵蚀造成的损伤；

3 构件表面出现风沙和人为作用造成的磨损；

4 表面出现高速气流造成的空蚀损伤；

5 因撞击等造成的表面损伤；

6 出现生物性作用损伤。

4. 耐久性极限状态设计方法和措施

C.5.1 建筑结构的耐久性可采用下列方法进行设计：

1 经验的方法；

2 半定量的方法；

3 定量控制耐久性失效概率的方法。

第二节 建筑结构荷载

一、概述

(一) 结构上的作用及荷载分类

《建筑结构荷载规范》GB 50009—2012（以下简称《荷载规范》）中规定，建筑结构设计中涉及的作用应包括直接作用（荷载）和间接作用。《荷载规范》仅对荷载和温度作用作出规定，有关可变荷载的规定同样适用于温度作用。建筑结构的荷载可分为三类：永久荷载、可变荷载和偶然荷载。

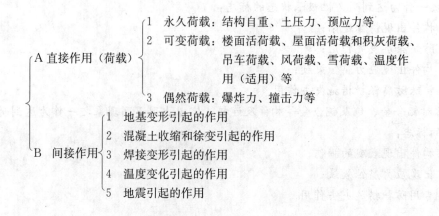

【要点】

结构上的作用是指能使结构产生效应（结构或构件的内力、应力、位移、应变、裂缝等）的各种原因的总称。

直接作用是指作用在结构上的力集（包括集中力和分布力）；习惯上统称为荷载；如永久荷载、活荷载、吊车荷载、雪荷载、风荷载以及偶然荷载等。

间接作用是指那些不是直接以力集的形式出现的作用，如地基变形、混凝土收缩和徐变、焊接变形、温度变化以及地震等引起的作用等。

（二）基本术语

2.1.4 荷载代表值

设计中用以验算极限状态所采用的荷载量值，例如标准值、组合值、频遇值和准永久值。

2.1.6 标准值

荷载的基本代表值，为设计基准期内最大荷载统计分布的特征值（例如均值、众值、中值或某个分位值）。

2.1.7 组合值

对可变荷载，使组合后的荷载效应在设计基准期内的超越概率，能与该荷载单独出现时的相应概率趋于一致的荷载值；或使组合后的结构具有统一规定的可靠指标的荷载值。

2.1.8 频遇值

对可变荷载，在设计基准期内，其超越的总时间为规定的较小比率或超越频率为规定频率的荷载值。

2.1.9 准永久值

对可变荷载，在设计基准期内，其超越的总时间约为设计基准期一半的荷载值。

2.1.10 荷载设计值

荷载代表值与荷载分项系数的乘积。

2.1.11 荷载效应

由荷载引起结构或结构构件的反应，例如内力、变形和裂缝等。

（三）荷载代表值

虽然任何荷载都具有不同性质的变异性，但在设计中，不可能直接引用反映荷载变异性的各种统计参数，通过复杂的概率运算进行具体设计。因此，在设计时，除了采用能便于设计者使用的设计表达式外，对荷载仍应赋予一个规定的量值，称为荷载代表值。

【注意】荷载可根据不同的设计要求，规定不同的代表值，以使之能更确切地反映它在设计中的特点。《荷载规范》给出了荷载的 4 种代表值：标准值、组合值、频遇值和准永久值。荷载标准值是荷载的基本代表值，而其他代表值都可以在标准值的基础上乘以相应的系数后得出。

3.1.2 建筑结构设计时，应按下列规定对不同荷载采用不同的代表值：

1 对永久荷载应采用标准值作为代表值；

2 对可变荷载应根据设计要求采用标准值、组合值、频遇值或准永久值作为代表值；

3 对偶然荷载应按建筑结构使用的特点确定其代表值。

3.1.3 确定可变荷载代表值时应采用 50 年设计基准期。

3.1.4 荷载的标准值，应按本规范各章的规定采用。

3.1.5 承载能力极限状态设计或正常使用极限状态按标准组合设计时，对可变荷载应按规定的荷载组合采用荷载的组合值或标准值作为其荷载代表值。可变荷载的组合值，应为可变荷载的标准值乘以荷载组合值系数。

3.1.6 正常使用极限状态按频遇组合设计时，应采用可变荷载的频遇值或准永久值作为其荷载代表值；按准永久组合设计时，应采用可变荷载的准永久值作为其荷载代表值。可变荷载的频遇值，应为可变荷载标准值乘以频遇值系数。可变荷载准永久值，应为可变荷载标准值乘以准永久值系数。

（四）荷载组合

《建筑结构荷载规范》GB 50009—2012 节选：

3.2.1 建筑结构设计应根据使用过程中在结构上可能同时出现的荷载，按承载能力极限状态和正常使用极限状态分别进行荷载组合，并应取各自的最不利的组合进行设计。

3.2.2 对于承载能力极限状态，应按荷载的基本组合或偶然组合计算荷载组合的效应设计值，并应采用下列设计表达式进行设计：

$$\gamma_0 \, S_d \leqslant R_d \tag{3.2.2}$$

式中 γ_0——结构重要性系数，应按各有关建筑结构设计规范的规定采用；

S_d——荷载组合的效应设计值；

R_d——结构构件抗力的设计值，应按各有关建筑结构设计规范的规定确定。

注：上述公式（《建筑结构荷载规范》GB 50009—2012）与新版《统一标准》的公式基本一致。

3.2.3 荷载基本组合的效应设计值 S_d，应从下列荷载组合值中取用最不利的效应设计值确定：

1 由可变荷载控制的效应设计值，应按下式进行计算：

$$S_d = \sum_{j=1}^{m} \gamma_{G_j} \, S_{G_j k} + \gamma_{Q_1} \, \gamma_{L_1} \, S_{Q_1 k} + \sum_{i=2}^{n} \gamma_{Q_i} \, \gamma_{L_i} \psi_{c_i} \, S_{Q_i k} \tag{3.2.3-1}$$

2 由永久荷载控制的效应设计值，应按下式进行计算：

$$S_d = \sum_{j=1}^{m} \gamma_{G_j} \, S_{G_j k} + \sum_{i=1}^{n} \gamma_{Q_i} \, \gamma_{L_i} \psi_{c_i} \, S_{Q_i k} \tag{3.2.3-2}$$

注：1.《建筑结构荷载规范》GB 50009—2012 基本组合中的效应设计值仅适用于荷载与荷载效应为线性的情况；

2. 新版《统一标准》增加了预应力作用的分项，其他部分与式（3.2.3-1）基本一致，请读者注意区分两本规范中公式的不同。

3. 新版《统一标准》取消了永久荷载控制的荷载基本组合的效应设计值公式（3.2.3-2）。

3.2.4 基本组合的荷载分项系数，应按下列规定采用：

1 永久荷载的分项系数应符合下列规定：

1） 当永久荷载效应对结构不利时，对由可变荷载效应控制的组合应取1.2，对由永久荷载效应控制的组合应取1.35；

2） 当永久荷载效应对结构有利时，不应大于1.0。

2 可变荷载的分项系数应符合下列规定：

1） 对标准值大于 $4kN/m^2$ 的工业房屋楼面结构的活荷载，应取1.3；

2）其他情况，应取1.4。

······

【注意】新版《统一标准》将永久作用分项系数由1.2调整为1.3，可变作用分项系数由1.4调整为1.5，并取消了永久荷载为主时的分项系数1.35。

目前《荷载规范》还未根据新版《统一标准》作出修订；对于新建工程项目，设计时需采用新版《统一标准》的荷载基本组合公式及其作用分项系数。也就是说不能按《荷载规范》第3.2.4条取值，而应按《统一标准》第8.2.9条建筑结构的作用分项系数表取值。

二、荷载的标准值

（一）民用建筑楼面均布活荷载

1. 楼面活荷载标准值

楼面活荷载是房屋结构设计中的主要荷载。《荷载规范》规定的民用建筑楼面均布活荷载标准值及其组合值、频遇值、准永久值系数的取值，不应小于表10-3的规定。

民用建筑楼面均布活荷载标准值及其组合值、频遇值和准永久值系数　　表10-3

项次	类　　　　　别			标准值 (kN/m²)	组合值系数 ψ_c	频遇值系数 ψ_f	准永久值系数 ψ_q
1	（1）住宅、宿舍、旅馆、办公楼、医院病房、托儿所、幼儿园			2.0	0.7	0.5	0.4
	（2）试验室、阅览室、会议室、医院门诊室			2.0	0.7	0.6	0.5
2	教室、食堂、餐厅、一般资料档案室			2.5	0.7	0.6	0.5
3	（1）礼堂、剧场、影院、有固定座位的看台			3.0	0.7	0.5	0.3
	（2）公共洗衣房			3.0	0.7	0.6	0.5
4	（1）商店、展览厅、车站、港口、机场大厅及其旅客等候室			3.5	0.7	0.6	0.5
	（2）无固定座位的看台			3.5	0.7	0.5	0.3
5	（1）健身房、演出舞台			4.0	0.7	0.6	0.5
	（2）运动场、舞厅			4.0	0.7	0.6	0.3
6	（1）书库、档案库、贮藏室			5.0	0.9	0.9	0.8
	（2）密集柜书库			12.0	0.9	0.9	0.8
7	通风机房、电梯机房			7.0	0.9	0.9	0.8
8	汽车通道及客车停车库	（1）单向板楼盖（板跨不小于2m）和双向板楼盖（板跨不小于3m×3m）	客车	4.0	0.7	0.7	0.6
			消防车	35.0	0.7	0.5	0.0
		（2）双向板楼盖（板跨不小于6m×6m）和无梁楼盖（柱网不小于6m×6m）	客车	2.5	0.7	0.7	0.6
			消防车	20.0	0.7	0.5	0.0
9	厨房	（1）餐厅		4.0	0.7	0.7	0.7
		（2）其他		2.0	0.7	0.6	0.5
10	浴室、卫生间、盥洗室			2.5	0.7	0.6	0.5

项次	类 别		标准值 (kN/m²)	组合值 系数 ψ_c	频遇值 系数 ψ_f	准永久值 系数 ψ_q
11	走廊、 门厅	(1) 宿舍、旅馆、医院病房、托儿所、幼儿园、 住宅	2.0	0.7	0.5	0.4
		(2)办公楼、餐厅、医院门诊部	2.5	0.7	0.6	0.5
		(3)教学楼及其他可能出现人员密集的情况	3.5	0.7	0.5	0.3
12	楼梯	(1)多层住宅	2.0	0.7	0.5	0.4
		(2)其他	3.5	0.7	0.5	0.3
13	阳台	(1)可能出现人员密集的情况	3.5	0.7	0.6	0.5
		(2)其他	2.5	0.7	0.6	0.5

注：1. 本表所给各项活荷载适用于一般使用条件，当使用荷载较大、情况特殊或有专门要求时，应按实际情况采用；

2. 第6项书库活荷载，当书架高度大于2m时，书库活荷载尚应按每米书架高度不小于2.5kN/m²确定；

3. 第8项中的客车活荷载仅适用于停放载人少于9人的客车；消防车活荷载适用于满载总重为300kN的大型车辆；当不符合本表的要求时，应将车轮的局部荷载按结构效应的等效原则，换算为等效均布荷载；

4. 第8项消防车活荷载，当双向板楼盖板跨介于3m×3m～6m×6m之间时，应按跨度线性插值确定；

5. 第12项楼梯活荷载，对预制楼梯踏步平板，尚应按1.5kN集中荷载验算；

6. 本表各项荷载不包括隔墙自重和二次装修荷载。对固定隔墙的自重应按永久荷载考虑，当隔墙位置可灵活自由布置时，非固定隔墙的自重应取不小于1/3的每延米长墙重（kN/m）作为楼面活荷载的附加值（kN/m²）计入，附加值不小于1.0kN/m²。

2. 楼面活荷载标准值的折减系数

设计楼面梁、墙、柱及基础时，表10-4中的楼面活荷载标准值的折减系数不应小于下列规定：

（1）设计楼面梁时：

1）第1（1）项当楼面梁从属面积超过25m²时，应取0.9；

2）第1（2）～7项当楼面梁从属面积超过50m²时，应取0.9；

3）第8项对单向板楼盖的次梁和槽形板的纵肋应取0.8；

对单向板楼盖的主梁应取0.6；

对双向板楼盖的梁应取0.8；

4）第9～13项应采用与所属房屋类别相同的折减系数。

（2）设计墙、柱和基础时：

注：楼面结构上的局部荷载按《荷载规范》附录C换算为等效均布活荷载。

1）第1（1）项应按表10-4规定采用；

2）第1（2）～7项应采用与其楼面梁相同的折减系数；

3）第8项的客车，对单向板楼盖应取0.5；对双向板楼盖和无梁楼盖应取0.8；

4）第9～13项应采用与所属房屋类别相同的折减系数。

注：楼面梁的从属面积应按梁两侧各延伸二分之一梁间距的范围内的实际面积确定。

墙、柱、基础计算截面以上的层数	1	2～3	4～5	6～8	9～20	>20
计算截面以上各楼层活荷载总和的折减系数	1.00 (0.90)	0.85	0.70	0.65	0.60	0.55

注：当楼面梁的从属面积超过 25m² 时，应采用括号内的系数。

（二）民用建筑屋面均布活荷载

（1）房屋建筑的屋面，其水平投影面上的屋面均布活荷载的标准值及其组合值系数、频遇值系数和准永久值系数的取值，不应小于表 10-5 的规定。

（2）屋面直升机停机坪荷载应按下列规定采用：

1）屋面直升机停机坪荷载应按局部荷载考虑，或根据局部荷载换算为等效均布荷载考虑。局部荷载标准值应按直升机实际最大起飞重量确定，当没有机型技术资料时，可按表 10-6 的规定选用局部荷载标准值及作用面积。

项 次	类 别	标准值 (kN/m²)	组合值系数 ψ_c	频遇值系数 ψ_f	准永久值系数 ψ_q
1	不上人的屋面	0.5	0.7	0.5	0.0
2	上人的屋面	2.0	0.7	0.5	0.4
3	屋顶花园	3.0	0.7	0.6	0.5
4	屋顶运动场地	3.0	0.7	0.6	0.4

注：1. 不上人的屋面，当施工或维修荷载较大时，应按实际情况采用；对不同类型的结构应按有关设计规范的规定采用，但不得低于 0.3kN/m²；

2. 当上人的屋面兼作其他用途时，应按相应楼面活荷载采用；

3. 对于因屋面排水不畅、堵塞等引起的积水荷载，应采取构造措施加以防止；必要时，应按积水的可能深度确定屋面活荷载；

4. 屋顶花园活荷载不应包括花圃土石等材料自重。

类型	最大起飞重量 (t)	局部荷载标准值 (kN)	作用面积
轻型	2	20	0.20m×0.20m
中型	4	40	0.25m×0.25m
重型	6	60	0.30m×0.30m

2）屋面直升机停机坪的等效均布荷载标准值不应低于 5.0kN/m²。

3）屋面直升机停机坪荷载的组合值系数应取 0.7，频遇值系数应取 0.6，准永久值系数应取 0。

（3）不上人的屋面均布活荷载，可不与雪荷载和风荷载同时组合。

（三）施工和检修荷载及栏杆荷载

（1）施工和检修荷载应按下列规定采用：

1）设计屋面板、檩条、钢筋混凝土挑檐、悬挑雨篷和预制小梁时，施工或检修集中荷载（人和小工具的自重）应取 1.0kN，并应在最不利位置处进行验算；

2）对于轻型构件或较宽构件，应按实际情况验算，或应加垫板、支撑等临时设施；

3）当计算挑檐、悬挑雨篷承载力时，应沿板宽每隔 1.0m 取一个集中荷载；在验算挑檐、悬挑雨篷的倾覆时，应沿板宽每隔 2.5～3.0m 取一个集中荷载。

（2）楼梯、看台、阳台和上人屋面等的栏杆活荷载标准值不应小于下列规定：

1）住宅、宿舍、办公楼、旅馆、医院、托儿所、幼儿园，栏杆顶部的水平荷载应取 1.0kN/m；

2）学校、食堂、剧场、电影院、车站、礼堂、展览馆或体育场，栏杆顶部的水平荷载应取 1.0kN/m，竖向荷载应取 1.2kN/m，水平荷载与竖向荷载应分别考虑。

（3）施工荷载、检修荷载及栏杆荷载的组合值系数应取 0.7，频遇值系数应取 0.5，准永久值系数应取 0。

例 10-1　（2012） 下列对楼梯栏杆顶部水平荷载的叙述，何项正确？

A　所有工程的楼梯栏杆顶部都不需要考虑

B　所有工程的楼梯栏杆顶部都需要考虑

C　学校等人员密集场所楼梯栏杆顶部需要考虑，其他不需要考虑

D　幼儿园、托儿所等楼梯栏杆顶部需要考虑，其他不需要考虑

答案：B

规范：参见《建筑结构荷载规范》第 5.5.2 条。

（四）雪荷载

雪荷载是房屋屋面结构的主要荷载之一。在寒冷地区的大跨、轻型屋盖结构，对雪荷载更为敏感。

雪在屋面上的积存对结构产生的作用，与当地的地面积雪大小及气候条件等密切相关。

（1）雪荷载标准值及基本雪压

《荷载规范》规定，屋面水平投影面上的雪荷载标准值，应按下式计算：

$$s_k = \mu_r s_0 \tag{10-1}$$

式中　s_k——雪荷载标准值（kN/m²）；

μ_r——屋面积雪分布系数；

s_0——基本雪压（kN/m²）。

基本雪压应采用规范规定的 50 年重现期的雪压；对雪荷载敏感的结构（主要指大跨、轻质屋盖结构），应采用 100 年重现期的雪压。

基本雪压应按《荷载规范》全国基本雪压分布图的规定采用。山区的雪荷载应通过实际调查后确定；当无实测资料时，可按当地邻近空旷平坦地面的雪荷载值乘以 1.2 采用。

全国基本雪压取值范围为 0～1.0kN/m²（个别地区，如新疆阿勒泰市达 1.65kN/m²），在无雪地区，雪荷载可以为零。

（2）屋面积雪分布系数

屋面积雪分布系数实际上就是将地面基本雪压换算为屋面雪荷载的换算系数，它与屋面形式、朝向及风荷载等因素有关。

《荷载规范》规定的屋面积雪分布系数，应根据不同类别的屋面形式，按表 10-7 采用。

屋面积雪分布系数 μ_r 表 10-7

类 别	屋 面 形 式 及 积 雪 分 布 系 数
单跨单坡 屋面	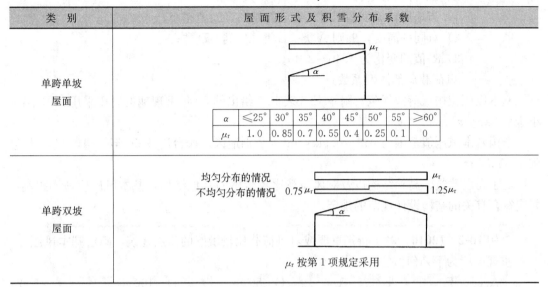 | α	$\leqslant 25°$	30°	35°	40°	45°	50°	55°	$\geqslant 60°$ | |---|---|---|---|---|---|---|---|---| | μ_r | 1.0 | 0.85 | 0.7 | 0.55 | 0.4 | 0.25 | 0.1 | 0 |
单跨双坡 屋面	均匀分布的情况 μ_r 不均匀分布的情况 $0.75\mu_r$ $1.25\mu_r$ μ_r 按第 1 项规定采用

（3）设计建筑结构及屋面的承重构件时，应按下列规定采用积雪的分布情况：

1）屋面板和檩条按积雪不均匀分布的最不利情况采用；

2）屋架和拱壳应分别按全跨积雪均匀分布、不均匀分布和半跨积雪均匀分布的最不利情况采用；

3）框架和柱可按全跨积雪的均匀分布情况采用。

（五）风荷载

风荷载是建筑结构上的一种主要的直接作用，对高层建筑尤为重要。

风压随高度而增大，且与地面的粗糙度有关；建筑物体形与尺寸不同，作用在建筑物表面上的实际风压力（或吸力）不同；风压不是静态压力，实际上是脉动风压，对于高宽比较大的房屋结构，应考虑风的动力效应。

1. 风荷载标准值及基本风压

基本风压为空旷平坦地面 10m 高处 10 分钟平均风速，50 年一遇最大值。

垂直于建筑物表面上的风荷载标准值，应按下列规定确定：

（1）当计算主要受力结构时

$$w_k = \beta_z \mu_s \mu_z w_0 \tag{10-2}$$

式中　w_k——风荷载标准值（kN/m²）；

　　　β_z——高度 z 处的风振系数；

　　　μ_s——风荷载体型系数；

　　　μ_z——风压高度变化系数；

　　　w_0——基本风压（kN/m²）。

（2）当计算围护结构时

$$w_k = \beta_{gz} \mu_{s1} \mu_z w_0 \tag{10-3}$$

式中 β_{gz}——高度 z 处的阵风系数。计算围护结构（包括门窗）风荷载时的阵风系数按《荷载规范》表 8.6.1 确定，其值与离地面的高度及地面粗糙度类别有关。

从表中可以看出：

1) 当地面粗糙度相同时，离地面越高，β_{gz} 值越小；

2) 对同一高度，β_{gz} 则 A 类<B 类<C 类<D 类；

3) β_{gz} 值的变化为 1.40～2.40。

μ_{s1}——风荷载局部体型系数。

基本风压应按《荷载规范》附录 E.5 表 E.5 给出的 50 年重现期的风压采用，但不得小于 $0.3kN/m^2$。

全国基本风压值范围为 $0.3～0.9kN/m^2$（个别地区，如台湾按 50 年一遇，宜兰县达到 $1.85kN/m^2$）。

对于高层建筑、高耸结构以及对风荷载比较敏感的其他结构，基本风压应适当提高，并应符合有关的结构设计规范的规定。

例 10-2　（2010）对于特别重要或对风荷载比较敏感的高层建筑，确定基本风压的重现期应为下列何值？

A　10 年　　　　B　25 年　　　　C　50 年　　　　D　100 年

解析：根据《荷载规范》第 8.1.2 条及《高层建筑混凝土结构技术规程》JGJ 3—2010 第 4.2.2 条，基本风压应采用按规定的方法确定的 50 年重现期的风压，但不得小于 $0.3kN/m^2$。对于高层建筑、高耸建筑以及对风荷载比较敏感的其他建筑结构，基本风压的取值应适当提高，并应符合有关结构设计规范的规定。根据《高层建筑混凝土结构技术规程》JGJ 3—2010 第 4.2.2 条：对风荷载比较敏感的高层建筑，承载力设计时按基本风压的 1.1 倍采用。即现规范不强调按 100 年重现期的风压值采用，而是直接按基本风压值的 1.1 倍采用。

答案：C

2. 风压高度变化系数 μ_z

对于平坦或稍有起伏的地形，风压高度变化系数应根据地面粗糙度类别按表 10-8 确定。

地面粗糙度可分为 A、B、C、D 四类：

(1) A 类指近海海面和海岛、海岸、湖岸及沙漠地区。

(2) B 类指田野、乡村、丛林、丘陵以及房屋比较稀疏的乡镇。

(3) C 类指有密集建筑群的城市市区。

(4) D 类指有密集建筑群且房屋较高的城市市区。

风 压 高 度 变 化 系 数 μ_z　　　　　　　表 10-8

离地面或海平面高度 (m)	地 面 粗 糙 度 类 别			
	A	B	C	D
5	1.09	1.00	0.65	0.51
10	1.28	1.00	0.65	0.51

离地面或海平面高度 (m)	地 面 粗 糙 度 类 别			
	A	B	C	D
15	1.42	1.13	0.65	0.51
20	1.52	1.23	0.74	0.51
30	1.67	1.39	0.88	0.51
40	1.79	1.52	1.00	0.60
50	1.89	1.62	1.10	0.69
60	1.97	1.71	1.20	0.77
70	2.05	1.79	1.28	0.84
80	2.12	1.87	1.36	0.91
90	2.18	1.93	1.43	0.98
100	2.23	2.00	1.50	1.04
150	2.46	2.25	1.79	1.33
200	2.64	2.46	2.03	1.58
250	2.78	2.63	2.24	1.81
300	2.91	2.77	2.43	2.02
350	2.91	2.91	2.60	2.22
400	2.91	2.91	2.76	2.40
450	2.91	2.91	2.91	2.58
500	2.91	2.91	2.91	2.74
≥550	2.91	2.91	2.91	2.91

从表 10-8 中，可以看出：

（1）当地面粗糙度类别相同时，离地面越高，μ_z 值越大，但当达到一定高度后，μ_z 越接近以至相同。

（2）对同一高度，μ_z 则 A 类＞B 类＞C 类＞D 类，但当高度达到 550m 后，其值相同。

（3）表中 μ_z 的变化范围为 0.51～2.91，当离地面 5～10m 高，B 类时，μ_z＝1.0。

3. 风荷载体型系数 μ_s

风荷载体型系数是指风作用在建筑物表面一定面积范围内所引起的平均压力（或吸力）与来流风的速度压的比值，它主要与建筑物的体型和尺度有关，也与周围环境和地面粗糙度有关。

风速只是代表在自由气流中各点的风速。气流以不同形式在房屋表面绕过，房屋对气流形成某种干扰，因此房屋设计时不能直接以自由气流的风速作为结构荷载。

风压在建筑物各表面上的分布是不均匀的，设计上取其平均值采用。

在房屋的迎风墙面上，墙面受正风压（压力）；在背风墙面上受负风压（吸力）；在侧墙面上受负风压；在屋面上，因屋面形状的不同，风压可表现为正风压或负风压。

房屋和构筑物的风荷载体型系数，可按下列规定采用：

（1）房屋和构筑物与《荷载规范》表 8.3.1 中的体型类同时，可按表 8.3.1 的规定采用。

（2）房屋和构筑物与表8.3.1中的体型不同时，可按有关资料采用；当无资料时，宜由风洞试验确定。

（3）对于重要且体型复杂的房屋和构筑物，应由风洞试验确定。

《荷载规范》规定的常见房屋类别的风荷载体型系数可按表10-9采用，更多内容详见《荷载规范》表8.3.1。

风荷载体型系数 μ_s 表 10-9

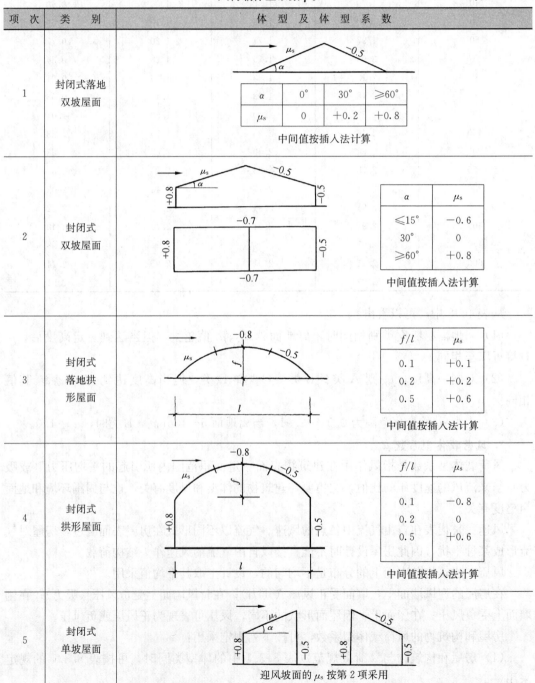

项 次	类 别	体 型 及 体 型 系 数
1	封闭式落地双坡屋面	
2	封闭式双坡屋面	
3	封闭式落地拱形屋面	
4	封闭式拱形屋面	
5	封闭式单坡屋面	

项1表格：

α	0°	30°	≥60°
μ_s	0	+0.2	+0.8

中间值按插入法计算

项2表格：

α	μ_s
≤15°	−0.6
30°	0
≥60°	+0.8

中间值按插入法计算

项3表格：

f/l	μ_s
0.1	+0.1
0.2	+0.2
0.5	+0.6

中间值按插入法计算

项4表格：

f/l	μ_s
0.1	−0.8
0.2	0
0.5	+0.6

中间值按插入法计算

项5：迎风坡面的 μ_s 按第2项采用

项 次	类 别	体 型 及 体 型 系 数
6	封闭式双跨双坡屋面	 迎风坡面的 μ_s 按第 2 项采用
7	封闭式房屋和构筑物	(a) 正多边形(包括矩形)平面 (b) Y形平面 (c) L形平面 (d) 冂形平面　(e) 十字形平面 (f) 截角三边形平面

项次	类 别	体 型 及 体 型 系 数
8	高度超过45m的矩形截面高层建筑	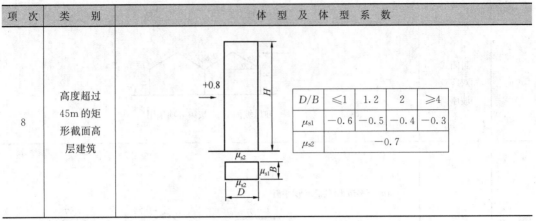

注：1. 表图中符号 → 表示风向；+ 表示压力；— 表示吸力；

    2. 表中的系数未考虑邻近建筑群体的影响。

表 10-9 中未列入的房屋类别详见《荷载规范》。

4. 顺风向风振和风振系数 β_z

（1）《荷载规范》规定，对于高度大于 30m 且高宽比大于 1.5 的房屋和基本自振周期 T_1 大于 0.25s 的各种高耸结构，应考虑风压脉动对结构产生顺风向风振的影响。风振计算应按随机振动理论进行，结构的自振周期应按结构动力学计算。

（2）对于风敏感的或跨度大于 36m 的柔性屋盖结构，应考虑风压脉动对结构产生风振的影响。屋盖结构的风振响应，宜依据风洞试验结果按随机振动理论计算确定。

（3）对于一般竖向悬臂型结构，例如高层建筑和构架、塔架、烟囱等高耸结构，均可仅考虑结构第一振型的影响，结构的顺风向风荷载可按计算确定。

5. 横风向和扭转风振

（1）对于横风向风振作用效应明显的高层建筑以及细长圆形截面构筑物，宜考虑横风向风振的影响。

（2）对于扭转风振作用效应明显的高层建筑及高耸结构，宜考虑扭转风振的影响。

（六）温度作用

温度作用指结构或结构构件中由于温度变化所引起的作用。

1. 一般规定

（1）温度作用应考虑气温变化、太阳辐射及使用热源等因素。作用在结构或构件上的温度作用应采用其温度的变化来表示。

（2）计算结构或构件的温度作用效应时，应采用材料的线膨胀系数 α_T。常用材料的线膨胀系数可按表 10-10 采用。

常用材料的线膨胀系数 α_T 表 10-10

材 料	线膨胀系数 α_T（$\times 10^{-6}/℃$）	材 料	线膨胀系数 α_T（$\times 10^{-6}/℃$）
轻骨料混凝土	7	钢，锻铁，铸铁	12
普通混凝土	10	不锈钢	16
砌体	6～10	铝，铝合金	24

2. 基本气温

（1）基本气温可采用《荷载规范》附录 E 规定的方法确定的 50 年重现期的月平均最高气温 T_{max} 和月平均最低气温 T_{min}。全国各城市的基本气温值可按规范附录 E 中表 E.5 采用。

（2）对金属结构等对气温变化较敏感的结构，宜考虑极端气温的影响，基本气温 T_{max} 和 T_{min} 可根据当地气候条件适当增加或降低。

3. 均匀温度作用

（1）均匀温度作用的标准值应按《荷载规范》第 9.3.1 条的规定确定。

（2）结构最高平均温度 $T_{s,max}$ 和最低平均温度 $T_{s,min}$ 宜分别根据基本气温 T_{max} 和 T_{min} 按热工学的原理确定。对于有围护的室内结构，结构平均温度应考虑室内外温差的影响；对于暴露于室外的结构或施工期间的结构，宜依据结构的朝向和表面吸热性质考虑太阳辐射的影响。

（3）结构的最高初始平均温度 $T_{0,max}$ 和最低初始平均温度 $T_{0,min}$ 应根据结构的合拢或形成约束的时间确定，或根据施工时结构可能出现的温度按不利情况确定。

例 10-3　（2012）混凝土的线膨胀系数为（　　　）。

A　$1 \times 10^{-3}/℃$　　　　　　　　B　$1 \times 10^{-4}/℃$

C　$1 \times 10^{-5}/℃$　　　　　　　　D　$1 \times 10^{-6}/℃$

解析：《混凝土结构设计规范》GB 50010—2010（2015 年版）第 4.1.8 条规定：当温度在 0～100℃ 范围时，混凝土的线膨胀系数 α_c 为 $1 \times 10^{-5}/℃$。

答案：C

（七）常用材料和构件自重

常用材料和构件自重见表 10-11。

常用材料和构件自重表　　　　　　　　　　　　　　　　表 10-11

项次	名　　称	自　重	备　　注
1	木材	4～9	随树种和含水率而不同
2	钢	78.5	
3	铝	27	铝合金 28
4	黏土	13.5～20	与含水率有关
5	花岗石、大理石	28	
6	普通砖	19	机器制
7	缸砖	21～21.5	230mm×110mm×65mm（609 块/m³）
8	灰砂砖	18	砂：白灰=92：8
9	焦渣砖	12～14	
10	焦渣空心砖	10	290mm×290mm×140mm（85 块/m³）
11	陶粒空心砌块	6.0	390mm×290mm×190mm
12	混凝土空心小砌块	11.8	390mm×190mm×190mm
13	瓷面砖	17.8	150mm×150mm×8mm（5556 块/m³）
14	石灰砂浆、混合砂浆	17	

项次	名　称	自　重	备　注
15	水泥砂浆	20	
16	素混凝土	22～24	振捣或不振捣
17	焦渣混凝土	16～17	承重用
18	焦渣混凝土	10～14	填充用
19	泡沫混凝土	4～6	
20	水泥焦渣	14	
21	钢筋混凝土	24～25	
22	普通玻璃	25.6	
23	水	10	温度 4℃密度最大时
24	书籍	5	书架藏置
25	浆砌机砖	19	
26	双面抹灰板条隔墙	0.9	每面抹灰厚 16～24mm，龙骨在内
27	C 形轻钢龙骨隔墙	0.27～0.54	与层数及有无保温层有关
28	贴瓷砖墙面	0.5	包括水泥浆打底，共厚 25mm
29	木屋架	0.07+0.007l	按屋面水平投影面积计算，跨度 l 以"m"计
30	钢屋架	0.12+0.011l	无天窗，包括支撑，按屋面水平投影面积计算，跨度 l 以"m"计
31	钢框玻璃窗	0.4～0.45	
32	木门	0.1～0.2	
33	钢铁门	0.4～0.45	
34	黏土平瓦屋面	0.55	
35	石板瓦屋面	0.46～0.96	厚度 6.3～12.1mm
36	彩色钢板波形瓦	0.12～0.13	0.6mm 厚彩色钢板
37	玻璃屋顶	0.3	9.5mm 夹丝玻璃，框架自重在内
38	油毡防水层	0.25～0.4	与层数有关
39	V 形轻钢龙骨吊顶	0.12～0.25	
40	硬木地板	0.2	厚 25mm
41	缸砖地面	1.7～2.1	60mm 砂垫层，53mm 面层，平铺
42	彩色钢板岩棉夹心板	0.24	板厚 100mm，两层彩板，岩棉芯材
43	轻质 GRC 保温板	0.14	3000mm×600mm×60mm
44	玻璃幕墙	1.0～1.5	一般可按单位面积玻璃自重增大 20%～30% 采用

注：1. 以上材料自重单位，第 1～25 项为 kN/m³，第 26～44 项为 kN/m²；
　　2. 以上常用材料自重中，应熟记下列材料自重值：
　　　　钢筋混凝土　　　　　　　25kN/m³；
　　　　钢　　　　　　　　　　　78.5kN/m³；
　　　　砖砌体　　　　　　　　　18～20kN/m³；
　　　　木材（由于树种和含水率不同差别较大，可以榆、松、水曲柳为例）7kN/m³；
　　　　花岗石、大理石　　　　　28kN/m³；
　　　　焦渣混凝土（承重用）　　16～17kN/m³；
　　　　焦渣混凝土（填充用）　　10～14kN/m³；
　　　　泡沫混凝土　　　　　　　4～6kN/m³；
　　　　水泥焦渣　　　　　　　　14kN/m³；
　　　　铝　　　　　　　　　　　27kN/m³。

例 10-4 （2012）下列常用建筑材料中，重度最小的是（ ）。

A 钢　　　　　B 混凝土　　　　C 大理石　　　　D 铝

解析：题中材料的重度分别是：钢 78.5kN/m³，混凝土 22～24kN/m³，大理石 28kN/m³，铝 27kN/m³。相比之下，混凝土的重度最轻。一般我们感觉混凝土比铝重，是因为我们接触的构件体积相差很大，铝构件一般都很薄；如果同体积下比较，则混凝土较轻。

答案：B

规范：《建筑结构荷载规范》GB 50009—2012 附录 A。

注：重度是指单位体积的重量。

习　题

10-1 （2018）关于结构荷载的表述，错误的是（ ）。

A 结构自重、土压力为永久荷载　　　　B 雪荷载、吊车荷载、积灰荷载为可变荷载

C 电梯竖向撞击荷载为偶然荷载　　　　D 屋顶花园活荷载包括花园土等材料自重

10-2 （2012）下列常用建筑材料中，重度最小的是（ ）。

A 钢材　　　　　B 混凝土　　　　C 大理石　　　　D 铝

10-3 （2017）下列情况对结构构件产生内力，哪一项不属于可变作用？（ ）

A 吊车荷载　　　B 屋面积灰荷载　　　C 预应力　　　D 温度变化

10-4 （2014）题 10-4 图所示 3 座高层建筑迎风面积均相等，在相同风环境下其所受风荷载合力大小，正确的是（ ）。

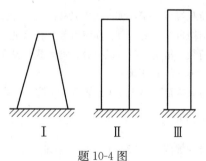

题 10-4 图

A Ⅰ=Ⅱ=Ⅲ　　　B Ⅰ=Ⅱ<Ⅲ　　　C Ⅰ<Ⅱ=Ⅲ　　　D Ⅰ<Ⅱ<Ⅲ

10-5 （2009）一般情况下用砌体修建的古建筑使用年限为（ ）。

A 50 年　　　　　　　　　　　B 100 年

C 根据使用用途确定　　　　　　D 根据环境条件确定

10-6 承重结构设计中，下列哪几项属于承载能力极限状态设计的内容？（ ）

Ⅰ.构件和连接的强度破坏；Ⅱ.疲劳破坏；Ⅲ.影响结构耐久性能的局部损坏；Ⅳ.结构和构件丧失稳定，结构转变为机动体系和结构倾覆

A Ⅰ、Ⅱ　　　B Ⅱ、Ⅲ　　　C Ⅰ、Ⅱ、Ⅳ　　　D Ⅰ、Ⅱ、Ⅲ、Ⅳ

10-7 （2011）常用钢筋混凝土的重度为下列哪一数值？（ ）

A 15kN/m³　　　B 20kN/m³　　　C 25kN/m³　　　D 28kN/m³

10-8 （2010）某办公楼设计中将楼面混凝土面层厚度由原来的 50mm 调整为 100mm，调整后增加的楼

面荷载标准值与下列何项最为接近（提示：混凝土重度按 20kN/m³ 计算)？（　　）

    A　0.5kN/m²　　　　　B　1.0kN/m²　　　　　C　1.5kN/m²　　　　　D　2.0kN/m²

10-9　(2010) 某屋顶女儿墙周围无遮挡，当风荷载垂直墙面作用时，墙面所受的风压力？（　　）

    A　小于风吸力　　　　　　　　　　　　B　大于风吸力

    C　等于风吸力　　　　　　　　　　　　D　与风吸力的大小无法比较

10-10　(2008) 建筑结构的安全等级划分，下列哪一种是正确的？（　　）

    A　一级、二级、三级　　　　　　　　　B　一级、二级、三级、四级

    C　甲级、乙级、丙级　　　　　　　　　D　甲级、乙级、丙级、丁级

10-11　(2007) 下列情况对结构构件产生内力，试问何项为直接荷载作用？（　　）

    A　温度变化　　　　B　地基沉降　　　　C　屋面积雪　　　　D　结构构件收缩

10-12　(2008) 结构设计时，下列哪一种分类或分级是不正确的？（　　）

    A　结构的设计使用年限分类为 1 类（25 年）、2 类（50 年）、3 类（100 年）

    B　地基基础设计等级分为甲级、乙级、丙级

    C　建筑抗震设防类别分为甲类、乙类、丙类、丁类

    D　钢筋混凝土结构的抗震等级分为一级、二级、三级、四级

10-13　(2008) 对于人流可能密集的楼梯，其楼面均布活荷载标准值取值为（　　）。

    A　2.0kN/m²　　　　　B　2.5kN/m²　　　　　C　3.0kN/m²　　　　　D　3.5kN/m²

10-14　(2010) 在下列荷载中，哪一项为活荷载？（　　）

    A　风荷载　　　　　B　土压力　　　　　C　结构自重　　　　　D　结构的面层

10-15　(2013) 下列常用建筑材料中，自重最轻的是（　　）。

    A　钢材　　　　　B　钢筋混凝土　　　　　C　花岗岩　　　　　D　普通砖

参考答案及解析

10-1　解析：根据《建筑结构荷载规范》GB 50009—2012 第 3.1.1 条，建筑结构的荷载可分为下列三类：（1）永久荷载包括结构自重、土压力、预应力等（故 A 正确）；（2）可变荷载包括楼面活荷载、屋面活荷载和积灰荷载、吊车荷载、风荷载、雪荷载、温度作用等（故 B 正确）；（3）偶然荷载包括爆炸力、撞击力等（故 C 正确）。

    另根据《建筑结构荷载规范》第 5.3.1 条表 5.3.1 注 4：屋顶花园活荷载不应包括花圃土石等材料自重；故 D 错误。

    答案：D

10-2　解析：根据《建筑结构荷载规范》GB 50009—2012 附录 A 表 A，题中所列 4 种材料的重度分别是：钢 78.5kN/m³，素混凝土 22.0～24.0kN/m³，大理石 28.0kN/m³，铝 27.0kN/m³。相比之下，混凝土的重度最小，故应选 B。

    通常我们会觉得混凝土比铝重，那是因为我们日常能够接触到的两种材料的构件体积相差悬殊，铝构件一般都比较薄。在相同体积的情况下作比较，则混凝土更轻。

    答案：B

10-3　解析：《建筑结构荷载规范》GB 50009—2012 第 3.1.1.2 款，可变荷载（作用）包括楼面活荷载、屋面活荷载和积灰荷载、吊车荷载、风荷载、雪荷载、温度作用等。

    预应力是钢筋混凝土构件在使用（加载）前，预先给混凝土施加的长期稳定的预压力，不属于可变荷载。

    答案：C

10-4　解析：《建筑结构荷载规范》GB 50009—2012 第 8.1.1 条、第 8.2.1 条，垂直于建筑物表面上的风荷载标准值，与基本风压、高度 z 处的风振系数、风荷载体型系数及风压高度变化系数有关。

在相同环境下，当迎风面面积相等时，风速随着距离地面高度的增加而增大，即建筑越高，所受的水平风荷载合力越大。因此，3座高层建筑所受风荷载合力的大小排序正确的是 D。

答案：D

10-5 **解析**：建筑结构的设计使用年限应按《建筑结构可靠性设计统一标准》GB 50068—2018 第 3.3.3 条表 3.3.3 采用。一般情况下用砌体修建的古建筑也按普通房屋的设计使用年限 50 年考虑，标志性建筑和特别重要的建筑结构设计使用年限为 100 年。

建筑结构的设计使用年限 表 3.3.3

类别	设计使用年限（年）
临时性建筑结构	5
易于替换的结构构件	25
普通房屋和构筑物	50
标志性建筑和特别重要的建筑结构	100

答案：A

10-6 **解析**：《建筑结构可靠性设计统一标准》GB 50068—2018 第 8.2.1 条，结构或结构构件按承载能力极限状态设计时，应考虑下列状态：

1 结构或结构构件的破坏或过度变形，此时结构的材料强度起控制作用；

2 整个结构或其一部分作为刚体失去静力平衡，此时结构材料或地基的强度不起控制作用；

3 地基破坏或过度变形，此时岩土的强度起控制作用；

4 结构或结构构件疲劳破坏，此时结构的材料疲劳强度起控制作用。

综上所述，Ⅰ、Ⅱ、Ⅳ项属于承载能力极限状态设计的内容，故应选 C。

答案：C

10-7 **解析**：根据《建筑结构荷载规范》GB 50009—2012 附录 A 表 A，钢筋混凝土的重度为 24.0～25.0kN/m³，故应选 C。

答案：C

10-8 **解析**：混凝土楼面厚度从 50mm 调整到 100m，增加了 50mm 高度，则增加的荷载标准值为：$20kN/m^3 \times 0.05m = 1.0kN/m^2$，答案为 B。

答案：B

10-9 **解析**：《建筑结构荷载规范》GB 50009—2012 第 8.3.1 条表 8.3.1 第 34 项，屋顶女儿墙周围无遮挡，相当于独立墙壁。当风荷载垂直墙面作用时，墙迎风面的体型系数（$\mu_s = +1.3$）大于背风面的体型系数（$\mu_s = 0$），即迎风面所受的风压力大于背风面的风吸力，故 B 正确。所谓避风的道理也在于此。

答案：B

10-10 **解析**：《建筑结构可靠性设计统一标准》GB 50068—2018 第 3.2.1 条表 3.2.1，建筑设计时，应根据结构破坏可能产生的后果，即危及人的生命、造成经济损失、对社会或环境产生影响等的严重性，采用不同的安全等级。建筑结构安全等级的划分应符合表 3.2.1 的规定。

建筑结构的安全等级 表 3.2.1

安全等级	破坏后果
一级	很严重：对人的生命、经济、社会或环境影响很大
二级	严重：对人的生命、经济、社会或环境影响较大
三级	不严重：对人的生命、经济、社会或环境影响较小

答案：A

10-11 解析：《建筑结构荷载规范》GB 50009—2012第1.0.4条，建筑结构设计中涉及的作用应包括直接作用（荷载）和间接作用。

条文说明第1.0.4条，直接作用是指作用在结构上的力集（包括集中力和分布力），习惯上统称为荷载，如永久荷载、活荷载、吊车荷载、雪荷载、风荷载以及偶然荷载等。间接作用是指那些不是直接以力集的形式出现的作用，如地基变形、混凝土收缩和徐变、焊接变形、温度变化以及地震等引起的作用等。由此可知，C属于直接作用，A、B、D属于间接作用。

答案：C

10-12 解析：根据《建筑结构可靠性设计统一标准》GB 50068—2018第3.3.3条表3.3.3，建筑结构的设计使用年限类别为5年、25年、50年、100年；故A错误。

根据《建筑地基基础设计规范》GB 50007—2011第3.0.1条表3.0.1，地基基础设计等级分为甲级、乙级、丙级；故B正确。

根据《建筑工程抗震设防分类标准》GB 50223—2008第3.0.2条，建筑工程应分为4个抗震设防类别：特殊设防类（甲类）、重点设防类（乙类）、标准设防类（丙类）、适度设防类（丁类）；故C正确。

根据《建筑抗震设计规范》GB 50011—2010（2016年版）第6.1.2条表6.1.2，钢筋混凝土房屋的抗震等级分为一级、二级、三级、四级；故D正确。

答案：A

10-13 解析：根据《建筑结构荷载规范》GB 50009—2012第5.1.1条表5.1.1第12项，楼梯的楼面均布活荷载标准值的取值分两种情况：多层住宅取$2.0kN/m^2$，其他取$3.5kN/m^2$。题目中的楼梯位于人流可能密集的环境，应该是公共建筑环境，而非住宅环境，故应选D。

答案：D

10-14 解析：根据《建筑结构荷载规范》GB 50009—2012第3.1.1条，建筑结构的荷载分为三类：

1 永久荷载（恒荷载），包括自重、土压力、预应力等。故B、C、D属于永久荷载。

2 可变荷载（活荷载），包括楼面活荷载、屋面活荷载和积灰荷载、吊车荷载、风荷载、雪荷载、温度作用等。故A属于可变荷载（活荷载）。

3 偶然荷载，包括爆炸力、撞击力等。

答案：A

10-15 解析：根据《建筑结构荷载规范》GB 50009—2012附录A表A，题目中4种材料的自重分别为：钢材$78.5kN/m^3$，钢筋混凝土$24.0\sim25.0kN/m^3$，花岗岩$28.0kN/m^3$，普通砖$18\sim19kN/m^3$；其中，自重最轻的是普通砖。

答案：D

第十一章 钢筋混凝土结构设计

第一节 概 述

一、钢筋混凝土的基本概念

混凝土的抗压强度很高，但抗拉强度很低，在拉应力处于很小的状态时即出现裂缝，影响了构件的使用，为了提高构件的承载能力，在构件中配置一定数量的钢筋，用钢筋承担拉力而让混凝土承担压力，发挥各自材料的特性，从而可以使构件的承载能力得到很大的提高。这种由混凝土和钢筋两种材料组成的构件，就称为钢筋混凝土结构。

钢筋和混凝土这两种材料能有效地结合在一起共同工作，主要原因可归纳为三点：①由于混凝土硬结后，钢筋与混凝土之间产生了良好的粘结力，使两者可靠地结合在一起，从而保证了在荷载作用下构件中的钢筋与混凝土协调变形、共同受力。②钢筋与混凝土两种材料的温度线膨胀系数很接近（混凝土：$1.0 \times 10^{-5}/℃$；钢：$1.2 \times 10^{-5}/℃$），$1 \times 10^{-5}/℃$，即温度每升高 1℃，每 1m 伸长 0.01mm。因此，当温度变化时，不致产生较大的温度应力而破坏两者之间的粘结。③在钢筋混凝土结构中，钢筋受混凝土的包裹，使其不致很快锈蚀，从而提高了结构的耐久性。

二、混凝土材料的力学性能

（一）混凝土强度标准值

1. 立方体抗压强度 $f_{cu,k}$

混凝土强度等级应按立方体抗压强度标准值确定，立方体抗压强度标准值是混凝土各种力学指标的基本代表值。

立方体抗压强度标准值系指按标准方法制作、养护的边长为 150mm 的立方体试件，在 28d 或设计规定龄期以标准试验方法测得的具有 95% 保证率的抗压强度值。

我国《混凝土结构设计规范》GB 50010—2010（2015 年版）（以下简称《混凝土规范》）规定，将混凝土的强度等级分为 14 级：C15、C20、C25、C30、C35、C40、C45、C50、C55、C60、C65、C70、C75、C80。符号中 C 表示混凝土，C 后面的数字表示立方体抗压强度标准值，单位为 N/mm^2。

立方体抗压强度无设计值。

2. 轴心抗压强度标准值 f_{ck}

轴心抗压强度亦称为棱柱体抗压强度。设计中通常采用的构件并不是立方体构件，而是长度往往大于边长。根据试验结果，随着长度的增加，抗压强度亦随之降低，但当长宽比大于一定数值后，抗压强度值即趋于定值。试验中取长宽比大于 3~4 的正方形棱柱体作为试块，按表 11-1 采用。

强度	混凝土强度等级													
	C15	C20	C25	C30	C35	C40	C45	C50	C55	C60	C65	C70	C75	C80
f_{ck}	10.0	13.4	16.7	20.1	23.4	26.8	29.6	32.4	35.5	38.5	41.5	44.5	47.4	50.2

轴心抗压强度小于立方体抗压强度，$f_{ck} \approx 0.67 f_{cu,k}$。

3. 轴心抗拉强度标准值 f_{tk}

混凝土抗拉强度取棱柱体 $100mm \times 100mm \times 500mm$ 的试件，沿试块轴线两端预埋钢筋（其直径应保证试件受拉破坏时钢筋不被拉断，锚固长度应保证破坏时钢筋不被拔出），通过对钢筋施加拉力使试件受拉，试件破坏时的平均拉应力即为轴心抗拉强度。

混凝土的抗拉强度取决于水泥石（在凝结硬化过程中，水泥和水形成水泥石）的强度和水泥石与骨料间的粘结强度。采用增加水泥用量，减少水灰比，以及采用表面粗糙的骨料，可提高混凝土的抗拉强度，按表 11-2 采用。

混凝土轴心抗拉强度标准值（N/mm²）   表 11-2

强度	混凝土强度等级													
	C15	C20	C25	C30	C35	C40	C45	C50	C55	C60	C65	C70	C75	C80
f_{tk}	1.27	1.54	1.78	2.01	2.20	2.39	2.51	2.64	2.74	2.85	2.93	2.99	3.05	3.11

【要点】 混凝土的抗拉强度很低，大约只相当于立方体抗压强度的 $1/16 \sim 1/8$ 倍。混凝土轴心抗压强度标准值及抗拉强度标准值均可通过立方体抗压强度求得。以上三种强度大小排序为：$f_{tk} < f_{ck} < f_{cu,k}$。

4. 复合应力下的混凝土强度

（1）三向受压。如图 11-1 所示，在轴向压力 $\sigma_1 A$ 作用下，轴向压缩，侧向膨胀。在 σ_2（压力）作用下，约束侧向膨胀，减小了压缩变形，提高了混凝土轴心抗压强度。

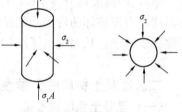

图 11-1 混凝土三向受压

（2）双向受力。混凝土双向受力的分析过程如图 11-2 所示。

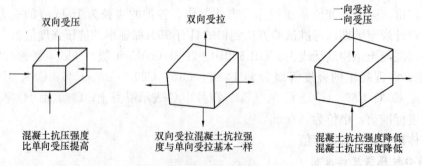

图 11-2 混凝土双向受力

（二）混凝土强度设计值

1. 轴心抗压强度设计值 f_c

轴心抗压强度设计值约等于 $f_{ck}/1.40$，结果见表 11-3。

混凝土轴心抗压强度设计值（N/mm²）　　　　　　　　　　　表 11-3

强度	混凝土强度等级													
	C15	C20	C25	C30	C35	C40	C45	C50	C55	C60	C65	C70	C75	C80
f_c	7.2	9.6	11.9	14.3	16.7	19.1	21.1	23.1	25.3	27.5	29.7	31.8	33.8	35.9

2. 轴心抗拉强度设计值 f_t

轴心抗拉强度设计值约等于 $f_{tk}/1.40$，结果见表 11-4。

混凝土轴心抗拉强度设计值（N/mm²）　　　　　　　　　　　表 11-4

强度	混凝土强度等级													
	C15	C20	C25	C30	C35	C40	C45	C50	C55	C60	C65	C70	C75	C80
f_t	0.91	1.10	1.27	1.43	1.57	1.71	1.80	1.89	1.96	2.04	2.09	2.14	2.18	2.22

（三）混凝土的变形

混凝土的变形分为两类。一类是在荷载作用下的受力变形，如单向短期加荷、多次重复加荷以及在长期荷载作用下的变形。另一类与受力无关，称为体积变形，如混凝土的收缩、膨胀以及由于温度变化所产生的变形。

1. 混凝土的弹性模量

图 11-3 表示混凝土棱柱体受压试验的应力-应变曲线。从应力-应变曲线的原点 O 作曲线的切线，该切线的正切称为混凝土的弹性模量，用 E_c 表示；它反映了混凝土的应力与其弹性应变的关系，即：

$$E_c = \frac{\sigma_c}{\varepsilon_{ce}} \quad (11\text{-}1)$$

对于一定强度等级的混凝土，弹性模量 E_c 是一定值，例如 C30 混凝土的弹性模量为 $3.0 \times 10^4 \text{N/mm}^2$。

混凝土的变形模量为连接原点和曲线上任一点 A 的割线的正切，以 E'_c 表示，也称为割线模量。

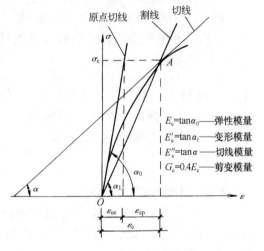

$E_c = \tan\alpha_0$——弹性模量
$E'_c = \tan\alpha_1$——变形模量
$E''_c = \tan\alpha$——切线模量
$G_c = 0.4E_c$——剪变模量

图 11-3　混凝土应力-应变
曲线与各种切线图

【要点】在计算钢筋混凝土构件变形、预应力混凝土截面预压应力以及超静定结构内力时，都需引入混凝土的弹性模量。混凝土的弹性模量 $E = \sigma/\varepsilon$，反映了材料抵抗弹性变形的能力。

混凝土的剪变模量 G_c 可按相应弹性模量值的 40% 采用，即：

$$G_c = 0.4E_c \quad (11\text{-}2)$$

2. 混凝土在长期荷载作用下的变形——徐变

在荷载的长期作用下，即使荷载维持不变，混凝土的变形仍会随时间而增长，这种现象称为徐变。

影响徐变的因素有以下几方面：

（1）水胶比大，徐变大；水泥用量越多，徐变越大。

（2）养护条件好，混凝土工作环境湿度越大，徐变越小。

（3）水泥和骨料的质量好、级配越好，徐变越小。

（4）加荷时混凝土的龄期越早，徐变越大。

（5）加荷前混凝土的强度越高，徐变越小。

（6）构件的尺寸越大，体表比（即构件的体积与表面积之比）越大，徐变越小。

徐变在开始发展很快，以后逐渐减慢，最后趋于稳定。通常在前 6 个月可完成最终徐变量的 70%～80%，在第一年内可完成 90%左右，其余部分在后续几年中完成。

3. 混凝土的收缩与膨胀

混凝土在空气中结硬体积会收缩，在水中结硬体积要膨胀。但是，膨胀值要比收缩值小得多，由于膨胀对结构往往是有利的，所以一般不需考虑。

影响收缩的因素有以下几方面：

（1）水泥强度等级越高、用量越多、水灰比越大，收缩越大。

（2）骨料的弹性模量大，收缩越小。

（3）养护条件好，在硬结过程中和使用过程中周围环境湿度大，收缩越小。

（4）混凝土振捣密实，收缩越小。

（5）构件的体表比越大，收缩越小。

收缩变形在开始阶段发展较快，2 周可完成全部收缩量的 25%，1 个月约完成 50%，3 个月后增长缓慢。

例 11-1　（2008）下列关于混凝土收缩的叙述，哪一项是正确的？

A　水泥强度等级越高，收缩越小　　B　水泥用量越多，收缩越小

C　水灰比越大，收缩越大　　　　　D　环境温度越低，收缩越大

答案：C

（四）混凝土材料的选用

钢筋混凝土结构不宜采用强度过低的混凝土，因为当混凝土强度过低时，钢筋与混凝土之间的粘结强度太低，将影响钢筋强度的充分利用，请注意区分以下这两本混凝土结构设计规范的要求：

《混凝土结构设计规范》GB 50010—2010（2015 年版）

4.1.1　混凝土强度等级应按立方体抗压强度标准值确定。立方体抗压强度标准值系指按标准方法制作、养护的边长为 150mm 的立方体试件，在 28d 或设计规定龄期以标准试验方法测得的具有 95%保证率的抗压强度值。

4.1.2　素混凝土结构的混凝土强度等级不应低于 C15；钢筋混凝土结构的混凝土强度等级不应低于 C20；采用强度等级 400MPa 及以上的钢筋时，混凝土强度等级不应低于 C25。

预应力混凝土结构的混凝土强度等级不宜低于 C40，且不应低于 C30。

承受重复荷载的钢筋混凝土构件，混凝土强度等级不应低于 C30。

《高层建筑混凝土结构技术规程》JGJ 3—2010

3.2.2　各类结构用混凝土的强度等级均不应低于 C20，并应符合下列规定：

1 抗震设计时,一级抗震等级框架梁、柱及其节点的混凝土强度等级不应低于C30;

2 筒体结构的混凝土强度等级不宜低于C30;

3 作为上部结构嵌固部位的地下室楼盖的混凝土强度等级不宜低于C30;

4 转换层楼板、转换梁、转换柱、箱形转换结构以及转换厚板的混凝土强度等级均不应低于C30;

5 预应力混凝土结构的混凝土强度等级不宜低于C40、不应低于C30;

6 型钢混凝土梁、柱的混凝土强度等级不宜低于C30;

7 现浇非预应力混凝土楼盖结构的混凝土强度等级不宜高于C40;

8 抗震设计时,框架柱的混凝土强度等级,9度时不宜高于C60,8度时不宜高于C70;剪力墙的混凝土强度等级不宜高于C60。

三、钢筋的种类及其力学性能

(一) 钢筋的品种和级别

在钢筋混凝土中,采用的钢材形式有两大类:一类是劲性钢筋,由型钢(如角钢、槽钢、工字钢等)组成。在钢筋混凝土构件中置入型钢的称为劲性钢筋混凝土,通常在荷重大的构件中才采用。另一类是柔性钢筋,即通常所指的钢筋。柔性钢筋又包括钢筋和钢丝两类。钢筋按外形分为光圆钢筋和带肋钢筋两种。钢筋的品种很多,可分为碳素钢和普通低合金钢。碳素钢按其含碳量的多少,分为低碳钢(含碳<0.25%)、中碳钢(含碳0.25%~0.6%)和高碳钢(含碳0.6%~1.4%)。低碳钢强度低但塑性好,称为软钢,高碳钢强度高但塑性、可焊性差,称为硬钢。普通低合金钢,除了含有碳素钢的元素外,又加入了少量的合金元素,如锰、硅、矾、钛等,大部分低合金钢属于软钢。

2010年版《混凝土规范》对钢筋的牌号、强度级别和应用作了较大的补充和修改(详见第4.2.2、4.2.3条),新规范提倡应用高强度、高性能钢筋。

对热轧带肋钢筋,增加了强度为500MPa级的热轧钢筋;推广400MPa、500MPa级高强度热轧带肋钢筋作为纵向受力的主导钢筋;限制并逐步淘汰335MPa级热轧带肋钢筋的应用;用300MPa级光圆钢筋取代235MPa级光圆钢筋;推广具有较好的延性、可焊性、机械连接性能及施工适应性的HRB系列普通热轧带肋钢筋;列入采用控温轧制工艺生产的HRBF系列细晶粒带肋钢筋。

对预应力钢筋,增补高强度、大直径的钢绞线;列入大直径预应力螺纹钢筋(精制螺纹钢筋);列入中强度预应力钢丝以补充中等强度预应力筋的空缺,用于中、小跨度的预应力构件;淘汰锚固性能很差的刻痕钢丝;冷加工钢筋不再列入规范。

(二) 钢筋的应力-应变曲线和力学性能指标

钢筋混凝土及预应力混凝土结构中所用的钢筋可分为两类:有明显屈服点的钢筋(一般称为软钢)和无明显屈服点的钢筋(一般称为硬钢)。

有明显屈服点的钢筋的应力-应变曲线如图11-4所示。图中,a点以前应力与应变按比例增加,其关系符合胡克定律,这时如卸去荷载,应变将恢复到0,即无残余变形,a点对应的应力称为比例极限;过a点后,应变较应力增长为快;到达b点后,应变急剧增加,而应力基本上不变,应力-应变曲线呈现水平段cd,钢筋产生相当大的塑性变形,此阶段称为屈服阶段。b、c两点分别称为上屈服点和下屈服点。由于上屈服点b为开始进入屈服阶段的应力，呈不稳定状态，而下屈服点 c 比较稳定，因此，将下屈服点 c 的应力称为"屈服强度"。当钢筋屈服塑流到一定程度，即到达图中的 d 点，cd 段称为屈服台阶，过 d 点后，应力应变关系又形成上升曲线，但曲线趋平，其最高点为 e，de 段称为钢筋的"强化阶段"，相应于 e 点的应力称为钢筋的极限强度，过 e 点后，钢筋薄弱断面显著缩小，产生"颈缩"现象（图11-5），此时变形迅速增加，应力随之下降，直至到达 f 点时，钢筋被拉断。

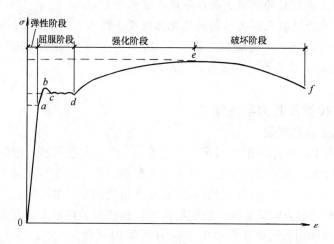

图 11-4　有明显屈服点的钢筋的应力-应变曲线

（HPB300，HRB335、HRBF335，HRB400、HRBF400、RRB400，HRB500、HRBF500）

无明显屈服点的钢筋的应力-应变曲线如图 11-6 所示。这类钢筋的极限强度一般很高，但变形很小。由于没有明显的屈服点和屈服台阶，因此通常取相应于残余应变 $\varepsilon=0.2\%$ 时的应力 $\sigma_{0.2}$ 作为名义屈服点（或称假想屈服点），而将其强度称为条件屈服强度。无明显屈服点的钢筋在很小的应变状态时即被拉断。

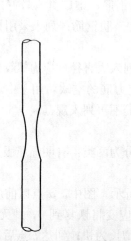

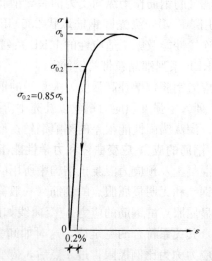

图 11-5　钢筋受拉时的"颈缩"现象　　　图 11-6　无明显屈服点的钢筋的应力-应变曲线

（如消除应力钢丝、钢绞线）

钢筋的力学性能指标有 4 个，即屈服强度、极限抗拉强度、伸长率和冷弯性能。

1. 屈服强度

如上所述，对于软钢，取下屈服点 c 的应力作为屈服强度。对无明显屈服点的硬钢，设计上通常取残余应变为 0.2% 时所对应的应力作为假想的屈服点，称为条件屈服强度，用 $\sigma_{0.2}$ 来表示。对钢丝和热处理钢筋的 $\sigma_{0.2}$，规范统一取 0.85 倍极限抗拉强度。

2. 极限抗拉强度

对于软钢，取应力-应变曲线中的最高点 e 为极限抗拉强度；对于硬钢，规范规定，将应力-应变曲线的最高点作为强度标准值的取值依据。

3. 伸长率

伸长率是衡量钢筋塑性性能的一个指标，用 δ 表示。δ 为钢筋试件拉断后的残余应变，其值为：

$$\delta = \frac{l_2 - l_1}{l_1} \times 100\% \tag{11-3}$$

式中 l_1——钢筋试件受力前的量测标距长度；

$\quad\quad l_2$——试件经拉断并重新拼合后的量测得到的标距长度。

伸长率大的钢筋塑性性能好，拉断前有明显的预兆；伸长率小的钢筋塑性性能差，其破坏会突然发生，呈脆性特征，具有明显屈服点的钢筋有较大的伸长率，而无明显屈服点的钢筋伸长率很小。

4. 冷弯试验

冷弯试验是检验钢筋塑性的另一种方法（图 11-7）。伸长率一般不能反映钢筋的脆化倾向，而冷弯性能可间接地反映钢筋的塑性性能和内在质量。冷弯试验合格的标准为在规定的 D 和 α 下，冷弯后的钢筋无裂纹、鳞落或断裂现象。

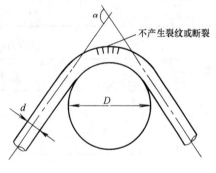

图 11-7　钢筋冷弯

【要点】上述钢筋的 4 项指标中，对有明显屈服点的钢筋均须进行测定，对无明显屈服点的钢筋则只测定后 3 项。

（三）钢筋强度的标准值和设计值

1. 钢筋强度的标准值

规范规定，钢筋强度标准值应具有不小于 95% 的保证率。

普通钢筋采用屈服强度作为标志。预应力钢筋无明显的屈服点，一般采用极限强度作为标志。在钢筋标准中，一般取 0.002 残余应变所对应的应力作为其条件屈服强度标准值。对传统的预应力钢丝、钢绞线，取 $0.85\sigma_b$ 作为条件屈服强度（σ_b——极限抗拉强度）。

2. 钢筋强度的设计值

将受拉钢筋的强度标准值除以钢材的材料分项系数 γ_s 后即得受拉钢筋的强度设计值。

普通钢筋的屈服强度标准值 f_{yk}、极限强度标准值 f_{stk} 应按表 11-5 采用；预应力钢丝、钢绞线和预应力螺纹钢筋的屈服强度标准值 f_{pyk}、极限强度标准值 f_{ptk} 应按表 11-6 采用。

普通钢筋的抗拉强度设计值 f_y、抗压强度设计值 f'_y 应按表 11-7 采用；预应力筋的抗拉强度设计值 f_{py}、抗压强度设计值 f'_{py} 应按表 11-8 采用。

当构件中配有不同种类的钢筋时，多种钢筋应采用各自的强度设计值。对轴心受压构件，当采用 HRB500、HRBF500 钢筋时，钢筋的抗压强度设计值应取 400N/mm²。横向钢筋的抗拉强度设计值 f_{yv} 应按表 11-7 中 f_y 的数值采用。当用作受剪、受扭、受冲切承载力计算时，其数值大于 360N/mm² 时，应取 360N/mm²。

普通钢筋强度标准值（N/mm²）　　　　　　　　表 11-5

牌 号	符号	公称直径 d（mm）	屈服强度标准值 f_{yk}	极限强度标准值 f_{stk}
HPB300	Φ	6～14	300	420
HRB335	Φ	6～14	335	455
HRB400 HRBF400 RRB400	Φ ΦF ΦR	6～50	400	540
HRB500 HRBF500	Φ ΦF	6～50	500	630

预应力筋强度标准值（N/mm²）　　　　　　　　表 11-6

种 类		符号	公称直径 d（mm）	屈服强度标准值 f_{pyk}	极限强度标准值 f_{ptk}
中强度预应力钢丝	光面 螺旋肋	ΦPM ΦHM	5、7、9	620	800
				780	970
				980	1270
预应力螺纹钢筋	螺纹	ΦT	18、25、32、40、50	785	980
				930	1080
				1080	1230
消除应力钢丝	光面	ΦP	5	—	1570
				—	1860
	螺旋肋	ΦH	7	—	1570
			9	—	1470
				—	1570
钢绞线	1×3 （三股）	ΦS	8.6、10.8、12.9	—	1570
				—	1860
				—	1960
	1×7 （七股）		9.5、12.7、15.2、17.8	—	1720
				—	1860
				—	1960
			21.6	—	1860

注：极限强度标准值为 1960N/mm² 的钢绞线作后张预应力配筋时，应有可靠的工程经验。

普通钢筋强度设计值（N/mm²）　　　　表 11-7

牌　号	抗拉强度设计值 f_y	抗压强度设计值 f'_y
HPB300	270	270
HRB335	300	300
HRB400、HRBF400、RRB400	360	360
HRB500、HRBF500	435	435

预应力筋强度设计值（N/mm²）　　　　表 11-8

种　类	极限强度标准值 f_{ptk}	抗拉强度设计值 f_{py}	抗压强度设计值 f'_{py}
中强度预应力钢丝	800	510	
	970	650	410
	1270	810	
消除应力钢丝	1470	1040	
	1570	1110	410
	1860	1320	
钢绞线	1570	1110	
	1720	1220	390
	1860	1320	
	1960	1390	
预应力螺纹钢筋	980	650	
	1080	770	400
	1230	900	

注：当预应力筋的强度标准值不符合表 11-8 的规定时，其强度设计值应进行相应的比例换算。

3. 钢筋总伸长率

普通钢筋及预应力筋在最大力下总伸长率 δ_{gt} 作为控制钢筋延性的指标，不应小于表 11-9 中的数值。

普通钢筋及预应力筋在最大力下的总伸长率限值　　　　表 11-9

钢筋品种	普通钢筋			预应力筋
	HPB300	HRB335、HRB400、HRBF400、HRB500、HRBF500	RRB400	
δ_{gt}（%）	10.0	7.5	5.0	3.5

4. 钢筋代换

进行钢筋代换时，应符合承载力、总伸长率、裂缝宽度和抗震规定。除此之外，尚应满足最小配筋率、钢筋间距、保护层厚度、钢筋锚固长度、接头面积百分率及搭接长度等构造要求。

5. 混凝土结构对钢筋的要求

在混凝土结构构件中，钢筋应具有：

（1）较高的屈服强度和极限强度。

（2）良好的塑性和韧性。

（3）良好的工艺加工性能。

（4）良好的抗锈蚀能力。

（5）与混凝土良好的粘结力。

6. 并筋的配置方式

为了解决钢筋密集施工不便的问题，可采用加大钢筋直径或并筋方案。并筋可采用二并筋或三并筋方案：二并筋 ∞，钢筋面积取 1.41 倍单根钢筋直径面积；三并筋 ⚮，钢筋面积取 1.73 倍单根钢筋直径面积。

（四）钢筋材料的选用

（1）纵向受力普通钢筋可采用 HRB400、HRB500、HRBF400、HRBF500、HRB335、RRB400、HPB300 钢筋；梁、柱和斜撑构件的纵向受力普通钢筋宜采用 HRB400、HRB500、HRBF400、HRBF500 钢筋。

（2）箍筋宜采用 HRB400、HRBF400、HRB335、HPB300、HRB500、HRBF500 钢筋。

（3）预应力筋宜采用预应力钢丝、钢绞线和预应力螺纹钢筋。

【要点】

常用高强钢筋的品种和牌号：

◆热轧带肋钢筋（HRB），通过添加钒（V）、铌（Nb）等合金元素提高屈服强度和极限强度的热轧带肋钢筋；其后的数字表示屈服强度标准值（MPa），如 HRB400、HRB500、HTRB600 等。

◆细晶粒热轧带肋钢筋（HRBF），通过特殊控轧和控冷工艺提高屈服强度和极限强度的热轧带肋钢筋；其后的数字表示屈服强度标准值（MPa），如 HRBF400、HRBF500 等。

◆余热处理钢筋（RRB），通过轧钢时进行淬水处理并利用芯部的余热对钢筋的表层实现回火，以提高强度、避免脆性的热轧带肋钢筋；其后的数字表示屈服强度标准值（MPa），如 RRB400。

◆牌号带后缀"E"的热轧带肋钢筋，有较高抗震性能的热轧带肋钢筋，如 HRB400E、HRB500E、HRBF400E 和 HRBF500E 等。其抗拉强度实测值与屈服强度实测值的比不应小于 1.25，屈服强度实测值与屈服强度标准值的比值不应大于 1.3，且钢筋在最大拉力下的总伸长率（均匀伸长率）实测值不应小于 9%。

◆高延性冷轧带肋钢筋经回火热处理具有较高伸长率的冷轧带肋钢筋，如 CRB600H，用于板、墙类构件。

四、钢筋与混凝土之间的粘结力

钢筋混凝土构件在外力作用下，在钢筋与混凝土接触面上将产生剪应力，这种剪应力称为粘结力。

钢筋与混凝土之间的粘结力由以下三部分组成：

（1）由于混凝土收缩将钢筋握裹挤压而产生的摩擦力。

（2）由于混凝土颗粒的化学作用产生的混凝土与钢筋之间的胶结力。

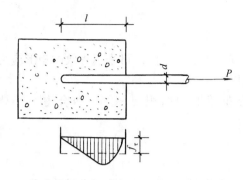

图 11-8 钢筋拔出试验中粘结应力分布图

（3）由于钢筋表面凹凸不平与混凝土之间产生的机械咬合力。

上述三部分中，以机械咬合力作用最大，约占总粘结力的一半以上。带肋钢筋比光圆钢筋的机械咬合力作用大。此外，钢筋表面的轻微锈蚀也可增加它与混凝土的粘结力。

粘结力的测定通常采用拔出试验方法（图11-8）。将钢筋的一端埋入混凝土内，在另一端施加拉力将钢筋拔出，则粘结强度为：

$$f_\tau = \frac{P}{\pi dl} \tag{11-4}$$

式中　P——拔出力；

　　　d——钢筋直径；

　　　l——钢筋埋入长度。

根据拔出试验可知：

（1）粘结应力按曲线分布，最大粘结应力在离试件端头某一距离处，且随拔出力的大小而变化。

（2）钢筋锚入长度越长，拔出力越大，但埋入过长时则尾部的粘结应力很小，甚至为零。

（3）粘结强度随混凝土强度等级的提高而增大。

（4）带肋钢筋的粘结强度比光圆钢筋的大；根据试验资料，光圆钢筋的粘结强度为 $1.5 \sim 3.5 \text{N/mm}^2$，带肋钢筋的粘结强度为 $2.5 \sim 6.0 \text{N/mm}^2$，其中较大的值系由较高的混凝土强度等级所得。

（5）在光圆钢筋末端做弯钩可以大大提高拔出力。

第二节　承载能力极限状态计算

一、正截面承载力计算

（一）一般规定

1. 正截面承载力计算的基本假定

（1）截面应变保持平面。

（2）不考虑混凝土的抗拉强度。

（3）混凝土受压时的应力与应变关系按有关规定取用。

（4）纵向钢筋应力取等于钢筋应变与其弹性模量的乘积，但其绝对值不应大于其相应的强度设计值。即：

$$-f'_y \leqslant \sigma_{si} \leqslant f_y \tag{11-5}$$

式中　f_y——普通钢筋抗拉强度设计值；

　　　σ_{si}——第 i 层纵向普通钢筋的应力，正值代表拉应力，负值代表压应力。

受拉钢筋的极限拉应变取 0.01。

2. 受压区混凝土的等效矩形应力图形

在实际工程设计中，为了简化计算，受压区混凝土的应力图形可采用等效的矩形应力分布图形来代替曲线的应力分布图形。但要满足以下两个条件：

（1）曲线应力分布图形和等效矩形应力分布图形的面积要相等，即合力大小要相等。

（2）两个图形合力作用点的位置相同。

3. 相对界限受压区高度 ξ_b

当纵向受拉钢筋屈服与受压区混凝土破坏同时发生时，即达到所谓"界限破坏"。

界限受压区高度 x_b 与截面有效高度 h_0 的比值即为相对界限受压区高度 $\xi_b = x_b/h_0$。经推导，ξ_b 与钢筋抗拉强度设计值 f_y 和钢筋的弹性模量 E_s 有关。

4. 纵向钢筋应力 σ_s

纵向钢筋应力应符合规范的相关规定且应符合式（11-5）。

（二）受弯构件正截面承载力计算

1. 受弯构件破坏的基本特征

根据梁内配筋的多少，钢筋混凝土梁分为适筋梁、超筋梁和少筋梁，它们的破坏形式很不相同。

（1）适筋梁的破坏（拉压破坏）

分三个阶段：

第 I 阶段（未裂阶段）

开始加荷时，纯弯段截面的弯矩很小，混凝土处于弹性工作阶段，截面应力很小，沿截面高度呈三角形分布。当弯矩增加到第 I 阶段末时，受拉区塑性变形明显发展，拉应力分布逐渐变化为曲线。此时所能承受的弯矩 M_{cr} 称为开裂弯矩，其应力分布图是计算构件抗裂能力的依据。

第 II 阶段（开裂阶段）

在裂缝截面处，受拉区混凝土大部分退出工作，拉应力基本上由钢筋承担，是构件正常使用状态下所处的阶段。当对构件的变形和裂缝宽度有限制时，以该阶段的应力图作为计算依据。当到达第 II 阶段末时，钢筋应力达到屈服强度，即 $\sigma_s = f_y$。

第 III 阶段（破坏阶段）

由于钢筋屈服，受拉区垂直裂缝向上延伸，裂缝宽度迅速发展，受压区高度减小，应力图形为曲线分布，最后受压区边缘混凝土到达极限应变值时，构件即破坏，此时弯矩值达到极限弯矩 M_u。我们将 III 阶段末的应力图形作为构件受弯承载力的依据。

从图 11-9 中，可以看出，适筋梁破坏过程经历的三个阶段正截面应力分布的变化特征是：随着荷载的逐步增加，中和轴也逐步上移；同时，受拉区混凝土拉应力逐步转移给纵向受拉钢筋，使其达到屈服强度；最后，混凝土受压区应力图形面积逐步增大，由三角形分布逐步变成接近于矩形分布。

由上所述，适筋梁的破坏属拉压破坏，破坏前纵向钢筋先屈服，然后裂缝开展很宽，构件挠度亦较大，这种破坏是有预兆的，称为塑性破坏。由于适筋梁受力合理，可以充分发挥材料的强度，因此实际工程中都把钢筋混凝土梁设计成适筋梁。

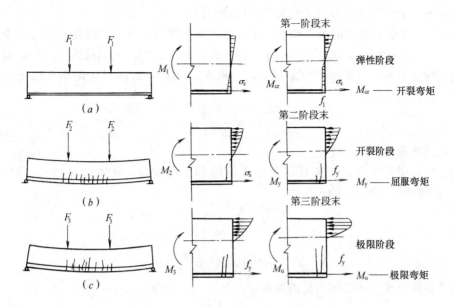

图 11-9 钢筋混凝土梁受弯时各阶段正截面应力分布

(a) 第 I 阶段；(b) 第 II 阶段；(c) 第 III 阶段

（2）超筋梁的破坏（受压破坏）

当梁的纵向配筋率 $\rho = \dfrac{A_s}{bh_0}$ 过大时，亦即 $\rho > \rho_{max}$，由于配筋过多，破坏时梁的钢筋应力尚未达到屈服强度，而受压区混凝土先达到极限应变被压坏。破坏时受拉区的裂缝开展不大，挠度也不明显，因此破坏是突然发生的，没有明显的预兆，属于脆性破坏。

（3）少筋梁的破坏（瞬时受拉破坏）

当梁的纵向配筋率 ρ 低于最小配筋率 ρ_{min} 时，构件只要一开裂，原来由混凝土承受的拉应力全部转移给纵向钢筋承担，钢筋受力骤然增加，但因钢筋数量太少，很快就屈服，甚至被拉断，这种破坏无明显预兆，也属于脆性破坏。

实际工程中，我们应当避免出现超筋梁和少筋梁。

2. 单筋矩形截面计算

（1）基本计算公式

对适筋梁，根据前述第 III 阶段末的应力分布图，将混凝土受压区应力图形进一步简化成矩形分布，即图 11-10。

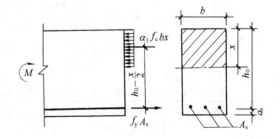

图 11-10 单筋矩形截面梁的受弯承载力计算简图

由平衡条件可得基本计算公式为：

$$\Sigma X = 0 \qquad \alpha_1 f_c bx = f_y A_s \tag{11-6}$$

$$\Sigma M = 0 \qquad M = \alpha_1 f_c bx\left(h_0 - \frac{x}{2}\right) \tag{11-7}$$

或

$$M = f_y A_s\left(h_0 - \frac{x}{2}\right) \tag{11-8}$$

式中　$h_0 = h - a_s$；

a_s——受拉钢筋合力点至截面受拉边缘的距离；

α_1——系数，按《混凝土规范》第 6.2.6 条的规定计算。当混凝土强度等级不超过 C50 时，α_1 取为 1.0；当为 C80 时，取为 0.94，其间按线性内插确定。

两个独立方程，可求解两个未知量：x 和 A_s。实际上，还可采用系数简化法和近似法求解。近似法公式：

$$A_s = \frac{M}{0.9 h_0 f_y}$$

（2）适用条件

为了保证受弯构件适筋破坏，不出现超筋和少筋破坏，基本计算公式（11-6）~式（11-8）必须满足下列适用条件：

$$\left. \begin{array}{l} \xi \leqslant \xi_b \\ x \leqslant x_b = \xi_b h_0 \\ \rho \leqslant \rho_{max} = \xi_b \dfrac{\alpha_1 f_c}{f_y} \end{array} \right\} \tag{11-9}$$

或
或

为了避免出现少筋破坏，尚需满足：

$$\left. \begin{array}{l} \rho \geqslant \rho_{min} \\ A_s \geqslant \rho_{min} bh \end{array} \right\} \tag{11-10}$$

或

（3）最大配筋率 ρ_{max} 和最小配筋率 ρ_{min}

最大配筋率 ρ_{max} 是保证梁不发生超筋破坏的上限配筋率。其值为：

$$\rho_{max} = \xi_b \frac{\alpha_1 f_c}{f_y} \tag{11-11}$$

最小配筋率 ρ_{min} 是根据钢筋混凝土受弯构件破坏时所能承受的弯矩 M 等于同截面的素混凝土受弯构件截面所能承受的弯矩 M_{cr}，并考虑温度、收缩应力、构造要求和设计经验等因素确定的。最小配筋率 ρ_{min} 见表 11-10。

纵向受力钢筋的最小配筋百分率 ρ_{min}（%）   表 11-10

受 力 类 型			最小配筋百分率
受压构件	全部纵向钢筋	强度等级 500MPa	0.50
		强度等级 400MPa	0.55
		强度等级 300MPa、335MPa	0.60
	一侧纵向钢筋		0.2
受弯构件、偏心受拉、轴心受拉构件一侧的受拉钢筋			0.2 和 $45 f_t / f_y$ 中的较大值

注：1. 受压构件全部纵向钢筋最小配筋百分率，当采用 C60 以上强度等级的混凝土时，应按表中规定增加 0.10；

2. 板类受弯构件（不包括悬臂板）的受拉钢筋，当采用强度等级 400MPa、500MPa 的钢筋时，其最小配筋百分率应允许采用 0.15 和 $45 f_t / f_y$ 中的较大值；

3. 偏心受拉构件中的受压钢筋，应按受压构件一侧纵向钢筋考虑；

4. 受压构件的全部纵向钢筋和一侧纵向钢筋的配筋率以及轴心受拉构件和小偏心受拉构件一侧受拉钢筋的配筋率均应按构件的全截面面积计算；

5. 受弯构件、大偏心受拉构件一侧受拉钢筋的配筋率应按全截面面积扣除受压翼缘面积 $(b_f' - b) h_f'$ 后的截面面积计算；

6. 当钢筋沿构件截面周边布置时，"一侧纵向钢筋"系指沿受力方向两个对边中一边布置的纵向钢筋。

要提高单筋矩形截面受弯构件承载能力，最有效的办法是加大截面高度，另外，减小跨度（如在梁跨中加设柱）也是有效的办法。

3. 双筋矩形截面计算

在单筋截面受拉区配置受拉钢筋的同时，在受压区按计算需要配置一定数量的纵向受压钢筋，用来协助受压区混凝土承担一部分压力，称为双筋截面（图 11-11）。显然，用钢筋协助混凝土受压是不经济的，所以，只有在下列情况下才考虑采用：

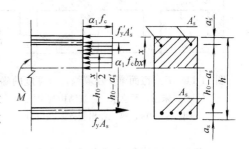

图 11-11 双筋截面应力状态

（1）弯矩很大，按单筋矩形截面计算会出现超筋梁（$\xi>\xi_b$），而梁的截面尺寸和混凝土强度等级受到限制。

（2）在不同荷载组合情况下，梁截面承受变号弯矩作用。

（3）梁的受压区钢筋的作用。

由于受压钢筋的存在，增加了截面的刚度和延性，有利于改善构件的抗震性能，减少在荷载长期作用下产生的徐变，对减小构件在荷载长期作用下的挠度也是有利的。

【要点】 单筋截面中受压区的架立钢筋是根据构造配置，计算时不参与受力；双筋截面中的受压钢筋是根据计算确定的。双筋截面中配置了受压钢筋，故不需另设架立钢筋。

为了防止构件出现超筋破坏，应满足：

$$\xi \leqslant \xi_b \quad 或 \quad x \leqslant \xi_b h_0 \tag{11-12}$$

为了保证受压钢筋达到规定的抗压强度设计值，应满足：

$$x \geqslant 2a'_s（即受压钢筋必须在混凝土受压区压应力合力之上） \tag{11-13}$$

当 $x<2a'_s$ 时，为了简化计算，可近似地取 $x=2a'_s$，即认为混凝土受压区压应力的合力与受压钢筋 A'_s 重合（图 11-12）。

4. T 形截面计算

受弯构件在破坏时，大部分受拉区混凝土早已退出工作。若将受拉区混凝土的一部分去掉，并将受拉钢筋集中配置，而保持截面高度不变，就形成了 T 形截面（图 11-13）。而截面的承载力计算值与原有矩形截面完全相同。这样既可以节省混凝土、减轻结构自重，又不影响截面的受弯承载力。

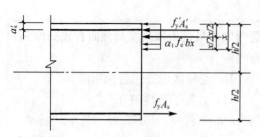

图 11-12 $x < 2a_s'$ 时的受弯承载力

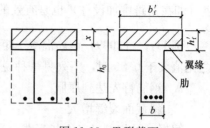

图 11-13 T 形截面

（引自：王立雄，王爱英．建筑力学与结构．

北京：中国建筑工业出版社，2011．）

T 形截面（包括工字形截面）梁应用广泛；如现浇肋梁楼盖，楼板与梁浇筑在一起形成了 T 形截面梁。预制构件中的槽形板、空心板等，从结构设计的角度讲都是 T 形截面。

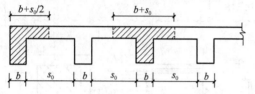

图 11-14 T 形截面梁受压翼缘计算宽度的确定

（引自：宋东，贾建东．建筑结构基本原理．

北京：中国建筑工业出版社，2014．）

对现浇楼盖和装配整体式楼盖，宜考虑楼板作为翼缘对梁刚度和承载力的影响。考虑到远离梁肋处的压应力很小，故在设计中把翼缘限制在一定范围内，称为翼缘的计算宽度 b_f'（图 11-14）。T 形、工字形及倒 L 形截面受弯构件位于受压区的翼缘计算宽度 b_f'，可按《混凝土规范》表 5.2.4 所列情况中的最小值取用。

（三）受压构件正截面承载力计算

钢筋混凝土受压构件，分为轴心受压构件和偏心受压构件两大类。其中，当轴向力只在一个方向有偏心的称为单向偏心受压构件；当在两个方向均有偏心时，称为双向偏心受压构件（图 11-15）。

1. 轴心受压构件

轴压柱箍筋配置形式分为普通箍筋和螺旋箍筋（或焊接环式间接钢筋）两种。

（1）配置普通箍筋的轴心受压构件

图 11-16，轴心受压构件的正截面承载力按下式计算：

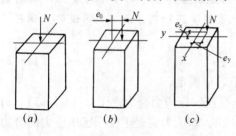

图 11-15

（a）轴心受压；（b）单向偏心受压；（c）双向偏心受压

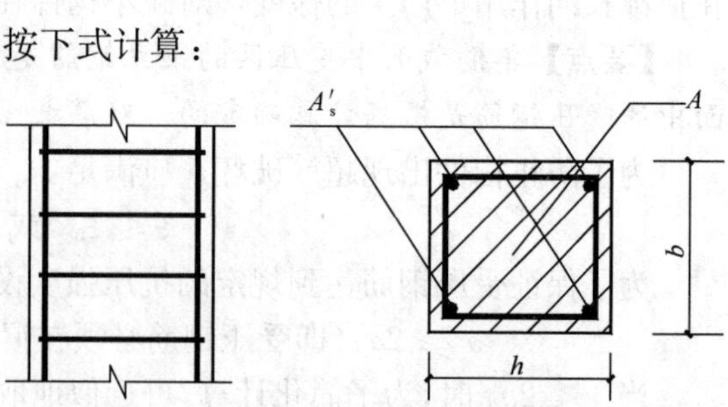

图 11-16 配置箍筋的钢筋混凝土轴心受压构件

$$N \leqslant 0.9\varphi(f_c A + f_y' A_s') \tag{11-14}$$

式中 N——轴向压力设计值；

φ——钢筋混凝土构件的稳定系数，按表 11-11 采用；

f'_y——纵向钢筋的抗压强度设计值（$f'_y \leqslant 400\text{N/mm}^2$）；

f_c——混凝土的轴心抗压强度设计值，按《混凝土规范》表 4.1.4-1 采用；其中在确定构件的计算长度时，按《混凝土规范》第 6.2.20 条取用；

A——构件截面面积。当纵向钢筋配筋率>3％时，构件截面面积应扣除钢筋面积，即式中 A 项为 A_n（$A_n = A - A'_s$）。

【要点】轴心受压构件的受力性能与构件的长细比（矩形截面为 l_0/b）有关。由于材料性质和施工因素造成的偏心影响，使长柱承载能力低于短柱。另外，由于长细比过大，也可能使长柱发生"失稳破坏"。因此，公式（11-14）中引入了稳定系数来反映长柱承载能力较短柱的降低程度。系数 φ 见表 11-11；φ 越小，承载能力降低越多。

钢筋混凝土轴心受压构件的稳定系数 φ 　　　　　　　　　表 11-11

矩形	l_0/b	≤8	10	12	14	16	18	20	22	24	26	28
圆形	l_0/d	≤7	8.5	10.5	12	14	15.5	17	19	21	22.5	24
任意形	l_0/i	≤28	35	42	48	55	62	69	76	83	90	97
	φ	1.00	0.98	0.95	0.92	0.87	0.81	0.75	0.70	0.65	0.60	0.56
矩形	l_0/b	30	32	34	36	38	40	42	44	46	48	50
圆形	l_0/d	26	28	29.5	31	33	34.5	36.5	38	40	41.5	43
任意形	l_0/i	104	111	118	125	132	139	146	153	160	167	174
	φ	0.52	0.48	0.44	0.40	0.36	0.32	0.29	0.26	0.23	0.21	0.19

注：表中，l_0 为构件的计算长度，对钢筋混凝土柱可按表 11-12 和表 11-13 取用；b 为矩形截面的短边尺寸；d 为圆形截面的直径；i 为截面的最小回转半径。

【要点】影响轴心受压柱承载能力的主要因素是混凝土强度等级和构件截面面积，而用加大受压钢筋数量来提高承载力是不经济的，且钢筋强度不能充分发挥。

（2）配置螺旋箍筋或焊接环式间接钢筋的轴心受压构件（图 11-17）

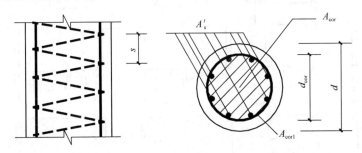

图 11-17　配置螺旋式间接钢筋的钢筋混凝土轴心受压构件

由于螺旋箍筋对核心混凝土的约束作用，提高了核心混凝土的抗压强度，从而使构件的承载力有所提高。配有螺旋箍筋的柱的承载力计算公式为：

$$N \leqslant 0.9(f_c A_{cor} + f'_y A'_s + 2\alpha f_y A_{sso}) \tag{11-15}$$

式中　A_{cor}——构件的核心截面面积：间接钢筋内表面范围内的混凝土面积；

　　　f_y——螺旋筋（或焊接环式间接钢筋）的抗拉强度设计值；

　　　A_{sso}——螺旋式或焊接环式间接钢筋的换算截面面积；

169

α——间接钢筋对混凝土约束的折减系数：当混凝土强度等级不超过 C50 时，取 1.0，当混凝土强度等级为 C80 时，取 0.85，其间按线性内插法确定。

【注意】 规范规定按公式（11-15）算得的构件受压承载能力设计值不应大于按公式（11-14）算得的构件受压承载力设计值的 1.5 倍，且不得小于 1.0 倍。

例 11-3（2009） 下列关于钢筋混凝土柱的箍筋作用的叙述中，不对的是（　　）。

A 纵筋的骨架　　　　　　　　　B 增强斜截面抗剪能力
C 增强正截面抗弯能力　　　　　D 增强抗震中的延性

解析： 钢筋混凝土柱的箍筋作用与正截面抗弯承载力无关。
答案： C

2. 偏心受压构件

偏压柱按受力情况分为大偏压和小偏压两种，按配筋形式分为对称配筋和非对称配筋两种。

（1）偏心受压构件受力性能及有关规定

1）偏心受压构件的破坏分两种情况：

大偏心受压破坏（受拉破坏）［图 11-18（a）］：当偏心距较大或受拉钢筋较少时，构件的破坏是由于纵向受拉钢筋先达到屈服引起的，因此，属于受拉破坏。钢筋屈服后垂直裂缝发展，受压区高度减小，压应力值加大，最后导致压区混凝土压坏。这种情况，构件的承载力取决于受拉钢筋的强度。

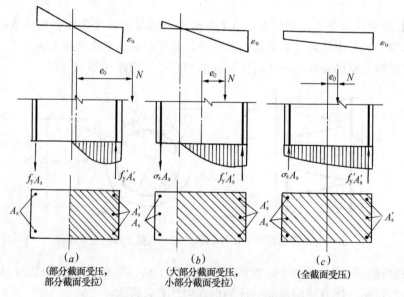

图 11-18　偏心受压构件受力状态示意图
（a）大偏心受压；（b）、（c）小偏心受压

小偏心受压破坏（受压破坏）［图 11-18（b）、（c）］：当偏心距较小或偏心距虽然较大但纵向受拉钢筋较多时，构件的破坏是由压区混凝土达到极限应变值 ε_{cu} 引起的。破坏时，

距轴向力较远一侧的混凝土可能受压，也可能受拉。受拉区混凝土可能出现裂缝，也可能不出现裂缝，但处于该位置的纵向钢筋不论受拉或受压，一般均未达到屈服。

大、小偏心受压构件的判别：按相对受压区高度 ξ 来判别。

当 $\xi \leqslant \xi_b$ 时，属大偏心受压构件；当 $\xi > \xi_b$ 时，属小偏心受压构件。其中，ξ——相对受压区高度；ξ_b——界限相对受压区高度。

2）三个偏心距：荷载偏心距 e_0、附加偏心距 e_a 及初始偏心距 e_i：

荷载偏心距 e_0 是指轴向压力 N 对截面重心的偏心距，$e_0 = M/N$。

附加偏心距 e_a 是指考虑到荷载作用位置及施工时可能产生偏差等因素，计算时对荷载偏心距进行修正。其值应取 20mm 和偏心方向截面最大尺寸的 1/30 两者中的较大值。

实际设计计算时，规范采用初始偏心距 e_i 代替荷载偏心距 e_0，其计算公式为：

$$e_i = e_0 + e_a \tag{11-16}$$

3）除排架结构柱外，其他偏心受压构件考虑轴向压力在挠曲杆件中产生的效应后控制截面的弯矩设计值，应将计算弯矩乘以偏心距调节系数和弯矩增大系数，详见《混凝土规范》第 6.2（Ⅲ）节。

（2）矩形截面偏心受压构件

1）大偏心受压构件（$\xi \leqslant \xi_b$）

根据假定，受压钢筋应力达到 f'_y，受拉区混凝土不参加工作，受拉钢筋应力达到 f_y。

2）小偏心受压的构件（$\xi > \xi_b$）

由于距轴向力较远一侧钢筋中心应力值，不论受压或受拉均未达到强度设计值（即 $\sigma_s < f_y$ 或 $\sigma_s < f'_y$）。

柱的计算长度等于其几何长度乘以一个系数，即 $l_0 = \psi l$。在材料力学中，ψ 与柱两端的支承条件有关。当两端为铰接时，$\psi = 1.0$；一端为固定、另一端为铰接时，$\psi = 0.7$；两端为固定时，$\psi = 0.5$；一端为固定，另一端为自由时，$\psi = 2.0$。实际工程中，柱的支承条件比材料力学中设定的理想化条件远为复杂。

3. 轴心受压和偏心受压柱的计算长度 l_0

（1）刚性屋盖单层房屋排架柱、露天吊车柱和栈桥柱，其计算长度 l_0 按表 11-12 取用。

刚性屋盖单层房屋排架柱、露天吊车柱和栈桥柱的计算长度　　　　表 11-12

柱 的 类 别		l_0		
		排架方向	垂直排架方向	
			有柱间支撑	无柱间支撑
无吊车房屋柱	单　　跨	1.5H	1.0H	1.2H
	两跨及多跨	1.25H	1.0H	1.2H
有吊车房屋柱	上　　柱	$2.0H_u$	$1.25H_u$	$1.5H_u$
	下　　柱	$1.0H_l$	$0.8H_l$	$1.0H_l$
露天吊车柱和栈桥柱		$2.0H_l$	$1.0H_l$	—

注：1. 表中，H 为从基础顶面算起的柱子全高；H_l 为从基础顶面至装配式吊车梁底面或现浇式吊车梁顶面的柱子下部高度；H_u 为从装配式吊车梁底面或从现浇式吊车梁顶面算起的柱子上部高度；
　　2. 表中，有吊车房屋排架柱的计算长度，当计算中不考虑吊车荷载时，可按无吊车房屋柱的计算长度采用，但上柱的计算长度仍可按有吊车房屋采用；
　　3. 表中，有吊车房屋排架柱的上柱在排架方向的计算长度，仅适用于 H_u/H_l 不小于 0.3 的情况；当 H_u/H_l 小于 0.3 时，计算长度宜采用 $2.5H_u$。

（2）一般多层房屋中梁柱为刚接的框架结构，各层柱的计算长度 l_0 按表 11-13 取用。

框架结构各层柱的计算长度   表 11-13

楼 盖 类 型	柱 的 类 别	l_0
现浇楼盖	底 层 柱	1.0H
	其余各层柱	1.25H
装配式楼盖	底 层 柱	1.25H
	其余各层柱	1.5H

注：表中，H 对底层柱为从基础顶面到一层楼盖顶面的高度；对其余各层柱为上下两层楼盖顶面之间的高度。

例 11-4 （2011）下列关于钢筋混凝土偏心受压构件的抗弯承载力的叙述，哪一项是正确的？

A 大、小偏压时均随轴力增加而增加

B 大、小偏压时均随轴力增加而减小

C 小偏压时随轴力增加而增加

D 大偏压时随轴力增加而增加

解析： 大偏心受压构件属于受拉破坏。随着构件轴力的增加，可以减轻截面的受拉程度，截面的抗弯能力也随之提高；故答案是 D。

答案： D

（四）受拉构件正截面承载力计算

1. 轴心受拉构件承载力计算

由于混凝土抗拉强度很低，轴心受拉构件按正截面计算时，不考虑混凝土参加工作，拉力全部由纵向钢筋承担。计算公式为：

$$N \leqslant f_y A_s + f_{py} A_p \tag{11-17}$$

式中 N——轴向拉力设计值；

A_s、A_p——纵向普通钢筋、预应力筋的全部截面面积。

2. 偏心受拉构件承载力计算

根据偏心拉力的作用位置不同，偏心受拉构件分为大偏心受拉和小偏心受拉两种。当轴向拉力的作用位置在钢筋 A_s 和 A_s' 之间时，不管偏心距大小如何，构件破坏时，均为全截面受拉，这种情况称为小偏心受拉；当轴向拉力作用在钢筋 A_s 和 A_s' 的范围以外时，受荷后截面部分受压、部分受拉，其破坏形态与大偏心受压构件类似，这种情况称为大偏心受拉。

二、斜截面承载力计算

（一）受弯构件沿斜截面破坏的主要形态

根据试验证明，由于荷载的类别（集中或均布荷载）、加载方式（直接加载或间接加载）、剪跨比、腹筋用量等因素的影响，梁沿截面破坏大致可归纳为三种主要破坏形态，即：斜压破坏、剪压破坏、斜拉破坏。

1. 剪跨比的概念

对于承受两个集中荷载的简支梁（图 11-19），集中荷载至支座的距离 a 称为剪跨，剪跨 a 与截面有效高度 h_0 的比值称为剪跨比，即：

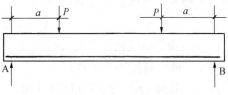

图 11-19

$$\lambda = \frac{a}{h_0} = \frac{Va}{Vh_0} = \frac{M}{Vh_0} \quad (11\text{-}18)$$

式（11-18）表明，剪跨比 λ 反映了截面上弯矩与剪力的相对比值。

2. 三种主要破坏形态

（1）斜压破坏。当剪跨比较小，或腹筋配置过多时，可能产生斜压破坏。破坏时，首先在梁腹部出现若干条大体相互平行的斜裂缝；随着荷载的增加，这些大体相互平行的斜裂缝将梁腹部分割成若干个倾斜的受压小柱体；最后，这些小斜柱体的混凝土在弯矩和剪力复合作用下被压碎而破坏[图 11-20(a)]，破坏时腹筋未达到屈服强度，因而，这种破坏属于脆性破坏，设计时应予避免。

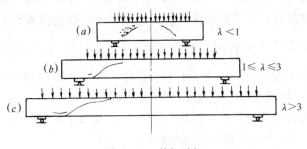

图 11-20 剪切破坏

(a) 斜压破坏；(b) 剪压破坏；(c) 斜拉破坏

（2）斜拉破坏。当剪跨比较大，或腹筋配置较少时，可能产生斜拉破坏。破坏时，斜裂缝一旦出现，即很快形成一条主斜裂缝并迅速扩展到集中荷载作用点处，梁被分成两部分而破坏[图 11-20(c)]。这种破坏无明显的预兆，危险性较大，属于脆性破坏，设计时应予避免。

（3）剪压破坏。当腹筋配置适当，剪跨比适中时，可能产生剪压破坏。剪压破坏的特征是，随着荷载的增加开始先出现一些垂直裂缝和由垂直裂缝延伸出来的细微的斜裂缝。当荷载增加到一定程度时，在数条斜裂缝中，将出现一条较长较宽的主要裂缝（即称为临界斜裂缝）。荷载再继续增加，临界斜裂缝不断向上延伸，使与其相交的箍筋达到屈服；同时，剪压区混凝土在剪应力和压应力共同作用下达到极限强度而破坏[图11-20(b)]。这种破坏是由于箍筋先屈服而后混凝土被压碎，破坏前虽有一定预兆，但这种预兆远没有适筋梁的正截面破坏明显。同时，考虑到强剪弱弯的设计要求，斜截面受剪承载力应有较大的可靠度，因此，仍将剪压破坏归为脆性破坏。设计时应把构件控制在剪压破坏类型。

规范中给出了梁中允许的最大配箍量以避免形成斜压破坏；同时又规定了最小配箍量以防止发生斜拉破坏。

（二）受弯构件斜截面承载力计算公式

1. 不配置箍筋和弯起钢筋的一般板类受弯构件的斜截面承载力

均布荷载作用下，无腹筋梁的剪切破坏可能发生在支座附近，也可能发生在跨中，只要支座处最大剪力不大于 $0.7\beta_{\mathrm{h}} f_{\mathrm{t}} b h_0$，即能保证梁不发生剪切破坏。因此，规范对均布荷载作用下无腹筋梁的斜截面承载力取为：

$$V_c = 0.7\beta_h f_t b h_0 \qquad (11\text{-}19)$$

式中　V_c——构件斜截面上的最大剪力设计值；

　　　β_h——截面高度影响系数；

　　　f_t——混凝土轴心抗拉强度设计值，按《混凝土规范》表 4.1.4-2 采用。

2. 仅配置箍筋时矩形、T形和I形截面受弯构件的斜截面受剪承载力

当仅配置箍筋时，矩形、T形和I形截面受弯构件的斜截面受剪承载力应符合下列规定：

$$V \leqslant V_{cs} + V_p \qquad (11\text{-}20)$$

$$V_{cs} = \alpha_{cv} f_t b h_0 + f_{yv} \frac{A_{sv}}{s} h_0 \qquad (11\text{-}21)$$

$$V_p = 0.05 N_{p0} \qquad (11\text{-}22)$$

式中　V_{cs}——构件斜截面上混凝土和箍筋的受剪承载力设计值；

　　　V_p——由预加力所提高的构件受剪承载力设计值；

　　　α_{cv}——斜截面混凝土受剪承载力系数，对于一般受弯构件取 0.7；对集中荷载作用下（包括作用有多种荷载，其中集中荷载对支座截面或节点边缘所产生的剪力值占总剪力的 75% 以上的情况）的独立梁，取 α_{cv} 为 $\dfrac{1.75}{\lambda + 1}$；$\lambda$ 为计算截面的剪跨比，可取 λ 等于 a/h_0；当 λ 小于 1.5 时，取 1.5；当 λ 大于 3 时，取 3；a 取集中荷载作用点至支座截面或节点边缘的距离；

　　　A_{sv}——配置在同一截面内箍筋各肢的全部截面面积，即 nA_{sv1}，此处，n 为在同一个截面内箍筋的肢数，A_{sv1} 为单肢箍筋的截面面积；

　　　s——沿构件长度方向的箍筋间距；

　　　f_{yv}——箍筋的抗拉强度设计值，按《混凝土规范》第 4.2.3 条的规定采用；

　　　N_{p0}——计算截面上混凝土法向预应力等于零时的预加力。

3. 配置箍筋和弯起钢筋时矩形、T形和I形截面受弯构件的斜截面受剪承载力

当配置箍筋和弯起钢筋时，矩形、T形和I形截面受弯构件的斜截面受剪承载力应符合下列规定（图 11-21）：

$$V \leqslant V_{cs} + V_p + 0.8 f_{yv} A_{sb} \sin \alpha_s$$
$$+ 0.8 f_{py} A_{pb} \sin \alpha_p \qquad (11\text{-}23)$$

式中　V——配置弯起钢筋处的剪力设计值，按《混凝土规范》第 6.3.6 条的规定取用；

　　　V_p——由预加力所提高的构件受剪承载力设计值，按式（11-22）计算，但计算预加力 N_{p0} 时不考虑弯起预应力筋的作用；

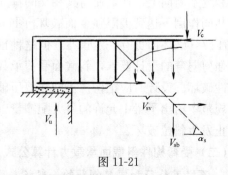

图 11-21

　A_{sb}、A_{pb}——分别为同一平面内的弯起普通钢筋、弯起预应力筋的截面面积；

α_s、α_p——分别为斜截面上弯起普通钢筋、弯起预应力筋的切线与构件纵轴线的夹角。

【要点】

◆ 影响斜截面承载能力的主要因素是混凝土的强度等级，箍筋的直径、肢数和间距，梁的截面尺寸等，而与纵向钢筋无关。

◆ 对于承受以集中荷载为主（包括作用有多种荷载，其中集中荷载对支座截面或节点边缘所产生的剪力值占总剪力值的 75% 以上的情况）的矩形截面梁，应考虑剪跨比 λ 的影响，按下式计算：

$$V \leqslant V_u = \frac{1.75}{\lambda+1} f_t b h_0 + f_{yv} \frac{A_{sv}}{s} h_0 + 0.8 f_{yb} A_{sb} \sin\alpha_s \tag{11-24}$$

（三）受弯构件斜截面受剪承载力计算公式的适用条件

（1）矩形、T 形和 I 形截面受弯构件的受剪截面应符合下列条件：

当 $\dfrac{h_w}{b} \leqslant 4.0$ 时，$V \leqslant 0.25\beta_c f_c b h_0$ （11-25）

当 $\dfrac{h_w}{b} \geqslant 6.0$ 时，$V \leqslant 0.2\beta_c f_c b h_0$ （11-26）

当 $4.0 < \dfrac{h_w}{b} < 6.0$ 时，按线性内插法确定。

式中 V——构件斜截面上的最大剪力设计值；

β_c——混凝土强度影响系数：当混凝土强度等级不超过 C50 时，取 $\beta_c = 1.0$；当混凝土强度等级为 C80 时，取 $\beta_c = 0.8$；其间按线性内插法确定；

f_c——混凝土轴心抗压强度设计值，按《混凝土规范》表 4.1.3-1 采用；

b——对矩形截面取截面宽度；对 T 形截面或 I 形截面取腹板宽度；

h_0——截面的有效高度；

h_w——截面的腹板高度。对矩形截面取有效高度 h_0；对 T 形截面取有效高度减去翼缘高度；对 I 形截面取腹板净高。

受剪截面条件体现了控制梁的剪压比。剪压比为梁所受的剪力与梁的轴心抗压能力（$f_c b h_0$）的比值。控制剪压比的大小等于控制梁的截面尺寸不能太小，配筋率不能太大和剪力不能太大。当配筋率大于最大配筋率时，会发生斜压破坏；因此，控制剪压比是防止斜压破坏的措施。控制剪力的大小，可以达到限制斜裂缝宽度的作用。

（2）为了防止斜截面产生斜拉破坏，箍筋配置也不能过少。

（3）规范还对箍筋直径和最大间距 s 加以限制（详见《混凝土规范》第 9.2.9 条）。

（四）斜截面受剪承载力的计算截面

剪力设计值的计算截面应按下列规定采用：

（1）支座边缘处的斜截面（图 11-22 截面 1-1）。

（2）受拉区弯起钢筋弯起点处的斜截面（图 11-22 截面 2-2 和 3-3）。

（3）箍筋截面面积或间距改变处的斜截面（图 11-22 截面 4-4）。

（4）截面尺寸改变处的斜截面。

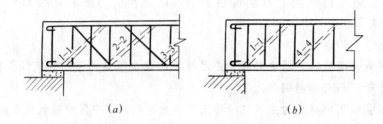

(a) (b)

图 11-22　斜截面受剪承载力剪力设计值的计算截面

(a) 弯起钢筋；(b) 箍筋

1-1—支座边缘处的斜截面；2-2、3-3—受拉区弯起钢筋弯起点的斜截面；

4-4—箍筋截面面积或间距改变处的斜截面

例 11-5　（2014） 在钢筋混凝土矩形截面梁的斜截面承载力计算中，验算剪力 $V \leqslant 0.25\beta_c f_c bh_0$ 的目的是（　　）。

A　防止斜压破坏   B　防止斜拉破坏

C　控制截面的最大尺寸   D　控制箍筋的最小配箍率

提示： 验算剪力 $V \leqslant 0.25\beta_c f_c bh_0$ 的目的是控制剪压比的大小，即控制一定剪力作用下梁的截面尺寸不能过小，防止配箍率过大而发生斜压破坏。

答案： A

三、扭曲截面承载力计算

在钢筋混凝土结构中的一些构件（如吊车梁、雨篷梁、钢筋混凝土框架边梁等），除受弯受剪外，还受到扭矩的作用，称为受扭构件或扭曲构件。扭曲构件分为纯扭、剪扭、弯扭和弯剪扭等受力情况。在实际工程中，一般都是扭转和弯曲同时发生。受扭截面常见的有矩形、T形、I形，以及箱形截面。

矩形截面纯扭构件的受扭承载力：

在一般工程中，一般由截面核心部分混凝土、横向箍筋和沿构件截面周边均匀分布的纵向钢筋组成的骨架共同承担扭矩的作用。规范规定，位于梁中部的箍筋（或拉条）不参加抗扭。

1. 受扭构件的破坏特征

试验表明，根据受扭钢筋配筋率的不同，钢筋混凝土矩形截面受扭构件的破坏形态分为少筋破坏、适筋破坏和超筋破坏三种类型。

（1）少筋破坏

当构件受扭箍筋和纵向钢筋配置数量过少时，在扭矩作用下，在长边中点剪应力最大处形成 45° 斜裂缝，随后，向相邻的其他两面以 45° 角延伸，此时，与斜裂缝相交的受扭箍筋和受扭纵筋超过屈服强度或被拉断。最后，在另一长边上形成受压面，随着斜裂缝的开展，受压面混凝土被压碎而破坏。这种破坏与受剪的斜拉破坏相似，属于脆性破坏。在设计中应当避免。为了防止发生这种少筋破坏，规范规定，受扭箍筋和纵向受扭钢筋的配筋率不得小于各自的最小配筋率，并应符合受扭钢筋的构造要求。

（2）适筋破坏

当构件受扭钢筋的数量配置适当时，在扭矩作用下，构件将发生许多 45°角的斜裂缝。随着扭矩的增加，与主裂缝相交的受扭箍筋和纵向钢筋达到屈服强度，这条裂缝不断开展，并向相邻的两个面延伸，直至另一长边面上受压区的混凝土被压碎而破坏。这种破坏与受弯构件适筋梁相似，属于塑性破坏。受扭构件承载力计算即以这种破坏为依据。

（3）超筋破坏

当构件的受扭箍筋和受扭纵向钢筋配置过多时，在扭矩作用下，构件产生许多 45°角的斜裂缝。由于受扭钢筋配置过多，构件破坏前钢筋达不到屈服强度，因而斜裂缝宽度不大。构件破坏是由于受压区混凝土被压碎引起的。这种破坏形态与受弯构件的超筋梁相似，属于脆性破坏，设计中应予避免。规范采取限制构件截面尺寸和混凝土强度等级，亦即限制受扭钢筋的最大配筋率来防止超筋破坏。

2. 矩形截面纯扭构件承载力计算

试验表明，构件受扭承载力由混凝土和受扭钢筋两部分的承载力组成。

【要点】影响受扭构件承载力的因素有：截面形状和尺寸、混凝土强度等级、箍筋的直径和间距、纵向钢筋的截面面积（沿构件周边的全部纵向钢筋）、纵箍比等。在截面面积相等的条件下，采用圆形截面（特别是环形截面）优于方形、矩形截面，而薄而高的截面是不利的。

第三节　正常使用极限状态验算

钢筋混凝土构件，除了有可能由于承载力不足超过承载能力极限状态外，还有可能由于变形过大或裂缝宽度超过允许值，使构件超过正常使用极限状态而影响正常使用。因此规范规定，根据使用要求，构件除进行承载力计算外，尚需进行正常使用极限状态即变形及裂缝宽度的验算。

一、正常使用极限状态的验算

（1）对于正常使用极限状态，结构构件应分别按荷载的准永久组合并考虑长期作用的影响或标准组合并考虑长期作用的影响，采用下列极限状态设计表达式进行验算：

$$S \leqslant C \tag{11-27}$$

式中　S——正常使用极限状态荷载组合的效应设计值；

C——结构构件达到正常使用要求所规定的变形、裂缝宽度、应力和自振频率等的限值。

（2）钢筋混凝土受弯构件的最大挠度应按荷载的准永久组合，预应力混凝土受弯构件的最大挠度应按荷载的标准组合，并均应考虑荷载长期作用的影响进行计算。其计算值不应超过表 11-14 规定的挠度限值。

受弯构件的挠度限值 表 11-14

构件类型		挠度限值
吊车梁	手动吊车	$l_0/500$
	电动吊车	$l_0/600$
屋盖、楼盖及楼梯构件	当 $l_0<7$m 时	$l_0/200$ ($l_0/250$)
	当 7m$\leqslant l_0\leqslant 9$m 时	$l_0/250$ ($l_0/300$)
	当 $l_0>9$m 时	$l_0/300$ ($l_0/400$)

注：1. 表中 l_0 为构件的计算跨度，计算悬臂构件的挠度限值时，其计算跨度 l_0 按实际悬臂长度的 2 倍取用；

2. 表中括号内的数值适用于使用上对挠度有较高要求的构件；

3. 如果构件制作时预先起拱，且使用上也允许，则在验算挠度时，可将计算所得的挠度值减去起拱值；对预应力混凝土构件，尚可减去预加力所产生的反拱值；

4. 构件制作时的起拱值和预加力所产生的反拱值，不宜超过构件在相应荷载组合作用下的计算挠度值。

（3）结构构件正截面的裂缝控制等级分为三级。裂缝控制等级的划分应符合下列规定：

一级——严格要求不出现裂缝的构件，按荷载标准组合计算时，构件受拉边缘混凝土不应产生拉应力；

二级——一般要求不出现裂缝的构件，按荷载标准组合计算时，构件受拉边缘混凝土拉应力不应大于混凝土轴心抗拉强度标准值；

三级——允许出现裂缝的构件，对钢筋混凝土构件，按荷载准永久组合并考虑长期作用的影响计算时，构件的最大裂缝宽度不应超过表 11-15 规定的最大裂缝宽度限值；对预应力混凝土构件，按荷载标准组合并考虑长期作用的影响计算时，构件的最大裂缝宽度不应超过表 11-15 规定的最大裂缝宽度限值；对二 a 类环境的预应力混凝土构件，尚应按荷载准永久组合计算，且构件受拉边缘混凝土的拉应力不应大于混凝土的抗拉强度标准值。

（4）结构构件应根据结构类型和表 11-16 规定的环境类别，按表 11-15 的规定选用不同的裂缝控制等级及最大裂缝宽度限值 w_{lim}。

结构构件的裂缝控制等级及最大裂缝宽度的限值（mm） 表 11-15

环境类别	钢筋混凝土结构		预应力混凝土结构	
	裂缝控制等级	w_{lim}	裂缝控制等级	w_{lim}
一	三级	0.30 (0.40)	三级	0.20
二 a				0.10
二 b		0.20	二级	—
三 a、三 b			一级	—

注：1. 对处于年平均相对湿度小于 60% 地区一类环境下的受弯构件，其最大裂缝宽度限值可采用括号内的数值；

2. 在一类环境下，对钢筋混凝土屋架、托架及需作疲劳验算的吊车梁，其最大裂缝宽度限值应取为 0.20mm；对钢筋混凝土屋面梁和托梁，其最大裂缝宽度限值应取为 0.30mm；

3. 在一类环境下，对预应力混凝土屋架、托架及双向板体系，应按二级裂缝控制等级进行验算；对一类环境下的预应力混凝土屋面梁、托梁、单向板，应按表中二 a 类环境的要求进行验算；在一类和二 a 类环境下需作疲劳验算的预应力混凝土吊车梁，应按裂缝控制等级不低于二级的构件进行验算；

4. 表中规定的预应力混凝土构件的裂缝控制等级和最大裂缝宽度限值仅适用于正截面的验算；预应力混凝土构件的斜截面裂缝控制验算应符合《混凝土规范》第 7 章的有关规定；

5. 对于烟囱、筒仓和处于液体压力下的结构，其裂缝控制要求应符合专门标准的有关规定；

6. 对于处于四、五类环境下的结构构件，其裂缝控制要求应符合专门标准的有关规定；

7. 表中的最大裂缝宽度限值为用于验算荷载作用引起的最大裂缝宽度。

| | 混凝土结构的环境类别 | 表 11-16 |

环境类别	条　　　件
一	室内干燥环境； 无侵蚀性静水浸没环境
二 a	室内潮湿环境； 非严寒和非寒冷地区的露天环境； 非严寒和非寒冷地区与无侵蚀性的水或土壤直接接触的环境； 严寒和寒冷地区的冰冻线以下与无侵蚀性的水或土壤直接接触的环境
二 b	干湿交替环境； 水位频繁变动环境； 严寒和寒冷地区的露天环境； 严寒和寒冷地区冰冻线以上与无侵蚀性的水或土壤直接接触的环境
三 a	严寒和寒冷地区冬季水位变动区环境； 受除冰盐影响环境； 海风环境
三 b	盐渍土环境； 受除冰盐作用环境； 海岸环境
四	海水环境
五	受人为或自然的侵蚀性物质影响的环境

注：1. 室内潮湿环境是指构件表面经常处于结露或湿润状态的环境；
  2. 严寒和寒冷地区的划分应符合现行国家标准《民用建筑热工设计规范》GB 50176 的有关规定；
  3. 海岸环境和海风环境宜根据当地情况，考虑主导风向及结构所处迎风、背风部位等因素的影响，由调查研究和工程经验确定；
  4. 受除冰盐影响环境是指受到除冰盐盐雾影响的环境；受除冰盐作用环境是指被除冰盐溶液溅射的环境以及使用除冰盐地区的洗车房、停车楼等建筑；
  5. 暴露的环境是指混凝土结构表面所处的环境。

二、受弯构件挠度的验算

钢筋混凝土和预应力混凝土受弯构件的挠度可按照力学方法计算，且不应超过表 11-14规定的限值。

在等截面构件中，可假定各同号弯矩区段内的刚度相等，并取用该区段内最大弯矩处的刚度。当计算跨度内的支座截面刚度不大于跨中截面刚度的 2 倍或不小于跨中截面刚度的 1/2 时，该跨也可按等刚度构件进行计算，其构件刚度可取跨中最大弯矩截面的刚度。

当计算结果不能满足要求时，说明受弯构件的刚度不足。可以采用增加截面高度、提高混凝土强度等级，增加配筋等办法解决。其中以增加梁的截面高度效果最为显著，宜优先采用。

三、裂缝的形成、控制和宽度验算

1. 裂缝的形成和开展

引起钢筋混凝土结构产生裂缝的原因很多，主要因素有：荷载效应、外加变形和约束变形、钢筋锈蚀等。

在合理设计和正常施工的条件下，荷载效应的直接作用往往不是形成裂缝宽度过大的主要原因，许多裂缝是几种因素综合的结果，其中温度与收缩是裂缝出现和发展的主要因素。

一般情况下，可以通过下列措施来避免裂缝的产生，如：合理地设置温度缝来避免或减少温度裂缝的出现；通过设置沉降缝、选择刚度大的基础类型、做好地基持力层的选择和验槽处理工作，来防止或减少由于不均匀沉降引起的沉降裂缝；通过保证混凝土保护层的厚度来防止纵向钢筋锈蚀，以免引起沿钢筋长度方向的纵向裂缝；通过布置构造钢筋（如梁中的腰筋和板、墙中的分布钢筋）来避免收缩裂缝。

2. 最大裂缝宽度控制

钢筋混凝土和预应力混凝土构件，三级裂缝控制等级时，钢筋混凝土构件的最大裂缝宽度可按荷载准永久组合并考虑长期作用影响的效应计算；预应力混凝土构件的最大裂缝宽度可按荷载标准组合并考虑长期作用影响的效应计算。最大裂缝宽度应符合下列规定：

$$\omega_{max} \leqslant \omega_{lim} \qquad (11\text{-}28)$$

规范给出了最大裂缝宽度 w_{max} 按下式计算：

$$w_{max} = \alpha_{cr} \psi \frac{\sigma_s}{E_s}\left(1.9c_s + 0.08\frac{d_{eq}}{\rho_{te}}\right) \qquad (11\text{-}29)$$

式中　α_{cr}——构件受力特征系数；

ψ——裂缝间纵向受拉钢筋应变不均匀系数；

ρ_{te}——按有效受拉混凝土截面面积计算的纵向受拉钢筋配筋率：

$$\rho_{te} = \frac{A_s}{A_{te}} \qquad (11\text{-}30)$$

在最大裂缝宽度计算中，当 $\rho_{te} < 0.01$ 时，取 $\rho_{te} = 0.01$；

A_{te}——有效受拉混凝土截面面积；

σ_s——按荷载效应的准永久组合计算的钢筋混凝土构件纵向受拉普通钢筋的应力或按标准组合计算的预应力混凝土构件纵向受拉钢筋等效应力；

A_s——受拉区纵向钢筋截面面积；对轴心受拉构件，取全部纵向钢筋截面面积；对偏心受拉构件，取受拉较大边的纵向钢筋截面面积；对受弯、偏心受压构件，取受拉区纵向钢筋截面面积；

E_s——钢筋弹性模量（N/mm^2）；

c_s——最外层纵向受拉钢筋外边缘至受拉区底边的距离（mm），当 $c_s < 20$ 时，取 $c_s = 20$；当 $c_s > 65$ 时，取 $c_s = 65$；

d_{eq}——受拉区纵向钢筋的等效直径（mm）。

3. 影响裂缝宽度的主要因素

(1) 钢筋应力。

(2) 钢筋与混凝土之间的粘结强度。

(3) 钢筋的有效约束区：通过粘结力将拉力扩散到混凝土上去，能有效地约束混凝土回缩的区域，称为钢筋的有效约束区，或称钢筋的有效埋置区。在设计中，采用较小直径钢筋，沿截面受拉区外缘以不大的间距均匀布置，使裂缝分散和裂缝宽度减小，就是利用了约束区的概念。

（4）混凝土保护层的厚度。

4. 控制裂缝宽度的构造措施

（1）对跨中垂直裂缝的控制

当梁的腹板高度 $h_w \geqslant 450$mm 时，在梁的两侧应沿高度设置纵向构造钢筋，每侧纵向构造钢筋的截面面积不应小于腹板截面面积 bh_w 的 0.1%，间距不宜大于 200mm。

（2）对斜裂缝的控制

为了减小斜裂缝的宽度，要求每一条斜裂缝至少有一根箍筋通过，当剪力较大时至少有 2 根箍筋通过。因此，箍筋的布置应本着"细而密"的原则。《混凝土规范》表 9.2.9 中，在 $V > 0.7f_tbh_0$ 一栏对构件出现裂缝后箍筋的最大间距 s_{max} 作了规定。试验资料分析表明，箍筋配置如能满足受剪承载力的要求，又能满足 s_{max} 的构造规定，则同时可以满足在使用阶段下裂缝宽度不大于 0.2mm 的要求。

（3）对节点边缘垂直裂缝宽度的控制

满足受拉纵筋的水平锚固长度是控制节点边缘垂直裂缝宽度的有效措施。

图 11-23 表示中间层框架梁的端节点，上部纵向受拉钢筋锚入节点的锚固长度分水平段和垂直段两部分。规范规定水平段长度不能小于 $0.4l_a$。由于垂直长度的存在，受拉钢筋一般不会发生被拔出的现象。

【要点】一般情况下，钢筋混凝土构件总是在带有裂缝的情况下工作的，也就是说，除特殊不允许出现裂缝的情况外，钢筋混凝土构件是允许出现裂缝的，只是对裂缝最大宽度加以限制。

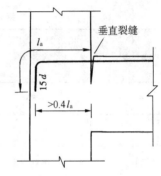

图 11-23 梁上部纵向受拉钢筋在框架中间层端节点内的锚固

有关裂缝控制等级及最大裂缝宽度限值见表 11-15。

例 11-6 （2010） 采用哪一种措施可以减小普通钢筋混凝土简支梁裂缝的宽度？

A 增加箍筋的数量　　　　　　　B 增加底部主筋的直径

C 减小底部主筋的直径　　　　　D 增加顶部构造钢筋

解析： 根据《混凝土规范》第 7.1.2 条式 7.1.2-1，钢筋的粗细对混凝土裂缝宽度有影响。当钢筋截面面积相同时，钢筋越细，与混凝土接触的表面积就越大，粘结性能就越好，裂缝间距就越小，裂缝宽度也越小。

由混凝土最大裂缝宽度计算公式（11-29）也可以分析出两者之间的关系，即当简支梁底部主筋直径 d_{eq} 减小时，ω_{max} 将减小，因此答案应为 C。

答案： C

第四节　耐久性及防连续倒塌的设计原则

(一) 耐久性设计

（1）耐久性设计内容

混凝土结构应根据设计使用年限和环境类别进行耐久性设计，包括下列内容：

1）确定结构所处的环境类别；

2）提出对混凝土材料的耐久性基本要求；

3）确定构件中钢筋的混凝土保护层厚度；

4）不同环境条件下的耐久性技术措施；

5）提出结构使用阶段的检测与维护要求。

注：对临时性的混凝土结构，可不考虑混凝土的耐久性要求。

（2）混凝土结构暴露的环境类别应按表 11-16 的要求划分。

（3）设计使用年限为 50 年的混凝土结构，其混凝土材料宜符合表 11-17 的规定。

结构混凝土材料的耐久性基本要求　　　　　表 11-17

环境等级	最大水胶比	最低强度等级	最大氯离子含量（%）	最大碱含量（kg/m³）
一	0.60	C20	0.30	不限值
二 a	0.55	C25	0.20	3.0
二 b	0.50 (0.55)	C30 (C25)	0.15	
三 a	0.45 (0.50)	C35 (C30)	0.15	
三 b	0.40	C40	0.10	

注：1. 氯离子含量系指其占胶凝材料总量的百分比；

2. 预应力构件混凝土中的最大氯离子含量为 0.06%；其最低混凝土强度等级宜按表中的规定提高两个等级；

3. 素混凝土构件的水胶比及最低强度等级的要求可适当放松；

4. 有可靠工程经验时，二类环境中的最低混凝土强度等级可降低一个等级；

5. 处于严寒和寒冷地区二 b、三 a 类环境中的混凝土应使用引气剂，并可采用括号中的有关参数；

6. 当使用非碱活性骨料时，对混凝土中的碱含量可不作限制。

（4）混凝土结构及构件尚应采取下列耐久性技术措施：

1）预应力混凝土结构中的预应力筋应根据具体情况采取表面防护、孔道灌浆、加大混凝土保护层厚度等措施；外露的锚固端应采取封锚和混凝土表面处理等有效措施；

2）有抗渗要求的混凝土结构，混凝土的抗渗等级应符合有关规范的要求；

3）严寒及寒冷地区的潮湿环境中，结构混凝土应满足抗冻要求，混凝土抗冻等级应符合有关规范的要求；

4）处于二、三类环境中的悬臂构件宜采用悬臂梁-板的结构形式，或在其上表面增设防护层；

5）处于二、三类环境中的结构构件，其表面的预埋件、吊钩、连接件等金属部件应采取可靠的防锈措施；对于后张预应力混凝土外露金属锚具，其防护要求详见《混凝土规范》第10.3.13条；

6）处在三类环境中的混凝土结构构件，可采用阻锈剂、环氧树脂涂层钢筋或其他具有耐腐蚀性能的钢筋，采取阴极保护措施或采用可更换的构件等措施。

（5）一类环境中，设计使用年限为100年的混凝土结构应符合下列规定：

1）钢筋混凝土结构的最低强度等级为C30；预应力混凝土结构的最低强度等级为C40；

2）混凝土中的最大氯离子含量为0.06%；

3）宜使用非碱活性骨料；当使用碱活性骨料时，混凝土中的最大碱含量为3.0kg/m³；

4）混凝土保护层厚度应符合规范规定；当采取有效的表面防护措施时，混凝土保护层厚度可适当减小。

【要点】结构所处环境是影响其耐久性的外因，混凝土材料的质量是影响结构耐久性的内因。影响耐久性的主要因素是混凝土的水胶比、强度等级、氯离子含量和碱含量。

例 11-7（2013）钢筋混凝土结构在非严寒和非寒冷地区的露天环境下的最低混凝土强度等级为（　　）。

A　C25　　　　　　　　　　　　B　C30

C　C35　　　　　　　　　　　　D　C40

解析：混凝土结构在非严寒和非寒冷地区的露天环境下，属于二 a 的环境类别。根据结构混凝土材料的耐久性基本要求，环境等级为二 a 时，混凝土最低强度等级为C25。

答案：A

规范：《混凝土规范》第3.5.2条表3.5.2、第3.5.3条表3.5.3。

有关混凝土结构耐久性设计，在实际工程应用中有两本规范要执行——《混凝土规范》与《混凝土结构耐久性设计标准》GB/T 50476—2019。通常要求按新版规范从严执行。两本规范的编写架构对比如图11-24所示，左侧为《混凝土结构设计规范》的内容，右侧为《混凝土结构耐久性设计标准》的内容。

如图11-24所示，在《混凝土规范》中，环境类别决定了"最大水胶比、最低（混凝土）强度等级、最大氯离子含量、最大碱含量、最大裂缝宽度、混凝土保护层厚度"这6项基本内容。在《混凝土结构耐久性设计标准》GB/T 50476—2019中也有对应项，限于篇幅，对其部分内容节选如下：

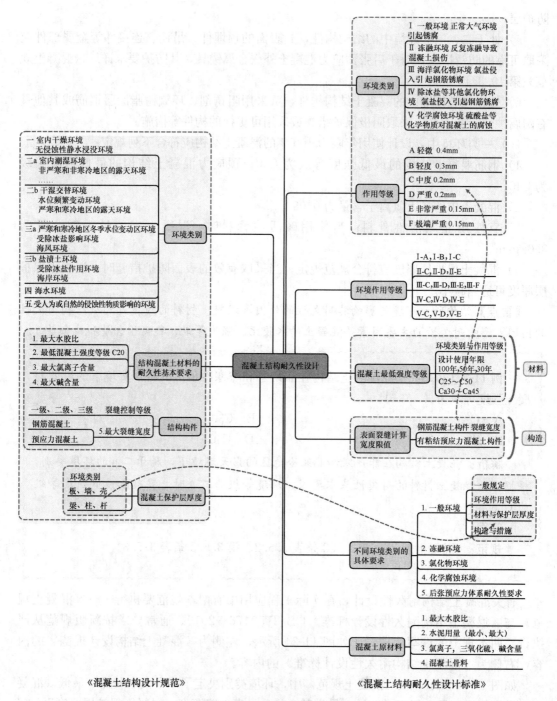

图 11-24　两本规范内容架构对比图

《混凝土结构耐久性设计标准》GB/T 50476—2019

3.1.1　混凝土结构的耐久性应根据结构的设计使用年限、结构所处的环境类别和环境作用等级进行设计。

当具有定量的劣化模型时，可按本标准附录 A 的规定针对耐久性参数和指标进行定量设计；暴露于氯化物环境下的重要混凝土结构，应按附录 A 规定针对耐久性参数和指标进行定量设计与校核。

3.1.2 混凝土结构的耐久性设计应包括下列内容：

1 确定结构的设计使用年限、环境类别及其作用等级；

2 采用有利于减轻环境作用的结构形式和布置；

3 规定结构材料的性能与指标；

4 确定钢筋的混凝土保护层厚度；

5 提出混凝土构件裂缝控制与防排水等构造要求；

6 针对严重环境作用采取合理的防腐蚀附加措施或多重防护措施；

7 采用保证耐久性的混凝土成型工艺、提出保护层厚度的施工质量验收要求；

8 提出结构使用阶段的检测、维护与修复要求，包括检测与维护必需的构造与设施；

9 根据使用阶段的检测必要时对结构或构件进行耐久性再设计。

3.2.1 混凝土结构暴露环境类别应按表 3.2.1 的规定确定。

环 境 类 别　　　　　　　　　　　　　　　　表 3.2.1

环境类别	名称	劣化机理
Ⅰ	一般环境	正常大气作用引起钢筋锈蚀
Ⅱ	冻融环境	反复冻融导致混凝土损伤
Ⅲ	海洋氯化物环境	氯盐侵入引起钢筋锈蚀
Ⅳ	除冰盐等其他氯化物环境	氯盐侵入引起钢筋锈蚀
Ⅴ	化学腐蚀环境	硫酸盐等化学物质对混凝土的腐蚀

3.2.2 当结构构件受到多种环境类别共同作用时，应分别针对每种环境类别进行耐久性设计。

3.2.3 配筋混凝土结构的环境作用等级应按表 3.2.3 的规定确定。

环 境 作 用 等 级　　　　　　　　　　表 3.2.3

环境作用等级 环境类别	A 轻微	B 轻度	C 中度	D 严重	E 非常严重	F 极端严重
一般环境	Ⅰ-A	Ⅰ-B	Ⅰ-C	—	—	—
冻融环境	—	—	Ⅱ-C	Ⅱ-D	Ⅱ-E	—
海洋氯化物环境	—	—	Ⅲ-C	Ⅲ-D	Ⅲ-E	Ⅲ-F
除冰盐等其他氯化物环境	—	—	Ⅳ-C	Ⅳ-D	Ⅳ-E	—
化学腐蚀环境	—	—	Ⅴ-C	Ⅴ-D	Ⅴ-E	—

3.2.4 在长期潮湿或接触水的环境条件下，混凝土结构的耐久性设计应考虑混凝土可能发生的碱—骨料反应、钙矾石延迟生成反应和环境水对混凝土的溶蚀，在设计中采取相应的措施。对混凝土含碱量的限制应根据本标准附录 B 确定。

3.3 设计使用年限

3.3.1 混凝土结构的设计使用年限不应低于《工程结构可靠性设计统一标准》GB 50153 等相关国家现行标准的规定。

3.3.2 一般环境下的民用建筑在设计使用年限内无需大修，其结构构件的设计使用年限应与结构整体设计使用年限相同。

环境作用等级为 D、E、F 的桥梁、隧道等混凝土结构，其部分构件可设计成易于更换的形式，或能够经济合理地进行大修。可更换构件的设计使用年限可低于结构整体的设计使用年限，并应在设计文件中明确规定。

3.4 材 料 要 求
Ⅰ 混 凝 土

3.4.1 混凝土材料的强度等级、水胶比和原材料组成应根据结构所处的环境类别、环境作用等级和结构设计使用年限确定。

3.4.2 对重要工程或大型工程，应针对具体的环境类别和环境作用等级，分别提出抗冻耐久性指数、氯离子扩散系数等具体量化的耐久性指标。

3.4.3 结构构件的混凝土强度等级应同时满足耐久性和承载能力的要求。

3.4.4 配筋混凝土结构满足耐久性要求的混凝土最低强度等级应符合表 3.4.4 的规定。混凝土强度等级应根据 28d 或设计规定龄期的立方体抗压强度，并应按现行国家标准《混凝土强度检验评定标准》GB 50107 确定。

满足耐久性要求的混凝土最低强度等级　　　　　　　　　　　表 3.4.4

环境类别与作用等级	设计使用年限		
	100 年	50 年	30 年
Ⅰ-A	C30	C25	C25
Ⅰ-B	C35	C30	C25
Ⅰ-C	C40	C35	C30
Ⅱ-C	C_a35, C45	C_a30, C45	C_a30, C40
Ⅱ-D	C_a40	C_a35	C_a35
Ⅱ-E	C_a45	C_a40	C_a40
Ⅲ-C, Ⅳ-C, Ⅴ-C, Ⅲ-D, Ⅳ-D, Ⅴ-D	C45	C40	C40
Ⅲ-E, Ⅳ-E, Ⅴ-E	C50	C45	C45
Ⅲ-F	C50	C50	C50

3.4.5 素混凝土结构满足耐久性要求的混凝土最低强度等级，一般环境不应低于 C15；冻融环境和化学腐蚀环境规定应与本标准表 3.4.4 相同；氯化物环境可按本标准表 3.4.4 的Ⅲ-C 或Ⅳ-C 环境作用等级确定。

3.4.6 预应力构件的混凝土最低强度等级不应低于 C40；大截面受压墩柱等普通钢筋混凝土构件，在加大钢筋保护层的前提下其混凝土强度可低于本标准表 3.4.4 的规定，但不应低于本标准第 3.4.5 条对素混凝土的规定。

Ⅱ 钢 筋

3.4.7 直径为 6mm 的细直径热轧钢筋作为受力主筋，只限于在一般环境中使用。

3.4.8 预应力筋的公称直径不得小于 5mm。冷加工钢筋不应作为预应力筋使用。

3.4.9 同一构件中的受力普通钢筋，宜使用同牌号的钢筋。

3.4.10 使用不同牌号热轧钢筋的混凝土构件，其耐久性设计要求相同。不锈钢钢筋和耐蚀钢筋等具有耐腐蚀性能的钢筋可用于环境作用等级为 D、E、F 的混凝土构件，其耐久性要求应经专门论证确定。

3.5 构 造 规 定

3.5.1 不同环境作用下钢筋主筋、箍筋和分布筋，其混凝土保护层厚度应满足钢筋防锈、耐火以及与混凝土之间粘结力传递的要求，且混凝土保护层厚度设计值不得小于钢筋的公称直径。

3.5.2 预应力钢筋的混凝土保护层应符合下列规定：

1 具有连续密封套管的后张预应力筋，混凝土保护层厚度应取本标准规定值与孔道直径的 1/2 两者的较大值；没有密封套管的后张预应力钢筋，其混凝土保护层厚度应在本标准规定值的基础上增加 10mm；

2 先张法构件中预应力钢筋在全预应力状态下的保护层厚度宜与普通钢筋相同，允许开裂构件的预应力筋的保护层厚度应比普通钢筋增加 10mm；

3 直径大于 16mm 的预应力螺纹筋保护层厚度可与普通钢筋相同。

3.5.3 工厂预制的混凝土构件，其普通钢筋和预应力筋的混凝土保护层厚度可比现浇构件减少 5mm。

3.5.4 根据耐久性要求，在荷载作用下配筋混凝土构件的表面裂缝最大宽度计算值不应超过表 3.5.4 中的限值。对裂缝宽度无特殊外观要求的，当保护层设计厚度超过 30mm 时，可将厚度取为 30mm 计算裂缝的最大宽度。

表面裂缝计算宽度限值（mm）　　　　　　　　　　　表 3.5.4

环境作用等级	钢筋混凝土构件	有粘结预应力混凝土构件
A	0.40	0.20
B	0.30	0.20（0.15）
C	0.20	0.10
D	0.20	按二级裂缝控制或按部分预应力 A 类构件控制
E，F	0.15	按一级裂缝控制或按全预应力类构件控制

注：1. 括号中的宽度适用于采用钢丝或钢绞线的先张预应力构件；
　　2. 裂缝控制等级为二级或一级时，按现行国家标准《混凝土规范》GB 50010 的计算裂缝宽度；部分预应力 A 类构件或全预应力构件按现行行业标准《公路钢筋混凝土及预应力混凝土桥涵设计规范》JTG 3362 的计算裂缝宽度。

3.5.5 有自防水要求的混凝土构件，其横向弯曲的表面裂缝计算宽度不应超过 0.20mm。

3.5.6 混凝土结构构件的形状和构造应有效地避免水、汽和有害物质在混凝土表面的积聚，并应采取下列构造措施：

1 受雨淋或可能积水的混凝土构件顶面应做成斜面，斜面应消除结构挠度和预应力反拱对排水的影响；

2 受雨淋的室外悬挑构件外侧边下沿，应做滴水槽、鹰嘴等防止雨水淌向构件底面的构造措施；

3 屋面、桥面应专门设置排水系统等防止将水直接排向下部构件混凝土表面的措施；

4 在混凝土结构构件与上覆的露天面层之间，应设置防水层；

5 环境作用等级为 D、E、F 的混凝土构件，应采取下列减小环境作用的措施：

　　1）减少混凝土结构构件表面的暴露面积；

　　2）避免表面的凹凸变化；

　　3）宜将构件的棱角做成圆角。

3.5.8 施工缝、伸缩缝等连接缝的设置宜避开局部环境作用不利的部位，当不能避开不利部位时应采取防护措施。

3.5.10 后张法预应力体系应按本标准第 8 章的规定采取多重防护措施。

3.5.11 混凝土结构可采用防腐蚀附加措施来确保构件的设计使用年限，不同环境类别下可采用的防腐蚀附加措施应符合本标准附录 C 的规定。

4.1 一 般 规 定

4.1.1 一般环境下混凝土结构的耐久性设计，应控制正常大气作用引起的内部钢筋锈蚀。

4.1.2 当混凝土结构构件同时承受其他环境作用时，应按环境作用等级较高的有关要求进行耐久性设计。

4.1.3 一般环境下混凝土结构的构造要求除应符合本章规定外，尚应符合本标准第 3.5 节的规定。

4.1.4 一般环境下混凝土结构施工质量控制应按照本标准第 3.6 节的规定执行。

4.2 环境作用等级

4.2.1 一般环境对配筋混凝土结构的环境作用等级应按表 4.2.1 的规定确定。

一般环境的作用等级 　　　　　　　　　　　表 4.2.1

环境作用等级	环境条件	结构构件示例
I-A	室内干燥环境	常年干燥、低湿度环境中的结构内部构件
	长期浸没水中环境	所有表面均处于水下的构件
I-B	非干湿交替的结构内部潮湿环境	中、高湿度环境中的结构内部构件
	非干湿交替的露天环境	不接触或偶尔接触雨水的外部构件
	长期湿润环境	长期与水或湿润土体接触的构件
I-C	干湿交替环境	与冷凝水、露水或与蒸汽频繁接触的结构内部构件； 地下水位较高的地下室构件； 表面频繁淋雨或频繁与水接触的构件； 处于水位变动区的构件

　　注：1. 环境条件系指混凝土表面的局部环境；

　　　　2. 干燥、低湿度环境指年平均湿度低于 60%，中、高湿度环境指年平均湿度大于 60%；

　　　　3. 干湿交替指混凝土表面经常交替接触到大气和水的环境条件。

4.3 材料与保护层厚度

4.3.1 一般环境中的配筋混凝土结构构件，其普通钢筋的保护层最小厚度与相应的混凝土强度等级、最大水胶比应符合表 4.3.1 的要求。

一般环境中混凝土材料与钢筋的保护层最小厚度 c（mm）　　表 4.3.1

设计使用年限 环境作用等级		100 年			50 年			30 年		
		混凝土强度等级	最大水胶比	c	混凝土强度等级	最大水胶比	c	混凝土强度等级	最大水胶比	c
板、墙等面形构件	Ⅰ-A	≥C30	0.55	20	≥C25	0.60	20	≥C25	0.60	20
	Ⅰ-B	C35	0.50	30	C30	0.55	25	C25	0.60	25
		≥C40	0.45	25	≥C35	0.50	20	≥C30	0.55	20
	Ⅰ-C	C40	0.45	40	C35	0.50	35	C30	0.55	30
		C45	0.40	35	C40	0.45	30	C35	0.50	25
		≥C50	0.36	30	≥C45	0.40	25	≥C40	0.45	20
梁、柱等条形构件	Ⅰ-A	C30	0.55	30	C25	0.60	25	≥C25		20
		≥C35	0.50	25	≥C30	0.55	20			
	Ⅰ-B	C35	0.50	35	C30	0.55	25	C25	0.60	30
		≥C40	0.45	30	≥C35	0.50	25	≥C30	0.55	25
	Ⅰ-C	C40	0.45	45	C35	0.50	40	C30	0.55	35
		C45	0.40	40	C40	0.45	35	C35	0.50	30
		≥C50	0.36	35	≥C45	0.40	35	≥C40	0.45	25

注：1. Ⅰ-A 环境中使用年限低于 100 年的板、墙，当混凝土骨料最大公称粒径不大于 15mm 时，保护层最小厚度可降为 15mm，但最大水胶比不应大于 0.55；

2. 处于年平均气温大于 20℃且年平均湿度高于 75% 环境中的构件，除 Ⅰ-A 环境中的板、墙外，混凝土最低强度等级应比表中规定提高一级，或将钢筋的保护层最小厚度增加 5mm；

3. 预制构件的保护层厚度可比表中规定减少 5mm；

4. 预应力钢筋的保护层厚度按照本标准 3.5.2 条的规定执行。

4.4 构 造 与 措 施

4.4.1 在 Ⅰ-A、Ⅰ-B 环境中的室内混凝土结构构件，考虑建筑饰面对于钢筋防锈的有利作用时，其混凝土保护层最小厚度则可比本标准表 4.3.1 规定适当减小，但减小幅度不应超过 10mm；在任何情况下板、墙等面形构件的最外侧钢筋保护层厚度不应小于 10mm；梁、柱等条形构件最外侧钢筋的保护层厚度不应小于 15mm。

在 Ⅰ-C 环境中频繁遭遇雨淋的室外混凝土结构构件，考虑防水饰面的保护作用时，其混凝土保护层最小厚度则可比本标准表 4.3.1 规定适当减小，但不应低于 Ⅰ-B 环境的要求。

4.4.2 直接接触土体浇筑的构件，其钢筋的混凝土保护层厚度不应小于 70mm；当采用混凝土垫层时，其保护层厚度可按本标准表 4.3.1 确定。

4.4.3 一般环境中混凝土构件采用的防腐蚀附加措施，可按本标准附录 C 的规定选取；当采取的防腐蚀附加措施符合本标准附录 C 规定的保护年限时，构件的混凝土强度可降低一个等级，但不应低于本标准表 4.3.1 对 Ⅰ-A 环境的要求。

4.4.4 受到高速气流、水流影响或受到风沙、泥沙冲刷、人员活动、车辆行驶等磨损影响的构件，其钢筋的保护层厚度宜在本标准表 4.3.1 规定的基础上增加 10～20mm；设计使用年限达到 100 年的地下结构和构件，其迎水面的钢筋保护层厚度不应小于 50mm。

4.4.5 一般环境中混凝土结构应采取裂缝控制措施，房屋建筑应按现行行业标准《建筑工程裂缝防治技术规程》JGJ/T 317 的规定执行。

B.2 混凝土中氯离子、三氧化硫和碱含量

B.2.1 配筋混凝土中氯离子含量用单位体积混凝土中氯离子与胶凝材料的重量比表示，其含量不应超过表B.2.1的规定。设计使用年限50年以上的钢筋混凝土构件，其混凝土氯离子含量在各种环境下均不应超过0.08%。

混凝土中氯离子的最大含量   表 B.2.1

环境作用等级	构件类型	
	钢筋混凝土	预应力混凝土
Ⅰ-A	0.3%	
Ⅰ-B	0.2%	
Ⅰ-C	0.15%	
Ⅲ-C、Ⅲ-D、Ⅲ-E、Ⅲ-F	0.1%	0.06%
Ⅳ-C、Ⅳ-D、Ⅳ-E	0.1%	
Ⅴ-C、Ⅴ-D、Ⅴ-E	0.15%	

B.2.2 混凝土中不得使用含有氯化物的防冻剂和其他外加剂。

B.2.3 单位体积混凝土中三氧化硫的最大含量不应超过胶凝材料总量的4%。

B.2.4 单位体积混凝土中的含碱量应符合下列规定：

1 对骨料无活性且处于相对湿度低于75%环境条件下的混凝土构件，含碱量不应超过3.5kg/m³，当设计使用年限为100年时，混凝土的含碱量不应超过3kg/m³。

2 对骨料无活性但处于相对湿度不低于75%环境条件下的混凝土结构构件，含碱量不超过3kg/m³。

3 对骨料有活性且处于相对湿度不低于75%环境条件下的混凝土结构构件，应严格控制混凝土含碱量不超过3kg/m³并掺加矿物掺和料。

（二）防连续倒塌的设计原则

（1）混凝土结构防连续倒塌设计宜符合下列要求：

1）采取减小偶然作用效应的措施；

2）采取使重要构件及关键传力部位避免直接遭受偶然作用的措施；

3）在结构容易遭受偶然作用影响的区域增加冗余约束，布置备用的传力途径；

4）增强疏散通道、避难空间等重要结构构件及关键传力部位的承载力和变形性能；

5）配置贯通水平、竖向构件的钢筋，并与周边构件可靠地锚固；

6）设置结构缝，控制可能发生连续倒塌的范围。

（2）重要结构的防连续倒塌设计可采用下列方法：

1）局部加强法：提高可能遭受偶然作用而发生局部破坏的竖向重要构件和关键传力部位的安全储备，也可直接考虑偶然作用进行设计；

2）拉结构件法：在结构局部竖向构件失效的条件下，可根据具体情况分别按梁拉结模型、悬索拉结模型和悬臂拉结模型进行承载力验算，维持结构的整体稳固性；

3）拆除构件法：按一定规则拆除结构的主要受力构件，验算剩余结构体系的极限承

载力；也可采用倒塌全过程分析进行设计。

（三）既有结构设计原则

（1）既有结构延长使用年限、改变用途、改建、扩建或需要进行加固、修复等，均应对其进行评定、验算或重新设计。

（2）对既有结构的安全性、适用性、耐久性及抗灾害能力进行评定时，应符合现行国家标准《工程结构可靠性设计统一标准》GB 50153 的要求，并应符合下列规定：

1）应根据评定结果、使用要求和后续使用年限确定既有结构的设计方案；

2）既有结构改变用途或延长使用年限时，承载能力极限状态验算宜符合上述规范的有关规定；

3）对既有结构进行改建、扩建或加固改造而重新设计时，承载能力极限状态的计算应符合上述规范和相关标准的规定；

4）既有结构的正常使用极限状态验算及构造要求宜符合上述规范的规定；

5）必要时可对使用功能作相应的调整，提出限制使用的要求。

（3）既有结构的设计应符合下列规定：

1）应优化结构方案，保证结构的整体稳固性；

2）荷载可按现行规范的规定确定，也可根据使用功能作适当的调整；

3）结构既有部分混凝土、钢筋的强度设计值应根据强度的实测值确定；当材料的性能符合原设计的要求时，可按原设计的规定取值；

4）设计时应考虑既有结构构件实际的几何尺寸、截面配筋、连接构造和已有缺陷的影响；当符合原设计要求时，可按原设计的规定取值；

5）应考虑既有结构的承载历史及施工状态；对二阶段成形的叠合构件，应按规范规定进行设计。

第五节　构　造　规　定

一、伸缩缝
（一）设置伸缩缝的目的

伸缩缝的设置，是为了防止温度变化和混凝土收缩而引起结构过大的附加内应力，从而避免当受拉的内应力超过混凝土的抗拉强度时引起结构产生裂缝。

温度变化包括大气温度发生变化和太阳辐射使结构各部位的温度变化不同，从而导致温差内应力。对超静定结构来说，即使结构各部位间的温差很小，但温度变化引起构件伸缩也会引起内应力。温度变化越大，结构或构件越长，产生的变形和引起的内应力也越大。一般来说，温度应力主要集中在结构的顶部和底部，顶部主要由屋盖和建筑物内部的温差引起，底部则因地基和建筑物温度的不同引起。

混凝土收缩是指在混凝土硬化过程中因体积减小而引起收缩，从而使超静定结构构件的变形被约束而引起收缩拉应力，当拉应力超过混凝土的抗拉强度时，就会产生裂缝。

（二）钢筋混凝土结构伸缩缝最大间距

设计中为了控制结构物的裂缝，其中一个重要的措施就是用温度伸缩缝将过长的建筑物分成几个部分，使每一个部分的长度不超过规范规定的伸缩缝最大间距要求。《混凝土规范》给出了钢筋混凝土结构伸缩缝的最大间距，见表 11-18。

钢筋混凝土结构伸缩缝最大间距（m）   表 11-18

结构类别		室内或土中	露天
排架结构	装配式	100	70
框架结构	装配式	75	50
	现浇式	55	35
剪力墙结构	装配式	65	40
	现浇式	45	30
挡土墙、地下室墙壁等类结构	装配式	40	30
	现浇式	30	20

注：1. 装配整体式结构房屋的伸缩缝间距，可根据结构的具体情况取表中装配式结构与现浇式结构之间的数值；
　　2. 框架-剪力墙结构或框架-核心筒结构房屋的伸缩缝间距可根据结构的具体布置情况取表中框架结构与剪力墙结构之间的数值；
　　3. 当屋面无保温或隔热措施时，框架结构、剪力墙结构的伸缩缝间距宜按表中露天栏的数值取用；
　　4. 现浇挑檐、雨罩等外露结构的伸缩缝间距不宜大于 12m。

从表中可以看出，在确定伸缩缝最大间距时，主要考虑的因素有以下几点：

（1）要区别结构构件工作环境是在室内（或土中）还是在露天。对于直接暴露在大气中的结构，由于气温变化明显，会产生较大的伸缩，因而比起围护在室内或埋在地下的结构来说，温度应力要大得多。因此，对前者伸缩缝最大间距的限制比后者要严，也就是说，前者比后者的限值要小。

（2）要区别结构体系和结构构件的类别。结构物是由许多构件组成的，每个构件受到周围构件的约束，同时也约束周围的构件。排架结构比框架结构、框架结构比剪力墙结构的刚度小，因而引起的内应力较小。因此，伸缩缝最大间距的限值也呈递减的趋势。另外，对于挡土墙、地下室墙壁等体形大的结构，由于混凝土体积也大，故由温度和收缩引起的变形和内应力积聚也大得多，往往容易引起裂缝，因而其伸缩缝最大间距的限值也更严。

（3）要区别是装配式结构或整体现浇式结构。由于混凝土收缩早期较大，后期逐渐减小。装配式结构预制构件的收缩变形大部分在吊装前即已完成，装配成整体后因收缩引起的内应力就比现浇结构要小。因此，对同一种结构体系和构件类别来说，由于施工方法的不同，对整体现浇式结构最大伸缩缝间距的限值要比装配式结构严。

（4）规范表中数值不是绝对的，使用时可根据具体条件适当调整。例如对于屋面无保温隔热措施的结构、外墙装配内墙现浇或采用滑模施工的剪力墙结构、位于气候干燥地区及夏季炎热且暴雨频繁地区的结构或经常处于高温环境下的结构，均应根据实践经验适当减小伸缩缝的间距。

（5）从表中可看出，在确定伸缩缝最大间距时，未考虑地域和气候条件。我国各地区气候相差虽然悬殊，但在一般情况下，温差的变化对结构应力的影响差别并不很大。因此，未把地域和气候条件作为一个因素来考虑。

（三）伸缩缝的做法

（1）当建筑物需设沉降缝、防震缝时，沉降缝、防震缝可以和伸缩缝合并，但伸缩缝的宽度应满足防震缝宽度的要求。

要注意 4 缝（伸缩缝、沉降缝、防震缝、后浇带）的做法和功能的兼容性。

（2）根据《混凝土规范》第 8.1.4 条规定，当设置伸缩缝时，排架、框架结构的双柱基础可不断开。这是由于考虑到位于地下的结构处在温度变化不大的环境中的缘故。

（四）控制结构裂缝的构造措施和施工措施

为了控制结构裂缝，增大伸缩缝的间距，可采取以下一些措施：

（1）在建筑物的屋盖加强保温措施，如采用加大屋面隔热保温层的厚度、设置架空通风双层屋面等。

（2）将结构顶层局部改变为刚度较小的形式，或将顶层结构分成长度较小的几个部分（如在顶层部位，将下层剪力墙分成两道较薄的墙）。

（3）在温度影响较大的部位（如顶层、底层、山墙、内纵墙端开间）适当提高构件的配筋率。在满足构件承载力的要求下，采用直径细而间距密的钢筋，避免采用直径粗而间距稀的配筋形式。适当增加分布钢筋的用量。

（4）对现浇结构可采用分段施工。在施工中设置后浇带（在基础、楼板、墙等构件中），使在施工中混凝土可以自由收缩，待主体结构完工后再用比主体结构高一级的掺有添加剂的混凝土补浇后浇带。

（5）改善混凝土的质量，施工中加强养护，可减少干缩的影响。

二、混凝土保护层

构件中普通钢筋及预应力筋的混凝土保护层厚度指构件最外层钢筋（包括箍筋、构造钢筋、分布筋等）的外缘至混凝土表面的距离，应满足下列要求：

（1）构件中受力钢筋的保护层厚度不应小于钢筋的公称直径 d。

（2）设计使用年限为 50 年的混凝土结构，最外层钢筋的保护层厚度应符合表 11-19 的规定；设计使用年限为 100 年的混凝土结构，最外层钢筋的保护层厚度不应小于表 11-19 中数值的 1.4 倍。

混凝土保护层的最小厚度 c_s（mm）　　　　　　　　　　表 11-19

环境类别	板、墙、壳	梁、柱、杆
一	15	20
二 a	20	25
二 b	25	35
三 a	30	40
三 b	40	50

注：1. 混凝土强度等级不大于 C25 时，表中保护层厚度数值应增加 5mm；

　　2. 钢筋混凝土基础宜设置混凝土垫层，基础中钢筋的混凝土保护层厚度应从垫层顶面算起，且不应小于 40mm。

（3）当有充分依据并采取下列措施时，可适当减小混凝土保护层的厚度：

1）构件表面有可靠的防护层；

2）采用工厂化生产的预制构件；

3）在混凝土中掺加阻锈剂或采用阴极保护处理等防锈措施；

4）当对地下室墙体采取可靠的建筑防水做法或防护措施时，与土层接触一侧钢筋的保护层厚度可适当减少，但不应小于 25mm。

（4）当梁、柱、墙中纵向受力钢筋的保护层厚度大于 50mm 时，宜对保护层采取有效的构造措施。当在保护层内配置防裂、防剥落的钢筋网片时，网片钢筋的保护层厚度不应小于 25mm。

三、钢筋的锚固

（一）钢筋与混凝土的粘结

钢筋与混凝土之间的粘结力，主要由三部分组成：

（1）钢筋与混凝土接触面由于化学作用产生的粘结力。

（2）由于混凝土硬化时收缩，对钢筋产生握裹作用。由于握裹作用及钢筋表面粗糙不平，在接触面上引起摩阻力。

（3）对光圆钢筋，由于其表面粗糙不平产生咬合力；对带肋钢筋，由于带肋钢筋肋间嵌入混凝土而形成的机械咬合作用。

综上所述，光圆钢筋和带肋钢筋粘结机理的主要差别在于，光圆钢筋粘结力主要来自胶着力和摩阻力，而带肋钢筋的粘结力主要来自机械咬合作用。

（二）钢筋锚固长度

1. 影响粘结强度的因素

（1）混凝土的强度。粘结强度随混凝土强度的提高而提高，与混凝土的抗拉强度近似成正比。

（2）保护层厚度、钢筋间距。保护层太薄、钢筋间距太小，将使粘结强度显著降低。

（3）钢筋表面形状。带肋钢筋粘结强度大于光圆钢筋。

（4）横向钢筋。如梁中配置的钢箍可以提高粘结强度。

2. 锚固长度

（1）当计算中充分利用钢筋的抗拉强度时，受拉钢筋的锚固应符合下列要求：

1）基本锚固长度应按下列公式计算：

普通钢筋

$$l_{ab} = \alpha \frac{f_y}{f_t} d \tag{11-31}$$

预应力筋

$$l_{ab} = \alpha \frac{f_{py}}{f_t} d \tag{11-32}$$

式中　l_{ab}——受拉钢筋的基本锚固长度；

　f_y、f_{py}——普通钢筋、预应力筋的抗拉强度设计值；

　　f_t——混凝土轴心抗拉强度设计值，当混凝土强度等级高于 C60 时，按 C60 取值；

　　　d——锚固钢筋的直径；

α——锚固钢筋的外形系数，按表 11-20 取用。

锚固钢筋的外形系数 α 表 11-20

钢筋类型	光圆钢筋	带肋钢筋	螺旋肋钢丝	三股钢绞线	七股钢绞线
α	0.16	0.14	0.13	0.16	0.17

注：光圆钢筋末端应做 180°弯钩，弯后平直段长度不应小于 $3d$，但作受压钢筋时可不做弯钩。

2）受拉钢筋的锚固长度应根据锚固条件按下列公式计算，且不应小于 200mm；

$$l_a = \zeta_a l_{ab} \tag{11-33}$$

式中　l_a——受拉钢筋的锚固长度；

　　　ζ_a——锚固长度修正系数，对普通钢筋按《混凝土规范》第 8.3.2 条的规定取用，
　　　　　当多于一项时，可按连乘计算，但不应小于 0.6；对预应力筋，可取 1.0。

梁柱节点中纵向受拉钢筋的锚固要求应按《混凝土规范》第 9.3 节（Ⅱ）中的规定执行。

3）当锚固钢筋的保护层厚度不大于 $5d$ 时，锚固长度范围内应配置横向构造钢筋，其直径应小于 $d/4$；对梁、柱、斜撑等构件间距不应大于 $5d$，对板、墙等平面构件间距不应大于 $10d$，且均不应大于 100mm，d 为锚固钢筋的直径。

（2）纵向受拉普通钢筋的锚固长度修正系数 ζ_a 应按下列规定取用：

1）当带肋钢筋的公称直径大于 25mm 时取 1.10；

2）环氧树脂涂层带肋钢筋取 1.25；

3）施工过程中易受扰动的钢筋取 1.10；

4）当纵向受力钢筋的实际配筋面积大于其设计计算面积时，修正系数取设计计算面积与实际配筋面积的比值，但对有抗震设防要求及直接承受动力荷载的结构构件，不应考虑此项修正；

5）锚固钢筋的保护层厚度为 $3d$ 时修正系数可取 0.80，保护层厚度为 $5d$ 时修正系数可取 0.70，中间按内插取值，此处 d 为锚固钢筋的直径。

（3）当纵向受拉普通钢筋末端采用弯钩或机械锚固措施时，包括弯钩或锚固端头在内的锚固长度（投影长度）可取为基本锚固长度 l_{ab} 的 60％。弯钩和机械锚固的形式和技术要求应符合图 11-25 的规定。

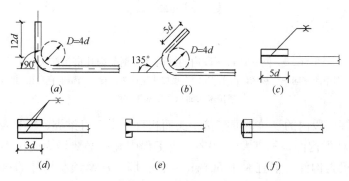

图 11-25　弯钩和机械锚固的形式和技术要求
（a）90°弯钩；（b）135°弯钩；（c）一侧贴焊锚筋；
（d）两侧贴焊锚筋；（e）穿孔塞焊锚板；（f）螺栓锚头

（4）混凝土结构中的纵向受压钢筋，当计算中充分利用其抗压强度时，锚固长度不应小于相应受拉锚固长度的 70%。

受压钢筋不应采用末端弯钩和一侧贴焊锚筋的锚固措施。

受压钢筋锚固长度范围内的横向构造钢筋应符合《混凝土规范》第 8.3.1 条的有关规定。

（5）承受动力荷载的预制构件，应将纵向受力普通钢筋末端焊接在钢板或角钢上，钢板或角钢应可靠地锚固在混凝土中。钢板或角钢的尺寸应按计算确定，其厚度不宜小于 10mm。

其他构件中受力普通钢筋的末端也可通过焊接钢板或型钢实现锚固。

四、钢筋的连接

（1）钢筋的连接可采用绑扎搭接、机械连接或焊接。机械连接接头和焊接接头的类型及质量应符合国家现行有关标准的规定。在结构的重要构件和关键传力部位，纵向受力钢筋不宜设置连接接头。

受力钢筋的接头宜设置在受力较小处。在同一根钢筋上宜少设接头。

（2）轴心受拉及小偏心受拉杆件的纵向受力钢筋不得采用绑扎搭接；其他构件中的钢筋采用绑扎搭接时，受拉钢筋直径不宜大于 25mm，受压钢筋直径不宜大于 28mm。

（3）同一构件中相邻纵向受力钢筋的绑扎搭接接头宜相互错开。钢筋绑扎搭接接头连接区段的长度为 1.3 倍搭接长度，凡搭接接头中点位于该连接区段长度内的搭接接头均属于同一连接区段（图 11-26）。同一连接区段内纵向受力钢筋搭接接头面积百分率为该区段内有搭接接头的纵向受力钢筋与全部纵向受力钢筋截面面积的比值。当直径不同的钢筋搭接时，按直径较小的钢筋计算。

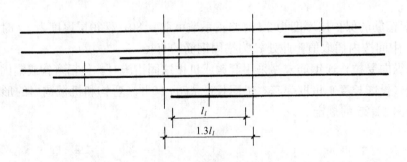

图 11-26　同一连接区段内的纵向受拉钢筋绑扎搭接接头

注：图中所示同一连接区段内 $1.3l_l$ 的搭接接头钢筋为两根，当钢筋直径相同时，
钢筋搭接接头面积百分率为 50%。

位于同一连接区段内的受拉钢筋搭接接头面积百分率：对梁类、板类及墙类构件，不宜大于 25%；对柱类构件，不宜大于 50%。当工程中确有必要增大受拉钢筋搭接接头面积百分率时，对梁类构件，不宜大于 50%；对板、墙、柱及预制构件的拼接处，可根据实际情况放宽。

（4）纵向受拉钢筋绑扎搭接接头的搭接长度，应根据位于同一连接区段内的钢筋搭接接头面积百分率按《混凝土规范》式8.4.4计算，且不应小于300mm。

(5) 构件中的纵向受压钢筋，当采用搭接连接时，其受压搭接长度不应小于《混凝土规范》第8.4.4条纵向受拉钢筋搭接长度的70%倍，且不应小于200mm。

(6) 在梁、柱类构件的纵向受力钢筋搭接长度范围内的横向构造钢筋应符合《混凝土规范》第8.3.1条的要求；当受压钢筋直径大于25mm时，尚应在搭接接头两个端面外100mm范围内各设置两道箍筋。

(7) 纵向受力钢筋机械连接接头宜相互错开。钢筋机械连接区段的长度为35d（d为连接钢筋的较小直径），凡接头中点位于该连接区段长度内的机械连接接头均属于同一连接区段。

位于同一连接区段内的纵向受拉钢筋接头面积百分率不宜大于50%，但对板、墙、柱及预制构件的拼接处，可根据实际情况放宽。纵向受压钢筋的接头百分率可不受限制。

(8) 直接承受动力荷载的结构构件中的机械连接接头，除应满足设计要求的抗疲劳性能外，位于同一连接区段内的纵向受力钢筋接头面积百分率不应大于50%。

(9) 机械连接套筒的保护层厚度宜满足有关钢筋最小保护层厚度的规定。机械连接套筒的横向净间距不宜小于25mm。

(10) 纵向受力钢筋的焊接接头应相互错开。钢筋焊接接头连接区段的长度为35d（d为连接钢筋的较小直径），且不小于500mm，凡接头中点位于该连接区段长度内的焊接接头均属于同一连接区段。

位于同一连接区段内纵向受力钢筋的焊接接头面积百分率，对纵向受拉钢筋接头，不宜大于50%。纵向受压钢筋的接头百分率可不受限制。

(11) 需进行疲劳验算的构件，其纵向受拉钢筋不得采用绑扎搭接接头，也不宜采用焊接接头，除端部锚固外不得在钢筋上焊有附件。

当直接承受吊车荷载的钢筋混凝土吊车梁、屋面梁及屋架下弦的纵向受拉钢筋采用焊接接头时，应符合下列规定：

1) 应采用闪光接触对焊，并去掉接头的毛刺及卷边；

2) 同一连接区段内纵向受拉钢筋焊接接头面积百分率不应大于25%，焊接接头连接区段的长度应取为45d（d为纵向受力钢筋的较大直径）；

3) 疲劳验算时，焊接接头应符合《混凝土规范》第4.2.6条疲劳应力幅限值的规定。

五、纵向受力钢筋的最小配筋率

(1) 钢筋混凝土结构构件中纵向受力钢筋的配筋百分率不应小于表11-10规定的数值。

(2) 卧置于地基上的混凝土板，板中受拉钢筋的最小配筋率可适当降低，但不应小于0.15%。

第六节　结构构件的基本规定

（一）板

混凝土板的相关规定详见第八节的"一、混凝土板"。

（二）梁

钢筋混凝土梁的相关规定详见第八节的"二、钢筋混凝土梁"。

（三）柱

（1）柱中纵向钢筋的配置应符合下列规定：

1）纵向受力钢筋直径不宜小于 12mm；全部纵向钢筋的配筋率不宜大于 5％；

2）柱中纵向钢筋的净间距不应小于 50mm，且不宜大于 300mm；

3）偏心受压柱的截面高度不小于 600mm 时，在柱的侧面上应设置直径不小于 10mm 的纵向构造钢筋，并相应设置复合箍筋或拉筋；

4）圆柱中纵向钢筋不宜少于 8 根，不应少于 6 根，且宜沿周边均匀布置。

（2）柱中的箍筋应符合下列规定：

1）箍筋直径不应小于 $d/4$，且不应小于 6mm，d 为纵向钢筋的最大直径；

2）箍筋间距不应大于 400mm 及构件截面的短边尺寸，且不应大于 15d，d 为纵向钢筋的最小直径；

3）柱及其他受压构件中的周边箍筋应做成封闭式；对圆柱中的箍筋，搭接长度不应小于《混凝土规范》第 8.3.1 条规定的锚固长度，且末端应做成 135°弯钩，弯钩末端平直段长度不应小于 5d，d 为箍筋直径；

4）当柱截面短边尺寸大于 400mm 且各边纵向钢筋多于 3 根时，或当柱截面短边尺寸不大于 400mm 但各边纵向钢筋多于 4 根时，应设置复合箍筋；

5）柱中全部纵向受力钢筋的配筋率大于 3％时，箍筋直径不应小于 8mm，间距不应大于 10d，且不应大于 200mm，d 为纵向受力钢筋的最小直径；箍筋末端应做成 135°弯钩，且弯钩末端平直段长度不应小于箍筋直径的 10 倍；

6）在配有螺旋式或焊接环式箍筋的柱中，如在正截面受压承载力计算中考虑间接钢筋的作用时，箍筋间距不应大于 80mm 及 $d_{cor}/5$，且不宜小于 40mm，d_{cor} 为按箍筋内表面确定的核心截面直径。

（四）墙

（1）竖向构件截面的长边（长度）大于其短边（厚度）的 4 倍时，宜按墙的要求进行设计。

支撑预制楼（屋面）板的墙，其厚度不宜小于 140mm；对剪力墙结构尚不宜小于层高的 1/25，对框架-剪力墙结构尚不宜小于层高的 1/20。

当采用预制板时，支承墙的厚度应满足墙内竖向钢筋贯通的要求。

（2）厚度大于 160mm 的墙应配置双排分布钢筋网；结构中重要部位的剪力墙，当其厚度不大于 160mm 时，也宜配置双排分布钢筋网。

双排分布钢筋网应沿墙的两个侧面布置，且应采用拉筋连系；拉筋直径不宜小于 6mm，间距不宜大于 600mm。

（3）在平行于墙面的水平荷载和竖向荷载作用下，墙体宜根据结构分析所得的内力和《混凝土规范》第 6.2 节的有关规定，分别按偏心受压或偏心受拉进行正截面承载力计算，并按《混凝土规范》第 6.3 节的有关规定进行斜截面受剪承载力计算。在集中荷载作用处，尚应按《混凝土规范》第 6.6 节进行局部受压承载力计算。

在承载力计算中，剪力墙的翼缘计算宽度可取剪力墙的间距、门窗洞间翼墙的宽度、剪力墙厚度加两侧各 6 倍翼墙厚度、剪力墙墙肢总高度的 1/10 四者中的最小值。

（4）墙水平及竖向分布钢筋直径不宜小于 8mm，间距不宜大于 300mm。可利用焊接钢筋网片进行墙内配筋。

墙水平分布钢筋的配筋率 $\rho_{sh}\left(\dfrac{A_{sh}}{bs_v}, s_v\right.$ 为水平分布钢筋的间距$\left.\right)$ 和竖向分布钢筋的配筋率 $\rho_{sv}\left(\dfrac{A_{sv}}{bs_h}, s_h\right.$ 为竖向分布钢筋的间距$\left.\right)$ 不宜小于 0.20%；重要部位的墙，水平和竖向分布钢筋的配筋率宜适当提高。

墙中温度、收缩应力较大的部位，水平分布钢筋的配筋率宜适当提高。

（5）对于房屋高度不大于 10m 且不超过 3 层的墙，其截面厚度不应小于 120mm，其水平与竖向分布钢筋的配筋率均不宜小于 0.15%。

（6）墙中配筋构造应符合下列要求：

1）墙竖向分布钢筋可在同一高度搭接，搭接长度不应小于 $1.2l_a$；

2）墙水平分布钢筋的搭接长度不应小于 $1.2l_a$；同排水平分布钢筋的搭接接头之间以及上、下相邻水平分布钢筋的搭接接头之间，沿水平方向的净间距不宜小于 500mm；

3）墙中水平分布钢筋应伸至墙端，并向内水平弯折 $10d$，d 为钢筋直径；

4）端部有翼墙或转角的墙，内墙两侧和外墙内侧的水平分布钢筋应伸至翼墙或转角外边，并分别向两侧水平弯折 $15d$；在转角墙处，外墙外侧的水平分布钢筋应在墙端外角处弯入翼墙，并与翼墙外侧的水平分布钢筋搭接；

5）带边框的墙，水平和竖向分布钢筋宜分别贯穿柱、梁或锚固在柱、梁内。

（7）墙洞口连梁应沿全长配置箍筋，箍筋直径不应小于 6mm，间距不宜大于 150mm。在顶层洞口连梁纵向钢筋伸入墙内的锚固长度范围内，应设置间距不大于 150mm 的箍筋，箍筋直径宜与跨内箍筋直径相同。同时，门窗洞边的竖向钢筋应满足受拉钢筋锚固长度的要求。

墙洞口上、下两边的水平钢筋除应满足洞口连梁正截面受弯承载力的要求外，尚不应少于 2 根直径不小于 12mm 的钢筋。对于计算分析中可忽略的洞口，洞边钢筋截面面积分别不宜小于洞口截断的水平分布钢筋总截面面积的一半。纵向钢筋自洞口边伸入墙内的长度不应小于受拉钢筋的锚固长度。

（8）剪力墙墙肢两端应配置竖向受力钢筋，并与墙内的竖向分布钢筋共同用于墙的正截面受弯承载力计算。每端的竖向受力钢筋不宜少于 4 根直径为 12mm 或 2 根直径为 16mm 的钢筋，并宜沿该竖向钢筋方向配置直径不小于 6mm、间距为 250mm 的箍筋或拉筋。

（五）叠合结构

由预制混凝土构件（或既有混凝土结构构件）和后浇混凝土组成，以两阶段成型的整体受力结构。

预制（既有）现浇叠合式构件的特点是两阶段成形、两阶段受力。第一阶段可为预制构件，也可为既有结构；第二阶段则为后续配筋、浇筑而形成整体的叠合混凝土构件。叠合构件兼有预制装配和整体现浇的优点，也常用于既有结构的加固，对于水平的受弯构件（梁、板）和竖向的受压构件（柱、墙）同样适用。

叠合构件主要用于装配整体式结构，其原则也适用于对既有结构进行重新设计。基于上述原因及建筑产业化趋势，近年国内叠合结构的发展很快，是一种有前途的结构形式。

1. 水平叠合构件

（1）二阶段成形的水平叠合受弯构件，当预制构件高度不足全截面高度的40％时，施工阶段应有可靠的支撑。

施工阶段有可靠支撑的叠合受弯构件，可按整体受弯构件设计计算。

施工阶段无支撑的叠合受弯构件，应对底部预制构件及浇筑混凝土后的叠合构件按《混凝土规范》附录H的要求进行二阶段受力计算。

（2）混凝土叠合梁、板应符合下列规定：

1）叠合梁的叠合层混凝土的厚度不宜小于100mm，混凝土强度等级不宜低于C30；预制梁的箍筋应全部伸入叠合层，且各肢伸入叠合层的直线段长度不宜小于10d（d为箍筋直径）；预制梁的顶面应做成凹凸差不小于6mm的粗糙面；

2）叠合板的叠合层混凝土厚度不应小于40mm，混凝土强度等级不宜低于C25；预制板表面应做成凹凸差不小于4mm的粗糙面；承受较大荷载的叠合板以及预应力叠合板，宜在预制底板上设置伸入叠合层的构造钢筋；

3）在既有结构的楼板、屋盖上浇筑混凝土叠合层的受弯构件，应符合《混凝土规范》第9.5.2条的规定，并按该规范第3.3节和3.7节的有关规定进行施工和使用阶段的计算。

2. 竖向叠合构件

（1）由预制构件及后浇混凝土成形的叠合柱和墙，应按施工阶段及使用阶段的工况分别进行预制构件及整体结构的计算。

（2）在既有结构柱的周边或墙的侧面浇筑混凝土而成形的竖向叠合构件，应考虑承载历史以及施工支顶的情况，并按《混凝土规范》第3.3节和3.7节规定的原则进行施工和使用阶段的承载力计算。

（3）柱外二次浇筑混凝土层的厚度不应小于60mm，混凝土强度等级不应低于既有柱的强度。粗糙结合面的凹凸差不应小于6mm，并宜通过植筋、焊接等方法设置界面构造钢筋。后浇层中纵向受力钢筋直径不应小于14mm；箍筋直径不应小于8mm且不应小于柱内相应箍筋的直径，箍筋间距应与柱内相同。

墙外二次浇筑混凝土层的厚度不应小于50mm，混凝土强度等级不应低于既有墙的强度。粗糙结合面的凹凸差应不小于4mm，并宜通过植筋、焊接等方法设置界面构造钢筋。后浇层中竖向、水平钢筋直径不宜小于8mm且不应小于墙中相应钢筋的直径。

例11-8（2014） 钢筋混凝土叠合梁的叠合层厚度不宜小于（　　）。

A　80mm　　　　B　100mm　　　C　120mm　　　D　150mm

解析： 钢筋混凝土叠合梁的叠合层混凝土的厚度不宜小于100mm，混凝土强度等级不宜低于C30。

答案： B

规范： 《混凝土结构设计规范》第9.5.2条第1款。

(六) 装配式结构

根据节能、减耗、环保的要求及建筑产业化发展的需要，更多的建筑工程量将转化为以工厂构件化生产产品的形式来制作，再运到现场完成原位安装、连接的施工。混凝土预制构件及装配式结构将通过技术进步、产品升级而得到发展。

(1) 装配式结构的设计原则

装配式、装配整体式混凝土结构中各类预制构件及连接构造应按下列原则进行设计：

1) 应在结构方案和传力途径中确定预制构件的布置及连接方式，并以此为基础进行整体结构分析和构件及其连接方式的设计；

2) 预制构件的设计应满足建筑使用功能，并符合标准化要求；

3) 预制构件的连接宜设置在结构受力较小处，且宜便于施工；结构构件之间的连接构造应满足结构传递内力的要求；

4) 各类预制构件及其连接构造应按从生产、施工到使用过程中可能产生的不利工况进行验算；对预制非承重构件，尚应符合《混凝土规范》第9.6.8条的规定。

(2) 装配式结构构件的连接构造

装配式、装配整体式混凝土结构中各类预制构件的连接构造，应便于构件安装、装配整体式；对计算时不考虑传递内力的连接，也应有可靠的固定措施。

(3) 装配整体式结构中框架梁的纵向受力钢筋和柱、墙中的竖向受力钢筋宜采用机械连接、焊接等形式；板、墙等构件受力钢筋可采用搭接连接形式；混凝土接合面应进行粗糙处理，做成齿槽；拼接处应采用强度等级不低于预制构件的混凝土灌缝。

装配整体式结构的梁、柱节点处，柱的纵向钢筋应贯穿节点；梁的纵向钢筋应满足锚固要求。

当柱采用装配式榫式接头时，可采取在接头及其附近区段的混凝土内加设横向钢筋网、提高后浇混凝土强度等级和设置附加纵向钢筋等措施。

(4) 采用预制板的装配整体式楼盖、屋盖应采取下列构造措施：

1) 预制板侧应为双齿边；拼缝上口宽度不应小于30mm；空心板端孔处应有堵头，深度不宜小于60mm；拼缝中应浇灌强度等级不低于C30的细石混凝土；

2) 预制板端宜伸出锚固钢筋互相连接，并宜与板的支承结构（圈梁、梁顶或墙顶）伸出的钢筋及板端拼缝中设置的通长钢筋连接。

(5) 整体性要求较高的装配整体式楼盖、屋盖，应采用预制构件加现浇叠合层的形式；或在预制板侧设置配筋混凝土后浇带，并在板端设置负弯矩钢筋；板的周边沿拼缝设置拉结钢筋与支座连接。

(6) 装配整体式中预制承重墙板沿周边设置的连接钢筋，应与支承结构及相邻墙板互相连接，并浇筑混凝土与周边楼盖、墙体连成整体。

(7) 非承重预制构件的设计应符合下列要求：

1) 与支承结构之间宜采用柔性连接方式；

2) 在框架内镶嵌或采用焊接连接时，应考虑其对框架抗侧移刚度的影响；

3) 外挂板与主体结构的连接构造应具有一定的变形适应性。

(七) 预埋件及连接件

(1) 受力预埋件的锚板宜采用Q235、Q345级钢，锚板厚度应根据受力情况计算确定，且不宜小于锚筋直径的 60%；受拉和受弯预埋件的锚板厚度尚宜大于 $b/8$（b 为锚筋的间距）。

受力预埋件的锚筋应采用 HRB400 或 HPB300 钢筋，不应采用冷加工钢筋。

直锚筋与锚板应采用 T 形焊接。

（2）吊环应采用 HPB300 钢筋或 Q235B 圆钢，并应符合下列规定：

1）吊环锚入混凝土中的深度不应小于 $30d$，并应焊接或绑扎在钢筋骨架上（d 为吊环钢筋或圆钢的直径）；

2）当在一个构件上设有 4 个吊环时，应按 3 个吊环进行计算。

第七节　预应力混凝土结构构件

一、预应力混凝土的基本原理

（一）普通钢筋混凝土结构的缺点

1. 抗裂性差

由于混凝土的抗拉极限强度低，受拉极限应变很小，只约为 $(1\sim1.5)\times10^{-4}$，因而构件混凝土很容易开裂。而当构件即将开裂时，钢筋的拉应力仅约为 $\sigma_s=(1\sim1.5)\times10^{-4}\times2\times10^5=(20\sim30)\text{N/mm}^2$，这个数值远低于钢筋的屈服强度。当受拉区混凝土的裂缝宽度达到其限值 $0.2\sim0.3\text{mm}$ 时，受拉钢筋的应力也仅为 200N/mm^2 左右；所以，钢筋混凝土构件一般都是带裂缝工作的。

2. 高强度钢筋和高强度混凝土不能充分发挥作用

如在钢筋混凝土构件中采用设计强度高于 400N/mm^2 的钢筋，则在其强度未充分利用之前，裂缝宽度和变形已超过了允许限值，不能满足构件正常使用的要求。因此，普通钢筋混凝土结构要想满足正常使用极限状态验算的要求，高强度钢筋就无法充分发挥作用；对于混凝土而言，提高其强度等级，虽可以有效地增大抗压能力，但随着混凝土强度等级的提高，其抗拉能力却提高很少。所以，采用提高混凝土强度等级的方法来改善其抗裂性收效甚微。

3. 结构自重大、刚度小

由于高强度材料不能充分发挥作用，普通钢筋混凝土结构采用的钢筋等级大都为Ⅲ级或Ⅲ级以下，采用的混凝土强度等级一般也仅为 C30 或 C30 以下。所以，钢筋混凝土结构构件的截面尺寸通常较大，致使构件自重偏大。又由于钢筋混凝土构件在正常使用时带裂缝工作，造成构件的刚度较小，变形较大，使用性能不够理想。

（二）预应力混凝土的基本原理

预应力混凝土结构有 4 个基本概念：按张拉工艺的不同，可分为先张法和后张法两种；按传递预应力的途径的不同，可分为有粘结和无粘结两种。

预应力混凝土的基本原理是：在结构构件受外荷载之前，预先对混凝土受拉区人为地施加压应力，以减小或抵消外荷载产生的拉应力，使构件在正常使用情况下不开裂、推迟开裂或裂缝宽度减小。

如图 11-27 所示的混凝土简支梁，在构件使用前，如在其两端截面下缘施加一对集中压力 N_p，则构件各截面均处于全截面受压（或大部分受压）状态，其截面应力分布如图

11-27 (a) 所示；在外荷载（如两个集中力 P）作用下，截面重心轴以下受拉，截面重心轴以上受压，应力分布如图 11-27 (b) 所示；利用材料力学的叠加原理，便可得到此预应力混凝土构件在使用阶段的截面应力分布，如图 11-27 (c) 所示，可以清楚地看到，混凝土受拉区的应力已大为减小。

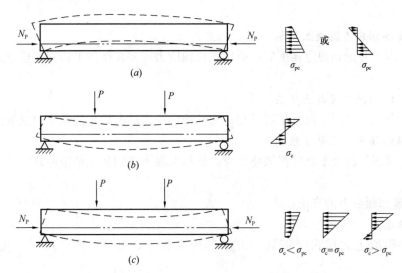

图 11-27　预应力混凝土受弯构件基本原理示意图

(三) 预应力混凝土构件的优缺点

1. 主要优点

(1) 提高抗裂性和抗渗性

在承受外荷载之前，利用张拉钢筋的回弹对混凝土构件施加预应力，克服了混凝土抗拉强度低、开裂早的缺点。使混凝土结构得以在裂缝控制较严的结构上使用。例如水池，油罐，受到侵蚀性介质作用的工业厂房，水工、港工结构物等。

(2) 可充分利用高强度材料

在预应力构件中，高强度钢筋和高强度混凝土得到充分利用，从而提高结构承载力，减轻自重，降低造价。使混凝土结构得以在大跨度结构和承受重型荷载结构中使用。例如大跨度屋盖和桥梁、超高层楼房等。

(3) 刚度大、变形小

预应力构件在使用时可以不出现裂缝或裂缝小，因此其刚度较大，抵抗变形的能力增大；而且对受弯构件施加预应力产生的反拱还可以抵消荷载作用下的挠度。因而适用于变形控制较严的构件。例如重型吊车梁、大跨度梁式构件等。

(4) 提高工程质量和结构的耐久性

2. 主要缺点

(1) 施工工序多，工艺较复杂，需要有一定素养的专业技术施工队。

(2) 设计工作比较繁重，施工需要有相应的张拉设备和场地。

(3) 有时反拱过大，需要控制。

(4) 开裂荷载与破坏荷载比较接近，构件延性较差等。

二、预应力混凝土的种类、方法和材料

(一) 预应力混凝土结构的种类

1. 先张法预应力混凝土结构

在台座上张拉预应力筋后浇筑混凝土，并通过放张预应力筋由粘结传递而建立预应力的混凝土结构。

2. 后张法预应力混凝土结构

浇筑混凝土并达到规定强度后，通过张拉预应力筋并在结构上锚固而建立预应力的混凝土结构。

3. 无粘结预应力混凝土结构

配置与混凝土之间可保持相对滑动的无粘结预应力筋的后张法预应力混凝土结构。

4. 有粘结预应力混凝土结构

通过灌浆或与混凝土直接接触使预应力筋与混凝土之间相互粘结而建立预应力的混凝土结构。

(二) 施加预应力的方法

1. 先张法

在浇筑混凝土之前张拉钢筋的方法称为先张法，如图 11-28 所示。先张法的工序为：

(1) 在台座（或钢模）上张拉钢筋，并将其临时锚固在台座（或钢模）上。

(2) 支模、绑扎普通钢筋（如用于抗剪的和用于局部加强的非预应力钢筋），并浇筑混凝土。

(3) 养护混凝土，待其达到立方体抗压强度，不宜低于设计强度的 75% 后，放松或切断钢筋，钢筋在回缩时挤压混凝土，使混凝土获得预压应力。可见，先张法是靠钢筋和混凝土之间的粘结力来传递预应力的。

2. 后张法

当混凝土结硬后在构件上张拉钢筋的方法称为后张法，如图 11-29 所示。后张法的工序为：

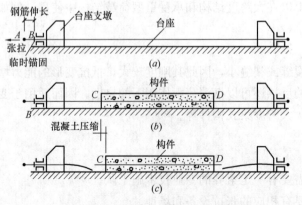

图 11-28　先张法主要工序示意图

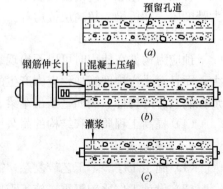

图 11-29　后张法主要工序示意图

（1）浇筑混凝土构件，并在构件中预留孔道。

（2）待混凝土达到立方体抗压强度不宜低于设计强度的 75％后，将预应力钢筋穿入孔道，利用构件本身作为加力台座，在张拉钢筋的同时，构件混凝土受到预压产生了预压应力。

（3）当预应力钢筋的张拉应力达到设计规定值后，在张拉端用工作锚将钢筋锚紧，使构件保持预压状态。

（4）最后，在孔道内进行压力灌浆（在远离灌浆孔的适当位置预留排气孔，以保证灌浆密实），以防钢筋锈蚀，并使预应力钢筋与混凝土粘结成整体。可见，后张法是靠工作锚具来传递预应力的。

先张法与后张法的适用条件及其特点参见表 11-21。

先张法与后张法的适用条件及其特点 表 11-21

	适用条件	构件类型	张拉设备及锚具的使用	预应力的传递	预应力筋的配置形式
先张法	适用于工厂制作	一般用于中、小型构件	可重复使用设备及锚具	通过预应力钢筋与混凝土之间的粘结力传递	采用直线配筋
后张法	可用于工厂，也可用于现场制作	适用于大型构件	锚具需固定在构件上，不能重复使用	预应力依靠钢筋端部的锚具传递	可采用直线配筋，也可采用曲线配筋

在一般实际工程中，预应力圆孔板采用先张法施工；预应力框架梁采用后张有粘结工艺；预应力平板可采用后张无粘结工艺。

（三）预应力混凝土构件材料

1. 对混凝土的要求

（1）强度高。在施加预应力时，混凝土受到很高的预压应力作用，需要有较高的强度；与高强度钢筋相匹配也需要高强度的混凝土，特别对于先张法构件需要靠混凝土与钢筋间的粘结力传递预应力，混凝土的强度越高，其粘结强度也越高。《混凝土规范》规定：预应力混凝土结构的混凝土强度等级不应低于C30；当采用钢绞线、钢丝、热处理钢筋作预应力钢筋时，混凝土强度等级不宜低于C40。一般先张法构件选用的混凝土强度等级比后张法高些。

（2）结硬快、早期强度高。这样可以尽早施加预应力，加速设备的周转，提高构件生产率，降低成本。

（3）收缩、徐变小。可以尽量减少由于收缩和徐变引起的预应力损失。

2. 对钢筋的要求

（1）强度高。只有高强度钢筋才能建立足够的有效预应力，使预应力构件充分发挥其优点。

（2）具有一定塑性。为避免构件发生脆性破坏，要求所用钢筋具有一定的伸长率。

（3）有良好的加工性能。加工性能有可焊性、冷镦、热镦等，即经加工后，钢筋的物理力学性能基本不减。

（4）与混凝土之间有可靠的粘结力。对于先张法构件，钢筋与混凝土之间的粘结力尤为重要。当采用光面高强钢丝时，表面应经"刻痕"或"压波"等处理后方可使用。

预应力钢筋有：各种钢丝、钢绞线和预应力螺纹钢筋三类。

三、张拉控制应力和预应力损失

（一）张拉控制应力

（1）张拉控制应力 σ_{con} 是指在张拉预应力钢筋时达到的最大应力值。张拉控制应力的限值是根据预应力钢筋的种类来确定的。

1）消除应力钢丝、钢绞线：

$$\sigma_{con} \leqslant 0.75 f_{ptk} \qquad (11-34)$$

2）中强度预应力钢丝：

$$\sigma_{con} \leqslant 0.70 f_{ptk} \qquad (11-35)$$

3）预应力螺纹钢筋：

$$\sigma_{con} \leqslant 0.85 f_{pyk} \qquad (11-36)$$

式中　f_{ptk}——预应力筋极限强度标准值；

f_{pyk}——预应力螺纹钢筋屈服强度标准值。

（2）消除应力钢丝、钢绞线、中强度预应力钢丝的张拉控制应力值应不小于 $0.4 f_{ptk}$；预应力螺纹钢筋的张拉应力控制值不宜小于 $0.5 f_{pyk}$。当预应力张拉控制应力定得过高，可能会出现以下问题：

1）开裂荷载与极限荷载很接近，构件在破坏前缺乏足够的预兆，使构件延性变差；

2）为了减少预应力损失，常常需要进行超张拉，而由于钢材材质的不均匀性，钢筋的屈服强度有一定的离散性；如钢筋的控制应力定得太高，有可能在超张拉的过程中使个别钢筋的应力超过它的实际屈服强度，使钢筋产生塑流甚至脆断；

3）有可能使施工阶段预拉区混凝土拉应力超过极限强度导致开裂，对后张法构件，则可能造成端部混凝土局部承压破坏。

（3）《混凝土规范》还规定：当符合下列情况之一时，张拉控制应力限值可提高 $0.05 f_{ptk}$ 或 $0.05 f_{pyk}$：

1）要求提高构件在施工阶段的抗裂性能而在使用阶段受压区内设置的预应力钢筋；

2）要求部分抵消由于应力松弛、摩擦、钢筋分批张拉以及预应力钢筋与张拉台座之间的温差等因素产生的预应力损失。

除了对预应力钢筋的张拉控制应力的最大值有一定限值外，为了保证获得必要的预应力效果，《混凝土规范》还规定：预应力钢筋的张拉控制应力也不应小于 $0.4 f_{ptk}$。

（二）预应力损失

由于张拉工艺和材料特性等原因，使得预应力构件从开始制作到使用，预应力钢筋的张拉应力在不断地降低，这种现象称为预应力损失。有下列 7 项预应力损失（此处参照《预应力混凝土结构设计规范》JGJ/T 369 编写）：

（1）张拉端锚具变形和预应力筋内缩引起的预应力损失 σ_{l1}，可以通过减少垫板块数或增加台座长度的办法以减小损失。

（2）预应力筋与孔道壁、张拉端锚口间，以及在转向块处摩擦引起的预应力损失 σ_{l2}，可以通过两端张拉或超张拉的办法以减小损失。

（3）蒸养时受张拉预应力筋与承受拉力设备之间温差引起的预应力损失 σ_{l3}，可以采用两次升温的办法以减小损失。后张法无此项损失。

（4）预应力筋的应力松弛引起的预应力损失 σ_{l4}，可以采用超张拉的办法以减小损失。

（5）混凝土收缩和徐变引起的预应力损失 σ_{l5}，可以参考减小混凝土收缩、徐变的办法以减小损失。此项约占总损失的 $50\%\sim60\%$。

（6）环形构件螺旋式预应力筋挤压混凝土引起的预应力损失 σ_{l6}，当环形构件直径＞3m 时，可忽略不计。先张法无此项损失。

（7）混凝土弹性压缩引起的预应力损失 σ_{l7}。

（三）预应力损失的组合

上述 7 项预应力损失按混凝土预压前（第一批）、预压后（第二批）进行组合见表 11-22。

各阶段预应力损失值的组合　　　　　　　　表 11-22

预应力损失值的组合	先张法构件	后张法构件
混凝土预压前（第一批）的损失	$\sigma_{l1}+\sigma_{l2}+\sigma_{l3}+\sigma_{l4}$	$\sigma_{l1}+\sigma_{l2}$
混凝土预压后（第二批）的损失	$\sigma_{l5}+\sigma_{l7}$	$\sigma_{l4}+\sigma_{l5}+\sigma_{l6}+\sigma_{l7}$

如求得的预应力总损失值 σ_l 小于下列数值时，则按下列数值取用：

先张法：$100\mathrm{N/mm^2}$；后张法：$80\mathrm{N/mm^2}$。

（四）预应力构件和非预应力构件的比较

现对两种构件进行比较。一种是普通钢筋混凝土构件，另一种是截面尺寸、材料及配筋数量均与普通构件相同的预应力混凝土构件。通过两种构件的比较，说明预应力混凝土构件的受力特点如下：

（1）在非预应力构件中，在构件开裂前钢筋的应力值很小，而在预应力构件中预应力钢筋一直处于高拉应力状态，充分利用了钢筋和混凝土两种材料的特性。

（2）预应力构件产生裂缝时的外荷载远比非预应力构件的大。即预应力构件的抗裂度比非预应力构件大为提高，同时也提高了构件的刚度。

（3）由于两种构件破坏时都是受拉钢筋达到抗拉强度而受压区混凝土被压碎，故此两种构件的承载能力相等。

例 11-9（2011） 关于采用预应力混凝土梁的目的，下列哪种说法是错误的？

A　减少挠度　　　　　　　　B　提高抗裂性能

C　提高正截面抗弯承载力　　D　增强耐久性

解析：采用预应力混凝土梁的目的是提高梁的抗裂性能和构件刚度；减小梁的挠度，避免裂缝的形成和发展；从而可以采用高强度材料并充分发挥材料性能。

施加预应力并不能直接提高构件的承载力，构件承载力的大小取决于由材料强度和截面尺寸等因素，与施加预应力无关。但由于施加预应力后可以采用高强度材料，因此采用了高强度材料的预应力混凝土结构构件比普通混凝土结构构件而言，承载力提高。

答案：D

【要点】

◆ 预应力钢筋从张拉至破坏始终处于高拉应力状态，而混凝土则在到达 N_0（外荷载）以前始终处于受压状态，这样可以发挥高强混凝土受压、高强度钢筋受拉的特长。

◆ 预应力混凝土构件与普通混凝土构件相比，抗裂度大为提高或者说开裂要晚得多，但裂缝出现的荷载与破坏荷载比较接近。

◆ 当材料强度和截面尺寸相同时，预应力混凝土轴心受拉构件与普通钢筋混凝土轴心受拉构件的承载力相同，或者说预应力构件没有提高其承载力。

第八节 现浇钢筋混凝土楼盖

钢筋混凝土楼盖有现浇和预制两大类。现浇楼盖整体刚度好，抗震性能较优，并能适应房间平面形状、设备管道、荷载或施工条件比较特殊的情况；其缺点是费工、费模板、工期长、受施工季节影响大。

现浇钢筋混凝土楼盖，目前较多采用的有单向板肋形（肋梁）楼盖、双向板肋形楼盖、双重井式楼盖及无梁楼盖四种（图 11-30）。

从经济效果考虑，次梁的间距决定了板的跨度，而楼盖中板的混凝土用量占整个楼盖混凝土用量的 50%～70%。因此，为了尽可能减少板厚，一般板的跨度为 1.7～2.7m，次梁跨度为 4～7m，主梁跨度为 5～8m。双向板肋梁楼盖无次梁，板的跨度比较大，板也较厚，但荷载可以通过两个方向传递到主梁上去。井字楼盖跨中无柱子，直接将荷载传至四周墙上，室内空间大；由于两个方向的梁高度相同，房间的净高也较大。无梁楼盖可采用升板法将各层楼板吊装就位，特别适合施工场地很小的地方盖多层轻工业厂房。

一、混凝土板

（一）单向板与双向板

(1) 两对边支承的板应按单向板计算。

(2) 四边支承的板：

1) 当长边与短边 $l_2/l_1 \leqslant 2$，应按双向板计算；

2) 当 $2 < l_2/l_1 < 3$，宜按双向板计算；

3) 当 $l_2/l_1 \geqslant 3$，宜按短边方向单向板计算，长边方向布置构造钢筋（图 11-31）。

（二）现浇混凝土板的尺寸

1. 板的厚跨比（h/l）

为了使板具有足够的刚度，钢筋混凝土单向板（简支板），板厚 h 不大于板跨 l 的

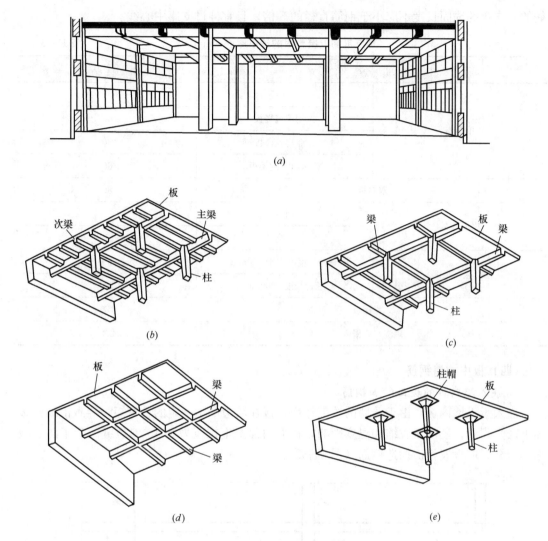

图 11-30 楼盖的主要结构形式

(a)、(b) 单向板肋梁楼盖；(c) 双向板肋梁楼盖；(d) 井式楼盖；(e) 无梁楼盖

1/30；双向板 h/l 不大于 1/40；无梁支承的有柱帽板 h/l 不大于 1/35；无梁支承的无柱帽板 h/l 不大于 1/30。

2. 板的厚度

现浇钢筋混凝土板的厚度不应小于表 11-23 规定的数值。

(三) 板中受力钢筋

板中受力钢筋直径、间距应由计算确定。当板厚不大于 150mm 时，间距不宜大于 200mm；当板厚大于 150mm 时，间距不宜大于板厚的 1.5 倍，且不宜大于 250mm。简支板或连续板下部纵向受力钢

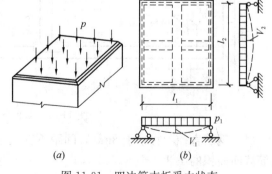

图 11-31 四边简支板受力状态

(a) 荷载简图；(b) 计算简图

筋伸入支座的锚固长度不应小于钢筋直径的 5 倍，且宜伸过支座中心线。

现浇钢筋混凝土板的最小厚度（mm） 表 11-23

板 的 类 别		最 小 厚 度
单向板	屋面板	60
	民用建筑楼板	60
	工业建筑楼板	70
	行车道下的楼板	80
双向板		80
密肋楼盖	面板	50
	肋高	250
悬臂板（根部）	悬臂长度不大于 500mm	60
	悬臂长度 1200mm	100
无梁楼板		150
现浇空心楼盖		200

（四）板中构造钢筋

1. 嵌入墙内板的板面附加钢筋

嵌入承重墙内板，由于砖墙的约束作用，板在墙边产生一定的负弯矩，导致沿墙边板面上产生裂缝；还由于收缩和温度影响，板面角部产生拉应力和 45°斜裂缝。为了防止板面的裂缝，应设置板面构造钢筋（图 11-32）：

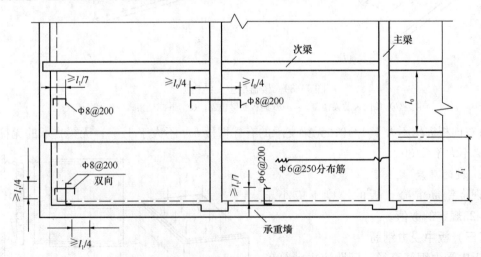

图 11-32　板面的构造钢筋

（1）钢筋直径不宜小于 8mm，间距不宜大于 200mm，且不宜小于跨中相应方向板底钢筋截面面积的 1/3。

（2）钢筋从混凝土梁边、柱边、墙边伸入板内的长度不宜小于 $l_0/4$，砌体墙处钢筋伸入板边的长度不宜小于 $l_0/7$，其中计算跨度 l_0 对单向板按受力方向考虑，双向板按短边方向考虑。

（3）在楼板角部，宜沿两个方向正交、斜向平行或放射状布置附加钢筋。

2. 单向板的分布筋

单向板应在垂直于受力方向布置分布钢筋，配筋量不宜小于受力钢筋的 15%，且配筋率不宜小于 0.15%；分布钢筋直径不宜小于 6mm，间距不宜大于 250mm；当集中荷载较大时，配筋面积适当增加且间距不宜大于 200mm。

3. 温度应力、收缩应力较大的现浇板

应在板的表面双向配置防裂构造钢筋。配筋率均不宜小于 0.10%，间距不宜大于 200mm。

4. 混凝土厚板及卧于地基上的基础筏板

当板的厚度大于 2m 时，除应沿板的上、下表面布置纵、横方向钢筋外，尚宜在板厚不超过 1m 范围内设置与板面平行的构造钢筋网片，网片直径不宜小于 12mm，纵、横方向间距不宜大于 300mm。

5. 无支承边的板端部

当混凝土板的厚度不小于 150mm 时，对板无支承边的端部，宜设置 U 形构造钢筋并与板顶、板底钢筋搭接，搭接长度不宜小于 U 形构造钢筋直径的 15 倍且不宜小于 200mm；也可采用板面、板底钢筋分别向下、向上弯折搭接的形式。

6. 混凝土板中配置抗冲切箍筋或弯起钢筋的构造要求

（1）板的厚度不应小于 150mm。

（2）按计算所需的箍筋及相应的架立钢筋应配置在与 45°冲切破坏锥面相交的范围内，且从集中荷载作用面或柱截面边缘向外的分布长度不应小于 $1.5h_0$ [图 11-33（a）]；

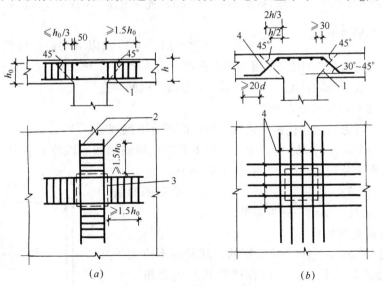

图 11-33 板中抗冲切钢筋布置

（a）用箍筋作抗冲切钢筋；（b）用弯起钢筋作抗冲切钢筋

1—冲切破坏锥面；2—架立钢筋；3—箍筋；4—弯起钢筋

注：图中尺寸单位：mm

箍筋直径不应小于 6mm，且应做成封闭式，间距不应大于 $h_0/3$，且不应大于 100mm。

（3）按计算所需弯起钢筋的弯起角度可根据板的厚度在 30°~45°之间选取；弯起钢筋的倾斜段应与冲切破坏锥面相交 [图 11-33 (b)]，其交点应在集中荷载作用面或柱截面边缘以外 (1/2~2/3) h 的范围内。弯起钢筋直径不宜小于 12mm，且每一方向不宜少于 3 根。

二、钢筋混凝土梁

（一）纵向配筋

1. 纵向受力钢筋

梁的纵向受力钢筋应符合下列规定：

（1）纵向受力钢筋伸入梁支座不应少于 2 根。

（2）梁高不小于 300mm 时，钢筋直径不应小于 10mm；梁高小于 300mm 时，钢筋直径不应小于 8mm。

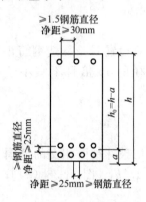

图 11-34　钢筋的间距

（3）为了使梁内纵向钢筋与混凝土之间有较好的粘结，并避免钢筋过密而妨碍混凝土浇筑，梁上部钢筋水平方向净距不应小于 30mm 和 1.5d；梁下部钢筋水平方向的净距不应小于 25mm 和 d。当下部钢筋多于二层时，二层以上钢筋水平方向中距应比下面二层的中距大一倍；各层钢筋之间的净距不应小于 25mm 和 d，d 为钢筋最大直径（图 11-34）。

2. 下部纵向受力筋伸入端支座锚固长度

当剪力 $V \leqslant 0.7 f_t bh_0$ 时，不小于 5d；当 $V > 0.7 f_t bh_0$ 时，带肋钢筋不小于 12d，光圆钢筋不小于 15d，d 为钢筋最大直径。

当混凝土强度等级为 C25 及以下的简支梁和连续梁的简支端，当距支座边 1.5h 范围内作用有集中荷载，且 $V > 0.7 f_t bh_0$ 时，带肋钢筋宜采取有效的锚固措施，或取锚固长度不小于 15d，d 为锚固钢筋的直径。

3. 梁支座负弯矩纵向受拉钢筋

当梁支座负弯矩纵向受拉钢筋需截断时，应符合下列规定：

（1）当剪力 $V \leqslant 0.7 f_t bh_0$ 时，应按计算不需要该钢筋的截面以外不小于 20d 处截断，且从该钢筋强度充分利用截面伸出长度不应小于 1.2l_a。

（2）当 $V > 0.7 f_t bh_0$ 时，应按计算不需要该钢筋的截面以外不小于 h_0 且不小于 20d 处截断。

4. 梁内纵向受扭纵筋

梁应沿截面四周布置纵向受扭钢筋，其间距不应大于 200mm 和梁截面短边长度；除应在梁四角布置受扭纵筋外，其余纵向受扭纵筋沿截面周边均匀对称布置，如图 11-35 所示。

在弯剪扭构件中，在梁的受拉边应将受弯纵向受力钢筋面积与受扭受力钢筋面积叠加后放在梁的受拉边。

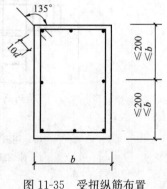

图 11-35　受扭纵筋布置

212

5. 梁的上部纵向构造钢筋

(1) 当梁端简支计算但实际受到部分约束时，应在支座区上部设置纵向构造钢筋。其截面面积不应小于梁跨中下部纵向受力钢筋计算面积的 1/4，且不少于 2 根。

(2) 对架立钢筋，当梁的跨度小于 4m 时，直径不宜小于 8mm；当梁的跨度为 4～6m 时，直径不应小于 10mm；当梁的跨度大于 6m 时，直径不宜小于 12mm。

（二）横向配筋

横向配筋是指梁中配置的箍筋和弯起钢筋。

1. 箍筋的配置

(1) 按承载力计算不需要配箍筋，当梁截面高度大于 300mm 时，应沿全长设置构造箍筋；当截面高度 $h=150\sim300$mm 时，可仅在构件端部 $l_0/4$ 范围内设置构造箍筋，l_0 为计算跨度。如果在构件中部 $l_0/2$ 范围内有集中荷载作用时，则沿梁全长设置箍筋。当截面高度小于 150mm 时，可以不设箍筋。

(2) 截面高度大于 800mm 的梁，箍筋直径不宜小于 8mm；对 $h\leqslant800$mm 的梁，不宜小于 6mm。梁中配有计算纵向受压钢筋时，箍筋直径尚不应小于 $d/4$，d 为受压筋最大直径。

(3) 梁中箍筋的最大间距宜符合表 11-24 的规定；当剪力 $V>0.7f_tbh_0+0.05N_{p0}$ 时，配箍率 $\rho_{sv}=\dfrac{A_{sv}}{bs}\geqslant0.24f_t/f_{yv}$。

梁中箍筋最大间距 s_{max}（mm）　　　　　　　表 11-24

项　次	梁高 h（mm）	$V>0.07f_cbh_0+0.05N_{p0}$	$V\leqslant0.07f_cbh_0+0.05N_{p0}$
1	$150<h\leqslant300$	150	200
2	$300<h\leqslant500$	200	300
3	$500<h\leqslant800$	250	350
4	$h>800$	300	400

(4) 当梁中配有计算受压纵向钢筋时，箍筋尚应符合下列规定：

1) 箍筋应做成封闭式，弯钩直线段长度不应小于 $5d$，d 为箍筋直径；

2) 箍筋间距不应大于 $15d$，且不应大于 400mm；当一层内的纵向受压筋多于 5 根且直径大于 18mm 时，箍筋间距不应大于 $10d$，d 为纵向受压筋最小直径；

3) 当梁的宽度大于 400mm 且一层内纵向受压钢筋多于 3 根时，或梁的宽度不大于 400mm，但一层内纵向受压筋多于 4 根时，应设置复合箍筋；复合箍筋是指两个双肢箍（或称四肢箍），或一个双肢箍中间加一个单肢箍。

2. 弯起钢筋

在采用绑扎骨架的钢筋混凝土梁中，承受剪力宜优先采用箍筋。当设置弯起钢筋时，其弯起角一般采用 45°，当梁高大于 800mm 时，可采用 60°。弯起钢筋一般是利用纵向钢筋在按正截面受弯承载力计算已不需要处将其弯起，但也可以单独设置，此时应将其布置成鸭筋形式（图 11-36），而不应采用浮筋形式，因为浮筋可能会由于锚固不足而滑动，

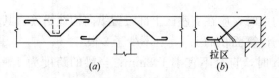

图 11-36 鸭筋和浮筋

(a) 鸭筋；(b) 浮筋

从而影响其受剪承载力。弯起钢筋的弯折半径 r 不应小于 $10d$（d 为弯起钢筋的直径）。

（三）局部配筋

1. 梁截面高度范围内有集中荷载

在次梁与主梁相交处，次梁传来的集中荷载可能使主梁的下部产生斜裂缝 [图 11-37 (a)]，为了保证主梁在这些部位有足够的承载力，应在次梁的两侧设置附加横向钢筋 [图 11-37 (b)]，附加横向钢筋可以用箍筋或吊筋，其布置的宽度应为 $s = 2h_1 + 3b$。第一道附加箍筋离次梁边 50mm，吊筋下部尺寸为次梁宽度加 100mm 即可。

2. 腹板上的纵向构造钢筋

当梁的腹板高度 $h_w \geqslant 450$mm 时，在梁的两个侧面沿高度配置纵向构造钢筋（通常称为腰筋）（图 11-38），每侧纵向构造钢筋（不包括梁上、下部受力钢筋及架立钢筋）的截面面积不应小于腹板截面面积 bh_w 的 0.1%，且其间距不宜大于 200mm。

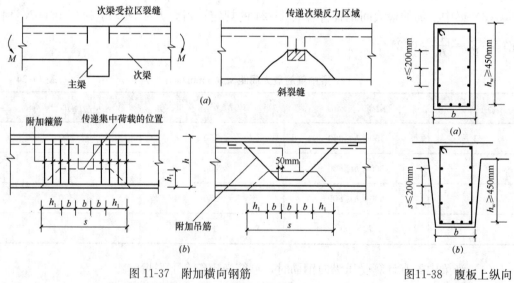

图 11-37 附加横向钢筋

(a) 主梁下部斜裂缝；(b) 附加箍筋或吊筋布置

图 11-38 腹板上纵向构造钢筋

(a) 矩形截面梁；

(b) T 形截面梁

3. 梁的混凝土保护层厚度＞50mm 时的表层钢筋网片配置

(1) 表层钢筋宜采用焊接网片，其直径不宜大于 8mm，间距不应大于 150mm；网片应配置在梁底和梁侧，梁侧的网片钢筋应延伸至梁高的 2/3 处，如图 11-39 所示。

(2) 两个方向上表层网片钢筋的截面面积均不应小于相应混凝土保护层（图 11-39 阴影部分）面积的 1%。

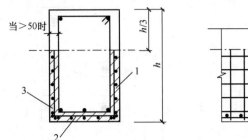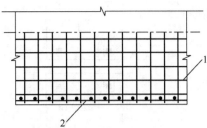

图 11-39   配置表层钢筋网片的构造要求

1—梁侧表层钢筋网片；2—梁底表层钢筋网片；3—配置网片钢筋区域

习   题

11-1   (2019) 关于 28 天龄期的混凝土，正确的是(   )。

A 混凝土的受拉和受压弹性模量相等

B 混凝土的剪切变形模量等于其受压弹性模量

C 混凝土的抗拉和抗压强度相等

D 混凝土的轴心抗压强度与立方体抗压强度相等

11-2   (2019) 某大型博物馆建筑，在一类环境中楼板的混凝土强度等级最低可采用(   )。

A C20   B C25   C C30   D C40

11-3   (2019) 钢筋混凝土轴心受压柱，混凝土强度等级采用 C25，纵筋采用 HRB500 级钢筋，正确的是(   )。

A 纵筋的抗压和抗拉强度设计值不相等

B 纵筋的屈服强度值不相等于牌号

C 混凝土强度等级低于规范规定值

D 纵筋可提高混凝土的抗压强度

11-4   (2019) 关于楼梯梯段板受力钢筋的抗震性能控制指标不包括(   )。

A 抗拉强度实测值与屈服强度实测值之比

B 屈服强度实测值与屈服强度标准值之比

C 最大拉力下总伸长率实测值

D 焊接性能和冲击韧性

11-5   (2019) 轴心受压承载力相同时，下列截面积最小的是(   )。

A 圆形钢管混凝土   B 方形钢管混凝土

C 矩形钢管混凝土   D 八边形钢管混凝土

11-6   (2019) 同等级的钢筋混凝土指标最低的是(   )。

A 轴心抗拉强度标准值   B 轴心抗拉强度设计值

C 轴心抗压强度标准值   D 轴心抗压强度设计值

11-7   (2019) 影响混凝土材料耐久性的因素不包括(   )。

A 最大氯离子含量   B 混凝土强度等级

C 保护层厚度   D 环境分类

11-8   (2019) 下列无梁楼盖开洞的形式，对结构竖向承载力影响最小的是(   )。

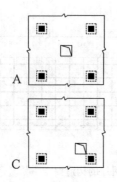

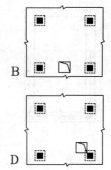

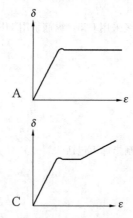

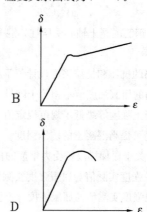

11-9 **(2019)** 叠合板正确的后浇叠合层最小厚度为（　　）。

A　50mm　　　　　　B　60mm　　　　　　C　70mm　　　　　　D　80mm

11-10 **(2019)** 仅可用先张法施工的是？（　　）

A　预制预应力梁

B　无粘结预应力混凝土板柱结构

C　在预制构件厂批量制造，便于运输的中小型构件

D　纤维增强复合材料预应力筋

11-11 **(2019)** 预应力混凝土结构的混凝土强度等级不宜低于（　　）。

A　C20　　　　　　B　C30　　　　　　C　C35　　　　　　D　C40

11-12 **(2019)** 结构设计中，无屈服点钢筋单调加载的应力-应变关系曲线为（　　）。

11-13 **(2018)** 关于钢筋强度，说法正确的是（　　）。

A　钢筋强度标准值低于疲劳应力幅限值　　　　B　钢筋强度设计值低于疲劳应力幅限值

C　钢筋强度设计值低于钢筋强度标准值　　　　D　钢筋强度标准值低于钢筋强度设计值

11-14 **(2018)** 我国评定混凝土强度等级用的是下列哪个值？（　　）

A　立方体抗压强度标准值　　　　　　　　　　B　棱柱体抗压强度标准值

C　圆柱体抗压强度标准值　　　　　　　　　　D　立方体抗压强度设计值

11-15 **(2018)** 关于轻骨料混凝土，说法错误的是（　　）。

A　轻骨料混凝土强度等级不大于LC15

B　轻骨料混凝土由轻粗骨料、轻细骨料、胶凝材料配置而成

C　轻骨料混凝土由轻粗骨料、普通砂、胶凝材料配置而成

D　轻骨料混凝土表观密度不大于 1950kg/m³

11-16 **(2018)** 地下室平面尺寸 200m×300m，外墙厚 400mm，水平钢筋应选择（　　）。

A 普通热轧带肋钢筋，细而密　　　　　B 高强热轧带肋钢筋，细而密

C 普通热轧带肋钢筋，粗而疏　　　　　D 高强热轧带肋钢筋，粗而疏

11-17 (2018) 下列关于叠合板的要求，错误的是（　　　）。

A 叠合层厚度不小于 60mm

B 跨度大于 6m 的叠合板宜采用预应力混凝土板

C 板厚大于 180mm 的叠合板宜采用混凝土空心板

D 不能按双向板计算

11-18 (2018) 预应力混凝土梁设置预应力的目的，下列说法哪个错误？（　　　）

A 增大梁的载荷能力　　　　　　　　　B 减小梁的截面尺寸

C 没有裂缝　　　　　　　　　　　　　D 提高抗弯承载力

11-19 (2018) 露天环境下，对普通钢筋混凝土梁的裂缝要求是（　　　）。

A 不允许出现裂缝

B 允许出现裂缝，但是要满足宽度限制

C 允许出现裂缝，但是要进行验算

D 裂缝宽度根据计算确定

11-20 (2018) 关于钢筋混凝土结构伸缩缝最大间距的说法，错误的是（　　　）。

A 同类环境中，排架结构伸缩缝最大间距大于框架结构

B 同类环境中，剪力墙结构伸缩缝最大间距大于挡土墙结构

C 同类结构中，装配式伸缩缝最大间距大于现浇式

D 同类结构中，土环境小于露天环境

11-21 (2018) 框架梁柱中，配筋不得超配的是（　　　）。

A 框架梁的纵向钢筋　　　　　　　　　B 框架梁的箍筋

C 框架柱的纵向钢筋　　　　　　　　　D 框架柱的箍筋

11-22 (2018) 钢筋混凝土矩形截面梁如题 11-22 图所示，混凝土强度等级 C30，$f_c = 14.3 \text{N/mm}^2$，构件剪力设计值 860kN，根据受剪要求，梁高 h 至少为下列哪个值（提示：$V \leqslant 0.25\beta_c f_c bh_0$，其中 $\beta_c = 1$）？（　　　）

A 550mm

B 600mm

C 650mm

D 700mm

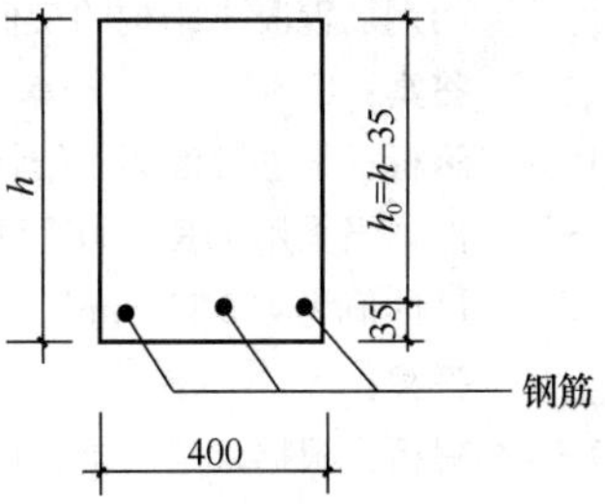

题 11-22 图

11-23 (2018) 预应力钢筋张拉端锚具的正确图例是（　　　）。

A ▷··——·—— 　　　　　　　B ▷|··—·—·——

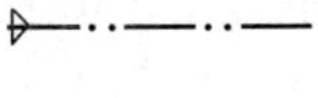

C ◁——··——··—— 　　　　　　D ◁|··—·—·——

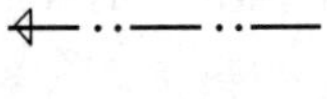

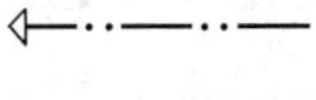

11-24 钢筋和混凝土两种材料能有效结合在一起共同工作，下列哪种说法不正确？（　　　）

A 钢筋与混凝土之间有可靠的粘结强度

B 钢筋与混凝土两种材料的温度线膨胀系数相近

C 钢筋与混凝土都有较高的抗拉强度

D 混凝土对钢筋具有良好的保护作用

11-25 对于热轧钢筋（如 HRB335），其强度标准值的取值依据是（　　　）。

A 弹性极限强度　　　　　　　　　　　B 屈服强度

217

C 极限抗拉强度   D 断裂强度

11-26 在我国的《混凝土结构设计规范》中，预应力钢绞线、消除应力钢丝的强度标准值由下列哪项确定？（　　）

A 强度设计值   B 屈服强度

C 极限抗压强度   D 极限抗拉强度

11-27 热轧钢筋经过冷拉之后，其强度和变形性能的变化是（　　）。

A 抗拉强度提高，变形性能提高

B 抗拉强度提高，变形性能降低

C 抗拉强度、变形性能均不变

D 抗拉强度提高，变形性能不变

11-28 下列哪一组性能属于钢筋的力学性能？（　　）

Ⅰ. 拉伸性能；Ⅱ. 塑性性能；Ⅲ. 冲击韧性；Ⅳ. 冷弯性能；Ⅴ. 焊接性能

A Ⅰ、Ⅱ、Ⅲ   B Ⅱ、Ⅲ、Ⅳ

C Ⅲ、Ⅳ、Ⅴ   D Ⅰ、Ⅱ、Ⅳ

11-29 用于确定混凝土强度等级的立方体试件，其抗压强度保证率为（　　）。

A 100%   B 95%   C 90%   D 85%

参考答案及解析

11-1 **解析：** 根据《混凝土结构设计规范》GB 50010—2010（2015 年版）第 4.1.5 条，相同强度等级混凝土的受压和受拉弹性模量相等，选项 A 正确。

答案： A

11-2 **解析：** 大型博物馆建筑属于特别重要的建筑结构，设计使用年限应为 100 年。根据《混凝土结构设计规范》GB 50010—2010（2015 年版）第 3.5.5 条，一类环境中，设计使用年限为 100 年的钢筋混凝土结构的最低强度等级为 C30。

答案： C

11-3 **解析：** 根据《混凝土结构设计规范》GB 50010—2010（2015 年版）第 4.2.3 条，对轴心受压构件，当采用 HRB500、HRBF500 钢筋时，钢筋的抗压强度设计值应取 400N/mm²，而抗拉强度设计值为 435 N/mm²。

答案： A

11-4 **解析：** 根据《建筑抗震设计规范》GB 50011—2010（2016 年版）第 3.9.2.2 款 2）：抗震等级为一、二、三级的框架和斜撑构件（包括梯段），其纵向受力钢筋采用普通钢筋时，钢筋的抗拉强度的实测值与屈服强度实测值的比值不应小于 1.25；钢筋的屈服强度实测值与屈服强度标准值的比值不应大于 1.3，且钢筋在最大拉力下的总伸长率实测值不应小于 9%，不包括选项 D。

答案： D

11-5 **解析：** 圆形截面受力性能最好，在受压承载力相同的条件下，圆形钢管混凝土的截面面积最小。

答案： A

11-6 **解析：** 同等级的混凝土，强度设计值低于强度标准值，抗拉强度低于抗压强度，因此轴心抗拉强度设计值最低。

答案： B

11-7 **解析：** 根据《混凝土结构设计规范》GB 50010—2010（2015 年版）第 3.5.3 条表 3.5.3，影响混凝土材料耐久性的因素包括：环境等级、最大水胶比、最低强度等级、最大氯离子含量以及最大碱含量，不包括混凝土保护层厚度。

答案： C

11-8 **解析：**本题考核的是"板柱-剪力墙"结构，根据《高层建筑混凝土结构技术规程》JGJ 3—2010 第 8.2.4.3 款，板的构造设计应符合：无梁楼板开局部洞口时，应验算承载力及刚度要求。当未作专门分析时，在板的不同部位开单个洞的大小应符合图 8.2.4 的要求。所有洞边均应设置补强钢筋。

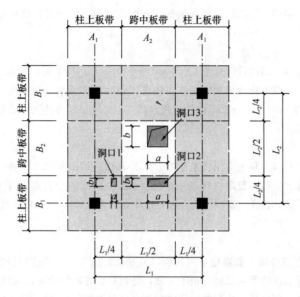

图 8.2.4 无梁楼板开洞要求

注：a 为洞口短边尺寸，b 为洞口长边尺寸，a_c 为相应于洞口短边方向的柱宽，

b_c 为相应于洞口长边方向的柱宽，t 为板厚；洞 1：$a \leqslant a_c/4$ 且 $a \leqslant t/2$，$b \leqslant b_c/4$ 且 $b \leqslant t/2$；

洞 2：$a \leqslant A_2/4$ 且 $b \leqslant B_1/4$；洞 3：$a \leqslant A_2/4$ 且 $b \leqslant B_2/4$

图中柱中心线两侧各 $L_1/4$ 或 $L_2/4$ 宽的板称为柱上板带；柱距中间 $L_1/2$ 或 $L_2/2$ 宽的板称为跨中板带。图 A 洞口位于跨中板带，图 B、C、D 洞口均位于柱上板带。在实际工程中，柱上板带通常为配筋加强区，不宜开洞或只能开较小尺寸的洞。

规程要求：柱托板的长度和厚度应按计算确定，且每方向长度不宜小于板跨度的 1/6，其厚度不宜小于板厚度的 1/4。7 度时宜采用有柱托板，8 度时应采用有柱托板。板柱结构的板柱节点破坏较为严重，包括板的冲切破坏或柱端破坏。图 D 的洞口与柱托（柱帽）相交，削弱了抗冲切承载力。

答案：A

11-9 **解析：**根据《混凝土结构设计规范》GB 50010—2010（2015 年版）第 9.5.2.2 款：混凝土叠合板的叠合层混凝土的厚度不应小于 40mm，混凝土强度等级不宜低于 C25。

另根据《装配式混凝土结构技术规程》JGJ 1—2014 第 6.6.2.1 款：叠合板的预制板厚度不宜小于 60mm，后浇混凝土叠合层厚度不应小于 60mm。

答案：B

11-10 **解析：**先张法施工时，由于台座或钢模承受预应力筋张拉力的能力受到限制，并考虑到构件的运输条件，所以一般适用于生产中小型预应力混凝土构件，如预应力空心板、预应力屋面板、中小型预应力吊车梁等构件。

答案：C

11-11 **解析：**根据《混凝土结构设计规范》GB 50010—2010（2015 年版）第 4.1.2 条：预应力混凝土结构的混凝土强度等级不宜低于 C40，且不应低于 C30。

答案：D

11-12 **解析：** 参见本章图 11-6，选项 D 为无明显屈服点钢筋的应力-应变曲线；A、B、C 为有明显屈服点钢筋的应力-应变曲线。

答案：D

11-13 **解析：** 同等级的钢筋，疲劳应力幅限值低于强度设计值，强度设计值低于强度标准值，因此选项 C 正确。

答案：C

11-14 **解析：** 根据《混凝土结构设计规范》GB 50010—2010（2015 年版）第 4.1.1 条，混凝土强度等级应按立方体抗压强度标准值确定。立方体抗压强度标准值系指按标准方法制作、养护的边长为 150mm 的立方体试件，在 28d 或设计规定龄期以标准试验方法测得的具有 95％保证率的抗压强度值。

答案：A

11-15 **解析：** 根据《轻骨料混凝土应用技术标准》JGJ/T 12—2019 第 2.1.1 条，轻骨料混凝土是用轻粗骨料、轻砂或普通砂、胶凝材料、外加剂和水配制而成的干表观密度不大于 1950kg/m³ 的混凝土。第 3.0.1 条，轻骨料混凝土的强度等级应划分为：LC5.0～LC60 共 13 个强度等级。选项 A 错误。

答案：A

11-16 **解析：**（1）地下室外墙一般在地下室底板（或基础）施工完成并达到强度后才施工，因此，墙体混凝土收缩或温度变形与基础底板不一致，受到基础底板的约束，墙体很容易产生竖向裂缝；墙体厚，散热差，更容易产生裂缝。外墙配置水平钢筋就是为了控制竖向裂缝的开展。

（2）严格地说，配筋并不能阻止混凝土收缩或温度应力产生裂缝。配筋的目的是分散裂缝开展的位置，避免裂缝在一个位置开展致裂缝宽度过大，不满足裂缝宽度要求。当收缩或温度应力超过混凝土抗拉强度时，混凝土就会开裂，混凝土中的拉应力就转移到钢筋中，混凝土中的应力得到释放，此时混凝土会在下一个应力超过抗拉强度的位置开裂，由钢筋承担拉应力。由此，裂缝不断得到分散，直到混凝土拉应力小于混凝土抗拉强度为止，使得混凝土内裂缝不集中在一个位置，从而将混凝土的裂缝宽度控制在允许范围内。

（3）当混凝土开裂时，拉应力传递给附近的钢筋；如果附近没有钢筋，则会继续开裂，直到裂缝发展至钢筋位置。因此，钢筋距离越大，对控制裂缝越不利。由于高强度钢筋强度设计值高，采用高强度钢筋时，计算钢筋面积少，钢筋间距加大，因此对控制裂缝不利。

（4）混凝土的应力是通过混凝土与钢筋的握裹力传递到钢筋上的，而握裹力与钢筋的表面积有关。在配筋面积相同的情况下，直径越小，表面积越大；所以，当配筋面积相同时，采用细钢筋抗裂效率更高。

答案：A

11-17 **解析：** 根据《装配式混凝土结构技术规程》JGJ 1—2014 第 6.6.2.1 款：叠合板的预制板厚度不宜小于 60mm，后浇混凝土叠合层厚度不应小于 60mm，选项 A 正确。第 6.6.2.4 款：跨度大于 6m 的叠合板，宜采用预应力混凝土预制板；选项 B 正确。第 6.6.2.5 款：板厚大于 180mm 的叠合板，宜采用混凝土空心板；选项 C 正确。第 6.6.3 条：叠合板可根据预制板接缝构造、支座构造、长宽比按单向板或双向板设计；选项 D 错误。

答案：D

11-18 **解析：** 施加预应力后可以提高构件的抗裂度和刚度，因此可适当减小构件的截面尺寸，也可以适当提高构件的抗剪承载力。当构件按正截面受力裂缝控制等级为一级设计时，在使用荷载作用下，可以不出现裂缝。但施加预应力不能提高构件的抗弯承载能力，故选项 D 错误。

答案：D

11-19 **解析：** 根据《混凝土结构设计规范》GB 50010—2010（2015 年版）表 3.5.2，露天环境属于二 a、二 b 环境类别；再依据表 3.4.5 可知，二 a、二 b 环境类别裂缝控制等级为三级；第 3.4.4 条：裂缝控制三级允许出现裂缝的构件，对钢筋混凝土构件，按荷载准永久组合并考虑长期作用影响计算时，构件的最大裂缝宽度不应超过本规范表 3.4.5 规定的最大裂缝宽度限值。故选项 B 正确。

答案： B

11-20 **解析：** 查《混凝土结构设计规范》第 8.1.1 条表 8.1.1 可知，选项 D 错误。

钢筋混凝土结构伸缩缝最大间距（m） 表 8.1.1

结构类别		室内或土中	露天
排架结构	装配式	100	70
框架结构	装配式	75	50
	现浇式	55	35
剪力墙结构	装配式	65	40
	现浇式	45	30
挡土墙、 地下室墙壁等类结构	装配式	40	30
	现浇式	30	20

答案： D

11-21 **解析：** 梁中的纵向受力钢筋若超筋配置，破坏形式将是脆性的超筋破坏，在结构设计中是不允许的，所以 A 项错误。

答案： A

11-22 **解析：** 根据公式：$V \leqslant 0.25 \beta_c f_c b h_0$

则：$h_0 \geqslant V / 0.25 \beta_c f_c b = 860 \times 10^3 / 0.25 \times 1 \times 14.3 \times 400 = 601.4 \text{mm}$

$h \geqslant 601.4 + 35 = 636.4 \text{ mm}$，取 $h = 650 \text{mm}$

答案： C

11-23 **解析：** 根据《建筑结构制图标准》第 3.1.1 条表 3.1.1-2，预应力张拉端锚具表示见图 A，固定端锚具表示见图 B。

答案： A

11-24 **解析：** 钢筋和混凝土两种物理力学性能不同的材料，之所以能有效地结合在一起共同工作，其原因有以下 3 点：

（1）混凝土硬化后，钢筋与混凝土之间产生良好的粘结力，使两者可靠地结合在一起；在荷载作用下，可以保证钢筋与混凝土协调变形，共同受力。故 A 正确。

（2）钢筋与混凝土具有基本相同的温度线膨胀系数（钢筋为 $1.2 \times 10^{-5} /^\circ C$，混凝土为 $1.0 \times 10^{-5} \sim 1.5 \times 10^{-5} /^\circ C$）。因此当温度变化时，两者之间不会产生较大的相对变形，而导致粘结力破坏。故 B 正确。

（3）钢筋的抗拉强度较高，混凝土的抗拉强度很低。故 C 错误。

（4）钢筋与构件边缘之间的混凝土保护层具有防止钢筋锈蚀和高温软化的保护作用，可提高结构的耐久性。故 D 正确。

答案： C

11-25 **解析：** 根据《混凝土结构设计规范》GB 50010—2010（2015 年版）条文说明第 4.2.2 条：普通钢筋采用屈服强度标志，即有明显流幅钢筋的强度标准值 f_{yk} 以其屈服强度为取值依据。

答案： B

11-26 **解析**：根据《混凝土结构设计规范》条文说明第 4.2.2 条：预应力筋没有明显的屈服点，一般采用极限强度标志，极限强度标准值 f_{ptk} 相当于钢筋标准中的钢筋抗拉强度 σ_b。在钢筋标准中一般取 0.002 残余应变所对应的应力 $\sigma_{p0.2}$ 作为其条件屈服强度标准值 f_{pyk}。

条文说明第 4.2.3 条：对传统的预应力钢丝、钢绞线取 $0.85\sigma_b$ 作为条件屈服点。

答案：D

11-27 **解析**：热轧钢筋经过冷拉后，强度提高但变形性能降低。

答案：B

11-28 **解析**：钢筋的力学性能包括强度指标（屈服强度、抗拉强度）和塑性指标（伸长率、冷弯性能）4 个指标。钢材的主要机械性能指标有 5 项，即屈服强度、抗拉强度、伸长率、冷弯性能和冲击韧性。钢筋的力学性能指标与钢材的机械性能指标中均不包括焊接性能。

答案：D

11-29 **解析**：立方体抗压强度标准值 $f_{cu,k}$ 是混凝土各种力学指标的基本代表值。它是指按标准方法制作、养护的边长为 150mm 的立方体试件，在 28d 或规定龄期用标准试验方法测得的具有 95% 保证率的抗压强度值。

答案：B

第十二章　钢结构设计

第一节　钢结构的特点和应用范围

新版《钢结构设计标准》GB 50017—2017 中的钢结构为以梁、柱、支撑、楼盖组成的民用建筑，以及具有以上结构体系的厂房、工业构架、工业建筑、构筑物，不含壳体、悬索等特殊建筑。

(一) 钢结构的特点

和其他材料的结构相比，钢结构具有如下特点：

1. 钢材的强度高，结构的重量轻

钢材的容重虽然比其他建筑材料大，但它的强度很高；在同样的受力情况下，所需的截面积小，所以钢结构自重小，可以做成跨度较大的结构。

2. 钢材的塑性韧性好

钢材的塑性好，结构在荷载作用下可经受较大的变形，因此一般情况下不会产生突然断裂。钢材的韧性好，在变形过程中会吸收能量；因此对动荷载，尤其是地震作用的适应性较强。

3. 钢材的材质均匀，可靠性高

钢材内部组织均匀、各向同性。钢结构的实际工作性能与所采用的理论计算结果符合程度好，因此，结构的可靠性高。

4. 钢材具有可焊性

由于钢材具有可焊性，使钢结构的连接大为简化，适应于制造各种复杂形状的结构。

5. 钢结构制作、安装的工业化程度高

钢结构的制作主要是在专业化金属结构厂进行，因而制作简便，精度高。制成的构件运到现场安装，装配化程度高，安装速度快，工期短。

6. 钢结构的密封性好

钢材内部组织很致密，当采用焊接连接，甚至采用铆钉或螺栓连接时，都容易做到紧密不渗漏。

7. 钢结构耐热，不耐火

当钢材表面温度在 150℃ 以内时，钢材的强度变化很小，因此钢结构适用于热车间。当温度超过 150℃ 时，其强度明显下降。当温度达到 500～600℃ 时，强度几乎为零。所以，发生火灾时，钢结构的耐火时间较短，会发生突然的坍塌。钢结构一般都需要采取隔热和耐火措施。

8. 钢材的耐腐蚀性差

钢材在潮湿环境中，特别是处于有腐蚀性介质环境中容易锈蚀，需要定期维护，增加了维护费用。

9. 钢材的导热性能好

钢材的导热性能好；因此，建筑外围钢结构一般要采取隔热措施，防止冷桥。

10. 装配式钢结构

钢结构构件为工厂加工、现场安装，符合装配式建筑的要求；因此，对要求装配式施工的建筑可采用钢结构。

11. 绿色建筑

钢结构材料可重复利用，现场安装，污染小，符合绿色建筑的要求。

(二) 钢结构的应用范围

1. 大跨度结构

结构跨度越大，自重在全部荷载中所占比重也就越大，减轻结构自重可以获得明显的经济效果。钢结构强度高而重量轻，特别适合于大跨结构，如大会堂、体育馆、剧场、会展建筑、航站楼、交通枢纽建筑、飞机装配车间等大跨度楼（屋）盖，以及铁路、公路桥梁等。

2. 重型工业厂房结构

在跨度、柱距较大，有大吨位吊车的重型工业厂房以及某些高温车间，可以部分采用钢结构（如钢屋架、钢吊车梁）或全部采用钢结构（如冶金厂的平炉车间，重型机器厂的铸钢车间，造船厂的船台车间等）。

3. 受动力荷载影响的结构

设有较大锻锤或产生动力作用的厂房，或对抗震性能要求高的结构，宜采用钢结构，因钢材有良好的韧性。

4. 高层建筑和高耸结构

当房屋层数多和高度大时，采用其他材料的结构，给设计和施工增加困难。因此，高层建筑的骨架宜采用钢结构。

高耸结构包括塔架和桅杆结构，如高压电线路的塔架、广播和电视发射用的塔架、桅杆等，宜采用钢结构。

5. 可拆卸的移动结构

需要搬迁的结构，如建筑工地生产和生活用房的骨架、临时性展览馆等，用钢结构最为适宜，因钢结构重量轻，而且便于拆装。

6. 容器和其他构筑物

冶金、石油、化工企业大量采用钢板制作容器，包括油罐、气罐、热风炉、高炉等。此外，经常使用的还有皮带通廊栈桥、管道支架等钢构筑物。

7. 轻型钢结构

当荷载较小时，小跨度结构的自重也就成为一个重要因素，这时采用钢结构较为合理。这类结构多用圆钢、小角钢或冷弯薄壁型钢制作。

(三) 钢结构的设计内容

为满足建筑方案的要求，从根本上保证结构安全，钢结构设计应包括以下内容：

（1）结构方案设计，包括结构选型、构件布置；

（2）材料选用及截面选择；

（3）作用及作用效应分析；

（4）结构的极限状态验算；

（5）结构、构件及连接的构造；

（6）制作、运输、安装、防腐和防火等要求；

（7）满足特殊要求结构的专门性能设计。

第二节 钢结构材料

一、钢材性能

钢材的主要力学性能包括屈服强度 f_y、抗拉强度 f_u、断后伸长率、冷弯性能、冲击韧性；需要检测的主要化学成分为硫、磷，对于焊接结构尚应检查碳当量。

钢材牌号由代表屈服强度的"屈"字汉语拼音首字母 Q、规定的最小屈服强度数值、质量等级符号（A、B、C、D、E、F）几部分组成。例如 Q355B 表示钢材的最小屈服强度为 355MPa，质量等级为 B（质量等级代表钢材的冲击韧性）。我国常用的钢材为 Q235、Q355、Q390、Q420、Q460 和 Q345GJ 等，其中 Q235 钢属于碳素钢，主要成分为铁和碳，其余钢材为低合金钢，即在碳素钢的基础上冶炼时加入锰、钒等合金元素，用于提高钢材强度。

在选用结构钢材时，应遵循技术可靠、经济合理的原则，综合考虑结构的重要性、荷载特征、结构形式、应力状态、连接方法、工作环境、钢材厚度和价格等因素，选择合适的钢材牌号和材料保证项目。结构钢的主要性能指标如下：

（1）屈服强度 f_y：又称屈服点，是衡量结构的承载能力和确定强度设计值的重要指标。钢材达到屈服点后，应变急剧增长，从而使结构变形迅速增大，以致不能继续使用。

（2）抗拉强度 f_u：是衡量钢材抵抗拉断的性能指标，直接反映钢材内部组织的优劣。

（3）断后伸长率：是衡量钢材塑性性能的重要指标。

（4）冷弯性能：表征钢材的弯曲变形性能和抗分层性能，是衡量钢材质量的综合性指标。

（5）硫、磷含量：硫、磷是钢材中的主要杂质，对钢材的力学性能和焊接接头的裂纹敏感性都有较大影响。

（6）焊接性能：主要取决于碳当量，碳当量越高，焊接性能越差，焊接难度越大。

（7）冲击韧性：表示材料在冲击荷载下抵抗变形和断裂的能力。

二、影响钢材机械性能的主要因素

钢结构有性质完全不同的两种破坏形式，即塑性破坏和脆性破坏。塑性破坏的主要特征是具有较大的、明显可见的塑性变形，且仅在构件中的应力达到抗拉强度后才发生。由于塑性破坏有明显的预兆，能及时发现而采取补救措施，因此，实际上结构是极少发生塑性破坏的。脆性破坏的特征是破坏前的塑性变形很小，甚至没有塑性变形，构件截面上的平均应力比较低（低于屈服点）。由于脆性破坏前无任何预兆，无法及时察觉予以补救，所以危险性极大。讨论影响钢材机械性能的因素时，应特别注意导致钢材变脆的因素。

1. 化学成分的影响

碳素钢中，铁元素含量约占 99%，其他元素有碳、磷、氮、硫、氧、锰、硅等，它们的总和约占 1%。低合金钢中，除上述元素外，还有合金元素，其含量小于或等于 5%。尽管碳和其他元素含量很小，但对钢材的机械性能却有着极大的影响。

普通碳素结构钢中，碳是除铁以外的最主要元素。随着含碳量的增加，钢材的强度提高，塑性、冲击韧性下降，冷弯性能、可焊性和抗锈蚀性能变差。因此，虽然碳是钢材获得足够强度的主要元素，但钢结构中，特别是焊接结构，并不采用含碳量高的钢材。

磷、氮、硫和氧是有害的杂质元素。随着磷、氮含量的增加，钢材的强度提高，塑性、冲击韧性严重下降，特别是在温度较低时促使钢材变脆（称冷脆），磷还会降低钢材的可焊性。硫和氧的含量增加会降低钢材的热加工性能，并降低钢材的塑性、冲击韧性，硫还会降低钢材的可焊性和抗锈蚀性能。所以，对磷、氮、硫和氧的含量应严格加以限制（均不超过 0.05%）。

锰和硅是有益的杂质元素，能起到脱氧的作用，当含量适中时，能提高钢材的强度，而对塑性和冲击韧性无明显影响。

2. 冶炼、浇铸的影响

我国目前钢结构用的钢，主要是由平炉和氧气转炉冶炼而成的。这两种冶炼方法炼制的钢，质量大体相当。

钢材冶炼后按浇铸方法（也称脱氧方法）的不同而分为沸腾钢、镇静钢、半镇静钢和特殊镇静钢。沸腾钢采用锰铁作脱氧剂，脱氧不完全，钢材质量较差，但成本低；镇静钢用锰铁加硅或铝脱氧，脱氧较彻底，材质好，但成本较高；半镇静钢脱氧程序、质量和成本介于沸腾钢和镇静钢之间；特殊镇静钢的脱氧程序比镇静钢更高，质量最好，但成本也最高。

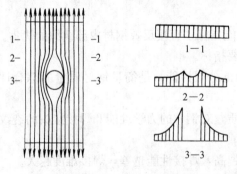

图 12-1　带圆孔试件的应力集中

3. 应力集中的影响

当构件截面的完整性遭到破坏，如开孔、截面改变等，构件截面的应力分布不再保持均匀，在截面缺陷处的附近产生高峰应力，而截面其他部分应力则较低，这种现象称为应力集中（图 12-1）。应力集中是导致钢材发生脆性破坏的主要因素之一。试验表明，截面改变越突然、尖锐程度越大的地方，应力集中越严重，引起脆性破坏的危险性就越大。因此，在结构设计中应使截面的构造合理。如截面必须改变时，要平缓过渡。构件制造和施工时，应尽可能防止造成刻槽等缺陷。

4. 温度影响与隔热

1）高温影响

钢材在正温范围内，约在 100℃ 以上时，随着温度的升高，钢材的强度降低，塑性增大。在 250℃ 左右，钢材的抗拉强度有所提高，而塑性、韧性均下降，这种现象称为蓝脆现象，故钢结构不宜在该温度范围内加工。当温度达到 500～600℃时，强度几乎为零。

高温环境下的钢结构温度超过 100℃时，应进行结构温度作用验算，并应根据不同情况采取防护措施：

① 当钢结构可能受到炽热熔化金属的侵害时，应采用砌块或耐热固体材料做成的隔热层加以保护；

② 当钢结构可能受到短时间的火焰直接作用时，应采用加耐热隔热涂层、热辐射屏蔽等隔热防护措施；

③ 当高温环境下钢结构的承载力不满足要求时，应采取增大构件截面、采用耐火钢或采用加耐热隔热涂层、热辐射屏蔽、水套隔热降温措施等隔热降温措施；

④ 当高强度螺栓连接长期受热达 150℃以上时，应采用加耐热隔热涂层、热辐射屏蔽等隔热防护措施。

2）低温影响

当温度低于常温时，随着温度的下降，钢材的强度有所提高，而塑性和冲击韧性下降，当温度下降到某一负温值时，钢材的塑性和冲击韧性急剧降低，这种现象称为钢材的低温冷脆现象（简称冷脆）。因此，处于低温条件下的结构，应选择耐低温性能比较好的钢材，如镇静钢，低合金结构钢。

5. 腐蚀影响与防腐

钢结构腐蚀是一个电化学过程，腐蚀速度与环境腐蚀条件、钢材质量、钢结构构造等有关，其所处的环境中水气含量和电解质含量越高，腐蚀速度越快。

（1）钢结构应遵循安全可靠、经济合理的原则，按下列要求进行防腐蚀设计：

1）钢结构防腐蚀设计应根据建筑物的重要性、环境腐蚀条件、施工和维修条件等要求合理确定防腐蚀设计年限；

2）防腐蚀设计应考虑环保节能的要求；

3）钢结构除必须采取防腐蚀措施外，尚应尽量避免加速腐蚀的不良设计；

4）防腐蚀设计中应考虑钢结构全寿命期内的检查、维护和大修。

（2）钢结构防腐蚀设计应综合考虑环境中介质的腐蚀性、环境条件、施工和维修条件等因素，因地制宜地选择防腐蚀方案或其组合：

1）防腐蚀涂料；

2）各种工艺形成的锌、铝等金属保护层；

3）阴极保护措施；

4）耐候钢。

（3）对危及人身安全和维修困难的部位，以及重要的承重结构和构件应加强防护。对处于严重腐蚀的使用环境且仅靠涂装难以有效保护的主要承重钢结构构件，宜采用耐候钢或外包混凝土。当某些次要构件的设计使用年限与主体结构的设计使用年限不相同时，次要构件应便于更换。

（4）结构防腐蚀设计应符合下列规定：

1）当采用型钢组合的杆件时，型钢间的空隙宽度宜满足防护层施工、检查和维修的要求；

2）不同金属材料接触会加速腐蚀时，应在接触部位采用隔离措施；

3）焊条、螺栓、垫圈、节点板等连接构件的耐腐蚀性能，不应低于主材材料；螺栓直径不应小于 12mm；垫圈不应采用弹簧垫圈；螺栓、螺母和垫圈应采用镀锌等方法防护，安装后再采用与主体结构相同的防腐蚀方案；

4）设计使用年限大于或等于 25 年的建筑物，对不易维修的结构应加强防护；

5）避免出现难于检查、清理和涂漆之处，以及能积留湿气和大量灰尘的死角或凹槽；闭口截面构件应沿全长和端部焊接封闭；

6）柱脚在地面以下的部分应采用强度等级较低的混凝土包裹（保护层厚度不应小于 50mm），包裹的混凝土高出室外地面不应小于 150mm，室内地面不宜小于 50mm，并宜采取措施防止水分残留；当柱脚底面在地面以上时，柱脚底面高出室外地面不应小于 100mm，室内地面不宜小于 50mm。

6. 钢材硬化的影响

钢材的硬化包括时效硬化和冷作硬化。时效硬化是指高温时溶化于铁中的少量氮和碳，随时间的增长逐渐从固溶体中析出，形成氮化物或碳化物，对钢材的塑性变形起遏制作用，从而使钢材强度提高、塑性和冲击韧性下降。冷作硬化（也称应变硬化）是指钢材在间歇重复荷载作用下，钢材的弹性区扩大，屈服点提高，而塑性和冲击韧性下降。钢结构设计中，不考虑硬化后强度提高的有利影响，相反，对重要的结构或构件要考虑硬化后塑性和冲击韧性下降的不利影响。

7. 焊接影响

焊接连接时，由于焊缝及其附近的高温区的金属经过高温和冷却的过程，金属内部组织发生了变化，使钢材变脆变硬。同时，焊接还会产生焊接缺陷和焊接应力，也是促使钢材发生脆性破坏的因素。

大量的脆性破坏事故说明，事故的发生经常是几种因素的综合。根据具体情况正确选用钢材是从根本上防止脆性破坏的办法，同时也要在设计、制造和使用上注意消除促使钢材向脆性转变的因素。

三、钢材的种类、选择和规格

（一）钢材的种类

《钢结构设计标准》GB 50017—2017（以下简称《钢结构标准》）推荐的承重结构用钢材有碳素结构钢（简称碳素钢）、低合金高强度结构钢（简称低合金钢）和高性能建筑结构用钢板三种。

1. 碳素钢

我国生产的专用于结构的碳素钢 Q235（Q 是屈服点的汉语拼音首位字母，数值表示钢材的屈服点，单位 N/mm^2）。钢结构用钢材主要是 Q235，其含碳量和强度、塑性、加工性能等均适中。碳素钢牌号的全部表示是 Q×××后附加质量等级和脱氧方法符号，如 Q235—A•F、Q235—C 等。Q235 钢共分为 A、B、C、D 四个质量等级（A 级最差，D 级最好）。A、B 级钢按脱氧方法分为沸腾钢（符号 F）、半镇静钢（符号 b）或镇静钢（符号 Z），C 级为镇静钢，D 级为特殊镇静钢（符号 TZ）；Z 和 TZ 在牌号中省略不写。

2. 低合金钢

根据《低合金高强度结构钢》GB/T 1591—2018，钢的牌号由代表屈服强度"屈"字的汉语拼音首字母 Q、规定的最小上屈服强度数值、交货状态代号、质量等级符号（B、C、D、E、F）四个部分组成。

(1) 交货状态为热轧时，交货状态代号 AR 或 WAR 可省略；交货状态为正火或正火轧制状态时，交货状态代号均用 N 表示。

(2) Q+规定的最小上屈服强度数值+交货状态代号，简称为"钢级"。

以 Q355ND 为例：Q—钢的屈服强度"屈"字汉语拼音的首字母；355—规定的最小上屈服强度数值，单位为 MPa；N—交货状态为正火或正火轧制；D—质量等级为 D 级。

低合金钢是在冶炼碳素钢时加一种或几种适量合金元素，以提高钢材强度、冲击韧性等而又不太降低其塑性。

钢结构常用的低合金钢有：Q345、Q390、Q420、Q460。

(二) 钢材的选择

选择钢材的目的是要在保证结构安全可靠的基础上，经济合理地使用钢材。通常要考虑：

1. 选择钢材的依据

(1) 结构或构件的重要性。

(2) 荷载性质：静力荷载或动力荷载。

(3) 连接方法：焊接、铆钉或螺栓连接。

(4) 工作条件：温度及腐蚀介质。

2. 建筑钢结构的选材要求

(1) 承重结构所用的钢材应具有屈服强度、抗拉强度、断后伸长率和硫、磷含量的合格保证，对焊接结构尚应具有碳当量的合格保证。

焊接承重结构以及重要的非焊接承重结构采用的钢材应具有冷弯试验的合格保证；对直接承受动力荷载或需验算疲劳的构件所用钢材尚应具有冲击韧性的合格保证。

(2) 钢材质量等级的选用应符合下列规定：

1) A 级钢仅可用于结构工作温度高于 0℃的不需要验算疲劳的结构，且 Q235A 钢不宜用于焊接结构。

2) 需验算疲劳的焊接结构用钢材应符合下列规定：

① 当工作温度 $t>0℃$ 时，其质量等级不应低于 B 级；

② 当工作温度 $0℃ \geqslant t > -20℃$ 时，Q235、Q345 钢不应低于 C 级，Q390、Q420 及 Q460 钢不应低于 D 级；

③ 当工作温度 $t \leqslant -20℃$ 时，Q235 钢和 Q345 钢不应低于 D 级，Q390 钢、Q420 钢、Q460 钢应选用 E 级。

3) 需验算疲劳的非焊接结构，其钢材质量等级要求可较上述焊接结构降低一级，但不应低于 B 级。吊车起重量不小于 50t 的中级工作制吊车梁，其质量等级要求应与需要验算疲劳的构件相同。

(3) 工作温度 $t \leqslant -20℃$ 的受拉构件及承重构件的受拉板材应符合下列规定：

1) 所用钢材厚度或直径不宜大于 40mm，质量等级不宜低于 C 级；

2）当钢材厚度或直径不小于 40mm 时，其质量等级不宜低于 D 级；

3）重要承重结构的受拉板材宜满足现行国家标准《建筑结构用钢板》GB/T 19879 的要求。

（三）型钢与钢板

钢结构所用的钢材主要有热轧钢板、热轧型钢以及冷弯薄壁型钢。

1. 热轧钢板

热轧钢板分为热轧厚板、薄板和扁钢。

热轧厚板的厚度为 4.5～60mm，常用于制作各种板结构和焊接组合截面，用途极为广泛。薄板厚度为 0.35～4mm，主要用于制作冷弯薄壁型钢。钢板常用"一宽度×厚度×长度"表示，短划线"一"表示钢板截面，例如－600×10×12000，单位为 mm。扁钢宽度≤200mm，应用较少。

2. 热轧型钢

我国市场的热轧型钢主要包括角钢、工字钢、槽钢、H 型钢、部分 T 型钢以及无缝钢管（图 12-2）。

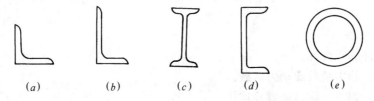

(a)　　　　(b)　　　　(c)　　　　(d)　　　　(e)

图 12-2　型钢的截面形式

(a) 等肢角钢；(b) 不等肢角钢；(c) 工字钢；(d) 槽钢；(e) 钢管

角钢：有等肢的和不等肢的两种。等肢角钢以肢宽和厚度表示，如 L100×10 为肢宽 100mm，厚 10mm 的等肢角钢。不等肢角钢则以两肢宽度和厚度表示，如 L100×80×8 为长肢宽 100mm、短肢宽 80mm，厚度为 8mm 的角钢。角钢长度一般为 4～19m。

槽钢：用号数表示，号数即为其高度的厘米数。号数 14 以上还附以字母 a 或 b 或 c 以区别腹板厚度，如 [32a 即高度为 320mm、腹板为较薄的槽钢。槽钢长度一般为 5～19m。

工字钢：与槽钢一样用号数表示，20 号以上也附以区别腹板厚度的字母。用 I 40c 即高度为 400mm、腹板为较厚的工字钢。常用的工字钢有普通工字钢和轻型工字钢两种。工字钢长度一般为 4～19m。

H 型钢：H 型钢与普通工字钢的区别在于翼缘内外表面平行，不像普通工字钢在翼缘的厚度方向有坡度，故便于与其他构件连接，应用极为广泛。H 型钢的标注方法为"H 高度×宽度×腹板厚度×翼缘厚度"，例如 H350×150×10×16，单位为 mm。

钢管：在网架及桁架结构中应用非常广泛，也可作为柱子使用，钢管的符号为"φ外径×厚度"，例如 φ95×5；除了热轧无缝钢管之外，由钢板焊接而成的钢管也很常用。

3. 冷弯薄壁型钢

冷弯薄壁型钢由钢板经冷加工（模压或冷弯）而成；截面种类多样，如角钢、槽钢、Z 型钢、帽型钢、圆管、方管、矩形钢管、压型钢板等。这些型钢可单独使用，也可形成组合截面，在轻型钢结构建筑中应用广泛（图 12-3）。

图 12-3 薄壁型钢的截面形式

第三节 钢结构的计算方法与基本构件设计

一、钢结构的计算方法

钢结构和混凝土结构、砌体结构一样，其设计也是要求结构或构件满足承载能力极限状态和正常使用极限状态的要求。

（一）承载能力极限状态

采用以概率理论为基础的极限状态设计方法（疲劳问题除外），用分项系数设计表达式进行计算，计算内容有强度和稳定（包括整体稳定、局部稳定）。但钢结构的设计表达式则采用应力形式，即

$$\gamma_0 \sigma_d \leqslant f_d \tag{12-1}$$

式中 γ_0——结构重要性系数，对安全等级为一级、二级、三级的结构构件可分别取 1.1、1.0、0.9（一般工业与民用建筑钢结构的安全等级应取为二级）；

σ_d——荷载（包括永久荷载和可变荷载）的设计值在结构构件截面或连接中产生的应力效应；

f_d——结构构件或连接的强度设计值。

《钢结构标准》给出了材料的设计用强度指标，计算时可直接查用（见《钢结构标准》第 4.4.1～4.4.3 条）。

（二）正常使用极限状态

钢结构或构件按正常使用极限状态设计时，应考虑荷载效应的标准组合，其表达式为：

$$\nu_k \leqslant [\nu] \tag{12-2}$$

式中 ν_k——荷载（包括永久荷载和可变荷载）的标准值在结构或构件中产生的变形值；

$[\nu]$——结构或构件的容许变形值。

《钢结构标准》给出了结构或构件的变形容许值，计算时直接查用（见《钢结构标准》附录 B）。

二、基本构件设计

钢结构的基本构件有轴心受力构件、受弯构件和拉弯、压弯构件。

（一）轴心受力构件

1. 轴心受力构件的应用和截面形式

轴心受力构件包括轴心受拉构件和轴心受压构件，也包括轴心受压柱。

在钢结构中，屋架、托架、塔架和网架等各种类型的平面或空间桁架以及支撑系统，通常由轴心受拉和轴心受压构件组成。工作平台、多层和高层房屋骨架的柱，承受梁或桁

架传来的荷载；当荷载为对称布置且不考虑水平荷载时，属于轴心受压柱。柱通常由柱头、柱身和柱脚三部分组成（图12-4）。

在普通桁架、塔架、网架及其支撑系统中的杆件，常采用图 12-5 所示的截面形式。轴心受压柱以及受力较大的轴心受力构件采用图 12-6 所示的截面形式，其中图 12-6（a）为实腹式构件，图 12-6（b）为格构式构件。

2. 轴心受拉构件的计算

设计轴心受拉构件时，根据结构的用途、构件受力大小和材料供应情况选用合理的截面形式。轴心受拉构件的计算包括强度和刚度两方面的内容。

（1）强度

轴心受拉构件的强度按下式计算：

毛截面屈服：

$$\sigma = \frac{N}{A} \leqslant f \qquad (12\text{-}3)$$

净截面断裂：

$$\sigma = \frac{N}{A_n} \leqslant 0.7 f_u \qquad (12\text{-}4)$$

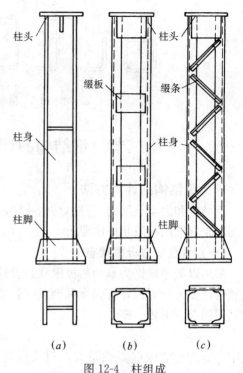

图 12-4　柱组成

（a）实腹式柱；（b）格构式柱（缀板式）；
（c）格构式柱（缀条式）

图 12-5　普通桁架杆件的截面形式

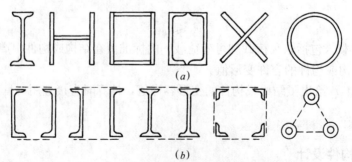

（b）

图 12-6　柱和重型桁架杆件的截面形式

（a）实腹式构件；（b）格构式构件

式中　N——所计算截面处的拉力设计值；

f——钢材的抗拉强度设计值；

A——构件的毛截面面积；

A_n——构件的净截面面积，当构件多个截面有孔时，取最不利的截面；

f_u——钢材的抗拉强度最小值。

（2）刚度

轴心受拉构件的刚度通常用长细比 λ 来衡量，长细比是构件的计算长度 l_0 与构件截面回转半径 i 的比值，即 $\lambda = l_0/i$。λ 愈小，构件刚度愈大，反之则刚度愈小。在材料力学中，$i = \sqrt{\dfrac{I}{A}}$。

λ 过大会使构件在使用过程中由于自重发生挠曲，在动荷载作用下容易产生振动，在运输和安装过程中容易产生弯曲。因此，设计时应使构件最大长细比不超过规定的容许长细比，即：

$$\lambda \leqslant [\lambda] \tag{12-5}$$

式中　$[\lambda]$——构件容许长细比，按表 12-1 采用。

受拉构件的容许长细比　　　　表 12-1

构件名称	承受静力荷载或间接承受动力荷载的结构			直接承受动力荷载的结构
	一般建筑结构	对腹杆提供平面外支点的弦杆	有重级工作制起重机的厂房	
桁架的构件	350	250	250	250
吊车梁或吊车桁架以下柱间支撑	300	—	200	—
除张紧的圆钢外的其他拉杆、支撑、系杆等	400	—	350	—

注：1. 除对腹杆提供平面外支点的弦杆外，承受静力荷载的结构受拉构件，可仅计算竖向平面内的长细比。

　　2. 在直接或间接承受动力荷载的结构中，计算单角钢受拉构件的长细比时，应采用角钢的最小回转半径，但计算在交叉点相互连接的交叉杆件平面外的长细比时，可采用与角钢肢边平行轴的回转半径。

　　3. 中级、重级工作制吊车桁架下弦杆的长细比不宜超过 200。

　　4. 在设有夹钳或刚性料耙等硬钩起重机的厂房中，支撑的长细比不宜超过 300。

　　5. 受拉构件在永久荷载与风荷载组合作用下受压时，其长细比不宜超过 250。

　　6. 跨度等于或大于 60m 的桁架，其受拉弦杆和腹杆的长细比，承受静力荷载或间接承受动力荷载时不宜超过 300，直接承受动力荷载时，不宜超过 250。

　　7. 柱间支撑按拉杆设计时，竖向荷载作用下柱子的轴力应按无支撑时考虑。

3. 实腹式轴心受压构件的计算

实腹式轴心受压构件的计算包括强度、整体稳定、局部稳定和刚度四个方面的内容。

（1）强度

轴心受压构件的强度计算公式同轴心受拉构件一样，采用公式（12-3），但式中 N 为轴心压力设计值，f 为钢材抗压强度设计值。

（2）整体稳定

1）概述

轴心受压构件的破坏形式主要分为两类。短而粗的杆件主要由强度控制，当构件某一截面上的平均应力达到控制应力，如屈服点后，即认为构件达到极限承载能力。细而长的杆件主要由整体稳定控制，在截面的平均应力远低于控制应力前，构件会由于变形突然增大而失去稳定，丧失继续承载的能力，这种破坏形式也称为屈曲。理论上任何材质的压杆都存在稳定问题，但是由于钢材强度高，杆件通常都比较细长，所以稳定问题较为突出。

实际的轴心压杆通常存在初始缺陷，例如荷载存在偏心，杆件存在初始弯曲变形，截面存在加工或者焊接引起的残余应力；通常将不考虑上述缺陷的压杆称为"理想轴心压杆"。

①初始缺陷

初始缺陷包括初弯曲和初偏心。构件在制造、运输和安装过程中，不可避免地会产生微小的初弯曲；由于构造或施工的原因，轴向压力没有通过构件截面的形心而形成偏心。这样，在轴向压力作用下，构件侧向挠度从加载起就会不断增加，使得构件除受有轴向压力作用外，实际上还存在因构件挠曲而产生的弯矩（图 12-7），从而降低了构件的稳定承载力。

②残余应力

残余应力是指构件受力前，构件内就已经存在自相平衡的初应力。构件的焊接、钢材的轧制、火焰切割等会产生残余应力。图 12-8 给出了焊接工字形截面构件的残余应力（焊接应力）的分布（"＋"号表示残余拉应力，"－"号表示残余压应力）。残余应力通常不会影响构件的静力强度承载力，因它本身自相平衡。但残余压应力将使其所处截面提早发展塑性，导致轴心受压构件的刚度和稳定承载力下降。

2）整体稳定计算

轴心受压构件整体稳定按下式计算：

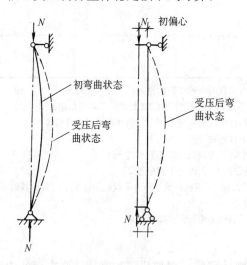

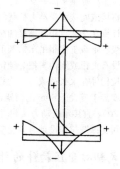

图 12-7　有初始缺陷的轴心受压构件　　　　图 12-8　残余应力分布

$$\frac{N}{\varphi A f} \leqslant 1.0 \tag{12-6}$$

式中　A——构件毛截面面积；

　　　φ——轴心受压构件稳定系数，它与构件的长细比、钢材屈服强度有关。

其他符号意义同前。

《钢结构标准》对各种截面形式、不同的加工方法以及相应的残余应力分布模式，并考虑了 1/1000 杆长的初弯曲，共计算了 96 条稳定系数 φ 与长细比 λ 的关系曲线，最后按相近的计算结果归纳为 a、b、c 三条 φ 曲线，如图 12-9 所示。

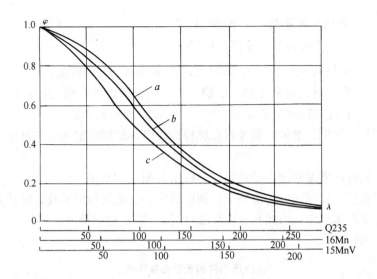

图 12-9　轴心受压构件 λ-φ 曲线

实际计算时，根据求得的构件的长细比，按钢材的种类、截面的分类（a、b、c、d 四类）查《钢结构标准》附录 D 得到轴心受压构件的稳定系数 φ 值。

（3）局部稳定

钢结构截面通常由若干矩形板件连接而成（圆管除外），板件之间相互支承。对于轴心受压杆件，各板件受到沿纵向分布的均布压力，也存在稳定性问题。当压力增大到一定程度后，在构件整体失稳前，个别板件可能会率先失去稳定性，偏离其正常位置而发生波形屈曲（图 12-10），导致此板件丧失承载能力或承载力降低，进而导致整个构件的承载力降低。钢结构设计时一般应避免局部失稳，但是对于四边支承杆件，可以利用其屈曲后承载力。

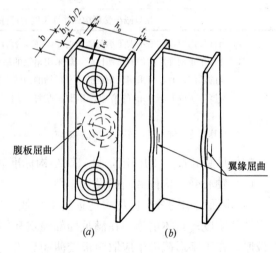

图 12-10　实腹式轴压构件局部屈曲
（a）腹板屈曲；（b）翼缘屈曲

《钢结构标准》对实腹式组合截面的轴心受压构件的局部稳定采取限制板件宽（高）厚比的办法来保证。对于工程中常用的工字形组合截面轴心受压构件，其板件宽厚比应符合下列规定：

翼缘板：

$$\frac{b_1}{t_1} \leqslant (10 + 0.1\lambda)\varepsilon_k \qquad (12\text{-}7)$$

腹板：

$$\frac{h_0}{t_w} \leqslant (25 + 0.5\lambda)\varepsilon_k \qquad (12\text{-}8)$$

式中 b_1、t_1——分别为翼缘板的外伸宽度和厚度；

h_0、t_w——分别为腹板的计算高度和厚度；

ε_k——钢材的屈服点 $\varepsilon_k = \sqrt{235/f_y}$，$f_y$ 为钢材的屈服强度；

λ——构件对截面两主轴（x 轴、y 轴）长细比中的较大值，即 $\lambda = \max(\lambda_x、\lambda_y)$；当 $\lambda < 30$ 时，取 30；当 $\lambda > 100$ 时，取 100。

由于轧制的工字钢、槽钢的翼缘板和腹板均较厚，局部稳定均能满足要求。

（4）刚度

轴心受压构件的刚度同轴心受拉构件一样用长细比来衡量。

对于受压构件，长细比更为重要。长细比过大，会使其稳定承载力降低太多，在较小荷载下就会丧失整体稳定，因此其容许长细比 [λ] 限制更应严格。受压构件的容许长细比按表 12-2 采用。

受压构件的长细比容许值　　　　　　　　表 12-2

构件名称	容许长细比
轴心受压柱、桁架和天窗架中的压杆	150
柱的缀条、吊车梁或吊车桁架以下的柱间支撑	150
支撑	200
用以减小受压构件计算长度的杆件	200

注：1. 当杆件内力设计值不大于承载能力的 50% 时，容许长细比值可取 200；

　　2. 计算单角钢受压构件的长细比时，应采用角钢的最小回转半径，但计算在交叉点相互连接的交叉杆件平面外的长细比时，可采用与角钢肢边平行轴的回转半径；

　　3. 跨度等于或大于 60m 的桁架，其受压弦杆、端压杆和直接承受动力荷载的受压腹杆的长细比不宜大于 120；

　　4. 验算容许长细比时，可不考虑扭转效应。

构件计算长度 l_0 的确定，见《钢结构标准》第 7.4.1 条表 7.4.1-1、表 7.4.1-2。

（5）轴心受压构件截面的设计原则

1）截面面积的分布应尽可能远离主轴线，以增加截面的回转半径，从而提高构件的稳定性和刚度；具体措施是在满足局部稳定和使用等条件下，尽量加大截面轮廓尺寸而减小板厚，在工字形截面中应取腹板较薄而翼缘较厚；

2）使两个主轴的稳定系数尽量接近，这样构件对两个主轴的稳定性接近相等，即等稳定设计；

3）便于与其他构件连接；

4）构造简单、制造方便；

5）选用能得到供应的钢材规格。

单角钢截面适用于塔架、桅杆结构。双角钢便于在不同情况下组成接近等稳定的压杆截面，常用于节点连接杆件的桁架中。用单独的热轧普通工字钢作轴心受压构件，制造最省工，但它的两个主轴回转半径相差较大，当构件对两个主轴的计算长度相差不多时，其两个主轴的稳定性相差很大，用料费。用三块钢板焊成的工字形组合截面轴压柱，具有组织灵活、截面的面积分布合理，便于采用自动焊和构造简单等特点。这种截面通常高度和宽度做得相同，当构件对两个主轴的计算长度相差一倍时，能接近等稳定，故应用最广泛。箱形、十字形、钢管截面，其截面对两个主轴的回转半径相近或相等，箱形截面的抗扭刚度大，但与其他构件的连接比较困难。格构式轴压构件的优点是肢件的间距可以调整，能够使两个主轴稳定性相等，用料较实腹式经济，但制作较费工。格构式轴心受压构件的计算有强度、整体稳定、单肢稳定、刚度及连接肢件的缀材计算等内容。

（二）受弯构件（梁）

1. 受弯构件的应用及截面形式

受弯构件是用以承受横向荷载的构件，也称之为梁，应用很广泛。例如建筑中的楼（屋）盖梁、檩条、墙架梁、工作平台梁以及吊车梁等。

梁按受力和使用要求可采用型钢梁和组合梁。前者加工简单、价格较廉，但截面尺寸受到规格的限制。后者适用于荷载和跨度较大、采用型钢梁不能满足受力要求的情况。

型钢梁通常采用热轧工字钢和槽钢 [图 12-11 (a)、(b)]，荷载和跨度较小时，也可采用冷弯薄壁型钢 [图 12-11 (c)、(d)]，但因截面较薄，对防腐要求较高。

组合梁由钢板用焊缝或铆钉或螺栓连接而成。其截面组成较灵活，可使材料在截面上的分布更为合理，用料省。用三块钢板焊成的工字形组合梁 [图 12-11 (e)]，构造简单、制作方便，故应用最为广泛。承受动荷载的梁，如钢材质量不满足焊接结构要求时，可采用铆接或高强度螺栓连接 [图 12-11 (f)]。当梁的荷载很大而其截面高度受到限制，或抗扭要求较高时，可采用箱形截面 [图 12-11 (g)]。

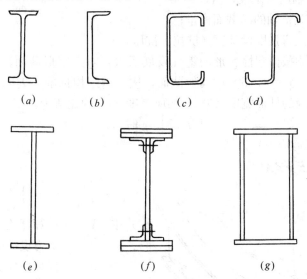

图 12-11　梁的截面形式

梁按其弯曲变形情况不同，分为仅在一个主平面内受弯的单向弯曲梁和在两个主平面内受弯的双向弯曲梁（也称斜弯曲梁）。工程中大多数是单向弯曲梁，屋面檩条和吊车梁等是双向弯曲梁。这里只讲单向弯曲梁。

2. 梁的计算

梁的计算包括强度、整体稳定、局部稳定和刚度四个方面的内容。

（1）强度

包括抗弯强度和抗剪强度计算。

梁在横向荷载作用下，在其截面中将产生弯曲正应力和剪应力（图 12-12），梁的截面通常由抗弯强度和抗剪强度确定。

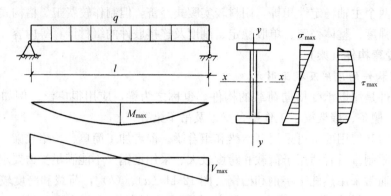

图 12-12　梁的内力与截面应力分布

1）抗弯强度（正应力）计算

梁的抗弯强度按下式计算：

$$\frac{M_x}{\gamma_x W_{nx}} \leqslant f \tag{12-9}$$

式中　M_x——绕 x 轴的弯矩设计值；

　　　W_{nx}——截面对 x 轴的净截面模量；

　　　f——钢材抗弯强度设计值（抗拉、抗压相同）；

　　　γ_x——考虑梁截面塑性变形的塑性发展系数，对工字形截面，$\gamma_x=1.05$；对箱形截面，$\gamma_x=1.05$；对其他截面，按《钢结构标准》表 8.1.1 采用。当梁受压翼缘的外伸宽度（b）与相应厚度（t）的比值为：

$$13\varepsilon_k < b/t \leqslant 15\varepsilon_k \text{ 时,} \gamma_x = 1.0$$

2）抗剪强度（剪应力）计算

梁的抗剪强度按下式计算：

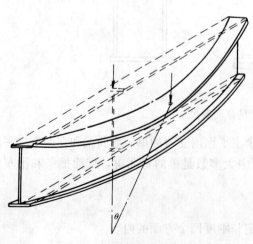

图 12-13　梁的整体失稳

$$\tau = \frac{VS}{It_w} \leqslant f_v \tag{12-10}$$

式中　V——计算截面沿腹板平面作用的剪力设计值；

　　　S——计算剪应力处以上毛截面对中和轴的面积矩；

　　　I——毛截面惯性矩；

　　　t_w——腹板的厚度；

　　　f_v——钢材抗剪强度设计值。

（2）整体稳定

1）概述

如图 12-13 所示，梁在最大刚度平面内弯曲（绕 x 轴弯曲），当受压翼缘的弯曲应力达到某一值后，就会出现平面的弯曲和扭转，最后使梁迅速丧失承载力，这种现象称梁丧失整体稳定。梁丧失整体稳定时的荷载一般低于强度破坏时的荷载，且失稳破坏是突然发生的，危害性大。因此，除计算梁的强度外，还必须验算其稳定性。稳定计算公式为：

$$\frac{M_x}{\varphi_b W_x f} \leqslant 1.0 \tag{12-11}$$

式中　M_x——绕 x 轴作用的最大弯矩设计值；

　　　W_x——按受压翼缘确定的梁毛截面模量；

　　　φ_b——梁的整体稳定系数，按《钢结构标准》附录 C 确定。

2）提高梁整体稳定性的措施

梁的整体稳定性与梁端支座约束，梁的侧向支撑布置，梁截面的惯性矩（平面外的惯性矩、极惯性矩、抗扭惯性矩），沿截面高度方向的荷载作用点位置等因素有关。限制支座处截面向外转动可以有效提高梁的整体稳定性。梁的整体失稳本质上是梁发生侧向弯曲及扭转变形，通过在梁面外施加能够阻止这种变形的面外支撑，可以有效提高梁的整体稳定性。此类支撑可以是间断式的支撑体系，也可以是连续的支撑体系，例如与梁可靠连接的楼板系统（钢筋混凝土板或符合一定连接要求的金属屋面板）。

《钢结构标准》规定，当铺板密铺在梁的受压翼缘上并与其牢固相连，能阻止梁受压翼缘的侧向位移时，可不计算其整体稳定。

（3）局部稳定

从经济的观点出发，设计组合梁截面时总是力求采用高而薄的腹板以增大截面的抗弯刚度；采用宽而薄的翼缘板以提高梁的整体稳定。但当钢板过薄时，腹板或受压翼缘在尚未达到强度限值或丧失整体稳定之前，就可能发生波曲或屈曲而偏离其正常位置，这种现象称为梁的局部失稳。梁的局部失稳会恶化梁的整体工作性能，必须避免。

为保证梁受压翼缘的局部稳定，应满足：

$$\frac{b_1}{t} \leqslant 15\varepsilon_k \tag{12-12}$$

式中　b_1、t——分别为受压翼缘的外伸宽度和厚度。

为保证梁腹板的局部稳定，较为经济的办法是设置加劲肋（图 12-14）。按腹板高（h_0）厚（t_w）比的不同，当 $h_0/t_w \leqslant 80\varepsilon_k$ 时，一般梁不设置加劲肋；当 $80\varepsilon_k < h_0/t_w \leqslant 170\varepsilon_k$ 时，应设置横向加劲肋；当 $h_0/t_w > 170\varepsilon_k$ 时，一般应设置横向加劲肋和在受压区设置纵向加劲肋（详见《钢结构标准》第 6.3.2 条）。

当梁上作用集中荷载时，应设置

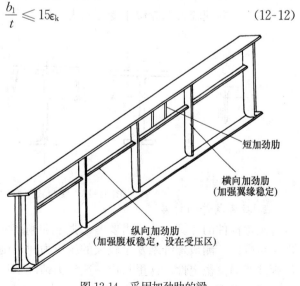

短加劲肋

横向加劲肋
（加强翼缘稳定）

纵向加劲肋
（加强腹板稳定，设在受压区）

图 12-14　采用加劲肋的梁

短加劲肋。

轧制的工字钢和槽钢，其翼缘和腹板都比较厚，不会发生局部失稳，不必采取措施。

（4）刚度

梁的刚度用变形（即挠度）来衡量，变形过大会影响正常使用，同时也给人带来不安全感。

梁的刚度应满足：

$$\nu \leqslant [\nu] \tag{12-13}$$

式中　ν——梁的最大挠度，按材料力学中计算杆件挠度的方法计算；

[ν]——梁的容许挠度，按《钢结构标准》附录 B.1 采用。

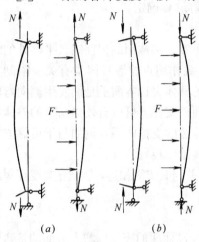

图 12-15　拉弯和压弯构件
（a）拉弯构件；（b）压弯构件

（三）拉弯和压弯构件

拉弯和压弯构件的应用及截面形式

拉弯和压弯构件是指同时承受轴心拉力或轴心压力及弯矩的构件，也称为偏心受拉或偏心受压构件。拉弯和压弯构件的弯矩可以由纵向荷载不通过构件截面形心的偏心引起，也可由横向荷载引起（图 12-15）。

钢结构中常采用拉弯和压弯构件，尤其是压弯构件的应用更为广泛。例如单层厂房的柱、多层或高层房屋的框架柱、承受不对称荷载的工作平台柱、支架柱等。桁架中承受节间荷载的杆件则常是压弯或拉弯构件。

拉弯和压弯构件，当弯矩较小时，它们的截面形式与一般轴心受力构件截面形式相同（图 12-15、图 12-16）；当弯矩较大时，应采用在弯矩作用平面内高度较大的截面。对于压弯构件，如只有一个方向的弯矩较大时（如绕 x 轴的弯矩），可采用如图 12-16 所示的单轴对称的截面形式，并使较大翼缘位于受压较大一侧。

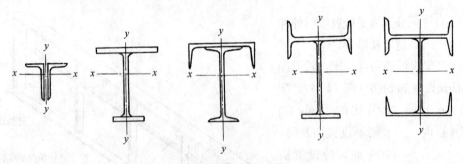

图 12-16　实腹式压弯构件截面形式

1. 拉弯构件的计算

拉弯构件的计算一般只需要考虑强度和刚度两个方面。但对以承受弯矩为主的拉弯构件，当截面一侧最外纤维发生较大的压应力时，则也应考虑和计算构件的整体稳定以及受压板件的局部稳定性。这里只讲一般受力情况下拉弯构件的计算。

（1）强度

拉弯构件的截面上，除有轴心拉力产生的拉应力外，还有弯矩产生的弯曲应力，构件截面的应力应为两者之和（图12-17）。截面设计时，应按截面上最大正应力计算强度：

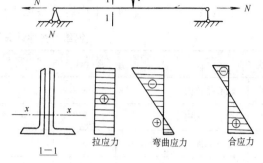

$$\frac{N}{A_n} \pm \frac{M_x}{\gamma_x W_{nx}} \leqslant f \qquad (12\text{-}14)$$

式中　N、M_x——分别为轴心拉力设计值和绕 x 轴的弯矩设计值。其余符号意义同前。

图 12-17　拉弯构件截面应力分布

（2）刚度

拉弯构件的刚度计算与轴心受拉构件相同，其容许长细比也相同。

2. 压弯构件的计算

实腹式压弯构件的计算包括强度、整体稳定、局部稳定和刚度四个方面的内容。

（1）强度

压弯构件的强度计算公式同拉弯构件一样采用公式（12-14）计算，但式中 N 为轴心压力的设计值。

（2）整体稳定

压弯构件的承载力通常是由稳定性来决定的。现以弯矩在一个主平面内作用的压弯构件为例，说明其丧失整体稳定现象（图12-18）。在 N 和 M_x 共同作用下，一开始构件就在弯矩作用平面内发生变形，呈弯曲状态，当 N 和 M_x 同时增加到一定值时则达到极限，超过此极限，构件的内外力平衡被破坏，表现出构件不再能够抵抗外力作用而被压溃，这种现象称为构件在弯矩作用平面内丧失整体稳定 [图 12-18（a）]。

对侧向刚度较小的压弯构件，当 N 和 M_x 增加到一定值时，构件在弯矩作用平面外不能保持平直，突然发生平面外的弯曲变形，并伴随截面绕纵轴的扭转，从而丧失承载力，这种现象称为构件在弯矩作用平面外丧失稳定 [图 12-18（b）]。

压弯构件需要进行弯矩作用平面内和弯矩作用平面外的稳定计算，计算较复杂。有关整体稳定计算，参照《钢结构标准》有关规定。

（3）局部稳定

实腹式压弯构件，当板件过薄时，腹板或受压翼缘在尚未达到强度极限值或构件丧失整体稳定之前，就可能发生波曲及屈曲（即局部失稳）。压弯构件的局部稳定采用限制板件宽（高）厚比的方法来保证。

（4）刚度

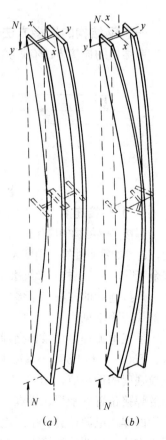

图 12-18　压弯构件两种整体屈曲（两端铰接）

（a）弯矩作用平面内（弯曲）屈曲；
（b）弯矩作用平面外（弯扭）屈曲

压弯构件的刚度计算与轴心受压构件相同，容许长细比也相同。

以上钢结构构件计算的基本内容可参见表 12-3。

钢结构构件计算的基本内容　　　　　　　　　　表 12-3

序号	计算项目 构件类别	强度计算	整体稳定计算	局部稳定计算	长细比计算	挠度位移等变形计算	疲劳计算
1	轴心受拉构件	•			•		
2	轴心受压构件	•	•	•	•		
3	受弯构件	•	•	•		•	
4	拉弯构件	•			•	•	
5	压弯构件	•	•	•	•	•	
6	受重级吊车荷载的吊车梁	•	•	•	•	•	•

第四节　钢结构的连接

一、钢结构的连接方法

钢结构的连接方法有焊接连接、铆钉连接和螺栓连接（图 12-19）。

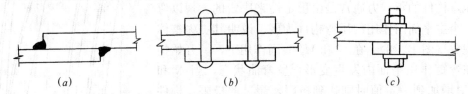

(a)　　　　　　　　　(b)　　　　　　　　　(c)

图 12-19　钢结构的连接方法
(a) 焊接连接；(b) 铆钉连接；(c) 螺栓连接

（一）焊接连接

焊接是钢结构中应用最广泛的一种连接方法。它的优点是构造简单，用钢量省，加工简便，连接的密封性好，刚度大，易于采用自动化操作。缺点是焊件会产生焊接残余应力和焊接残余变形；焊接结构对裂纹敏感，局部裂纹会迅速扩展到整个截面；焊缝附近材质变脆。

焊接连接的方法有很多，其中手工电弧焊、自动或半自动埋弧电弧焊和二氧化碳气体保护焊最为常见。

手工电弧焊由焊条，夹焊条的焊把，电焊机，焊件和导线组成。常用的焊条为 E43××、E50×× 和 E55×× 型。字母 E 表示焊条，后面的两位数表示熔敷金属（焊缝金属）抗拉强度的最小值，如 43 表示熔敷金属抗拉强度为 $f_u=43kg/mm^2$；第三位数字表示适用的焊接位置（平焊、横焊、立焊和仰焊）；第三位和第四位数字组合时表示药皮类型和适用的焊接电源种类。手工电弧焊设备简单，操作灵活，适用性强，是钢结构中最常用的焊接方法。后两种焊接方法的生产效率高，焊接质量好，在金属结构制造厂中常用。

（二）铆钉连接

铆钉连接是将一端带有预制钉头的铆钉，插入被连接构件的钉孔中，利用铆钉或压铆机将另一端压成封闭钉头而成。铆钉连接因费钢费工，劳动条件差，成本高，现已很少采用。但因铆钉连接的塑性和韧性好，传力可靠，质量易于检查，所以在某些重型和经常受动力荷载作用的结构，有时仍采用铆钉连接。

（三）螺栓连接

螺栓连接可分为普通螺栓连接和高强度螺栓连接。

1. 普通螺栓连接

主要用在安装连接和可拆装的结构中。普通螺栓有两种类型：一种是粗制螺栓（称为C级），它的制作精度较差，孔径比栓杆直径大 1.0～1.5mm，便于制作和安装。粗制螺栓连接，适用于承受拉力，而受剪性能较差。因此，它常用于承受拉力的安装螺栓连接（同时有较大剪力时常另加承托承受），次要结构和可拆卸结构的抗剪连接，以及安装时的临时固定。另一种是精制螺栓（A级或B级），它的制作精度较高，孔径比栓杆直径只大0.2～0.5mm，连接的受力性能较粗制螺栓连接好，但其制作和安装都较费工，价格昂贵，故钢结构中较少采用。

2. 高强度螺栓连接

包括螺帽和垫圈，均采用高强度材料制作。安装时，用特制的扳手拧紧螺母给栓杆施加很大的预拉力，从而在被连接板件的接触面上产生很大的压力（图 12-20）。当受剪力时，按设计和受力要求的不同，可分为摩擦型和承压型两种。

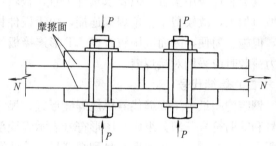

图 12-20　高强度螺栓连接

摩擦型高强度螺栓连接：这种连接仅依靠板件接触面间的摩擦力传递剪力，即保证连接在整个使用期间剪力不超过最大摩擦力。这种连接，板件间不会产生相对滑移，其工作性能可靠，耐疲劳，在我国已取代铆钉连接并得到愈来愈广泛的应用，可应用于非地震区，也可用于地震区。

承压型高强度螺栓连接：这种连接是依靠板件间的摩擦力与栓杆承压和抗剪共同承受剪力。连接的承载力较摩擦型的高，可节约螺栓。但这种连接受剪时的变形比摩擦型大，所以只适用于承受静荷载和对结构变形不敏感的连接中，不宜用于地震区。

高强度螺栓的强度等级分 8.8 级和 10.9 级两种。小数点前"8"和"10"表示螺栓经热处理后的最低抗拉强度；".8"和".9"表示螺栓经热处理后的屈服点与抗拉强度之比。如 8.8 级表示螺栓经热处理后的最低抗拉强度 $f_u \geqslant 800N/mm^2$，屈服点与抗拉强度之比为0.8。高强度螺栓连接采用标准圆孔，其孔径比栓杆直径大 1.5～3.0mm。

二、焊接连接的构造和计算

（一）连接形式和焊缝形式

连接形式有对接、搭接和 T 形连接三种基本形式（图 12-21）。

焊缝形式有对接焊缝和角焊缝两种。对接焊缝指焊缝金属填充在由被连接板件构成的坡口内，成为被连接板件截面的组成部分 [图 12-21 (a)、(d)]。角焊缝指焊缝金属填充在由被连接板件构成的直角或斜角区域内 [图 12-21 (b)、(c)]。板件构成为直角时称为直角角焊缝；为锐角或钝角时称为斜角角焊缝。直角角焊缝最常用。

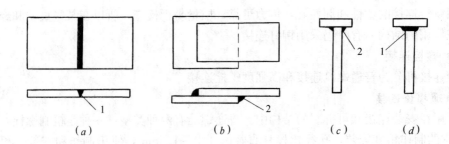

图 12-21　焊接连接的形式

(a) 对接；(b) 搭接；(c)、(d) T 形连接

1—对接焊缝；2—角焊缝

由对接焊缝构成的对接，构件位于同一平面，截面无显著变化，传力直接，应力集中小，钢板和焊条用量省。但要求构件平直，板较厚时（≥10mm）还要对板的焊接边缘进行坡口加工，故较费工。角焊缝连接，由于板件相叠，截面突变，应力集中较大，且较费料，但施工简便，因而应用较普遍。T 形连接板件相互垂直，一般采用角焊缝，直接承受动力荷载时应采用对接焊缝。

（二）焊缝代号

钢结构图纸中用焊缝代号标注焊缝形式、尺寸和辅助要求。焊缝代号由引出线、图形符号和辅助符号三部分组成。图形符号表示焊缝剖面的基本形式。当引出线的箭头指向焊缝所在的一面时，应将图形符号和焊缝尺寸等注在水平横线的上面；当箭头指向对应焊缝所在的另一面时，则应将图形符号和焊缝尺寸标注在水平横线下面。表 12-4 给出了几个常用的焊缝代号标注方法。

焊　缝　代　号　　　　　　　　　　　　　　　表 12-4

焊缝	角　焊　缝				槽焊缝	对接焊缝
	单面焊缝	双面焊缝	安装焊缝	周围焊缝		
形式						
标注方法						

（三）对接焊缝连接的构造和计算

1. 对接焊缝的构造

（1）对接焊缝的坡口形式，宜根据板厚和施工条件按现行标准《钢结构焊接规范》GB 50661的要求选用。

（2）在对接焊缝的拼接处：当焊件的宽度不同或厚度相差4mm以上时，应分别在宽度方向或厚度方向从一侧或两侧做成坡度不大于1：2.5的斜角（图12-22）。

（3）对接焊缝的起点和终点，常因不能熔透而出现凹形焊口，为避免其受力而出现裂纹及应力集中，对于重要的连接，焊接时应采用引弧板，将焊缝两端引至引弧板上，然后再将多余的部分割除（图12-23）。

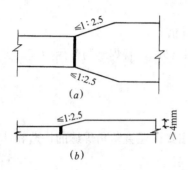

图12-22 变宽度变厚度钢板的焊接
（a）变宽度；（b）变厚度

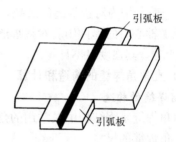

图12-23 对接焊缝的引弧板

2. 对接焊缝的计算

（1）对接焊缝的强度

《钢结构工程施工质量验收规范》对焊缝的质量检验标准分成三级：一、二级要求焊缝不但要通过外观检查，同时要通过X光或γ射线的一、二级检验标准；三级则只要求通过外观检查。能通过一、二级检验标准的焊缝，其质量为一、二级，焊缝的抗拉强度设计值与焊件的抗拉强度设计值相同；未通过一、二级检验标准或只通过外观检查的对接焊缝，其质量均属于三级，焊缝的抗拉强度设计值为焊件强度设计值的0.85倍。当对接焊缝承受压力或剪力时，焊缝中的缺陷对强度无明显影响。因此，对接焊缝的抗压和抗剪强度设计值均与焊件的抗压和抗剪强度设计值相同。

（2）对接焊缝的计算

对接焊缝截面上的应力分布与焊件截面上的应力分布相同，按力学中计算杆件截面应力的方法计算焊缝截面的应力，并保证不超过焊缝的强度设计值。

对接焊缝在轴向力（拉力或压力）作用下［图12-24（a）］，假设焊缝截面上的应力是均匀分布的，按下式计算：

$$\sigma = \frac{N}{l_{\mathrm{w}}t} \leqslant f_{\mathrm{t}}^{\mathrm{w}} \text{ 或 } f_{\mathrm{c}}^{\mathrm{w}} \tag{12-15}$$

式中　N——轴心拉力或轴心压力设计值；

l_{w}——焊缝计算长度，取等于焊件宽度，当未采用引弧板时取焊件宽度减去10mm；

t——对接接头中较薄焊件厚度（T形接头中为腹板厚度）；

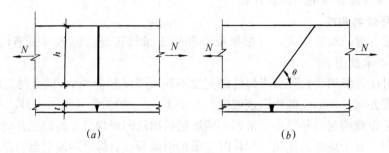

图 12-24
(a) 直焊缝；(b) 斜焊缝

f_{t}^{w}、f_{c}^{w}——分别为对接焊缝的抗拉，抗压强度设计值。

当承受轴心力的焊件用斜对接焊缝时 [图 12-24 (b)]，若焊缝与作用力间的夹角符合 $\tan\theta \leqslant 1.5$ 时，其强度可不计算。

（四）直角角焊缝的构造和计算

1. 角焊缝的构造

直角角焊缝是钢结构中最常用的角焊缝。这里主要讲述直角角焊缝的构造和计算。

（1）角焊缝的尺寸

1）焊脚尺寸。直角角焊缝中最常用的是普通式 [图 12-25 (a)]，其他如平坡凸形 [图 12-25 (b)]、凹面形 [图 12-25 (c)] 主要是为了改变受力状态，减小应力集中，一般多用于直接承受动力荷载的结构构件的连接中。角焊缝的焊脚尺寸是指角焊缝的直角边，以其中较小的直角边 h_{f} 表示（图 12-25），与 h_{f} 成 45°喉部的长度为角焊缝的有效高度 h_{e}（亦即角焊缝的计算高度），$h_{e}=\cos 45° \times h_{f} \approx 0.7 h_{f}$。

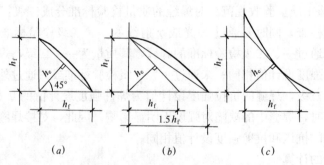

图 12-25 直角角焊缝截面的有效高度
(a) 普通形；(b) 平坡凸形；(c) 凹形

2）角焊缝计算长度。焊缝计算长度 l_{w} 取其实际长度减去 $2h_{f}$（5mm）的影响。

角焊缝按外力作用方向分为平行于外力作用方向的侧面角焊缝和垂直于外力作用方向的正面角焊缝或称端焊缝（图 12-26）。

（2）角焊缝的尺寸限制

1）角焊缝的焊脚尺寸

角焊缝最小焊脚尺寸宜按表 12-5 取值，承受动荷载的角焊缝最小焊脚尺寸为 5mm。

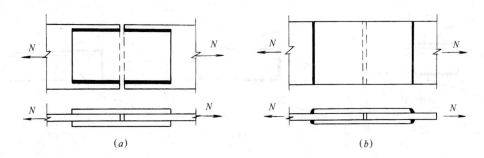

图 12-26

(a) 侧面角焊缝；(b) 正面角焊缝

角焊缝最小焊脚尺寸（mm） 表 12-5

母材厚度 t	角焊缝最小焊脚尺寸 h_f
$t \leqslant 6$	3
$6 < t \leqslant 12$	5
$12 < t \leqslant 20$	6
$t > 20$	8

注：1. 采用不预热的非低氢焊接方法进行焊接时，t 等于焊接连接部位中较厚件厚度，宜采用单道焊缝；采用预热的非低氢焊接方法或低氢焊接方法进行焊接时，t 等于焊接连接部位中较薄件厚度；

　　2. 焊缝尺寸 h_f 不要求超过焊接连接部位中较薄件厚度的情况除外。

搭接焊缝沿母材棱边的最大焊脚尺寸，当板厚不大于 6mm 时，应为母材厚度，当板厚大于 6mm 时，应为母材厚度减去 1~2mm（图 12-27）。

2）角焊缝的计算长度

角焊缝的最小计算长度应为其焊脚尺寸 h_f 的 8 倍，且不应小于 40mm；焊缝计算长度应为扣除引弧、收弧长度后的焊缝长度。

断续角焊缝焊段的最小长度不应小于最小计算长度。

角焊缝的搭接焊接连接中，当

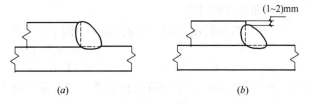

图 12-27 搭接焊缝沿母材棱边的最大焊脚尺寸

(a) 母材厚度小于等于 6mm 时；(b) 母材厚度大于 6mm 时

焊缝计算长度 l_w 超过 $60h_f$ 时，焊缝的承载力设计值应乘以折减系数 α_f，$\alpha_f = 1.5 - \dfrac{l_w}{120h_f}$，并不小于 0.5。

（3）其他构造要求

1）传递轴向力的部件，其搭接连接最小搭接长度应为较薄件厚度的 5 倍，且不应小于 25mm，并应施焊纵向或横向双角焊缝。

2）只采用纵向角焊缝连接型钢杆件端部时，型钢杆件的宽度不应大于 200mm，当宽度大于 200mm 时，应加横向角焊缝或中间塞焊；型钢杆件每一侧纵向角焊缝的长度不应小于型钢杆件的宽度。

3）型钢杆件搭接连接采用围焊时，在转角处应连续施焊。杆件端部搭接角焊缝作绕焊时，绕焊长度不应小于焊脚尺寸的 2 倍，并应连续施焊（图 12-28）。

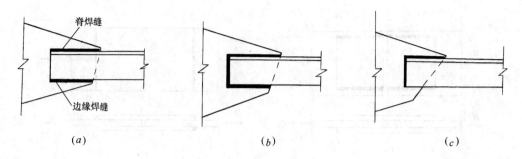

图 12-28 角钢与节点板的焊缝连接

(a) 两面侧焊；(b) 三面围焊；(c) L形围焊

4) 在次要构件或次要焊接连接中，可采用断续角焊缝。断续角焊缝焊段的长度不得小于 $10h_f$ 或 50mm，其净距不应大于 $15t$ （对受压构件）或 $30t$ （对受拉构件），t 为较薄焊件厚度。腐蚀环境中不宜采用断续角焊缝。

2. 角焊缝的计算

（1）计算原则

角焊缝的受力状态十分复杂，建立角焊缝的计算公式主要靠试验分析。通过对角焊缝的大量试验分析，得到如下结论及计算原则：

1) 计算时，不论角焊缝受力方向如何，均取角焊缝在 45°喉部截面为计算截面，计算截面高度为 h_e（不考虑余高，图 12-25）。

2) 正面角焊缝的强度一般为侧面角焊缝强度的 1.35～1.55 倍。

3) 角焊缝的抗拉、抗压、抗剪设计强度设计值均采用同一指标，用 f_f^w 表示。

（2）角焊缝的计算

1) 在与焊缝长度方向平行的轴心力作用下 [图 12-26（a）]：

$$\tau_f = \frac{N}{h_e l_w} \leqslant f_f^w \tag{12-16}$$

式中 τ_f——按角焊缝的计算截面计算，沿焊缝长度方向的剪应力；

  N——轴心力（拉力、压力、剪力）；

  h_e——角焊缝计算截面的高度，直角角焊缝取 $0.7h_f$；

  l_w——角焊缝的计算长度，对每条焊缝取其实际长度减去 $2h_f$；

  f_f^w——角焊接的强度设计值。

2) 在与焊缝长度方向垂直的轴心力作用下 [图 12-26（b）]

$$\sigma_f = \frac{N}{h_e l_w} \leqslant \beta_f f_f^w \tag{12-17}$$

式中 σ_f——按角焊缝计算截面计算，垂直于焊缝长度方向的应力；

  β_f——正面角焊缝强度提高系数，直接承受动荷载时取 1.0；其他荷载情况取 1.22。

3) 角焊缝在其他力或各种力综合作用下的计算：

图 12-29（a）为搭接连接，图 12-29（b）为 T 形连接，在轴心力 N、剪力 V 和扭矩 T 或弯矩 M 的共同作用下，焊缝危险点（图中 A 点）应满足：

$$\sqrt{\left(\frac{\sigma_f}{\beta_f}\right)^2 + \tau_f^2} \leqslant f_f^w \tag{12-18}$$

式中　σ_f——按焊缝有效截面（$h_e l_w$）计算，垂直于焊缝长度方向的应力；

　　τ_f——按焊缝有效截面计算，沿焊缝长度方向的剪应力。

其他符号同前。

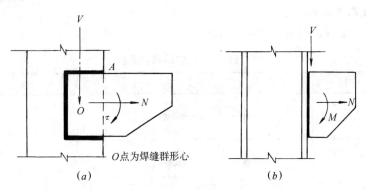

图 12-29　角焊缝受到几种力的综合作用

三、螺栓连接的构造与计算

（一）螺栓连接的构造

1. 螺栓的排列

螺栓的排列分并列和错列两种形式（图 12-30）。并列形式比较简单，整齐，应尽可能采用；错列形式可以减少钢板截面面积的削弱，在型钢的肢上布置螺栓时，常受到肢宽的限制而必须采用错列。

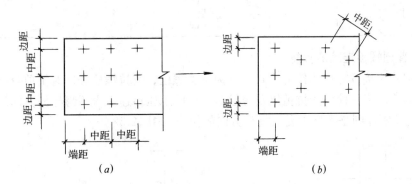

图 12-30　螺栓的排列

（a）并列；（b）错列

中距：$3d_0$；端距（顺力方向）：$2d_0$；边距（垂直力方向）：$1.5d_0$

d_0——螺栓（或铆钉）孔径

2. 螺栓排列的要求

（1）受力要求：按受力要求，螺栓的间距不宜过大或过小。例如，受压构件顺作用力方向的中距过小时，构件容易压屈鼓出；端距过小时，前部钢板则可能被剪坏。

（2）构造要求：螺栓间距过大时，构件接触面不严密，当湿度较大时，潮气易侵入，使钢材锈蚀，故螺栓间距不能过大。

（3）施工要求：布置螺栓时，还要考虑用扳手拧螺栓的可能性。

根据上述三个方面的要求，《钢结构标准》规定了螺栓排列的最大、最小容许距离（见《钢结构标准》表11.5.2）。

3. 螺栓及孔的图例

螺栓、孔、电焊铆钉的图例见表12-6。

螺栓、孔、电焊铆钉图例   表 12-6

序号	名　称	图　例	说　明
1	永久螺栓		
2	高强螺栓		
3	安装螺栓		1. 细"＋"线表示定位线 2. M 表示螺栓型号 3. ϕ 表示螺栓孔直径
4	胀锚螺栓		4. d 表示膨胀螺栓、电焊铆钉直径
5	圆形螺栓孔		5. 采用引出线标注螺栓时，横线上标注螺栓规格，横线下标注螺栓孔直径
6	长圆形螺栓孔		
7	电焊铆钉		

（二）普通螺栓连接的计算

普通螺栓连接按螺栓的传力方式可分为抗剪螺栓、抗拉螺栓和同时抗剪及抗拉螺栓连接。抗剪螺栓是依靠栓杆的抗剪以及螺栓对孔壁的承压传递垂直于螺栓杆方向的剪力（图12-31）；抗拉螺栓则是螺栓承受沿杆长方向的拉力（图12-32）。

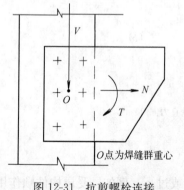

图 12-31　抗剪螺栓连接   图 12-32　抗拉螺栓连接

1. 抗剪普通螺栓连接的计算

（1）连接的破坏形式

抗剪普通螺栓连接有五种可能的破坏形式：

1）当螺栓直径较小，板件较厚时，螺栓可能被剪断［图 12-33（*a*）］；

2）当螺栓直径较大，板件相对较薄时，构件孔壁可能被挤压破坏［图 12-33（*b*）］；

3）当栓孔对构件的削弱过大时，构件可能在削弱处被拉断［图 12-33（*c*）］；

4）当螺栓杆过长时，螺栓杆可能发生过大的弯曲变形而使连接破坏［图 12-33（*d*）］；

5）当端距过小时，板端可能受冲剪而破坏［图 12-33（*e*）］。

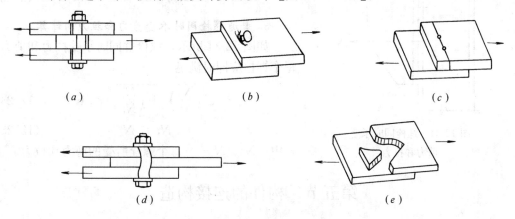

(a) (b) (c)

(d) (e)

图 12-33　抗剪普通螺栓连接的破坏形式

上述五种情况中，后两种情况可以采取构造措施防止，如被连接构件板重叠厚度不大于 5 倍的螺栓直径，可以避免螺栓过度弯曲破坏；端距不小于 2 倍螺栓的孔径，可以避免构件端部板被剪坏。前三种情况则须通过计算来保证。

（2）抗剪普通螺栓连接的计算。

1）一个抗剪螺栓的承载力设计法

抗剪设计承载力：

$$N_v^b = n_v \frac{\pi d^2}{4} f_v^b \tag{12-19}$$

承压设计承载力：

$$N_c^b = d \sum t f_c^b \tag{12-20}$$

式中　n_v——螺栓的受剪面数，单面受剪时，取 $n_v = 1$，双面受剪时，取 $n_v = 2$；

　　　d——螺栓杆直径，常用的直径有 16mm、20mm；

　　$\sum t$——在不同受力方向中，同一方向受力的承压构件的总厚度的较小值；

f_v^b、f_c^b——分别为螺栓的抗剪强度设计值和承压强度设计值，按《钢结构标准》表 4.4.6 采用。

2）抗剪螺栓连接的计算

如图 12-31 所示，抗剪螺栓连接在几种外力综合作用下，每个螺栓应满足：

$$N_v \leqslant N_v^b \text{ 及 } N_c^b \tag{12-21}$$

2. 抗拉螺栓连接的计算

如图 12-32 所示，普通螺栓承受沿螺栓杆轴线方向的拉力 N 的作用，此时一个螺栓的抗拉承载力设计值为：

$$N_t^b = \frac{\pi d_e^2}{4} f_t^b \qquad (12\text{-}22)$$

式中　d_e——螺栓在螺纹处的有效直径；

f_t^b——螺栓抗拉强度设计值，按《钢结构标准》表 4.4.6 采用。

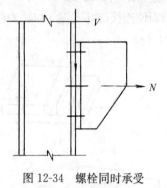

图 12-34　螺栓同时承受
剪力和拉力

抗拉螺栓连接中，每个螺栓应满足：

$$N_t \leqslant N_t^b \qquad (12\text{-}23)$$

3. 普通螺栓同时承受剪力和拉力的计算

如图 12-34 所示，螺栓群同时承受拉力和剪力，每个螺栓应同时满足：

$$\sqrt{\left(\frac{N_v}{N_v^b}\right)^2 + \left(\frac{N_t}{N_t^b}\right)^2} \leqslant 1 \qquad (12\text{-}24)$$

$$N_v \leqslant N_c^b \qquad (12\text{-}25)$$

式中　N_v、N_t——每个螺栓所受的剪力和拉力。

第五节　构件的连接构造

单个构件必须通过相互连接才能形成整体。构件间的连接，按传力和变形情况可分为铰接、刚接和介于二者之间的半刚接三种基本类型。半刚接在设计中采用较少，故这里仅讲述铰接和刚接的构造。

（一）次梁与主梁的连接

1. 次梁与主梁铰接

次梁与主梁铰接从构造上可分为两类：一类如图 12-35（a）所示的叠接，即次梁直接放在主梁上，并用焊缝或螺栓连接。叠接需要的结构高度大，所以应用常受到限制。另一类是如图 12-35（b）、（c）所示主梁与次梁的侧向连接。这种连接可以减小梁格的结构高度，并增加梁格刚度，应用较多。图 12-35（b）为次梁借助于连接角钢与主梁连接，连接角钢与次梁采用螺栓和安装焊缝相连。图 12-35（c）的构造是将次梁用螺栓或安装焊缝连接于主梁的加劲肋上。

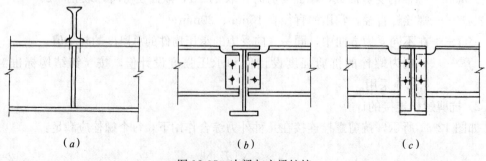

（a）　　　　　　　　（b）　　　　　　　　（c）

图 12-35　次梁与主梁铰接

2. 次梁与主梁刚接

次梁与主梁刚接可采用图 12-36 所示的构造，这种连接的实质是把相邻次梁连接或支承于主梁上的连续梁。为了承受次梁端部的弯矩 M，在次梁上翼缘处设置连接盖板，盖

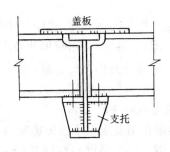
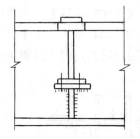

图 12-36　次梁与主梁刚接

板与次梁上翼缘用焊缝连接。次梁下翼缘与支托顶板也用焊缝连接。

（二）梁与柱的连接

1. 梁与柱的铰接

梁与柱的铰接有两种构造形式：一种是将梁直接放在柱顶上（图 12-37）；另一种是将梁与柱的侧面连接（图 12-38）。

图 12-38 是梁支承于柱顶的铰接构造，梁的反力通过柱的顶板传给柱；顶板一般取16～20mm厚，与柱焊接；梁与顶板用普通螺栓相连。图 12-38 （a）中，梁支承加劲肋对准柱的翼缘，相邻梁之间留一空隙，以便安装时有调节余地。最后用夹板和构造螺栓相连。这种连接形式传力明确，构造简单，但当两相邻梁反力不等时即引起柱的偏心受压。图 12-38 （b）中，梁的反力通过突缘加劲肋作用于柱轴线附近，即使两相邻梁反

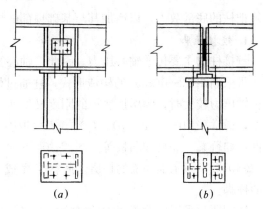

图 12-37　梁与柱铰接

力不等，柱仍接近轴心受压。突缘加劲肋底部应刨平顶紧于柱顶板；在柱顶板下应设置加劲肋；两相邻梁间应留一些空隙便于安装时调节，最后嵌入合适的垫板并用螺栓相连。

图 12-37 是梁与柱侧相连，常用于多层框架中，图 12-37 （a）适用于梁反力较小的情

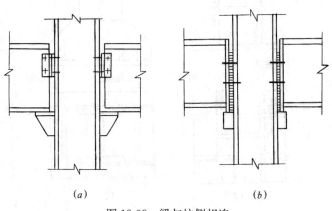

（a）　　　　　　　　　　　（b）

图 12-38　梁与柱侧相连

况，梁直接放置在柱的牛腿上，用普通螺栓相连；梁与柱侧间留一空隙，用角钢和构造螺栓相连。图 12-37 (b) 做法适用于梁反力较大情况，梁的反力由端加劲肋传给支托；支托采用厚钢板或加劲后的角钢与柱侧用焊缝相连；梁与柱侧仍留一空隙，安装后用垫板和螺栓相连。

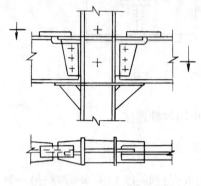

图 12-39　梁与柱刚接

2. 梁与柱的刚接

刚接的构造要求是不仅传递反力且能有效地传递弯矩。图 12-39 是梁与柱刚接的一种构造形式。这里，梁端弯矩由焊于柱翼缘的上下水平连接板传递，梁端剪力由连接于梁腹板的垂直肋板传递。为保证柱腹板不至于压坏或局部失稳以及柱翼缘板受拉发生局部弯曲，通常都设置水平加劲肋。

（三）柱脚

柱脚的作用是把柱下端固定并将其内力传给基础。由于混凝土的强度远低于钢材的强度，所以必须把柱的底部放大，以增加其与基础顶部的接触面积。

1. 铰接柱脚

铰接柱脚主要传递轴心压力。因此，轴心受压柱脚一般都做成铰接。当柱轴压力较小时，可采用图 12-40 (a) 的构造形式，柱通过焊缝将压力传给底板，由底板再传给基础。当柱轴压力较大时，为增加底板的刚度又不使底板太厚以及减小柱端与底板间连接焊缝的长度，通常采用图12-40 (b)、(c)、(d) 的构造形式，在柱端和底板间增设一些中间传力零件，如靴梁、隔板和肋板等。图12-40 (b)所示加肋板的柱脚，此时底板宜做成正方形；图 12-40 (c) 所示加隔板的柱脚，底板常做成长方形。图 12-40 (d) 为格构式轴心受压柱的柱脚。

柱脚通常采用埋设于基础的锚栓来固定。铰接柱脚沿轴线设置 2～4 个紧固于底板上的锚栓，锚栓直径 20～30mm，底板孔径应比锚栓直径大 1～1.5 倍，待柱就位并调整到设计位置后，再用垫板套住锚栓并与底板焊牢。

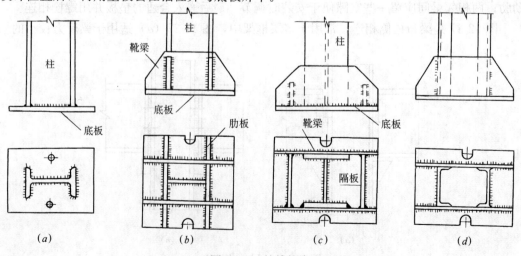

　　　(a)　　　　　　　(b)　　　　　　　(c)　　　　　　　(d)

图 12-40　铰接柱脚

2. 刚接柱脚

图12-41是常见的刚接柱脚,一般用于压弯柱。图12-41(a)是整体式柱脚,用于实腹柱和肢件间距较小的格构柱。当肢件间距较大时,为节省钢材,多采用分离式柱脚[图12-41(b)]。

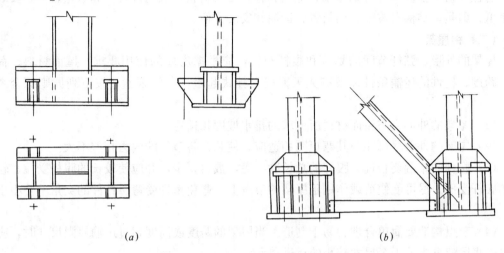

(a)   (b)

图 12-41 刚接柱脚

刚接柱脚传递轴力、剪力和弯矩。剪力主要由底板与基础顶面间摩擦传递。在弯矩作用下,若底板范围内产生拉力,则由锚栓承受,故锚栓须经过计算确定。锚栓不宜固定在底板上,而应采用图12-41所示的构造,在靴梁两侧焊接两块间距较小的肋板,锚栓固定在肋板上面的水平板上。为方便安装,锚栓不宜穿过底板。

第六节 钢屋盖结构

(一) 钢屋盖结构的组成

钢屋盖结构是由屋面、屋架和支撑三部分组成。

根据屋面材料和屋面结构布置情况不同,可分为无檩屋盖和有檩屋盖两种(图12-42)。无檩屋盖是由钢屋架直接支承大型屋面板;有檩屋盖是在钢屋架上放檩条,在檩条上再铺设石棉瓦、预应力混凝土槽板、钢板网水泥槽形板、大波瓦等轻型屋面材料,由于这些轻型屋面材料的跨度较小,故需要在屋架之间设置檩条。

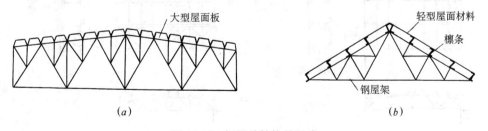

(a)   (b)

图 12-42 钢屋盖结构的组成

(a) 无檩屋盖;(b) 有檩屋盖

无檩屋盖的承重构件仅有钢屋架和大型屋面板，故构件种类和数量都少，安装效率高，施工进度快，便于做保温层，而且屋盖的整体性好，横向刚度大，能耐久，在工业厂房中普遍采用。但也有不足之处，即大型屋面板自重大，用料费、运输和安装不便。

有檩屋盖的承重构件有钢屋架、檩条和轻型屋面材料，故构件种类和数量较多，安装效率低。但是，结构自重轻、用料省、运输和安装方便。

（二）钢屋架

屋架的外形、弦杆节间的划分和腹杆布置，应根据房屋的使用要求、屋面材料、荷载、跨度、构件的运输条件以及有无天窗或悬挂式起重设备等因素，按下列原则综合考虑：

（1）屋架的外形应与屋面材料所要求的排水坡度相适应。

（2）屋架的外形尽可能与其弯矩图相适应，使弦杆各节间的内力相差不大。

（3）腹杆的布置要合理。腹杆的总长度要短，数目要少，并应使较长的腹杆受拉、较短的腹杆受压。尽可能使荷载作用于屋架的节点上，避免弦杆受弯。杆件的交角不要小于30°。

（4）节点构造要简单合理、易于制造。当屋架的跨度或高度超过运输界限尺寸时，应尽可能将屋架分为若干个尺寸较小的运送单元。

（5）对于设有天窗架或悬挂式起重运输设备的房屋，还要配合天窗架的尺寸和悬挂吊点的位置来划分和布置腹杆。

（三）钢屋盖的支撑

在屋盖结构中，仅仅将简支在柱顶的屋架用大型屋面板或檩条联系起来，它仍是一种几何可变体系，这样的屋盖体系是不稳定的，承担不了水平风荷载的作用。在水平荷载作用下所有的屋架有向同一个方向倾倒的危险［图 12-43（a）］。为了保证房屋的安全、适用和满足施工要求，就要保证结构的稳定性，提高房屋的整体刚度，在体系中就必须设置支撑，将屋架、天窗架、山墙等平面结构互相联系起来，成为稳定的空间体系［图 12-43（b）］。

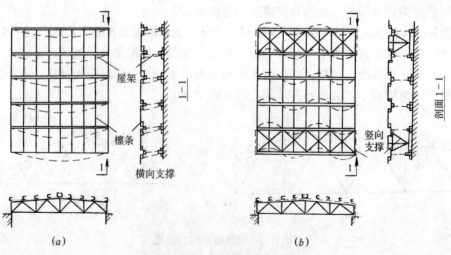

图 12-43　屋盖结构简图

（a）屋架没有支撑时整体丧失稳定的情况；（b）布置支撑后屋盖稳定，屋架上弦自由长度减小根据支撑设置部位和所起作用的不同，可将支撑分为上弦横向支撑、下弦横向水平支撑、下弦纵向水平支撑、竖向支撑和系杆五种，见图 12-44 和图 12-45。

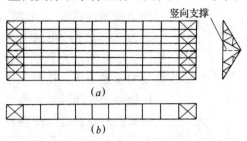

图 12-44 支撑布置示例（有檩屋盖）

(a) 上弦横向支撑；(b) 竖向支撑

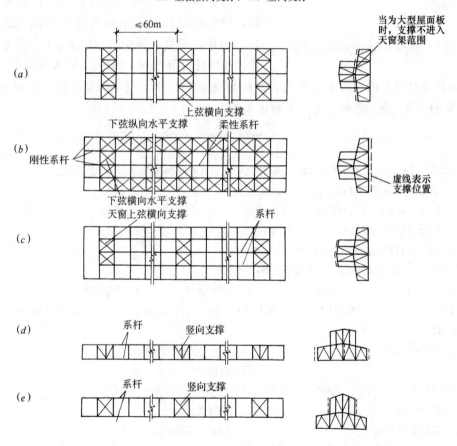

图 12-45 设有天窗的梯形屋架支撑布置示例（无檩屋盖）

(a) 屋架上弦横向支撑；(b) 屋架下弦水平支撑；(c) 天窗上弦横向支撑；
(d) 屋架跨中及支座处的竖向支撑；(e) 天窗架侧柱竖向支撑

第七节 钢管混凝土结构

钢管混凝土结构是指在圆钢管中浇灌混凝土的构件。它的特点是：钢管和混凝土共同

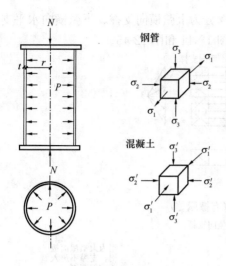

图 12-46　混凝土与钢管的应力状态

承受压力时，两者都产生相同的纵向压应变。与此同时，也都将引起横向拉应变。由于钢材的泊松比在弹性范围为 0.283；而混凝土在低应力状态为 0.17。因为混凝土的环向变形大于钢管的环向变形，所以受到了钢管的约束，产生了相互作用的紧箍力 P，使混凝土处于三向受压状态，不仅提高了抗压强度，而且增加了塑性，使混凝土由脆性材料转变为塑性材料（图 12-46）。由于有混凝土的存在，保证了薄壁钢管的局部稳定，使钢材的强度得到充分的发挥。

钢管混凝土的另一个特点是：抗压承载力高，约为钢管和混凝土各自强度承载力之和的 1.5~2 倍，塑性（延性）和韧性好，经济效果显著。比钢柱可节约 50% 钢材，造价可降低 45%；比钢筋混凝土柱可节约混凝土约 70%，减轻自重 50% 以上，且不需要模板，用钢量和造价约相等或略高，施工简便，可大大缩短工期。

习　题

12-1　(2019) 某报告厅屋面承重结构采用铝合金桁架，其材料牌号为 6061，错误的是(　　)。

　　A　铝合金材料的强度设计值低于 Q235 钢材

　　B　铝合金材料的线膨胀系数低于 235 钢材

　　C　铝合金材料的弹性模量低于 Q25 钢材

　　D　铝合金材料的耐高温性能低于 235 钢材

12-2　(2019) 影响钢结构钢材设计强度指标的，不包括(　　)。

　　A　受力分类　　　　B　板厚　　　　　C　钢材牌号　　　D　质量等级

12-3　(2019) 某海岛上的钢结构观光塔，从耐久性和竣工后的维护方面考虑，在下列钢材中宜优先采用(　　)。

　　A　碳素结构钢　　　　　　　　　　B　低合金高强度结构钢

　　C　铸铁　　　　　　　　　　　　　D　耐候钢

12-4　(2019) 组合工字形截面的钢梁验算腹板高厚比的目的是控制(　　)。

　　A　控制刚度　　　　　　　　　　　B　控制强度

　　C　控制整体稳定　　　　　　　　　D　控制局部稳定

12-5　(2019) 型钢混凝土梁在型钢上设置栓钉受的力是(　　)。

　　A　拉力　　　　　　B　压力　　　　　C　弯力　　　　　D　剪力

12-6　(2019) 重载钢结构楼盖，采用 H 型钢，能有效增强钢结构整体稳定性的是(　　)。

　　A　受压翼缘增加刚性铺板并牢固粘接

　　B　采用腹板开孔梁

　　C　增加支承加劲肋

　　D　配置横向加劲肋和纵向加劲肋

12-7　(2019) 现场焊接的单面角焊缝是(　　)。

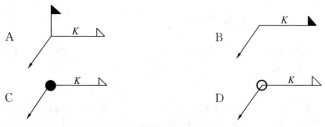

A   B

C   D

12-8 **(2019)** 图示钢结构属于什么连接?(　　)

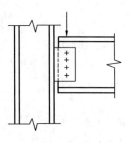

题 12-8 图

　A 刚接 　　　　 B 铰接 　　　　 C 半刚接 　　　　 D 半铰接

12-9 **(2018)** 办公楼楼盖采用 H 型钢做次梁,并采用栓固安装,不需要保证以下哪个数据?(　　)

　A 伸长率 　　　 B 碳当量 　　　 C 硫、磷含量 　　　 D 抗弯强度

12-10 **(2018)** 工字钢梁挠度为 1/380,规范要求 1/400,可采用以下哪个办法?(　　)

　A 增加长度 　　 B 增加钢材强度 　 C 预起拱 　　　 D 加大钢梁截面

12-11 **(2018)** 钢结构受力构件中,不得采用的材料是(　　)。

　A 厚度小于 3mm 的钢管 　　　　　　 B 壁厚 10mm 的无缝钢管

　C 厚度 100mm 的铸钢件 　　　　　　 D 厚 30mm 的 Q345GJ 钢板

12-12 **(2018)** 双面焊缝的表达正确的是(　　)。

　A 　　　　　　　　　　 B

　C 　　　　　　　　　　 D

12-13 关于钢结构材料的特性,下列何项论述是错误的?(　　)

　A 具有高强度 　　　　　　　　　　　 B 具有良好的耐腐蚀性

　C 具有良好的塑性 　　　　　　　　　 D 耐火性差

12-14 以下关于常用建筑钢材的叙述中,何者是错误的?(　　)

　A 建筑常用钢材一般分为普通碳素钢和普通低合金钢两大类

　B 普通低合金钢随钢号增大,强度提高、伸长率降低

　C 普通低合金钢随钢号增大,强度提高、伸长率增加

　D 普通碳素钢按炼钢炉种分为平炉钢、氧气转炉钢、空气转炉钢 3 种,按脱氧程度分为沸腾钢、镇静钢、半镇静钢 3 种

12-15 下列关于钢材性能的叙述,哪一项是正确的?(　　)

　A 抗拉强度与屈服强度比值越小,越不容易产生脆性断裂

　B 建筑钢材的焊接性能主要取决于碳当量

　C 非焊接承重结构的钢材不需要硫、磷含量的合格保证

　D 钢材冲击韧性不受工作温度变化影响

参考答案及解析

12-1 **解析**：6061 铝合金的线膨胀系数为 $1.881\times10^{-5}\sim2.360\times10^{-5}/℃$，钢材的线膨胀系数为 $1.2\times10^{-5}/℃$；故选项 B 错误，其他选项均正确。

答案：B

12-2 **解析**：根据《钢结构标准》第 4.4.1 条，钢材的设计用强度指标，应根据钢材牌号、厚度或直径按表 4.4.1 采用。由此可知，钢材的设计强度与质量等级无关。

答案：D

12-3 **解析**：根据《耐候结构钢》GB/T 4171—2008 第 3.1 条，耐候钢是通过添加少量合金元素，如 Cu、P、Cr、Ni 等，使其在金属基体表面形成保护层，以提高耐大气腐蚀性能的钢；因此，适用于车辆、集装箱、建筑、塔架和其他结构。海岛上的钢结构观光塔应采用具有耐大气腐蚀性能的热轧和冷轧钢板、钢带和型钢，故应选 D。

答案：D

12-4 **解析**：钢梁腹板的高厚比超过限值后，板件会发生局部失稳，导致梁的承载力无法得到充分利用。根据《钢结构标准》第 8.4.1 条，实腹压弯构件要求不出现局部失稳者，其腹板高厚比、翼缘宽厚比应符合本标准表 3.5.1 规定的压弯构件 S4 级截面要求。故应选 D。

答案：D

12-5 **解析**：型钢混凝土梁受弯时，型钢上设置栓钉是为了阻止型钢与混凝土之间的相对滑移错动，使横截面保持平截面，此滑移错动在栓钉上产生的是剪力。

答案：D

12-6 **解析**：根据《钢结构标准》第 6.2.1 条，当铺板密铺在梁的受压翼缘上并与其牢固相连，能阻止梁受压翼缘的侧向位移时，可不计算梁的整体稳定性。由此可知，A 项在梁的受压翼缘增设刚性铺板，可增强钢结构梁的整体稳定性。B 项梁腹板开孔对梁的整体刚度有削弱；而 C、D 项仅对增加梁的局部稳定有利。故应选 A。

答案：A

12-7 **解析**：根据《建筑结构制图标准》GB/T 50105—2010 第 4.3.9 条图 4.3.9，选项 A 为现场焊缝的标注方法。

答案：A

12-8 **解析**：根据本章"第五节 构件的连接构造"，钢结构构件间的连接可分为铰接、刚接和介于二者之间的半刚接 3 种类型。题 12-8 图梁与柱仅梁腹板采用螺栓连接，属于铰接做法。

答案：B

12-9 **解析**：根据《钢结构标准》第 4.3.2 条，承重结构所用的钢材应具有屈服强度，抗拉强度，断后伸长率和硫、磷含量的合格保证，对焊接结构尚应具有碳当量的合格保证。本题中办公楼楼盖次梁属于承重结构，需要满足屈服强度，抗拉强度，断后伸长率和硫、磷含量的要求；采用栓接，而非焊接，故不需满足碳当量的合格保证。

答案：B

12-10 **解析**：《钢结构标准》对结构或构件变形及舒适度的规定如下：

第 3.4.1 条，结构或构件变形的容许值宜符合本标准附录 B 的规定。当有实践经验或有特殊要求时，可根据不影响正常使用和观感的原则对本标准附录 B 中的构件变形容许值进行调整。

第 3.4.3 条，横向受力构件可预先起拱，起拱大小应视实际需要而定，可取恒载标准值加 1/2 活载标准值所产生的挠度值。当仅为改善外观条件时，构件挠度应取在恒荷载和活荷载标准值作用下的挠度计算值减去起拱值。

第 B.1.1 条，吊车梁、楼盖梁、屋盖梁、工作平台梁以及墙架构件的挠度不宜超过表 B.1.1

所列的容许值……

表 B.1.1 注：$[\nu_T]$ 为永久和可变荷载标准值产生的挠度（如有起拱应减去拱度）的容许值，$[\nu_Q]$ 为可变荷载标准值产生的挠度的容许值。

条文说明第 3.4.3 条，起拱的目的是为了改善外观和符合使用条件，因此起拱的大小应视实际需要而定，不能硬性规定单一的起拱值……但在一般情况下，起拱度可以用恒载标准值加 1/2 活载标准值所产生的挠度来表示。按照这个数值起拱，在全部荷载作用下构件的挠度将等于 $\frac{1}{2}\nu_Q$。

本题需要先计算一下挠度差值：$l/380-l/400=0.00263l-0.00250l=0.00013l$，约为万分之 1.3$l$，主梁 ν_Q 限值为 $l/500$，$\frac{1}{2}\nu_Q$ 值为 $l/1000$，因此可采取预先起拱方式。

另据《门式刚架轻型房屋钢结构技术规范》GB 51022—2015 条文说明第 3.3.2，为减小跨度大于 30m 的钢斜梁的竖向挠度，建议应起拱。

当然，加大 H 型钢梁的腹板长度，增加惯性矩 I 值，也可减少挠度，但实际工程中不会因为一批梁中的一根梁没有达到限值，单独让工厂加工，通常都是由施工现场处理的。

答案：C

12-11 解析：根据《钢结构标准》第 15.3.2 条，圆形钢管混凝土柱截面直径不宜小于 180mm，壁厚不应小于 3mm。故应选 A。

答案：A

12-12 解析：根据《建筑结构制图标准》GB/T 50105—2010 第 3.1.1 条表 3.1.1-4，图 A 为单面焊接的钢筋接头，图 B 为双面焊接的钢筋接头；没有如图 C、D 的标注方法。故应选 B。

答案：B

12-13 解析：根据本章"第一节 钢结构的特点和应用范围"中的"（一）钢结构的特点"，钢材的耐腐蚀性差和不耐火是钢结构最主要的缺点。故 B 错误。

答案：B

12-14 解析：随着钢材牌号的增大，其强度提高，但伸长率降低，故选项 C 错误。

答案：C

12-15 解析：根据《钢结构标准》第 4.3.2 条规定，承重结构所用的钢材应具有屈服强度，抗拉强度，断后伸长率和硫、磷含量的合格保证；对焊接结构尚应具有碳当量的合格保证。故 B 正确，C 错误。

钢材的强屈比（抗拉强度与屈服强度的比值）越小，说明钢材的抗拉强度与屈服强度越接近，越容易产生脆性破坏，故 A 错误。钢结构的工作温度不同，对钢材有不同的质量等级要求，钢材的质量等级与冲击韧性相关，故 D 错误。

答案：B

第十三章 砌体结构设计

第一节 砌体材料及其力学性能

一、砌体分类

砌体是由各种块材和砂浆按一定的砌筑方法砌筑而成的整体，分为无筋砌体和配筋砌体两大类。无筋砌体又因所用块材不同分为砖砌体、砌块砌体和石砌体。在砌体水平灰缝中配设有钢筋或在砌体截面中设有钢筋混凝土小柱者称为配筋砌体。以砌体作为建筑物主要受力构件（如：墙、柱）的结构即为砌体结构。是砖砌体、砌块砌体和石砌体结构的统称。

（一）砖砌体

由砖与砂浆砌筑而成的砌体，其中砖包括烧结普通砖、烧结多孔砖、蒸压灰砂普通砖、蒸压粉煤灰普通转、混凝土普通砖、混凝土多孔砖。

1. 烧结普通砖

由煤矸石、页岩、粉煤灰或黏土为主要原料，经过焙烧而成的实心砖。分烧结煤矸石砖、烧结页岩砖、烧结粉煤灰砖、烧结黏土砖等。具有全国统一规格，尺寸为 240mm×115mm×53mm。这种类型的砖强度高、耐久性和保温隔热性能良好，是最常见的砌体材料。由于采用黏土材料会破坏土地资源，不符合绿色环保和可持续发展的理念。因此，目前黏土砖的应用受到政策上的限制，越来越多的地区已经禁止使用黏土砖及其制品，从限制使用到全面禁止，这是黏土砖的发展方向。

2. 烧结多孔砖

以煤矸石、页岩、粉煤灰或黏土为主要原料，经过焙烧而成，孔洞率不大于 35%，孔的尺寸小而数量多，主要用于承重部位的砖。由于含有孔洞，因此，砖的自重减轻，保温隔热性能得到进一步改善。

3. 蒸压灰砂普通砖

以石灰等钙质材料和砂等硅质材料为主要原料，经坯料制备、压制排气成型、高压蒸汽养护而成的实心砖。其规格与普通烧结砖相同。

4. 蒸压粉煤灰普通砖

以石灰、消石灰（如电石渣）或水泥等钙质材料与粉煤灰等硅质材料及集料（砂等）为主要原料，掺加适量石膏，经坯料制备、压制排气成型、高压蒸汽养护而成的实心砖。其规格与普通烧结砖相同。

5. 混凝土砖

以水泥为胶结材料，以砂、石等为主要原料，加水搅拌、成型、养护制成的一种多孔混凝土半盲孔砖或实心砖。多孔砖的主要规格尺寸为：240mm×115mm×90mm、240mm×

190mm×90mm、190mm×190mm×90mm 等；实心砖的主要规格尺寸为：240mm×115mm×53mm、240mm×115mm×90mm 等。

（二）砌块砌体

由砌块与砂浆砌筑而成，砌块材料有混凝土、粉煤灰等。目前，我国常用的为混凝土小型空心砌块，由普通混凝土或轻集料混凝土制成。主要规格尺寸为 390mm×190mm×190mm，空心率为 25％～50％。

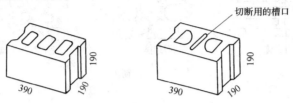

图 13-1　混凝土小型空心砌块（单位：mm）

（三）砂浆

1. 普通砂浆

由水泥、砂、水以及根据需要掺入的掺和料和外加剂等组分，按一定比例，采用机械拌合制成，用于砌筑烧结普通砖、烧结多孔砖的砌筑砂浆。

2. 混凝土砌块专用砂浆

由水泥、砂、水以及根据需要掺入的掺和料和外加剂等组分，按一定比例，采用机械拌合制成，专门用于砌筑混凝土砌块的砌筑砂浆。

3. 蒸压灰砂普通砖、蒸压粉煤灰普通砖专用砌筑砂浆

由水泥、砂、水以及根据需要掺入的掺和料和外加剂等组分，按一定比例，采用机械拌合制成，专门用于砌筑蒸压灰砂普通砖或蒸压粉煤灰普通砖的砌筑砂浆，且砌体抗剪强度应不低于烧结普通砖砌体的取值的砂浆。

（四）配筋砌体

在砌体中配置钢筋或钢筋混凝土时，称为配筋砖砌体。目前，我国采用的配筋砌体有：

1. 网状配筋砖砌体

在砌体水平灰缝中配置双向钢筋网，可加强轴心受压或偏心受压墙（或柱）的承载能力 [图 13-2 (a)]。

2. 组合砌体

由砌体和钢筋混凝土组成，钢筋混凝土薄柱也可用钢筋砂浆面层代替 [图 13-2 (b)]。主要用于偏心受压墙、柱。

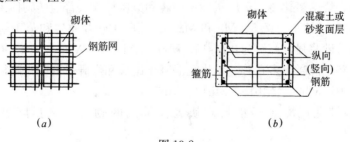

图 13-2
(a) 网状配筋砌体；(b) 组合砌体

此外，在砌体结构拐角处或内外墙交接处放置的钢筋混凝土构造柱，也是一种重要的组合砌体，但其作用只是对墙体变形起约束作用，提高房屋抗震能力。

（五）石砌体

由石材和砂浆或由石材和混凝土砌筑而成（图 13-3）。石砌体可用作一般民用建筑的承重墙、柱和基础。

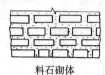 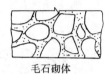 

料石砌体　　　　　　毛石砌体　　　　　毛石混凝土砌体

图 13-3　石砌体

（六）构造柱

通常指在砌体房屋墙体的规定部位，按构造配筋，并按先砌墙后浇筑混凝土柱的施工顺序制成的混凝土柱。砌体与构造柱交接处应做成马牙槎，并沿柱高度一定距离内，在墙水平灰缝内设置水平钢筋与构造柱拉结。

（七）圈梁

在房屋的檐口、窗顶、楼层、吊车梁顶或基础顶面标高处，沿砌体墙水平方向设置封闭状的按构造配筋的混凝土梁式构件。

二、砌体材料的强度等级

块材和砂浆的强度等级，依据其抗压强度来划分。它是确定砌体在各种受力情况下强度的基本数据。

（1）烧结普通砖、烧结多孔砖的强度等级：分为 5 级，以 MU 表示，单位为 MPa，即 MU30、MU25、MU20、MU15、MU10。砖的抗压强度应根据抗压强度和抗折强度综合评定。

（2）蒸压灰砂普通砖、蒸压粉煤灰普通砖的强度等级：分为 3 级，即 MU25、MU20、MU15。

（3）砌块的强度等级：分为 5 级，即 MU20、MU15、MU10、MU7.5、MU5。

（4）石材的强度等级：由边长为 70mm 的立方体试块的抗压强度来表示，可分为 7 级，即 MU100、MU80、MU60、MU50、MU40、MU30、MU20。

（5）砂浆的强度等级：由边长为 70.7mm 的立方体试块，在标准条件下养护，进行抗压试验，取其抗压强度平均值。砂浆强度等级分为 5 级，以 M 表示。

烧结普通砖、烧结多孔砖、蒸压灰砂普通砖和蒸压粉煤灰普通砖砌体采用的普通砂浆强度等级为：M15、M10、M7.5、M5 和 M2.5；蒸压灰砂普通砖和蒸压粉煤灰普通砖砌体采用的专用砌筑砂浆强度等级为：Ms15、Ms10、Ms7.5、Ms5。

混凝土普通转、混凝土多孔砖、单排孔混凝土砌块和煤矸石混凝土砌块砌体采用的砌筑砂浆强度等级为：Mb20、Mb15、Mb10、Mb7.5、Mb5。

双排孔或多排孔混凝土轻集料砌块砌体采用的砌筑砂浆强度等级为：Mb10、Mb7.5、Mb5。

毛料石、毛石砌体采用的砌筑砂浆强度等级为：M7.5、M5 和 M2.5。

当验算施工阶段的砌体承载力时，砂浆强度取为 0。

三、砌体的受力性能

(一) 砌体受压破坏特征

砖砌体轴心受压时，从加载至破坏，可分为三个阶段（图 13-4）。

第一阶段：从开始加载到出现第一条裂缝 [图 13-4 (a)]，其压力约为破坏时压力的 50%～70%。

第二阶段：随着压力增加，单块砖内的裂缝不断发展，并沿竖向通过若干皮砖，同时产生新的裂缝 [图 13-4 (b)]。此时，即使压力不再增加，裂缝仍会继续开展。砌体已处于临界破坏状态，其压力约为破坏时压力的 80%～90%。

第三阶段：压力继续增加，裂缝加长加宽，使砌体型成若干小柱体，砖被压碎或小柱体失稳，整个砌体也随之破坏 [图 13-4 (c)]。此时，以破坏时的压力除以砌体横截面面积所得应力即称为砌体的极限强度。

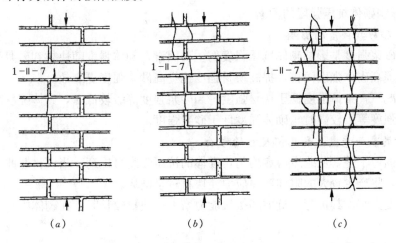

图 13-4　砖砌体轴心受压破坏过程

(a) 出现第一道裂缝 $N＝(0.5～0.7) N_u$；

(b) 形成连续裂缝 $N＝(0.8～0.9) N_u$；(c) 裂缝形成独立小柱，向外鼓出，破坏 $N＝N_u$

N_u——破坏荷载

(二) 砌体受压时的应力状态

1. 砌体中的块材受弯剪应力

在砌体中，由于灰缝厚度不一，砂浆饱满度不均匀及块体表面不平整，使砌体受压时块体并非均匀受压，而是处于弯剪应力状态（图 13-5）。

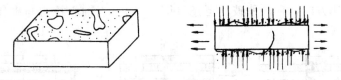

图 13-5　砌体内砖的复杂受力状态示意

2. 砌体中的块材受水平拉应力

块材与砂浆的弹性模量与变形系数存在差异，一般情况下块材的横向变形比中等强度以下砂浆的横向变形小。砌体受压时，由于两者共同工作，砌体的变形将介于块材变形与

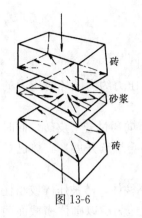

图 13-6

砂浆层变形之间。块材的横向变形因受砂浆层的影响而增大，块材中产生横向拉应力。砂浆的横向变形则因受到块材的影响而减小，使砂浆中产生横向压应力（图 13-6），从而使砂浆处于三向受压状态。

3. 竖向灰缝的应力集中

由于砌体内的竖向灰缝不饱满，因此灰缝中的砂浆与块材间的黏结力难以保证砌体的整体性，块材在竖向灰缝中易产生应力集中，因而加速了块材的开裂，引起砌体强度的降低。

综上所述，砌体受压时单块块材处在复杂应力状态下工作，使块材抗压强度不能充分发挥，因此，砌体的抗压强度低于所用块材的抗压强度。

（三）影响砌体抗压强度的因素

1. 块材和砂浆强度的影响

块材和砂浆强度是影响砌体抗压强度的主要因素，砌体强度随块材和砂浆强度的提高而提高。对提高砌体强度而言，提高块材强度比提高砂浆强度更有效。

一般情况下，砌体强度低于块材强度。当砂浆强度等级较低时，砌体强度高于砂浆强度；当砂浆强度等级较高时，砌体强度低于砂浆强度。

2. 块材的表面平整度和几何尺寸的影响

块材表面愈平整，灰缝厚薄愈均匀，砌体的抗压强度可提高。当块材翘曲时，砂浆层严重不均匀，将产生较大的附加弯曲应力使块材过早破坏。

块材高度大时，其抗弯、抗剪和抗拉能力增大；块材较长时，在砌体中产生的弯剪应力也较大。

3. 砌筑质量的影响

砌体砌筑时水平灰缝的均匀性、厚度、饱满度、砖的含水率及砌筑方法，均影响到砌体的强度和整体性。水平灰缝厚度应为 8～12mm（一般宜为 10mm）；水平灰缝饱满度应不低于 80％，竖向灰缝饱满度不低于 40％。砌体砌筑时，应提前将砖浇水湿润，含水率不宜过大或过低（一般要求控制在 10％～15％）；砌筑时砖砌体应上下错缝，内外搭接。

四、砌体的受拉、受弯和受剪性能

（一）砌体轴心受拉

根据拉力作用方向，有三种破坏形态（图 13-7）。当轴心拉力与砌体水平灰缝平行

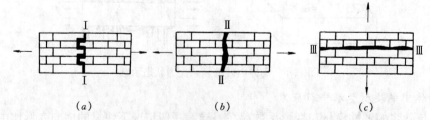

图 13-7　砖砌体轴心受拉破坏形态

(a) 砌体沿齿缝破坏；*(b)* 砌体沿块体和竖向灰缝破坏；*(c)* 砌体沿通缝破坏

时，砌体可能沿灰缝Ⅰ-Ⅰ截面破坏［图13-7（a）］，也可能沿块体和竖向灰缝破坏［图13-7（b）］；当轴心拉力与砌体水平灰缝垂直时，砌体沿通缝截面破坏［图13-7（c）］。

当块材强度较高而砂浆强度较低时，砌体沿齿缝受拉破坏；当块材强度较低而砂浆强度较高时，砌体受拉破坏可能通过块体和竖向灰缝连成的截面发生。

（二）砌体弯曲受拉

砌体弯曲受拉时，有三种破坏形态（图13-8）。即砌体沿齿缝破坏；沿块体和竖向灰缝破坏和沿通缝破坏。

沿齿缝　　　　　　沿块体和竖向灰缝　　　　　　沿通缝

图13-8　砌体弯曲受拉破坏形态

（三）砌体抗剪强度

砌体受抗剪破坏时，有三种破坏形态。即沿通缝剪切破坏；沿齿缝剪切破坏；沿阶梯形缝剪切破坏（图13-9）。

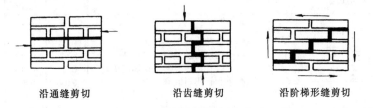

沿通缝剪切　　　　　　沿齿缝剪切　　　　　　沿阶梯形缝剪切

图13-9　砌体剪切破坏形态

影响砌体抗剪强度的因素有：

1. 砂浆强度的影响

砌体抗剪强度随砂浆强度等级的提高而提高，但块体强度对抗剪强度的影响较小。

2. 竖向压应力的影响

当竖向压应力与剪应力之比在一定范围内时，砌体的抗剪强度随竖向压应力的增加而提高。

3. 砌筑质量的影响

主要与砂浆饱满度和砌筑时块体的含水率有关。当砌体内水平灰缝砂浆饱满度大于92%，竖向灰缝内未灌砂浆；或当水平灰缝砂浆饱满度大于80%，竖向灰缝内砂浆饱满度大于40%时，砌体的抗剪强度可达到规范规定值。

砖砌筑时，随含水量的增加砌体抗剪强度相应提高。当砖含水量约为10%时，砌体抗剪强度最高。

砌体抗剪强度主要取决于水平灰缝中砂浆与块体的粘结强度。

第二节　砌体房屋的静力计算

房屋中的墙、柱等竖向构件用砌体材料，屋盖、楼盖等水平承重构件用钢筋混凝土或其他材料建造的房屋，由于采用了两种或两种以上材料，称为混合结构房屋，或称为砌体结构房屋。砌体的各种强度设计值见表 13-1。

沿砌体灰缝截面破坏时砌体的轴心抗拉强度设计值、
弯曲抗拉强度设计值和抗剪强度设计值（MPa）　　表 13-1

强度类别	破坏特征及砌体种类		砂浆强度等级			
			≥M10	M7.5	M5	M2.5
轴心抗拉	沿齿缝	烧结普通砖、烧结多孔砖	0.19	0.16	0.13	0.09
		混凝土普通砖、混凝土多孔砖	0.19	0.16	0.13	—
		蒸压灰砂普通砖、蒸压粉煤灰普通砖	0.12	0.10	0.08	—
		混凝土和轻集料混凝土砌块	0.09	0.08	0.07	—
		毛石	—	0.07	0.06	0.04
弯曲抗拉	沿齿缝	烧结普通砖、烧结多孔砖	0.33	0.29	0.23	0.17
		混凝土普通砖、混凝土多孔砖	0.33	0.29	0.23	—
		蒸压灰砂普通砖、蒸压粉煤灰普通砖	0.24	0.20	0.16	—
		混凝土和轻集料混凝土砌块	0.11	0.09	0.08	—
		毛石	—	0.11	0.09	0.07
	沿通缝	烧结普通砖、烧结多孔砖	0.17	0.14	0.11	0.08
		混凝土普通砖、混凝土多孔砖	0.17	0.14	0.11	—
		蒸压灰砂普通砖、蒸压粉煤灰普通砖	0.12	0.10	0.08	—
		混凝土和轻集料混凝土砌块	0.08	0.06	0.05	—
抗剪	烧结普通砖、烧结多孔砖		0.17	0.14	0.11	0.08
	混凝土普通砖、混凝土多孔砖		0.17	0.14	0.11	—
	蒸压灰砂普通砖、蒸压粉煤灰普通砖		0.12	0.10	0.08	—
	混凝土和轻集料混凝土砌块		0.09	0.08	0.06	—
	毛石		—	0.19	0.16	0.11

注：1. 对于用形状规则的块体砌筑的砌体，当搭接长度与块体高度的比值小于 1 时，其轴心抗拉强度设计值 f_t 和弯曲抗拉强度设计值 f_{tm} 应按表中数值乘以搭接长度与块体高度比值后采用；
　　2. 表中数值是依据普通砂浆砌筑的砌体确定，采用经研究性试验且通过技术鉴定的专用砂浆砌筑的蒸压灰砂普通砖、蒸压粉煤灰普通砖砌体，其抗剪强度设计值按相应普通砂浆强度等级砌筑的烧结普通砖砌体采用；
　　3. 对混凝土普通砖、混凝土多孔砖、混凝土和轻集料混凝土砌块砌体，表中的砂浆强度等级分别为：≥Mb10、Mb7.5 及 Mb5。

从表 13-1 中可以看出，沿砌体灰缝截面破坏时，各种强度设计值与砌体破坏特征、砌体种类及砂浆强度等级有关，与块体强度等级无关，且随砂浆强度等级的提高而提高。

对无筋砌体构件，当其截面面积小于 0.3m^2 时，砌体强度设计值应乘以调整系数 γ_a，γ_a 为其截面面积加 0.7。对配筋砌体构件，当其中砌体截面面积小于 0.2m^2 时，γ_a 为其截面面积加 0.8；构件截面面积以"m^2"计。验算施工阶段时，$\gamma_a=1.1$。

（一）砌体结构房屋承重墙布置的四种方案

1. 横墙承重体系

在多层住宅、宿舍中，横墙间距较小，可做成横墙承重体系，楼面和屋面荷载直接传至横墙和基础。这种承重体系由于横墙间距小，因此房屋空间刚度较大，有利于抵抗水平风载和地震作用，也有利于调整房屋的不均匀沉降。

2. 纵墙承重体系

在食堂、礼堂、商店、单层小型厂房中，将楼、屋面板（或增设檩条）铺设在大梁（或屋架）上，大梁（或屋架）放置在纵墙上，当进深不大时，也可将楼、屋面板直接放置在纵墙上，通过纵墙将荷载传至基础，这种体系称为纵墙承重体系。

纵墙承重体系可获得较大的使用空间，但这类房屋的横向刚度较差，应加强楼、屋盖与纵墙的连接，这种体系不宜用于多层建筑物。

3. 纵横墙承重体系

在教学楼、实验楼、办公楼、医院门诊楼中，部分房屋需要做成大空间，部分房间可以做成小空间，根据楼、屋面板的跨度，跨度小的可将板直接搁置在横墙上，跨度大的方向可加设大梁，板荷载传至大梁，大梁支承在纵墙上，这样设计成纵横墙同时承重，这种体系布置灵活，其空间刚度介于上述两种体系之间。

（二）砌体结构房屋静力计算

1. 房屋的 3 种静力计算方案

砌体结构房屋，根据房屋的空间工作性能，可将房屋的静力计算分为刚性方案、刚弹性方案和弹性方案 3 种。对于单层砌体房屋，在风载作用下，一般可按上述 3 种方案进行设计；对于多层砌体房屋，在风载作用下，一般均按刚性方案设计，很少情况下按弹性方案设计。

（1）刚性方案

房屋空间刚度大，在荷载作用下墙柱内力可按顶端具有不动铰支承的竖向结构计算。

（2）刚弹性方案

在荷载作用下，墙柱内力可考虑空间工作性能影响系数，按顶端为弹性支承的平面排架计算。

（3）弹性方案

可按屋架或大梁与墙（柱）为铰接的、不考虑空间工作的平面排架或框架计算。

2. 房屋的静力计算规定

（1）在房屋静力计算时，可按房屋的横墙间距，确定静力计算方案（表 13-2）。

房屋的静力计算方案   表 13-2

	屋 盖 或 楼 盖 类 别	刚性方案	刚弹性方案	弹性方案
1	整体式、装配整体式和装配式无檩体系钢筋混凝土屋盖或钢筋混凝土楼盖	$s<32$	$32{\leqslant}s{\leqslant}72$	$s>72$
2	装配式有檩体系钢筋混凝土屋盖、轻钢屋盖和有密铺望板的木屋盖或木楼盖	$s<20$	$20{\leqslant}s{\leqslant}48$	$s>48$
3	瓦材屋面的木屋盖和轻钢屋盖	$s<16$	$16{\leqslant}s{\leqslant}36$	$s>36$

注：1. 表中 s 为房屋横墙间距，其长度单位为"m"；

2. 当屋盖、楼盖类别不同或横墙间距不同时，可按《砌体结构设计规范》第 4.2.7 条的规定确定房屋的静力计算方案；

3. 对无山墙或伸缩缝处无横墙的房屋，应按弹性方案考虑。

(2）刚性和刚弹性方案的横墙，为了保证屋盖水平梁的支座位移不致过大，横墙应符合下列规定：

1）横墙的中开有洞口时，洞口的水平截面面积不应超过横墙截面面积的50％。

2）横墙的厚度不宜小于180mm。

3）单层房屋的横墙长度不宜小于其高度，多层房屋的横墙长度不宜小于$H/2$（H为横墙总高度）。

当横墙不能同时满足上述要求时，应对横墙刚度进行验算，如其最大水平位移值$u_{max}\leqslant H/4000$时，仍可视作刚性或刚弹性方案的横墙。

（三）刚性方案房屋的静力计算

1. 单层房屋承重纵墙

（1）计算单元、计算简图和荷载

当楼、屋盖类别为整体式、装配整体式和装配式无檩体系钢筋混凝土屋盖或楼盖时，对有门洞的外墙，可取一个开间的墙体作为计算单元；对无门窗洞口的纵墙，可取1.0m墙体作为计算单元。

当楼、屋盖类别为装配式有檩体系钢筋混凝土屋盖、轻钢屋盖和有密铺望板的木屋盖或木楼盖、瓦材屋面的木屋盖或轻钢屋盖时，可取一个开间的墙体作为计算单元。

在竖向和水平荷载作用下，可将墙上端视作为不动铰支座支承于屋盖，下端嵌固于基础顶面的竖向构件，计算简图见图13-10。

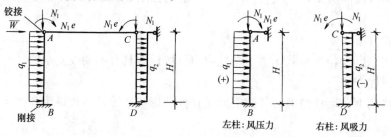

图 13-10

作用于排架上的竖向荷载（包括屋盖自重、屋面活载和雪载），以集中力N_1的形式作用于墙顶端。由于屋架或大梁对墙体中心线有偏心距e，屋面竖向荷载还产生弯矩$M = N_1 \cdot e$。

作用于屋面以上的风载简化为集中力形式直接通过屋盖传至横墙，对纵墙不产生内力。作用于墙面上的风荷载为均布荷载，迎风面为压力，背风面为吸力。

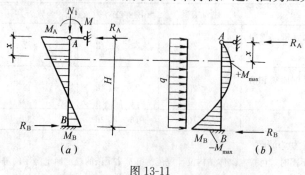

图 13-11

(a）竖向荷载作用下；(b）水平荷载作用下

墙体自重作用于墙体中心线上，对等截面墙时，墙体自重不产生弯矩。

（2）内力计算

竖向荷载作用下，内力如图13-11（a）所示。

水平荷载作用下，内力如图13-11（b）所示。

（3）截面承载力验算

取纵墙顶部和底部两个控制截面进行内力组合，考虑荷载组合系数，取最不利内力进行验算。

2. 多层房屋承重纵墙

多层房屋通常选取荷载较大、截面较弱的一个开间作为计算单元，如图 13-12 所示，受荷宽度为 $(l_1+l_2)/2$。

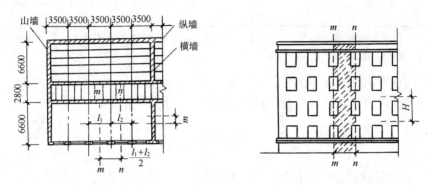

图 13-12

在竖向荷载作用下，多层房屋墙体在每层范围内，可近似地看作两端铰支的竖向构件 [图 13-13 (b)]；在水平荷载作用下，可视作竖向的多跨连续梁，如 [图 13-13 (c)] 所示。

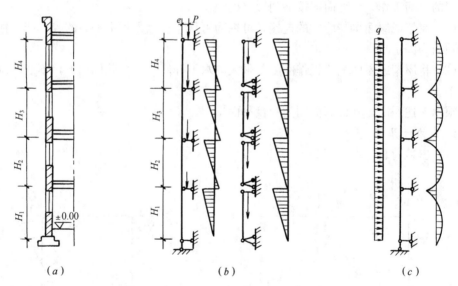

图 13-13　外纵墙计算图形
(a) 外纵墙剖面；(b) 竖向荷载作用下；(c) 水平荷载作用下

刚性方案多层房屋因风荷载引起的内力很小，当刚性房屋外墙符合下列要求时，可不考虑风荷载的影响。

(1) 洞口水平截面面积不超过全截面面积的 2/3。

(2) 层高和总高不超过表 13-3 的规定。

271

基本风压值（kN/m²）	层 高（m）	总 高（m）
0.4	4.0	28
0.5	4.0	24
0.6	4.0	18
0.7	3.5	18

注：对于多层混凝土砌块房屋，当外墙厚度不小于 190mm，层高不大于 2.8m，总高不大于 19.6m，基本风压不
大于 0.7kN/m² 时，可不考虑风荷载的影响。

（3）屋面自重不小于 0.8kN/m²。

当必须考虑风荷载时，风荷载引起的弯矩 M，可按下式计算：

$$M = \frac{wH_i^2}{12} \tag{13-1}$$

式中　w——沿楼层高均布风荷载设计值（kN/m）；

　　　H_i——层高（m）。

（四）弹性方案单层房屋的静力计算

1. 计算简图

对于弹性方案单层房屋，在荷载作用下，墙柱内力可按有侧移的平面排架计算，不考虑房屋的空间工作，计算简图按下列假定确定：

（1）屋架或屋面梁与墙柱的连接，可视为可传递垂直力和水平力的铰，墙、柱下端与基础顶面为固定端。

（2）将屋架或屋面大梁视作刚度无限大的水平杆件，在荷载作用下，不产生拉伸或压缩变形。

根据上述假定，其计算简图为铰接平面排架。

2. 内力计算

（1）屋盖荷载（图 13-14）

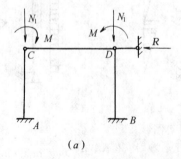
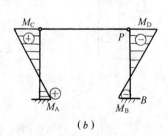

（a）　　　　　　　　　　　　　　　　　　（b）

图 13-14　竖向荷载作用下

屋盖荷载 N_1 作用点对砌体重心有偏心矩 e_1，所以柱顶作用有轴向力 N_1 和弯矩 $M=N_1 \cdot e_1$。由于荷载对称，柱顶无位移，假想柱顶支座反力 $R=0$。

（2）风荷载

屋盖结构传来的风荷载以集中力 $\overline{W}$ 作用于柱顶，迎风面风载为 W_1，背风面为 W_2，见图 13-15 （a）。

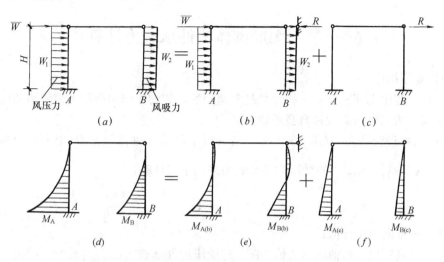

图 13-15　水平风荷载作用下

1）先在排架上端加一假想的不动铰支座，成为无侧移的平面排架，算出在荷载作用下该支座的反力 R，画出排架柱的内力图［图 13-15 （b）、（e）］。

2）将柱顶支座反力 R 反方向作用在排架顶端，算出排架内力，画出相应的内力图［图 13-15 （c）、（f）］。

3）将上述两种计算结果叠加，假想的柱顶支座反力 R 相互抵消，叠加后的内力图即为弹性方案有侧移平面排架的计算结果如图 13-15 （d）。

（五）刚弹性方案房屋的静力计算

在水平荷载作用下，刚弹性方案房屋产生水平位移较弹性方案小。在静力计算中，屋盖作为墙柱的弹性支承，计算方法类似于弹性方案，不同的仅是考虑房屋的空间作用，将作用在排架顶端的支座反力 R 改为 $\eta_i R$（图 13-16）。η_i 为空间性能影响系数（表 13-4）。

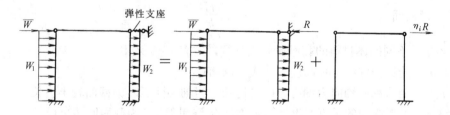

图 13-16

房屋各层的空间性能影响系数 η_i　　　　　　　　　　　　　表 13-4

屋盖或楼盖	横　墙　间　距 s(m)														
类别	16	20	24	28	32	36	40	44	48	52	56	60	64	68	72
1	—	—	—	—	0.33	0.39	0.45	0.50	0.55	0.60	0.64	0.68	0.71	0.74	0.77
2	—	0.35	0.45	0.54	0.61	0.68	0.73	0.78	0.82						
3	0.37	0.49	0.60	0.68	0.75	0.81	—	—							

注：i 取 $1\sim n$，n 为房屋的层数。

对多层刚弹性方案房屋，只需在各层横梁与柱连接点处加一水平支杆，求出各层水平支杆反力 R_i 后，再将 $\eta_i R$ 反向施加在相应的水平支杆上，计算其内力，最后将结果叠加。

第三节 无筋砌体构件承载力计算

(一) 受压构件

(1) 在工程中无筋砌体受压构件是最常遇到的，如砌体结构房屋的窗间墙和砖柱，它们承受上部传来的竖向荷载和自身重量。

《砌体结构设计规范》GB 50003—2011（以下简称《砌体规范》）对不同高厚比 $\beta = \dfrac{H_0}{h}$ 和不同偏心率 $\dfrac{e}{h}\left(\text{或}\dfrac{e}{h_T}\right)$ 的受压构件承载力采用下式计算：

$$N \leqslant \varphi f A \tag{13-2}$$

式中　N——轴向力设计值；

　　　φ——高厚比 β 和轴向力的偏心距 e 对受压构件承载力的影响系数，可按《砌体规范》附录 D 的规定采用；

　　　f——砌体的抗压强度设计值，应按《砌体规范》第 3.2.1 条采用。对无筋砌体，当截面面积小于 0.3m^2 时，应乘以调整系数 γ_a，γ_a 为其截面面积加 0.7（构件截面面积以 m^2 计）；

　　　A——截面面积，对各类砌体均应按毛截面计算；对带壁柱墙，其翼缘宽度可按《砌体规范》第 4.2.8 条采用。

注：对矩形截面构件，当轴向力偏心方向的截面边长大于另一方向的边长时，除按偏心受压计算外，还应对较小边长方向，按轴心受压进行验算。

(2) 计算影响系数 φ 或查 φ 表时，构件高厚比 β 应按下列公式确定：

对矩形截面　　　　　　　$\beta = \gamma_\beta \dfrac{H_0}{h}$ 　　　　　　　　(13-3)

对 T 形截面　　　　　　　$\beta = \gamma_\beta \dfrac{H_0}{h_T}$ 　　　　　　　　(13-4)

式中　γ_β——不同砌体材料的高厚比修正系数，按表 13-5 采用；

　　　H_0——受压构件的计算高度，按表 13-6 确定；

　　　h——矩形截面轴向力偏心方向的边长，当轴心受压时为截面较小边长；

　　　h_T——T 形截面的折算厚度，可近似按 $3.5i$ 计算，i 为截面回转半径。

高厚比修正系数 γ_β 　　　　　　　　　　　　　　　　表 13-5

砌体材料类别	γ_β
烧结普通砖、烧结多孔砖	1.0
混凝土普通砖、混凝土多孔砖、混凝土及轻集料混凝土砌块	1.1
蒸压灰砂普通砖、蒸压粉煤灰普通砖、细料石	1.2
粗料石、毛石	1.5

注：对灌孔混凝土砌块砌体，γ_β 取 1.0。

（3）受压构件的计算高度 H_0，应根据房屋类别和构件支承条件等按表 13-6 采用。表中的构件高度 H 应按下列规定采用：

1）房屋底层，为楼板顶面到构件下端支点的距离；下端支点的位置，可取在基础顶面；当埋置较深且有刚性地坪时，可取室外地面下 500mm 处；

2）房屋其他层，为楼板或其他水平支点间的距离；

3）对于无壁柱的山墙，可取层高加山墙尖高度的 1/2；对于带壁柱的山墙可取壁柱处的山墙高度。

（4）对有吊车的房屋，当荷载组合不考虑吊车作用时，变截面柱上段的计算高度可按表 13-6 规定采用。

受压构件的计算高度 H_0 表 13-6

房 屋 类 别			柱		带壁柱墙或周边拉接的墙		
			排架方向	垂直排架方向	$s>2H$	$2H \geqslant s>H$	$s \leqslant H$
有吊车的单层房屋	变截面柱上段	弹性方案	$2.5H_u$	$1.25H_u$		$2.5H_u$	
		刚性、刚弹性方案	$2.0H_u$	$1.25H_u$		$2.0H_u$	
	变截面柱下段		$1.0H_l$	$0.8H_l$		$1.0H_l$	
无吊车的单层和多层房屋	单 跨	弹性方案	$1.5H$	$1.0H$		$1.5H$	
		刚弹性方案	$1.2H$	$1.0H$		$1.2H$	
	多 跨	弹性方案	$1.25H$	$1.0H$		$1.25H$	
		刚弹性方案	$1.10H$	$1.0H$		$1.1H$	
	刚性方案		$1.0H$	$1.0H$	$1.0H$	$0.4s+0.2H$	$0.6s$

注：1. 表中 H_u 为变截面柱的上段高度；H_l 为变截面柱的下段高度；
2. 对于上端为自由端的构件，$H_0=2H$；
3. 独立砖柱，当无柱间支撑时，柱在垂直排架方向的 H_0 应按表中数值乘以 1.25 后采用；
4. s 为房屋横墙间距；
5. 自承重墙的计算高度应根据周边支承或拉接条件确定。

变截面柱下段的计算高度可按下列规定采用：

1）当 $H_u/H \leqslant 1/3$ 时，取无吊车房屋的 H_0。

2）当 $1/3 < H_u/H < 1/2$ 时，取无吊车房屋的 H_0 乘以修正系数 μ。

$$\mu = 1.3 - 0.3I_u/I_l \tag{13-5}$$

式中　I_u——变截面柱上段的惯性矩；

I_l——变截面柱下段的惯性矩。

3）当 $H_u/H \geqslant 1/2$ 时，取无吊车房屋的 H_0。但在确定 β 值时，应采用上柱截面。

注：本条规定也适用于无吊车房屋的变截面柱。

（5）按内力设计值计算的轴向力的偏心距 e 不应超过 $0.6y$。y 为截面重心到轴向力所在偏心方向截面边缘的距离。

（二）局部受压

砌体的局部受压按受力特点的不同可以分为局部均匀受压和梁端局部受压两种。

1. 砌体截面局部均匀受压

当荷载均匀地作用在砌体局部受压面积上时，就属于这种情况，其承载能力按下列公式计算：

$$N_l \leqslant \gamma f A_l \qquad (13\text{-}6)$$

$$\gamma = 1 + 0.35 \sqrt{\frac{A_0}{A_l} - 1} \qquad (13\text{-}7)$$

式中　N_l——局部受压面积上的轴向力设计值；

γ——砌体局部抗压强度提高系数，由于局部受压砌体有套箍作用存在，其抗压强度的提高通过 γ 来考虑，$\gamma \geqslant 1.0$。

计算所得的 γ 值，尚应符合下列规定：

① 在图 13-17（a）的情况下，$\gamma \leqslant 2.5$；

② 在图 13-17（b）的情况下，$\gamma \leqslant 2.0$；

③ 在图 13-17（c）的情况下，$\gamma \leqslant 1.5$；

④ 在图 13-17（d）的情况下，$\gamma \leqslant 1.25$；

⑤ 对多孔砖砌体和按《砌体规范》第 6.2.13 条的要求灌孔的砌块砌体，在①、②款的情况下，尚应符合 $\gamma \leqslant 1.5$；未灌孔混凝土砌块砌体，$\gamma = 1.0$；

⑥ 对多孔砖砌体孔洞难以灌实时，应按 $\gamma = 1.0$ 取用；当设置混凝土垫块时，按垫块下的砌体局部受压计算。

A_l——局部受压面积；

A_0——影响砌体局部抗压强度的计算面积，按图 13-17 计算。即按下列规定采用：

① 在图 13-17(a)的情况下，$A_0 = (a+c+h)h$；

② 在图 13-17(b)的情况下，$A_0 = (b+2h)h$；

③ 在图 13-17(c)的情况下，$A_0 = (a+h)h + (b+h_1-h)h_1$；

④ 在图 13-17(d)的情况下，$A_0 = (a+h)h$。

式中　a、b——矩形局部受压面积 A_l 的边长；

h、h_1——墙厚或柱的较小边长，墙厚；

c——矩形局部受压面积的外边缘至构件边缘的较小距离，当大于 h 时，应取 h。

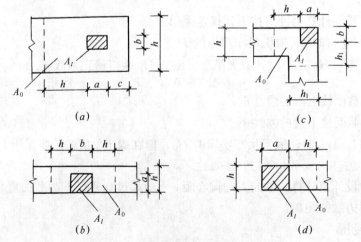

图 13-17　影响局部抗压强度的面积 A_0

2. 梁端局部受压

当梁支承在砌体上时，由于梁的弯曲，使梁端有脱开砌体的趋势，所以梁端受压属于非均匀局部受压，见图 13-18。梁端支承处砌体的局部受压承载力按下式计算：

$$\psi N_0 + N_l \leqslant \eta \gamma f A_l \tag{13-8}$$

式中 ψ——上部荷载的折减系数，$\psi = 1.5 - 0.5 \times \dfrac{A_0}{A_l}$，当 $A_0/A_l \geqslant 3$ 时，取 $\psi = 0$；

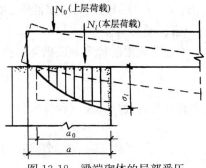

图 13-18　梁端砌体的局部受压

N_0——局部受压面积内上部传来轴向力设计值（N），$N_0 = \sigma_0/A_l$，σ_0 为上部平均压应力设计值（N/mm²）；

N_l——梁端支承压力设计值（N）；

η——梁端底面压应力图形的完整系数，应取 0.7，对于过梁和墙梁可取 1.0；

γ——按公式（13-7）计算；

A_l——局部受压面积，$A_l = a_0 b$，b 为梁的截面宽度，a_0 为梁端有效支承长度。

a_0 可按公式（13-9）计算：

$$a_0 = 10\sqrt{\frac{h_c}{f}} \tag{13-9}$$

式中 a_0——梁端有效支承长度，当 $a_0 > a$ 时，应取 $a_0 = a$；

a——梁端实际支承长度（mm）；

h_c——梁的截面高度（mm）；

f——砌体的抗压强度设计值（MPa）。

当梁端局部受压承载力不满足要求时，可以通过在梁端加钢筋混凝土垫块（预制刚性垫块、与梁端现浇成整体的垫块），或将梁端放在钢筋混凝土垫梁（如圈梁）上来解决，具体计算方法可参见《砌体规范》有关条款。

（三）轴心受拉构件

轴心受拉构件的承载力，应按下式计算：

$$N_t \leqslant f_t A \tag{13-10}$$

式中 N_t——轴心拉力设计值；

f_t——砌体轴心抗拉强度设计值，应按表 13-1 采用。

（四）受弯构件

1. 受弯构件的抗弯承载力计算

$$M \leqslant f_{tm} W \tag{13-11}$$

式中 M——弯矩设计值；

f_{tm}——砌体的弯曲抗拉强度设计值，按表 13-1 采用；

W——截面抵抗矩。

2. 受弯构件的抗剪承载力计算

$$V \leqslant f_v b z \tag{13-12}$$

式中 V——剪力设计值；

f_v——砌体的抗剪强度设计值，应按表 13-1 采用；

b——截面宽度；

z——内力臂，$z=\dfrac{I}{S}$，当截面为矩形时，$z=\dfrac{2}{3}h$；

I、S、h——分别为截面的惯性矩、截面面积矩和截面高度。

（五）受剪构件

沿通缝或沿阶梯形截面破坏时受剪构件的承载力，应按下式计算：

$$V \leqslant (f_v + a\mu\sigma_0)A \tag{13-13}$$

式中符号及有关计算见《砌体规范》第 5.5.1 条。

第四节 构 造 要 求

（一）墙、柱的允许高厚比

（1）墙、柱的高厚比应按下式验算：

$$\beta = \frac{H_0}{h} \leqslant \mu_1\mu_2[\beta] \tag{13-14}$$

式中 H_0——墙、柱的计算高度，应按《砌体规范》第 5.1.3 条采用；

h——墙厚或矩形柱与 H_0 相对应的边长；

μ_1——自承重墙允许高厚比的修正系数；

μ_2——有门窗洞口墙允许高厚比的修正系数；

$[\beta]$——墙、柱的允许高厚比，应按表 13-7 采用。

注：1. 墙、柱的计算高度应按表 13-6 的规定采用；

2. 当与墙连接的相邻两墙间的距离 $s \leqslant \mu_1\mu_2[\beta]h$ 时，墙的高度可不受式（13-14）的限制；

3. 变截面柱的高厚比可按上、下截面分别验算、其计算高度可按表 13-6 的规定采用。验算上柱的高厚比时，墙、柱的允许高厚比可按表 13-7 的数值乘以 1.3 后采用。

墙、柱的允许高厚比 $[\beta]$ 值　　　　　　　　　　　　　　表 13-7

砌体类型	砂浆强度等级	墙	柱
无筋砌体	M2.5	22	15
	M5.0 或 Mb5.0、Ms5.0	24	16
	≥M7.5 或 Mb7.5、Ms7.5	26	17
配筋砌块砌体	—	30	21

注：1. 毛石墙、柱的允许高厚比应按表中数值降低 20%；

2. 带有混凝土或砂浆面层的组合砖砌体构件的允许高厚比，可按表中数值提高 20%，但不得大于 28；

3. 验算施工阶段砂浆尚未硬化的新砌砌体构件高厚比时，允许高厚比对墙取 14，对柱取 11。

（2）带壁柱墙和带构造柱墙的高厚比验算，应按下列规定进行：

1）按式（13-14）验算带壁柱墙的高厚比，此时公式中 h 应改用带壁柱墙截面的折算厚度 h_T，在确定截面回转半径时，墙截面的翼缘宽度，可按《砌体规范》第 4.2.8 条的规定采用；当确定带壁柱墙的计算高度 H_0 时，s 应取相邻墙之间的距离。

2）当构造柱截面宽度不小于墙厚时，可按公式（13-14）验算带构造柱墙的高厚比，此时公式中 h 取墙厚；当确定墙的计算高度 H_0 时，s 应取相邻横墙间的距离；墙的允许高厚比 $[\beta]$ 可乘以修正系数 μ_c，μ_c 可按下式计算：

$$\mu_c = 1 + \gamma \frac{b_c}{l} \tag{13-15}$$

式中　γ——系数。对细料石砌体，$\gamma=0$；对混凝土砌块、混凝土多孔砖、粗料石、毛料石及毛石砌体，$\gamma=1.0$；其他砌体，$\gamma=1.5$；

b_c——构造柱沿墙长方向的宽度；

l——构造柱的间距。

当 $b_c/l>0.25$ 时取 $b_c/l=0.25$，当 $b_c/l<0.05$，时取 $b_c/l=0$。

注：考虑构造柱有利作用的高厚比验算不适用于施工阶段。

3）按公式（13-14）验算壁柱间墙或构造柱间墙的高厚比时，s 应取相邻壁柱间或相邻构造柱间的距离。设有钢筋混凝土圈梁的带壁柱墙或带构造柱墙，当 $b/s \geqslant 1/30$ 时，圈梁可视作壁柱间墙或构造柱间墙的不动铰支点（b 为圈梁宽度）。当不满足上述条件且不允许增加圈梁宽度时，可按墙体平面外等刚度原则增加圈梁高度，此时，圈梁仍可视作壁柱间墙或构造柱间墙的不动铰支点。

（3）厚度 h 不大于 240mm 的自承重墙（非承重墙），允许高厚比修正系数 μ_1，应按下列规定采用：

1）$h=240$mm，$\mu_1=1.2$；

2）$h=90$mm，$\mu_1=1.5$；

3）240mm$>h>90$mm，μ_1 可按插入法取值。

注：1. 上端为自由端墙的允许高厚比，除按上述规定提高外，尚可提高 30%；

2. 对厚度小于 90mm 的墙，当双面用不低于 M10 的水泥砂浆抹面，包括抹面层的墙厚不小于 90mm 时，可按墙厚等于 90mm 验算高厚比。

（4）对有门窗洞口的墙，允许高厚比修正系数 μ_2，应按下式计算：

$$\mu_2 = 1 - 0.4 \frac{b_s}{s} \tag{13-16}$$

式中　b_s——在宽度 s 范围内的门窗洞口总宽度；

s——相邻横墙或壁柱之间的距离。

b_s、s 影响 μ_2，要提高 μ_2，就要减小 b_s/s，即减小洞口宽度。

当按公式（13-16）算得 μ_2 的值小于 0.7 时，μ_2 取 0.7。当洞口高度等于或小于墙高的 1/5 时，μ_2 取 1.0。

当洞口高度等于或小于墙高的 4/5 时，可按独立墙段验算高厚比。

（二）一般构造要求

（1）砌体材料的结构材料性能指标，应符合下列规定：

1）普通砖和多孔砖的强度等级不应低于 MU10，其砌筑砂浆强度等级不应低于 M5；蒸压灰砂普通砖、蒸压粉煤灰普通砖及混凝土砖的强度等级不应低于 MU15，其砌筑砂浆强度等级不应低于 Ms5（Mb5）；

2）混凝土砌块的强度等级不应低于 MU7.5，其砌筑砂浆强度等级不应低于 Mb7.5；

3）约束砖砌体墙，其砌筑砂浆强度等级不应低于 M10 或 Mb10；

4）配筋砌块砌体抗震墙，其混凝土空心砌块的强度等级不应低于 MU10，其砌筑砂浆强度等级不应低于 Mb10。

（2）地面以下或防潮层以下的砌体、潮湿房间的墙，所用材料的最低强度等级应符合表 13-8 的要求。

地面以下或防潮层以下的砌体、潮湿房间的墙所用材料的最低强度等级　　　表 13-8

潮湿程度	烧结普通砖	混凝土普通砖、蒸压普通砖	混凝土砌块	石　材	水泥砂浆
稍潮湿的	MU15	MU20	MU7.5	MU30	M5
很潮湿的	MU20	MU20	MU10	MU30	M7.5
含水饱和的	MU20	MU25	MU15	MU40	M10

注：1. 在冻胀地区，地面以下或防潮层以下的砌体，不宜采用多孔砖，如采用时，其孔洞应用不低于 M10 的水泥砂浆灌实。当采用混凝土空心砌块时，其孔洞应采用强度等级不低于 Cb20 的混凝土预先灌实；

2. 对安全等级为一级或设计使用年限大于 50 年的房屋，表中材料强度等级应至少提高一级。

（3）承重的独立砖柱截面尺寸不应小于 240mm×370mm。毛石墙的厚度不宜小于350mm，毛料石柱较小边长不宜小于 400mm。

注：当有振动荷载时，墙、柱不宜采用毛石砌体。

（4）跨度大于 6m 的屋架和跨度大于下列数值的梁，应在支承处砌体上设置混凝土或钢筋混凝土垫块；当墙中设有圈梁时，垫块与圈梁宜浇成整体（加垫块主要是为了扩散压力）。

1）对砖砌体为 4.8m；

2）对砌块和料石砌体为 4.2m；

3）对毛石砌体为 3.9m。

（5）当梁跨度大于或等于下列数值时，其支承处宜加设壁柱（加设壁柱是为了加强稳定），或采取其他加强措施：

1）对 240mm 厚的砖墙为 6m，对 180mm 厚的砖墙为 4.8m；

2）对砌块、料石墙为 4.8m。

（6）预制钢筋混凝土板在混凝土圈梁上的支承长度不应小于 80mm，板端伸出的钢筋应与圈梁可靠连接，且同时浇筑；预制钢筋混凝土板在墙上的支承长度不应小于 100mm，并应按下列方法进行连接：

1）板支承于内墙时，板端钢筋伸出长度不应小于 70mm，且与支座处沿墙配置的纵筋绑扎，并用强度等级不低于 C25 的混凝土浇筑成板带；

2）板支承于外墙时，板端钢筋伸出长度不应小于 100mm，且与支座处沿墙配置的纵筋绑扎，并用强度等级不低于 C25 的混凝土浇筑成板带；

3）预制钢筋混凝土板与现浇板对接时，预制板端钢筋应伸入现浇板中进行连接后，再浇筑现浇板。

（7）填充墙与框架的连接，可根据设计要求采用脱开或不脱开方法。有抗震设防要求时，宜采用填充墙与框架脱开的方法。

1）当填充墙与框架采用脱开的方法时：

① 填充墙两端与框架柱，填充墙顶面与框架梁之间留出不小于 20mm 的间隙。

② 填充墙端部应设置构造柱，柱间距宜不大于 20 倍墙厚且不大于 4000mm，柱宽度

不小于 100mm。柱竖向钢筋不宜小于 10，箍筋宜为 5，竖向间距不宜大于 400mm。竖向钢筋与框架梁或其挑出部分的预埋件或预留钢筋连接，绑扎接头时不小于 30d，焊接时（单面焊）不小于 10d（d 为钢筋直径）。柱顶与框架梁（板）应预留不小于 15mm 的缝隙，用硅酮胶或其他弹性密封材料封缝。当填充墙有宽度大于 2100mm 的洞口时，洞口两侧应加设宽度不小于 50mm 的单筋混凝土柱。

③ 填充墙两端宜卡入设在梁、板底及柱侧的卡口铁件内，墙侧卡口板的竖向间距不宜大于 500mm，墙顶卡口板的水平间距不宜大于 1500mm。

④ 墙体高度超过 4m 时，宜在墙高中部设置与柱连通的水平系梁。水平系梁的截面高度不小于 60mm，填充墙高不宜大于 6m。

⑤ 填充墙与框架柱、梁的缝隙可采用聚苯乙烯泡沫塑料板条或聚氨酯发泡材料充填，并用硅酮胶或其他弹性密封材料封缝。

⑥ 所有连接用钢筋、金属配件、铁件、预埋件等均应作防腐防锈处理，并应符合本规范第 4.3 节的规定。嵌缝材料应能满足变形和防护要求。

2）当填充墙与框架采用不脱开的方法时：

① 沿柱高每隔 500mm 配置 2 根直径 6mm 的拉结钢筋（墙厚大于 240mm 时配置 3 根直径 6mm），钢筋伸入填充墙长度不宜小于 700mm，且拉结钢筋应错开截断，相距不宜小于 200mm。填充墙墙顶应与框架梁紧密结合，顶面与上部结构接触处宜用一皮砖或配砖斜砌楔紧。

② 当填充墙有洞口时，宜在窗洞口的上端或下端、门洞口的上端设置钢筋混凝土带，钢筋混凝土带应与过梁的混凝土同时浇筑，其过梁的断面及配筋由设计确定。钢筋混凝土带的混凝土强度等级不小于 C20。当有洞口的填充墙尽端至门窗洞口边距离小于 240mm 时，宜采用钢筋混凝土门窗框。

③ 填充墙长度超过 5m 或墙长大于 2 倍层高时，墙顶与梁宜有拉接措施，墙体中部应加设构造柱；墙高度超过 4m 时，宜在墙高中部设置与柱连接的水平系梁；墙高超过 6m 时，宜沿墙高每 2m 设置与柱连接的水平系梁，梁的截面高度不小于 60mm。

（8）填充墙、隔墙应分别采取措施与周边主体结构构件可靠连接。

（9）山墙处的壁柱或构造柱宜砌至山墙顶部，且屋面构件应与山墙可靠拉结。

（10）砌块砌体应分皮错缝搭砌，上下皮搭砌长度不得小于 90mm。当搭砌长度不满足上述要求时，应在水平灰缝内设置不小于 2φ4 的焊接钢筋网片（横向钢筋的间距不宜大于 200mm，网片每端应伸出该垂直缝不小于 300mm）。

（11）砌块墙与后砌隔墙交接处，应沿墙高每 400mm 在水平灰缝内设置不少于 2φ4、横筋间距不大于 200mm 的焊接钢筋网片，（图 13-19）。

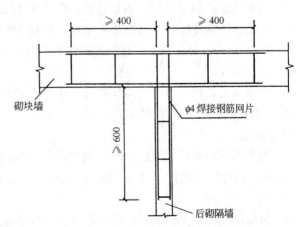

图 13-19 砌块墙与后砌隔墙交接处钢筋网片

（12）混凝土砌块房屋，宜将纵横墙交接处、距墙中心线每边不小于 300mm 范围内的孔洞，采用不低于 Cb20 混凝土沿全墙高灌实。

（13）混凝土砌块墙体的下列部位，如未设圈梁或混凝土垫块，应采用不低于 Cb20 混凝土将孔洞灌实：

1) 搁栅、檩条和钢筋混凝土楼板的支承面下，高度不应小于 200mm 的砌体；

2) 屋架、梁等构件的支承面下，长度不应小于 600mm，高度不应小于 600mm 的砌体；

3) 挑梁支承面下，距墙中心线每边不应小于 300mm，高度不应小于 600mm 的砌体。

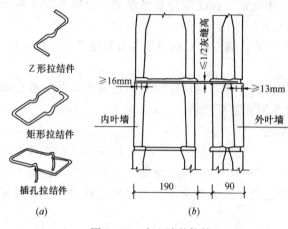

图 13-20 夹心墙的拉结

(a) 拉结件；(b) 拉结构造

（14）在砌体中留槽洞及埋设管道时，应遵守下列规定：

1) 不应在截面长边小于 500mm 的承重墙体、独立柱内埋设管线；

2) 不宜在墙体中穿行暗线或预留、开凿沟槽，当无法避免时应采取必要的措施或按削弱后的截面验算墙体的承载力。

注：对受力较小或未灌孔的砌块砌体，允许在墙体的竖向孔洞中设置管线。

（15）夹心墙应符合下列规定：

夹心墙的拉结见图 13-20。

1) 外叶墙的砖及混凝土砌块的强度等级不应低于 MU10；

2) 夹心墙的夹层厚度不宜大于 120mm；

3) 夹心墙外叶墙的最大横向支承间距宜按下列规定采用：

① 设防烈度为 6 度时不宜大于 9m；

② 设防烈度为 7 度时不宜大于 6m；

③ 设防烈度为 8、9 度时不宜大于 3m。

（16）夹心墙的内、外叶墙，应由拉结件可靠拉结，拉结件宜符合下列规定：

1) 当采用环形拉结件时，钢筋直径不应小于 4mm，当为 Z 形拉结件时，钢筋直径不应小于 6mm。拉结件应沿竖向梅花形布置，拉结件的水平和竖向最大间距分别不宜大于 800mm 和 600mm；对有振动或有抗震设防要求时，其水平和竖向最大间距分别不宜大于 800mm 和 400mm。

2) 当采用可调拉结件时，钢筋直径不应小于 4mm，拉结件的水平和竖向最大间距均不宜大于 400mm。叶墙间灰缝的高差不大于 3mm，可调拉结件中孔眼和扣钉间的公差不大于 1.5mm。

3) 当采用钢筋网片作拉结件时，网片横向钢筋的直径不应小于 4mm，其间距不应大于 400mm；网片的竖向间距不宜大于 600mm，对有振动或有抗震设防要求时，不宜大于 400mm。

4) 拉结件在叶墙上的搁置长度，不应小于叶墙厚度的 2/3，并不应小于 60mm。

5) 门窗洞口周边 300mm 范围内应附加间距不大于 600mm 的拉结件。

（17）框架填充墙墙体除应满足稳定要求外，尚应考虑水平风荷载及地震作用的影响。在正常使用和正常维护条件下，填充墙的使用年限宜与主体结构相同，结构的安全等级可按二级考虑。

填充墙的构造设计，应符合下列规定：

1）填充墙宜采用轻质块体材料，其强度等级应符合《砌体规范》第3.1.2条的规定；

2）填充墙砌筑砂浆的强度等级不宜低于M5（Mb5、Ms5）；

3）填充墙墙体厚度不应小于90mm；

4）用于填充墙的夹心复合砌块，其两肢块体之间应有拉结。

填充墙与框架的连接，可根据设计要求采用脱开或不脱开方法。有抗震设防要求时宜采用填充墙与框架脱开的方法。

（三）防止或减轻墙体开裂的主要措施

（1）为了防止或减轻房屋在正常使用条件下，由温差和砌体干缩引起的墙体竖向裂缝，应在墙体中设置伸缩缝。伸缩缝应设在因温度和收缩变形引起应力集中、砌体产生裂缝可能性最大的地方。伸缩缝的间距可按表13-9采用。

砌体房屋伸缩缝的最大间距（m）　　　　　　　　　　　表 13-9

屋盖或楼盖类别		间　　距
整体式或装配整体式钢筋混凝土结构	有保温层或隔热层的屋盖、楼盖	50
	无保温层或隔热层的屋盖	40
装配式无檩体系钢筋混凝土结构	有保温层或隔热层的屋盖、楼盖	60
	无保温层或隔热层的屋盖	50
装配式有檩体系钢筋混凝土结构	有保温层或隔热层的屋盖	75
	无保温层或隔热层的屋盖	60
瓦材屋盖、木屋盖或楼盖、轻钢屋盖		100

注：1. 对烧结普通砖、烧结多孔砖、配筋砌块砌体房屋，取表中数值；对石砌体、蒸压灰砂普通砖、蒸压粉煤灰普通砖、混凝土砌块、混凝土普通砖和混凝土多孔砖房屋，取表中数值乘以0.8的系数，当墙体有可靠外保温措施时，其间距可取表中数值。
　　2. 在钢筋混凝土屋面上挂瓦的屋盖应按钢筋混凝土屋盖采用；
　　3. 层高大于5m的烧结普通砖、烧结多孔砖、配筋砌块砌体结构单层房屋，其伸缩缝间距可按表中数值乘以1.3；
　　4. 温差较大且变化频繁地区和严寒地区不采暖的房屋及构筑物墙体的伸缩缝的最大间距，应按表中数值予以适当减小；
　　5. 墙体的伸缩缝应与结构的其他变形缝相重合，缝宽度应满足各种变形缝的变形要求；在进行立面处理时，必须保证缝隙的变形作用。

（2）为了防止或减轻房屋顶层墙体的裂缝，可根据情况采取下列措施：

1）屋面应设置保温、隔热层；

2）屋面保温（隔热）层或屋面刚性面层及砂浆找平层应设置分隔缝，分隔缝间距不宜大于6m，其缝宽不小于30mm，并与女儿墙隔开；

3）采用装配式有檩体系钢筋混凝土屋盖和瓦材屋盖；

4）顶层屋面板下设置现浇钢筋混凝土圈梁，并沿内外墙拉通，房屋两端圈梁下的墙体内宜设置水平钢筋；

5）顶层墙体有门窗等洞口时，在过梁上的水平灰缝内设置2～3道焊接钢筋网片或2ϕ6钢筋，焊接钢筋网片或钢筋应伸入洞口两端墙内不小于600mm；

6）顶层及女儿墙砂浆强度等级不低于 M7.5（Mb7.5、Ms7.5）；

7）女儿墙应设置构造柱，构造柱间距不宜大于 4m，构造柱应伸至女儿墙顶并与现浇钢筋混凝土压顶整浇在一起；

8）对顶层墙体施加竖向预应力。

（3）为防止或减轻房屋底层墙体裂缝，可根据情况采取下列措施：

1）增大基础圈梁的刚度；

2）在底层的窗台下墙体灰缝内设置 3 道焊接钢筋网片或 2ϕ6 钢筋，并应伸入两边窗间墙内不小于 600mm。

（4）在每层门、窗过梁上方的水平灰缝内及窗台下第一和第二道水平灰缝内，宜设置焊接钢筋网片或 2 根直径 6mm 钢筋，焊接钢筋网片或钢筋应伸入两边窗间墙内不小于 600mm。当墙长大于 5m 时，宜在每层墙高度中部设置 2~3 道焊接钢筋网片或 3 根直径 6mm 的通长水平钢筋，竖向间距为 500mm。

（5）房屋两端和底层第一、第二开间门窗洞处，可采取下列措施：

1）在门窗洞口两边墙体的水平灰缝中，设置长度不小于 900mm、竖向间距为 400mm 的 2 根直径 4mm 的焊接钢筋网片；

2）在顶层和底层设置通长钢筋混凝土窗台梁，窗台梁高宜为块材高度的模数，梁内纵筋不少于 4 根，直径不小于 10mm，箍筋直径不小于 6mm，间距不大于 200mm，混凝土强度等级不低于 C20；

3）在混凝土砌块房屋门窗洞口两侧不少于一个孔洞中设置直径不小于 12mm 的竖向钢筋，竖向钢筋应在楼层圈梁或基础内锚固，孔洞用不低于 Cb20 混凝土灌实。

（6）填充墙砌体与梁、柱或混凝土墙体结合的界面处（包括内、外墙），宜在粉刷前设置钢丝网片，网片宽度可取 400mm，并沿界面缝两侧各延伸 200mm，或采取其他有效的防裂、盖缝措施。

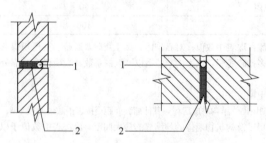

图 13-21　控制缝构造
1—不吸水的、闭孔发泡聚乙烯实心圆棒；
2—柔软、可压缩的填充物

（7）当房屋刚度较大时，可在窗台下或窗台角处墙体内、在墙体高度或厚度突然变化处设置竖向控制缝。竖向控制缝宽度不宜小于 25mm，缝内填以压缩性能好的填充材料，且外部用密封材料密封，并采用不吸水的、闭孔发泡聚乙烯实心圆棒（背衬）作为密封膏的隔离物（图 13-21）。

（8）夹心复合墙的外叶墙宜在建筑墙体适当部位设置控制缝，其间距宜为 6~8m。

第五节　圈梁、过梁、墙梁和挑梁

（一）圈梁

（1）对于有地基不均匀沉降或较大振动荷载的房屋，可按本节规定在砌体墙中设置现浇混凝土圈梁。

（2）厂房、仓库、食堂等空旷单层房屋应按下列规定设置圈梁：

1) 砖砌体结构房屋，檐口标高为5～8m时，应在檐口标高处设置圈梁一道；檐口标高大于8m时，应增加设置数量；

2) 砌块及料石砌体结构房屋，檐口标高为4～5m时，应在檐口标高处设置圈梁一道；檐口标高大于5m时，应增加设置数量；

3) 对有吊车或较大振动设备的单层工业房屋，当未采取有效的隔振措施时，除在檐口或窗顶标高处设置现浇混凝土圈梁外，尚应增加设置数量。

(3) 住宅、办公楼等多层砌体结构民用房屋，且层数为3～4层时，应在底层和檐口标高处各设置一道圈梁。当层数超过4层时，除应在底层和檐口标高处各设置一道圈梁外，至少应在所有纵、横墙上隔层设置。多层砌体工业房屋，应每层设置现浇混凝土圈梁。设置墙梁的多层砌体结构房屋，应在托梁、墙梁顶面和檐口标高处设置现浇钢筋混凝土圈梁。

(4) 建筑在软弱地基或不均匀地基上的砌体结构房屋，除按本节规定设置圈梁外，尚应符合现行国家标准《建筑地基基础设计规范》GB 50007的有关规定。

(5) 圈梁应符合下列构造要求：

1) 圈梁宜连续地设在同一水平面上，并形成封闭状；当圈梁被门窗洞口截断时，应在洞口上部增设相同截面的附加圈梁。附加圈梁与圈梁的搭接长度不应小于其中到中垂直间距的2倍，且不得小于1m（见图13-22）。

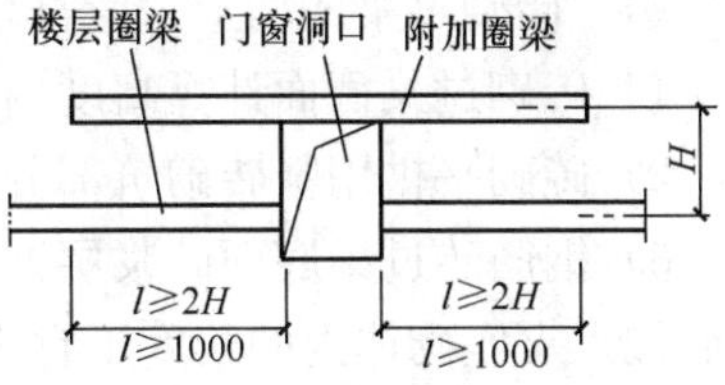

2) 纵、横墙交接处的圈梁应可靠连接。刚弹性和弹性方案房屋，圈梁应与屋架、大梁等构件可靠连接。

图 13-22

3) 混凝土圈梁的宽度宜与墙厚相同，当墙厚不小于240mm时，其宽度不宜小于墙厚的2/3。圈梁高度不应小于120mm。纵向钢筋数量不应少于4根，直径不应小于10mm，绑扎接头的搭接长度按受拉钢筋考虑，箍筋间距不应大于300mm。

4) 圈梁兼作过梁时，过梁部分的钢筋应按计算面积另行增配。

(6) 采用现浇混凝土楼（屋）盖的多层砌体结构房屋，当层数超过5层时，除应在檐口标高处设置一道圈梁外，可隔层设置圈梁，并应与楼（屋）面板一起现浇。未设置圈梁的楼面板嵌入墙内的长度不应小于120mm，并沿墙长配置不少于2根直径为10mm的纵向钢筋。

（二）过梁

(1) 对有较大振动荷载或可能产生不均匀沉降的房屋，应采用混凝土过梁。当过梁的跨度不大于1.5m时，可采用钢筋砖过梁；不大于1.2m时，可采用砖砌平拱过梁。

(2) 过梁的荷载，应按下列规定采用：

1) 对砖和砌块砌体，当梁、板下的墙体高度 h_w 小于过梁的净跨 l_n 时，过梁应计入梁、板传来的荷载，否则可不考虑梁、板荷载；

2) 对砖砌体，当过梁上的墙体高度 h_w 小于 $l_n/3$ 时，墙体荷载应按墙体的均布自重采用，否则应按高度为 $l_n/3$ 墙体的均布自重来采用；

3) 对砌块砌体，当过梁上的墙体高度 h_w 小于 $l_n/2$ 时，墙体荷载应按墙体的均布自重采用，否则应按高度为 $l_n/2$ 墙体的均布自重采用。

（3）过梁的计算，宜符合下列规定：

1）砖砌平拱受弯和受剪承载力，可按式（13-11）和式（13-12）计算。

2）钢筋砖过梁的受弯承载力可按下式计算，受剪承载力，可按式（13-12）计算：

$$M \leqslant 0.85h_0 f_y A_s \tag{13-17}$$

式中　M——按简支梁计算的跨中弯矩设计值；

　　　　h_0——过梁截面的有效高度，$h_0 = h - a_s$；

　　　　a_s——受拉钢筋重心至截面下边缘的距离；

　　　　h——过梁的截面计算高度，取过梁底面以上的墙体高度，但不大于 $l_n/3$；当考虑梁、板传来的荷载时，则按梁、板下的高度采用；

　　　　f_y——钢筋的抗拉强度设计值；

　　　　A_s——受拉钢筋的截面面积。

3）混凝土过梁的承载力，应按混凝土受弯构件计算；验算过梁下砌体局部受压承载力时，可不考虑上层荷载的影响；梁端底面压应力图形完整系数可取 1.0，梁端有效支承长度可取实际支承长度，但不应大于墙厚。

（4）砖砌过梁的构造，应符合下列规定：

1）砖砌过梁截面计算高度内的砂浆不宜低于 M5（Mb5、Ms5）；

2）砖砌平拱用竖砖砌筑部分的高度不应小于 240mm；

3）钢筋砖过梁底面砂浆层处的钢筋，其直径不应小于 5mm，间距不宜大于 120mm，钢筋伸入支座砌体内的长度不宜小于 240mm，砂浆层的厚度不宜小于 30mm。

（三）墙梁

（1）承重与自承重简支墙梁、连续墙梁和框支墙梁的设计，应符合本节规定。

（2）采用烧结普通砖砌体、混凝土普通砖砌体、混凝土多孔砖砌体和混凝土砌块砌体的墙梁设计应符合下列规定：

1）墙梁设计应符合表 13-10 的规定：

墙梁的一般规定 表 13-10

墙梁类别	墙体总高度（m）	跨度（m）	墙体高跨比 h_w/l_{oi}	托梁高跨比 h_b/l_{oi}	洞宽比 b_h/l_{oi}	洞高 h_h（m）
承重墙梁	≤18	≤9	≥0.4	≥1/10	≤0.3	≤$5h_w$/6 且 $h_w - h_h$≥0.4m
自承重墙梁	≤18	≤12	≥1/3	≥1/15	≤0.8	—

注：墙体总高度指托梁顶面到檐口的高度，带阁楼的坡屋面应算到山尖墙 1/2 高度处。

2）墙梁计算高度范围内每跨允许设置一个洞口，洞口高度，对窗洞取洞顶至托梁顶面距离。对自承重墙梁，洞口至边支座中心的距离不应小于 $0.1l_{oi}$，门窗洞上口至墙顶的距离不应小于 0.5m。

3）洞口边缘至支座中心的距离，距边支座不应小于墙梁计算跨度的 0.15 倍，距中支座不应小于墙梁计算跨度的 0.07 倍。托梁支座处上部墙体设置混凝土构造柱且构造柱边缘至洞口边缘的距离不小于 240mm 时，洞口边至支座中心距离的限值可不受本规定限制。

4）托梁高跨比，对无洞口墙梁不宜大于 1/7，对靠近支座有洞口的墙梁不宜大于 1/6。配筋砌块砌体墙梁的托梁高跨比可适当放宽，但不宜小于 1/14；当墙梁结构中的墙体均为配筋砌块砌体时，墙体总高度可不受本规定限制。

（3）墙梁的计算简图，应按图 13-23 采用。各计算参数应符合下列规定：

1）墙梁计算跨度，对简支墙梁和连续墙梁取净跨的 1.1 倍或支座中心线距离的较小值；框支墙梁支座中心线距离，取框架柱轴线间的距离；

2）墙体计算高度，取托梁顶面上一层墙体（包括顶梁）高度，当 h_w 大于 l_0 时，取 h_w 等于 l_0（对连续墙梁和多跨框支墙梁，l_0 取各跨的平均值）；

3）墙梁跨中截面计算高度，取 $H_0 = h_w + 0.5h_b$；

4）翼墙计算宽度，取窗间墙宽度或横墙间距的 2/3，且每边不大于 3.5 倍的墙体厚度和墙梁计算跨度的 1/6；

5）框架柱计算高度，取 $H_c = H_{cn} + 0.5h_b$；H_{cn} 为框架柱的净高，取基础顶面至托梁底面的距离。

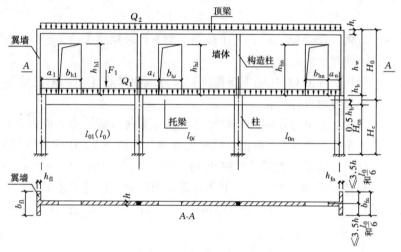

图 13-23　墙梁计算简图

$l_0(l_{0i})$—墙梁计算跨度；h_w—墙体计算高度；h—墙体厚度；H_0—墙梁跨中截面计算高度；b_{f1}—翼墙计算宽度；H_c—框架柱计算高度；b_{hi}—洞口宽度；h_{hi}—洞口高度；a_i—洞口边缘至支座中心的距离；Q_1、F_1—承重墙梁的托梁顶面的荷载设计值；Q_2—承重墙梁的墙梁顶面的荷载设计值

（4）墙梁的计算荷载，应按下列规定采用：

1）使用阶段墙梁上的荷载，应按下列规定采用：

① 承重墙梁的托梁顶面的荷载设计值，取托梁自重及本层楼盖的恒荷载和活荷载；

② 承重墙梁的墙梁顶面的荷载设计值，取托梁以上各层墙体自重，以及墙梁顶面以上各层楼（屋）盖的恒荷载和活荷载；集中荷载可沿作用的跨度近似化为均布荷载；

③ 自承重墙梁的墙梁顶面的荷载设计值，取托梁自重及托梁以上墙体自重。

2）施工阶段托梁上的荷载，应按下列规定采用：

① 托梁自重及本层楼盖的恒荷载；

② 本层楼盖的施工荷载；

③ 墙体自重，可取高度为 $l_{0\max}/3$ 的墙体自重，开洞时尚应按洞顶以下实际分布的墙体自重复核；$l_{0\max}$ 为各计算跨度的最大值。

（5）墙梁应分别进行托梁使用阶段正截面承载力和斜截面受剪承载力计算、墙体受剪承载力和托梁支座上部砌体局部受压承载力计算，以及施工阶段托梁承载力验算。自承重墙梁可不验算墙体受剪承载力和砌体局部受压承载力。

（6）墙梁的托梁正截面承载力应按下列规定计算：

1）托梁跨中截面应按钢筋混凝土偏心受拉构件计算；

2）托梁支座截面应按钢筋混凝土受弯构件计算，具体计算方法详见《砌体规范》第 7.3.6 条。

（7）对多跨框支墙梁的框支边柱，当柱的轴向压力增大对承载力不利时，在墙梁荷载设计值 Q_2 作用下的轴向压力值应乘以修正系数 1.2。

（8）墙梁的托梁斜截面受剪承载力应按混凝土受弯构件计算，第 j 支座边缘截面的剪力设计值 V_{bj} 可按下式计算：

$$V_{bj} = V_{1j} + \beta_v V_{2j} \tag{13-18}$$

式中　V_{1j} ——荷载设计值 Q_1、F_1 作用下按简支梁、连续梁或框架分析的托梁第 j 支座边缘截面剪力设计值；

V_{2j} ——荷载设计值 Q_2 作用下按简支梁、连续梁或框架分析的托梁第 j 支座边缘截面剪力设计值；

β_v ——考虑墙梁组合作用的托梁剪力系数，无洞口墙梁边支座截面取 0.6，中间支座截面取 0.7；有洞口墙梁边支座截面取 0.7，中间支座截面取 0.8；对自承重墙梁，无洞口时取 0.45，有洞口时取 0.5。

（9）墙梁的墙体受剪承载力，应按下式验算，当墙梁支座处墙体中设置上、下贯通的落地混凝土构造柱，且其截面不小于 240mm×240mm 时，可不验算墙梁的墙体受剪承载力。

$$V_2 \leqslant \xi_1 \xi_2 \left(0.2 + \frac{h_b}{l_{0i}} + \frac{h_t}{l_{0i}} \right) f h h_w \tag{13-19}$$

式中　V_2 ——在荷载设计值 Q_2 作用下墙梁支座边缘截面剪力的最大值；

ξ_1 ——翼墙影响系数，对单层墙梁取 1.0，对多层墙梁，当 $b_f/h = 3$ 时取 1.3，当 $b_f/h = 7$ 时取 1.5，当 $3 < b_f/h < 7$ 时，按线性插入取值；

ξ_2 ——洞口影响系数，无洞口墙梁取 1.0，多层有洞口墙梁取 0.9，单层有洞口墙梁取 0.6；

h_t ——墙梁顶面圈梁截面高度。

（10）托梁支座上部砌体局部受压承载力，应按公式（13-20）验算，当墙梁的墙体中设置上、下贯通的落地混凝土构造柱，且其截面不小于 240mm×240mm 时，或当 b_f/h 大于等于 5 时，可不验算托梁支座上部砌体局部受压承载力。

$$Q_2 \leqslant \zeta f h \tag{13-20}$$

$$\zeta = 0.25 + 0.08 \frac{b_f}{h} \tag{13-21}$$

式中　ζ ——局压系数。

（11）托梁应按混凝土受弯构件进行施工阶段的受弯、受剪承载力验算，作用在托梁上的荷载可按上述第（4）条的规定采用。

（12）墙梁的构造应符合下列规定：

1）托梁和框支柱的混凝土强度等级不应低于 C30；

2）承重墙梁的块体强度等级不应低于 MU10，计算高度范围内墙体的砂浆强度等级不应低于 M10（Mb10）；

3）框支墙梁的上部砌体房屋，以及设有承重的简支墙梁或连续墙梁的房屋，应满足刚性方案房屋的要求；

4）墙梁的计算高度范围内的墙体厚度，对砖砌体不应小于 240mm，对混凝土砌块砌体不应小于 190mm；

5）墙梁洞口上方应设置混凝土过梁，其支承长度不应小于 240mm；洞口范围内不应施加集中荷载；

6）承重墙梁的支座处应设置落地翼墙，翼墙厚度，对砖砌体不应小于 240mm，对混凝土砌块砌体不应小于 190mm，翼墙宽度不应小于墙梁墙体厚度的 3 倍，并与墙梁墙体同时砌筑；当不能设置翼墙时，应设置落地且上、下贯通的混凝土构造柱；

7）当墙梁墙体在靠近支座 1/3 跨度范围内开洞时，支座处应设置落地且上、下贯通的混凝土构造柱，并应与每层圈梁连接；

8）墙梁计算高度范围内的墙体，每天可砌筑高度不应超过 1.5m，否则，应加设临时支撑；

9）托梁两侧各两个开间的楼盖应采用现浇混凝土楼盖，楼板厚度不应小于 120mm；当楼板厚度大于 150mm 时，应采用双层双向钢筋网；楼板上应少开洞，洞口尺寸大于 800mm 时应设洞口边梁；

10）托梁每跨底部的纵向受力钢筋应通长设置，不应在跨中弯起或截断；钢筋连接应采用机械连接或焊接；

11）托梁跨中截面的纵向受力钢筋总配筋率不应小于 0.6%；

12）托梁上部通长布置的纵向钢筋面积与跨中下部纵向钢筋面积之比值不应小于 0.4；连续墙梁或多跨框支墙梁的托梁支座上部附加纵向钢筋从支座边缘算起每边延伸长度不应小于 $l_0/4$；

13）承重墙梁的托梁在砌体墙、柱上的支承长度不应小于 350mm；纵向受力钢筋伸入支座的长度应符合受拉钢筋的锚固要求；

14）当托梁截面高度 h_b 大于等于 450mm 时，应沿梁截面高度设置通长水平腰筋，其直径不应小于 12mm，间距不应大于 200mm；

15）对于洞口偏置的墙梁，其托梁的箍筋加密区范围应延到洞口外，距洞边的距离大于等于托梁截面高度 h_b（图 13-24），箍筋直径不应小于 8mm，间距

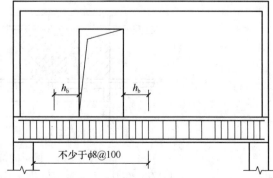

图 13-24　偏开洞时托梁箍筋加密区

不应大于100mm。

（四）挑梁

（1）砌体墙中混凝土挑梁的抗倾覆，应按下列公式进行验算：

$$M_{ov} \leqslant M_r \qquad (13\text{-}22)$$

式中　M_{ov}——挑梁的荷载设计值对计算倾覆点产生的倾覆力矩；

　　　M_r——挑梁的抗倾覆力矩设计值。

（2）挑梁计算倾覆点至墙外边缘的距离可按下列规定采用：

1）当 l_1 不小于 $2.2 h_b$ 时（l_1 为挑梁埋入砌体墙中的长度，h_b 为挑梁的截面高度），梁计算倾覆点到墙外边缘的距离可按下式计算，且其结果不应大于 $0.13 l_1$：

$$x_0 = 0.3 h_b \qquad (13\text{-}23)$$

式中　x_0——计算倾覆点至墙外边缘的距离（mm）。

2）当 l_1 小于 $2.2 h_b$ 时，梁计算倾覆点到墙外边缘的距离可按下式计算：

$$x_0 = 0.13 l_1 \qquad (13\text{-}24)$$

3）当挑梁下有混凝土构造柱或垫梁时，计算倾覆点到墙外边缘的距离可取 $0.5 x_0$。

（3）挑梁的抗倾覆力矩设计值，可按下式计算：

$$M_r = 0.8 G_r (l_2 - x_0) \qquad (13\text{-}25)$$

式中　G_r——挑梁的抗倾覆荷载，为挑梁尾端上部 45° 扩展角的阴影范围（其水平长度为 l_3）内本层的砌体与楼面恒荷载标准值之和（图 13-25）；当上部楼层无挑梁时，抗倾覆荷载中可计及上部楼层的楼面永久荷载；

　　　l_2——G_r 作用点至墙外边缘的距离。

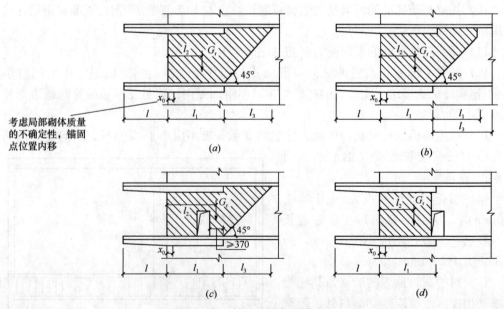

图 13-25　挑梁的抗倾覆荷载

(a) $l_3 \leqslant l_1$ 时；(b) $l_3 > l_1$ 时；(c) 洞在 l_1 之内；(d) 洞在 l_1 之外

（4）挑梁下砌体的局部受压承载力，可按下式验算（图 13-26）：

$$N_l \leqslant \eta \gamma f A_l \tag{13-26}$$

式中　N_l ——挑梁下的支承压力，可取 $N_l = 2R$，R 为挑梁的倾覆荷载设计值；

　　　　η ——梁端底面压应力图形的完整系数，可取 0.7；

　　　　γ ——砌体局部抗压强度提高系数，对图 13-26（a）可取 1.25；对图 13-26（b）可取 1.5；

　　　　A_l ——挑梁下砌体局部受压面积，可取 $A_l = 1.2bh_b$，b 为挑梁的截面宽度，h_b 为挑梁的截面高度。

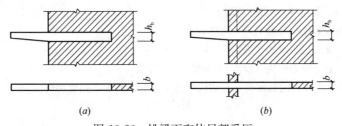

图 13-26　挑梁下砌体局部受压

（a）挑梁支承在一字墙上；（b）挑梁支承在丁字墙上

（5）挑梁的最大弯矩设计值 M_{max} 与最大剪力设计值 V_{max}，可按下列公式计算：

$$M_{max} = M_0 \tag{13-27}$$
$$V_{max} = V_0 \tag{13-28}$$

式中　M_0 ——挑梁的荷载设计值对计算倾覆点截面产生的弯矩；

　　　　V_0 ——挑梁的荷载设计值在挑梁墙外边缘处截面产生的剪力。

（6）挑梁设计除应符合现行国家标准《混凝土结构设计规范》GB 50010 的有关规定外，尚应满足下列要求：

1）纵向受力钢筋至少应有 1/2 的钢筋面积伸入梁尾端，且不少于 $2\phi12$；其余钢筋伸入支座的长度不应小于 $2l_1/3$；

2）挑梁埋入砌体长度 l_1 与挑出长度 l 之比宜大于 1.2；当挑梁上无砌体时，l_1 与 l 之比宜大于 2。

（7）雨篷等悬挑构件可按上述第（1）～（3）条进行抗倾覆验算，其抗倾覆荷载 G_r 可按图 13-27 采用，G_r 距墙外边缘的距离为墙厚的 1/2，l_3 为门窗洞口净跨的 1/2。

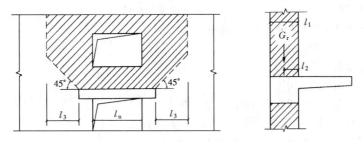

图 13-27　雨篷的抗倾覆荷载

G_r —抗倾覆荷载；l_1 —墙厚；l_2 —G_r 距墙外边缘的距离

习 题

13-1 **(2019)** 关于烧结普通砖砌体的抗压强度，错误的是（   ）。

A 提高砖的强度可以提高砌体的抗压强度

B 提高砂浆的强度可以提高砌体的抗压强度

C 加大灰缝厚度可以提高砌体的抗压强度

D 提高砌筑质量等级可以提高砌体的抗压强度

13-2 **(2019)** 砌体结构墙体，在地面以下含水饱和环境中所用砌块和砂浆最低强度等级正确的是（   ）。

A MU10 烧结普通砖＋M5 水泥砂浆

B MU10 烧结多孔砖（灌实）＋M10 混合砂浆

C MU10 混凝土空心砌块（灌实）＋M5 混合砂浆

D MU15 混凝土空心砌块（灌实）＋M10 水泥砂浆

13-3 **(2019)** 我国古代著名的赵州桥，其结构体现了砌体材料的下列哪种性能？（   ）

A 抗拉　　　　　　　　　　　　B 抗压

C 抗弯　　　　　　　　　　　　D 抗剪

13-4 **(2019)** 蒸压灰砂砖砌体，应用专用的砌筑砂浆，下列哪种砂浆不能使用？（   ）

A Ms25　　　　　　　　　　　　B Ms5

C Ms7.5　　　　　　　　　　　　D Ms10

13-5 **(2018)** 关于砌体强度的说法正确的是（   ）。

A 块体强度、砂浆相同的烧结普通砖和烧结多孔砖抗压强度不同

B 块体强度、砂浆相同的蒸压灰砂砖和烧结多孔砖抗压强度不同

C 块体强度、砂浆相同的单排孔混凝土砌块、轻集料混凝土砌块对孔砌筑的抗压强度不同

D 砂浆强度为 0 的毛料石砌体抗压强度为 0

13-6 **(2018)** 设计使用年限为 70 年，位于地下的潮湿卫生间，使用的混凝土砌块强度应为（   ）。

A MU5　　　　　　　　　　　　B MU7.5

C MU10　　　　　　　　　　　　D MU15

13-7 **(2018)** 砌体填充墙高厚比限值的目的是（   ）。

A 块材强度要求　　　　　　　　B 砂浆强度要求

C 稳定性要求　　　　　　　　　D 减少开洞要求

13-8 **(2018)** 砌体厚度不满足高厚比时，下列提高高厚比的方法中错误的是（   ）。

A 改变墙厚　　　　　　　　　　B 改变柱子高度

C 增设构造柱　　　　　　　　　D 改变门窗位置

13-9 **(2018)** 下列减轻砌体结构裂缝的措施中，无效的是（   ）。

A 在墙体中设置伸缩缝

B 增大基础圈梁的刚度

C 减少基础圈梁的结构尺寸

D 屋面刚性面层及砂浆找平层应设置分隔缝

13-10 **(2018)** 关于砌体结构非承重填充墙的说法，错误的是（   ）。

A 填充墙砌筑砂浆的强度等级不宜低于 M5

B 填充墙墙体墙厚不应小于 90mm

C 填充墙墙高不宜大于 6m

D 墙高超过 3m 时，宜在墙高中部设置与柱连通的水平系梁

13-11 (2018) 题 13-11 图所示 3 种砌体，在砌块种类、砂浆强度相同的情况下，强度比较正确的是(   )。

题 13-11 图

  A $a>b>c$ B $b>a>c$ C $c>a>b$ D $a>c>b$

13-12 各类砌体的抗压强度设计值可按下列何项原则确定？(   )

  A 龄期 14d，以净截面计算   B 龄期 14d，以毛截面计算

  C 龄期 28d，以净截面计算   D 龄期 28d，以毛截面计算

13-13 目前市场上的承重用 P 型砖和 M 型砖，属于下列哪类砖？(   )

  A 烧结普通砖   B 烧结多孔砖

  C 蒸压灰砂砖   D 蒸压粉煤灰砖

13-14 承重用混凝土小型空心砌块的空心率宜为下列何值？(   )

  A 10%以下   B 25%～50%   C 70%～80%   D 95%以上

13-15 下列关于砌体抗压强度的说法哪一种不正确？(   )

  A 块体的抗压强度恒大于砌体的抗压强度

  B 砂浆的抗压强度恒大于砌体的抗压强度

  C 砌体的抗压强度随砂浆的强度提高而提高

  D 砌体的抗压强度随块体的强度提高而提高

13-16 下列关于砌筑砂浆的说法哪一种不正确？(   )

  A 砂浆的强度等级是按立方体试块进行抗压试验而确定

  B 石灰砂浆强度低，但砌筑方便

  C 水泥砂浆适用于潮湿环境的砌体

  D 用同强度等级的水泥砂浆及混合砂浆砌筑的墙体，前者强度设计值高于后者

13-17 砌体一般不能用于下列何种结构构件？(   )

  A 受压   B 受拉   C 受弯   D 受剪

参考答案及解析

13-1 **解析**：影响砌体强度的主要因素为砌块和砂浆的强度、砌块的表面平整度和几何尺寸，以及砌筑质量；选项 C 加厚灰缝对提高砌体的抗压强度并无帮助。故应选 C。

    答案：C

13-2 **解析**：由《砌体规范》第 4.3.5 条表 4.3.5 可知，地面以下含水饱和环境中所用砌块和砂浆的最低强度等级分别为 MU15 和 M10。故应选 D。

    答案：D

13-3 **解析**：赵州桥为拱结构，拱结构是以受压为主的结构形式。

    答案：B

13-4 **解析**：根据《砌体规范》第 3.1.3.1 款，蒸压灰砂普通砖和蒸压粉煤灰普通砖砌体采用的专用砌筑砂浆强度等级：Ms15、Ms10、Ms7.5、Ms5.0；其中没有 Ms25，故应选 A。

答案：A

13-5 解析：根据《砌体规范》第 3.2 节表 3.2.1-1，烧结普通砖和烧结多孔砖的抗压强度设计值相同；故 A 错误（但当烧结多孔砖的孔洞率大于 30% 时，抗压强度设计值应乘以 0.9，故本题的表述不够严谨，应补充烧结多孔砖的孔洞率）。

根据表 3.2.1-4，单排孔混凝土砌块和轻集料混凝土砌块对孔砌筑砌体的抗压强度设计值相同；故 C 错误。

根据表 3.2.1-6，当砂浆强度为 0 时，毛料石砌体仍然具有抗压强度；故 D 错误。

根据表 3.2.1-3 和表 3.2.1-1，蒸压灰砂普通砖砌体和烧结多孔砖砌体的抗压强度设计值不同；故 B 正确。

答案：B

13-6 解析：根据《砌体规范》第 4.3.5.1 款：设计使用年限为 50a 时，地面以下或防潮层以下的砌体、潮湿房间的墙或环境类别 2 的砌体，所用材料的最低强度等级应符合表 4.3.5 的规定。

地面以下或防潮层以下的砌体、潮湿房间的墙所用材料的最低强度等级　　表 4.3.5

潮湿程度	烧结普通砖	混凝土普通砖、蒸压普通砖	混凝土砌块	石材	水泥砂浆
稍潮湿的	MU15	MU20	MU7.5	MU30	M5
很潮湿的	MU20	MU20	MU10	MU30	M7.5
含水饱和的	MU20	MU25	MU15	MU40	M10

注：1. 在冻胀地区，地面以下或防潮层以下的砌体，不宜采用多孔砖，如采用时，其孔洞应用不低于 M10 的水泥砂浆预先灌实；当采用混凝土空心砌块时，其孔洞应采用强度等级不低于 Cb20 的混凝土预先灌实；

2. 对安全等级为一级或设计使用年限大于 50a 的房屋，表中材料强度等级应至少提高一级。

题中的地下卫生间应属于很潮湿的程度，其混凝土砌块的最低强度等级应为 MU10；又根据表 4.3.5 附注 2，设计使用年限大于 50a 时，材料强度等级应至少提高一级，故应为 MU15。

答案：D

13-7 解析：根据《砌体规范》第 2.1.32 条，框架填充墙指的是框架结构中砌筑的墙体，属于自承重墙。自承重墙一般荷载较小，除了要满足承载力要求外，还必须保证其稳定性要求，应防止截面尺寸过小。故砌体填充墙的稳定性主要是通过限制墙体高厚比来实现的。

答案：C

13-8 解析：由砌体高厚比的计算公式：

$$\beta = \frac{H_0}{h} \leqslant \mu_1 \mu_2 [\beta]$$

可知高厚比只与墙、柱的计算高度（H_0）和厚度（h）有关，式中 μ_2 为有门窗洞口墙允许高厚比的修正系数。

$$\mu_2 = 1 - 0.4 \frac{b_s}{s}$$

由上式可知，μ_2 只与宽度 s 范围内的门窗洞口总宽度（b_s）和相邻横墙或壁柱之间的距离（s）有关，而与门窗位置无关；故应选 D。

答案：D

13-9 解析：增大基础圈梁的刚度可有效控制底层墙体的裂缝开展，而减少基础圈梁的结构尺寸会减小基础圈梁刚度。

答案：C

13-10 解析：根据《砌体规范》第 6.3.3.2 款：填充墙砌筑砂浆的强度等级不宜低于 M5(Mb5、Ms5)；故 A 正确。

第 6.3.3.3 款：墙体高度超过 4m 时，填充墙墙体墙厚不应小于 90mm；故 B 正确。

第 6.3.4.1 条第 4)款：墙体高度超过 4m 时，宜在墙高中部设置与柱连通的水平系梁；水平系梁的截面高度不小于 60mm。填充墙高不宜大于 6m。故 C 正确，D 错误。

答案：D

13-11 解析：根据《砌体规范》表 3.2.2，在相同砂浆强度等级、相同砌块种类的条件下进行比较，沿齿缝弯曲抗拉强度(图 b)＞沿齿缝轴心抗拉强度(图 a)＞沿通缝弯曲抗拉强度(图 c)。

答案：B

13-12 解析：根据《砌体规范》第 3.2.1 条，各类砌体的抗压强度设计值，是龄期为 28d 的以毛截面计算的抗压强度设计值。

答案：D

13-13 解析：烧结多孔砖分为 P(Popular)型砖和 M(Modular)型砖，主要用于承重部位。

答案：B

13-14 解析：在承重墙体材料中应用较为普遍的混凝土小型空心砌块，是由普通混凝土或轻集料混凝土制成，主要规格尺寸为 390mm×190mm×190mm，空心率为 25%～50%。

答案：B

13-15 解析：根据《砌体规范》第 3.2.1 条表 3.2.1-1，砌体抗压强度设计值随块体强度等级的提高而提高，且恒小于块体强度；故 A、D 正确。当砂浆强度大于 0 时，砌体的抗压强度随砂浆的强度提高而提高；但当砂浆强度为 0 时(新砌筑的砂浆)，砌体的抗压强度均大于零；故 C 正确，B 不正确。

答案：B

13-16 解析：砂浆的强度等级是指按标准方法制作、养护的边长为 70.7mm 的立方体试件，养护 28d 后按标准试验方法进行抗压试验，按计算规则得出砂浆试件强度值；故 A 正确。

石灰砂浆是一种不含水泥的砂浆，其强度较低、耐久性差，但可塑性和保水性好，砌筑方便；故 B 正确。

《砌体规范》第 4.3.5.1 款：地面以下或防潮层以下的砌体、潮湿房间的墙或环境类别 2 的砌体，只能用水泥砂浆砌筑；故 C 正确。

因水泥砂浆比混合砂浆和易性差，导致水泥砂浆的饱满度比混合砂浆要差。经试验，用其砌筑的砌体强度设计值也相应较低；需要水泥砂浆比混合砂浆增加一个强度等级，才能达到砌体强度设计值。故 D 错误。

答案：D

13-17 解析：砌体的抗拉和抗剪强度都很低，一般不用于受拉构件。

答案：B

第十四章 木 结 构 设 计

第一节 木 结 构 用 木 材

（一）木结构的特点和适用范围

由木材或主要由木材组成的承重结构称为木结构。由于树木分布广泛，易于取材，采伐加工方便，同时木材质轻，所以很早就被广泛地用来建造房屋和桥梁。木材是天然生成的建筑材料，它有以下一些缺点：各向异性、天然缺陷（木节、斜纹、髓心、裂缝等）、天然尺寸受限制、易腐、易蛀、易裂和翘曲。因此，木结构要求采用合理的结构形式和节点连接形式，施工时应严格保证施工质量，并在使用中经常注意维护，以保证结构具有足够的可靠性和耐久性。

由于木材生长速度缓慢，我国木材资源有限，因此目前在大、中城市的建设中已不准采用木结构。但在木材产区的县镇，砖木混合结构的房屋还比较常见。近年来，胶合木结构也正在积极研究推广，速生树种的应用范围也在不断扩大，因此，木结构在一定范围内还会得到利用和发展。

承重木结构应在正常温度和湿度环境中的房屋结构和构筑物中使用。凡处于下列生产、使用条件的房屋和构筑物不应采用木结构：

（1）极易引起火灾的。

（2）受生产性高温影响，木材表面温度高于50℃的。

（3）经常受潮且不易通风的。

（二）木结构用材的种类及分类

1. 木结构用材的种类

结构用的木材分两类：针叶材和阔叶材。主要承重构件宜采用针叶材，如红松、云杉、冷杉等；重要的木质连接件应采用细密、直纹、无节和其他缺陷且耐腐的硬质阔叶材，如榆树材、槐树材、桦树材等。

2. 木结构用材的分类

承重结构用材可采用原木、方木、板材、规格材、层板胶合木、结构复合木材和木基结构板。

（1）原木

原木又称圆木，为伐倒的树干经打枝和造材加工而成的木段。可分为整原木和半原木。原木根部直径较粗，梢部直径较细，其直径变化一般取沿长度相差 1m 变化 9mm。原木梢部直径为梢径。原木直径以梢径来度量。

（2）方木

直角锯切且截面宽厚比小于 3 的锯材，也称方材。常用厚度为 60～240mm。

（3）板材

直角锯切且截面宽厚比大于或等于3的锯材，常用厚度为15～80mm。

（4）规格材

木材截面的宽度和高度按规定尺寸加工的规格化木材。

（5）结构复合木材

采用木质的单板、单板条或木片等，沿构件长度方向排列组坯，并采用结构用胶粘剂叠层胶合而成，专门用于承重结构的复合材料。包括旋切板胶合木、平行木片胶合木、层叠木片胶合木和定向木片胶合木，以及其他具有类似特征的复合木产品。

（6）胶合木层板

用于制作层板胶合木的板材，接长时采用胶合指形接头。

（7）层板胶合木

以厚度不大于45mm的胶合木层板沿顺纹方向叠层胶合而成的木制品。也称胶合木或结构用集成材。

（8）木基结构板

以木质单板或木片为原料，采用结构胶粘剂热压制成的承重板材，包括结构胶合板和定向木片板。

（三）木材的力学性能

1. 木材的受拉性能

木材顺纹抗拉强度最高，而横纹抗拉强度很低，仅为顺纹抗拉强度的 1/10～1/40。木材在受拉破坏前变形很小，没有显著的塑性变形，因此属于脆性破坏。

2. 木材的顺纹受压性能

由木材顺纹受压时的应力-应变关系（图 14-1）可见，木材受压时具有较好的塑性变形，它可以使应力集中逐渐趋于缓和，所以局部削弱的影响比受拉时小得多。木节对受压强度的影响也较小，斜纹和裂缝等缺陷和疵病也较受拉时的影响缓和，所以木材的受压工作要比受拉工作可靠得多。

3. 木材的受弯性能

由木材横向弯曲试验得到试件中部（纯弯曲段）截面的应力分布（图 14-2）。从图中可以看出，截面的应力只在加荷初期才呈直线分布。随着荷载的增加，在截面的受压区，压应力分布将逐渐成为曲线，而受拉区内应力的分布仍接近于直线，中和轴逐渐下移。当受压边缘纤维应力达到其强度极限值时将保持不变，此时的塑性区不断向内扩展，拉应力不断增大，一直到边缘拉应力到达抗拉强度极限时，试件即告破坏。木材的抗弯强度极限是从测得的破坏弯矩 M 按 $\sigma = \dfrac{M}{W}$ 求得（W——试件截面抵抗矩），是假定法向应力呈直线分布导出的，并不代表试件破坏时截面的实际应力，它实际上是一个虚设的极限应力，按这个公式求得的极限抗弯强

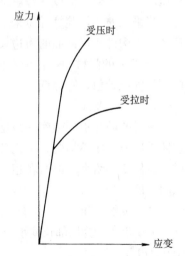

图 14-1　木材受拉、受压时的
应力-应变曲线

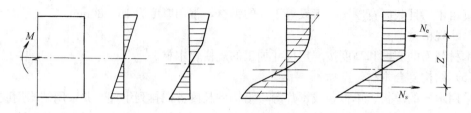

图 14-2　木材受弯的应力阶段

度只是一个折算指标。

4. 木材的承压性能

两个构件利用表面互相接触传递压力叫作承压；作用在接触面上的应力叫作承压力。在构件的接头和连接中常遇到这种情况。

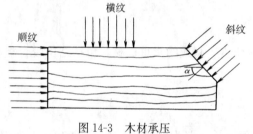

图 14-3　木材承压

木材承压工作按外力与木纹所成角度的不同，可分为顺纹承压、横纹承压和斜纹承压三种形式（图 14-3）。图中三种承压强度，顺纹承压＞斜纹承压＞横纹承压。

木材的强度等级以抗弯强度设计值表示，如 TC17 的抗弯强度 $f_m = 17 \mathrm{N/mm^2}$。根据《木结构设计标准》GB 50005—2017（以下简称《木结构标准》）表 4.2.1-3，同一木材强度等级中，抗弯强度（f_m）＞顺纹抗压及承压（f_c）＞顺纹抗拉（f_t）＞横纹承压（$f_{c,90}$）＞顺纹抗剪（f_v）。

当采用原木，验算部位未经切削时，其顺纹抗压、抗弯强度设计值和弹性模量可提高 15%；当构件矩形截面的短边尺寸≥150mm 时，其强度设计值可提高 10%；当采用含水率大于 25% 的湿材时，各种木材的横纹承压强度设计值和弹性模量，以及落叶树木材的抗弯强度设计值，宜降低 10%。

（1）顺纹受压

木材的顺纹承压强度一般略低于顺纹抗压的强度，这是由于承压面不可能完全平整，致使承压力分布不均匀；又由于两构件的年轮不可能对准，一构件晚材压入另一构件早材，也使变形增大。但两者相差很小，所以，《木结构标准》将顺纹承压与顺纹抗压强度取同一值。

（2）横纹承压

横纹承压分为局部长度承压、局部长度和局部宽度承压、全表面承压三种情况[图 14-4（a）～（c）]。

局部长度承压的强度较高，因为局部长度承压时，不承压部分的纤维对其受压部分的纤维的变形有阻止作用，实际上起到了支持和减载的作用。在局部长度承压中，承压面长度越小，承压强度越高，但如构件全长 l 与承压面长度 l_c 之比 $l/l_c > 3$ 时，承压强度

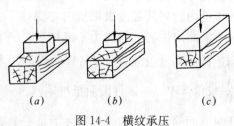

（a）　　　　（b）　　　　（c）

图 14-4　横纹承压

将不再提高。此外，如未承压长度不小于构件厚度时，两端将出现开裂（图14-5），因此构造上要求保证未承压长度小于承压面的长度和构件的厚度。

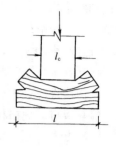

图14-5　横纹开裂

在部分宽度上的局面承压，因为木材在横纹方向彼此牵制作用很小，所以局部承压中不考虑在宽度方向未受力部分的影响。

木材全部表面横纹承压时变形较大，加荷至一定限度后，由于细胞壁逐渐破裂被压扁，塑性变形发展很快，当所有细胞壁被压扁，木材被压实，其变形逐渐减小直至纤维束失去稳定而破坏。所以横纹全部表面承压的强度最低。

（3）斜纹承压

斜纹承压即外力与木纹成一定角度的局部承压。斜纹承压的强度介于顺纹承压和横纹承压之间。其值随 α 角（见图14-3）的增加而降低。

5. 木材的受剪性能

木材的受剪可分为截纹受剪、顺纹受剪和横纹受剪（图14-6）。

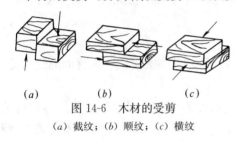

（a）　　　　（b）　　　　（c）
图14-6　木材的受剪
（a）截纹；（b）顺纹；（c）横纹

截纹受剪是指剪切面垂直于木纹，木材对这种剪切的抵抗能力很大，一般不会发生这种破坏。顺纹受剪是指作用力与木板平行。横纹受剪是指作用力与木纹垂直。横纹剪切强度约为顺纹剪切强度的一半，而截纹剪切则为顺纹剪切强度的 8 倍。木结构中通常多用顺纹受剪。剪切破坏属于脆性破坏。

（四）影响木材力学性能的因素

木材是由管状细胞组成的天然有机材料，它的力学性能受着许多因素的影响。

1. 木材的缺陷

天然生长的木材不可避免地会存在一些缺陷，对木材影响最大的缺陷是腐朽、虫蛀，这是任何等级的木材绝对不允许的；此外，对木材影响较大的缺陷有木节、斜纹、裂缝以及髓心。木材缺陷对抗拉强度影响最大，因受拉变形小，属脆性破坏。

《木结构标准》将木材材质按缺陷的多少和大小，以及承重结构的受力要求，分为Ⅰ、Ⅱ、Ⅲ三个等级（Ⅰ级最好，Ⅲ级最差），见《木结构标准》表3.1.2。普通木结构承重结构构件按受力方式及受力重要性分为三类：受拉或拉弯构件材质等级选用Ⅰa级；受弯或压弯构件材质等级选用Ⅱa级；受压构件及次要受弯构件（如吊顶小龙骨）材质等级选用Ⅲa级，见《木结构标准》表3.1.3。

轻型木结构用规格材可分为目测分级规格材和机械应力分级规格材。目测分级规格材的材质等级分为七级，见《木结构标准》表3.1.8。机械分级规格材按强度等级划分为八级，其等级应符合《木结构标准》表3.1.6的规定。

木材强度等级是指不同树种的木材，按抗弯强度设计值来划分等级。

对木材材质的要求排序为：受拉＞受弯＞受压。

2. 含水率

木材的含水率对木材强度有很大影响，木材强度一般随含水率的增加而降低，当含水率达到纤维饱和点时，含水率再增加，木材强度也不再降低。含水率对受压、受弯、受剪及承压强度影响较大，而对受拉强度影响较小。

按含水率的大小，木材可分为干材（含水率≤18%）、半干材（含水率＝18%～25%）和湿材（含水率＞25%）。

制作构件时，木材的含水率应符合下列规定：

（1）板材、规格材和工厂加工的方木不应大于19%。

（2）方木、原木受拉构件的连接板不应大于18%。

（3）作为连接件，不应大于15%。

（4）胶合木层板和正交胶合木层板应为8%～15%，且同一构件各层木板间的含水率差别不应大于5%。

（5）井干式木结构构件采用原木制作时不应大于25%；采用方木制作时不应大于20%；采用胶合原木木材制作时不应大于18%。

（6）现场制作的方木或原木构件的木材含水率不应大于25%；当受条件限制，使用含水率大于25%的木材制作方木或原木结构时，应符合《木结构标准》第3.1.13条的要求。

3. 木纹斜度

木材是一种各向异性的材料，不同方向的受力性能相差很大，同一木材的顺纹强度最高，横纹强度最低。

此外，木材的力学性能还与受荷载作用时间、温度的高低、湿度等因素的影响有关。受荷载作用随时间的增长，木材的强度和刚度下降；温度升高，湿度增大，木材的强度和刚度下降。

第二节　木结构构件的计算

木结构计算时，规范规定：

（1）验算挠度和稳定时，取构件的中央截面。

（2）验算抗弯强度时，取最大弯矩处的截面。

（3）标注原木直径时，以小头为准。

一、木结构的设计方法

木结构采用以概率理论为基础的极限状态设计方法，计算时考虑以下两种极限状态：

1. 承载能力极限状态

按承载能力极限状态设计时，木结构的设计表达式采用应力表示的计算式，木材强度的设计值按《木结构标准》表4.3.1-3采用。计算内容包括强度和稳定。

2. 正常使用极限状态

按正常使用极限状态设计时，对结构和构件采用荷载的标准值（按荷载的短期效应组合）验算其变形；对受压构件验算其长细比。

二、木结构构件的计算

（一）轴心受拉构件

轴心受拉构件的承载力按下式计算：

$$\frac{N}{A_n} \leqslant f_t \tag{14-1}$$

式中　N——轴心受拉构件拉力设计值（N）；

　　　A_n——受拉构件的净截面面积
　　　　　（mm^2），计算 A_n 时应扣除分
　　　　　布在 150mm 长度上的缺孔投
　　　　　影面积（图 14-7）；

　　　f_t——木材顺纹抗拉强度设计值
　　　　　（N/mm^2）。

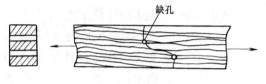

图 14-7　沿曲折路线断裂

（二）轴心受压构件

1. 强度计算

$$\frac{N}{A_n} \leqslant f_c \tag{14-2}$$

式中　N——轴心受压构件压力设计值（N）；

　　　A_n——受压构件净截面面积（mm^2）；

　　　f_c——木材顺纹抗压强度设计值（N/mm^2）。

2. 稳定计算

对于比较细长的压杆，一般在强度破坏前，就因失去稳定而破坏。因此轴心受压构件还需进行稳定计算，即：

$$\frac{N}{\varphi A_0} \leqslant f_c \tag{14-3}$$

式中　N——轴心受压构件压力设计值（N）；

　　　A_0——受压构件截面的计算面积（mm^2），按《木结构标准》第 5.1.3 条确定；

　　　φ——轴心受压构件稳定系数。

按稳定验算时，受压构件截面的计算面积应按下列规定
采用：

1）无缺口时，取 $A_0 = A$，A 为受压构件的全截面面积；

2）缺口不在边缘时［图 14-8（a）］，取 $A_0 = 0.9A$；

3）缺口在边缘且为对称时［图 14-8（b）］，取 $A_0 = A_n$；

4）缺口在边缘但不对称时［如 14-8（c）］，取 $A_0 = A_n$，且
应按偏心受压构件计算；

5）验算稳定时，螺栓孔可不作为缺口考虑；

6）对于原木应取平均直径计算面积。

轴心受压构件稳定系数 φ 的取值应按下列公式确定：

$$\lambda_c = c_c \sqrt{\frac{\beta E_k}{f_{ck}}} \tag{14-4}$$

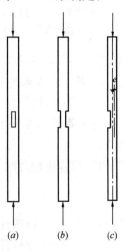

(a)　　(b)　　(c)

图 14-8　受压构件缺口

$$\lambda = \frac{l_0}{i} \tag{14-5}$$

当 $\lambda > \lambda_c$ 时

$$\varphi = \frac{a_c \pi^2 \beta E_k}{\lambda^2 f_{ck}} \tag{14-6}$$

当 $\lambda \leqslant \lambda_c$ 时

$$\varphi = \frac{1}{1 + \dfrac{\lambda^2 f_{ck}}{b_c \pi^2 \beta E_k}} \tag{14-7}$$

式中　λ——受压构件长细比；

i——构件截面的回转半径（mm）；

l_0——受压构件的计算长度（mm），应按《木结构标准》第 5.1.5 条的规定确定；

f_{ck}——受压构件材料的抗压强度标准值（N/mm²）；

E_k——构件材料的弹性模量标准值（N/mm²）；

a_c、b_c、c_c——材料相关系数，应按《木结构标准》表 5.1.4 的规定取值；

β——材料剪切变形相关系数，应按《木结构标准》表 5.1.4 的规定取值。

3. 刚度验算

受压构件的刚度以长细比 λ 表示，为避免受压构件因长细比过大，在自重作用下下垂过大，以及避免过分颤动，受压构件的长细比应满足：

$$\lambda \leqslant [\lambda] \tag{14-8}$$

式中　$[\lambda]$——受压构件长细比限值，应按《木结构标准》表 4.3.17 采用。

（三）受弯构件

受弯构件有单向受弯构件和双向受弯构件两种。当荷载的作用平面与截面主轴平面重合时为单向受弯构件 [图 14-9 (a)]，如房屋中木梁；当荷载的作用平面与截面主轴平面不重合时为双向受弯构件 [图 14-9 (b)]，如檩条、挂瓦条。

檩条计算时需将竖向荷载 F 分解为垂直于斜屋面和平行于斜屋面的两个分力。强度计算按式 (14-13) 计算，挠度验算按式 (14-14) 计算。

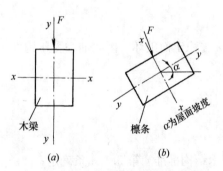

图 14-9　受弯构件的受力状态
(a) 单向受弯构件；(b) 双向受弯构件

1. 单向受弯构件的计算

（1）强度计算

按承载能力极限状态要求，受弯构件应满足强度要求，包括弯曲正应力和剪应力计算。

1）按强度验算时，应按下式验算：

$$\frac{M}{W_n} \leqslant f_m \tag{14-9}$$

式中　M——受弯构件弯矩设计值（N·mm）；

W_n——受弯构件的净截面抵抗矩（mm³）；

f_m——木材抗弯强度设计值（N/mm²）。

2）按稳定验算时，应按下式验算：

$$\frac{M}{\varphi_l W_n} \leqslant f_m \qquad (14\text{-}10)$$

式中　f_m——构件材料的抗弯强度设计值（N/mm²）；

　　　M——受弯构件弯矩设计值（N·mm）；

　　　W_n——受弯构件的净截面抵抗矩（mm³）；

　　　φ_l——受弯构件的侧向稳定系数，应按《木结构标准》第 5.2.2 条和第 5.2.3 条确定。

3）受剪承载能力应按下式验算：

$$\frac{VS}{Ib} \leqslant f_v \qquad (14\text{-}11)$$

式中　V——受弯构件剪力设计值（N），应符合《木结构标准》第 5.2.5 条的规定；

　　　I——构件的全截面惯性矩（mm⁴）；

　　　S——剪切面以上的截面面积对中性轴的面积矩（mm³）；

　　　b——构件的截面宽度（mm）；

　　　f_v——木材顺纹抗剪强度设计值（N/mm²）。

（2）挠度验算

为满足正常使用极限状态要求，对于受弯构件还需验算其挠度：

$$w \leqslant [w] \qquad (14\text{-}12)$$

式中　w——构件按荷载效应的标准组合计算的挠度（mm）；

　　　$[w]$——受弯构件的挠度限值（mm），按《木结构标准》表 4.3.17 的规定采用。

2. 双向受弯构件计算

（1）按承载能力验算

$$\frac{M_x}{W_{nx} f_{mx}} + \frac{M_y}{W_{ny} f_{my}} \leqslant 1 \qquad (14\text{-}13)$$

式中　M_x、M_y——相对于构件截面 x 轴和 y 轴产生的弯矩设计值（N·mm）；

　　　W_{nx}、W_{ny}——构件截面沿 x 轴、y 轴的净截面抵抗矩（mm³）；

　　　f_{mx}、f_{my}——构件正向弯曲或侧向弯曲的抗弯强度设计值（N/mm²）。

（2）按挠度验算

$$w = \sqrt{w_x^2 + w_y^2} \leqslant [w] \qquad (14\text{-}14)$$

式中　w_x、w_y——荷载效应的标准组合计算的对构件截面 x 轴、y 轴方向的挠度（mm）。

3. 受弯构件上的切口设计规定

1）应尽量减小切口引起的应力集中，宜采用逐渐变化的锥形切口，不宜采用直角形切口；

2）简支梁支座处受拉边的切口深度，锯材不应超过梁截面高度的 1/4；层板胶合材不应超过梁截面高度的 1/10；

3）可能出现负弯矩的支座处及其附近区域不应设置切口。

(四) 拉弯、压弯构件计算

1. 拉弯构件

受拉同时受弯的构件称为拉弯构件。拉弯构件所产生的弯矩可能是由于横向荷载引起的拉力的偏心作用引起的，或者是由于不对称的截面削弱引起的。

拉弯构件的承载能力应按下式验算：

$$\frac{N}{A_n f_t} + \frac{M}{W_n f_m} \leqslant 1 \tag{14-15}$$

2. 压弯构件及偏心受压构件

构件受轴向压力的同时还承受弯矩作用的构件称为压弯构件。压弯构件所产生弯矩的原因与拉弯构件相同。木结构中，压弯构件较为常见，当屋架上弦节点间放置檩条时，即为压弯构件。

压弯构件的受力特点是：当构件弯曲时，除初始弯矩和挠曲外，还出现了由轴向压力引起的附加弯矩（图 14-10），在计算中必须考虑这一因素。

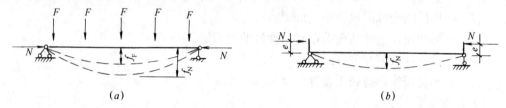

图 14-10　压弯构件的工作
(a) 压弯构件；(b) 偏心受压构件

（1）按强度验算

$$\frac{N}{A_n f_c} + \frac{M}{W_n f_m} \leqslant 1 \tag{14-16}$$

$$M = N e_0 + M_0 \tag{14-17}$$

（2）按稳定验算

$$\frac{N}{\varphi \varphi_m A_0} \leqslant f_c \tag{14-18}$$

$$\varphi_m = (1-k)^2 (1-k_0) \tag{14-19}$$

$$k = \frac{N e_0 + M_0}{W f_m \left(1 + \sqrt{\dfrac{N}{A f_c}}\right)} \tag{14-20}$$

$$k_0 = \frac{N e_0}{W f_m \left(1 + \sqrt{\dfrac{N}{A f_c}}\right)} \tag{14-21}$$

式中　φ——轴心受压构件的稳定系数；

　　　A_0——计算面积，按《木结构标准》第 5.1.3 条确定；

　　　φ_m——考虑轴向力和初始弯矩共同作用的折减系数；

　　　N——轴向压力设计值（N）；

　　　M_0——横向荷载作用下跨中最大初始弯矩设计值（N·mm）；

　　　e_0——构件的初始偏心距（mm）；当不能确定时，可按 0.05 倍构件截面高度采用；

f_c、f_m——考虑调整系数后的木材顺纹抗压强度设计值、抗弯强度设计值（N/mm²）；

W——构件全截面抵抗矩（mm³）。

第三节 木 结 构 的 连 接

（一）齿连接

齿连接是通过构件与构件之间直接抵承传力，所以齿连接只应用在受压构件与其他构件连接的节点上。

齿连接有单齿连接与双齿连接（图 14-11），应符合下列规定：

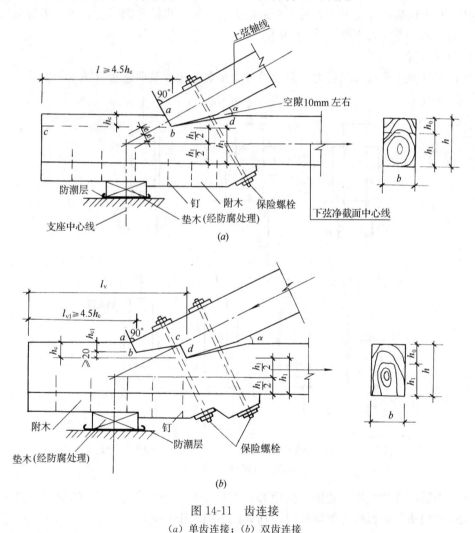

图 14-11 齿连接

（a）单齿连接；（b）双齿连接

（1）齿连接的承压面应与所连接的压杆轴线垂直。

（2）单齿连接应使压杆轴线通过承压面中心。

（3）木桁架支座节点的上弦轴线和支座反力的作用线，当采用方木或板材时，宜与下弦净截面的中心线交会于一点；当采用原木时，可与下弦毛截面的中心线交会于一点；此时，刻齿处的截面可按轴心受拉验算。

（4）齿连接的齿深，对于方木不应小于 20mm；对于原木不应小于 30mm。

（5）桁架支座节点齿深不应大于 $h/3$，中间节点的齿深不应大于 $h/4$，h 为沿齿深方向的构件截面高度。

（6）双齿连接中，第二齿的齿深 h_c 应比第一齿的齿深 h_{c1} 至少大 20mm。

（7）当受条件限制只能采用湿材制作时，木桁架支座节点齿连接的剪面长度应比计算值加长 50mm。

（8）桁架支座节点采用齿连接时，应设置保险螺栓，但不考虑保险螺栓与齿的共同工作。保险螺栓的设置和验算应符合《木结构标准》第 6.1.5 条的规定。

（9）双齿连接计算受剪应力时，全部剪力应由第二齿的剪面承受；第二齿剪面的计算长度 l_v 的取值，不应大于齿深 h_c 的 10 倍。

（二）销连接

根据穿过被连接构件间剪力面数目可分为单剪连接和双剪连接（图 14-12）。

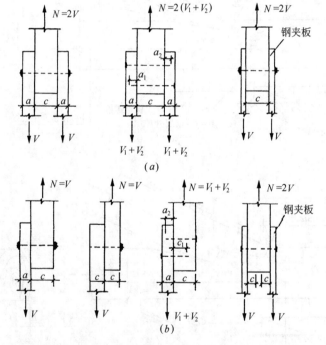

图 14-12　双剪连接和单剪连接（可用木夹板，也可用钢夹板）

(a) 双剪连接；(b) 单剪连接

销轴类紧固件的端距、边距、间距和行距最小尺寸应符合表 14-1 的规定。当采用螺栓、销或六角头木螺钉作为紧固件时，其直径不应小于 6mm。

销轴类紧固件的端距、边距、间距和行距的最小值尺寸　　　表 14-1

距离名称	顺纹荷载作用时		横纹荷载作用时	
最小端距 e_1	受力端	$7d$	受力边	$4d$
	非受力端	$4d$	非受力边	$1.5d$

距离名称	顺纹荷载作用时		横纹荷载作用时
最小边距 e_2	当 $l/d \leqslant 6$	1.5d	4d
	当 $l/d > 6$	取 1.5d 与 $r/2$ 两者较大值	
最小间距 s	4d		4d
最小行距 r	2d		当 $l/d \leqslant 2$ 2.5d
			当 $2 < l/d < 6$ $(5l+10d)/8$
			当 $l/d \geqslant 6$ 5d
几何位置示意图			

注：1. 受力端为销槽受力指向端部；非受力端为销槽受力背离端部；受力边为销槽受力指向边部；非受力边为销槽受力背离端部。

　　2. 表中 l 为紧固件长度，d 为紧固件的直径；并且 l/d 值应取下列两者中的较小值：

　　　1）紧固件在主构件中的贯入深度 l_m 与直径 d 的比值 l_m/d；

　　　2）紧固件在侧面构件中的总贯入深度 l_s 与直径 d 的比值 l_s/d。

　　3. 当钉连接不预钻孔时，其端距、边距、间距和行距应为表中数值的 2 倍。

第四节　木结构防火和防护

本节内容是按《木结构标准》的相应内容编写。因《建筑设计防火规范》GB 50016—2014 第 11 章木结构建筑对防火的相关规定与《木结构标准》略有不同，请考生在复习的过程中加以关注。

（一）木结构的防火

1. 建筑构件的燃烧性能和耐火极限

木结构建筑构件的燃烧性能和耐火极限不应低于表 14-2 的规定。

木结构建筑中构件的燃烧性能和耐火极限　　　　表 14-2

构　件　名　称	燃烧性能和耐火极限（h）
防火墙	不燃性 3.00
电梯井墙体	不燃性 1.00
承重墙、住宅建筑单元之间的墙和分户墙、楼梯间的墙	难燃性 1.00
非承重外墙、疏散走道两侧的隔墙	难燃性 0.75
房间隔墙	难燃性 0.50
承重柱	可燃性 1.00

构 件 名 称	燃烧性能和耐火极限（h）
梁	可燃性 1.00
楼板	难燃性 0.75
屋顶承重构件	可燃性 0.50
疏散楼梯	难燃性 0.50
吊顶	难燃性 0.15

注：1. 除现行国家标准《建筑设计防火规范》GB 50016 另有规定外，当同一座木结构建筑存在不同高度的屋顶时，较低部分的屋顶承重构件和屋面不应采用可燃性构件；当较低部分的屋顶承重构件采用难燃性构件时，其耐火极限不应小于 0.75h；
2. 轻型木结构建筑的屋顶，除防水层、保温层和屋面板外，其他部分均应视为屋顶承重构件，且不应采用可燃性构件，耐火极限不应低于 0.50h；
3. 当建筑的层数不超过 2 层、防火墙间的建筑面积小于 600m²，且防火墙间的建筑长度小于 60m 时，建筑构件的燃烧性能和耐火极限应按现行国家标准《建筑设计防火规范》GB 50016 中有关四级耐火等级建筑的要求确定。

2. 建筑的允许层数和允许建筑高度

丁、戊类厂房（库房）和民用建筑可采用木结构建筑或木结构组合建筑，其允许层数和允许建筑高度应符合表 14-3 的规定，木结构建筑中防火墙间的允许建筑长度和每层最大允许建筑面积应符合表 14-4 的规定。

木结构建筑或木结构组合建筑的允许层数和允许建筑高度　　表 14-3

木结构建筑的形式	普通木结构建筑	轻型木结构建筑	胶合木结构建筑		木结构组合建筑
允许层数（层）	2	3	1	3	7
允许建筑高度（m）	10	10	不限	15	24

木结构建筑中防火墙间的允许建筑长度和每层最大允许建筑面积　　表 14-4

层数（层）	防火墙间的允许建筑长度（m）	防火墙间的每层最大允许建筑面积（m²）
1	100	1800
2	80	900
3	60	600

注：1. 当设置自动喷水灭火系统时，防火墙间的允许建筑长度和每层最大允许建筑面积可按本表的规定增加 1.0 倍，对于丁、戊类地上厂房，防火墙间的每层最大允许建筑面积不限；
2. 体育场馆等高大空间建筑，其建筑高度和建筑面积可适当增加。

3. 防火间距

木结构建筑之间、木结构建筑与其他耐火等级的建筑之间的防火间距不应小于表14-5 的规定。

民用木结构建筑之间及其与其他民用建筑的防火间距（m）　　表 14-5

建筑耐火等级或类别	一、二级	三级	木结构建筑	四级
木结构建筑	8	9	10	11

注：1. 两座木结构建筑之间或木结构建筑与其他民用建筑之间，外墙均无任何门、窗、洞口时，防火间距可为 4m；外墙上的门、窗、洞口不正对且开口面积之和不大于外墙面积的 10%时，防火间距可按本表的规定减少 25%；
2. 当相邻建筑外墙有一面为防火墙，或建筑物之间设置防火墙且墙体截断不燃性屋面或高出难燃性、可燃性屋面不低于 0.5m 时，防火间距不限。

4. 材料的燃烧性能

（1）木结构采用的建筑材料，其燃烧性能的技术指标应符合《建筑材料及制品燃烧性能分级》GB 8624 的规定。

（2）管道及包覆材料或内衬：

管道内的流体能够造成管道外壁温度达到 120℃ 及其以上时，管道及其包覆材料或内衬以及施工时使用的胶黏剂必须是不燃材料。

外壁温度低于 120℃ 的管道及其包覆材料或内衬，其燃烧性能不应低于 B_1 级。

（3）填允材料：建筑中的各种构件或空间需填充吸声、隔热、保温材料时，这些材料的燃烧性能不应低于 B_1 级。

5. 采暖通风

（1）木结构建筑内严禁设计使用明火采暖、明火生产作业等方面的设施。

（2）用于采暖或炊事的烟道、烟囱、火炕等应采用非金属不燃材料制作，并应符合下列规定：

1）与木构件相邻部位的壁厚不小于 240mm；

2）与木结构之间的净距不小于 100mm，且其周围具备良好的通风环境。

6. 天窗

由不同高度部分组成的一座木结构建筑，较低部分屋面上开设的天窗与相接的较高部分外墙上的门、窗、洞口之间最小距离不应小于 5.00m，当符合下列情况之一时，其距离可不受限制。

（1）天窗安装了自动喷水灭火系统或为固定式乙级防火窗。

（2）外墙面上的门为遇火自动关闭的乙级防火门，窗口、洞口为固定式的乙级防火窗。

7. 密闭空间

木结构建筑中，下列存在密闭空间的部位应采取防火分隔措施：

（1）轻型木结构建筑，当层高小于或等于 3m 时，位于墙骨柱之间楼、屋盖的梁底部处；当层高大于 3m 时，位于墙骨柱之间沿墙高每隔 3m 处，及楼、屋盖的梁底部处。

（2）水平构件（包括屋盖，楼盖）和墙体竖向构件的连接处。

（3）楼梯上下第一步踏板与楼盖交接处。

（二）木结构的防护

（1）木结构中的下列部位应采取防潮和通风措施：

1）在桁架和大梁的支座下应设置防潮层；

2）在木柱下应设置柱墩，严禁将木柱直接埋入土中；

3）桁架、大梁的支座节点或其他承重木构件不得封闭在墙、保温层或通风不良的环境中（图 14-13、图 14-14）；

4）处于房屋隐蔽部分的木结构，应设通风孔洞；

5）露天结构在构造上应避免任何部分有积水的可能，并应在构件之间留有空隙（连接部位除外）；

6）当室内外温差很大时，房屋的围护结构（包括保温吊顶），应采取有效的保温和隔汽措施。

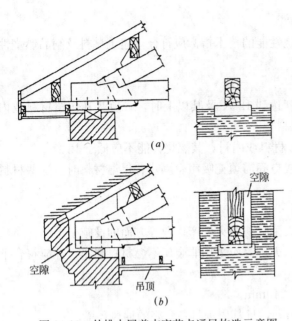

图 14-13　外排水屋盖支座节点通风构造示意图

中易腐朽或易遭虫害的木材。

(2) 木结构构造上的防腐、防虫措施，除应在设计图纸中加以说明外，尚应要求在施工的有关工序交接时，检查其施工质量，如发现在问题应立即纠正。

(3) 下列情况，除从结构上采取通风防潮措施外，尚应进行药剂处理。

1) 露天结构；

2) 内排水桁架的支座节点处；

3) 檩条、搁栅、柱等木构件直接与砌体、混凝土接触部位；

4) 白蚁容易繁殖的潮湿环境中使用的木构件；

5) 承重结构中使用马尾松、云南松、湿地松、桦木以及新利用树种

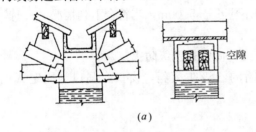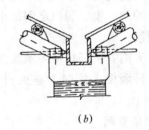

图 14-14　内排水屋盖支座节点通风构造示意图

(4) 常用的药剂配方及处理方法，可按现行国家标准《木结构工程施工质量验收规范》GB 50206 的规定采用。

注：1. 虫害主要指白蚁、长蠹虫、粉蠹虫及天牛等的蛀蚀。

　　2. 实践证明，沥青只能防潮，防腐效果很差，不宜单独使用。

(5) 以防腐、防虫药剂处理木构件时，应按设计指定的药剂成分、配方及处理方法采用。受条件限制而需改变药剂或处理方法时，应征得设计单位同意。

在任何情况下，均不得使用未经鉴定合格的药剂。

(6) 木构件（包括胶合木构件）的机械加工应在药剂处理前进行。木构件经防腐防虫处理后，应避免重新切割或钻孔。由于技术上的原因，确有必要作局部修整时，应对木材暴露的表面涂刷足够的同品牌或同品种药剂。

(7) 木结构的防腐、防虫，采用药剂加压处理时，该药剂在木材中的保持量和透入度应达到设计文件规定的要求。设计未作规定时，则应符合现行国家标准《木结构工程施工质量验收规范》GB 50206 的相关规定。

第五节　其　　他

(1) 承重结构用材，分为原木、锯材（方木、板材、规格材）和胶合材。用于普通木结构的原木、方木和板材的材质等级分为三级；胶合木构件的材质等级分为三级；轻型木结构用规格材分为目测分级规格材和机械分级规格材，目测分级规格材的材质等级分为七级；机械分级规格材按强度等级分为八级。

(2) 普通木结构构件设计时，应根据构件的主要用途按表 14-6 的要求选用相应的材质等级。

普通木结构构件的材质等级　　　　　　　　　　　表 14-6

项　次	主　要　用　途	材质等级
1	受拉或拉弯构件	I_a
2	受弯或压弯构件	II_a
3	受压构件及次要受弯构件（如吊顶小龙骨等）	III_a

(3) 胶合木结构构件设计时，应根据构件的主要用途和部位，按表 14-7 的要求选用相应的材质等级。

胶合木结构构件的木材材质等级　　　　　　　　表 14-7

项次	主　要　用　途	材质等级	木材等级配置图
1	受拉或拉弯构件	I_b	
2	受压构件（不包括桁架上弦和拱）	III_b	
3	桁架上弦或拱，高度不大于 500mm 的胶合梁 (1) 构件上、下边缘各 0.1h 区域，且不少于两层板 (2) 其余部分	II_b III_b	
4	高度大于 500mm 的胶合梁 (1) 梁的受拉边缘 0.1h 区域，且不少于两层板 (2) 距受拉边缘 0.1～0.2h 区域 (3) 受压边缘 0.1h 区域，且不少于两层板 (4) 其余部分	I_b II_b II_b III_b	
5	侧立腹板工字梁 (1) 受拉翼缘板 (2) 受压翼缘板 (3) 腹板	I_b II_b III_b	

（4）当采用目测分级规格材设计轻型木结构构件时，应根据构件的用途按表 14-8 要求选用相应的材质等级。

目测分级规格材的材质等级   表 14-8

类 别	主 要 用 途	材质等级	截面最大尺寸（mm）
A	结构用搁栅、结构用平放厚板和轻型木框架构件	I_c	285
		II_c	
		III_c	
		IV_c	
B	仅用于墙骨柱	IV_{c1}	
C	仅用于轻型木框架构件	II_{c1}	90
		III_{c1}	

（5）承重结构用胶必须满足结合部位的强度和耐久性的要求，应保证其胶合强度不低于木材顺纹抗剪和横纹抗拉的强度，并应符合环境保护的要求。

（6）受弯构件的计算挠度，应满足表 14-9 的挠度限值。

受弯构件挠度限值   表 14-9

项 次	构 件 类 别		挠度限值 $[\omega]$
1	檩 条	$l \leqslant 3.3m$	1/200
		$l > 3.3m$	1/250
2	椽条		1/150
3	吊顶中的受弯构件		1/250
4	楼板梁和搁栅		1/250

注：l——受弯构件的计算跨度。

（7）验算桁架受压构件的稳定时，其计算长度 l_0 应按下列规定采用：

1）平面内：取节点中心间距；

2）平面外：屋架上弦取锚固檩条间的距离，腹杆取节点中心的距离；在杆系拱、框架及类似结构中的受压下弦，取侧向支撑点间的距离。

（8）受压构件的长细比，不应超过表 14-10 规定的长细比限值。

受压构件长细比限值   表 14-10

项 次	构 件 类 别	长细比限值 $[\lambda]$
1	结构的主要构件（包括桁架的弦杆、支座处的竖杆或斜杆以及承重柱等）	120
2	一般构件	150
3	支撑	200

（9）原木构件沿其长度的直径变化率，可按 9mm/m（或按当地经验数值）采用。

（10）木结构设计应符合下列要求：

1）木材宜用于结构的受压或受弯构件，对于在干燥过程中容易翘裂的树种木材（如落叶松、云南松等），当用作桁架时，宜采用钢下弦；若采用木下弦，对于原木，其跨度不宜大于15m，对于方木不应大于12m，且应采取有效防止裂缝危害的措施；

2）木屋盖宜采用外排水，若必须采用内排水时，不应采用木制天沟；

3）必须采取通风和防潮措施，以防木材腐朽和虫蛀。

（11）杆系结构中的木构件，当有对称削弱时，其净截面面积不应小于构件毛截面面积的50%；当有不对称削弱时，其净截面面积不应小于构件毛截面面积的60%。

在受弯构件的受拉边，不得打孔或开设缺口。

（12）桁架的圆钢下弦、三角形桁架跨中竖向钢拉杆、受振动荷载影响的钢拉杆以及直径等于或大于20mm的钢拉杆和拉力螺栓，都必须采用双螺帽。

木结构的钢材部分，应有防锈措施。

（13）桁架中央高度与跨度之比，不应小于表14-11规定的数值。

桁架最小高跨比 表 14-11

序 号	桁 架 类 型	h/l
1	三角形木桁架	1/5
2	三角形钢木桁架；平行弦木桁架；弧形、多边形和梯形木桁架	1/6
3	弧形、多边形和梯形钢木桁架	1/7

注：h——桁架中央高度；

l——桁架跨度。

（14）桁架制作应按其跨度的1/200起拱。

（15）受拉下弦接头应保证轴心传递拉力，下弦接头不宜多于两个。接头每端的螺栓由计算确定，但不宜少于6个，且不应排成单行。当采用木夹板时，其厚度不应小于下弦宽度的1/2；当桁架跨度较大时，木夹板厚度不宜小于100mm；当采用钢夹板时，其厚度不应小于6mm。

习　题

14-1 （2019）现有一批方木原木，目测材质等级为 I_a。适用于木结构的主要受力构件是（　　）。

　A 受拉杆件　　　　　B 压弯杆件　　　　　C 受弯杆件　　　　　D 受压杆件

14-2 （2018）木屋架做坡屋顶的承重结构，充分利用材料，下列屋架材料布置选择正确的是（　　）。

　A 木材强度和受力方向无关，可随意布置

　B 木材顺纹抗压大于顺纹抗拉，宜布置受力大的杆件为压杆

　C 木材顺纹抗压小于顺纹抗拉，宜布置受力大的杆件为拉杆

　D 木材顺纹抗压小于横纹抗压，支座处应尽量横纹受压

14-3 （2018）采用原木做木结构房屋时，不应用作承重柱的木材是（　　）。

　A 云杉　　　　　　　B 桦木　　　　　　　C 水曲柳　　　　　　D 马尾松

14-4 （2018）下列木结构的防护措施中，错误的是（　　）。

　A 利用悬挑结构、雨篷等设施对外墙面和门窗进行保护

　B 与土壤直接接触的木构件，应采用防腐木材

　C 将木柱砌入砌体中

D 底层采用木楼盖时，木构件的底部距离室外地坪的高度不应小于 300mm

14-5 当木结构处于下列何种情况时，不能保证木材可以避免腐朽？（ ）

A 具有良好通风的环境   B 含水率≤20％的环境

C 含水率在 30％～50％的环境   D 长期浸泡在水中

14-6 木材的缺陷、疵病对下列哪种强度影响最大？（ ）

A 抗弯强度   B 抗剪强度

C 抗压强度   D 抗拉强度

14-7 普通木结构，受弯或压弯构件对材质的最低等级要求为（ ）。

A Ⅰ$_a$级   B Ⅱ$_a$级   C Ⅲ$_a$级   D 无要求

14-8 轻型木结构中，仅用于轻型木框架构件，其材质的最低等级要求为（ ）。

A Ⅰ$_{c1}$级   B Ⅱ$_{c1}$级   C Ⅲ$_{c1}$级   D Ⅳ$_{c1}$级

14-9 当采用原木、方木现场制作结构构件时，木材含水率不应大于（ ）。

A 15％   B 20％   C 25％   D 30％

14-10 木材的强度等级是指不同树种的木材按其下列何种强度设计值划分的等级？（ ）

A 抗剪   B 抗弯   C 抗压   D 抗拉

14-11 标注原木直径时，应以下列何项为准？（ ）

A 大头直径   B 中间直径

C 距大头 1/3 处直径   D 小头直径

14-12 下述各项原木构件的相关设计要求中，哪几项与规范相符？（ ）

Ⅰ.验算挠度和稳定时，可取构件的中央截面；Ⅱ.验算抗弯强度时，可取最大弯矩处的截面；Ⅲ.标注原木直径时，以小头为准；Ⅳ.标注原木直径时，以大头为准。

A Ⅰ、Ⅱ   B Ⅰ、Ⅱ、Ⅲ

C Ⅱ、Ⅲ   D Ⅰ、Ⅱ、Ⅳ

14-13 关于承重木结构用胶的下列叙述，何项错误？（ ）

A 应保证胶合强度不低于木材顺纹抗剪强度

B 应保证胶合强度不低于横纹抗拉强度

C 应保证胶连接的耐水性和耐久性

D 当有出厂质量证明文件时，使用前可不再检验其胶结能力

14-14 当木桁架支座节点采用齿连接时，下列做法何项正确？（ ）

A 必须设置保险螺栓   B 双齿连接时，可采用一个保险螺栓

C 考虑保险螺栓与齿共同工作   D 保险螺栓应与下弦杆垂直

14-15 《木结构设计标准》规定：轻型木结构的层数不宜超过 3 层，其主要依据为下列何项？（ ）

A 木结构的承载能力   B 木结构的耐久性能

C 木结构的耐火性能   D 木结构的抗震性能

14-16 规范要求木结构屋顶承重构件的燃烧性能和耐火极限应为下列哪项数值？（ ）

A 不燃性 3.00h   B 难燃性 1.0h

C 可燃性 0.50h   D 难燃性 0.25h

14-17 关于承重木结构使用条件的叙述，下列何项不正确？（ ）

A 宜在正常温度环境下的房屋结构中使用

B 宜在正常湿度环境下的房屋结构中使用

C 未经防火处理的木结构不应用于极易引起火灾的建筑中

D 不应用于经常受潮且不易通风的场所

参考答案及解析

14-1 **解析：** 根据《木结构标准》第3.1.3条，方木原木结构的构件设计时，应根据构件的主要用途选用相应的材质等级。当采用目测分级木材时，不应低于表3.1.3-1的要求。经查表可知，题目中的方木原木目测材质等级为Ⅰₐ级，适用于受拉或拉弯构件。

方木原木构件的材质等级要求　　　　　　表3.1.3-1

项次	主要用途	最低材质等级
1	受拉或拉弯构件	I_a
2	受弯或压弯构件	II_a
3	受压构件及次要受弯构件	III_a

答案： A

14-2 **解析：** 由于木材为非均质材料，木材抗压、受拉和抗剪强度均与受力方向密切相关。根据《木结构标准》表4.3.1-3，木材的抗弯强度＞顺纹抗压及承压强度＞顺纹抗拉强度＞横纹承压强度＞顺纹抗剪强度；故B正确。

答案： B

14-3 **解析：** 根据《木结构标准》第3.1.4条，方木和原木应从本标准表4.3.1-1和表4.3.1-2所列的树种中选用。主要的承重构件应采用针叶材；重要的木制连接件应采用细密、直纹、无节和无其他缺陷的耐腐硬质阔叶材。故应采用A、D。

根据条文说明第4.3.1.2款：对自然缺陷较多的树种木材，如落叶松、云南松和马尾松等，不能单纯按其可靠性指标进行分级，需根据主要使用地区的意见进行调整，以使其设计指标的取值，与工程实践经验相符。第11.4.4条，当承重结构使用马尾松、云南松、湿地松、桦木，并位于易腐朽或易遭虫害的地方时，应采用防腐木材。故应采用B、D。

注：云杉—TC13B；桦木、水曲柳—TB15；马尾松—TC13A。

答案： C

14-4 **解析：** 根据《木结构标准》第11.2.2条，木结构建筑应有效利用悬挑结构、雨篷等设施对外墙面和门窗进行保护，宜减少在围护结构上开窗开洞的部位；故A正确。

第11.4.2条，所有在室外使用，或与土壤直接接触的木构件，应采用防腐木材；故B正确。

第11.2.9.3款，支承在砌体或混凝土上的木柱底部应设置垫板，严禁将木柱直接砌入砌体中，或浇筑在混凝土中；故C错误。

第11.2.5条，当建筑物底层采用木楼盖时，木构件的底部距离室外地坪的高度不应小于300mm；故D正确。

答案： C

14-5 **解析：** 根据《木结构标准》条文说明第11.2.9条，木材的腐朽，系受木腐菌侵害所致。在木结构建筑中，木腐菌主要依赖潮湿的环境而得以生存与发展；各地的调查表明，凡是在结构构造上封闭的部位以及易经常受潮的场所，其木构件无不受木腐菌的侵害，严重者甚至会发生木结构坍塌事故。与此相反，若木结构所处的环境通风干燥良好，其木构件的使用年限，即使已逾百年，仍然可保持完好无损的状态。

选项C木材含水率在30%～50%的环境时最容易导致木构件的腐朽。选项D木结构长期浸泡在水中，不与空气接触，故木材不易腐朽。

答案： C

14-6 解析：查《木结构标准》表3.1.3-1可知，木构件的材质等级由高至低分别为Ⅰ$_a$级、Ⅱ$_a$级、Ⅲ$_a$级，木结构受拉及拉弯构件的最低材质等级为Ⅰ$_a$级。另依据规范"附录A承重结构木材材质标准"，材质等级是由木材缺陷的尺寸、位置等确定的，Ⅰ$_a$级对木材缺陷要求最严格；因此，可以推断木材的缺陷、疵病对抗拉强度影响最大。

答案：D

14-7 解析：根据《木结构标准》第3.1.3条表3.1.3-1，受弯或压弯构件的最低材质等级为Ⅱ$_a$级。

答案：B

14-8 解析：根据《木结构标准》第3.1.8条表3.1.8，当采用目测分级规格材设计轻型木结构构件时，应根据构件的用途按表3.1.8的规定选用相应的材质等级。

目测分级规格材的材质等级 表3.1.8

类别	主要用途	材质等级	截面最大尺寸（mm）
A	结构用搁栅、结构用平放厚板和轻型木框架构件	Ⅰ$_c$	285
		Ⅱ$_c$	
		Ⅲ$_c$	
		Ⅳ$_c$	
B	仅用于墙骨柱	Ⅳ$_{c1}$	
C	仅用于轻型木框架构件	Ⅱ$_{c1}$	90
		Ⅲ$_{c1}$	

答案：C

14-9 解析：根据《木结构标准》第3.1.13条，现场制作的方木或原木构件的木材含水率不应大于25%。

答案：C

14-10 解析：根据《木结构标准》第4.3.1条表4.3.1-3，木材的强度等级是根据木材的抗弯强度设计值划分的。

答案：B

14-11 解析：根据《木结构标准》第4.3.18条，标注原木直径时，应以小头为准。

答案：D

14-12 解析：根据《木结构标准》第4.3.18条规定，标注原木直径时，应以小头为准。验算挠度和稳定时，可取构件的中央截面；验算抗弯强度时，可取弯矩最大处截面。故Ⅰ、Ⅱ、Ⅲ项表述与规范相符。

答案：B

14-13 解析：根据《木结构标准》第4.1.14条规定，承重结构用胶必须满足结合部位的强度和耐久性的要求，应保证其胶合强度不低于木材顺纹抗剪和横纹抗拉的强度，并应符合环境保护的要求。故A、B、C正确。

条文说明第4.1.14条第2款，胶缝的耐久性取决于它的抗老化能力和抗生物侵蚀能力。因此，主要要求胶的抗老化能力应与结构的用途和使用年限相适应。但为了防止使用变质的胶，故提出对每批胶均应经过胶结能力的检验，合格后方可使用。故D错误。

答案：D

14-14 解析：根据《木结构标准》第6.1.4条，桁架支座节点采用齿连接时，应设置保险螺栓，但不考虑保险螺栓与齿的共同工作；故A正确，C错误。

第 6.1.5.4 款，双齿连接宜选用两个直径相同的保险螺栓；故 B 错误。

第 6.1.5.1 款，保险螺栓应与上弦轴线垂直；故 D 错误。

答案：A

14-15 **解析：**轻型木结构建筑的防火主要是采用构造防火体系来保证结构安全，故规定其层数不宜超过 3 层是从轻型木结构的耐火性能的角度考虑的。根据《木结构标准》第 9.1.1 条，轻型木结构的层数不宜超过 3 层。另据《建筑设计防火规范》表 11.0.3-1 规定，轻型木结构建筑的允许层数是 3 层，允许建筑高度是 10m。

答案：C

14-16 **解析：**根据《木结构标准》第 10.1.8 条表 10.1.8，屋顶承重构件的燃烧性能和耐火极限为可燃性 0.50h（见表 14-2）。

答案：C

14-17 **解析：**根据 2003 年版《木结构规范》第 1.0.4 条，承重木结构在正常温度和湿度环境下的房屋结构中使用。未经防火处理的木结构不应用于极易引起火灾的建筑中；未经防潮、防腐处理的木结构不应用于经常受潮且不易通风的场所。故应选 D。2017 年版的《木结构标准》中已无此条款。

若根据《建筑设计防火规范》GB 50016—2014（2018 年版）条文说明第 11.0.1.3 款和第 11.0.3 条，未经防火处理的木构件是可以使用的，极易引起火灾的建筑中不应采用木结构建筑或采取限制使用措施；故 C 错误。对于经常受潮且不易通风的场所，只要积极采取相应的防护措施，改善通风，避免潮气对构件的不利影响，还是可以使用的；故 D 错误。则此题应选 C 和 D。

答案：C、D

第十五章 建筑抗震设计基本知识

第一节 概 述

一、名词术语含义

（1）地震（earthquake）。是指大地震动，包括天然地震（构造地震、火山地震、陷落地震）、诱发地震（矿山采掘活动、水库蓄水等引发的地震）和人工地震（爆破、核爆炸、物体坠落等产生的地震）。

一般指天然地震中的构造地震；震源是指产生地震的源；震中是震源在地面上的投影；震源深度是震源与震中的距离；浅源地震是震源深度小于 60km 的地震；中源地震是震源深度在 60~300km 范围内的地震；深源地震是震源深度大于 300km 的地震。

（2）震级。是对地震大小的量度。有地方性震级、体波震级、面波震级、矩震级（用地震矩换算的震级），表示符号均不相同，但对外发布的震级应用 M 表示，不应加"里氏震级"、"矩震级"等附加信息。地震按震级大小的划分，大致如下：

1）弱震（$M<3$）。如果震源不是很浅，这种地震人们一般不易觉察。

2）有感地震（$3 \leqslant M \leqslant 4.5$）。这种地震人们能够感觉到，但一般不会造成破坏。

3）中强震（$4.5<M<6$）。属于可造成损坏或破坏的地震，但破坏轻重还与震源深度、震中距等多种因素有关。

4）强震（$M \geqslant 6$）。是能造成严重破坏的地震，其中 $M \geqslant 8$ 又称为巨大地震。

（3）地震烈度。指地震时某一地区地面和各类建筑物遭受一次地震影响的强弱程度。《中国地震烈度表》采用 12 度划分地震烈度。

（4）多遇地震烈度。设计基准期 50 年内，超越概率为 63.2% 的地震烈度。

（5）基本烈度。指中国地震烈度区划图标明的地震烈度。1990 年颁布的地震烈度区划图标明的基本烈度为 50 年期限内，一般场地条件下，可能遭遇超越概率为 10% 的地震烈度。

（6）罕遇地震烈度。设计基准期内，超越概率为 2%~3% 的地震烈度。

（7）抗震设防烈度。必须按国家规定的权限审批、颁发的文件（图件）确定。一般情况下，建筑的抗震设防烈度应采用根据中国地震动参数区划图确定的地震基本烈度［《建筑抗震设计规范》GB 50011—2010（2016 年版）（以下简称《抗震规范》）设计基本地震加速度值所对应的烈度值］。

（8）地震作用。地震作用是地震动引起的结构动态作用，包括水平地震作用和竖向地震作用。地震作用不是直接的外力作用，而是结构在地震时的动力反应，是一种间接作用，过去曾称为地震荷载，它与重力荷载的性质是不同的。地震作用的大小与地震动的性质和工程结构的动力特性有关。

（9）超越概率。一定地区范围和时间范围内，发生的地震烈度超过给定地震烈度的概率。

（10）抗震设防标准。衡量抗震设防要求高低的尺度，由抗震设防烈度或设计地震动参数及建筑抗震设防类别确定。

（11）设计地震动参数。抗震设计用的地震加速度（速度、位移）时程曲线、加速度反应谱和峰值加速度。

（12）设计基本地震加速度。50 年设计基准期超越概率 10% 的地震加速度的设计取值。

（13）地震影响系数曲线。抗震设计用的加速度反应谱，以加速度反应谱和重力加速度的比值表示。

（14）设计特征周期。抗震设计用的地震影响系数曲线中，反映地震震级、震中距和场地类别等因素的下降段起始点对应的周期值，简称特征周期。

（15）建筑抗震概念设计。根据地震灾害和工程经验等所形成的基本设计原则和设计思想，进行建筑和结构总体布置并确定细部构造的过程。

（16）抗震措施。除地震作用计算和抗力计算以外的抗震设计内容，包括抗震构造措施。

（17）抗震构造措施。根据抗震概念设计原则，一般不需计算而对结构和非结构各部分必须采取的各种细部要求。

二、建筑抗震设防分类和设防标准

确定抗震设防类别是建筑抗震设计的主要内容。确定具体项目的抗震设防类别，关系到地震作用的取值和抗震措施的确定，是抗震设计的依据性指标。

抗震设防的所有建筑应按现行国家标准《建筑工程抗震设防分类标准》GB 50223 确定其抗震设防类别及其抗震设防标准。

（一）建筑物抗震设防类别

建筑工程应分为以下四个抗震设防类别：

（1）特殊设防类：指使用上有特殊设施，涉及国家公共安全的重大建筑工程和地震时可能发生严重次生灾害等特别重大灾害后果，需要进行特殊设防的建筑。简称甲类。

（2）重点设防类：指地震时使用功能不能中断或需尽快恢复的生命线相关建筑，以及地震时可能导致大量人员伤亡等重大灾害后果，需要提高设防标准的建筑。简称乙类。

（3）标准设防类：指大量的除 1、2、4 款以外按标准要求进行设防的建筑。简称丙类。

（4）适度设防类：指使用上人员稀少且震损不致产生次生灾害，允许在一定条件下适度降低要求的建筑。简称丁类。

（二）抗震设防标准

各抗震设防类别建筑的抗震设防标准，应符合下列要求：

（1）特殊设防类（甲类），应按高于本地区抗震设防烈度提高一度的要求加强其抗震措施；但抗震设防烈度为 9 度时应按比 9 度更高的要求采取抗震措施。同时，应按批准的地震安全性评价的结果且高于本地区抗震设防烈度的要求确定其地震作用。

（2）重点设防类（乙类），应按高于本地区抗震设防烈度一度的要求加强其抗震措施；

但抗震设防烈度为 9 度时应按比 9 度更高的要求采取抗震措施；地基基础的抗震措施，应符合有关规定。同时，应按本地区抗震设防烈度确定其地震作用。

(3) 标准设防类（丙类），应按本地区抗震设防烈度确定其抗震措施和地震作用，达到在遭遇高于当地抗震设防烈度的预估罕遇地震影响时不致倒塌或发生危及生命安全的严重破坏的抗震设防目标。

(4) 适度设防类（丁类），允许比本地区抗震设防烈度的要求适当降低其抗震措施，但抗震设防烈度为 6 度时不应降低。一般情况下，仍应按本地区抗震设防烈度确定其地震作用。

（5）抗震设防烈度为 6 度时，除《抗震规范》有具体规定外，对乙、丙、丁类建筑可不进行地震作用计算。

注：对于划为重点设防类而规模很小的工业建筑，当改用抗震性能较好的材料且符合抗震设计规范对结构体系的要求时，允许按标准设防类设防。

（三）抗震设防目标

1. **"三水准的设防目标"** **——所有进行抗震设计的建筑都必须实现的目标**

抗震设计要达到的目标是在建筑受到不同强度的地震时，要求建筑具有不同的抵抗能力，对一般较小的地震，发生的可能性大，故又称多遇地震，这时要求结构不受损坏，在技术上和经济上都可以做到。而对于罕遇的强烈地震，地震作用大但发生的可能性小，在此强震作用下要保证结构完全不损坏，技术难度大，经济投入也大，是不合算的；这时允许有所损坏，但不倒塌，则将是经济合理的。

2. **"三个水准"** **的抗震设防目标**

一般情况下（不是所有情况下）：

第一水准：遭遇众值烈度（多遇地震）影响时，建筑处于正常使用状态，从结构抗震分析角度，可以视为弹性体系，采用弹性反应谱进行弹性分析；

第二水准：遭遇基本烈度（设防地震）影响时，结构进入非弹性工作阶段，但非弹性变形或结构体系的损坏控制在可修复的范围；

第三水准：遭遇最大预估烈度（罕遇地震）影响时，结构有较大的非弹性变形，但应控制在规定的范围内，以免倒塌。

通常将其概括为："小震不坏，中震（设防地震）可修、大震不倒"。

三水准的地震作用及不同超越概率（或重现期）的建筑结构特性见表 15-1。

三水准的地震作用及不同超越概率（或重现期）的建筑结构特性　　　　表 15-1

水准	烈　　度	50 年超越概率	重现期	建筑结构特性
第一水准	多遇地震（小震），比设防烈度地震约低 1.5 度	63%	50 年	建筑处于正常使用状态，可视为弹性体系
第二水准	设防地震（基本烈度地震）或中国地震动参数区划图规定的峰值加速度所对应的烈度	10%	475 年	结构进入非弹性工作阶段，但非弹性变形或结构体系的损坏控制在可修复的范围
第三水准	罕遇地震（大震）	2%～3%	1641～2475 年	结构有较大的非弹性变形，但应控制在规定的范围内，以免倒塌

3. 各水准的建筑性能要求

"小震不坏"——要求建筑结构在多遇地震作用下满足承载力极限状态的要求且建筑的弹性变形不超过规定的限值；即保障人的生活、生产、经济和社会活动的正常进行。

"中震可修"——要求建筑结构具有相当的变形能力，不发生不可修复的脆性破坏，用结构的延性设计（满足抗震措施和抗震构造措施）来实现；即保障人身安全和减小经济损失。

"大震不倒"——满足建筑有足够的变形能力，其塑性变形不超过规定的限值；即避免倒塌，以保障人身安全。

4. 两阶段设计

在抗震设计时，为满足上述三水准的目标应采用两个阶段设计法，见表 15-2。

两阶段设计实现三水准目标　　　　　　　　　表 15-2

设计阶段	设计内容	设计步骤和三水准目标	适用的结构
第一阶段设计	承载力验算	1. 取第一水准的地震动参数计算结构的弹性地震作用标准值和相应的地震作用效应； 2. 采用分项系数设计表达式进行结构构件的承载力抗震验算； 3. 通过概念设计和抗震构造措施来满足第三水准（罕遇地震）的设计要求	适用于大多数结构（如规则结构及一般不规则结构）
第二阶段设计	弹塑性变形验算	1. 结构薄弱部位的弹塑性层间变形验算； 2. 相应的抗震构造措施来实现第三水准（罕遇地震）的设防要求	1. 对地震时易倒塌的结构； 2. 有明显薄弱层的不规则结构； 3. 有专门要求的建筑

上面提到的小震、中震（设防烈度地震）和大震之间的数值关系为：小震比中震（设防烈度地震）低 1.5 度；大震比中震（设防烈度地震）高 1 度左右。

5. 四级地震作用

《中国地震动参数区划图》GB 18306—2015 中的中国地震动峰值加速度区划图和中国地震动加速度反应谱特征周期区划图（简称"两图"）有所修订，给出了中国地震动峰值加速度，并由此确定抗震设防基准。该标准用 4 个超越概率水平，明确提出"四级地震作用"的概念，规定了"四级地震作用"相应的地震动参数确定系数。

四级地震作用及不同超越概率（或重现期）的地震动参数关系　　表 15-3

四级地震作用	超越概率	重现期	与基本地震动峰值加速度的关系
常遇地震动	63%	50 年	1/3 倍
基本地震动	10%	475 年	1 倍（基准值）
罕遇地震动	2%	2475 年	约 1.9 倍
极罕遇地震动	0.01%	万年	约 2.7 倍

注：《抗震规范》尚未更新，故可与表 15-1 对照看变化。

【要点】

《中国地震动参数区划图》GB 18306—2015 对全国抗震设防要求有所提高。新区划图有两大变化：

一是，规定全国所有地区的地震动峰值加速度均大于或等于 $0.05g$（对应 6 度烈度），均在现行《抗震规范》规定的 6 度设防要求之内；首次规定了全国土覆盖的抗震设防，取消了不设防区；

二是，区划图覆盖了全国主要乡镇和街道，并提出了四级（常遇、基本、罕遇、极罕遇）地震作用取值。

新区划的"两图两表"（两表：根据场地类别的加速度调整系数表、特征周期调整表），是确定具体建设工程抗震设计中地震动参数的关键。

（四）地震影响

（1）建筑所在地区遭受地震的影响，应采用相应于抗震设防烈度的设计基本地震加速度和特征周期来加以表征（表 15-4）。

抗震设防烈度和设计基本地震加速度值的对应关系　　　　　　　表 15-4

抗震设防烈度	6	7	8	9
设计基本地震加速度值	$0.05g$	$0.10(0.15)g$	$0.20(0.30)g$	$0.40g$

注：g 为重力加速度。

现规范以地震加速度划分烈度，而不再依据破坏程度确定。《抗震规范》明确将设计基本地震加速度为 $0.15g$ 和 $0.30g$ 的地区仍归类为 7 度和 8 度，主要考虑现行规范的抗震构造措施均以烈度划分，没有专门针对 $0.15g$ 和 $0.30g$ 地区的抗震构造措施。

（2）地震影响的特征周期应根据建筑所在地的设计地震分组和场地类别确定。设计地震共分 3 组，其特征周期值是计算地震作用的重要参数，它反映了震级、震中距及场地特性的影响详见本节五、（五）。

【要点】

◆ 建筑抗震设计包括：地震作用、抗震承载力计算和采取抗震构造措施以达到抗震效果。抗震设计首先要确定设防烈度，一般取基本烈度。

◆ 抗震措施指：除地震作用计算和抗力计算以外的抗震设计内容，包括抗震构造措施。混凝土结构的抗震措施依据抗震设防烈度和抗震等级确定。

例 15-1　（10-106）"按本地区抗震设防烈度确定其抗震措施和地震作用，在遭遇高于当地抗震设防烈度的预估罕遇地震影响时，不致倒塌或发生危及生命安全的严重破坏。"适用于下列哪一种抗震设防类别？

A　特殊设防类（甲类）　　　　　B　重点设防类（乙类）

C　标准设防类（丙类）　　　　　D　适度设防类（丁类）

解析： 标准设防类（丙类）是指按本地区抗震设防烈度确定其抗震措施和地震作用，在遭遇高于当地抗震设防烈度的预估罕遇地震影响时不致倒塌或发生危及生命安全的严重破坏的抗震设防目标。大部分建筑为标准设防类（丙类）。

答案： C

规范：《抗震规范》第 3.1.1 条及《建筑工程抗震设防分类标准》GB 50223—2008 第 3.0.2 条、第 3.0.3 条第 1 款。

三、抗震设计的基本要求

（一）选择对抗震有利的场地、地基和基础

（1）选择建筑场地时，应根据工程需要和地震活动情况、工程地质和地震地质的有关资料，对抗震有利、一般、不利和危险地段做出综合评价。应选择有利地段，避开不利地段；当无法避开不利地段时，应采取有效措施。对危险地段，严禁建造甲、乙类的建筑，不应建造丙类的建筑。

对建筑抗震有利、一般、不利和危险地段的划分标准见表 15-5。

有利、一般、不利和危险地段的划分标准　　　　　　　　　　表 15-5

地段类别	地质、地形、地貌
有利地段	稳定基岩，坚硬土，开阔、平坦、密实、均匀的中硬土等
一般地段	不属于有利、不利和危险的地段
不利地段	软弱土，液化土，条状突出的山嘴，高耸孤立的山丘，陡坡，陡坎，河岸和边坡的边缘，平面分布上成因、岩性、状态明显不均匀的土层（含故河道、疏松的断层破碎带、暗埋的塘浜沟谷和半填半挖地基），高含水量的可塑黄土，地表存在结构性裂缝等
危险地段	地震时可能发生滑坡、崩塌、地陷、地裂、泥石流等及发震断裂带上可能发生地表位错的部位

（2）地基和基础设计应符合下列要求：

1）同一结构单元的基础不宜设置在性质截然不同的地基上。

2）同一结构单元不宜部分采用天然地基部分采用桩基；当采用不同基础类型或基础埋深显著不同时，应根据地震时两部分地基基础的沉降差异，在基础、上部结构的相关部位采取相应措施。

3）地基为软弱黏性土、液化土、新近填土或严重不均匀土时，应根据地震时地基不均匀沉降和其他不利影响，采取相应的措施。

（二）建筑形体及其构件布置的规则性

（1）建筑设计应根据抗震概念设计的要求明确建筑形体的规则性。不规则的建筑应按规定采取加强措施；特别不规则的建筑应进行专门研究和论证，采取特别的加强措施；严重不规则的建筑不应采用。

注：形体指建筑平面形状和立面、竖向剖面的变化。

（2）建筑设计应重视其平面、立面和竖向剖面的规则性对抗震性能及经济合理性的影响，宜择优选用规则的形体，其抗侧力构件的平面布置宜规则对称、侧向刚度沿竖向宜均匀变化、竖向抗侧力构件的截面尺寸和材料强度宜自下而上逐渐减小、避免侧向刚度和承载力突变。

（3）建筑形体及其构件布置的平面、竖向不规则性，应按下列要求划分：

1）混凝土房屋、钢结构房屋和钢-混凝土混合结构房屋存在表 15-6 所列举的某项平面不规则类型或表 15-7 所列举的某项竖向不规则类型以及类似的不规则类型，应属于不规则的建筑。

平面不规则的主要类型　　　　　　　　　　　　　　　表 15-6

不规则类型	定义和参考指标
扭转不规则	在具有偶然偏心的水平力作用下，楼层两端抗侧力构件弹性水平位移（或层间位移）的最大值与平均值的比值大于 1.2
凹凸不规则	平面凹进的尺寸，大于相应投影方向总尺寸的 30%
楼板局部不连续	楼板的尺寸和平面刚度急剧变化，例如，有效楼板宽度小于该楼层板典型宽度的 50%，或开洞面积大于该层楼面面积的 30%，或较大的楼层错层

竖向不规则的主要类型　　　　　　　　　　　　　　　表 15-7

不规则类型	定义和参考指标
侧向刚度不规则	该层的侧向刚度小于相邻上一层的 70%，或小于其上相邻三个楼层侧向刚度平均值的 80%；除顶层或出屋面小建筑外，局部收进的水平向尺寸大于相邻下一层的 25%
竖向抗侧力构件不连续	竖向抗侧力构件（柱、抗震墙、抗震支撑）的内力由水平转换构件（梁、桁架等）向下传递
楼层承载力突变	抗侧力结构的层间受剪承载力小于相邻上一楼层的 80%

图 15-1～图 15-3 为典型示例，以便理解表 15-6 中所列的不规则类型。

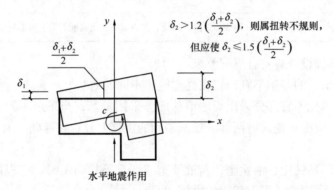

图 15-1　建筑结构平面的扭转不规则示例

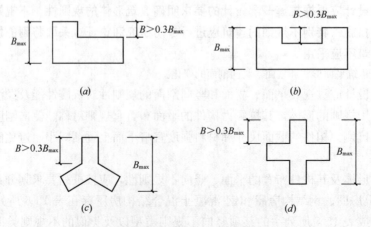

图 15-2　建筑结构平面的凸角或凹角不规则示例

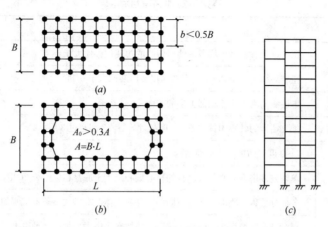

图 15-3 建筑结构平面的局部不连续示例（大开洞及错层）

图 15-4～图 15-6 为典型示例，以便理解表 15-7 中所列的不规则类型。

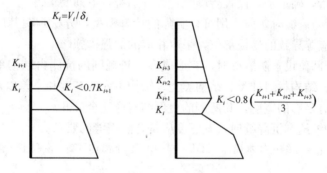

图 15-4 沿竖向的侧向刚度不规则（有软弱层）

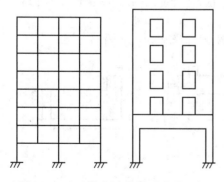

图 15-5 竖向抗侧力构件不连续示例

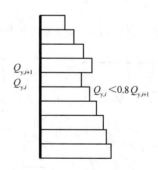

图 15-6 竖向抗侧力结构屈服抗剪强度非均匀化（有薄弱层）

2）砌体房屋、单层工业厂房、单层空旷房屋、大跨屋盖建筑和地下建筑的平面和竖向不规则性的划分，应符合抗震规范有关章节的规定。

3）当存在多项不规则或某项不规则超过规定的参考指标较多时，应属于特别不规则的建筑，见表 15-8。

特别不规则的项目举例 表 15-8

序号	不规则类型	简要含意
1	扭转偏大	裙房以上有较多楼层考虑偶然偏心的扭转位移比大于 1.4
2	抗扭刚度弱	扭转周期比大于 0.9，混合结构扭转周期比大于 0.85
3	层刚度偏小	本层侧向刚度小于相邻上层的 50%
4	高位转换	框支墙体的转换构件位置：7 度超过 5 层，8 度超过 3 层
5	厚板转换	7～9 度设防的厚板转换结构
6	塔楼偏置	单塔或多塔合质心与大底盘的质心偏心距大于底盘相应边长 20%
7	复杂连接	各部分层数、刚度、布置不同的错层或连体两端塔楼显著不规则的结构
8	多重复杂	同时具有转换层、加强层、错层、连体和多塔类型中的 2 种以上

（4）体形复杂、平立面不规则的建筑，应根据不规则程度、地基基础条件和技术经济等因素的比较分析，确定是否设置防震缝，并分别符合下列要求：

1）当不设置防震缝时，应采用符合实际的计算模型，分析判明其应力集中、变形集中或地震扭转效应等导致的易损部位，采取相应的加强措施。

2）当在适当部位设置防震缝时，宜形成多个较规则的抗侧力结构单元。防震缝应根据抗震设防烈度、结构材料种类、结构类型、结构单元的高度和高差以及可能的地震扭转效应的情况，留有足够的宽度，其两侧的上部结构应完全分开。

3）当设置伸缩缝和沉降缝时，其宽度应符合防震缝的要求。

注：《高层建筑混凝土结构技术规程》JGJ 3—2010（以下简称《高层混凝土规程》）规定，结构平面布置应符合下列要求：

1. 高层建筑（10 层及 10 层以上）的平面宜简单、规则、对称、减少偏心；

2. 高层建筑的平面长度 L 不宜过长，突出部分长度 l 不宜过大；L、l 等值宜满足图 15-7 及表 15-9 的要求；

3. 建筑平面不宜采用图 15-8 所示角部重叠或细腰形平面布置。

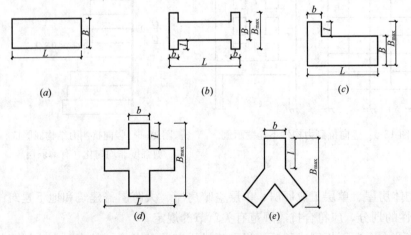

图 15-7 建筑平面示意

图 15-8　角部重叠和细腰形平面示意

平面尺寸及突出部位尺寸的比值限值　　　　　　　　　　表 15-9

设防烈度	L/B	l/B_{max}	l/b
6、7度	≤6.0	≤0.35	≤2.0
8、9度	≤5.0	≤0.30	≤1.5

注：1. 高层建筑当结构上部楼层收进部位到室外地面的高度 H_1 与房屋高度 H 之比大于 0.2 时，上部楼层收进后的水平尺寸 B_1 不宜小于下部楼层水平尺寸 B 的 0.75 倍［图 15-9(a)、(b)］；

2. 当上部结构楼层相对于下部楼层外挑时，上部楼层水平尺寸 B_1 不宜大于下部楼层水平尺寸 B 的 1.1 倍，且水平外挑尺寸 a 不宜大于 4m［图 15-9(c)、(d)］。

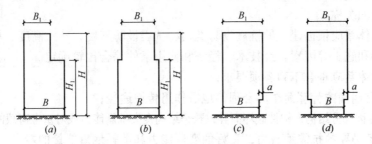

图 15-9　结构竖向收进和外挑示意

【要点】

◆ 合理的建筑形体和布置在抗震设计中是头等重要的。提倡平、立面简单对称。"规则"包含了对建筑布置（建筑平、立面外形尺寸）和结构布置（结构构件布置、质量分布、承载力分布等）诸多因素的综合要求。

◆ 一般情况下，可设缝、可不设防震缝时，尽量不设缝。当不设防震缝时，连接处局部应力集中，需要采取加强措施。必须设置时，应有足够的宽度。防震缝两侧结构体系不同时，防震缝的宽度应按不利的（对防震缝的宽度要求更大的）结构类型确定。

例 15-2　（09-104） 超高层建筑平面布置宜：

A　简单，长宽比一般大于 6∶1

B　简单、规则、对称、减少偏心

C　对称，局部伸出部分大于宽度的 1/3

D　主导风方向加强刚度

解析： 对 B 级高度钢筋混凝土高层建筑（包括超高层）、混合结构高层建筑及复杂高层建筑结构，其平面布置宜简单、规则、减少偏心。

答案： B

例 15-3 （10-119）下列关于建筑设计的相关论述，哪项不正确？

A 建筑及其抗侧力结构的平面布置宜规则、对称，并应具有良好的整体性

B 建筑的立面和竖向剖面宜规则，结构的侧向刚度宜均匀变化

C 为避免抗侧力结构的侧向刚度及承载力突变，竖向抗侧力构件的截面尺寸和材料强度可自上而下逐渐减小

D 对不规则结构，除按规定进行水平地震作用计算和内力调整外，对薄弱部位还应采取有效的抗震构造措施

解析：竖向抗侧力构件的截面尺寸和材料强度宜自下而上逐渐减小，避免侧向刚度和承载力突变。

答案：C

规范：《抗震规范》第 3.4.2 及 3.6.2 条。

（三）结构体系

结构体系就是抗震设计所采用的、主要功能为承担侧向地震作用、由不同材料组成的不同结构形式的统称。

（1）结构体系应根据建筑的抗震设防类别、抗震设防烈度、建筑高度、场地条件、地基、结构材料和施工等因素，经技术、经济和使用条件综合比较确定。

（2）结构体系应符合下列各项要求：

1）应具有明确的计算简图和合理的地震作用传递途径；

2）应避免因部分结构或构件破坏而导致整个结构丧失抗震能力或对重力荷载的承载能力；

3）应具备必要的抗震承载力，良好的变形能力和消耗地震能量的能力；

4）对可能出现的薄弱部位，应采取措施提高抗震能力。

（3）结构体系尚宜符合下列各项要求：

1）宜有多道抗震防线；

2）宜具有合理的刚度和承载力分布，避免因局部削弱或突变形成薄弱部位，产生过大的应力集中或塑性变形集中；

3）结构在两个主轴方向的动力特性宜相近。

（4）结构构件应符合下列要求：

1）砌体结构应按规定设置钢筋混凝土圈梁和构造柱、芯柱，或采用约束砌体、配筋砌体等；

2）混凝土结构构件应控制截面尺寸和受力钢筋、箍筋的设置；防止剪切破坏先于弯曲破坏，混凝土的压溃先于钢筋的屈服，钢筋的锚固粘结破坏先于构件破坏；

3）预应力混凝土构件，应配有足够的非预应力钢筋；

4）钢结构构件的尺寸应合理控制，应避免局部失稳或整个构件失稳；

5）多、高层的混凝土楼、屋盖宜优先采用现浇混凝土板；当采用预制装配式混凝土楼、屋盖时，应从楼盖体系和构造上采取措施确保各预制板之间连接的整体性。

（5）结构各构件之间的连接，应符合下列要求：

1）构件节点的破坏，不应先于其连接的构件；

2）预埋件的锚固破坏，不应先于连接件；

3）装配式结构构件的连接，应能保证结构的整体性；

4）预应力混凝土构件的预应力钢筋，宜在节点核心区以外锚固。

（6）装配式单层厂房的各种抗震支撑系统，应保证地震时厂房的整体性和稳定性。

【要点】

◆ 抗震结构体系要求受力明确、传力途径合理且传力路线不间断，使结构的抗震分析更符合结构在地震时的实际表现，是结构选型与布置结构抗侧力体系时首先考虑的因素之一。

◆ 结构体系应具备必要的抗震承载力，是指结构在地震作用下具有足够的承载能力；具有良好的延性（即变形能力和耗能能力），指结构具有足够的抗变形能力，结构的变形不致引起结构功能丧失或超越容许破坏的程度；良好的消耗地震能量的能力是指结构能吸收和消耗地震能而保存下来的能力，即良好的延性。

◆ 抗震结构体系中吸收和消耗地震输入能的各个部分称为抗震防线。抗震房屋必须设置多道防线。

◆ 结构两个主轴方向的动力特性（周期和振型）宜相近，如对有些纵横墙、长宽比较大的长矩形平面，强调两个主轴方向的均衡，避免因某一个方向先破坏而导致整体倒塌。

◆ 结构体系由不同结构构件组成，结构构件的抗震性能是保证整个结构抗震设计的基础。规范对各种不同材料的结构构件提出了改善其变形能力的原则和途径，应理解并掌握，是重要的出题点：

——无筋砌体本身是脆性材料，只能利用约束条件（圈梁、构造柱、组合柱等来分割、包围）使砌体发生裂缝后不致崩塌和散落，地震时不致丧失对重力荷载的承载能力。

——钢筋混凝土构件的抗震性能与砌体相比是更好的，但处理不当也会造成不可修复的脆性破坏，如：混凝土压碎、构件剪切破坏、钢筋锚固部分拉脱（粘结破坏）等。混凝土结构构件的尺寸控制，包括轴压比、截面长宽比、墙体高厚比、宽厚比等。

——对预应力混凝土结构构件的要求是应配置足够的非预应力钢筋，以利于改善预应力混凝土结构的抗震性能。

——钢结构房屋的延性好，但钢结构构件的压屈破坏（杆件失去稳定）或局部失稳也是一种脆性破坏，应予以防止。

——推荐采用现浇楼、屋盖，对装配式楼、屋盖需加强整体性。

例 15-4　（12-85）关于混凝土结构的设计方案，下列说法错误的是：

A　应选用合理的结构体系、构件形式，并做合理的布置

B　结构的平、立面布置宜规则，各部分的质量和刚度宜均匀、连续

C　宜采用静定结构，结构传力途径应简捷、明确，竖向构件宜连续贯通、对齐

D　宜采取减小偶然作用影响的措施

解析：混凝土结构的设计方案宜**采用超静定结构**，重要构件和关键部位应增加冗余约束或有多余传力途径，以保证结构有多道抗震防线，不致因局部结构或构件破坏而使结构变成机动体系，导致整个结构丧失抗震能力或对重力荷载的承载能力。

答案：C

规范：《抗震规范》第 3.5.3 条第 1 款；《混凝土结构设计规范》第 3.2.1 条第 4 款、第 3.5.2 条。

例 15-5 （11-92）下列关于钢筋混凝土结构构件应符合的力学要求中，何项错误？

A 弯曲破坏先于剪切破坏

B 钢筋屈服先于混凝土压溃

C 钢筋的锚固粘结破坏先于构件破坏

D 应进行承载能力极限状态和正常使用极限状态设计

解析：钢筋混凝土结构构件设计应避免脆性破坏，具体要求：弯曲破坏先于剪切破坏；钢筋屈服先于混凝土压坏；钢筋的锚固粘结破坏晚于构件破坏。

答案：C

规范：《抗震规范》第 3.5.5 条。

（四）非结构构件

（1）非结构构件，是指与结构相连的建筑构件、机电部件及其系统。包括建筑非结构构件和建筑附属机电设备，自身及其与结构主体的连接，应进行抗震设计。

（2）非结构构件的抗震设计，应由相关专业人员分别负责进行。

（3）附着于楼、屋面结构上的非结构构件，以及楼梯间的非承重墙体，应与主体结构有可靠的连接或锚固，避免地震时倒塌伤人或砸坏重要设备。

（4）框架结构的围护墙和隔墙，应估计其设置对结构抗震的不利影响，避免不合理设置而导致主体结构的破坏。

（5）幕墙、装饰贴面与主体结构应有可靠连接，避免地震时脱落伤人。

（6）安装在建筑上的附属机械、电气设备系统的支座和连接，应符合地震时使用功能的要求，且不应导致相关部件的损坏。

【要点】

◆ 非结构构件一般指不考虑承受重力荷载、风荷载及地震作用的构件，包括建筑非结构构件和建筑附属机电设备的支架等。非结构构件的地震破坏会影响安全和使用功能，需引起重视，应进行抗震设计。

◆ 处理好建筑非结构构件和主体结构的关系，可防止附加灾害，减少损失，处理好两者的连接和锚固问题是关键：

——附属结构构件，如：女儿墙、高低跨封墙、雨篷等的防倒塌问题，主要采取加强自身的整体性及与主体结构的锚固等抗震措施；

——装饰物，如：贴面、顶棚、悬吊重物等的防脱落及装饰物破坏问题，主要采取加强与主体结构的可靠连接，对重要装饰物采用柔性连接等抗震措施；

——围护墙和隔墙、砌体填充墙与框架等与主体结构的连接，影响整个结构的动力性能和抗震能力，建议两者之间采用柔性连接或彼此脱开，可只考虑填充墙的重量而不计其刚度和强度的影响。

（五）隔震与消能减震设计

（1）隔震与消能减震设计，可用于对抗震安全性和使用功能有较高要求或专门要求的建筑。

（2）采用隔震或消能减震设计的建筑，当遭遇到本地区的多遇地震影响、设防地震影响和罕遇地震影响时，可按高于《抗震规范》第 1.0.1 条的基本设防目标进行设计。

（六）结构材料与施工

抗震结构在材料选用、施工顺序，特别是材料代用上有其特殊的要求，主要指减少材料的脆性和贯彻原设计意图，也是重要的考试出题点。

（1）抗震结构对材料和施工质量的特别要求，应在设计文件上注明。

（2）结构材料性能指标，应符合下列最低要求：

1）砌体结构材料应符合下列规定：

①普通砖和多孔砖的强度等级不应低于 MU10，其砌筑砂浆强度等级不应低于 M5；

②混凝土小型空心砌块的强度等级不应低于 MU7.5，其砌筑砂浆强度等级不应低于 Mb7.5。

2）混凝土结构材料应符合下列规定：

①混凝土的强度等级，框支梁、框支柱及抗震等级为一级的框架梁、柱、节点核芯区，不应低于 C30；构造柱、芯柱、圈梁及其他各类构件不应低于 C20；

②抗震等级为一、二、三级的框架和斜撑构件（含梯段），其纵向受力钢筋采用普通钢筋时，钢筋的抗拉强度实测值与屈服强度实测值的比值不应小于 1.25；钢筋的屈服强度实测值与屈服强度标准值的比值不应大于 1.3，且钢筋在最大拉力下的总伸长率实测值不应小于 9%。

3）钢结构的钢材应符合下列规定：

①钢材的屈服强度实测值与抗拉强度实测值的比值不应大于 0.85；

②钢材应有明显的屈服台阶，且伸长率不应小于 20%；

③钢材应有良好的焊接性和合格的冲击韧性。

（3）结构材料性能指标，尚宜符合下列要求：

1）普通钢筋宜优先采用延性、韧性和焊接性较好的钢筋；普通钢筋的强度等级，纵向受力钢筋宜选用符合抗震性能指标的不低于 HRB400 级的热轧钢筋，也可采用符合抗震性能指标的 HRB335 级热轧钢筋；箍筋宜选用符合抗震性能指标的不低于 HRB335 级的热轧钢筋，也可选用 HPB300 级热轧钢筋。

2）混凝土结构的混凝土强度等级，抗震墙不宜超过 C60。其他构件，9 度时不宜超过 C60；8 度时不宜超过 C70。

3）钢结构的钢材宜采用 Q235 等级 B、C、D 的碳素结构钢及 Q345 等级 B、C、D、E 的低合金高强度结构钢；当有可靠依据时，尚可采用其他钢种和钢号。

（4）在施工中，当需要以强度等级较高的钢筋替代原设计中的纵向受力钢筋时，应按照钢筋受拉承载力设计值相等的原则换算，并应满足最小配筋率要求。

（5）采用焊接连接的钢结构，当接头的焊接拘束度较大、钢板厚度不小于 40mm 且承受沿板厚方向的拉力时，钢板厚度方向截面收缩率不应小于国家标准。

（6）钢筋混凝土构造柱和底部框架-抗震墙房屋中的砌体抗震墙，其施工应先砌墙后浇构造柱和框架梁柱。

（7）混凝土墙体、框架柱的水平施工缝，应采取措施加强混凝土的结合性能。对于抗震等级一级的墙体和转换层楼板与落地混凝土墙体的交接处，宜验算水平施工缝截面的受剪承载力。

（七）建筑物地震反应观测系统

抗震设防烈度为 7、8、9 度时，高度分别超过 160m、120m、80m 的大型公共建筑，应按规定设置建筑结构的地震反应观测系统，建筑设计应留有观测仪器和线路的位置。

【要点】

◆ 优先采用延性好、韧性及可焊性较好的热轧钢筋。

◆ 对钢筋混凝土结构中的混凝土强度等级有所限制，是因为高强混凝土具有脆性性质，且随强度等级提高而增加。

当耐久性有要求时，混凝土的最低强度等级，应遵守有关规定。

◆ 碳素结构钢 Q235 中，其中 A 级钢不要求任何冲击试验值，并只在用户要求时才进行冷弯实验，且不保证焊接要求的碳含量，故不建议采用。

低合金高强度结构钢 Q345 中，其中 A 级钢不保证冲击韧性要求和延性性能的基本要求，故亦不建议采用。

◆ 钢筋代换时应注意替代后的纵向钢筋的总承载力设计值不应高于原设计的纵向钢筋总承载力设计值，以免构件发生混凝土的脆性破坏（混凝土压碎、剪切破坏等）。

还应满足最小配筋率和钢筋间距等构造要求，并应注意由于钢筋的强度和直径改变，会影响正常使用极限状态挠度和裂缝宽度。

例 15-6　（13-55） 有抗震要求的钢筋混凝土框支梁的混凝土强度等级不应低于：

A　C25　　　　　　B　C30　　　　　　C　C35　　　　　　D　C40

解析： 有抗震要求的混凝土结构材料应符合下列最低要求：框支梁、框支柱及抗震等级为一级的框架梁、柱、节点核芯区，混凝土强度等级不应低于 C30。

答案： B

规范：《抗震规范》第 3.9.2 条第 2 款 1)；《混凝土结构设计规范》GB 50010—2010（2015 年版）第 11.2.1 条第 2 款。

例 15-7　（14-56） 8 度抗震设计的钢筋混凝土结构，框架柱的混凝土强度等级不宜超过：

A　C60　　　　　　B　C65　　　　　　C　C70　　　　　　D　C75

解析： 混凝土抗震墙的强度等级不宜超过 C60；其他构件，9 度时不宜超过 C60，8 度时不宜超过 C70。

答案： C

规范：《高层混凝土规程》第 3.2.2 条第 8 款；《抗震规范》第 3.9.3 条第 2 款及对应条文说明；《混凝土结构设计规范》GB 50010—2010（2015 年版）第 11.2.1 条第 1 款。

四、场地、地基和基础

地震造成建筑的破坏，除地震动直接引起的破坏外，场地条件对地震破坏的影响有以下几种情况：

1. 振动破坏

建筑结构在地面运动作用下剧烈振动，结构承载力不足、变形过大、连接破坏、构件失稳导致结构整体倾覆破坏。

2. 地基失效

结构本身具有足够的抗震能力，在地震作用下不会发生破坏；但由于地基失效导致建筑物破坏或不能正常使用。可分为以下两种情况：

（1）地震引起的地质灾害（山崩、滑坡、地陷等）及地面变形（地面裂缝或错位等）对上部结构的直接危害。

（2）地震引起的饱和砂土及粉土液化、软土震陷等地基失效，造成上部结构的破坏。

（一）场地

国内外大量的震害表明，不同场地上的建筑物震害差异很大。一般说来场地条件对震害影响的主要因素是：**场地土的坚硬或密实程度及场地覆盖层厚度，土愈软、覆盖层愈厚，震害愈重，反之愈轻。**

（1）选择建筑场地时，应按表 15-5 划分对建筑抗震有利、一般、不利和危险的地段。

（2）建筑场地的类别划分，应以土层等效剪切波速和场地覆盖层厚度为准。

（3）土的类型划分和剪切波速范围见表 15-10。

土的类型划分和剪切波速范围 表 15-10

土的类型	岩土名称和性状	土层剪切波速范围（m/s）
岩石	坚硬、较硬且完整的岩石	$v_s > 800$
坚硬土或软质岩石	破碎和较破碎的岩石或软和较软的岩石，密实的碎石土	$800 \geqslant v_s > 500$
中硬土	中密、稍密的碎石土，密实、中密的砾、粗、中砂，$f_{ak} > 150$ 的黏性土和粉土，坚硬黄土	$500 \geqslant v_s > 250$
中软土	稍密的砾、粗、中砂，除松散外的细、粉砂，$f_{ak} \leqslant 150$ 的黏性土和粉土，$f_{ak} > 130$ 的填土，可塑新黄土	$250 \geqslant v_s > 150$
软弱土	淤泥和淤泥质土，松散的砂，新近沉积的黏性土和粉土，$f_{ak} \leqslant 130$ 的填土，流塑黄土	$v_s \leqslant 150$

注：f_{ak} 为由载荷试验等方法得到的地基承载力特征值（kPa）；v_s 为岩土剪切波速。

（4）建筑的场地类别，应根据土层等效剪切波速和场地覆盖层厚度按表 15-11 划分为四类，其中 I 类分为 I_0、I_1 两个亚类。

各类建筑场地的覆盖层厚度（m） 表 15-11

岩石的剪切波速或土的等效剪切波速（m/s）	场地类别				
	I_0	I_1	II	III	IV
$v_s > 800$	0				
$800 \geqslant v_s > 500$		0			
$500 \geqslant v_{se} > 250$		<5	$\geqslant 5$		
$250 \geqslant v_{se} > 150$		<3	3～50	>50	
$v_{se} \leqslant 150$		<3	3～15	15～80	>80

注：表中 v_s 系岩石的剪切波速；v_{se} 系土层等效剪切波速。

（二）天然地基和基础

（1）下列建筑可不进行天然地基及基础的抗震承载力验算：

1）抗震规范规定可不进行上部结构抗震验算的建筑。

2）地基主要受力层范围内不存在软弱黏性土层的下列建筑：

①一般的单层厂房和单层空旷房屋；

②砌体房屋；

③不超过 8 层且高度在 24m 以下的一般民用框架和框架-抗震墙房屋；

④基础荷载与 3）项相当的多层框架厂房和多层混凝土抗震墙房屋。

注：软弱黏性土层指 7 度、8 度和 9 度时，地基承载力特征值分别小于 80kPa、100kPa 和 120kPa 的土层。

大量的一般天然地基都具有较好的抗震性能，因此规范规定了天然地基可不进行抗震承载力验算的范围。

（2）天然地基基础抗震验算时，应采用地震作用效应标准组合，且地基抗震承载力应取地基承载力特征值乘以地基抗震承载力调整系数来计算。

（3）地基抗震承载力应按下式计算：

$$f_{aE} = \zeta_a f_a \qquad (15-1)$$

式中　f_{aE}——调整后的地基抗震承载力；

　　　ζ_a——地基抗震承载力调整系数；

　　　f_a——深宽修正后的地基承载力特征值，应按现行国家标准《建筑地基基础设计规范》GB 50007—2011 采用。

（4）验算天然地基地震作用下的竖向承载力时，按地震作用效应标准组合的基础底面平均压力和边缘最大压力应符合下列各式要求：

$$p \leqslant f_{aE} \qquad (15-2)$$
$$p_{max} \leqslant 1.2 f_{aE} \qquad (15-3)$$

式中　p——地震作用效应标准组合的基础底面平均压力；

　　　p_{max}——地震作用效应标准组合的基础边缘的最大压力。

高宽比大于 4 的高层建筑，在地震作用下，基础底面不宜出现脱离区（零应力区）；其他建筑，基础底面与地基土之间的脱离区（零应力区）面积不应超过基础底面面积的 15%。

【要点】天然地基一般都具有较好的抗震性能，在遭受破坏的建筑中，因地基失效导致的破坏要少于上部结构惯性力的破坏，因此符合条件的地基（尤其是天然地基）可不进行抗震承载力验算。具体规范要求可按表 15-12 理解。

可不进行天然地基及基础抗震承载力验算的建筑　　　　表 15-12

序号	结构类型	具体内容	
1	单层结构	地基主要受力层范围不存在软弱黏土层	一般的单层厂房和单层空旷房屋
2	砌体结构		全部
3	多层框架、框架-抗震墙		不超过 8 层且高度在 24m 以下的一般民用框架和框架-抗震墙结构
4	框架厂房、抗震墙结构		基础荷载与第 3 项相当的多层框架厂房和多层混凝土抗震墙房屋
5	其他	《抗震规范》规定的可不进行上部结构抗震验算的建筑	

（引自：朱炳寅．建筑抗震设计规范应用与分析（第二版）．北京：中国建筑工业出版社，2017）

例15-8 (14-111) 地基的主要受力层范围内不存在软弱黏性土层，下列哪种建筑的天然地基需要进行抗震承载力验算？

A 6层高度18m砌体结构住宅　　　B 4层高度20m框架结构教学楼
C 10层高度40m框-剪结构办公楼　　D 24m跨单层门式刚架厂房

解析： 分析选项中结构体系和楼层数，最有可能的答案应是10层40m的框-剪结构：首先是层数最高，其次是框-剪结构有剪力墙。因为剪力墙（即抗震墙）承受了大部分水平地震作用，设计时应特别注意加强对抗震墙下基础及地基的抗震验算。规范规定同样条件下，不超过8层且高度在24m以下的框架-抗震墙结构房屋可不验算，故C选项需要进行验算。

答案： C

规范： 《抗震规范》第4.2.1条第2款3）。

（三）液化土和软土地基

（1）饱和砂土和饱和粉土（不含黄土）的液化判别和地基处理，6度时，一般情况下可不进行判别和处理，但对液化沉陷敏感的乙类建筑可按7度的要求进行判别和处理；7～9度时，乙类建筑可按本地区抗震设防烈度的要求进行判别和处理。

（2）地面下存在饱和砂土和饱和粉土时，除6度外，应进行液化判别；存在液化土层的地基，应根据建筑的抗震设防类别、地基的液化等级，结合具体情况采取相应的措施。

注：本条饱和土液化判别要求不含黄土和粉质黏土。

（3）对存在液化砂土层、粉土层的地基，应探明各液化土层的深度和厚度，按其液化指数综合划分地基的液化等级，见表15-13。

液化等级与液化指数的对应关系　　　　　　　　　　表15-13

液化等级	轻 微	中 等	严 重
液化指数 I_{lE}	$0<I_{lE}\leqslant6$	$6<I_{lE}\leqslant18$	$I_{lE}>18$

（4）当液化砂土层、粉土层较平坦且均匀时，宜按表15-14选用地基抗液化措施；尚可计入上部结构重力荷载对液化危害的影响，根据液化震陷量的估计，适当调整抗液化措施。不宜将未处理的液化土层作为天然地基持力层。

抗液化措施　　　　　　　　　　表15-14

建筑抗震设防类别	地基的液化等级		
	轻 微	中 等	严 重
乙类	部分消除液化沉陷，或对基础和上部结构处理	全部消除液化沉陷，或部分消除液化沉陷且对基础和上部结构处理	全部消除液化沉陷
丙类	基础和上部结构处理，亦可不采取措施	基础和上部结构处理，或更高要求的措施	全部消除液化沉陷，或部分消除液化沉陷且对基础和上部结构处理

建筑抗震设防类别	地基的液化等级		
	轻 微	中 等	严 重
丁类	可不采取措施	可不采取措施	基础和上部结构处理，或其他经济的措施

注：甲类建筑的地基抗液化措施应进行专门研究，但不宜低于乙类的相应要求。

（5）全部消除地基液化沉陷的措施，应符合下列要求：

1）采用桩基时，桩端深入液化深度以下稳定土层中的长度（不包括桩尖部分），应按计算确定，且对碎石土，砾，粗、中砂，坚硬黏性土和密实粉土尚不应小于 0.8m，对其他非岩石土尚不宜小于 1.5m。

2）采用深基础时，基础底面应埋入液化深度以下的稳定土层中，其深度不应小于 0.5m。

3）采用加密法（如振冲、振动加密、挤密碎石桩、强夯等）加固时，应处理至液化深度下界。

4）用非液化土替换全部液化土层，或增加上覆非液化土层的厚度。

5）采用加密法或换土法处理时，在基础边缘以外的处理宽度，应超过基础底面下处理深度的 1/2 且不小于基础宽度的 1/5。

（6）部分消除地基液化沉陷的措施，应符合下列要求：

1）处理深度应使处理后的地基液化指数减少，其值不宜大于 5；大面积筏形基础、箱形基础的中心区域，处理后的液化指数可比上述规定降低 1；对独立基础和条形基础，尚不应小于基础底面下液化土特征深度和基础宽度的较大值。

2）采用振冲或挤密碎石桩加固后，桩间土的标准贯入锤击数不宜小于规范规定。

3）基础边缘以外的处理宽度，应符合规范规定。

4）采用减小液化震陷的其他方法，如增厚上覆非液化土层的厚度和改善周边的排水条件等。

（7）减轻液化影响的基础和上部结构处理，可综合采用下列各项措施：

1）选择合适的基础埋置深度。

2）调整基础底面积，减少基础偏心。

3）加强基础的整体性和刚度，如采用箱形基础、筏形基础或钢筋混凝土交叉条形基础，加设基础圈梁等。

4）减轻荷载，增强上部结构的整体刚度和均匀对称性，合理设置沉降缝，避免采用对不均匀沉降敏感的结构形式。

5）管道穿过建筑处应预留足够尺寸或采用柔性接头等。

例 15-9　**（12-104）** 抗震设计时，全部消除地基液化的措施中，下面哪一项是不正确的？

A　采用桩基，桩端伸入液化土层以下稳定土层中必要的深度

B　采用筏形基础

C　采用加密法，处理至液化深度下界

D　用非液化土替换全部液化土层

解析： 采用筏形基础、箱形基础等整体性好的基础对抗液化十分有利，但属于部分消除地基液化措施。

答案： B

规范：《抗震规范》第4.3.8条、第4.3.7条第1、4、3款。

例15-10 （12-109）对抗震设防地区建筑场地液化的叙述，下列何者是错误的？

A 建筑场地存在液化土层对房屋抗震不利

B 6度抗震设防地区的建筑场地，一般情况下可不进行场地的液化判别

C 饱和砂土与饱和粉土的地基在地震中可能出现液化

D 黏性土地基在地震中可能出现液化

解析： 饱和砂土和饱和粉土在地震时易产生液化现象，对房屋抗震不利。黏土和粉质黏土因土粒间有黏性，不易液化。在6度区液化对房屋造成的震害比较轻微，故规范规定，饱和砂土和饱和粉土在6度时，一般情况下可不进行判别和处理，但对液化沉陷敏感的乙类建筑可按7度的要求进行判别和处理。

答案： D

规范：《抗震规范》第4.3.1条。

（四）桩基

承受竖向荷载为主的低承台桩基，当地面下无液化土层，而且桩承台周围无淤泥、淤泥质土和地基承载力特征值不大于100kPa的填土时，下列建筑可不进行桩基抗震承载力验算：

（1）6～8度时的下列建筑：

1）一般的单层厂房和单层空旷房屋；

2）不超过8度且高度在24m以下的一般民用框架房屋和框架-抗震墙房屋；

3）基础荷载与（2）项相当的多层框架厂房和多层混凝土抗震墙房屋。

（2）《抗震规范》规定的可不进行上部结构抗震验算的建筑及砌体房屋。

【要点】

◆ 根据桩基抗震性能一般比同类结构的天然地基要好的宏观经验，规范规定了桩基可不进行抗震验算的范围，见表15-15。

◆ 注意与表15-12进行比较，区分不同和相似之处。

可不进行桩基抗震承载力验算的建筑 　　　　　　　　表15-15

序号	设防烈度	结构类型	基本条件
1	6度～8度	一般的单层厂房和单层空旷房屋	承受竖向荷载为主的低承台桩基，当地面下无液化土层，且桩基周围无淤泥、淤泥质土和地基承载力特征值不大于100kPa的填土时
2		不超过8度且高度在24m以下的一般民用框架房屋和框架-抗震房屋	
3		基础荷载与第2项相当的多层框架厂房和多层混凝土抗震墙房屋	
4		《抗震规范》规定的可不进行上部结构抗震验算的建筑及砌体结构	

例 15-11　（09-128）下列哪个建筑可不进行桩基承载力验算？

A　9 度时，4 层砌体结构宿舍

B　8 度时，9 层框架结构宾馆

C　7 度时，16 层抗震墙结构住宅

D　6 度时，28 层框架-抗震墙结构酒店

解析：砌体结构可不进行桩基抗震承载力验算。

答案：A

规范：《抗震规范》第 4.4.1 条第 2 款、第 4.2.1 条。

五、地震作用

抗震设计时，结构所承受的"地震力"实际上是由于地震时的地面运动引起的动态作用，包括地震加速度、速度和动位移的作用，属于间接作用，不可称为"荷载"，应称"地震作用"。

（一）各类建筑结构的地震作用，应符合下列规定：

（1）一般情况下，应至少在建筑结构的两个主轴方向分别计算水平地震作用，各方向的水平地震作用应由该方向的抗侧力构件承担。

（2）有斜交抗侧力构件的结构，当相交角度大于 15°时，应分别计算各抗侧力构件方向的水平地震作用。

（3）质量和刚度分布明显不对称的结构，应计入双向水平地震作用下的扭转影响；其他情况，应允许采用调整地震作用效应的方法计入扭转影响。

（4）8、9 度时的大跨度和长悬臂结构及 9 度时的高层建筑，应计算竖向地震作用。

（二）各类建筑结构的抗震计算方法，应符合下列要求：

（1）高度不超过 40m，以剪切变形为主且质量和刚度沿高度分布比较均匀的结构，以及近似于单质点体系的结构，可采用底部剪力法等简化方法。

（2）除（1）款外的建筑结构，宜采用振型分解反应谱法。

（3）特别不规则的建筑、甲类建筑和规范所列的高度范围的高层建筑，应采用时程分析法进行多遇地震下的补充计算。

【要点】

不同的结构采用不同的分析方法，基本方法是底部剪力法和振型分解反应谱法；时程分析法作为补充计算方法，只有特别不规则、特别重要的建筑和较高的高层建筑才要求采用。

（三）建筑的重力荷载代表值

我们知道地震动产生水平方向的惯性力。当水平加速度相同时，水平惯性力与质量 m 成正比。质量 m 越大，水平惯性力就越大，从而水平地震作用也越大。计算地震作用时，由 $G = mg$，采用重力荷载代表值 G 来表征建筑的质量与地震作用的正比关系。

建筑结构的重力荷载代表值 G 应取结构和构配件自重（永久荷载）标准值和可变荷载组合值之和。各可变荷载的组合值系数应按规范取值。

（四）建筑结构的地震影响系数

（1）加速度反应谱——设计反应谱——水平地震加速度影响系数曲线

采用反应谱计算地震作用惯性力。取加速度反应绝对最大值计算惯性力，作为等效地震作用标准值 $F=\alpha\times G$；式中：α 为地震加速度影响系数（即单支点弹性体系在地震时的最大反应加速度与重力加速度的比值），G 为质点的重力荷载代表值（即结构或构件永久荷载标准值与有关可变荷载的组合值之和）。

注：设计反应谱是用来预估建筑结构在设计基准期内可能经受的地震作用，通常是根据大量实际地震记录的反应谱统计分析并结合工程经验，综合判断给出供抗震设计用的加速度。

（2）水平地震影响系数最大值 α_{max}

建筑结构的地震影响系数应根据烈度、场地类别、设计地震分组和结构自振周期以及阻尼比确定。其水平地震影响系数最大值 α_{max} 反映了大多数结构共振的情况，应按表 15-16 采用；特征周期应根据场地类别和设计地震分组，按表 15-17 采用。计算罕遇地震作用时，特征周期应增加 0.05s。

水平地震影响系数最大值　　　　　　　　表 15-16

地震影响	6 度	7 度	8 度	9 度
多遇地震	0.04	0.08 (0.12)	0.16 (0.24)	0.32
罕遇地震	0.28	0.50 (0.72)	0.90 (1.20)	1.40

注：括号中数值分别用于设计基本地震加速度为 0.15g 和 0.30g 的地区。

特征周期值（s）　　　　　　　　表 15-17

设计地震分组	场　地　类　别				
	I_0	I_1	II	III	IV
第一组	0.20	0.25	0.35	0.45	0.65
第二组	0.25	0.30	0.40	0.55	0.75
第三组	0.30	0.35	0.45	0.65	0.90

例 15-12　（12-90）为体现建筑所在区域震级和震中距的影响，我国对建筑工程设计地震进行了分组，按其对地震作用影响由轻到重排序，正确的是：

A　第一组、第二组、第三组、第四组

B　第四组、第三组、第二组、第一组

C　第一组、第二组、第三组

D　第三组、第二组、第一组

解析：2001 年规范将 89 规范的设计近震、远震改称设计地震分组，以更好地体现震级和震中距的影响，建筑工程的设计地震分为三组。

如 II 类场地，第一组、第二组和第三组的设计特征周期，应分别按 0.35s、0.40s 和 0.45s 采用，见表 15-4。对地震作用的影响由轻到重排序为第一组、第二组、第三组。

答案：C

规范：《抗震规范》第 3.2.3 条及条文说明 3.2 条、第 5.1.4 条表 5.1.4-2、第 5.1.5-1 条文说明。

注："设计特征周期"即设计所用的地震影响系数相对应的特征周期（T_g）。

（五）地震作用的决定因素

（1）设防烈度：在其他条件相同的条件下，设防烈度越高，地震影响系数越大，地震作用越大。烈度增大一度，地震作用增大一倍。

（2）建筑结构本身的动力特性（结构的自振周期、阻尼比）：结构的自振周期越小，地震影响系数 α 越大，水平地震作用越大。结构的阻尼可以消耗和吸收地震能，阻尼比越大，地震作用越小。

注：阻尼比，实际阻尼与临界阻尼的比值，表示结构振动的衰减形式。

（3）建筑结构的自身质量：自身质量越大，惯性力越大，地震作用越大。

（4）场地条件：从 I_0～Ⅳ类场地，覆盖层越厚、土质越软，地震动反应越大，震害较重。

（5）设计地震分组：主要反映震源远近的影响。对地震作用的影响由轻到重的排序为第一组、第二组、第三组。

（六）在地震作用下，结构的截面抗震验算应符合下列规定：

（1）6度时的建筑（不规则建筑及建造于Ⅳ类场地上较高的高层建筑除外），以及生土房屋和木结构房屋等，应符合有关的抗震措施要求，但应允许不进行截面抗震验算。

（2）6度时不规则建筑、建造于Ⅳ类场地上较高的高层建筑，7度和7度以上的建筑结构（生土房屋和木结构房屋等除外），应进行多遇地震作用下的截面抗震验算。

注：采用隔震设计的建筑结构，其抗震验算应符合有关规定。

【要点】

◆ 大跨度和长悬臂结构见表15-18：

9度和9度以上时，跨度大于18m的屋架、1.5m以上的悬挑阳台和走廊；8度时，跨度大于24m的屋架，2m以上的悬挑阳台和走廊等震害严重。

注：平面投影尺度很大的大跨空间结构，指跨度大于120m或长度大于300m或悬臂大于40m的结构。

大跨度和长悬臂结构 表15-18

抗震设防烈度	大跨度结构	长悬臂结构	地震作用
8度	≥24m屋架	≥2.0m悬挑阳台和走廊	应计算竖向地震作用
9度	≥18m屋架	≥1.5m悬挑阳台和走廊	
		高层建筑	

◆ 抗震验算规定可概括为表15-19：

抗震验算规定 表15-19

设防烈度	应进行抗震验算的建筑	允许不进行抗震验算的建筑
6度时	不规则建筑	除应验算之外的建筑及
	建造于Ⅳ类场地上较高的高层建筑	生土房屋和木结构房屋
7度和7度以上时	大多数建筑结构	生土房屋和木结构房屋

注：1. 允许不进行多遇地震作用下的抗震验算，应符合有关的抗震构造措施；

2. "较高的高层建筑"指高于40m的钢筋混凝土框架、高于60m的其他钢筋混凝土民用建筑和类似的工业厂房，以及高层钢结构建筑。

例15-13 **（10-116）** 建筑结构按8、9度抗震设防时，下列叙述哪项不正确？

A 大跨度及长悬臂结构除考虑水平地震作用外，还应考虑竖向地震作用

B 大跨度及长悬臂结构只需考虑竖向地震作用，可不考虑水平地震作用

C 当上部结构确定后，场地越差（场地类别越高），其地震作用越大

D 当场地类别确定后，上部结构侧向刚度越大，其地震水平位移越小

解析：规范规定：一般情况下，应至少在建筑结构的两个主轴方向分别计算水平地震作用；特别情况，8、9度时的大跨度和长悬臂结构及9度时的高层建筑除考虑水平地震作用外，因受竖向地震作用影响大，还应计算竖向地震作用。

答案：B

规范：《抗震规范》第5.1.1条第1、4款。

例15-14 **(14-91)** 对于钢筋混凝土结构高层建筑而言，下列措施中对减小水平地震作用最有效的是：

A 增大竖向结构构件截面尺寸 　　　B 增大水平结构构件截面尺寸

C 增大结构构件配筋 　　　D 减小建筑物各楼层重量

解析：钢筋混凝土高层建筑的水平地震作用与建筑物质量成正比关系，要减小水平地震作用最有效的措施是减小建筑物各楼层质量。

答案：D

(七) 多遇地震作用下的抗震变形验算

对于表 15-19 所列各类结构应进行多遇地震作用下的抗震变形验算，其楼层内最大的弹性层间位移角 θ_e 应小于表 15-18 中的 $[\theta_e]$。

$$\Delta u_e \leqslant [\theta_e]h \tag{15-4}$$

式中　Δu_e——多遇地震作用标准值产生的楼层内最大弹性层间位移；

　　$[\theta_e]$——弹性层间位移角限值，宜按表 15-20 采用；

　　h——计算楼层层高。

弹性层间位移角限值　　　　　　　　　　　　　表 15-20

结　构　类　型	$[\theta_e]$
钢筋混凝土框架	1/550
钢筋混凝土框架-抗震墙、板柱-抗震墙、框架-核心筒	1/800
钢筋混凝土抗震墙、筒中筒	1/1000
钢筋混凝土框支层	1/1000
多、高层钢结构	1/250

(八) 结构在罕遇地震作用下薄弱层的弹塑性变形验算

结构薄弱层（部位）弹塑性层间位移应符合下式及表 15-19 的限值要求：

$$\Delta u_p \leqslant [\theta_p]h \tag{15-5}$$

式中　Δu_p——弹塑性层间位移；

　　$[\theta_p]$——弹塑性层间位移角限值，宜按表 15-21 采用；

　　h——薄弱层楼层高度或单层厂房上柱高度。

弹塑性层间位移角限值　　　　　　　　　　　　　表 15-21

结构类型	$[\theta_p]$
单层钢筋混凝土柱排架	1/30

结构类型	$[\theta_p]$
钢筋混凝土框架	1/50
底部框架砌体房屋中的框架-抗震墙	1/100
钢筋混凝土框架-抗震墙、板柱-抗震墙、框架-核心筒	1/100
钢筋混凝土抗震墙、筒中筒	1/120
多、高层钢结构	1/50

【要点】

◆采用层间位移角作为衡量结构变形能力从而判别是否满足建筑功能要求的指标。

◆对各类钢筋混凝土结构和钢结构要求进行多遇地震作用下的弹性变形验算，实现第一水准的设防要求。弹性变形验算属于正常使用极限状态的验算。

◆在罕遇地震作用下，结构要进入弹塑性变形状态。判别薄弱层部位和验算薄弱层的弹塑性变形，其目的是实现第二阶段抗震设计"大震不倒"的设防目标。

◆钢结构在构件稳定有保证时具有较好的延性，弹塑性层间位移角限值可适当放宽至1/50。

例 15-15 **(11-97)** 关于钢筋混凝土高层建筑的层间最大位移与层高之比的限值，下列比较哪一项不正确？

A 框架结构＞框架-抗震墙结构　　B 框架-抗震墙结构＞抗震墙结构

C 抗震墙结构＞框架-核心筒结构　　D 框架结构＞板柱-抗震墙结构

解析： 多遇地震作用下的层间最大位移与层高之比的限值与钢筋混凝土结构类型有关，即结构抗侧移刚度越大，侧向位移就越小，层间最大位移和层高之比的限值也越小。

从表 15-18 中可看出，剪力墙（即抗震墙）结构的限值为 1/1000，小于框架-剪力墙结构（1/800），因此 C 错误。

答案： C

规范：《高层混凝土规程》第 3.7.3 条表 3.7.3；《抗震规范》第 5.5.1 条表 5.5.1。

例 15-16 **(14-81)** 某钢筋混凝土框架，为减小结构的水平地震作用，下列措施错误的是：

A 采用轻质隔墙　　　　　　　　　B 砌体填充墙与框架主体采用柔性连接

C 加设支撑　　　　　　　　　　　D 设置隔震支座

解析： 结构的水平抗震作用与结构刚度成正比关系，对柔性连接的建筑构件，可不计入刚度；设置隔震支座可减少结构的水平地震作用；采用轻质隔墙不会增大结构刚度，但会减小结构的质量；加设支撑的措施会加大结构的刚度，增大水平地震作用。

答案： C

规范：《抗震规范》第 13.2.1 条第 2 款。

注：对嵌入抗侧力构件平面内的刚性建筑非结构构件，应计入其刚度影响。

第二节 建筑结构抗震设计

一、多层和高层钢筋混凝土房屋

(一) 一般规定

（1）本部分适用的现浇钢筋混凝土房屋的结构类型和最大高度应符合表 15-22 的要求。**平面和竖向均不规则的结构，适用的最大高度应适当降低。**

注：本节的"抗震墙"指结构抗侧力体系中的钢筋混凝土剪力墙，不包括只承担重力荷载的混凝土墙。

1)《抗震规范》对钢筋混凝土房屋的最大高度做了如下规定（表 15-22）：

钢筋混凝土房屋适用的最大高度（m）　　　　　　　表 15-22

结构类型		烈　　度				
		6	7	8 (0.2g)	8 (0.3g)	9
框架		60	50	40	35	24
框架-抗震墙		130	120	100	80	50
抗震墙		140	120	100	80	60
部分框支抗震墙		120	100	80	50	不应采用
筒体	框架-核心筒	150	130	100	90	70
	筒中筒	180	150	120	100	80
板柱-抗震墙		80	70	55	40	不应采用

注：1. 房屋高度指室外地面到主要屋面板板顶的高度（不包括局部突出屋顶部分）；

2. 框架-核心筒结构指周边稀柱框架与核心筒组成的结构；

3. 部分框支抗震墙结构指首层或底部两层为框支层的结构，不包括仅个别框支墙的情况；

4. 表中框架，不包括异形柱框架；

5. 板柱-抗震墙结构指板柱、框架和抗震墙组成抗侧力体系的结构；

6. 乙类建筑可按本地区抗震设防烈度确定其适用的最大高度；

7. 超过表内高度的房屋，应进行专门研究和论证，采取有效的加强措施。

2)《高层混凝土规程》对钢筋混凝土高层建筑结构的最大适用高度做了以下补充规定，A 级高度的乙类和丙类建筑应符合表 15-23 的规定；B 级高度的乙类和丙类建筑应符合表 15-24 的规定。

A 级高度钢筋混凝土高层建筑的最大适用高度（m）　　　　表 15-23

结构体系		非抗震设计	抗震设防烈度				
			6 度	7 度	8 度		9 度
					0.20g	0.30g	
框架		70	60	50	40	35	—
框架-剪力墙		150	130	120	100	80	50
剪力墙	全部落地剪力墙	150	140	120	100	80	60
	部分框支剪力墙	130	120	100	80	50	不应采用

结构体系		非抗震设计	抗震设防烈度				
			6度	7度	8度		9度
					0.20g	0.30g	
筒 体	框架-核心筒	160	150	130	100	90	70
	筒中筒	200	180	150	120	100	80
板柱-剪力墙		110	80	70	55	40	不应采用

注：1. 表中框架不含异形柱框架；

　　2. 部分框支剪力墙结构指地面以上有部分框支剪力墙的剪力墙结构；

　　3. 甲类建筑，6、7、8度时宜按本地区抗震设防烈度提高一度后符合本表的要求，9度时应专门研究；

　　4. 框架结构、板柱-剪力墙结构以及9度抗震设防的表列其他结构，当房屋高度超过本表数值时，结构设计应有可靠依据，并采取有效的加强措施。

B级高度钢筋混凝土高层建筑的最大适用高度（m）　　　　表 15-24

结构体系		非抗震设计	抗震设防烈度			
			6度	7度	8度	
					0.20g	0.30g
框架-剪力墙		170	160	140	120	100
剪力墙	全部落地剪力墙	180	170	150	130	110
	部分框支剪力墙	150	140	120	100	80
筒体	框架-核心筒	220	210	180	140	120
	筒中筒	300	280	230	170	150

注：1. 部分框支剪力墙结构指地面以上有部分框支剪力墙的剪力墙结构；

　　2. 甲类建筑，6、7度时宜按本地区设防烈度提高一度后符合本表的要求，8度时应专门研究；

　　3. 当房屋高度超过表中数值时，结构设计应有可靠依据，并采取有效的加强措施。

3）钢筋混凝土高层建筑结构的高宽比不宜超过表 15-25 的规定。

钢筋混凝土高层建筑结构适用的最大高宽比　　　　表 15-25

结构体系	非抗震设计	抗震设防烈度		
		6度、7度	8度	9度
框架	5	4	3	—
板柱-剪力墙	6	5	4	—
框架-剪力墙、剪力墙	7	6	5	4
框架-核心筒	8	7	6	4
筒中筒	8	8	7	5

【要点】

◆ 对采用钢筋混凝土材料的高层建筑，从安全和经济方面综合考虑，其适用最大高度应有所限制。超过最大适用高度时，应通过专门研究采取有效加强措施，如采用型钢混凝土构件、钢管混凝土构件等，并按有关规定进行专项审查。

◆钢筋混凝土高层建筑的最大适用高度分 A 级高度、B 级高度：

——A 级高度钢筋混凝土高层建筑指符合表 15-23 最大适用高度的建筑，是目前数量最多、应用最广泛的建筑。

——当框架-剪力墙、剪力墙及筒体结构的高度超过表 15-23 的最大适用高度时，列入 B 级高度高层建筑。B 级高度最大适用高度允许建筑物更高，但不应超过表 15-24 规定的限值，其相应的抗震等级、有关计算和构造措施更为严格。

——对房屋高度超过 A 级最大适用高度的框架、板柱-剪力墙结构以及 9 度抗震设计的各类结构，因研究成果和工程经验尚不足，故在 B 级高度的高层建筑中未列入。

——高层建筑的高宽比，是对结构刚度、整体稳定性、承载能力和经济合理性的宏观控制。

例 15-17　(12-92) 根据现行《建筑抗震设计规范》，确定现浇钢筋混凝土房屋适用的最大高度与下列哪项因素无关？

A　抗震设防烈度　　　　　　　B　设计地震分组
C　结构类型　　　　　　　　　D　结构平面和竖向的规则情况

解析： 现浇钢筋混凝土房屋的最大适用高度与抗震设防烈度和结构类型有关；设计地震分组是体现震级和震中距影响的参数，与房屋适用高度无关；平面和竖向均不规则的结构，适用的最大高度宜适当降低。

答案： B

规范：《抗震规范》第 6.1.1 条表 6.1.1；《高层混凝土规程》第 3.3.1 条。

例 15-18　(11-101) 下列钢筋混凝土结构体系中，可用于 B 级高度高层建筑的为何项？

Ⅰ.框架-抗震墙结构　　　　　　Ⅱ.框架-核心筒结构
Ⅲ.短肢剪力墙较多的剪力墙结构　Ⅳ.筒中筒结构

A　Ⅰ、Ⅱ、Ⅲ、Ⅳ　　　　　　B　Ⅰ、Ⅱ、Ⅲ
C　Ⅰ、Ⅱ、Ⅳ　　　　　　　　D　Ⅱ、Ⅲ、Ⅳ

解析： 短肢剪力墙结构抗震性能差，震害严重，因此在 B 级高度高层建筑以及抗震设防烈度为 9 度的 A 级高度高层建筑中，不宜布置短肢剪力墙，不应采用具有较多短肢剪力墙的剪力墙结构。

答案： C

规范：《高层混凝土规程》第 7.1.8 条、第 3.3.1 条表 3.3.1-2。

注：具有较多短肢剪力墙是指在规定的水平地震作用下，短肢剪力墙承担的底部倾覆力矩不小于结构底部总地震倾覆力矩的 30% 的剪力墙结构。

（2）钢筋混凝土房屋应根据设防类别、烈度、结构类型和房屋高度采用不同的抗震等级，并应符合相应的计算和构造措施要求。丙类建筑的抗震等级应按表 15-26 确定，A、B 级高度的丙类高层建筑结构抗震等级应符合表 15-27 及表 15-28 的要求。

钢筋混凝土房屋的抗震等级　　　　　　表 15-26

结构类型	项目	6		7			8			9	
		6		7			8			9	
框架结构	高度（m）	≤24	>24	≤24	>24		≤24	>24		≤24	
	框架	四	三	三	二		二	一		一	
	大跨度框架	三		二			一				
框架-抗震墙结构	高度（m）	≤60	>60	≤24	25～60	>60	≤24	25～60	>60	≤24	25～50
	框架	四	三	四	三	二	三	二	一	二	一
	抗震墙	三		三			二			一	
抗震墙结构	高度（m）	≤80	>80	≤24	25～80	>80	≤24	25～80	>80	≤24	25～60
	剪力墙	四	三	四	三	三	三	二	二	二	一
部分框支抗震墙结构	高度（m）	≤80	>80	≤24	25～80	>80	≤24	25～80		—	—
	抗震墙 一般部位	四	三	四	三	二	三	二		—	—
	抗震墙 加强部位	三	二	三	二	二	二	一		—	—
	框支层框架	二		二			一			—	—
框架-核心筒结构	框架	三		二			一			一	
	核心筒	二		二			一			一	
筒中筒结构	外筒	三		二			一			一	
	内筒	三		二			一			一	
板柱-抗震墙结构	高度（m）	≤35	>35	≤35	>35		≤35	>35		—	—
	框架、板柱的柱	三	二	二	二		一	一		—	—
	抗震墙	二	二	二	二		二	二		—	—

注：1. 建筑场地为Ⅰ类时，除6度外应允许按表内降低一度所对应的抗震等级采取抗震构造措施，但相应的计算要求不应降低；

2. 接近或等于高度分界时，应允许结合房屋不规则程度及场地、地基条件确定抗震等级；

3. 大跨度框架指跨度不小于18m的框架；

4. 高度不超过60m的框架-核心筒结构按框架-抗震墙的要求设计时，应按表中框架-抗震墙结构的规定确定其抗震等级。

A 级高度的高层建筑结构抗震等级　　　　　　表 15-27

结构类型		烈度						
		6 度		7 度		8 度		9 度
框架结构		三		二		一		一
框架-剪力墙结构	高度（m）	≤60	>60	≤60	>60	≤60	>60	≤50
	框架	四	三	三	二	二	一	一
	剪力墙	三		二		一		一

结构类型		烈　度						
		6 度		7 度		8 度		9 度
剪力墙结构	高度（m）	≤80	>80	≤80	>80	≤80	>80	≤60
	剪力墙	四	三	三	二	二	一	一
部分框支剪力墙结构	非底部加强部位的剪力墙	四	三	三	二	二	—	—
	底部加强部位的剪力墙	三	二	二	一	一		
	框支框架	二		二		一		—
筒体结构	框架-核心筒 框架	三		二		一		一
	框架-核心筒 核心筒	二		二		一		一
	筒中筒 内筒	三		二		一		一
	筒中筒 外筒							
板柱-剪力墙结构	高度（m）	≤35	>35	≤35	>35	≤35	>35	
	框架、板柱及柱上板带	三	二	二	二	一	一	
	剪力墙	二	二	二	二	一	一	

注：1. 接近或等于高度分界时，应结合房屋不规则程度及场地、地基条件适当确定抗震等级；

2. 底部带转换层的筒体结构，其转换框架的抗震等级应按表中部分框支剪力墙结构的规定采用；

3. 当框架-核心筒结构的高度不超过 60m 时，其抗震等级应允许按框架-剪力墙结构采用。

B 级高度的高层建筑结构抗震等级　　　　表 15-28

结 构 类 型		烈　度		
		6 度	7 度	8 度
框架-剪力墙	框架	二	一	一
	剪力墙	二	一	特一
剪力墙	剪力墙	二	一	特一
部分框支剪力墙	非底部加强部位剪力墙	二	一	一
	底部加强部位剪力墙	一	一	特一
	框支框架		特一	特一
框架-核心筒	框架	二	一	一
	筒体	二	一	特一
筒中筒	外筒	二	一	特一
	内筒	二	一	特一

注：底部带转换层的筒体结构，其转换框架和底部加强部位筒体的抗震等级应按表中部分框支剪力墙结构的规定采用。

【要点】

◆钢筋混凝土房屋的抗震等级是重要的设计参数，应根据设防类别、结构类型、设防烈度、房屋高度和场地类别等因素确定。

◆抗震等级的划分，体现了在同样烈度下，不同的结构体系、不同房屋高度和不同场地条件有不同的抗震要求，对房屋结构的延性要求不同，以及同一种构件在不同结构类型中的延性要求不同。

◆甲、乙类建筑应按本地区抗震设防烈度提高一度的要求加强抗震措施，但抗震设防烈度9度时，应按比9度更高的要求采取抗震措施。

例 15-19　（09-108）现浇钢筋混凝土房屋的抗震等级与以下哪些因素有关？

Ⅰ. 抗震设防烈度；Ⅱ. 建筑物高度；Ⅲ. 结构类型；Ⅳ. 建筑场地类别

A　Ⅰ、Ⅱ、Ⅲ　　　　　　　　　　B　Ⅰ、Ⅱ、Ⅳ

C　Ⅱ、Ⅲ、Ⅳ　　　　　　　　　　D　Ⅰ、Ⅱ、Ⅲ、Ⅳ

解析：现浇钢筋混凝土房屋应根据结构类型、设防烈度、房屋高度和场地类别，将结构划分为不同的等级，进行抗震设计；并应满足相应的计算和抗震措施要求。以体现在同样烈度下不同的结构体系、不同房屋高度和不同场地条件有不同的抗震要求。

答案：D

规范：《工程抗震术语标准》第2.0.13条第1款"抗震等级"。

（3）钢筋混凝土房屋抗震等级的确定，尚应符合下列要求：

1）设置少量抗震墙的框架结构

在规定的水平力作用下，底层框架部分所承担的地震倾覆力矩大于结构总地震倾覆力矩的50%时，其框架的抗震等级应按框架结构确定，抗震墙的抗震等级可与其框架的抗震等级相同。

注：底层指计算嵌固端所在的层。

2）裙房抗震等级

裙房与主楼相连时，除应按裙房本身确定抗震等级外，相关范围不应低于主楼的抗震等级；主楼结构在裙房顶板对应的相邻上下各一层应适当加强抗震构造措施。裙房与主楼分离时，应按裙房本身确定抗震等级。

3）地下室顶板

当地下室顶板作为上部结构的嵌固部位时，地下一层的抗震等级应与上部结构相同，地下一层以下抗震构造措施的抗震等级可逐层降低一级，但不应低于四级。地下室中无上部结构的部分，抗震构造措施的抗震等级可根据具体情况采用三级或四级。

4）当甲乙类建筑按规定提高一度确定其抗震等级而房屋高度超过表15-22相应规定的上限时，应采取比一级更有效的抗震构造措施。

（4）钢筋混凝土房屋需要设置防震缝时，应符合下列规定：

1）防震缝宽度应分别符合下列要求：

①框架结构（包括设置少量抗震墙的框架结构）房屋的防震缝宽度，当高度不超过15m时不应小于100mm；高度超过15m时，6度、7度、8度和9度分别每增加高度5m、

4m、3m 和 2m，宜加宽 20mm；

②框架-抗震墙结构房屋的防震缝宽度不应小于第 1) 条规定数值的 70%，抗震墙结构房屋的防震缝宽度不应小于第 1) 条规定数值的 50%；且均不宜小于 100mm；

③防震缝两侧结构类型不同时，宜按需要较宽防震缝的结构类型和较低房屋高度确定缝宽。

2) 8、9 度框架结构房屋防震缝两侧结构层高相差较大时，防震缝两侧框架柱的箍筋应沿房屋全高加密，并可根据需要在缝两侧沿房屋全高各设置不少于两道垂直于防震缝的抗撞墙，通过抗撞墙的损坏减少防震缝两侧碰撞时框架的破坏。

（5）框架、抗震墙应双向设置及对单跨框架结构的规定

框架结构和框架-抗震墙结构中，框架和抗震墙均应双向设置，柱中线与抗震墙中线、梁中线与柱中线之间偏心距大于柱宽的 1/4 时，应计入偏心的影响。

甲、乙类建筑以及高度大于 24m 的丙类建筑，不应采用单跨框架结构；高度不大于 24m 的丙类建筑不宜采用单跨框架结构。

> **例 15-20** （12-94）下列关于现行《建筑抗震设计规范》对现浇钢筋混凝土房屋采用单跨框架结构时的要求，正确的是：
>
> A 甲、乙类建筑以及高度大于 24m 的丙类建筑，不应采用单跨框架结构；高度不大于 24m 的丙类建筑不宜采用单跨框架结构
>
> B 框架结构某个主轴方向有局部单跨框架应视为单跨框架结构
>
> C 框架-抗震墙结构中不应布置单跨框架结构
>
> D 一、二层连廊采用单跨框架结构不需考虑加强
>
> **解析**：甲、乙类建筑以及高度大于 24m 的丙类建筑，不应采用单跨框架结构；高度不大于 24m 的丙类建筑，不宜采用单跨框架结构。
>
> **答案**：A
>
> **规范**：《抗震规范》第 6.1.5 条及条文说明。

（6）楼屋盖的长宽比或剪力墙间距限值

框架-抗震墙、板柱-抗震墙结构以及框支层中，抗震墙之间无大洞口的楼、屋盖的长宽比或剪力墙间距，不宜超过表 15-29 或表 15-30（高层混凝土结构）的规定；超过时，应计入楼盖平面内变形的影响。

抗震墙之间楼屋盖的长宽比　　　　　　　表 15-29

楼、屋盖类型		设 防 烈 度			
		6	7	8	9
框架-抗震墙结构	现浇或叠合楼、屋盖	4	4	3	2
	装配整体式楼、屋盖	3	3	2	不宜采用
板柱-抗震墙结构的现浇楼、屋盖		3	3	2	—
框支层的现浇楼、屋盖		2.5	2.5	2	—

<table>
<tr><td colspan="6" align="right">剪力墙间距（m）　　　　　　　　　　　　　　　　表 15-30</td></tr>
<tr><td rowspan="2">楼盖形式</td><td rowspan="2">非抗震设计
（取较小值）</td><td colspan="3">抗震设防烈度</td></tr>
<tr><td>6 度、7 度
（取较小值）</td><td>8 度
（取较小值）</td><td>9 度
（取较小值）</td></tr>
<tr><td>现　　浇</td><td>5.0B, 60</td><td>4.0B, 50</td><td>3.0B, 40</td><td>2.0B, 30</td></tr>
<tr><td>装配整体</td><td>3.5B, 50</td><td>3.0B, 40</td><td>2.5B, 30</td><td>—</td></tr>
</table>

注：1. 表中 B 为剪力墙之间的楼盖宽度（m）；
2. 装配整体式楼盖的现浇层应符合《高层混凝土规程》第 3.6.2 条的有关规定；
3. 现浇层厚度大于 60mm 的叠合楼板可作为现浇板考虑；
4. 当房屋端部未布置剪力墙时，第一片剪力墙与房屋端部的距离，不宜大于表中剪力墙间距的 1/2。

【要点】楼、屋盖平面内的变形，会影响楼层水平地震剪力的作用，为使楼、屋盖具有传递水平地震剪力的刚度，在不同烈度下抗震墙之间不同类型楼、屋盖的长宽比有限值要求。

例 15-21 （11-83）钢筋混凝土框架-剪力墙结构在 8 度抗震设计中，剪力墙的间距取值：

A　与楼面宽度成正比　　　　　B　与楼面宽度成反比
C　与楼面宽度无关　　　　　　D　与楼面宽度有关，且不超过规定限值

解析：对钢筋混凝土框-剪结构剪力墙的间距取值与楼盖形式、抗震设防烈度及剪力墙间距之间的楼盖宽度有关，同时还应满足剪力墙间距的限值。

答案：D

规范：《抗震规范》第 6.1.6 条表 6.1.6 及《高层混凝土规程》第 8.1.8 条表 8.1.8。

（7）装配整体式楼、屋盖的可靠连接

采用装配整体式楼、屋盖时，应采取措施保证楼、屋盖的整体性及其与抗震墙的可靠连接。装配整体式楼、屋盖采用配筋现浇面层加强时，其厚度不应小于 50mm。

（8）剪力墙（高层混凝土结构）设置基本要求

1）平面布置宜简单、规则，宜沿两个主轴方向或其他方向双向布置，两个方向的侧向刚度不宜相差过大。抗震设计时，不应采用仅单向有墙的结构布置。

2）宜自下至上连续布置，避免刚度突变。

3）门窗洞口宜上下对齐、成列布置，形成明确的墙肢和连梁；宜避免造成墙肢宽度相差悬殊的洞口设置。抗震设计时，一、二、三级剪力墙的底部加强部位不宜采用上下洞口不对齐的错洞墙，全高均不宜采用洞口局部重叠的叠合错洞墙。

4）剪力墙不宜过长，较长剪力墙宜设置跨高比较大的连梁，将其分成长度较均匀的若干墙段，各墙段的高度与墙段长度之比不宜小于 3，墙段长度不宜大于 8。

5）抗震墙的两端（不包括洞口两侧）宜设置端柱或与另一方向的抗震墙相连；框支部分落地墙的两端（不包括洞口两侧）应设置端柱或与另一方向的抗震墙相连，框支结构示意图见图 15-10。

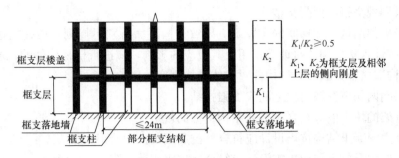

图 15-10　框支结构示意图

6）楼梯间宜设置剪力墙，但不宜造成较大的扭转效应。

注：不同结构的抗震墙设置要求详见《抗震规范》第 6.1.8、6.1.9 条。

（9）抗震墙底部加强部位的范围应符合下列规定：

1）底部加强部位的高度，应从地下室顶板算起。

2）部分框支抗震墙结构的抗震墙，其底部加强部位的高度，可取框支层加框支层以上两层的高度及落地抗震墙总高度的 1/10 二者的较大值。

其他结构的抗震墙，房屋高度大于 24m 时，底部加强部位的高度可取底部两层和墙体总高度的 1/10 二者的较大值；房屋高度不大于 24m 时，底部加强部位可取底部一层。

3）当结构计算嵌固端位于地下一层的底板或以下时，底部加强部位尚宜向下延伸到计算嵌固端。

（10）框架单独柱基有下列情况之一时，宜沿两个主轴方向设置基础系梁：

1）一级框架和Ⅳ类场地的二级框架；

2）各柱基础底面在重力荷载代表值作用下的压应力差别较大；

3）基础埋置较深，或各基础埋置深度差别较大；

4）地基主要受力层范围内存在软弱黏性土层、液化土层和严重不均匀土层；

5）桩基承台之间。

（11）抗震墙基础的设置要求：

框架-抗震墙结构、板柱-抗震墙结构中的抗震墙基础和部分框支抗震墙结构的落地抗震墙基础，应有良好的整体性和抗转动的能力。

（12）主楼与裙房相连且采用天然地基，除应符合第一节四、（二）（天然地基和基础）的 4 条规定外，在多遇地震作用下，主楼基础底面尚不宜出现零应力区。

（13）地下室顶板作为上部结构的嵌固部位时，应符合下列要求：

1）地下室顶板应避免开设大洞口；地下室在地上结构相关范围的顶板应采用现浇梁板结构，相关范围以外的地下室顶板宜采用现浇梁板结构；其楼板厚度不宜小于 180mm，混凝土强度等级不宜小于 C30，应采用双层双向配筋，且每层每个方向的配筋率不宜小于 0.25%。

2）结构地上一层的侧向刚度，不宜大于相应范围地下一层侧向刚度的 0.5 倍；地下室周边宜有与其顶板相连的抗震墙。

（14）楼梯间应符合下列要求：

1）宜采用现浇钢筋混凝土楼梯。

2）对于框架结构，楼梯间的布置不应导致结构平面特别不规则；楼梯构件与主体结构整浇时，应计入楼梯构件对地震作用及其效应的影响，应进行楼梯构件的抗震承载力验算；宜采取构造措施，减少楼梯构件对主体结构刚度的影响。

3）楼梯间两侧填充墙与柱之间应加强拉结。

（15）框架的填充墙应符合本节非结构构件的规定。

（16）高强混凝土结构抗震设计应符合《抗震规范》附录 B 的规定。

（17）预应力混凝土结构抗震设计应符合《抗震规范》附录 C 的规定。

【要点】

◆抗震墙是主要抗侧力构件，是抗震作用下的主要耗能构件。其竖向布置应连续，防止刚度和承载力突变，要求抗震墙的两端（不包括洞口两侧）宜设置端柱，或与另一方向的抗震墙相连，互为翼墙。

◆抗震墙的长度与高宽比要求如下：

—墙段长度不宜大于 8m；大于 8m 时，较长的抗震墙吸收较多的地震作用；地震时，一旦长墙肢破坏，则其他墙肢难以承担；

—细高的抗震墙容易设计成弯曲破坏的延性抗震墙，从而可以避免墙的剪切脆性破坏，所以要求各墙段的高宽比不宜小于 3。

◆实际工程中对较长剪力墙可通过开设施工洞的方式设置跨高比较大的连梁，将其分成长度较小、较为均匀的联肢墙。

◆对于开洞的抗震墙即联肢墙，连梁是连接各墙肢协同工作的关键构件。作为联肢抗震墙的第一道防线，抗震设计时按"强墙肢、弱连梁"的设计原则，使连梁屈服先于墙肢；按"强剪弱弯"原则使梁端出现弯曲屈服塑性铰，以耗散地震能量，具有较大的延性。

（二）框架结构的基本抗震构造措施

（1）梁的截面尺寸

1）框架梁宜符合下列各项要求：

截面宽度不宜小于 200mm；高层建筑结构主梁截面高度可按计算跨度的 1/18～1/10 确定；截面高宽比不宜大于 4；净跨与截面高度之比不宜小于 4。

2）梁宽大于柱宽的扁梁应符合下列要求：

采用扁梁的楼、屋盖应现浇，梁中线宜与柱中线重合，扁梁应双向布置。扁梁不宜用于一级框架结构。

（2）柱的截面尺寸，宜符合下列各项要求：

1）截面的宽度和高度，四级或不超过 2 层时不宜小于 300mm，一、二、三级且超过 2 层时不宜小于 400mm；圆柱的直径，四级或不超过 2 层时不宜小于 350mm，一、二、三级且超过 2 层时不宜小于 450mm。

2）剪跨比 $\lambda = M / (V \cdot h_0)$ 宜大于 2。

3）截面长边与短边的边长比不宜大于 3。

（3）柱轴压比不宜超过表 15-31 的规定；建造于 Ⅳ 类场地且较高的高层建筑，柱轴压比限值应适当减小。

结 构 类 型	抗 震 等 级			
	一	二	三	四
框架结构	0.65	0.75	0.85	0.90
框架-抗震墙，板柱-抗震墙、框架-核心筒及筒中筒	0.75	0.85	0.90	0.95
部分框支抗震墙	0.6	0.7	—	

注：轴压比指柱组合的轴压力设计值与柱的全截面面积和混凝土轴心抗压强度设计值乘积之比值。

【要点】

◆ 合理控制混凝土结构构件的尺寸是规范的基本要求之一：

——梁的截面尺寸，应综合考虑建筑功能及整个框架结构中梁、柱的相互关系；在各项满足规范要求的前提下，适当减小框架梁的高度；

——控制柱的最小截面尺寸不能过小，有利于实现强柱弱梁、强剪弱弯的设计目标，提高框架结构的抗震性能。

◆ 轴压比限值，对建筑师来讲，掌握轴压比的概念比记住具体限值更重要。

限制框架柱的轴压比主要是为了保证柱的塑性变形能力和保证框架的抗倒塌能力，非抗震设计的柱子不受轴压比限制。剪力墙同样有轴压比要求。

（三）抗震墙结构的基本抗震构造措施

（1）抗震墙的厚度

1）抗震墙的厚度

一、二级不应小于 160mm 且不宜小于层高或无支长度的 1/20；三、四级不应小于 140mm 且不宜小于层高或无支长度的 1/25；

无端柱或翼墙时，一、二级不宜小于层高或无支长度的 1/16；三、四级不宜小于层高或无支长度的 1/20。

2）底部加强部位的墙厚

一、二级不应小于 200mm 且不宜小于层高或无支长度的 1/16；三、四级不应小于 160mm 且不宜小于层高或无支长度的 1/20；

无端柱或翼墙时，一、二级不宜小于层高或无支长度的 1/12，三、四级不宜小于层高或无支长度的 1/16。

抗震墙厚度要求见表 15-32，可据此了解抗震墙厚度的影响因素与最小厚度要求。

抗震墙最小厚度（mm） 　　　　　　　　　　　　　　表 15-32

抗震墙部位	抗震等级	抗震墙最小厚度及与层高或无支长度的关系		
		最小厚度	端部有端柱或翼墙	端部无端柱或翼墙
一般部位	一、二级	160	$l/20$	$l/16$
	三、四级	140	$l/25$	$l/20$
底部加强部位	一、二级	200	$l/16$	$l/12$
	三、四级	160	$l/20$	$l/16$

注："l"为层高或抗震墙的无支长度，指沿抗震墙长度方向外两道有效横向支撑墙之间的长度。

（2）抗震墙肢的轴压比

一、二、三级抗震墙在重力荷载代表值作用下墙肢的轴压比，一级时，9度不宜大于0.4，7、8度不宜大于0.5；二、三级时不宜大于0.6。

（3）抗震墙两端和洞口两侧应设置边缘构件，边缘构件包括暗柱、端柱和翼墙，并应符合规范要求。

（4）抗震墙的墙肢长度不大于墙厚的3倍时，应按柱的有关要求进行设计；矩形墙肢的厚度不大于300mm时，尚宜全高加密箍筋。

（5）跨高比较小的高连梁，可设水平缝形成双连梁、多连梁或采取其他加强受剪承载力的构造。顶层连梁的纵向钢筋伸入墙体的锚固长度范围内，应设置箍筋。

【要点】

◆抗震墙，包括抗震墙结构、框架-抗震墙结构、板柱-抗震墙结构及筒体结构中的抗震墙，是这些结构体系的主要抗侧力构件，具有"大震不倒"及震后易于修复的特点。

◆设置边缘约束构件的根本目的在于对抗震墙提供约束作用，因此有边缘构件约束的抗震墙与无边缘构件约束的抗震墙相比，极限承载力约提高40%、极限层间位移角约增加一倍，对地震能量的消耗能力增大20%左右，且有利于墙板的稳定。

◆对框支结构，抗震墙的底部加强部位受力很大，抗震要求应加强。

◆短肢剪力墙是指截面厚度不大于300mm，各肢截面高度与厚度之比的最大值大于4但不大于8的抗震墙。注意抗震设计时，高层建筑结构不应全部采用短肢剪力墙。

例 15-22　（09-77） 钢筋混凝土抗震墙设置约束边缘构件的目的，下列哪一种说法是不正确的？

A　提高延性性能　　　　　　B　加强对混凝土的约束

C　提高抗剪承载力　　　　　D　防止底部纵筋首先屈服

解析：抗震墙两端和洞口两侧应设置边缘构件，边缘构件包括暗柱、端柱和翼墙；目的是使墙肢端部成为箍筋约束混凝土，提高受压变形能力，有助于防止底部纵筋首先屈服，提高构件的延性和耗能能力。

答案：C

规范：《抗震规范》第6.4.5条及条文说明第6.4.5条。《高层混凝土规程》第7.2.14、15条文说明。

例 15-23　（11-98） 抗震设计的钢筋混凝土剪力墙结构中，在地震作用下的主要耗能构件为下列何项？

A　一般剪力墙　　　B　短肢剪力墙　　　C　连梁　　　D　楼板

解析：抗震设计时，钢筋混凝土剪力墙结构体系中主要抗侧力构件是抗震墙，在剪力墙结构中连梁是抗震的第一道防线，是主要耗能构件，是弱构件。还应注意，框架-抗震墙结构体系中，相对于框架，抗震墙是第一道防线。

答案：C

（四）框架-抗震墙结构的基本抗震构造措施

框架-抗震墙结构是具有多道防线的抗震结构系统，抗震墙作为框架-抗震墙结构体系第一道防线的主要抗侧力构件，需要比一般的抗震墙有所加强。

（1）框架-抗震墙结构的抗震墙厚度和边框设置

1）抗震墙的厚度不应小于160mm且不宜小于层高或无支长度的1/20，底部加强部位的抗震墙厚度不应小于200mm且不宜小于层高或无支长度的1/16；

2）有端柱时，墙体在楼盖处宜设置暗梁，暗梁的截面高度不宜小于墙厚和400mm的较大值；端柱截面宜与同层框架柱相同，并应满足上述（二）对框架柱的要求。

（2）抗震墙的竖向和横向分布钢筋，应双排布置，双排分布钢筋间应设置拉筋。

（3）楼面梁与抗震墙平面外连接时，不宜支承在洞口连梁上；沿梁轴线方向宜设置与梁连接的抗震墙，梁的纵筋应锚固在墙内；也可在支承梁的位置设置扶壁柱或暗柱，并应按计算确定其截面尺寸和配筋。

（4）框架-抗震墙结构的其他抗震构造措施，应符合上述（二）（框架）及（三）（抗震墙结构）的相关要求。

注：设置少量抗震墙的框架结构，其抗震墙的抗震构造措施，可仍按上述（三）对抗震墙的规定执行。

（五）板柱-抗震墙结构抗震设计要求

（1）板柱-抗震墙结构的抗震墙，其抗震构造措施应符合本节规定，尚应符合（四）（框架-抗震墙）的有关规定；柱（包括抗震墙端柱）和梁的抗震构造措施应符合（二）（框架）的有关规定。

（2）板柱-抗震墙的结构布置，尚应符合下列要求：

1）抗震墙厚度不应小于180mm，且不宜小于层高或无支长度的1/20；房屋高度大于12m时，墙厚不应小于200mm；

2）房屋的周边应采用有梁框架，楼、电梯洞口周边宜设置边框梁；

3）8度时宜采用有托板或柱帽的板柱节点，托板或柱帽根部的厚度（包括板厚）不宜小于柱纵筋直径的16倍，托板或柱帽的边长不宜小于4倍板厚和柱截面对应边长之和；

4）房屋的地下一层顶板，宜采用梁板结构。

（3）板柱-抗震墙结构的板柱节点应进行冲切承载力的抗震验算。

（4）板柱-抗震墙结构的板柱节点构造应符合下列要求：

1）无柱帽平板应在柱上板带中设构造暗梁；

2）板柱节点应根据抗冲切承载力要求，配置抗剪栓钉或抗冲切钢筋。

【要点】

◆ 板柱-抗震墙结构系指楼层平面除周边框架柱间有梁，楼梯间有梁，内部多数柱之间不设梁，主要抗侧力结构为抗震墙或核心筒。

◆ 应优先考虑采用有托板或柱帽的板柱节点，有利于提高结构承受竖向荷载的能力并改善结构的抗震性能。

◆ 板柱节点应进行冲切承载力的抗震验算，抗剪栓钉的抗冲切效果优于抗冲切钢筋。

（六）筒体结构抗震设计要求

筒体结构包括框架-核心筒结构及筒中筒结构。

（1）框架-核心筒结构应符合下列要求：

1）核心筒与框架之间的楼盖宜采用梁板体系；部分楼层采用平板体系时应有加强措施；

2）加强层的设置应符合下列规定：

①9 度时不应采用加强层；

②加强层的大梁或桁架应与核心筒内的墙肢贯通；大梁或桁架与周边框架柱的连接宜采用铰接或半刚性连接；

③结构整体分析应计入加强层变形的影响；

④施工程序及连接构造，应采取措施减小结构竖向温度变形及轴向压缩对加强层的影响。

（2）框架-核心筒结构的核心筒、筒中筒结构的内筒，其抗震墙除应符合上述（三）（抗震墙）的有关规定外，尚应符合下列要求：

1）抗震墙的厚度、竖向和横向分布钢筋应符合上述（四）（框架-抗震墙）的规定；筒体底部加强部位及相邻上一层，当侧向刚度无突变时，不宜改变墙体厚度。

2）框架-核心筒结构一、二级筒体角部的边缘构件宜按下列要求加强：

底部加强部位，约束边缘构件范围内宜全部采用箍筋，且约束边缘构件沿墙肢的长度宜取墙肢截面高度的 1/4；底部加强部位以上的全高范围内宜按转角墙的要求设置约束边缘构件。

3）内筒的门洞不宜靠近转角。

（3）楼面大梁不宜支承在内筒连梁上，楼面大梁与内筒或核心筒墙体平面外连接时，应符合上述（四）第（3）条的规定。

（4）跨高比小的连梁，可采用斜向交叉暗柱配筋，这可以改善其抗剪性能。

（5）筒体结构转换层的抗震设计应符合《抗震规范》附录 E 第 E.2 节的规定。

【要点】

◆框架-核心筒是指楼层平面周边稀柱框架之间有梁，内部设有核心筒（抗震墙和连梁围合成筒，核心筒可以是单筒，也可以是多个单筒的组合筒），当仅有一部分主要承受竖向荷载的柱不设梁时，此类结构属于框架-核心筒结构。

◆加强层设置要求

—框架-核心筒结构的核心筒与周边框架之间采用梁板结构时，各层梁对核心筒有一定的约束，可不设加强层，梁与核心筒的连接应避开核心筒的连梁；

—当楼层采用平板结构且核心筒较柔，在地震作用下不能满足变形要求，或筒体由于受弯产生拉力时，宜设置加强层，其部位应结合建筑功能设置；

—为了避免加强层周边框架柱在地震作用下由于强梁带来的不利影响，加强层的大梁和桁架与周边框架不宜刚性连接；

—9 度时不应采用加强层。

◆框架-核心筒结构的核心筒、筒中筒结构的内筒设置要求

都是由抗震墙组成的结构的主要抗侧力竖向构件，其抗震构造措施应符合《抗震规范》相应的规定，包括墙的最小厚度、分布钢筋的配置、轴压比限值、边缘构件的要求等，以使筒体具有足够大的抗震能力。

◆框架-核心筒结构设置要求

—核心筒宜贯通建筑物全高；核心筒的宽度不宜小于筒体总高的 1/12，当筒体结构设置角筒、剪力墙或增强结构整体刚度的构件时，核心筒宽度可适当减小；

—核心筒应具有良好的整体性，墙肢宜均匀、对称布置；

—筒体角部附近不宜开洞，当不可避免时，筒角内壁至洞口的距离不应小于500mm和开洞墙截面厚度的较大值；

—框架-核心筒结构的周边柱间必须设置框架梁。

◆ 筒中筒结构设置要求

—筒中筒结构的平面外形宜选用圆形、正多边形、椭圆形或矩形等，内筒宜居中；

—矩形平面的长宽比不宜大于2；

—内筒的宽度可为高度的1/12～1/15，如有另外的角筒或剪力墙时，内筒尺寸可适当减小；内筒宜贯通建筑物全高。竖向刚度宜均匀变化；

—三角形平面宜切角，外筒的切角长度不宜小于相应边长的1/8，其角部可设置刚度较大的角柱或角筒；内筒的切角长度不宜小于相应边长的1/10，切角处的筒壁宜适当加厚；

—外框筒应符合下列要求：

柱距不宜大于4m，框筒柱的截面长边应沿筒壁方向布置，必要时可用T形截面；

洞口面积不宜大于墙面面积的60%，洞口高宽比宜与层高和柱距的比值相近；

外框筒梁的截面高度可取柱净距的1/4；

角柱截面面积可取中柱的1～2倍。

例15-24 （13-80）关于由中央剪力墙内筒和周边外框筒组成的筒中筒结构的说法，错误的是：

A 平面宜选用方形、圆形和正多边形，采用矩形平面时长宽比不宜大于2

B 高度不宜低于80m，高宽比不宜小于3

C 外框筒巨型柱宜采用截面短边沿筒壁方向布置，柱距不宜大于4m

D 外框筒洞口面积不宜大于墙面面积的60%

解析： 对筒中筒结构，外框筒巨型柱的截面长边（而非短边）应沿筒壁方向布置，这样才能使结构的空间作用更大，必要时可采用T形截面，柱距不宜大于4m。

答案： C

规范： 《高层混凝土规程》第9.3.5条第1、2款、第9.1.2条、第9.3.2条。

（七）复杂高层建筑结构抗震设计要求

1. 《高层混凝土规程》的有关规定

（1）《高层混凝土规程》第十章对复杂高层建筑结构的规定适用于带转换层的结构、带加强层的结构、错层结构、连体结构以及竖向体型收进、悬挑结构。

（2）9度抗震设计时不应采用带转换层的结构、带加强层的结构、错层结构和连体结构。

（3）7度和8度抗震设计时，剪力墙结构错层高层建筑的房屋高度分别不宜大于80m和60m；框架-剪力墙结构错层高层建筑的房屋高度分别不应大于80m和60m。抗震设计时，B级高度高层建筑不宜采用连体结构；底部带转换层的B级高度筒中筒结构，当外筒框支层以上采用由剪力墙构成的壁式框架时，其最大适用高度应比表15-24规定的数值适当降低。

(4) 7 度和 8 度抗震设计的高层建筑不宜同时采用超过两种上述（1）条所规定的复杂高层建筑结构。

【要点】

◆ 9 度抗震设计时可采用竖向体型收进和悬挑结构，但带转换层的结构、带加强层的结构、错层结构、连体结构等，在地震作用下受力复杂，容易形成抗震薄弱部位，不应采用。

◆ 错层结构受力复杂，在地震作用下易形成多处薄弱部位，应对房屋高度加以限制。区分不同类型的错层高层建筑，区分局部错层与错层结构。

◆ 复杂高层建筑结构均属不规则结构。在同一个工程中采用两种以上这类复杂结构，在地震作用下易形成多处薄弱部位，故不宜同时采用。

2. 带转换层的高层建筑结构

（1）在高层建筑结构的底部，当上部楼层部分竖向构件（剪力墙、框架柱）不能直接连贯落地时，应设置结构转换层，形成带转换层的高层建筑结构。

《高层混凝土规程》第 10.2 节对带托墙转换层的剪力墙结构（部分框支剪力墙结构）及带托柱转换层的筒体结构的设计做出规定。

（2）带转换层的高层建筑结构，其剪力墙底部加强部位的高度应从地下室顶板算起，宜取至转换层以上两层且不宜小于房屋高度的 1/10。

（3）转换层上部与下部结构的侧向刚度变化应符合《高层混凝土规程》附录 E 的规定。

（4）转换结构构件可采用转换梁、桁架、空腹桁架、箱形结构、斜撑等；非抗震设计和 6 度抗震设计时可采用厚板，7、8 度抗震设计时地下室的转换结构构件可采用厚板。

（5）部分框支剪力墙结构在地面以上设置转换层的位置，8 度时不宜超过 3 层，7 度时不宜超过 5 层，6 度时可适当提高。

（6）带转换层的高层建筑，其抗震等级应符合《高层混凝土规程》第 3.9 节抗震等级的有关规定，带托柱转换层的筒体结构，其转换柱和转换梁的抗震等级按部分框支剪力墙结构中的框支框架采纳。对部分框支剪力墙结构，当转换层的位置设置在 3 层及 3 层以上时，其框支柱、剪力墙底部加强部位的抗震等级宜按规定提高一级采用，已为特一级时可不提高。

（7）转换梁设计应满足下列要求：

1）转换梁与转换柱的截面中线宜重合；

2）转换梁截面高度不宜小于计算跨度的 1/8；托柱转换梁截面宽度不应小于其上所托柱在梁宽方向的截面宽度；框支梁截面宽度不宜大于框支柱相应方向的截面宽度，且不宜小于其上墙体截面厚度的 2 倍和 400mm 的较大值；

3）转换梁不宜开洞。若必须开洞时，洞口边离开支座柱边的距离不宜小于梁截面高度；被洞口削弱的截面应进行承载力计算，因开洞形成的上、下弦杆应加强纵向钢筋和抗剪箍筋的配置。

（8）转换层上部的竖向抗侧力构件（墙、柱）宜直接落在转换层的主要转换构件上。

（9）转换柱设计应满足规范要求：

柱截面宽度，非抗震设计时不宜小于 400mm，抗震设计时不应小于 450mm；柱截面高度，非抗震设计时不宜小于转换梁跨度的 1/15，抗震设计时不宜小于转换梁跨度的 1/12。

（10）转换梁、柱的节点核心区应进行抗震验算，节点应符合构造措施的要求。

（11）箱形转换结构上、下楼板厚度均不宜小于 180mm，应根据转换柱的布置和建筑功能要求设置双向横隔板。

（12）厚板设计应符合下列规定：

1）转换厚板的厚度可由抗弯、抗剪、抗冲切截面验算确定；

2）转换厚板可局部做成薄板，薄板与厚板交界处可加腋；转换厚板亦可局部做成夹心板；

3）转换厚板上、下一层的楼板应适当加强，楼板厚度不宜小于 150mm。

（13）采用空腹桁架转换层时，空腹桁架宜满层设置，应有足够的刚度。

（14）部分框支剪力墙结构的布置应符合下列规定：

1）落地剪力墙和筒体底部墙体应加厚；

2）框支柱周围楼板不应错层布置；

3）落地剪力墙和筒体的洞口宜布置在墙体的中部；

4）框支梁上一层墙体内不宜设置边门洞，也不宜在框支中柱上方设置门洞；

5）落地剪力墙间距应符合限值规定。

（15）部分框支剪力墙结构的剪力墙底部加强部位，墙体两端宜设置翼墙或端柱。抗震设计时应按规范规定设置约束边缘构件。

（16）部分框支剪力墙结构的落地剪力墙基础应有良好的整体性和抗转动的能力。

（17）部分框支剪力墙结构框支梁上部墙体的构造应符合下列规定：

当梁上部的墙体开有边门洞时（图 15-11），洞边墙体宜设置翼墙、端柱或加厚，并应按约束边缘构件的要求进行配筋设计；当洞口靠近梁端部且梁的受剪承载力不满足要求时，可采取框支梁加腋或增大框支墙洞口连梁刚度等措施。

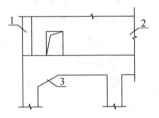

图 15-11　框支梁上墙体有边门洞时洞边墙体的构造要求
1—翼墙或端柱；2—剪力墙；
3—框支梁加腋

（18）部分框支剪力墙结构中，框支转换层楼板厚度不宜小于 180mm，应双层双向配筋。落地剪力墙和筒体外围的楼板不宜开洞。

【要点】

◆ 转换厚板在地震区使用经验较少，仅在非地震区和 6 度设防地区采用。对于大空间地下室，因周围有约束作用，地震反应不明显，故 7、8 度地区可采用厚板转换层。

◆ 转换层位置较高时，更易使框支剪力墙结构在转换层附近的刚度、内力发生突变，并易形成薄弱层，因此转换层位置较高的高层建筑不利于抗震。

◆ 转换梁承受较大的剪力，尤其是转换梁端部剪力最大的部位开洞的影响更为不利，因此限制转换梁上开洞，并规定梁上洞口避开转换梁端部，洞口部位要加强配筋构造。

◆ 在竖向及水平荷载作用下，框支梁上部的墙体在多个部位会出现较大的应力集中，这些部位的剪力墙容易发生破坏，因此对这些部位的剪力墙规定了多项加强措施。

◆ 框支转换层楼板是重要的传力构件，为保证楼板能可靠传递面内相当大的剪力（和弯矩），规定了转换层楼板截面尺寸要求、抗剪承载力验算、楼板平面内受弯承载力验算和配筋构造要求。其他结构的楼（屋）板层同样是重要的传力构件，同样需要有足够的刚度和加强措施保证结构的整体性，只是不同结构、不同位置的楼（屋）板层具体要求的措施有所不同。

例 15-25 （08-108）部分框支剪力墙高层建筑，对在地面以上设大空间转换结构的描述，下列哪项不正确？

A 6 度抗震设计时转换构件可采用厚板

B 7 度抗震设计时转换构件不宜超过 5 层

C 8 度抗震设计时转换构件不宜超过 4 层

D 9 度抗震设计时不应采用带转换层的结构

解析： 部分框支剪力墙带大空间转换层的高层建筑，属于复杂高层建筑结构。对转换层的设计要求，规范有具体规定如下：

（1）转换结构构件可采用转换梁、桁架、空腹桁架、箱形结构、斜撑等。

（2）非抗震设计和 6 度抗震设计时可采用厚板；7 度、8 度抗震设计的地下室的转换结构可采用厚板。

（3）部分框支剪力墙结构在地面以上设置转换层的位置，8 度设防时不宜超过 3 层，7 度时不宜超过 5 层，6 度时其层数可适当提高。

（4）9 度抗震设计时不应采用带转换层的结构、带加强层的结构、错层结构、连体结构以及竖向体型收进、悬挑结构。

综上分析，题中 C 选项 "8 度时……不宜超过 4 层" 错误，应为 "3 层"。

答案： C

规范：《高层混凝土规程》第 10.2.4 条、第 10.2.5 条及第 10.2.1 条。

例 15-26 （08-117）框支剪力墙结构设计时，下列哪一条规定是不正确的？

A 抗震设计时，框支柱的截面宽度不应小于 450mm

B 抗震设计时，框支柱的截面高度不应大于框支梁跨度的 1/12

C 剪力墙底部加强部位，墙体两端宜设置翼墙或端柱

D 转换层楼板的厚度不宜小于 180mm

解析： 框支柱截面宽度，非抗震时不宜小于 400mm，抗震设计时不应小于 450mm；柱截面高度，非抗震设计时不宜小于转换梁跨度的 1/15，抗震设计时不宜小于转换梁跨度的 1/12，B 选项中 "不应大于" 应为 "不宜小于"，故 B 错误；

部分框支剪力墙结构的剪力墙底部加强部位，墙体两端宜设置翼墙或端柱。

框支转换层楼板厚度不宜小于 180mm。

答案： B

规范：《高层混凝土规程》第 10.2.11 条第 1 款、第 10.2.20、10.2.23 条。

3. 带加强层的高层建筑结构

（1）当框架-核心筒、筒中筒结构的侧向刚度不能满足要求时，可利用建筑避难层、设备层空间，设置适宜刚度的水平伸臂构件，形成带加强层的高层建筑结构。必要时，加

强层也可同时设置周边水平环带构件。水平伸臂构件、周边环带构件可采用斜腹杆桁架、实体梁、箱形梁、空腹桁架等形式。

（2）带加强层高层建筑结构设计应符合下列规定：

1）应合理设计加强层的数量、刚度和设置位置；当布置 1 个加强层时，可设置在 0.6 倍房屋高度附近；当布置 2 个加强层时，可分别设置在顶层和 0.5 倍房屋高度附近；当布置多个加强层时，宜沿竖向从顶层向下均匀布置；

2）加强层水平伸臂构件宜贯通核心筒，其平面布置宜位于核心筒的转角、T 形节点处；水平伸臂构件与周边框架的连接宜采用铰接或半刚接；结构内力和位移计算中，设置水平伸臂桁架的楼层宜考虑楼板平面内的变形；

3）加强层及其相邻层的框架柱、核心筒应加强配筋构造；

4）加强层及其相邻层楼盖的刚度和配筋应加强；

5）在施工程序及连接构造上应采取减小结构竖向温度变形及轴向压缩差的措施，结构分析模型应能反映施工措施的影响。

（3）抗震设计时，带加强层高层建筑结构应符合下列要求：

1）加强层及其相邻层的框架柱、核心筒剪力墙的抗震等级应提高一级采用，一级应提高至特一级，但抗震等级已经为特一级时应允许不再提高；

2）加强层及其相邻层的框架柱，箍筋应全柱加密配置，轴压比限值应按其他楼层框架柱的数值减小 0.05 采用；

3）加强层及其邻层核心筒剪力墙应设置约束边缘构件。

例 15-27 （13-86）关于钢筋混凝土框架-核心筒的加强层设置，下列说法错误的是：

A　布置 1 个加强层时，可设置在 0.6 倍房屋高度附近

B　布置 2 个加强层时，分别设置在房屋高度的 1/3 和 2/3 处效果最好

C　布置多个加强层时，宜沿竖向从顶层向下均匀设置

D　不宜布置过多的加强层

解析： 带加强层的高层建筑应合理设计加强层的数量、刚度和设置位置，才能有利于减少结构的侧移。当布置 2 个加强层时，可分别设置在顶层和 0.5 倍房屋高度附近。

答案： B

规范：《高层混凝土规程》第 10.3.2 条第 1 款。

4. 错层结构

（1）抗震设计时，高层建筑沿竖向宜避免错层布置。当房屋不同部位因功能不同而使楼层错层时，宜采用防震缝划分为独立的结构单元。

（2）错层两侧宜采用结构布置和侧向刚度相近的结构体系。

（3）错层结构中，错开的楼层不应归并为一个刚性楼板。

（4）抗震设计时，错层处框架柱应符合下列要求：

1）截面高度不应小于 600mm，混凝土强度等级不应低于 C30，箍筋应全柱段加密配置；

2）抗震等级应提高一级采用，一级应提高至特一级，但抗震等级已经为特一级时应允许不再提高。

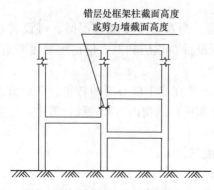

错层处框架柱截面高度或剪力墙截面高度

图 15-12　错层结构加强部位示意

（5）在设防烈度地震作用下，错层处框架柱的截面承载力宜符合规程要求。

（6）错层处平面外受力的剪力墙的截面厚度，非抗震设计时不应小于 200mm，抗震设计时不应小于 250mm，并均应设置与之垂直的墙肢或扶壁柱；抗震设计时，其抗震等级应提高一级采用。错层处剪力墙的混凝土强度等级不应低于 C30，配筋率应满足规范要求。

错层结构在错层处的构件如图 15-12 所示，要采取加强措施。

5. 连体结构

（1）连体结构各独立部分宜有相同或相近的体型、平面布置和刚度；宜采用双轴对称的平面形式。7 度、8 度抗震设计时，层数和刚度相差悬殊的建筑不宜采用连体结构。

（2）7 度（0.15g）和 8 度抗震设计时，连体结构的连接体应考虑竖向地震的影响。

（3）6 度和 7 度（0.10g）抗震设计时，高位连体结构的连接体宜考虑竖向地震的影响。

（4）连接体结构与主体结构宜采用刚性连接。

刚性连接时，连接体结构的主要结构构件应至少伸入主体结构一跨并可靠连接；必要时可延伸至主体部分的内筒，并与内筒可靠连接。

当连接体结构与主体结构采用滑动连接时，支座滑移量应能满足两个方向在罕遇地震作用下的位移要求，并应采取防坠落、撞击措施。罕遇地震作用下的位移要求，应采用时程分析方法进行计算复核。

（5）刚性连接的连接体结构可设置钢梁、钢桁架、型钢混凝土梁，型钢应伸入主体结构至少一跨并可靠锚固。连接体结构的边梁截面宜加大；楼板厚度不宜小于 150mm，宜采用双层双向钢筋网，每层每方向钢筋网的配筋率不宜小于 0.25%。

当连接体结构包含多个楼层时，应特别加强其最下面一个楼层及顶层的构造设计。

（6）抗震设计时，连接体及与连接体相连的结构构件应符合下列要求：

1）连接体及与连接体相连的结构构件在连接高度范围及其上、下层，抗震等级应提高一级采用，一级提高至特一级，但抗震等级已经为特一级时应允许不再提高；

2）与连接体相连的框架柱在连接体高度范围及其上、下层，箍筋应全柱段加密配置，轴压比限值应按其他楼层框架柱的数值减小 0.05 采用；

3）与连接体相连的剪力墙在连接体高度范围及其上、下层应设置约束边缘构件。

（7）刚性连接的连接体楼板应进行受剪截面和承载力验算。

【要点】

◆ 连体结构的连体部分一般跨度大、位置较高，对竖向地震的反应比较敏感，放大效应明显，因此抗震设计时高烈度区应考虑竖向地震的不利影响。

◆ 连体结构的连体部位受力复杂，连体部分的跨度一般也较大，推荐采用刚性连接的连体方式，要保证连体部分与两侧主体结构的可靠连接，强调对连体部位楼板的要求。

也可采用滑动连接方式。当采用滑动连接时，连接体往往由于滑移量较大，致使支座发生破坏，因此增加了对采用滑动连接时的防坠落措施要求。

◆ 连体结构的连接体及与连接体相连的结构构件受力复杂，易形成薄弱部位，抗震设计时必须予以加强，以提高抗震承载力和延性。

例 15-28 **（13-100）** 抗震设防的钢筋混凝土高层连体结构，下列说法错误的是：

A 连体结构各独立部分宜有相同或相近的体形、平面布置和刚度，宜采用双轴对称的平面形式

B 7 度、8 度抗震设计时，层数和刚度相差悬殊的建筑不宜采用连体结构

C 7 度(0.15g)和 8 度抗震设计时，连体结构的连接体应考虑竖向地震的影响

D 连体结构与主体结构不宜采用刚性连接，不应采用滑动连接

解析： 高层连体结构的连体部位受力复杂，连体部分的跨度也较大，因此要保证连体部分与两侧主体结构的可靠连接，推荐采用刚性连接的连体形式，也可采用滑动连接。采用滑动连接时，应采取防坠落、撞击措施等要求。

答案： D

规范：《高层混凝土规程》第 10.5.1 条、第 10.5.2 条、第 10.5.4 条。

---

6. 竖向体型收进、悬挑结构

对于多塔结构、竖向体型收进和悬挑结构，其共同的特点就是结构侧向刚度沿竖向发生剧烈变化，在变化部位往往产生结构的薄弱部位。

（1）多塔楼结构以及体型收进、悬挑程度超过图 15-9 图示限值的竖向不规则高层建筑结构应遵守本条的规定。

（2）多塔楼结构以及体型收进、悬挑结构，竖向体型突变部位的楼板宜加强，楼板厚度不宜小于 150mm，宜双层双向配筋，每层每方向钢筋网的配筋率不宜小于 0.25%。体型突变部位上、下层结构的楼板也应加强构造措施。

（3）抗震设计时，多塔楼高层建筑结构应符合下列规定：

1）各塔楼的层数、平面和刚度宜接近；塔楼对底盘宜对称布置；上部塔楼结构的综合质心与底盘结构质心距离不宜大于底盘相应边长的 20%；

2）转换层不宜设置在底盘屋面的上层塔楼内；

3）塔楼中与裙房相连的外围柱、剪力墙，从固定端至裙房屋面上一层的高度范围内，柱纵向钢筋的最小配筋率宜适当提高，剪力墙宜按规范规定设置边缘构件，柱箍筋宜在裙房屋面上、下层的范围内全高加密；当塔楼结构相对于底盘结构偏心收进时，应加强底盘周边竖向构件的配筋构造措施。

（4）悬挑结构设计应符合下列规定：

1）悬挑部位应采取降低结构自重的措施；

2）悬挑部位结构宜采取冗余度较高的结构形式；

3）7 度（0.15g）和 8、9 度抗震设计时，悬挑结构应考虑竖向地震的影响；6、7 度抗震设计时，悬挑结构宜考虑竖向地震的影响；

4）抗震设计时，悬挑结构的关键构件以及与之相邻的主体结构关键构件的抗震等级宜提高一级采用，一级提高至特一级，抗震等级已经为特一级时，允许不再提高。

（5）体型收进高层建筑结构、底盘高度超过房屋高度20％的多塔楼结构的设计应符合下列规定：

1）体型收进处宜采取措施减小结构刚度的变化，上部收进结构的底部楼层层间位移角不宜大于相邻下部区段最大层间位移角的1.15倍；

2）抗震设计时，体型收进部位上、下各2层塔楼周边竖向结构构件的抗震等级宜提高一级采用，一级提高至特一级，抗震等级已经为特一级时，允许不再提高；

3）结构偏心收进时，应加强收进部位以下2层结构周边竖向构件的配筋构造措施。

【要点】

◆ 多塔楼结构各塔楼的层数、平面和刚度宜接近；塔楼对底盘宜对称布置，减小塔楼和底盘的刚度偏心。

◆ 转换层宜设置在底盘楼层范围内，不宜设置在底盘以上的塔楼内（图15-13）。

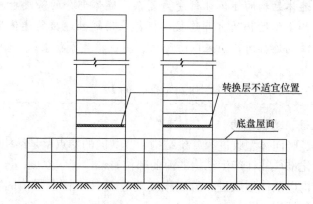

图 15-13　多塔楼结构转换层不适宜位置示意

◆ 为保证结构底盘与塔楼的整体作用，裙房屋面加厚并加强配筋，裙房屋面上、下结构的楼板也应采取加强措施，加强部位见图15-14。

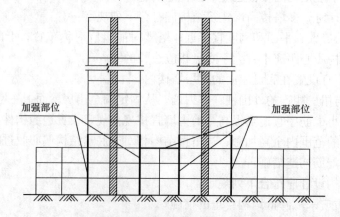

图 15-14　多塔楼结构加强部位示意

◆ 悬挑结构一般竖向刚度较差、结构的冗余度不高，因此需要采取措施降低结构自重、增加结构的冗余度，并进行竖向地震作用的验算，且应提高悬挑关键构件的承载力和抗震措施，防止相关部位在竖向地震作用下发生结构的倒塌。

◆ 结构体型收进较多或位置较高时，因上部结构刚度突然降低，其收进部位形成薄弱部位，因此在收进的相邻部位应采取更高的抗震措施(图 15-15)。

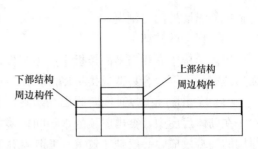

图 15-15　体型收进结构的加强部位示意

例 15-29　(13-98) 抗震设防的钢筋混凝土大底盘上的多塔楼高层建筑结构，下列说法正确的是：

A　整体地下室与上部两个或两个以上塔楼组成的结构是多塔楼结构

B　各塔楼的层数、平面和刚度宜相近，塔楼对底盘对称布置

C　当裙房的面积和刚度相对塔楼较大时，高宽比按地面以上高度与塔楼宽度计算

D　转换层结构可设置在塔楼的任何部位

解析：合理的建筑形体和布置在抗震设计中是头等重要的，B 选项"各塔楼的层数、平面和刚度宜相近，塔楼对底盘对称布置"说法正确。

答案：B

规范：《高层混凝土规程》第 2.1.15 条、第 10.6.3 条第 1、2、3 款及条文说明第 3.3.2 条。

二、多层砌体房屋和底部框架砌体房屋

砌体结构指普通砖（包括烧结砖、蒸压砖、混凝土普通砖）、多孔砖（包括烧结砖、混凝土多孔砖）和混凝土小型空心砌块等砌体承重的多层房屋，底层或底部两层框架-抗震墙砌体房屋。

（一）多层砌体房屋的震害特点

砌体结构是由砖或砌块砌筑而成的，材料呈脆性性质，其抗剪、抗拉和抗弯强度较低，所以抗震性能较差，在强烈地震作用下，破坏率较高，破坏的主要部位是墙身和构件间连接处，主要破坏特点如下：

（1）在水平地震作用下，与水平地震作用方向平行的墙体是主要承担地震作用的构件，这时墙体将因主拉应力强度不足而发生剪切破坏，出现 45°对角线裂缝，在地震反复作用下造成 X 形交叉裂缝，这种裂缝表现在砌体房屋上是下部重，上部轻；房屋的层数越多，破坏越重；横墙越少，破坏越重；墙体砂浆强度等级越低，破坏越重；层高越高，破坏越重；墙段长短不均匀布置时，破坏也多。

（2）墙体转角处及内外墙连接处的破坏

墙体转角或连接处，刚度大，应力集中，易破坏，尤其是四大阳角处，还受到扭转的影响，更容易发生破坏。内外墙连接处，有时由于内外墙分开砌筑或留直槎等原因，地震

时造成外纵墙外闪、倒塌。

（3）楼盖的破坏

砌体结构中有相当多的楼板采用预制板，当楼板的搁置长度较小或无可靠拉结时，在强烈地震作用下很容易造成楼板塌落，并造成墙体倒塌。

（4）突出屋面的屋顶间等附属结构破坏

在砌体房屋中，突出屋顶的水箱间，楼电梯间及烟囱、女儿墙等附属结构，由于地震作用的鞭端效应，一般破坏较重；尤其女儿墙极易倒塌，产生次生灾害。

例 15-30　（09-87）在地震作用下砖砌体的窗间墙易产生交叉裂缝，其破坏机理是：

A　弯曲破坏　　　　B　受压破坏　　　　C　受拉破坏　　　　D　剪切破坏

解析：砌体结构在地震作用和竖向荷载作用下，产生斜向的复合主拉应力，其破坏机理是剪切破坏。因地震作用是反复作用的，所以产生的开裂是交叉裂缝。

答案：D

（二）抗震设计的一般规定

1. 多层房屋的层数和总高度限制

（1）多层砌体房屋的层数和总高度

一般情况下，房屋的层数和总高度不应超过表 15-33 的规定。

房屋的层数和总高度限值（m）　　　　　　　　　表 15-33

房屋类别		最小抗震墙厚度（mm）	烈度和设计基本地震加速度										
			6		7				8				9	
			0.05g		0.10g		0.15g		0.20g		0.30g		0.40g	
			高度	层数	高度	层数	高度	层数	高度	层数	高度	层数	高度	层数
多层砌体房屋	普通砖	240	21	7	21	7	21	7	18	6	15	5	12	4
	多孔砖	240	21	7	21	7	18	6	18	6	15	5	9	3
	多孔砖	190	21	7	18	6	15	5	15	5	12	4	—	—
	小砌块	190	21	7	21	7	18	6	18	6	15	5	9	3
底部框架-抗震墙砌体房屋	普通砖多孔砖	240	22	7	22	7	19	6	16	5	—	—	—	—
	多孔砖	190	22	7	19	6	16	5	13	4	—	—	—	—
	小砌块	190	22	7	22	7	19	6	16	5	—	—	—	—

注：1. 房屋的总高度指室外地面到主要屋面板板顶或檐口的高度，半地下室从地下室室内地面算起，全地下室和嵌固条件好的半地下室应允许从室外地面算起；对带阁楼的坡屋面应算到山尖墙的 1/2 高度处；

2. 室内外高差大于 0.6m 时，房屋总高度应允许比表中的数据适当增加，但增加量应少于 1.0m；

3. 乙类的多层砌体房屋仍按本地区设防烈度查表，其层数应减少一层且总高度应降低 3m；不应采用底部框架-抗震墙砌体房屋；

4. 本表小砌块砌体房屋不包括配筋混凝土小型空心砌块砌体房屋。

（2）横墙较少的多层砌体房屋，总高度应比表 15-33 的规定降低 3m，层数相应减少一层；各层横墙很少的多层砌体房屋，还应再减少一层。

注：横墙较少是指同一楼层内开间大于 4.2m 的房间占该层总面积的 40% 以上；其中，开间不大于 4.2m 的房间占该层总面积不到 20% 且开间大于 4.8m 的房间占该层总面积的 50% 以上为横墙很少。

"横墙很少"的房屋，一般为教学楼中全部为教室的多层砌体房屋或食堂、俱乐部和会议楼等。

（3）6、7 度时，横墙较少的丙类多层砌体房屋，当按规定采取加强措施并满足抗震承载力要求时，其高度和层数应允许仍按表 15-33 的规定采用。

（4）采用蒸压灰砂砖和蒸压粉煤灰砖的砌体的房屋，当砌体的抗剪强度仅达到普通黏土砖砌体的 70% 时，房屋的层数应比普通砖房减少一层，总高度应减少 3m；当砌体的抗剪强度达到普通黏土砖砌体的取值时，房屋层数和总高度的要求同普通砖房屋。

（5）多层砌体承重房屋的层高不应超过 3.6m。

底部框架-抗震墙砌体房屋的底部，层高不应超过 4.5m；当底层采用约束砌体抗震墙时，底层的层高不应超过 4.2m，见表 15-34。

注：当使用功能确有需要时，采用约束砌体等加强措施的普通砖房屋，层高不应超过 3.9m。

多层砌体承重房屋的层高

表 15-34

房屋类型	层高限值	层高位置
多层砌体承重房屋	不应超过 3.6m	房屋层高
底部框架-抗震墙砌体房屋的底部	不应超过 4.5m	底部层高
底层采用约束砌体抗震墙	不应超过 4.2m	底层层高
普通砖房屋（采用约束砌体等加强措施）	不应超过 3.9m	使用功能确有需要时采用

【要点】

◆ 砌体结构不同于钢筋混凝土结构，主要通过对建筑高度及楼层数量等的限制来实现抗震设计的基本要求，多层砌体房屋层数和总高度的规定见表 15-35。

多层砌体房屋层数和总高度的规定

表 15-35

砌体结构情况	规范具体规定	总高度减少	层数减少
一般情况	普通多层砌体房屋、底部框架-抗震墙砌体房屋	不减	不减
横墙较少	开间大于 4.2m 的房间占该层总面积的 40% 以上	减 3m	减 1 层
	6、7 度时丙类房屋（按规定满足规范要求时）	允许不减	允许不减
横墙很少	大于 4.2m 的房间占该层总面积不到 20% 且开间大于 4.8m 的房间占该层总面积的 50% 以上	减 6m	减 2 层
乙类房屋	仍按本地区查表	减 3m	减 1 层
蒸压灰砂砖和蒸压粉煤灰砖	砌体抗剪强度仅达到普通黏土砖砌体的 70% 时	减 3m	减 1 层
	砌体抗剪强度达到普通黏土砖砌体的取值时	不减	不减

◆ 多层砌体承重房屋的层高见表 15-34。

例 15-31 （13-91）多层砌体房屋，其主要抗震措施是：

A 限制高度和层数

B 限制房屋的高跨比

C 设置构造柱和圈梁

D 限制墙段的最小尺寸，并规定横墙最大间距

解析：砌体结构的高度限制，是十分敏感且深受关注的规定，基于砌体材料的脆性性质和震害经验，限制其层数和高度是主要的抗震措施。

答案：A

规范：《抗震规范》第 7.1.2 条及条文说明。

例 15-32 （09-111）已知 7 度区普通砖砌体房屋的最大高度 H 为 21m，最高层数 n 为 7 层，则 7 度区某普通砖砌体教学楼工程（各层横墙较少）的 H 和 n 应为下列何值?

A $H=21\text{m}$，$n=7$ B $H=18\text{m}$，$n=6$

C $H=18\text{m}$，$n=5$ D $H=15\text{m}$，$n=5$

解析：已知基本条件：7 度区普通砖砌体房屋高度不应超过 21m，层数不应超过 7 层。两个特殊情况：一是中小学教学楼属于乙类建筑，高度应降低 3m 且层数减少一层；二是各层横墙较少，总高度还应比规定值降低 3m 且层数减少一层，因此总高度 $H=21-3-3=15\text{m}$；最高层数 $n=7-1-1=5$ 层，故 D 正确。

答案：D

规范：《抗震规范》第 7.1.2 条第 1、2 款及表 7.1.2。

2. 多层砌体房屋的高宽比限值

多层砌体房屋总高度与总宽度的最大比值，宜符合表 15-36 的要求。

房屋最大高宽比 表 15-36

烈 度	6	7	8	9
最大高宽比	2.5	2.5	2.0	1.5

注：1. 单面走廊房屋的总宽度不包括走廊宽度；
2. 建筑平面接近正方形时，其高宽比宜适当减小。

【要点】

◆ 房屋高宽比的限值要求，是为了控制结构中不出现弯曲破坏，保证房屋的稳定性，从而可以对砌体结构的整体倾覆不做验算。

◆ 作为以剪切变形为主的砌体结构，应尽量避免弯曲变形的产生，当房屋的高宽比满足限值要求时，可避免在房屋底部出现水平裂缝，即不出现弯曲破坏。

◆ 一般砌体房屋建筑平面是矩形，对方形建筑"高宽比宜适当减小"，其根本目的在于控制建筑物出现房屋两个方向的高宽比同时接近表中最大值的不利情形。

例 15-33 （08-91）多层砌体房屋抗震设计时，下列说法哪一项是不对的?

A 单面走廊房屋的总宽度不包括走廊宽度

B 建筑平面接近正方形时，其高宽比限值可适当加大

C 对带阁楼的坡屋面，房屋总高度应算到山尖墙的 1/2 高度处

D 房屋的顶层，最大横墙间距应允许适当放宽

解析：根据抗震规范要求，单面走廊房屋的总宽度不包括走廊宽度；当建筑平面接近正方形时，其高宽比可适当减小；多层砌体房屋的顶层，除木屋盖外的最大横墙间距应允许适当放宽，但应采取相应的加强措施。

3. 房屋抗震横墙的间距要求

房屋抗震横墙的间距不应超过表 15-37 的要求。

房屋抗震横墙的间距（m）　　　　　　　　　　　　　　　　　　表 15-37

房屋类别		烈　度			
		6	7	8	9
多层砌体房屋	现浇或装配整体式钢筋混凝土楼、屋盖	15	15	11	7
	装配式钢筋混凝土楼、屋盖	11	11	9	4
	木屋盖	9	9	4	—
底部框架-抗震墙砌体房屋	上部各层	同多层砌体房屋			—
	底层或底部两层	18	15	11	

注：1. 多层砌体房屋的顶层，除木屋盖外的最大横墙间距允许适当放宽，但应采取相应加强措施；

　　2. 多孔砖抗震横墙厚度为 190mm 时，最大横墙间距应比表中数值减少 3m。

4. 多层砌体房屋中砌体墙段的局部尺寸限值

多层砌体房屋中砌体墙段的局部尺寸限值，宜符合表 15-38 的要求。

房屋的局部尺寸限值（m）　　　　　　　　　　　　　　　　　　表 15-38

部　位	6 度	7 度	8 度	9 度
承重窗间墙最小宽度	1.0	1.0	1.2	1.5
承重外墙尽端至门窗洞边的最小距离	1.0	1.0	1.2	1.5
非承重外墙尽端至门窗洞边的最小距离	1.0	1.0	1.0	1.0
内墙阳角至门窗洞边的最小距离	1.0	1.0	1.5	2.0
无锚固女儿墙（非出入口处）的最大高度	0.5	0.5	0.5	0.0

注：1. 局部尺寸不足时，应采取局部加强措施弥补，且最小宽度不宜小于 1/4 层高和表列数据的 80%；

　　2. 出入口处的女儿墙应有锚固。

5. 多层砌体房屋的建筑布置和结构体系要求

（1）应优先采用横墙承重或纵横墙共同承重的结构体系。不应采用砌体墙和混凝土墙混合承重的结构体系。

（2）纵横向砌体抗震墙的布置应符合下列要求：

1）宜均匀对称，沿平面内宜对齐，沿竖向应上下连续；且纵横向墙体的数量不宜相差过大；

2）平面轮廓凹凸尺寸，不应超过典型尺寸的 50%；当超过典型尺寸的 25% 时，房屋转角处应采取加强措施；

3）楼板局部大洞口的尺寸不宜超过楼板宽度的 30%，且不应在墙体两侧同时开洞；

4）房屋错层的楼板高差超过 500mm 时，应按两层计算；错层部位的墙体应采取加强措施；

5）同一轴线上的窗间墙宽度宜均匀；在满足上面第 4 条要求的前提下，墙面洞口的立面面积，6、7 度时不宜大于墙面总面积的 55%，8、9 度时不宜大于 50%；

6）在房屋宽度方向的中部应设置内纵墙，其累计长度不宜小于房屋总长度的 60%（高宽比大于 4 的墙段不计入）。

（3）房屋有下列情况之一时宜设置防震缝，缝两侧均应设置墙体，缝宽应根据烈度和房屋高度确定，可采用 70～100mm（设防烈度高、房屋高度大时取较大值）：

1）房屋立面高差在 6m 以上；

2）房屋有错层，且楼板高差大于层高的 1/4；

3）各部分结构刚度、质量截然不同。

（4）楼梯间不宜设置在房屋的尽端或转角处。

（5）不应在房屋转角处设置转角窗。

（6）横墙较少、跨度较大的房屋，宜采用现浇钢筋混凝土楼、屋盖。

6. 底部框架-抗震墙砌体房屋的结构布置要求

（1）上部的砌体墙体与底部的框架梁或抗震墙，除楼梯间附近的个别墙段外均应对齐。

（2）房屋的底部，应沿纵横两方向设置一定数量的抗震墙，并应均匀对称布置。各类抗震墙的设置规定见表 15-39。

底部框架-抗震墙砌体结构中各类抗震墙的适用范围　　　　表 15-39

设置条件	底部框架-抗震墙的类型
6 度且总层数不超过 4 层时	允许采用嵌砌于框架之间的约束普通砌体抗震墙或小砌块砌体的砌体抗震墙，同一方向不应同时采用钢筋混凝土抗震墙和约束砌体抗震墙
6、7 度时	应采用钢筋混凝土抗震墙或配筋小砌块砌体抗震墙
8 度时	应采用钢筋混凝土抗震墙

（3）底部框架-抗震墙砌体房屋的抗震墙应设置条形基础、筏形基础等整体性好的基础。

7. 底部框架-抗震墙砌体房屋的钢筋混凝土结构部分的抗震要求

除应符合《抗震规范》第 7 章（砌体结构）的规定外，尚应符合规范第 6 章（钢筋混凝土结构）的有关要求；此时，底部混凝土框架的抗震等级，6、7、8 度应分别按三、二、一级采用；混凝土墙体的抗震等级，6、7、8 度应分别按三、三、二级采用。

【要点】

◆ 砌体结构中的墙体是抗震中的主要抗侧力构件，墙体的多少直接决定了砌体结构的抗震能力的大小。纵墙长度相对较长，因此只规定了横墙的间距限值。控制了横墙的间距，也就确保了纵墙的稳定性。

◆ 多层砌体房屋的横向地震作用主要由横墙承担，地震中横墙间距大小对房屋倒塌影响很大，不仅横墙须具有足够的承载力，同时要求楼盖须具有传递地震作用给横墙的水平刚度，因此横墙间距的规定是为了满足楼盖对传递水平地震作用所需的刚度要求。

◆ 砌体房屋局部尺寸的限制，在于防止这些部位的失效而造成整栋结构的破坏甚至倒塌。

◆ 纵墙承重的结构布置方案，因横向支承较少，纵墙较易受弯曲破坏而导致倒塌，为此应优先采用横墙承重或纵横墙共同承重的结构布置方案；纵横墙均匀对称布置，可使各墙垛受力基本相同，避免薄弱部位的破坏。

◆ 楼梯间墙体缺少各层楼板的侧向支承，布置时尽量不设在尽端或采取专门的加强措施。

◆ 不应采用混凝土墙与砌体墙混合承重的体系，防止不同材料性能的墙体被各个击破。

◆ 底部框架-抗震墙砌体结构房屋的抗震设计，既要满足砌体结构房屋抗震的一般规定，也要满足多高层钢筋混凝土结构抗震的有关规定。

例 15-34 （12-102）按现行《建筑抗震设计规范》，对底部框架-抗震墙砌体房屋结构的底部抗震墙要求，下列表述正确的是：

A　6 度设防且总层数不超过六层时，允许采用嵌砌于框架之间的约束普通砖砌体或小砌块砌体的砌体抗震墙

B　7 度、8 度设防时，应采用钢筋混凝土抗震墙或配筋小砌块砌体抗震墙

C　上部砌体墙与底部的框架梁或抗震墙可不对齐

D　应沿纵横两个方向，均匀、对称设置一定数量符合规定的抗震墙

解析： 底部框架-抗震墙砌体房屋的结构房屋底部，应沿纵横两方向设置一定数量的抗震墙，并应均匀对称布置。

答案： D

规范：《抗震规范》第 7.1.8 条第 1、2 款。

例 15-35 （14-95）关于抗震设计的底部框架-抗震墙砌体房屋结构的说法，正确的是：

A　抗震设防烈度 6～8 度的乙类多层房屋可采用底部框架-抗震墙砌体结构

B　底部框架-抗震墙砌体房屋指底层或底部两层为框架-抗震墙结构的多层砌体房屋

C　房屋的底部应沿纵向或横向设置一定数量抗震墙

D　上部砌体墙与底部框架梁或抗震墙宜对齐

解析： 底部框架-抗震墙砌体房屋指底层或底部两层为框架-抗震墙结构的多层砌体房屋，B 选项表述正确。

乙类的多层房屋不应采用底部框架-抗震墙砌体房屋，A 选项错误。

其结构布置房屋的底部应沿纵横两方向设置一定数量的抗震墙，并应均匀对称布置，C 选项中"沿纵向或横向"表述错误，"或"应为"和"。

上部砌体墙与底部框架梁或抗震墙，除楼梯间附近的个别墙段外均应对齐，D 选项表述错误，"宜对齐"应为"应对齐"。

答案： B

规范：《抗震规范》第 7.1.1 条、第 7.1.2 条表注 3、第 7.1.8 条第 1、2 款。

（三）多层砖砌体房屋抗震构造措施

【要点】砌体结构房屋的抗震构造重点是圈梁和构造柱的设置。震害调查和实践证明，圈梁和构造柱共同设置，能增加砌体的延性和变形能力，且可提高砌体的抗侧能力和整体

性，从而保证砌体房屋在大震下，裂而不倒；设置构造柱还能提高砌体的抗剪承载力及墙体在使用阶段的稳定性和刚度。

(1) 现浇钢筋混凝土构造柱（以下简称构造柱）设置要求

1) 构造柱设置部位，一般情况下应符合表 15-40 的要求。

2) 外廊式和单面走廊式的多层房屋，应根据房屋增加一层的层数，按表 15-40 的要求设置构造柱，且单面走廊两侧的纵墙均应按外墙处理。

3) 横墙较少的房屋，应根据房屋增加一层的层数，按表 15-40 的要求设置构造柱。当横墙较少的房屋为外廊式或单面走廊式时，应按本条第 2）款的要求设置构造柱；但 6 度不超过四层、7 度不超过三层和 8 度不超过二层时，应按增加二层的层数对待。

4) 各层横墙很少的房屋，应按增加二层的层数设置构造柱。

5) 采用蒸压灰砂砖和蒸压粉煤灰砖的砌体房屋，当砌体的抗剪强度仅达到普通黏土砖砌体的 70%时，应根据增加一层的层数按本条第 1）～4）款的要求设置构造柱；但 6 度不超过四层、7 度不超过三层和 8 度不超过二层时，应按增加二层的层数对待。

多层砖砌体房屋构造柱设置要求 表 15-40

房屋层数				设 置 部 位	
6 度	7 度	8 度	9 度		
四、五	三、四	二、三		楼、电梯间四角，楼梯斜梯段上下端对应的墙体处；	隔 12m 或单元横墙与外纵墙交接处；楼梯间对应的另一侧内横墙与外纵墙交接处
六	五	四	二	外墙四角和对应转角；错层部位横墙与外纵墙交接处；	隔开间横墙（轴线）与外墙交接处；山墙与内纵墙交接处
七	≥六	≥五	≥三	大房间内外墙交接处；较大洞口两侧	内墙（轴线）与外墙交接处；内墙的局部较小墙垛处；内纵墙与横墙（轴线）交接处

注：较大洞口，内墙指不小于 2.1m 的洞口；外墙在内外墙交接处已设置构造柱时应允许适当放宽，但洞侧墙体应加强。

（2）多层砖砌体房屋构造柱的构造要求

1）构造柱最小截面可采用 180mm×240mm（墙厚 190mm 时为 180mm×190mm），纵向钢筋宜采用 4ϕ12，箍筋间距不宜大于 250mm，且在柱上下端应适当加密；6、7 度时超过六层、8 度时超过五层和 9 度时，构造柱纵向钢筋宜采用 4ϕ14，箍筋间距不应大于 200mm；房屋四角的构造柱应适当加大截面及配筋。

2）构造柱与墙连接处应砌成马牙槎，沿墙高每隔 500mm 设 2ϕ6 水平钢筋和 ϕ4 分布短筋平面内点焊组成的拉结网片或 ϕ4 点焊钢筋网片，每边伸入墙内不宜小于 1m。6、7 度时底部 1/3 楼层，8 度时底部 1/2 楼层，9 度时全部楼层，上述拉结钢筋网片应沿墙体水平通长设置。

3）构造柱与圈梁连接处，构造柱的纵筋应在圈梁纵筋内侧穿过，保证构造柱纵筋上下贯通。

4）构造柱可不单独设置基础，但应伸入室外地面下 500mm，或与埋深小于 500mm

的基础圈梁相连。

5）房屋高度和层数接近表 15-33 的限值时，纵、横墙内构造柱间距尚应符合下列要求：

①横墙内的构造柱间距不宜大于层高的二倍；下部 1/3 楼层的构造柱间距适当减小；

②当外纵墙开间大于 3.9m 时，应另设加强措施。内纵墙的构造柱间距不宜大于 4.2m。

(3) 多层砖砌体房屋的现浇钢筋混凝土圈梁设置要求

1）装配式钢筋混凝土楼、屋盖或木屋盖的砖房，应按表 15-41 的要求设置圈梁；纵墙承重时，抗震横墙上的圈梁间距应比表内要求适当加密；

2）现浇或装配整体式钢筋混凝土楼、屋盖与墙体有可靠连接的房屋，应允许不另设圈梁，但楼板沿抗震墙体周边均应加强配筋并应与相应的构造柱钢筋可靠连接。

多层砖砌体房屋现浇钢筋混凝土圈梁设置要求　　　　　　　　　表 15-41

墙　类	烈　　度		
	6、7	8	9
外墙和内纵墙	屋盖处及每层楼盖处	屋盖处及每层楼盖处	屋盖处及每层楼盖处
内横墙	同上； 屋盖处间距不应大于 4.5m； 楼盖处间距不应大于 7.2m； 构造柱对应部位	同上； 各层所有横墙，且间距不应大于 4.5m； 构造柱对应部位	同上； 各层所有横墙

(4) 多层砖砌体房屋现浇混凝土圈梁构造要求

1）圈梁应闭合，遇有洞口圈梁应上下搭接；圈梁宜与预制板设在同一标高处或紧靠板底；

2）圈梁在上述第（3）条要求的间距内无横墙时，应利用梁或板缝中配筋替代圈梁；

3）圈梁的截面高度不应小于 120mm，配筋应符合表 15-42 的要求；对不良地基土要求增设的基础圈梁，截面高度不应小于 180mm，配筋不应少于 4φ12。

多层砖砌体房屋圈梁配筋要求　　　　　　　　　表 15-42

配　筋	烈　　度		
	6、7	8	9
最小纵筋	4φ10	4φ12	4φ14
箍筋最大间距（mm）	250	200	150

(5) 多层砖砌体房屋的楼、屋盖设置要求：

1）现浇钢筋混凝土楼板或屋面板伸进纵、横墙内的长度，均不应小于 120mm；

2）装配式钢筋混凝土楼板或屋面板，当圈梁未设在板的同一标高时，板端伸进外墙的长度不应小于 120mm，伸进内墙的长度不应小于 100mm 或采用硬架支模连接，在梁上不应小于 80mm 或采用硬架支模连接；

3）当板的跨度大于 4.8m 并与外墙平行时，靠外墙的预制板侧边应与墙或圈梁拉结；

4）房屋端部大房间的楼盖，6度时房屋的屋盖和7～9度时房屋的楼、屋盖，当圈梁设在板底时，钢筋混凝土预制板应相互拉结，并应与梁、墙或圈梁拉结。

（6）楼、屋盖的钢筋混凝土梁或屋架应与墙、柱（包括构造柱）或圈梁可靠连接；不得采用独立砖柱。跨度不小于6m大梁的支承构件应采用组合砌体等加强措施，并满足承载力要求。

（7）6、7度时长度大于7.2m的大房间，以及8、9度时外墙转角及内外墙交接处，应沿墙高每隔500mm配置2φ6的通长钢筋和φ4分布短筋平面内点焊组成的拉结网片或φ4点焊网片。

（8）楼梯间设置要求

1）顶层楼梯间墙体应沿墙高每隔500mm设2φ6通长钢筋和φ4分布短筋平面内点焊组成的拉结网片或φ4点焊网片；7～9度时其他各层楼梯间墙体应在休息平台或楼层半高处设置60mm厚、纵向钢筋不应少于2φ10的钢筋混凝土带或配筋砖带，配筋砖带不少于3皮，每皮的配筋不少于2φ6，砂浆强度等级不应低于M7.5且不低于同层墙体的砂浆强度等级；

2）楼梯间及门厅内墙阳角处的大梁支承长度不应小于500mm，并应与圈梁连接；

3）装配式楼梯段应与平台板的梁可靠连接，8、9度时不应采用装配式楼梯段；不应采用墙中悬挑式踏步或踏步竖肋插入墙体的楼梯，不应采用无筋砖砌栏板；

4）突出屋顶的楼、电梯间，构造柱应伸到顶部，并与顶部圈梁连接，所有墙体应沿墙高每隔500mm设2φ6通长钢筋和φ4分布短筋平面内点焊组成的拉结网片或φ4点焊网片。

（9）坡屋顶房屋的屋架应与顶层圈梁可靠连接，檩条或屋面板应与墙、屋架可靠连接，房屋出入口处的檐口瓦应与屋面构件锚固。采用硬山搁檩时，顶层内纵墙顶宜增砌支承山墙的踏步式墙垛，并设置构造柱。

（10）门窗洞处不应采用砖过梁；过梁支承长度，6～8度时不应小于240mm，9度时不应小于360mm。

（11）预制阳台，6、7度时应与圈梁和楼板的现浇板带可靠连接，8、9度时不应采用预制阳台。

（12）后砌的非承重砌体隔墙、烟道、风道、垃圾道等，应符合《抗震规范》第13.3节的有关规定。

（13）同一结构单元的基础（或桩承台），宜采用同一类型的基础，底面宜埋置在同一标高上，否则应增设基础圈梁并应按1：2的台阶逐步放坡。

（14）丙类的多层砖砌体房屋，当横墙较少且总高度和层数接近或达到表15-31规定限值时，应采取下列加强措施：

1）房屋的最大开间尺寸不宜大于6.6m；

2）同一结构单元内横墙错位数量不宜超过横墙总数的1/3，且连续错位不宜多于两道；错位的墙体交接处均应增设构造柱，且楼、屋面板应采用现浇钢筋混凝土板；

3）横墙和内纵墙上洞口的宽度不宜大于1.5m；外纵墙上洞口的宽度不宜大于2.1m或开间尺寸的一半；且内外墙上洞口位置不应影响内外纵墙与横墙的整体连接；

4）所有纵横墙均应在楼、屋盖标高处设置加强的现浇钢筋混凝土圈梁，圈梁的截面高度不宜小于150mm；

5）所有纵横墙交接处及横墙的中部，均应增设满足下列要求的构造柱：在纵、横墙内的柱距不宜大于3.0m，最小截面尺寸不宜小于240mm×240mm（墙厚190mm时为240mm×190mm）；

6）同一结构单元的楼、屋面板应设置在同一标高处；

7）房屋底层和顶层的窗台标高处，宜设置沿纵横墙通长的水平现浇钢筋混凝土带。

【要点】

◆构造柱能提高砌体的受剪承载力，构造柱的主要作用在于对砌体的约束，使之有较高的变形能力。构造柱一般应设置在关键部位，使一根构造柱可以发挥对多道墙的约束作用，还应设置在震害较重、连接构造比较薄弱和易于应力集中的部位。

◆圈梁能增强房屋的整体性，提高房屋的抗震能力，是抗震的有效措施。构造柱需与各层纵横墙的圈梁或现浇板连接，才能充分发挥约束作用。

◆砌体房屋楼、屋盖的抗震构造要求，包括楼板搁置长度，楼板与圈梁、墙体的拉结，屋架（梁）与墙、柱的锚固、拉结等，是保证楼、屋盖与墙体整体性的重要措施，强调楼、屋盖的整体性和完整性，确保传递水平剪力的有效性。

◆由于砌体材料的特性，较大的房间在地震中的破坏程度会加重，需要局部加强墙体的连接构造，故规范规定采用通长的拉结筋和拉结钢筋网片。

◆由于楼梯间比较空旷，破坏严重，必须采取一系列有效措施；8、9度时不应采用装配式楼梯段。

例15-36 （10-117）关于抗震设防地区多层砌块砌体房屋圈梁设置的下列叙述，哪项不正确？

A 屋盖及每层楼盖处的外墙应设置圈梁

B 屋盖及每层楼盖处的内纵墙应设置圈梁

C 内横墙在构造柱对应部位应设置圈梁

D 屋盖处内横墙的圈梁间距不应大于15m

解析：圈梁应闭合形成"箍"的约束作用，并与构造柱一起形成多层砌体结构的"骨架"，提高砌体结构的整体性。因此，圈梁应设置在能起到"箍"的作用的房屋关键部位，例如屋盖处及每层楼盖处，以及与构造柱对应部位，均应设置圈梁；同时，内横墙的圈梁间距也不能过大，根据烈度的不同，分别有圈梁间距不大于4.5m或7.2m的要求。故题中答案D"不应大于15m"错误。

答案：D

规范：《抗震规范》第7.3.3条表7.3.3。

例15-37 （08-119）横墙较少的普通砖住宅楼，当层数和总高度接近《抗震规范》的限值时，所采取的加强措施中下列哪一条是不合理的？

A 房屋的最大开间尺寸不宜大于6.6m

B 同一结构单元内横墙不能错位

C 楼、屋面板应采用现浇钢筋混凝土板

（四）多层砌块房屋抗震构造措施

为了增加混凝土小型空心砌块砌体房屋的整体性和延性，提高其抗震能力，结合空心砌块的特点，采取在墙体的适当部位设置钢筋混凝土芯柱的构造措施。这些芯柱的设置要求比砖砌体房屋构造柱的设置要求严格，且芯柱与墙体的连接要采取钢筋网片。

（1）多层小砌块房屋应按表15-43的要求设置钢筋混凝土芯柱。对外廊式和单面走廊式的多层房屋、横墙较少的房屋、各层横墙很少的房屋，尚应分别按上述（三）第（1）条第2）、3）、4）款关于增加层数的对应要求，按表15-43的要求设置芯柱。

多层小砌块房屋芯柱设置要求　　　　　　　　　　　　　表 15-43

房屋层数				设置部位	设置数量
6度	7度	8度	9度		
四、五	三、四	二、三		外墙转角，楼、电梯间四角，楼梯斜梯段上下端对应的墙体处； 大房间内外墙交接处； 错层部位横墙与外纵墙交接处； 隔12m或单元横墙与外纵墙交接处	外墙转角，灌实3个孔； 内外墙交接处，灌实4个孔； 楼梯斜段上下端对应的墙体处，灌实2个孔
六	五	四		同上； 隔开间横墙（轴线）与外纵墙交接处	
七	六	五	二	同上； 各内墙（轴线）与外纵墙交接处； 内纵墙与横墙（轴线）交接处和洞口两侧	外墙转角，灌实5个孔； 内外墙交接处，灌实4个孔； 内墙交接处，灌实4~5个孔； 洞口两侧各灌实1个孔
	七	≥六	≥三	同上； 横墙内芯柱间距不大于2m	外墙转角，灌实7个孔； 内外墙交接处，灌实5个孔； 内墙交接处，灌实4~5个孔； 洞口两侧各灌实1个孔

注：外墙转角、内外墙交接处、楼电梯间四角等部位，应允许采用钢筋混凝土构造柱替代部分芯柱。

（2）多层小砌块房屋的芯柱，应符合下列构造要求：

1）小砌块房屋芯柱截面不宜小于 120mm×120mm；

2）芯柱混凝土强度等级，不应低于 Cb20；

3）芯柱的竖向插筋应贯通墙身且与圈梁连接；插筋不应小于 $1\phi12$，6、7度时超过五层、8度时超过四层和9度时，插筋不应小于 $1\phi14$；

4）芯柱应伸入室外地面下 500mm 或与埋深小于 500mm 的基础圈梁相连；

5）为提高墙体抗震受剪承载力而设置的芯柱，宜在墙体内均匀布置，最大净距不宜大于 2.0m；

6）多层小砌块房屋墙体交接处或芯柱与墙体连接处应设置拉结钢筋网片，网片可采用直径 4mm 的钢筋点焊而成，沿墙高间距不大于 600mm，并应沿墙体水平通长设置；6、7 度时底部 1/3 楼层，8 度时底部 1/2 楼层，9 度时全部楼层，上述拉结钢筋网片沿墙高间距不大于 400mm。

（3）小砌块房屋中替代芯柱的钢筋混凝土构造柱，应符合下列构造要求：

1）构造柱截面不宜小于 190mm×190mm，纵向钢筋宜采用 4ϕ12，箍筋间距不宜大于 250mm，且在柱上下端应适当加密；6、7 度时超过五层、8 度时超过四层和 9 度时，构造柱纵向钢筋宜采用 4ϕ14，箍筋间距不应大于 200mm；外墙转角的构造柱可适当加大截面及配筋。

2）构造柱与砌块墙连接处应砌成马牙槎，与构造柱相邻的砌块孔洞，6 度时宜填实，7 度时应填实，8、9 度时应填实并插筋。构造柱与砌块墙之间沿墙高每隔 600mm 设置 ϕ4 点焊拉结钢筋网片，并应沿墙体水平通长设置。6、7 度时底部 1/3 楼层，8 度时底部 1/2 楼层，9 度全部楼层，上述拉结钢筋网片沿墙高间距不大于 400mm。

3）构造柱与圈梁连接处，构造柱的纵筋应在圈梁纵筋内侧穿过，保证构造柱纵筋上下贯通。

4）构造柱可不单独设置基础，但应伸入室外地面下 500mm，或与埋深小于 500mm 的基础圈梁相连。

（4）多层小砌块房屋的现浇钢筋混凝土圈梁的设置位置应按上述（三）第（3）条多层砖砌体房屋圈梁的设置要求执行，圈梁宽度不应小于 190mm，配筋不应少于 4ϕ12，箍筋间距不应大于 200mm。

（5）多层小砌块房屋的层数，6 度时超过五层、7 度时超过四层、8 度时超过三层和 9 度时，在底层和顶层的窗台标高处，沿纵横墙应设置通长的水平现浇钢筋混凝土带。水平现浇混凝土带亦可采用槽形砌块替代模板，其纵筋和拉结钢筋不变。

（6）丙类的多层小砌块房屋，当横墙较少且总高度和层数接近或达到表 15-31 的规定限值时，应符合上述（三）第（14）条的相关要求；其中，墙体中部的构造柱可采用芯柱替代，芯柱的灌孔数量不应少于 2 孔，每孔插筋的直径不应小于 18mm。

（7）小砌块房屋的其他抗震构造措施，尚应符合上述（三）第（5）～（13）条的有关要求。其中，墙体的拉结钢筋网片间距应符合本节的相应规定，分别取 600mm 和 400mm。

【要点】构造柱替代芯柱，可较大程度地提高对砌块砌体的约束能力，也为施工带来方便。具体替代芯柱的构造柱基本要求，与砖房的构造柱大致相同。

（五）底部框架-抗震墙砌体房屋抗震构造措施

（1）底部框架-抗震墙砌体房屋的上部墙体应设置钢筋混凝土构造柱或芯柱，并应符合下列要求：

1）钢筋混凝土构造柱、芯柱的设置部位，应根据房屋的总层数分别按上述（三）第（1）条、（四）第（1）条的规定设置。

2）构造柱、芯柱的构造，除应符合下列要求外，尚应符合上述（三）第（2）条、（四）第（2）、（3）条的规定：

①砖砌体墙中构造柱截面不宜小于 240mm×240mm（墙厚 190mm 时为 240mm×190mm）；

②构造柱的纵向钢筋不宜少于 4φ14，箍筋间距不宜大于 200mm；芯柱每孔插筋不应小于 1φ14，芯柱之间沿墙高应每隔 400mm 设 φ4 焊接钢筋网片。

3）构造柱、芯柱应与每层圈梁连接，或与现浇楼板可靠拉接。

【要点】对比不同结构体系的构造柱设置要求，见表 15-44。

构造柱设置要求比较

表 15-44

结构体系	多层砖砌体房屋	底部框架-抗震墙房屋
构造柱设置要求	按表 15-38 设置	相同
构造柱截面（mm）	≥180×200（墙厚 190 时为 180×190）	≥240×240
构造柱的纵向钢筋	≥4φ12	≥4×14
构造柱的箍筋间距（mm）	≤@250	≤@200
构造柱与圈梁或现浇板的连接	应可靠连接	相同

（2）过渡层墙体的构造，应符合下列要求：

1）上部砌体墙的中心线宜与底部的框架梁、抗震墙的中心线相重合；构造柱或芯柱宜与框架柱上下贯通；

2）过渡层应在底部框架柱、混凝土墙或约束砌体墙的构造柱所对应处设置构造柱或芯柱；

3）过渡层的砌体墙在窗台标高处，应设置沿纵横墙通长的水平现浇钢筋混凝土带；

4）过渡层的砌体墙，凡宽度不小于 1.2m 的门洞和 2.1m 的窗洞，洞口两侧宜增设截面不小于 120mm×240mm（墙厚 190mm 时为 120mm×190mm）的构造柱或单孔芯柱；

5）当过渡层的砌体抗震墙与底部框架梁、墙体不对齐时，应在底部框架内设置托墙转换梁，并且过渡层砖墙或砌块墙应采取比 4）款更高的加强措施。

【要点】上部墙体指与底部框架-抗震墙相邻的上一层砌体楼层，过渡层处于侧向刚度变化较剧烈的区域（上大下小），地震时破坏较重，应采取专门措施予以加强，详见《抗震规范》第 7.5.2 条。

（3）底部框架-抗震墙砌体房屋的底部采用钢筋混凝土墙时，其截面和构造应符合下列要求：

1）墙体周边应设置梁（或暗梁）和边框柱（或框架柱）组成的边框；

2）墙板的厚度不宜小于 160mm，且不应小于墙板净高的 1/20；墙体宜开设洞口形成若干墙段，各墙段的高宽比不宜小于 2；

3）墙体的竖向和横向分布钢筋配筋率均不应小于 0.30%，并应采用双排布置；

4）墙体的边缘构件可按抗震墙关于一般部位的规定设置。

（4）当 6 度设防的底层框架-抗震墙砖房的底层采用约束砖砌体墙时，其构造应符合下列要求：

1）砖墙厚不应小于240mm，砌筑砂浆强度等级不应低于M10，应先砌墙后浇框架；

2）沿框架柱每隔300mm配置2ϕ8水平钢筋和ϕ4分布短筋平面内点焊组成的拉结网片，并沿砖墙水平通长设置；在墙体半高处尚应设置与框架柱相连的钢筋混凝土水平系梁；

3）墙长大于4m时和洞口两侧，应在墙内增设钢筋混凝土构造柱。

（5）当6度设防的底层框架-抗震墙砌块房屋的底层采用约束小砌块砌体墙时，其构造应符合下列要求：

1）墙厚不应小于190mm，砌筑砂浆强度等级不应低于Mb10，应先砌墙后浇框架；

2）沿框架柱每隔400mm配置2ϕ8水平钢筋和ϕ4分布短筋平面内点焊组成的拉结网片，并沿砌块墙水平通长设置；在墙体半高处尚应设置与框架柱相连的钢筋混凝土水平系梁，系梁截面不应小于190mm×190mm；

3）墙体在门、窗洞口两侧应设置芯柱，墙长大于4m时，应在墙内增设芯柱，芯柱应符合上述（四）第（2）条的有关规定；其余位置，宜采用钢筋混凝土构造柱替代芯柱，钢筋混凝土构造柱应符合上述（四）第（3）条的有关规定。

（6）底部框架-抗震墙砌体房屋的框架柱应符合下列要求：

1）柱的截面不应小于400mm×400mm，圆柱直径不应小于450mm；

2）柱的轴压比，6度时不宜大于0.85，7度时不宜大于0.75，8度时不宜大于0.65；

3）柱的配筋要求详见《抗震规范》。

（7）底部框架-抗震墙砌体房屋的楼盖应符合下列要求：

1）过渡层的底板应采用现浇钢筋混凝土板，板厚不应小于120mm；并应少开洞、开小洞，当洞口尺寸大于800mm时，洞口周边应设置边梁；

2）其他楼层，采用装配式钢筋混凝土楼板时均应设现浇圈梁；采用现浇钢筋混凝土楼板时应允许不另设圈梁，但楼板沿抗震墙体周边均应加强配筋并应与相应的构造柱可靠连接。

（8）底部框架-抗震墙砌体房屋的钢筋混凝土托墙梁，其截面和构造应符合《抗震规范》的相关要求。

（9）底部框架-抗震墙砌体房屋的材料强度等级，应符合下列要求：

1）框架柱、混凝土墙和托墙梁的混凝土强度等级，不应低于C30；

2）过渡层砌体块材的强度等级不应低于MU10，砖砌体砌筑砂浆的强度等级不应低于M10，砌块砌体砌筑砂浆的强度等级不应低于Mb10。

（10）底部框架-抗震墙砌体房屋的其他抗震构造措施，应符合本节二、（三）、（四）（多层砖砌体房屋、多层砌块房屋抗震构造措施）和本节一（多层和高层钢筋混凝土房屋）的有关要求。

例 15-38　**（13-69）**关于砌体结构设置构造柱的主要作用，下列说法错误的是：

　A　增强砌体结构的刚度　　　　　B　增强砌体结构的抗剪强度

　C　增强砌体结构的延性　　　　　D　增强砌体结构的整体性

解析： 在砌体房屋墙体的规定部位，按构造配筋，并按先砌墙后浇筑混凝土柱的施工顺序制成的混凝土柱。通常称混凝土构造柱，简称构造柱。

（1）墙中设混凝土构造柱时可提高墙体使用阶段的稳定性和刚度。A选项是对的。

（2）构造柱能够提高砌体的受剪承载力 10%～30% 左右；采用蒸压灰砂砖和蒸压粉煤灰砖的砌体房屋，当砌体的抗剪强度仅达到烧结普通砖砌体的 70% 时，应根据增加一层的层数按规范要求设置构造柱；应考虑砌体结构的整体强度而不是结构内单一材料的强度（参见《砌体结构设计规范》表 3.2.1-1），当砖的强度等级是 MU30 且砂浆的强度等级为 M2.5 时，砌体的抗压强度设计值仅为 2.26MPa，远远低于砖的强度，略低于砂浆的强度；由此可以推断，砌体结构的强度不是单一材料的强度，所以设构造柱能够提高砌体结构的抗剪强度，B选项是对的。

（3）约束砌体构件，是指通过在无筋砌体墙片的两侧、上下分别设置钢筋混凝土构造柱、圈梁形成的约束作用提高无筋砌体墙片延性和抗力的砌体构件。构造柱属于约束砌体构件，C选项是对的。

（4）配筋砌体结构，由配置钢筋的砌体作为建筑物主要受力构件的结构。是网状配筋砌体柱、水平配筋砌体墙、砖砌体和钢筋混凝土面层或钢筋砂浆面层组合砌体柱（墙）、砖砌体和钢筋混凝土构造柱组合墙和配筋砌块砌体剪力墙结构的统称。由于配筋砌体的整体性比无筋砌体好，刚度较无筋砌体大，因此在无筋砌体高厚比最高限值为 28 的基础上作了提高，配筋砌体高厚比最高限值为 30。对于无筋砌体结构，如混凝土砌块房屋，宜将纵横墙交接处，距墙中心线每边不小于 300mm 范围内的空洞，采用不低于 Cb20 混凝土沿全墙高灌实，是为增强混凝土砌块房屋的整体性和抗裂能力提出的规定，起到了类似小型构造柱的作用；由此可以看出 D 选项是对的，同时也能表明 A 选项的正确性。

答案： 无

规范：（1）《砌体结构设计规范》GB 50003—2011 第 6.1.2 条文说明；（2）《抗震规范》第 7.3.1、7.3.2 条文说明、第 7.3.2 条 5 款；（3）《砌体结构设计规范》第 2.1.31 条；（4）《砌体结构设计规范》第 2.1.2 条、第 6.1.1 条文说明、第 6.1.12 条及条文说明。

三、多层和高层钢结构房屋

【要点】 钢结构的抗震性能优于钢筋混凝土结构，钢材基本上属于各向同性材料，抗压、抗拉和抗剪强度都很高，具有很好的延性。在地震作用下，不仅能减弱地震反应，而且属于较理想的弹塑性结构，具有抵抗强烈地震的变形能力。

剪切变形是钢结构耗能的主要形式，注意区分其与钢筋混凝土结构的不同。

（一）一般规定

（1）本部分适用的钢结构民用房屋的结构类型和最大高度应符合表 15-45 的规定，平面和竖向均不规则的钢结构适用的最大高度宜适当降低。

注：①钢支撑-混凝土框架和钢框架-混凝土筒体结构的抗震设计，应符合《抗震规范》附录 G 的规定；②多层钢结构厂房的抗震设计，应符合《抗震规范》附录 H 第 H.2 节的规定。

钢结构房屋适用的最大高度（m）　表 15-45

| 结构类型 | 6、7度 (0.10g) | 7度 (0.15g) | 8度 | | 9度 (0.40g) |
			(0.20g)	(0.30g)	
框架	110	90	90	70	50
框架-中心支撑	220	200	180	150	120
框架-偏心支撑（延性墙板）	240	220	200	180	160
筒体（框筒，筒中筒，桁架筒，束筒）和巨型框架	300	280	260	240	180

注：1. 房屋高度指室外地面到主要屋面板板顶的高度（不包括局部突出屋顶部分）；

2. 超过表内高度的房屋，应进行专门研究和论证，采取有效的加强措施；

3. 表内的筒体不包括混凝土筒。

（2）本部分适用的钢结构民用房屋的最大高宽比不宜超过表 15-46 的规定。限制钢结构民用房屋的最大高宽比就是要确保房屋的抗倾覆整体稳定性。

钢结构民用房屋适用的最大高宽比　表 15-46

烈　度	6、7	8	9
最大高宽比	6.5	6.0	5.5

注：塔形建筑的底部有大底盘时，高宽比可按大底盘以上计算。

（3）钢结构房屋应根据设防分类、烈度和房屋高度采用不同的抗震等级，并应符合相应的计算和构造措施要求，丙类建筑的抗震等级应按表 15-47 确定。

钢结构房屋的抗震等级　表 15-47

| 房屋高度 | 烈　度 | | | |
	6	7	8	9
≤50m		四	三	二
>50m	四	三	二	一

注：1. 高度接近或等于高度分界时，应允许结合房屋不规则程度和场地、地基条件确定抗震等级；

2. 一般情况，构件的抗震等级应与结构相同；当某个部位各构件的承载力均满足 2 倍地震作用组合下的内力要求时，7～9 度的构件抗震等级应允许降低一度确定。

（4）钢结构房屋需要设置防震缝时，缝宽应不小于相应钢筋混凝土结构房屋的 1.5 倍。有条件时，钢结构房屋应尽量避免设置防震缝。

（5）一、二级的钢结构房屋，宜设置偏心支撑、带竖缝钢筋混凝土抗震墙板、内藏钢支撑钢筋混凝土墙板、屈曲约束支撑等消能支撑或筒体。

采用框架结构时，甲、乙类建筑和高层的丙类建筑不应采用单跨框架，多层的丙类建筑不宜采用单跨框架。

注：本部分中的"一、二、三、四级"即"抗震等级为一、二、三、四级"的简称。

（6）采用框架-支撑结构的钢结构房屋，应符合下列规定：

1）支撑框架在两个方向的布置均宜基本对称，支撑框架之间楼盖的长宽比不宜大于3；

2）三、四级且高度不大于50m的钢结构宜采用中心支撑，也可采用偏心支撑、屈曲约束支撑等消能支撑；

3）中心支撑框架宜采用交叉支撑，也可采用人字支撑或单斜杆支撑，不宜采用K形支撑；

4）偏心支撑框架的每根支撑应至少有一端与框架梁连接，并在支撑与梁交点和柱之间或同一跨内另一支撑与梁交点之间形成消能梁段；

5）采用屈曲约束支撑时，宜采用人字支撑、成对布置的单斜杆支撑等形式，不应采用K形或X形支撑，支撑与柱的夹角宜为35°～55°。

（7）钢框架-筒体结构，必要时可设置由筒体外伸臂或外伸臂和周边桁架组成的加强层。

（8）钢结构房屋的楼盖应符合下列要求：

1）宜采用压型钢板现浇钢筋混凝土组合楼板或钢筋混凝土楼板，并应与钢梁有可靠连接；

2）对6、7度时不超过50m的钢结构，尚可采用装配整体式钢筋混凝土楼板，也可采用装配式楼板或其他轻型楼盖；但应将楼板预埋件与钢梁焊接，或采取其他保证楼盖整体性的措施；

3）对转换层楼盖或楼板有大洞口等情况，必要时可设置水平支撑。

（9）钢结构房屋的地下室设置

1）设置地下室时，框架-支撑（抗震墙板）结构中竖向连续布置的支撑（抗震墙板）应延伸至基础；钢框架柱应至少延伸至地下一层，其竖向荷载应直接传至基础；

2）超过50m的钢结构房屋应设置地下室。其基础埋置深度，当采用天然地基时不宜小于房屋总高度的1/15；当采用桩基时，桩承台埋深不宜小于房屋总高度的1/20。

【要点】

◆钢结构的抗震等级只与设防标准和房屋高度有关，而与房屋自身的结构类型无关（这点与混凝土结构不同）。

◆以房屋高度50m为界确定相应的抗震等级。6度区房屋高度≤50m的钢结构可按非抗震结构设计。

◆中心支撑抗侧力刚度大、加工安装简单，但变形能力弱。在水平地震作用下，中心支撑宜产生侧向屈曲。对较为规则的结构和没有明显薄弱层的结构，高度不很高时可采用中心支撑（图15-16）来提高结构设计的经济性。

◆偏心支撑具有弹性阶段刚度接近中心支撑，弹塑性阶段的延性和耗能能力接近于延性框架的特点，是一种良好的抗震结构。偏心支撑的设计原则是强柱、强支撑、弱消能梁段。在大震时消能梁段屈服形成塑性铰，支撑斜杆、柱和其余消能梁段仍保持弹性，抗震性能好，但同时又有抗侧刚度相对较小（相比中心支撑而言）、加工安装复杂等不足。当房屋高度很高时，应采用偏心支撑结构（图15-17）。

◆注意不宜采用K形支撑（图15-18）。因K形支撑斜杆与柱相交，容易造成受压斜杆失稳或受拉斜杆屈服，引起较大的侧向变形，使柱发生屈曲甚至造成倒塌，因此在抗震结构中不宜采用。

◆保证楼板与钢梁可靠连接的技术措施有：钢梁与现浇混凝土楼板连接时，采用抗剪连接件栓钉连接、焊接短槽钢或角钢段连接及其他连接方法，见图15-19、图15-20。

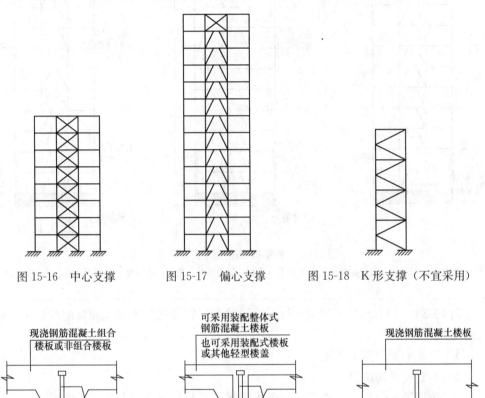

图 15-16　中心支撑　　　　图 15-17　偏心支撑　　　　图 15-18　K 形支撑（不宜采用）

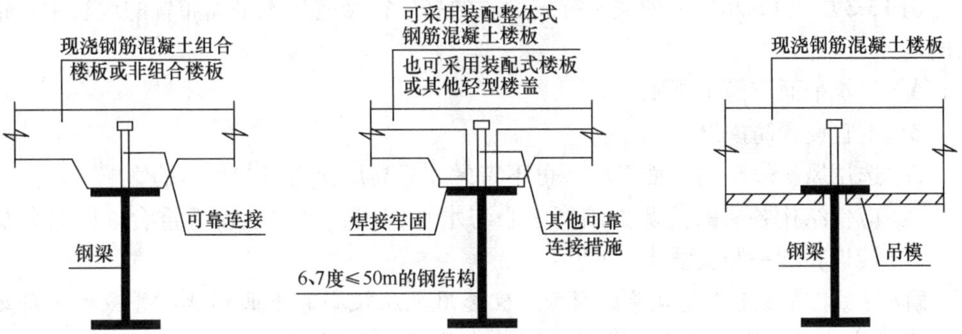

图 15-19　钢结构的楼盖

（引自：朱炳寅．建筑抗震设计规范应用与分析（第二版）．北京：中国建筑工业出版社，2017）

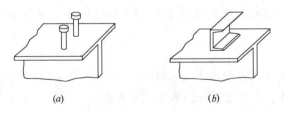

（a）　　　　　　　　　（b）

图 15-20　连接件的外形

（a）圆柱头焊钉连接件；（b）槽钢连接件

◆钢结构房屋地下室设置要求，见图15-21示意。

383

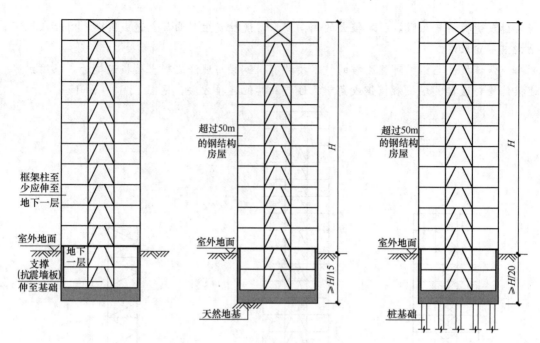

图 15-21　钢结构房屋地下室设置示意

（引自：朱炳寅．建筑抗震设计规范应用与分析（第二版）．北京：中国建筑工业出版社，2017）

例 15-39　**（12-78）** 下列关于抗震设防的高层钢结构建筑平面布置的说法中，错误的是：

A　建筑平面宜简单规则

B　不宜设置防震缝

C　选用风压较小的平面形状，可不考虑邻近高层建筑对其风压的影响

D　应使结构各层的抗侧力刚度中心与水平作用合力中心接近重合，同时各层接近在同一竖直线上

解析：1. 高层建筑受风荷载影响，宜选用风压较小的平面形状，并应考虑邻近高层建筑物对该建筑物风压的影响。故 C 选项"不考虑"错误。

2. 在建筑平面布置中，建筑平面宜简单规则，并使结构各层的抗侧力刚度中心与水平作用合力中心接近重合，同时各层接近在同一竖直线上。

3. 高层建筑钢结构不宜设置防震缝和伸缩缝。薄弱部位应采取措施提高抗震能力。

答案：C

规范：《高层民用建筑钢结构技术规程》JGJ 99—2015（以下简称《高层钢结构规程》）第 3.2.1 条、第 3.2.3 条、第 3.2.4 条。

例 15-40　**（14-64）** 在地震区钢结构建筑不应采用 K 形斜杆支撑体系，其主要原因是：

A　框架柱易发生屈曲破坏　　　　　B　受压斜杆易破坏

C　受拉斜杆易拉断　　　　　　　　D　节点连接强度差

　　解析：主要原因是 K 形斜杆支撑体系在地震作用下，可能因受压斜杆屈曲或受拉斜杆屈服，引起较大的侧向变形，使柱发生屈曲甚至造成倒塌破坏。

　　答案：A

　　规范：《高层钢结构规程》第 7.5.1 条，《抗震规范》第 8.1.6 条第 5 款。

（二）钢框架结构抗震构造措施

　　【要点】 钢结构设计的构造要求与混凝土结构设计相同，都是根据抗震等级来确定相应的抗震构造措施，实现抗震设计的总体要求。对钢结构的抗震构造措施以掌握概念为主。

　　（1）框架柱的长细比控制

　　【要点】 长细比控制属于钢结构构件设计的重要内容。当构件由长细比控制时，应尽可能选用强度等级低的钢材，以增大构件截面，增加长细比，节约钢材造价。

　　（2）框架梁、柱板件宽厚比应符合规范规定。

　　（3）梁柱构件的侧向支承应符合下列要求：

　　1）梁柱构件受压翼缘应根据需要设置侧向支承；

　　2）梁柱构件在出现塑性铰的截面，上下翼缘均应设置侧向支承；

　　3）相邻两侧向支承点间的构件长细比，应符合现行国家标准《钢结构设计标准》GB 50017 的有关规定。

　　【要点】 框架梁受压翼缘根据需要设置侧向支撑，如图 15-22 梁的隔撑设置，其目的是确保梁柱构件的平面外整体稳定。

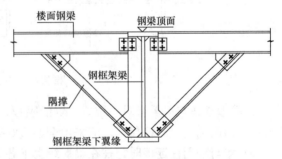

图 15-22　梁柱构件的侧向支撑示意

（引自：朱炳寅．建筑抗震设计规范应用与分析（第二版）．北京：中国建筑工业出版社，2017）

　　（4）梁与柱的连接构造应符合下列要求：

　　1）梁与柱的连接宜采用柱贯通型。

　　2）柱在两个互相垂直的方向都与梁刚接时宜采用箱形截面，并在梁翼缘连接处设置隔板；当柱仅在一个方向与梁刚接时，宜采用工字形截面，并将柱腹板置于刚接框架平面内。

　　3）工字形柱（绕强轴）和箱形柱与梁刚接时，应符合图 15-23 的要求：

　　① 梁翼缘与柱翼缘间应采用全熔透坡口焊缝；一、二级时，应检验焊缝的 V 形切口冲击韧性；

　　② 柱在梁翼缘对应位置应设置横向加劲肋（隔板），加劲肋（隔板）厚度不应小于梁翼缘厚度，强度与梁翼缘相同；

　　③ 梁腹板宜采用摩擦型高强度螺栓与柱连接板连接（经工艺试验合格，能确保现场焊接质量时，可用气体保护焊进行焊接）；腹板角部应设置焊接孔，孔形应使其端部与梁翼缘和柱翼缘间的全熔透坡口焊缝完全隔开；

　　④ 腹板连接板与柱的焊接，当板厚不大于 16mm 时，应采用双面角焊缝；焊缝有效

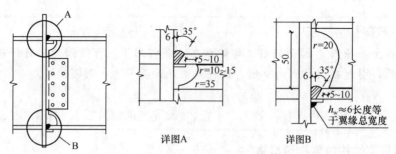

图 15-23 框架梁与柱的现场连接

厚度应满足等强度要求，且不小于 5mm；板厚大于 16mm 时，采用 K 形坡口对接焊缝；该焊缝宜采用气体保护焊，且板端应绕焊；

⑤ 一级和二级时，宜采用能将塑性铰自梁端外移的端部扩大形连接、梁端加盖板或骨形连接。

4）框架梁采用悬臂梁段与柱刚性连接时（图 15-24），悬臂梁段与柱应采用全焊接连接，此时上下翼缘焊接孔的形式宜相同；梁的现场拼接可采用翼缘焊接腹板螺栓连接或全部螺栓连接。

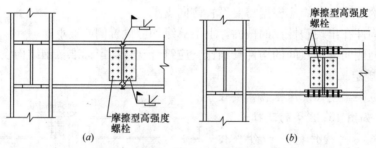

图 15-24 框架柱与梁悬臂段的连接

5）箱形柱在与梁翼缘对应位置设置的隔板，应采用全熔透对接焊缝与壁板相连。工字形柱的横向加劲肋与柱翼缘，应采用全熔透对接焊缝连接，与腹板可采用角焊缝连接。

(5) 梁与柱刚性连接时，柱在梁翼缘上下各 500mm 的范围内，柱翼缘与柱腹板间或箱形柱壁板间的连接焊缝应采用全熔透坡口焊缝。

（6）钢结构的刚接柱脚宜采用埋入式，也可采用外包式；6、7 度且高度不超过 50m 时也可采用外露式。

（三）钢框架-中心支撑结构的抗震构造措施

（1）中心支撑的杆件长细比和板件宽厚比限值应符合相应的规范规定，详见《抗震规范》第 8.4.1 条。

（2）中心支撑节点的构造应符合《抗震规范》第 8.4.2 条。

（四）钢框架-偏心支撑结构的抗震构造措施

偏心支撑构件和消能梁段是抗震钢框架-偏心支撑结构中的特殊构件，其构造要求比其他结构更为特殊。

对消能梁段的有特殊的材料要求，对支撑斜杆及其他构件的材料可按规范的基本要求。

对钢框架-偏心支撑结构除应满足特殊要求外，还需满足《抗震规范》第 8.3 节对钢框架结构的基本要求，可与钢框架-中心支撑结构对应比较，详见《抗震规范》第8.5节。

例 15-41 **（12-66）** 在地震区，钢框架梁与柱的连接构造，下列说法错误的是：

A 宜采用梁贯通型

B 宜采用柱贯通型

C 柱在两个互相垂直的方向都与梁刚接时，宜采用箱形截面

D 梁翼缘与柱翼缘间应采用全熔透坡口焊缝

解析： 梁与柱连接宜采取柱贯通型。

答案： A

规范：《高层钢结构规程》第8.3.1条、第8.3.3条；《抗震规范》第8.3.4条。

四、混合结构设计

（一）一般规定

（1）混合结构，系指由外围钢框架或型钢混凝土、钢管混凝土框架与钢筋混凝土核心筒所组成的框架-核心筒结构，以及由外围钢框筒或型钢混凝土、钢管混凝土框筒与钢筋混凝土核心筒所组成的筒中筒结构。

【要点】

◆ 混合结构主要是以钢梁、钢柱（或型钢混凝土梁、型钢混凝土柱）代替混凝土梁、混凝土柱，具有降低结构自重、减小结构构件尺寸以及施工速度快等特点。

◆ 采用型钢（钢管）混凝土结构具有优越的承载力和延性，在高层建筑中广泛采用。

◆ 采用型钢（钢管）混凝土构件与钢筋混凝土、钢构件组成的结构均可称为混合结构，工程中使用最多的是框架-核心筒及筒中筒混合结构体系。

例 15-42 **（14-98）** 下列所述的高层结构中，属于混合结构体系的是：

A 由外围型钢混凝土框架与钢筋混凝土核心筒所组成的框架-核心筒结构

B 为减少柱子尺寸或增加延性，采用型钢混凝土柱的框架结构

C 钢筋混凝土框架＋大跨度钢屋盖结构

D 在结构体系中局部采用型钢混凝土梁柱的结构

答案： A

规范：《高层混凝土规程》第11.1.1条。

（2）混合结构高层建筑适用的最大高度，应符合表15-48的规定。

混合结构高层建筑适用的最大高度（m） 表 15-48

结构体系		非抗震设计	抗震设防烈度				
			6度	7度	8度		9度
					0.2g	0.3g	
框架-核心筒	钢框架-钢筋混凝土核心筒	210	200	160	120	100	70
	型钢（钢管）混凝土框架-钢筋混凝土核心筒	240	220	190	150	130	70

结构体系		非抗震设计	抗震设防烈度				
			6度	7度	8度		9度
					0.2g	0.3g	
筒中筒	钢外筒-钢筋混凝土核心筒	280	260	210	160	140	80
	型钢（钢管）混凝土外筒-钢筋混凝土核心筒	300	280	230	170	150	90

注：平面和竖向均不规则的结构，最大适用高度应当降低。

【要点】 混合结构建筑没有B级高度，钢框架-核心筒结构体系适用的最大高度较B级高度的混凝土框架-核心筒体系适用的最大高度适当减小，见表15-49。

钢筋混凝土房屋适用的最大高度（m）　　　　表15-49

结构体系		非抗震设计	抗震设防烈度				
			6度	7度	8度		9度
					0.2g	0.3g	
钢筋混凝土框架-核心筒	A级高度	160	150	130	100	90	70
	B级高度	220	210	180	140	120	—
钢筋混凝土筒中筒	A级高度	200	180	150	120	100	80
	B级高度	300	280	230	170	150	—

（引自：朱炳寅．建筑抗震设计规范应用与分析（第二版）．北京：中国建筑工业出版社，2017）

（3）混合结构高层建筑的高宽比，不宜大于表15-50的规定。

混合结构高层建筑适用的最大高宽比　　　　表15-50

结构体系	非抗震设计	抗震设防烈度		
		6度、7度	8度	9度
框架-核心筒	8	7	6	4
筒中筒	8	8	7	5

【要点】

◆ 高层建筑的高宽比是对结构刚度、整体稳定、承载能力和经济合理性的宏观控制。

◆ 与钢筋混凝土结构体系的高宽比做比较，钢（型钢混凝土）框架-钢筋混凝土筒体混合结构体系高层建筑，其主要抗侧力体系仍然是钢筋混凝土筒体，因此其高宽比的限值和层间位移角限值均与钢筋混凝土结构体系相同；而筒中筒体系混合结构，外周筒体抗侧刚度较大，且外筒延性相对较好，故高宽比要求适当放宽。

（4）混合结构的抗震等级

抗震设计时，混合结构房屋应根据设防类别、烈度、结构类型和房屋高度，采用不同的抗震等级，并应符合相应的计算和构造措施要求。丙类建筑混合结构的抗震等级应按表15-51确定。

结构类型		抗震设防烈度						
		6 度		7 度		8 度		9 度
房屋高度（m）		≤150	>150	≤130	>130	≤100	>100	≤70
钢框架-钢筋混凝土核心筒	钢筋混凝土核心筒	二	一		特一	一	特一	特一
型钢（钢管）混凝土框架-钢筋混凝土核心筒	钢筋混凝土核心筒	二	二	二	一		特一	特一
	型钢（钢管）混凝土框架	三		二	二		一	一
房屋高度（m）		≤180	>180	≤150	>150	≤120	>120	≤90
钢外筒-钢筋混凝土核心筒	钢筋混凝土核心筒	二		特一	一		特一	特一
型钢（钢管）混凝土外筒-钢筋混凝土核心筒	钢筋混凝土核心筒	二	二	二	一		特一	特一
	型钢（钢管）混凝土外筒	三	二	二	一		一	一

注：钢结构构件抗震等级，抗震设防烈度为 6、7、8、9 度时应分别取四、三、二、一级。

【要点】

◆ 混合结构中钢结构构件与钢结构的抗震等级确定原则一样，只与抗震设防类别、烈度和房屋高度有关，与结构体系无关（钢筋混凝土结构的抗震等级与此有关）。

◆ 地震作用下，钢框架-混凝土筒体结构的破坏首先出现在混凝土筒体，应对该筒体采取较混凝土结构中的筒体更为严格的构造措施，以提高其延性，因此对其抗震等级的要求适当提高。

（5）混合结构在风荷载及多遇地震作用下，按弹性方法计算的最大层间位移与层高的比值应符合《高层混凝土规程》第 3.7.3 条的有关规定；在罕遇地震作用下，结构的弹塑性层间位移应符合《高层混凝土规程》第 3.7.5 条的有关规定。

【要点】混合结构中的抗侧力结构主要是钢筋混凝土筒体，因此弹性层间位移角、弹塑性层间位移角与钢筋混凝土结构体系的相同。

（6）当采用压型钢板混凝土组合楼板时，楼板混凝土可采用轻质混凝土，其强度等级不应低于 LC25；高层建筑钢-混凝土混合结构的内部隔墙应采取用轻质隔墙。

（7）型钢混凝土构件中型钢板件的宽厚比不宜小于规范规定（图 15-25）。

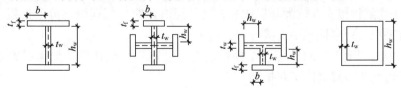

图 15-25 型钢板件示意

（二）结构布置

（1）混合结构房屋的结构布置

除应符合以下的规定外，尚应符合本章第一节中三、（二）（结构平面和竖向布置）的有关规定。

（2）混合结构的平面布置应符合下列规定：

1）平面宜简单、规则、对称，具有足够的整体抗扭刚度，平面宜采用方形、矩形、多边形、圆形、椭圆形等规则平面，建筑的开间、进深宜统一；

2）筒中筒结构体系中，当外围钢框架柱采用 H 形截面柱时，宜将柱截面强轴方向布置在外围筒体平面内；角柱宜采用十字形、方形或圆形截面；

3）楼盖主梁不宜搁置在核心筒或内筒的连梁上。

（3）混合结构的竖向布置宜符合下列规定：

1）结构的侧向刚度和承载力沿竖向宜均匀变化、无突变，构件截面宜由下至上逐渐减小；

2）混合结构的外围框架柱沿高度宜采用同类结构构件；当采用不同类型的结构构件时，应设置过渡层，且单柱的抗弯刚度变化不宜超过 30%；

3）对于刚度变化较大的楼层，应采取可靠的过渡加强措施；

4）钢框架部分采用支撑时，宜采用偏心支撑和耗能支撑，支撑宜双向连续布置；框架支撑宜延伸至基础。

（4）8、9 度抗震设计时，应在楼面钢梁或型钢混凝土梁与混凝土筒体交接处及混凝土筒体四角墙内设置型钢柱；7 度抗震设计时，宜在楼面钢梁或型钢混凝土梁与混凝土筒体交接处及混凝土筒体四角墙内设置型钢柱。

（5）混合结构中，外围框架平面内梁与柱应采用刚性连接；楼面梁与钢筋混凝土筒体及外围框架柱的连接可采用刚接或铰接。

【要点】

◆ 外框筒平面内采用梁柱刚接，能提高刚度及抵抗水平荷载的能力。

◆ 如在混凝土体墙中设置型钢并需要增加整体结构刚度时，可采取楼面钢梁与混凝土筒体刚接；当混凝土墙中无型钢柱时，宜采用铰接。

◆ 刚度发生突变的楼层，梁柱、梁墙采用刚接可以增加结构的空间刚度，使层间变形有效减小。

（6）楼盖体系应具有良好的水平刚度和整体性，其布置应符合下列规定：

1）楼面宜采用压型钢板现浇混凝土组合楼板、现浇混凝土楼板或预应力混凝土叠合楼板，楼板与钢梁应可靠连接；

2）机房设备层、避难层及外伸臂桁架上下弦杆所在楼层的楼板宜采用钢筋混凝土楼板，并应采取加强措施；

3）对于建筑物楼面有较大开洞或为转换楼层时，应采用现浇混凝土楼板；对楼板大开洞部位宜采取设置刚性水平支撑等加强措施。

（7）当侧向刚度不足时，混合结构可设置刚度适宜的加强层。加强层宜采用伸臂桁架，必要时可配合布置周边带状桁架。

加强层设计应符合下列规定：

1）伸臂桁架和周边带状桁架宜采用钢桁架；

2）伸臂桁架应与核心筒墙体刚接，上、下弦杆均应延伸至墙体内且贯通，墙体内宜设置斜腹杆或暗撑；外伸臂桁架与外围框架柱宜采用铰接或半刚接，周边带状桁架与外框架柱的连接宜采用刚性连接；

3）核心筒墙体与伸臂桁架连接处宜设置构造型钢柱，型钢柱宜至少延伸至伸臂桁架高度范围以外上、下各一层；

4）当布置有外伸臂桁架加强层时，应采取有效措施减少由于外框柱与混凝土筒体竖向变形差异引起的桁架杆件内力。

（三）构件设计

（1）型钢混凝土中型钢板件宽厚比不宜超过规范的相关规定。

（2）型钢混凝土梁的基本构造要求：

1）混凝土粗骨料最大直径不宜大于 25mm，型钢宜采用 Q235 及 Q345 级钢材，也可采用 Q390 或其他符合结构性能要求的钢材；

2）梁的纵向钢筋宜避免穿过柱中型钢的翼缘；

3）型钢混凝土梁中型钢的混凝土保护层厚度不宜小于 100mm，梁纵向钢筋净间距及梁纵向钢筋与型钢骨架的最小净距不应小于 30mm；

4）型钢混凝土梁中的纵向受力钢筋宜采用机械连接；

5）梁上开洞不宜大于梁截面总高的 40%，且不宜大于内含型钢截面高度的 70%，并应位于梁高及型钢高度的中间区域；

6）型钢混凝土悬臂梁自由端的纵向受力钢筋应设置专门的锚固件，型钢梁的上翼缘宜设置栓钉；型钢混凝土转换梁在型钢上翼缘宜设置栓钉；栓钉顶面的混凝土保护层厚度不应小于 15mm。

（3）型钢混凝土梁的箍筋应符合下列规定：

1）箍筋的最小面积配筋率应符合相应的规范规定；

2）抗震设计时，梁端箍筋应加密配置；

3）型钢混凝土梁应采用具有 135°弯钩的封闭式箍筋，箍筋的直径和间距应符合规范规定。

（4）抗震设计时，混合结构中型钢混凝土柱的轴压比不宜大于规范限值。

（5）型钢混凝土柱设计应符合下列构造要求：

1）型钢混凝土柱的长细比不宜大于 80；

2）房屋的底层、顶层以及型钢混凝土与钢筋混凝土交接层的型钢混凝土柱宜设置栓钉，型钢截面为箱形的柱子也宜设置栓钉，栓钉水平间距不宜大于 250mm；

3）型钢柱中型钢的保护厚度不宜小于 150mm；

4）型钢混凝土柱的纵向钢筋最小配筋率不宜小于 0.8%，且在四角应各配置一根直径不小于 16mm 的纵向钢筋。

（6）型钢混凝土柱箍筋的构造设计应符合《高层混凝土规程》的规定。

（7）型钢混凝土梁柱节点应符合下列构造要求：

1）型钢柱在梁水平翼缘处应设置加劲肋，其构造不应影响混凝土浇筑密实；

2）箍筋间距不宜大于柱端加密区间距的 1.5 倍，箍筋直径不宜小于柱端箍筋加密区的箍筋直径；

3）梁中钢筋穿过梁柱节点时，不宜穿过柱型钢翼缘；需穿过柱腹板时，柱腹板截面损失率不宜大于 25%，当超过 25% 时，则需进行补强；梁中主筋不得与柱型钢直接焊接。

（8）圆形钢管混凝土构件及节点可按《高层混凝土规程》附录 F 进行设计。

（9）圆形钢管混凝土柱尚应符合下列构造要求：

1）钢管直径不宜小于 400mm；

2）钢管壁厚不宜小于 8mm；

3）钢管外径与壁厚的比值 D/t 要求；

4）圆钢管混凝土柱的套箍指标要求；

5）柱的长细比不宜大于 80；

6）轴向压力偏心率要求；

7）钢管混凝土柱与框架梁刚性连接要求；

8）直径大于 2m 的圆形钢管混凝土构件应采取有效措施，减小钢管内混凝土收缩对构件受力性能的影响。

（10）矩形钢管混凝土柱应符合下列构造要求：

1）钢管截面短边尺寸不宜小于 400mm；

2）钢管壁厚不宜小于 8mm；

3）钢管截面的高宽比不宜大于 2，当矩形钢管混凝土柱截面最大边尺寸不小于 800mm 时，宜采取在柱子内壁上焊接栓钉、纵向加劲肋等构造措施；

4）钢管管壁板件的边长与其厚度的比值不应大于 $60\sqrt{235/f_y}$；

5）柱的长细比不宜大于 80；

6）矩形钢管混凝土柱的轴压比应符合限值要求。

（11）钢梁或型钢混凝土梁与混凝土筒体应有可靠连接，应能传递竖向剪力及水平力。当钢梁或型钢混凝土梁通过埋件与混凝土筒体连接时，预埋件应有足够的锚固长度。

（12）抗震设计时，混合结构中的钢柱及型钢混凝土柱、钢管混凝土柱宜采用埋入式柱脚。

（13）钢筋混凝土核心筒、内筒的设计，除应符合《高层混凝土规程》第 9.1.7 条的规定外，尚应符合下列规定：

1）抗震设计时，钢框架-钢筋混凝土核心筒结构的筒体底部加强部位应符合规范要求；

2）抗震设计时，框架-钢筋混凝土核心筒混合结构的筒体底部加强部位约束边缘构件沿墙肢的长度宜取墙肢截面高度的 1/4，筒体底部加强部位以上墙体宜按规范要求设置约束边缘构件；

3）当连梁抗剪截面不足时，可采取在连梁中设置型钢或钢板等措施。

（14）混合结构中结构构件的设计，尚应符合国家现行标准《钢结构设计标准》GB 50017、《混凝土结构设计规范》GB 50010、《高层民用建筑钢结构技术规程》JGJ 99、《型钢混凝土组合结构技术规程》JGJ 138 的有关规定。

例 15-43 (14-67) 型钢混凝土梁在型钢上设置的栓钉，其主要受力特征正确的是：

    A 受剪   B 受拉   C 受压   D 受弯

解析：栓钉是钢结构组合梁的抗剪连接件，其主要受力特征为受剪，也可以采用槽钢、弯筋或有可靠依据的其他类型连接件。

答案：A

规范：《钢结构设计标准》GB 50017—2017 第 14.3.1 条图 14.3.1（见图 15-20）。

例 15-44 (12-64) 型钢混凝土梁中，型钢的混凝土保护层厚度不宜小于：

    A 100mm   B 120mm   C 150mm   D 200mm

解析：型钢混凝土梁中型钢的混凝土保护层厚度不宜小于100mm，梁纵向钢筋净间距及梁纵向钢筋与型钢骨架的最小净距不应小于30mm。

答案：A

规范：《高层混凝土规程》第 11.4.2 条第 3 款。

五、单层工业厂房

【要点】单层工业厂房，一般多是铰接排架结构，抗侧刚度小，结构的冗余量也较小，相对于其他结构形式，震害严重，因此规范对单层工业厂房的结构布置和抗震构造有专门的要求。

(一) 单层钢筋混凝土柱厂房

1. 一般规定

本条内容主要适用于装配式单层钢筋混凝土柱厂房。

（1）厂房的结构布置应符合下列要求：

1）多跨厂房宜等高和等长，高低跨厂房不宜采用一端开口的结构布置；

2）厂房的贴建房屋和构筑物，不宜布置在厂房角部和紧邻防震缝处；

3）厂房体型复杂或有贴建的房屋和构筑物时，宜设防震缝；在厂房纵横跨交接处、大柱网厂房或不设柱间支撑的厂房，防震缝宽度可采用 100~150mm，其他情况可采用 50~90mm；

4）两个主厂房之间的过渡跨至少应有一侧采用防震缝与主厂房脱开；

5）厂房内上起重机的铁梯不应靠近防震缝设置；多跨厂房各跨上起重机的铁梯不宜设置在同一横向轴线附近；

6）厂房内的工作平台、刚性工作间宜与厂房主体结构脱开；

7）厂房的同一结构单元内，不应采用不同的结构形式；厂房端部应设屋架，不应采用山墙承重；厂房单元内不应采用横墙和排架混合承重；

8）厂房柱距宜相等，各柱列的侧移刚度宜均匀，当有抽柱时，应采取抗震加强措施。

注：钢筋混凝土框排架厂房的抗震设计，应符合《抗震规范》附录 H 第 H.1 节的规定。

（2）厂房天窗架的设置，应符合下列要求：

1）天窗宜采用突出屋面较小的避风型天窗，有条件或 9 度时宜采用下沉式天窗；

2）突出屋面的天窗宜采用钢天窗架；6～8度时，可采用矩形截面杆件的钢筋混凝土天窗架；

3）天窗架不宜从厂房结构单元第一开间开始设置；8度和9度时，天窗架宜从厂房单元端部第三柱间开始设置；

4）天窗屋盖、端壁板和侧板，宜采用轻型板材；不应采用端壁板代替端天窗架。

【要点】厂房天窗架的设置要求见表15-52。

厂房天窗架的设置要求

表 15-52

厂房天窗架	一般情况	其他
天窗	宜采用突出屋面较小的避风型天窗	有条件或9度时宜采用下沉式天窗
突出屋面的天窗	宜采用钢天窗架	6～8度时，可采用矩形截面杆件的钢筋混凝土天窗架
8度和9度时的天窗架	宜从厂房单元端部第三柱间开始设置	不宜从厂房结构单元第一开间开始设置
天窗屋盖、端壁板和侧板	宜采用轻型板材	不应采用端壁板代替端天窗架

（3）厂房屋架的设置应符合下列要求：

1）厂房宜采用钢屋架或重心较低的预应力混凝土、钢筋混凝土屋架；

2）跨度不大于15m时，可采用钢筋混凝土屋面梁；

3）跨度大于24m，或8度Ⅲ、Ⅳ类场地和9度时，应优先采用钢屋架；

4）柱距为12m时，可采用预应力混凝土托架（梁）；当采用钢屋架时，亦可采用钢托架（梁）；

5）有突出屋面天窗架的屋盖不宜采用预应力混凝土或钢筋混凝土空腹屋架；

6）8度（0.30g）和9度时，跨度大于24m的厂房不宜采用大型屋面板。

（4）厂房柱的设置应符合下列要求：

1）8度和9度时，宜采用矩形、工字形截面柱或斜腹杆双肢柱，不宜采用薄壁工字形柱、腹板开孔工字形柱、预制腹板的工字形柱和管柱；

2）柱底至室内地坪以上500mm范围内和阶形柱的上柱宜采用矩形截面。

（5）厂房围护墙、砌体女儿墙的布置、材料选型和抗震构造措施，应符合本节九、（二）（非结构构件）的有关规定。

2. 抗震构造措施

（1）有檩屋盖构件的连接及支撑布置，应符合下列要求：

1）檩条应与混凝土屋架（屋面梁）焊牢，并应有足够的支承长度；

2）双脊檩应在跨度1/3处相互拉结；

3）压型钢板应与檩条可靠连接，瓦楞铁、石棉瓦等应与檩条拉结；

4）支撑布置宜符合《抗震规范》表9.1.15的要求。

（2）无檩屋盖构件的连接及支撑布置，应符合下列要求：

1）大型屋面板应与屋架（屋面梁）焊牢，靠柱列的屋面板与屋架（屋面梁）的连接焊缝长度不宜小于80mm；

2）6 度和 7 度时有天窗厂房单元的端开间，或 8 度和 9 度时各开间，宜将垂直屋架方向两侧相邻的大型屋面板的顶面彼此焊牢；

3）8 度和 9 度时，大型屋面板端头底面的预埋件宜采用角钢并与主筋焊牢；

4）非标准屋面板宜采用装配整体式接头，或将板四角切掉后与屋架（屋面梁）焊牢；

5）屋架（屋面梁）端部顶面预埋件的锚筋，8 度时不宜少于 $4\phi10$，9 度时不宜少于 $4\phi12$；

6）支撑的布置宜符合《抗震规范》表 9.1.16-1 的要求，有中间井式天窗时宜符合《抗震规范》表 9.1.16-2 的要求；8 度和 9 度跨度不大于 15m 的厂房屋盖采用屋面梁时，可仅在厂房单元两端各设竖向支撑一道；单坡屋面梁的屋盖支撑布置，宜按屋架端部高度大于 900mm 的屋盖支撑布置执行。

（3）屋盖支撑尚应符合下列要求：

1）天窗开洞范围内，在屋架脊点处应设上弦通长水平压杆；8 度Ⅲ、Ⅳ类场地和 9 度时，梯形屋架端部上节点应沿厂房纵向设置通长水平压杆；

2）屋架跨中竖向支撑在跨度方向的间距，6～8 度时不大于 15m，9 度时不大于 12m；当仅在跨中设一道时，应设在跨中屋架屋脊处；当设两道时，应在跨度方向均匀布置；

3）屋架上、下弦通长水平系杆与竖向支撑宜配合设置；

4）柱距不小于 12m 且屋架间距 6m 的厂房，托架（梁）区段及其相邻开间应设下弦纵向水平支撑；

5）屋盖支撑杆件宜用型钢。

（4）突出屋面的混凝土天窗架，其两侧墙板与天窗立柱宜采用螺栓连接。

（5）混凝土屋架的截面和配筋，应符合下列要求：

1）屋架上弦第一节间和梯形屋架端竖杆的配筋，6 度和 7 度时不宜少于 $4\phi12$，8 度和 9 度时不宜少于 $4\phi14$；

2）梯形屋架的端竖杆的截面宽度宜与上弦宽度相同；

3）拱形和折线形屋架上弦端部支撑屋面板的小立柱，截面不宜小于 $200mm \times 200mm$，高度不宜大于 500mm，主筋宜采用 Π 形，6 度和 7 度时不宜少于 $4\phi12$，8 度和 9 度时不宜少于 $4\phi14$，箍筋可采用 $\phi6$，间距不宜大于 100mm。

（6）厂房柱间支撑的设置和构造，应符合下列要求：

1）厂房柱间支撑的设置和构造，应符合下列规定：

① 一般情况下，应在厂房单元中部设置上、下柱间支撑，且下柱支撑应与上柱支撑配套设置；

② 有起重机或 8 度和 9 度时，宜在厂房单元两端增设上柱支撑；

③ 厂房单元较长或 8 度Ⅲ、Ⅳ类场地和 9 度时，可在厂房单元中部 1/3 区段内设置两道柱间支撑。

2）柱间支撑应采用型钢，支撑形式宜采用交叉式，其斜杆与水平面的交角不宜大于 55°。

3）支撑杆件的长细比，不应超过表 15-53 的规定。

4）下柱支撑的下节点位置和构造措施，应保证将地震作用直接传给基础；当 6 度和 7 度（0.10g）不能直接传给基础时，应计及支撑对柱和基础的不利影响采取加强措施。

交叉支撑斜杆的最大长细比				表 15-53
位　置	烈　度			
	6度和7度 Ⅰ、Ⅱ类场地	7度Ⅲ、Ⅳ场 地和8度Ⅰ、 Ⅱ类场地	8度Ⅲ、Ⅳ类场 地和9度Ⅰ、 Ⅱ类场地	9度Ⅲ、 Ⅳ类场地
上柱支撑	250	250	200	150
下柱支撑	200	150	120	120

5）交叉支撑在交叉点应设置节点板，其厚度不应小于 10mm，斜杆与交叉节点板应焊接，与端节点板宜焊接。

（7）8度时跨度不小于 18m 的多跨厂房中柱和 9 度时多跨厂房各柱，柱顶宜设置通长水平压杆，此压杆可与梯形屋架支座处通长水平系杆合并设置，钢筋混凝土系杆端头与屋架间的空隙应采用混凝土填实。

【要点】

◆ 有檩屋盖主要指波形瓦（石棉瓦及槽瓦）屋盖，属于轻屋盖；有檩屋盖只要设置保证屋盖整体刚度的支撑体系，屋面瓦与檩条间以及檩条与屋架间拉结牢固，具有一定的抗震能力。

◆ 无檩屋盖指各类不用檩条的钢筋混凝土屋面板及屋架（梁）组成的屋盖，属于重屋盖，应用较多。无檩屋盖通过屋盖支撑将各构件间相互连成整体，保证屋盖具有足够的整体性，是厂房抗震的重要保证。

◆ 当厂房单元较长时或 8 度Ⅲ、Ⅳ类场地和 9 度时，温度应力及纵向地震作用效应较大，在设置一道下柱支撑不能满足要求时，可设置两道下柱支撑，但两道下柱支撑应在厂房单元中部 1/3 区段内设置，不宜设置在厂房端部。同时两道下柱支撑应适当拉开距离，以利于缩短地震作用的传递路线（图 15-26）。

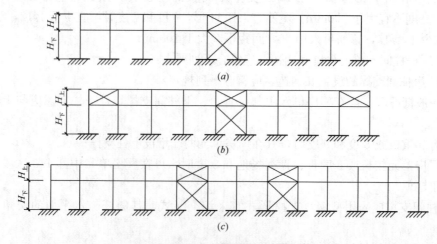

图 15-26　厂房柱间支撑设置

（a）厂房中部设置上、下柱间支撑；（b）厂房单元两端增设上柱支撑；

（c）厂房较长时在房屋中部设置柱间支撑

(二) 单层钢结构厂房

钢结构厂房抗震性能好于其他结构厂房，地震作用下，震害不算严重，但也有损坏和坍塌。

1. 一般规定

(1) 本条主要适用于钢柱、钢屋架或钢屋面梁承重的单层厂房。

单层的轻型钢结构厂房的抗震设计，应符合专门的规定。

(2) 厂房的结构体系应符合下列要求：

1) 厂房的横向抗侧力体系，可采用刚接框架、铰接框架、门式刚架或其他结构体系。厂房的纵向抗侧力体系，8、9度应采用柱间支撑；6、7度宜采用柱间支撑，也可采用刚接框架。

2) 厂房内设有桥式起重机时，起重机梁系统的构件与厂房框架柱的连接应能可靠地传递纵向水平地震作用。

3) 屋盖应设置完整的屋盖支撑系统。屋盖横梁与柱顶铰接时，宜采用螺栓连接。

(3) 厂房的平面布置、钢筋混凝土屋面板和天窗架的设置要求等，可参照本节第五、(一)(单层钢筋混凝土柱厂房)的有关规定。当设置防震缝时，其缝宽不宜小于单层混凝土柱厂房防震缝宽度的 1.5 倍。

(4) 厂房的围护墙板应符合本节第九、(二)(非结构构件)的有关规定。

2. 抗震构造措施

(1) 厂房的屋盖支撑应符合下列要求：

1) 无檩屋盖的支撑系统布置，宜符合表 15-54 的要求。

无檩屋盖的支撑系统布置   表 15-54

支撑名称			烈度		
			6、7	8	9
屋架支撑	上、下弦横向支撑		屋架跨度小于 18m 时同非抗震设计；屋架跨度不小于 18m 时，在厂房单元端开间各设一道	厂房单元端开间及上柱支撑开间各设一道；天窗开洞范围的两端各增设局部上弦支撑一道；当屋架端部支承在屋架上弦时，其下弦横向支撑同非抗震设计	
	上弦通长水平系杆		同非抗震设计	在屋脊处、天窗架竖向支撑处、横向支撑节点处和屋架两端处设置	
	下弦通长水平系杆			屋架竖向支撑节点处设置；当屋架与柱刚接时，在屋架端节间处按控制下弦平面外长细比不大于 150 设置	
	竖向支撑	屋架跨度小于 30m		厂房单元两端开间及上柱支撑各开间屋架端部各设一道	同 8 度，且每隔 42m 在屋架端部设置
		屋架跨度大于等于 30m		厂房单元的端开间，屋架 1/3 跨度处和上柱支撑开间内的屋架端部设置，并与上、下弦横向支撑相对应	同 8 度，且每隔 36m 在屋架端部设置

支撑名称		烈　度		
		6、7	8	9
纵向天窗架支撑	上弦横向支撑	天窗架单元两端开间各设一道	天窗架单元端开间及柱间支撑开间各设一道	
	竖向支撑　跨中	跨度不小于12m时设置，其道数与两侧相同	跨度不小于9m时设置，其道数与两侧相同	
	竖向支撑　两侧	天窗架单元端开间及每隔36m设置	天窗架单元端开间及每隔30m设置	天窗架单元端开间及每隔24m设置

2）有檩屋盖的支撑系统布置，宜符合表15-55要求。

有檩屋盖的支撑系统布置 表15-55

支撑名称		烈　度		
		6、7	8	9
屋架支撑	上弦横向支撑	厂房单元端开间及每隔60m各设一道	厂房单元端开间及上柱柱间支撑开间各设一道	同8度，且天窗开洞范围的两端各增设局部上弦横向支撑一道
	下弦横向支撑	同非抗震设计；当屋架端部支承在屋架下弦时，同上弦横向支撑		
	跨中竖向支撑	同非抗震设计		屋架跨度大于等于30m时，跨中增设一道
	两侧竖向支撑	屋架端部高度大于900mm时，厂房单元端开间及柱间支撑开间各设一道		
	下弦通长水平系杆	同非抗震设计	屋架两端和屋架竖向支撑处设置；与柱刚接时，屋架端节间处按控制下弦平面外长细比不大于150设置	
纵向天窗架支撑	上弦横向支撑	天窗架单元两端开间各设一道	天窗架单元两端开间及每隔54m各设一道	天窗架单元两端开间及每隔48m各设一道
	两侧竖向支撑	天窗架单元端开间及每隔42m各设一道	天窗架单元端开间及每隔36m各设一道	天窗架单元端开间及每隔24m各设一道

3）当轻型屋盖采用实腹屋面梁、柱刚性连接的刚架体系时，屋盖水平支撑可布置在屋面梁的上翼缘平面。屋面梁下翼缘应设置隅撑侧向支承，隅撑的另一端可与屋面檩条连接。屋盖横向支撑、纵向天窗架支撑的布置可参照无檩屋盖和有檩屋盖的支撑系统布置要求。

4）屋盖纵向水平支撑的布置，尚应符合下列规定：

① 当采用托架支承屋盖横梁的屋盖结构时，应沿厂房单元全长设置纵向水平支撑；

② 对于高低跨厂房，在低跨屋盖横梁端部支承处，应沿屋盖全长设置纵向水平支撑；

③ 纵向柱列局部柱间采用托架支承屋盖横梁时，应沿托架的柱间及向其两侧至少各延伸一个柱间设置屋盖纵向水平支撑；

④ 当设置沿结构单元全长的纵向水平支撑时，应与横向水平支撑形成封闭的水平支撑体系；多跨厂房屋盖纵向水平支撑的间距不宜超过两跨，不得超过三跨；高跨和低跨宜

按各自的标高组成相对独立的封闭支撑体系。

5）支撑杆宜采用型钢；设置交叉支撑时，支撑杆的长细比限值可取350。

（2）厂房框架柱的长细比限值应符合《抗震规范》的要求。

（3）厂房框架柱、梁的板件宽厚比应符合《抗震规范》的要求。

注：腹板的宽厚比，可通过设置纵向加劲肋减小。

（4）柱间支撑应符合下列要求：

1）厂房单元的各纵向柱列，应在厂房单元中部布置一道下柱柱间支撑；当7度厂房单元长度大于120m（采用轻型围护材料时为150m）、8度和9度厂房单元大于90m（采用轻型围护材料时为120m）时，应在厂房单元1/3区段内各布置一道下柱支撑；当柱距数不超过5个且厂房长度小于60m时，亦可在厂房单元的两端布置下柱支撑。

上柱柱间支撑应布置在厂房单元两端和具有下柱支撑的柱间。

2）柱间支撑宜采用X形支撑，条件限制时也可采用V形、∧形及其他形式的支撑。X形支撑斜杆与水平面的夹角、支撑斜杆交叉点的节点板厚度，应符合本节五、（一）（单层钢筋混凝土柱厂房）的规定。

3）柱间支撑杆件的长细比限值，应符合现行国家标准《钢结构设计标准》GB 50017的规定。

4）柱间支撑宜采用整根型钢，当热轧型钢超过材料最大长度规格时，可采用拼接等强接长。

5）有条件时，可采用消能支撑。

（5）柱脚应能可靠传递柱身承载力，宜采用埋入式、插入式或外包式柱脚，6、7度时也可采用外露式柱脚。柱脚设计应符合下列要求：

1）实腹式钢柱采用埋入式、插入式柱脚的埋入深度，应由计算确定，且不得小于钢柱截面高度的2.5倍。

2）格构式柱采用插入式柱脚的埋入深度，应由计算确定，其最小插入深度不得小于单肢截面高度（或外径）的2.5倍，且不得小于柱总宽度的0.5倍。

3）采用外包式柱脚时，实腹H形截面柱的钢筋混凝土外包高度不宜小于2.5倍的钢结构截面高度，箱形截面柱或圆管截面柱的钢筋混凝土外包高度不宜小于3.0倍的钢结构截面高度或圆管截面直径。

4）当采用外露式柱脚时，柱脚极限承载力不宜小于柱截面塑性屈服承载力的1.2倍。柱脚锚栓不宜用以承受柱底水平剪力，柱底剪力应由钢底板与基础间的摩擦力或设置抗剪键及其他措施承担。柱脚锚栓应可靠锚固。

（三）单层砖柱厂房

砖柱厂房整体性差，震害严重且不易修复，有条件时应尽量选择采用钢筋混凝土柱厂房或钢结构厂房。必须采用时，对适用范围和抗震设计要求有具体规定，详见《抗震规范》第9.3节。

例15-45 **（14-76）**设防烈度为8度的单层钢结构厂房，正确的抗侧力结构体系是：

A 横向采用刚接框架，纵向采用铰接框架

B　横向采用铰接框架，纵向采用刚接框架

C　横向采用铰接框架，纵向采用柱间支撑

D　横向采用柱间支撑，纵向采用刚性框架

解析：厂房的横向抗侧力体系，可采用刚接框架、铰接框架、门式刚架或其他结构体系。厂房的纵向抗侧力体系，8、9度应采用柱间支撑；6、7度宜采用柱间支撑，也可采用刚接框架。

钢结构厂房一般纵向均应设置柱间支撑，地震作用主要由支撑承担和传递；采用刚性框架作为主要抗侧力结构承担和传递地震作用的抗震效果差、费用高，很少采用。

答案：C

规范：《抗震规范》第9.2.2条第1款。

六、空旷房屋和大跨屋盖建筑

(一) 单层空旷房屋

单层空旷房屋是一组不同类型的结构组成的建筑，包含有单层的观众厅和多层的前后左右的附属用房。

1. 一般规定

（1）本条适用于较空旷的单层大厅和附属房屋组成的公共建筑。

（2）大厅、前厅、舞台之间，不宜设防震缝分开；大厅与两侧附属房屋之间可不设防震缝。但不设缝时应加强连接。

(3) 单层空旷房屋大厅屋盖的承重结构，在下列情况下不应采用砖柱：

1) 7度 (0.15g)、8度、9度时的大厅；

2) 大厅内设有挑台；

3) 7度 (0.10g) 时，大厅跨度大于 12m 或柱顶高度大于 6m；

4) 6度时，大厅跨度大于 15m 或柱顶高度大于 8m。

（4）单层空旷房屋大厅屋盖的承重结构，除上面第（3）条的规定者外，可在大厅纵墙屋架支点下增设钢筋混凝土-砖组合壁柱，不得采用无筋砖壁柱。

（5）前厅结构布置应加强横向的侧向刚度，大门处壁柱和前厅内独立柱应采用钢筋混凝土柱。

（6）前厅与大厅、大厅与舞台连接处的横墙，应加强侧向刚度，设置一定数量的钢筋混凝土抗震墙。

（7）大厅部分其他要求可参照本节五（单层工业厂房），附属房屋应符合《抗震规范》的有关规定。

2. 抗震构造措施

（1）大厅的屋盖构造，应符合本节五（单层工业厂房）的规定。

（2）大厅的钢筋混凝土柱和组合砖柱应符合下列要求：

1) 组合砖柱纵向钢筋的上端应锚入屋架底部的钢筋混凝土圈梁内；

2) 钢筋混凝土柱应按抗震等级不低于二级的框架柱设计，其配筋量应按计算确定。

（3）前厅与大厅，大厅与舞台间轴线上横墙，应符合下列要求：

1） 应在横墙两端，纵向梁支点及大洞口两侧设置钢筋混凝土框架柱或构造柱。

2） 嵌砌在框架柱间的横墙应有部分设计成抗震等级不低于二级的钢筋混凝土抗震墙。

3） 舞台口的柱和梁应采用钢筋混凝土结构，舞台口大梁上承重砌体墙应设置间距不大于 4m 的立柱和间距不大于 3m 的圈梁，立柱、圈梁的截面尺寸、配筋及与周围砌体的拉结应符合多层砌体房屋的要求。

4）9 度时，舞台口大梁上的墙体应采用轻质隔墙。

（4）大厅柱（墙）顶标高处应设置现浇圈梁，并宜沿墙高每隔 3m 左右增设一道圈梁。梯形屋架端部高度大于 900mm 时还应在上弦标高处增设一道圈梁。圈梁的截面高度不宜小于 180mm，宽度宜与墙厚相同，纵筋不应少于 4φ12，箍筋间距不宜大于 200mm。

（5）大厅与两侧附属房屋间不设防震缝时，应在同一标高处设置封闭圈梁并在交接处拉通，墙体交接处应沿墙高每隔 400mm 在水平灰缝内设置拉结钢筋网片，且每边伸入墙内不宜小于 1m。

（6）悬挑式挑台应有可靠的锚固和防止倾覆的措施。

（7）山墙应沿屋面设置钢筋混凝土卧梁，并应与屋盖构件锚拉；山墙应设置钢筋混凝土柱或组合柱，其截面和配筋分别不宜小于排架柱或纵墙组合柱，并应通到山墙的顶端与卧梁连接。

（8）舞台后墙、大厅与前厅交接处的高大山墙，应利用工作平台或楼层作为水平支撑。

【要点】

◆ 前厅与大厅、大厅与舞台之间的墙体是单层空旷房屋的主要抗侧力构件，承担横向地震作用，因此应根据抗震设防烈度及房屋的跨度、高度等因素，设置一定数量的抗震墙。

◆ 舞台口梁为悬梁，上部支承有舞台上的屋架，受力复杂，在地震作用下破坏较多。因此舞台口墙要加强与大厅屋盖体系的拉结，用钢筋混凝土墙体、立柱和水平圈梁来加强自身的整体性和稳定性。9 度时不应采用舞台口砌体墙承重。

◆ 大厅四周的墙体一般较高，需增设多道水平圈梁来加强整体性和稳定性。特别是墙顶标高处的圈梁更为重要。

◆ 大厅与两侧的附属房屋之间一般不设防震缝，其交接处受力较大，要加强连接，以增加房屋整体性。

（二）大跨屋盖建筑

《抗震规范》适用的大跨屋盖建筑是指与传统板式、梁板式屋盖结构相区别，且有更大跨越能力的屋盖体系，包括：拱、平面桁架、立体桁架、网架、网壳、张弦梁、弦支穹顶等基本形式，以及由这些基本形式组合而成的结构，不应单从跨度大小的角度来理解大跨屋盖建筑结构。

1. 一般规定

（1）本条适用于采用拱、平面桁架、立体桁架、网架、网壳、张弦梁、弦支穹顶等基本形式及其组合而成的大跨度钢屋盖建筑。

采用非常用形式以及跨度大于 120m、结构单元长度大于 300m 或悬挑长度大于 40m 的大跨钢屋盖建筑的抗震设计，应进行专门研究和论证，采取有效的加强措施。

（2）屋盖及其支承结构的选型和布置，应符合下列各项要求：

1）应能将屋盖的地震作用有效地传递到下部支承结构。

2）应具有合理的刚度和承载力分布，屋盖及其支承的布置宜均匀对称。

3）宜优先采用两个水平方向刚度均衡的空间传力体系。

4）结构布置宜避免因局部削弱或突变形成薄弱部位，产生过大的内力、变形集中。对于可能出现的薄弱部位，应采取措施提高其抗震能力。

5）宜采用轻型屋面系统。

6）下部支承结构应合理布置，避免使屋盖产生过大的地震扭转效应。

（3）屋盖体系的结构布置，尚应分别符合下列要求：

1）单向传力体系的结构布置，应符合下列规定：

① 主结构（桁架、拱、张弦梁）间应设置可靠的支撑，保证垂直于主结构方向的水平地震作用的有效传递；

② 当桁架支座采用下弦节点支承时，应在支座间设置纵向桁架或采取其他可靠措施，防止桁架在支座处发生平面外扭转。

2）空间传力体系的结构布置，应符合下列规定：

① 平面形状为矩形且三边支承一边开口的结构，其开口边应加强，保证足够的刚度；

② 两向正交正放网架、双向张弦梁，应沿周边支座设置封闭的水平支撑；

③ 单层网壳应采用刚接节点。

注：单向传力体系指平面拱、单向平面桁架、单向立体桁架、单向张弦梁等结构形式；空间传力体系指网架、网壳、双向立体桁架、双向张弦梁和弦支穹顶等结构形式，见表15-56。

大跨屋盖传力体系的结构形式　　　　　　　　　　　　表15-56

单向传力体系	平面拱	单向平面桁架	单向立体桁架	单向张弦梁等
空间传力体系	网架	网壳	双向立体桁架	双向张弦梁、弦支穹顶等

【要点】

◆ 单向传力体系的抗震薄弱环节在垂直于主结构（桁架、张弦梁）方向的水平地震作用传递以及主结构的平面外稳定性，设置可靠的屋盖支撑是重要的抗震措施。

◆ 空间传力结构体系具有良好的整体性和空间受力的特点，抗震性能优于单向传力体系。

（4）当屋盖分区域采用不同的结构形式时，交界区域的杆件和节点应加强；也可设置防震缝，缝宽不宜小于150mm。

（5）屋面围护系统、吊顶及悬吊物等非结构构件应与结构可靠连接，其抗震措施应符合本节九、（非结构构件）的有关规定。

2. 抗震构造措施

（1）屋盖钢杆件的长细比宜符合表15-57的规定：

钢杆件的长细比限值表　　　　　　　　　　　　表15-57

杆件类型	受 拉	受 压	压 弯	拉 弯
一般杆件	250	180	150	250
关键杆件	200	150（120）	150（120）	200

注：1. 括号内数值用于8、9度；

2. 表列数据不适用于拉索等柔性构件。

【要点】 杆件长细比限值参考了《钢结构设计标准》和《空间网格结构技术规程》的相关规定，并做了适当加强。应一并对照复习，理解长细比的概念。

（2）屋盖构件节点的抗震构造应符合下列要求：

1）采用节点板连接各杆件时，节点板的厚度不宜小于连接杆件最大壁厚的 1.2 倍；

2）采用相贯节点时，应将内力较大方向的杆件直通，直通杆件的壁厚不应小于焊于其上各杆件的壁厚；

3）采用焊接球节点时，球体的壁厚不应小于相连杆件最大壁厚的 1.3 倍；

4）杆件宜相交于节点中心。

（3）支座的抗震构造应符合下列要求：

1）应具有足够的强度和刚度，在荷载作用下不应先于杆件和其他节点破坏，也不得产生不可忽略的变形；支座节点构造形式应传力可靠、连接简单，并符合计算假定；

2）对于水平可滑动的支座，应保证屋盖在罕遇地震下的滑移不超出支承面，并应采取限位措施；

3）8、9 度时，多遇地震下只承受竖向压力的支座，宜采用拉压型构造。

（4）屋盖结构采用隔震及减震支座时，其性能参数、耐久性及相关构造应符合本节八、（隔震和消能减震设计）的有关规定。

例 15-46 **（14-100）** 关于抗震设计的大跨度屋盖及其支承结构选型和布置的说法，正确的是：

A 宜采用整体性较好的刚性屋面系统

B 宜优先采用两个水平方向刚度均衡的空间传力体系

C 采用常用的结构形式，当跨度大于 60m 时，应进行专门研究和论证

D 下部支承结构布置不应对屋盖结构产生地震扭转效应

解析： 宜优先采用两个水平方向刚度均衡的空间传力体系。

答案： B

规范：《抗震规范》第 10.2.1 条、第 10.2.2 条第 3、5、6 款。

七、土、木、石结构房屋

(一) 一般规定

（1）土、木、石结构房屋的建筑、结构布置应符合下列要求：

1）房屋的平面布置应避免拐角或突出；

2）纵横向承重墙的布置宜均匀对称，在平面内宜对齐，沿竖向应上下连续；在同一轴线上，窗间墙的宽度宜均匀；

3）多层房屋的楼层不应错层，不应采用板式单边悬挑楼梯；

4）不应在同一高度内采用不同材料的承重构件；

5）屋檐外挑梁上不得砌筑砌体。

（2）木楼、屋盖房屋应在下列部位采取拉结措施：

1）两端开间屋架和中间隔开间屋架应设置竖向剪刀撑；

2）在屋檐高度处应设置纵向通长水平系杆，系杆应采用墙揽与各道横墙连接或与木梁、屋架下弦连接牢固；纵向水平系杆端部宜采用木夹板对接，墙揽可采用方木、角铁等材料；

3）山墙、山尖墙应采用墙揽与木屋架、木构架或檩条拉结；

4）内隔墙墙顶应与梁或屋架下弦拉结。

（3）木楼、屋盖构件的支承长度应不小于表 15-58 的规定。

木楼、屋盖构件的最小支承长度（mm）　　　　表 15-58

构件名称	木屋架、木梁	对接木龙骨、木檩条		搭接木龙骨、木檩条
位置	墙上	屋架上	墙上	屋架上、墙上
支承长度与连接方式	240（木垫板）	60（木夹板与螺栓）	120（木夹板与螺栓）	满搭

（4）门窗洞口过梁的支承长度，6～8 度时不应小于 240mm，9 度时不应小于 360mm。

（5）当采用冷摊瓦屋面时，底瓦的弧边两角宜设置钉孔，可采用铁钉与椽条钉牢；盖瓦与底瓦宜采用石灰或水泥砂浆压垄等做法与底瓦粘结牢固。

（6）土木石房屋突出屋面的烟囱、女儿墙等易倒塌构件的出屋面高度，6、7 度时不应大于 600mm；8 度（0.20g）时不应大于 500mm；8 度（0.30g）和 9 度时不应大于 400mm。并应采取拉结措施。

注：坡屋面上的烟囱高度由烟囱的根部上沿算起。

（7）土木石房屋的结构材料应符合下列要求：

1）木构件应选用干燥、纹理直、节疤少、无腐朽的木材；

2）生土墙体土料应选用杂质少的黏性土；

3）石材应质地坚实，无风化、剥落和裂纹。

（8）土木石房屋的施工应符合下列要求：

1）HPB300 钢筋端头应设置 180°弯钩；

2）外露铁件应做防锈处理。

（二）生土房屋

（1）本条适用于 6 度、7 度（0.10g）未经焙烧的土坯、灰土和夯土承重墙体的房屋及土窑洞、土拱房。

注：1. 灰土墙指掺石灰（或其他粘结材料）的土筑墙和掺石灰土坯墙；

2. 土窑洞指未经扰动的原土中开挖而成的崖窑。

（2）生土房屋的高度和承重横墙墙间距应符合下列要求：

1）生土房屋宜建单层，灰土墙房屋可建二层，但总高度不应超过 6m；

2）单层生土房屋的檐口高度不宜大于 2.5m；

3）单层生土房屋的承重横墙间距不宜大于 3.2m；

4）窑洞净跨不宜大于 2.5m。

（3）生土房屋的屋盖应符合下列要求：

1）应采用轻屋面材料；

2）硬山搁檩房屋宜采用双坡屋面或弧形屋面，檩条支承处应设垫木；端檩应出檐，内墙上檩条应满搭或采用夹板对接和燕尾榫加扒钉连接；

3）木屋盖各构件应采用圆钉、扒钉、钢丝等相互连接；

4）木屋架、木梁在外墙上宜满搭，支承处应设置木圈梁或木垫板；木垫板的长度、宽度和厚度分别不宜小于 500mm、370mm 和 60mm；木垫板下应铺设砂浆垫层或黏土石灰浆垫层。

（4）生土房屋的承重墙体应符合下列要求：

1）承重墙体门窗洞口的宽度，6、7 度时不应大于 1.5m；

2）门窗洞口宜采用木过梁；当过梁由多根木杆组成时，宜采用木板、扒钉、铅丝等将各根木杆连接成整体；

3）内外墙体应同时分层交错夯筑或咬砌。外墙四角和内外墙交接处，应沿墙高每隔500mm 左右放置一层竹筋、木条、荆条等编织的拉结网片，每边伸入墙体应不小于1000mm 或至门窗洞边，拉结网片在相交处应绑扎；或采取其他加强整体性的措施。

（5）各类生土房屋的地基应夯实，应采用毛石、片石、凿开的卵石或普通砖基础，基础墙应采用混合砂浆或水泥砂浆砌筑。外墙宜做墙裙防潮处理（墙脚宜设防潮层）。

（6）土坯宜采用黏性土湿法成型并宜掺入草苇等拉结材料；土坯应卧砌并宜采用黏土浆或黏土石灰浆砌筑。

（7）灰土墙房屋应每层设置圈梁，并在横墙上拉通；内纵墙顶面宜在山尖墙两侧增砌踏步式墙垛。

（8）土拱房应多跨连接布置，各拱脚均应支承在稳固的崖体上或支承在人工土墙上；拱圈厚度宜为 300～400mm，应支模砌筑，不应后倾贴砌；外侧支承墙和拱圈上不应布置门窗。

（9）土窑洞应避开易产生滑坡、山崩的地段；开挖窑洞的崖体应土质密实、土体稳定、坡度较平缓、无明显的竖向节理；崖窑前不宜接砌土坯或其他材料的前脸；不宜开挖层窑，否则应保持足够的间距，且上、下不宜对齐。

（三）木结构房屋

（1）本节适用于 6～9 度的穿斗木构架、木柱木屋架和木柱木梁等房屋。

（2）木结构房屋不应采用木柱与砖柱或砖墙等混合承重；山墙应设置端屋架（木梁），不得采用硬山搁檩。

（3）木结构房屋的高度应符合下列要求：

1）木柱木屋架和穿斗木构架房屋，6～8 度时不宜超过二层，总高度不宜超过 6m；9度时宜建单层，高度不应超过 3.3m；

2）木柱木梁房屋宜建单层，高度不宜超过 3m。

（4）礼堂、剧院、粮仓等较大跨度的空旷房屋，宜采用四柱落地的三跨木排架。

（5）木屋架屋盖的支撑布置，应符合本节五、（三）（单层砖柱厂房）的有关规定，但房屋两端的屋架支撑，应设置在端开间。

（6）木柱木屋架和木柱木梁房屋应在木柱与屋架（或梁）间设置斜撑；横隔墙较多的居住房屋应在非抗震隔墙内设斜撑；斜撑宜采用木夹板，并应通到屋架的上弦。

（7）穿斗木构架房屋的横向和纵向均应在木柱的上、下柱端和楼层下部设置穿枋，并应在每一纵向柱列间设置 1～2 道剪刀撑或斜撑。

（8）木结构房屋的构件连接，应符合下列要求：

1）柱顶应有暗榫插入屋架下弦，并用 U 形铁件连接；8、9 度时，柱脚应采用铁件或其他措施与基础锚固。柱础埋入地面以下的深度不应小于200mm；

2）斜撑和屋盖支撑结构，均应采用螺栓与主体构件相连接；除穿斗木构件外，其他木构件宜采用螺栓连接；

3）椽与檩的搭接处应满钉，以增强屋盖的整体性。木构架中，宜在柱檐口以上沿房屋纵向设置竖向剪刀撑等措施，以增强纵向稳定性。

（9）木构件应符合下列要求：

1）木柱的梢径不宜小于150mm；应避免在柱的同一高度处纵横向同时开槽，且在柱的同一截面开槽面积不应超过截面总面积的1/2；

2）柱子不能有接头；

3）穿枋应贯通木构架各柱。

（10）围护墙应符合下列要求：

1）围护墙与木柱的拉结应符合下列要求：

① 沿墙高每隔500mm左右，应采用8号钢丝将墙体内的水平拉结筋或拉结网片与木柱拉结；

② 配筋砖圈梁、配筋砂浆带与木柱应采用$\phi 6$钢筋或8号钢丝拉结。

2）土坯砌筑的围护墙，洞口宽度应符合本章（二）（生土房屋）的要求。砖等砌筑的围护墙，横墙和内纵墙上的洞口宽度不宜大于1.5m，外纵墙上的洞口宽度不宜大于1.8m或开间尺寸的一半。

3）土坯、砖等砌筑的围护墙不应将木柱完全包裹，应贴砌在木柱外侧。

例 15-47 **（14-71）** 地震区轻型木结构房屋梁与柱的连接做法，正确的是：

A 螺栓连接   B 钢钉连接

C 齿连接   D 榫式连接

解析： 轻型木结构构件之间应有可靠连接，主要是钉连接。有抗震设防要求的轻型木结构，连接中关键部位应采用螺栓连接。

答案： A

规范：《抗震规范》第11.3.8条第2款。

（四）石结构房屋

（1）本条适用于6～8度，砂浆砌筑的料石砌体（包括有垫片或无垫片）承重的房屋。

（2）多层石砌体房屋的总高度和层数不应超过表15-59的规定。

多层石砌体房屋总高度（m）和层数限值   表 15-59

墙体类别	烈 度					
	6		7		8	
	高度	层数	高度	层数	高度	层数
细、半细料石砌体（无垫片）	16	五	13	四	10	三
粗料石及毛料石砌体（有垫片）	13	四	10	三	7	二

注：1. 房屋总高度的计算同本书表15-33注；

    2. 横墙较少的房屋，总高度应降低3m，层数相应减少一层。

（3）多层石砌体房屋的层高不宜超过 3m。

（4）多层石砌体房屋的抗震横墙间距，不应超过表 15-60 的规定。

多层石砌体房屋的抗震横墙间距（m）   表 15-60

楼、屋盖类型	烈　度		
	6	7	8
现浇及装配整体式钢筋混凝土	10	10	7
装配式钢筋混凝土	7	7	4

（5）多层石砌体房屋，宜采用现浇或装配整体式钢筋混凝土楼、屋盖。

（6）石墙的截面抗震验算，可参照《抗震规范》第 7.2 节；其抗剪强度应根据试验数据确定。

（7）多层石砌体房屋应在外墙四角、楼梯间四角和每开间的内外墙交接处设置钢筋混凝土构造柱。

（8）抗震横墙洞口的水平截面面积，不应大于全截面面积的 1/3。

（9）每层的纵横墙均应设置圈梁，其截面高度不应小于 120mm，宽度宜与墙厚相同，纵向钢筋不应小于 4φ10，箍筋间距不宜大于 200mm。

（10）无构造柱的纵横墙交接处，应采用条石无垫片砌筑，且应沿墙高每隔 500mm 设置拉结钢筋网片，每边每侧伸入墙内不宜小于 1m。

（11）不应采用石板作为承重构件。

（12）其他有关抗震构造措施要求，参照本节"二、多层砌体房屋和底部框架砌体房屋"的相关规定。

八、隔震和消能减震设计

一般规定：

（1）本条适用于设置隔震层以隔离水平地震动的房屋隔震设计，以及设置消能部件吸收与消耗地震能量的房屋消能减震设计。

采用隔震和消能减震设计的建筑结构，应符合《抗震规范》第 3.8.1 条的规定，其抗震设防目标应符合《抗震规范》第 3.8.2 条的规定。

注：① 隔震设计指在房屋基础、底部或下部结构与上部结构之间设置由橡胶隔震支座和阻尼装置等部件组成具有整体复位功能的隔震层，以延长整个结构体系的自振周期，减少输入上部结构的水平地震作用，达到预期防震要求。

② 消能减震设计指在房屋结构中设置消能器，通过消能器的相对变形和相对速度提供附加阻尼，以消耗输入结构的地震能量，达到预期防震减震要求。

（2）建筑结构隔震设计和消能减震设计确定设计方案时，除应符合《抗震规范》第 3.5.1 条的规定外，尚应与采用抗震设计的方案进行对比分析。

（3）建筑结构采用隔震设计时应符合下列各项要求：

1）结构高宽比宜小于 4，且不应大于相关规范规程对非隔震结构的具体规定，其变形特征接近剪切变形，最大高度应满足本规范非隔震结构的要求；高宽比大于 4 或非隔震结构相关规定的结构采用隔震设计时，应进行专门研究。

2）建筑场地宜为Ⅰ、Ⅱ、Ⅲ类，并应选用稳定性较好的基础类型。

3）风荷载和其他非地震作用的水平荷载标准值产生的总水平力不宜超过结构总重力的10%。

4）隔震层应提供必要的竖向承载力、侧向刚度和阻尼；穿过隔震层的设备配管、配线，应采用柔性连接或其他有效措施，以适应隔震层的罕遇地震水平位移。

（4）消能减震设计可用于钢、钢筋混凝土、钢-混凝土混合等结构类型的房屋。

消能部件应对结构提供足够的附加阻尼，尚应根据其结构类型分别符合《抗震规范》相应章节的设计要求。

（5）隔震和消能减震设计时，隔震装置和消能部件应符合下列要求：

1）隔震装置和消能部件的性能参数应经试验确定。

2）隔震装置和消能部件的设置部位，应采取便于检查和替换的措施。

3）设计文件上应注明对隔震装置和消能部件的性能要求，安装前应按规定进行检测，确保性能符合要求。

（6）建筑结构的隔震设计和消能减震设计，尚应符合相关专门标准的规定；也可按抗震性能目标的要求进行性能化设计。

九、非结构构件

（一）一般规定

（1）本条主要适用于非结构构件与建筑结构的连接。非结构构件包括持久性的建筑非结构构件和支承于建筑结构的附属机电设备。

注：① 建筑非结构构件指建筑中除承重骨架体系以外的固定构件和部件，主要包括非承重墙体，附着于楼面和屋面结构的构件、装饰构件和部件、固定于楼面的大型储物架等。

② 建筑附属机电设备指为现代建筑使用功能服务的附属机械、电气构件、部件和系统，主要包括电梯、照明和应急电源、通信设备，管道系统，采暖和空气调节系统，烟火监测和消防系统，公用天线等。

（2）非结构构件应根据所属建筑的抗震设防类别和非结构地震破坏的后果及其对整个建筑结构影响的范围，采取不同的抗震措施，达到相应的性能化设计目标。

建筑非结构构件和建筑附属机电设备实现抗震性能化设计目标的某些方法可按《抗震规范》附录M第M.2节执行。

（3）当抗震要求不同的两个非结构构件连接在一起时，应按较高的要求进行抗震设计。其中一个非结构构件连接损坏时，应不致引起与之相连接的有较高要求的非结构构件失效。

（4）非结构构件应根据所属建筑的抗震设防类别和非结构构件地震破坏的后果及其对整个建筑结构影响的范围，划分为下列功能级别：

1）一级，地震破坏后可能导致甲类建筑使用功能的丧失或危及乙类、丙类建筑中的人员生命安全；

2）二级，地震破坏后可能导致乙类、丙类建筑的使用功能丧失或危及丙类建筑中的人员安全；

3）三级，除一、二级及丁类建筑以外的非结构构件。

注：《非结构构件抗震设计规范》JGJ 339—2015。

（二）建筑非结构构件的基本抗震措施

（1）建筑结构中，设置连接幕墙、围护墙、隔墙、女儿墙、雨篷、商标、广告牌、顶棚支架、大型储物架等建筑非结构构件的预埋件、锚固件的部位，应采取加强措施，以承受建筑非结构构件传给主体结构的地震作用。

（2）非承重墙体的材料、选型和布置，应根据烈度、房屋高度、建筑体型、结构层间变形、墙体自身抗侧力性能的利用等因素，经综合分析后确定，并应符合下列要求：

1）非承重墙体宜优先采用轻质墙体材料；采用砌体墙时，应采取措施减少对主体结构的不利影响，并应设置拉结筋、水平系梁、圈梁、构造柱等与主体结构可靠拉结；

2）刚性非承重墙体的布置，应避免使结构形成刚度和强度分布上的突变；当围护墙非对称均匀布置时，应考虑质量和刚度的差异对主体结构抗震不利的影响；

3）墙体与主体结构应有可靠的拉结，应能适应主体结构不同方向的层间位移；8、9度时应具有满足层间变位的变形能力，与悬挑构件相连接时，尚应具有满足节点转动引起的竖向变形的能力；

4）外墙板的连接件应具有足够的延性和适当的转动能力，宜满足在设防地震下主体结构层间变形的要求；

5）砌体女儿墙在人流出入口和通道处应与主体结构锚固；非出入口无锚固的女儿墙高度，6～8度时不宜超过0.5m，9度时应有锚固。防震缝处女儿墙应留有足够的宽度，缝两侧的自由端应予以加强；

（3）多层砌体结构中，非承重墙体等建筑非结构构件应符合下列要求：

1）后砌的非承重隔墙应沿墙高每隔500～600mm配置2φ6拉结钢筋与承重墙或柱拉结，每边伸入墙内不应少于500mm；8度和9度时，长度大于5m的后砌隔墙，墙顶尚应与楼板或梁拉结，独立墙肢端部及大门洞边宜设钢筋混凝土构造柱；

2）烟道、风道、垃圾道等不应削弱墙体；当墙体被削弱时，应对墙体采取加强措施；不宜采用无竖向配筋的附墙烟囱或出屋面的烟囱；

3）不应采用无锚固的钢筋混凝土预制挑檐。

（4）钢筋混凝土结构中的砌体填充墙，尚应符合下列要求：

1）填充墙在平面和竖向的布置，宜均匀对称，宜避免形成薄弱层或短柱；

2）砌体的砂浆强度等级不应低于M5；实心块体的强度等级不宜低于MU2.5，空心块体的强度等级不宜低于MU3.5；墙顶应与框架梁密切结合；

3）填充墙应沿框架柱全高每隔500～600mm设2φ6拉筋，拉筋伸入墙内的长度，6、7度时宜沿墙全长贯通，8、9度时应全长贯通；

4）墙长大于5m时，墙顶与梁宜有拉结；墙长超过8m或层高2倍时，宜设置钢筋混凝土构造柱；墙高超过4m时，墙体半高宜设置与柱连接且沿墙全长贯通的钢筋混凝土水平系梁；

5）楼梯间和人流通道的填充墙，尚应采用钢丝网砂浆面层加强。

（5）单层钢筋混凝土柱厂房的围护墙和隔墙，尚应符合下列要求：

1）厂房的围护墙宜采用轻质墙板或钢筋混凝土大型墙板，砌体围护墙应采用外贴式并与柱可靠拉结；外侧柱距为12m时应采用轻质墙板或钢筋混凝土大型墙板。

2）刚性围护墙沿纵向宜均匀对称布置，不宜一侧为外贴式，另一侧为嵌砌式或开敞式；不宜一侧采用砌体墙，一侧采用轻质墙板。

3）不等高厂房的高跨封墙和纵横向厂房交接处的悬墙宜采用轻质墙板，6、7度采用砌体时不应直接砌在低跨屋面上。

4）砌体围护墙在下列部位应设置现浇钢筋混凝土圈梁：

① 梯形屋架端部上弦和柱顶的标高处应各设一道，但屋架端部高度不大于900mm时可合并设置；

② 应按上密下稀的原则每隔4m左右在窗顶增设一道圈梁，不等高厂房的高低跨封墙和纵墙跨交接处的悬墙，圈梁的竖向间距不应大于3m；

③ 山墙沿屋面应设钢筋混凝土卧梁，并应与屋架端部上弦标高处的圈梁连接。

5）圈梁的构造应符合下列规定：

① 圈梁宜闭合，圈梁截面宽度宜与墙厚相同，截面高度不应小于180mm；

② 厂房转角处柱顶圈梁在端开间范围内的纵筋按规范要求设置；

③ 圈梁应与柱或屋架牢固连接，山墙卧梁应与屋面板拉结；防震缝处圈梁与柱或屋架的拉结宜加强。

6）墙梁宜采用现浇，当采用预制墙梁时，梁底应与砖墙顶面牢固拉结并应与柱锚拉；厂房转角处相邻的墙梁，应相互可靠连接。

7）砌体隔墙与柱宜脱开或柔性连接，并应采取措施使墙体稳定，隔墙顶部应设现浇钢筋混凝土压顶梁。

8）砖墙的基础，8度Ⅲ、Ⅳ类场地和9度时，预制基础梁应采用现浇接头；当另设条形基础时，在柱基础顶面标高处应设置连续的现浇钢筋混凝土圈梁。

9）砌体女儿墙高度不宜大于1m，且应采取措施防止地震时倾倒。

（6）钢结构厂房的围护墙，应符合下列要求：

1）厂房的围护墙，应优先采用轻型板材，预制钢筋混凝土墙板宜与柱柔性连接；9度时宜采用轻型板材。

2）单层厂房的砌体围护墙应贴砌并与柱拉结，尚应采取措施使墙体不妨碍厂房柱列沿纵向的水平位移；8、9度时不应采用嵌砌式。

（7）各类顶棚的构件与楼板的连接件，应能承受顶棚、悬挂重物和有关机电设施的自重和地震附加作用；其锚固的承载力应大于连接件的承载力。

（8）悬挑雨篷或一端由柱支承的雨篷，应与主体结构可靠连接。

（9）玻璃幕墙、预制墙板、附属于楼屋面的悬臂构件和大型储物架的抗震构造，应符合相关专门标准的规定。

（三）建筑附属机电设备支架的基本抗震措施

（1）附属于建筑的电梯、照明和应急电源系统、烟火监测和消防系统、采暖和空气调节系统、通信系统、公用天线等与建筑结构的连接构件和部件的抗震措施，应根据设防烈度、建筑使用功能、房屋高度、结构类型和变形特征、附属设备所处的位置和运转要求等经综合分析后确定。

（2）下列附属机电设备的支架可不考虑抗震设防要求：

1）重力不超过1.8kN的设备；

2）内径小于25mm的燃气管道和内径小于60mm的电气配管；

3）矩形截面面积小于0.38m² 和圆形直径小于0.70m的风管；

4）吊杆计算长度不超过 300mm 的吊杆悬挂管道。

（3）建筑附属机电设备不应设置在可能导致其使用功能发生障碍等二次灾害的部位；对于有隔振装置的设备，应注意其强烈振动对连接件的影响，并防止设备和建筑结构发生谐振现象。

建筑附属机电设备的支架应具有足够的刚度和强度；其与建筑结构应有可靠的连接和锚固，应使设备在遭遇设防烈度地震影响后能迅速恢复运转。

（4）管道、电缆、通风管和设备的洞口设置，应减少对主要承重结构构件的削弱；洞口边缘应有补强措施。

管道和设备与建筑结构的连接，应能允许二者间有一定的相对变位。

（5）建筑附属机电设备的基座或连接件应能将设备承受的地震作用全部传递到建筑结构上。建筑结构中，用以固定建筑附属机电设备预埋件、锚固件的部位，应采取加强措施，以承受附属机电设备传给主体结构的地震作用。

（6）建筑内的高位水箱应与所在的结构构件可靠连接；且应计及水箱及所含水重对建筑结构产生的地震作用效应。

（7）在设防地震下需要连续工作的附属设备，宜设置在建筑结构地震反应较小的部位；相关部位的结构构件应采取相应的加强措施。

例 15-48 **（14-58）** 用于框架填充内墙的轻集料混凝土空心砌块和砂浆的强度等级不宜低于：

A 砌块 MU5，砂浆 M5 　　　　B 砌块 MU5，砂浆 M3.5
C 砌块 MU3.5，砂浆 M5 　　　 D 砌块 MU3.5，砂浆 M3.5

解析： 钢筋混凝土结构中的砌体填充墙，砌体的砂浆强度等级不应低于 M5；填充墙实心块体的强度等级不宜低于 MU2.5，空心块体的强度等级不宜低于 MU3.5。

答案： C

规范：《抗震规范》第 13.3.4 条第 2 款；《砌体结构设计规范》GB 50003—2011 第 6.3.3 条第 1 款、第 2 款，第 3.1.2 条第 2 款。

例 15-49 **（10-118）** 关于非结构构件抗震设计的下列叙述，哪项不正确？

A 框架结构的围护墙应考虑其设置对结构抗震的不利影响，避免不合理设置导致主体结构的破坏
B 框架结构的内隔墙可不考虑其对主体结构的影响，按建筑分隔需要设置
C 建筑附属机电设备及其与主体结构的连接应进行抗震设计
D 幕墙、装饰贴面与主体结构的连接应进行抗震设计

解析： 框架结构的围护墙和隔墙，抗震设计时应考虑对主体结构的不利影响，加强连接构造，避免不合理设置导致主体结构的破坏。非结构构件，包括建筑非结构构件和建筑附属机电设备，自身及其与结构主体的连接，应进行抗震设计。

幕墙、装饰贴面与主体结构应有可靠连接，避免地震时脱落伤人。

答案： B

规范：《抗震规范》第 3.7.4 条及第 3.7.1、3.7.5 条。

十、地下建筑

(一) 一般规定

(1) 本条主要适用于地下车库、过街通道、地下变电站和地下空间综合体等单建式地下建筑。不包括地下铁道、城市公路隧道等。

(2) 地下建筑宜建造在密实、均匀、稳定的地基上。当处于软弱土、液化土或断层破碎带等不利地段时，应分析其对结构抗震稳定性的影响，采取相应措施。

(3) 地下建筑的建筑布置应力求简单、对称、规则、平顺；横剖面的形状和构造不宜沿纵向突变。

(4) 地下建筑的结构体系应根据使用要求、场地工程地质条件和施工方法等确定，并应具有良好的整体性，避免抗侧力结构的侧向刚度和承载力突变。

丙类钢筋混凝土地下结构的抗震等级，6、7度时不应低于四级，8、9度时不宜低于三级。乙类钢筋混凝土地下结构的抗震等级，6、7度时不宜低于三级，8、9度时不宜低于二级。

(5) 位于岩石中的地下建筑，其出入口通道两侧的边坡和洞口仰坡，应依据地形、地质条件选用合理的口部结构类型，提高其抗震稳定性。

(二) 抗震构造措施和抗液化措施

(1) 钢筋混凝土地下建筑的抗震构造，应符合下列要求：

1) 宜采用现浇结构。需要设置部分装配式构件时，应使其与周围构件有可靠的连接。

2) 地下钢筋混凝土框架结构构件的最小尺寸应不低于同类地面结构构件的规定。

3) 中柱的纵向钢筋最小总配筋率，应比框架柱的配筋增加 0.2%。中柱与梁或顶板、中间楼板及底板连接处的箍筋应加密，其范围和构造与地面框架结构的柱相同。

(2) 地下建筑的顶板、底板和楼板，应符合下列要求：

1) 宜采用梁板结构。当采用板柱-抗震墙结构时，无柱帽的平板应在柱上板带中设构造暗梁，其构造措施按《抗震规范》第 6.6.4 条的规定采用。

2) 对地下连续墙的复合墙体，顶板、底板及各层楼板的负弯矩钢筋至少应有 50% 锚入地下连续墙，锚入长度按受力计算确定；正弯矩钢筋需锚入内衬，并均不小于规定的锚固长度。

3) 楼板开孔时，孔洞宽度应不大于该层楼板宽度的 30%；洞口的布置宜使结构质量和刚度的分布仍较均匀、对称，避免局部突变。孔洞周围应设置满足构造要求的边梁或暗梁。

(3) 地下建筑周围土体和地基存在液化土层时，应采取下列措施：

1) 对液化土层采取注浆加固和换土等消除或减轻液化影响的措施。

2) 进行地下结构液化上浮验算，必要时采取增设抗拔桩、配置压重等相应的抗浮措施。

3) 存在液化土薄夹层，或施工中深度大于 20m 的地下连续墙围护结构遇到液化土层时，可不做地基抗液化处理，但其承载力及抗浮稳定性验算应计入土层液化引起的土压力增加及摩阻力降低等因素的影响。

(4) 地下建筑穿越地震时岸坡可能滑动的古河道或可能发生明显不均匀沉陷的软土地

带时，应采取更换软弱土或设置桩基础等措施。

（5）位于岩石中的地下建筑，应采取下列抗震措施：

1）口部通道和未经注浆加固处理的断层破碎带区段采用复合式支护结构时，内衬结构应采用钢筋混凝土衬砌，不得采用素混凝土衬砌。

2）采用离壁式衬砌时，内衬结构应在拱墙相交处设置水平撑抵紧围岩。

3）采用钻爆法施工时，初期支护和围岩地层间应密实回填。干砌块石回填时应注浆加强。

习　题

15-1 **(2019)**某3层钢筋混凝土框架结构，框架柱抗震等级为三级，最小截面是（　　）。

  A　300mm×300mm   B　350mm×350mm

  C　400mm×400mm   D　450mm×450mm

15-2 **(2019)**关于钢筋混凝土结构隔震设计的作用的说法，下列错误的是？（　　）

  A　自振周期长，隔震效率高   B　抗震设防烈度高，隔震效率高

  C　钢筋混凝土结构高宽比宜小于4   D　风荷载水平力不宜超过结构总重的10%

15-3 **(2019)**8度（0.30g）抗震设防，现浇钢筋混凝土医院建筑，建筑高度48m，一层为门诊，以上为住院部，结构可选择（　　）。

  A　框架结构   B　框架-剪力墙   C　剪力墙   D　板柱-剪力墙

15-4 **(2019)**7度抗震设防地区，关于双塔连体建筑说法错误的是（　　）。

  A　平面布局、刚度相同或相近

  B　抗侧力构件沿周边布置

  C　采用刚性连接

  D　外围框架和塔楼刚性连接时，不伸入塔楼内部结构

15-5 **(2019)**8度抗震设防高层商住，部分框支剪力墙转换层结构说法错误的是（　　）。

  A　转换梁不宜开洞

  B　转换梁截面高度不小于计算跨度的1/8

  C　可以用厚板

  D　位置不超过3层

15-6 **(2019)**下列关于建筑隔震后水平地震作用减小的原因，正确的是（　　）。

  A　结构阻尼减小   B　延长结构的自振周期

  C　支座水平刚度增加   D　支座竖向刚度增大

15-7 **(2019)**抗震7度设防钢筋混凝土框架-剪力墙住宅呈十字形，说法错误的是（　　）。

  A　突出长度不宜过长   B　突出宽度不宜过窄

  C　结构扭转位移不宜过大   D　剪力墙不宜布置在端部

15-8 **(2019)**7度抗震设防钢筋混凝土弹性位移转角限值最大的是（　　）。

  A　框架   B　框剪   C　筒中筒   D　板柱-剪力墙

15-9 **(2019)**关于钢框架结构，说法错误的是？（　　）

  A　自重轻，其基础的造价低   B　延性好，抗震好

  C　变形小，刚度大   D　地震时弹塑性变形阶段耗能大，阻尼比小

15-10 **(2019)**采用梁宽大于柱宽的扁梁作为框架时，错误的是（　　）。

  A　扁梁宽不应大于柱宽的二倍   B　扁梁不宜用于一、二级框架结构

  C　扁梁应双向布置，梁中线与柱中线重合 D　扁梁楼板应现浇

15-11 **(2019)**高层防震缝缝宽可不考虑(　　)。

　　A　结构类型　　　　　B　场地类别　　　　　C　不规则程度　　　　　D　技术经济因素

15-12 **(2019)**建筑形式严重不规则的说法正确的是(　　)。

　　A　不能建　　　　　　　　　　　　　B　专门论证，采取加强措施

　　C　按规定采取加强措施　　　　　　　D　抗震性能强化设计

15-13 **(2019)**下列构造柱设置的说法，错误的是(　　)。

　　A　可以提高墙体的刚度和稳定性

　　B　应与圈梁可靠连接

　　C　施工时应先现浇构造柱，后砌筑墙体，从而保证构造柱的密实性

　　D　可提高砌体结构的延性

15-14 **(2019)**下列为框架体系结构的立面，其中抗震最好的是(　　)。

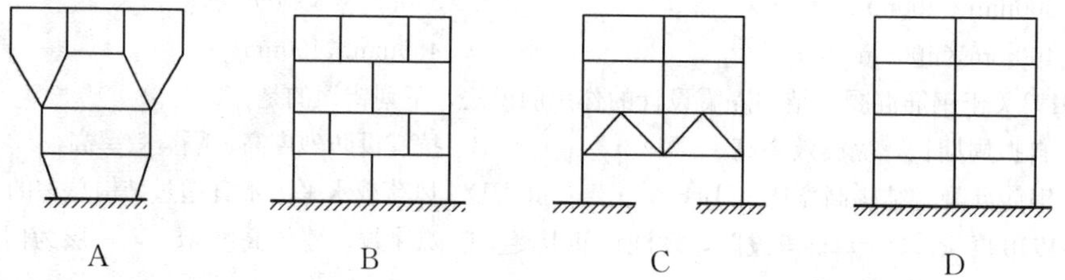

　　A　　　　　　　　　B　　　　　　　　　C　　　　　　　　　D

15-15 **(2019)**下列对地震烈度和地震震级的说法正确的是(　　)。

　　A　一次地震可以有不同地震震级　　　B　一次地震可以有不同地震烈度

　　C　一次地震的震级和烈度相同　　　　D　我国地震划分标准同其他国家一样

15-16 **(2019)**结构体中，与建筑水平地震作用成正比的是(　　)。

　　A　自振周期　　　　B　自重　　　　C　结构阻尼比　　　　D　材料强度

15-17 **(2019)**对建筑场地危险地段说法错误的是(　　)。

　　A　禁建甲类　　　　　　　　　　　　B　禁建乙类

　　C　不应建丙类　　　　　　　　　　　D　采取措施可以建丙类

15-18 **(2019)**如题 15-18 图所示建筑，其结构房屋高度为(　　)。

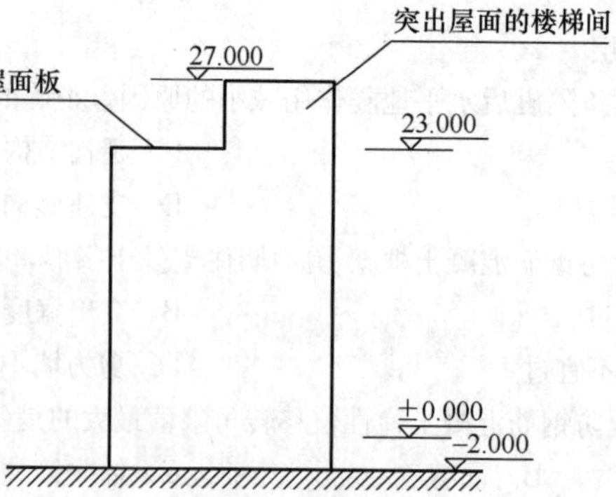

题 15-18 图

　　A　23m　　　　　　B　25m　　　　　　C　27m　　　　　　D　29m

15-19 **(2019)**抗震性能延性最差的是(　　)。

　　A　钢筋混凝土结构　　　　　　　　　B　钢结构

　　C　钢柱混凝土结构　　　　　　　　　D　砌体结构

414

15-20 (2019)9 层的医院，标准层荷载设计值 19.7kN/m²，柱网为 8.4m×8.4m，$\mu=0.85$，公式：$\mu=N/(f_c\times A)$，其中 $f_c=23.1$N/mm²，柱子边长大小为(   )。

A 600mm   B 700mm   C 800mm   D 900mm

15-21 (2019)抗震设防地区，烧结普通砖和砌筑砂浆的强度等级分别不应低于(   )。

A MU15，M5   B MU15，M7.5   C MU10，M5   D MU10，M7.5

15-22 (2019)抗震设计时，混凝土高层建筑大底盘多塔结构的以下说法，错误的是(   )。

A 上部塔楼结构的综合质心与底盘结构质心的距离不宜大于底盘相应边长的 20%

B 各塔楼的层数、平面和刚度宜接近，塔楼对底盘宜对称布置

C 当塔楼结构相对于底盘结构偏心收进时，应加强底盘周边竖向构件的配筋构造措施

D 转换层设置在底盘上层的塔楼内

15-23 (2019)8 度抗震区，两栋 40m 的建筑，抗震缝最大的是(   )。

A 两栋为框架结构   B 两栋为抗震墙结构

C 两栋为框架-抗震墙结构   D 一栋为抗震墙结构，一栋为框架-抗震墙结构

15-24 (2019)7 度抗震条件下，3 层学校的建筑结构适合用(   )。

A 剪力墙   B 框架-剪力墙   C 框架   D 框筒

15-25 (2019)下列框架-核心筒平面不可能的是(   )。

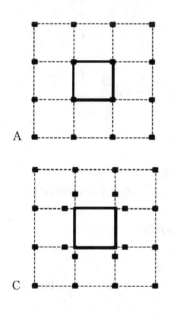
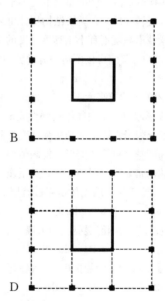

15-26 (2019)抗震设计中，箍筋需要全高加密的框架柱，正确的是(   )。

A 特一级框架中柱，一级框架边柱，一级和二级框架角柱

B 剪跨比不大于 2 的短柱，一级框架边柱，一级和二级框架角柱

C 框支柱，一级框架边柱，剪跨比不大于 2 的短柱

D 框支柱，一级和二级框架角柱，剪跨比不大于 2 的短柱

15-27 (2019)单层钢结构厂房，下列说法错误的是(   )。

A 横向抗侧力体系，可采用铰接框架

B 纵向抗侧力体系，必须采用柱间支撑

C 屋盖横梁与柱顶铰接时，宜采用螺栓连接

D 设置防震缝时，其缝宽不宜小于单层混凝土柱厂房防震缝宽度的 1.5 倍

15-28 (2019)关于抗震设计的高层框架结构房屋结构布置，说法正确的是( )。

    A 框架应设计成双向梁柱抗侧力体系，梁柱节点可以采用铰接

    B 任何部位都不可采用单跨框架

    C 可不考虑砌体填充墙布置对建筑结构抗震的影响

    D 楼梯间布置应尽量减小其造成的结构平面不规则

15-29 (2019)在部分框支剪力墙结构中，关于转换层楼板的描述，错误的是( )。

    A 楼板厚度不小于150mm

    B 落地剪力墙和筒体外围的楼板不宜开洞

    C 楼板边缘设置边梁

    D 应双层双向配筋

15-30 (2019)对抗震最有利的场地为( )。

    A I_0 B I_1 C Ⅱ   D Ⅲ

15-31 (2019)抗震钢框架柱，对下面哪个参数不作要求( )。

    A 剪压比   B 长细比   C 侧向支承   D 宽厚比

15-32 (2019)关于抗震区超高层建筑设置结构转换层的表述，错误的是( )。

    A 转换层可结合设备层设置

    B 采用转换厚板时，楼板厚度不宜小于150mm

    C 地面设置转换层时，转换结构构件可采用厚板

    D 转换梁截面高度不宜小于计算跨度的1/8

15-33 (2019)医院的住院病房楼不适用哪种剪力墙形式？( )

    A 一字形   B L形   C T形   D 〔形

15-34 (2019)下述关于建筑高度不大于120m的幕墙平面内变形，说法正确的是( )。

    A 幕墙变形限值大于主体结构弹性变形限值

    B 幕墙变形限值宜取主体结构弹性变形限值

    C 建筑高度越高对幕墙变形性能限值要求越高

    D 钢结构的幕墙变形限值高于钢筋混凝土结构的幕墙变形限值

15-35 (2018)底部框架-抗震墙砌体房屋过渡层的砌体墙洞口大于2.1m时，洞口两侧宜增设( )。

    A 构造柱   B 圈梁   C 连梁   D 过梁

15-36 (2018)抗震设防的钢筋混凝土剪力墙，混凝土强度等级不宜超过( )。

    A C50   B C60   C C70   D C80

15-37 (2018)抗震等级为一级的框架柱，纵向受力钢筋宜优先选择( )。

    A HRB335   B HRB400   C RRB400   D HRB400E

15-38 (2018)抗震设防区不应采用下面何种结构形态？( )

    A 扭转不规则   B 凹凸不规则   C 严重不规则   D 特别不规则

15-39 (2018)在8度抗震设防地区，3层幼儿园不宜采用的抗震结构方式是( )。

    A 多层砌体房屋   B 钢筋混凝土框架

    C 底部框架-抗震墙砌体   D 抗震墙

15-40 (2018)6～8度抗震设防地区，木结构房屋的最大高度能做到( )。

    A 3层9m   B 2层6m   C 单层3.3m   D 单层3m

15-41 (2018)高层框架房屋突出屋顶的单层楼梯间不应采用哪种结构形式？( )

    A 混凝土框架结构   B 抗震墙结构

    C 框架-抗震墙结构   D 砌体结构

15-42 (2018)钢筋混凝土结构的高层建筑设置防震缝，防震缝宽度要求最大的是( )。

	A 框架-抗震墙结构		B 抗震墙结构
	C 框架结构		D 抗震墙结构与框架-抗震墙结构相邻时

15-43 (2018)抗震设防地区，高层钢结构不得选用的支撑类型是(　　)。

A 交叉支撑　　　　B K形支撑　　　　C 人字形支撑　　　　D 单斜杆支撑

15-44 (2018)关于钢筋混凝土框架梁的开洞位置，下列论述正确的是(　　)。

A 可在梁端部开洞

B 洞口高度不应大于梁高的50%

C 在梁中部1/3区段开洞

D 洞口周边不需要附加纵向钢筋

15-45 (2018)抗震设防地区的高层混凝土结构中，核心筒外墙与外框柱间距离，一般不大于多少?(　　)

A 10m　　　　B 12m　　　　C 15m　　　　D 18m

15-46 (2018)9度抗震地区可选用下列哪种结构体系?(　　)

A 加强层

B 连体结构

C 带转换层和错层的结构

D 大底盘多塔结构

15-47 (2018)抗震设防8度（0.2g）建造一栋70m高的商住楼，底部3层需要商业大空间，4层以上为住宅楼，合理的结构体系是(　　)。

A 钢筋混凝土框架

B 板柱-剪力墙

C 底部全部框支剪力墙

D 底部部分框支剪力墙

15-48 (2018)下列结构体系，不属于混合结构体系的是(　　)。

A 外围钢框架与钢筋混凝土核心筒组合的结构体系

B 型钢钢筋混凝土框架与钢筋混凝土核心筒组合

C 钢管混凝土柱、钢筋混凝土框架与钢筋混凝土核心筒组合

D 外围钢框筒与钢筋混凝土核心筒组合

15-49 (2018)多层砌体防震缝设置，不符合要求的是(　　)。

A 防震缝两侧均应设置墙体

B 房屋立面高差在6m以上要设置防震缝

C 房屋有错层且楼板高差大于层高的1/4时，设置防震缝

D 防震缝不小于100mm

15-50 (2018)多层砌体构造柱的以下说法，错误的是(　　)。

A 楼、电梯间四角

B 外墙四角

C 大房间内外墙交接处

D 洞口超过2.1m时，不设构造柱

15-51 (2018)钢框架柱的抗震构造措施中，不属于控制项目的是(　　)。

A 构件长细比　　　　B 剪跨比　　　　C 板件宽厚比　　　　D 侧向支承

15-52 (2018)框架-剪力墙结构的剪力墙布置，错误的是(　　)。

A 均匀布置在建筑周边

B 剪力墙间距不宜过大

C 长方形房屋布置在两端，提高效率

D 贯通全高，避免刚度突变

15-53 (2018)高层建筑设置加强层的合理位置是下面哪个?(　　)

15-54 (2018)3层幼儿园不适合采用以下哪个结构布局?（   ）

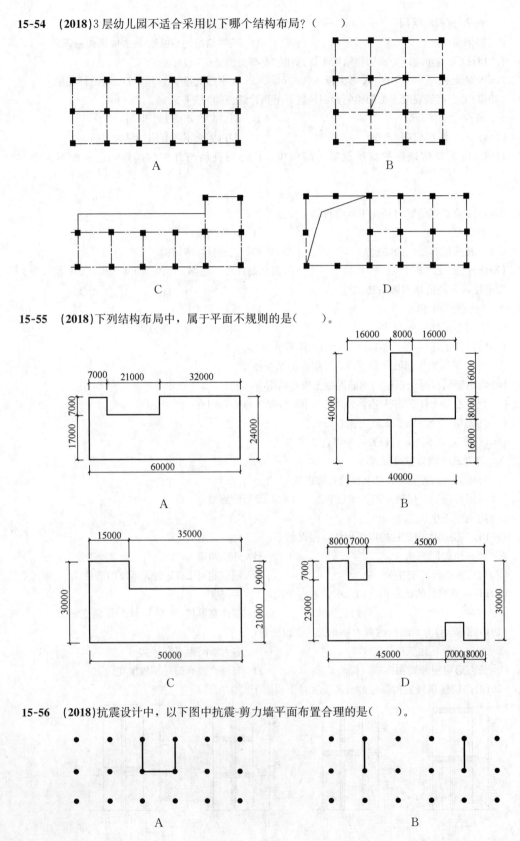

15-55 (2018)下列结构布局中，属于平面不规则的是（   ）。

15-56 (2018)抗震设计中，以下图中抗震-剪力墙平面布置合理的是（   ）。

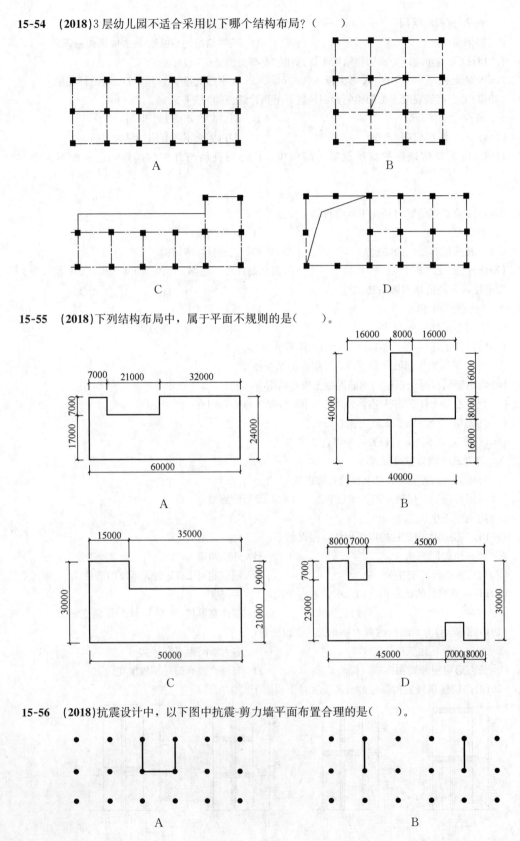

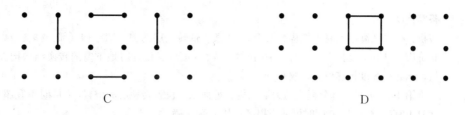

C   D

15-57 (2018)7度抗震设防地区，普通砌体修建的宿舍，下列说法正确的是(   )。

    A 最大高度是21m   B 最大层高3.6m

    C 最大开间4.5m   D 承重窗间墙最小宽度1m

15-58 (2018)地震震级和烈度的关系是(   )。

    A 震级与地震烈度既有区别又有联系

    B 地震烈度取决于地震震级

    C 地震震级取决于地震烈度

    D 地震震级与地震烈度相互独立

参考答案及解析

15-1 **解析**：根据《抗震规范》第6.3.5.1款：柱的截面尺寸，宜符合下列要求：框架柱的截面宽度和高度，四级或不超过2层时不宜小于300mm，一、二、三级且超过2层时不宜小于400mm；圆柱的直径，四级或不超过2层时不宜小于350mm，一、二、三级且超过2层时不宜小于450mm。

    本题是3层，抗震等级为三级的框架柱最小截面不宜小于400mm×400mm，故C为最小截面。

    注：柱截面长边与短边的边长比不宜大于3。

    答案：C

15-2 **解析**：根据《抗震规范》第12.1.1条注1：隔震设计是指在房屋基础、底部或下部结构与上部结构之间设置由橡胶隔震支座和阻尼装置等部件组成的具有整体复位功能的隔震层，以延长整个结构体系的自振周期，减少输入上部结构的水平地震作用，从而消除或有效地减轻结构和非结构的地震损坏，达到预期的防震要求。故A项正确。

    第12.1.3.1款：建筑结构采用隔震设计时，结构高宽比宜小于4；故C项正确。

    第12.1.3.3款：风荷载和其他非地震作用的水平荷载标准值产生的总水平力不宜超过结构总重力的10%；故D项正确。

    B项抗震设防烈度高，隔震效率高的说法错误。

    答案：B

15-3 **解析**：根据《高层混凝土规程》第3.3.1条表3.3.1-1、《抗震规范》第6.1.1条表6.1.1，对医院建筑高度48m的要求，在8度（0.30g）结构体系适用的最大高度分别是：框架-剪力墙80m，框架35m，板柱-剪力墙40m，剪力墙80m。考虑医院建筑功能的多样化需求，只有框架-剪力墙结构能同时满足抗震设防、建筑高度和医院建筑功能的要求。

    答案：B

15-4 **解析**：根据《高层混凝土规程》第10.5.1条，连体结构各独立部分宜有相同或相近的体型、平面布置和刚度；故A项正确。

    第10.5.4条，连体结构的连体部位受力复杂，连体部分的跨度一般也大，因此宜采用刚性连接的连体形式（故C项正确）。刚性连接时，连接体结构的主要结构构件应至少伸入主体结构一跨并可靠连接；必要时可延伸至主体部分的内筒，并与内筒可靠连接。D项"不伸入塔楼内部结构"说法错误。

答案：D

15-5 **解析**：根据《高层混凝土规程》第10.2.4条，带转换层的剪力墙结构（部分框支剪力墙结构），非抗震设计和6度抗震设计时可采用厚板，7、8度抗震设计时地下室的转换结构构件可采用厚板，本题是8度抗震设防；故C项错误。

第10.2.5条，部分框支剪力墙结构在地面以上设置转换层的位置，8度时不宜超过3层，7度时不宜超过5层，6度时可适当提高；故D项正确。

第10.2.8条第2、6款：转换梁截面高度不宜小于计算跨度的1/8。转换梁不宜开洞；若必须开洞时，洞口边离开支座柱边的距离不宜小于梁截面高度。故A、B项正确。

答案：C

15-6 **解析**：《抗震规范》第12.1.1条注1：隔震设计是指在房屋基础、底部或下部结构与上部结构之间设置由橡胶隔震支座和阻尼装置等部件组成的具有整体复位功能的隔震层，通过延长整个结构体系的自振周期，减少输入上部结构的水平地震作用，以达到预期的防震要求；故B项正确。

答案：B

15-7 **解析**：根据《高层混凝土规程》第3.4.3.3款：平面突出部分的长度 l 不宜过大、宽度 b 不宜过小（图3.4.3），l/B_{max}、l/b 宜符合表3.4.3的要求。故A、B项正确。

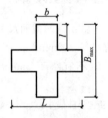

图3.4.3 建筑平面示意

平面尺寸及突出部位尺寸的比值限值   表3.4.3

设防烈度	L/B	l/B_{max}	l/b
6、7度	≤6.0	≤0.35	≤2.0
8、9度	≤5.0	≤0.30	≤1.5

第8.1.7.2款：框架-剪力墙结构中剪力墙的布置，当平面形状凹凸较大时，宜在凸出部分的端部附近布置剪力墙；故D项"不宜布置在端部"错误。

答案：D

15-8 **解析**：根据《抗震规范》第5.5.1条表5.5.1，在抗震设防地区，钢筋混凝土弹性层间位移角限值最大的是框架结构，其次是框架-剪力墙结构和板柱-剪力墙结构，最小的是筒中筒结构；故A项正确。

弹性层间位移角限值   表5.5.1

结构类型	$[\theta_e]$
钢筋混凝土框架	1/550
钢筋混凝土框架-抗震墙、板柱-抗震墙、框架-核心筒	1/800
钢筋混凝土抗震墙、筒中筒	1/1000
钢筋混凝土框支层	1/1000
多、高层钢结构	1/250

答案：A

15-9 **解析**：钢结构的受力特点是：强度高，自重轻；震动周期长，阻尼比小；刚度小，弹塑性变形大，但破坏程度小，故 C 项错误。

注：阻尼指使振幅随时间衰减的各种因素。阻尼比指实际的阻尼与临界阻尼的比值，表示结构在受激振后振动的衰减形式。

答案：C

15-10 **解析**：根据《抗震规范》第 6.3.2.1 款：采用扁梁的楼、屋盖应现浇，梁中线宜与柱中线重合，扁梁应双向布置（故 C、D 项正确）。扁梁的截面宽度 b_b 不应大于柱截面宽度 b_c 的二倍（故 A 项正确）。

第 6.3.2.2 款：扁梁不宜用于一级框架结构（故 B 项错误）。

答案：B

15-11 **解析**：根据《高层混凝土规程》第 3.4.9 条，抗震设计时，体型复杂、平立面不规则的高层建筑，应根据不规则的程度、地基基础条件和技术经济等因素比较分析，确定是否设置防震缝。

条文说明第 3.4.10 条，防震缝宽度原则上应大于两侧结构允许的地震水平位移之和。

另据《抗震规范》第 3.4.5.2 款：防震缝应根据抗震设防烈度、结构材料种类、结构类型、结构单元的高度和高差以及可能的地震扭转效应的情况，留有足够的宽度，其两侧的上部结构应完全分开。

高层建筑防震缝的设置宽度与场地类别无关，故应选 B。

答案：B

15-12 **解析**：根据《抗震规范》第 3.4.1 条，建筑设计应根据抗震概念设计的要求明确建筑形体的规则性。不规则的建筑应按规定采取加强措施；特别不规则的建筑应进行专门研究和论证，采取特别的加强措施；严重不规则的建筑不应采用。

答案：A

15-13 **解析**：根据《抗震规范》第 3.9.6 条，为确保砌体抗震墙与构造柱、底层框架柱的连接，以提高抗侧力砌体墙的变形能力，其施工应先砌墙后浇构造柱和框架梁柱；故 C 项说法错误。

答案：C

15-14 **解析**：根据《抗震规范》第 3.4.2 条，建筑设计宜择优选用规则的形体，其抗侧力构件的平面布置宜规则对称、侧向刚度沿竖向宜均匀变化、竖向抗侧力构件的截面尺寸和材料强度宜自下而上逐渐减小、避免侧向刚度和承载力突变。

另据《高层混凝土规程》第 3.5.4 条，抗震设计时，结构竖向抗侧力构件宜上、下连续贯通；故抗震效果最好的是 D。

答案：D

15-15 **解析**：地震震级代表地震本身的大小强弱，由震源发出的地震波能量来决定；地震烈度指地震时某一地区的地面和各类建筑物遭受一次地震影响的强弱程度。对于同一次地震，只有一个震级，但可以有不同地震烈度。

答案：B

15-16 **解析**：下述各项与建筑水平地震作用之间的关系是：地震烈度增大一度，地震作用增大一倍；建筑的自重越大，地震作用越大；建筑结构的自振周期越小，地震作用越大；结构阻尼比越大，地震作用越小；地震作用与材料强度无关。故与建筑水平地震作用成正比关系的是 B。

答案：B

15-17 **解析**：根据《抗震规范》第 3.3.1 条，选择建筑场地时，应根据工程需要和地震活动情况、工程地质和地震地质的有关资料，对抗震有利、一般、不利和危险地段做出综合评价。对不利地段，应提出避开要求；当无法避开时应采取有效的措施。对危险地段，严禁建造甲、乙类的建筑，不应建造丙类的建筑。

答案： D

15-18 解析： 根据《抗震规范》第6.1.1条表6.1.1注1：房屋高度是指室外地面（—2.000m）到主要屋面板板顶的高度（23.000m）（不包括局部突出屋顶部分），因此建筑高度为23m＋2m＝25m。

答案： B

15-19 解析： 砌体结构的块材是刚性材料，自重大，砂浆与砖石等块体之间的粘结力弱，无筋砌体的抗拉、抗剪强度低，整体性、延性差，所以抗震性能延性最差的是砌体结构。

答案： D

15-20 解析： 根据《抗震规范》第6.3.6条，对于有抗震设防要求的框架结构，为保证柱有足够的延性，需要限制柱轴压比，柱轴压比不宜超过表6.3.6的规定。

柱轴压比限值 　　　　　　　　　　　　　　　　　　表6.3.6

结构类型	抗 震 等 级			
	一	二	三	四
框架结构	0.65	0.75	0.85	0.90
框架-抗震墙、板柱-抗震墙、框架-核心筒及筒中筒	0.75	0.85	0.90	0.95
部分框支抗震墙	0.60	0.70	—	

根据题意，应满足：$\mu = N/(f_c \times A) = 0.85$

其中，轴向压力设计值：$N = 19.7\text{kN/m}^2 \times 8.4\text{m} \times 8.4\text{m} \times 9$（层）$= 12510.288\text{kN}$（因未给出屋面荷载设计值，按标准层荷载设计值计算）

代入轴压比公式，则：$b \times h = A = N/(\mu \times f_c) = 637.142 \times 10^3 \text{mm}^2$，$b = h = 798.2\text{mm}$；

规范规定此计算结果是最小值。柱子边长取C项800mm合适。

注：柱轴压比指柱考虑地震作用组合的轴压力设计值与柱的全截面面积和混凝土轴心抗压强度设计值乘积的比值。

答案： C

15-21 解析： 根据《抗震规范》第3.9.2.1款1)：砌体结构普通砖和多孔砖的强度等级不应低于MU10，其砌筑砂浆强度等级不应低于M5。

注：混凝土小型空心砌块的强度等级不应低于MU7.5，其砌筑砂浆强度等级不应低于Mb7.5。

答案： C

15-22 解析： 根据《高层混凝土规程》第10.6.3条第1、2款及其条文说明，转换层宜设置在底盘楼层范围内，不宜设置在底盘以上的塔楼内。若转换层设置在底盘屋面的上层塔楼内时，易形成结构薄弱部位，不利于结构抗震。故D项说法错误。

答案： D

15-23 解析： 根据《抗震规范》第6.1.4.1款：钢筋混凝土房屋需要设置防震缝时，其防震缝宽度应分别符合下列要求：

1) 框架结构（包括设置少量抗震墙的框架结构）房屋的防震缝宽度，当高度不超过15m时不应小于100mm；高度超过15m时，6度、7度、8度和9度分别每增加高度5m、4m、3m和2m，宜加宽20mm；

2) 框架-抗震墙结构、抗震墙结构房屋的防震缝宽度分别不应小于本款1)项规定数值的70%和50%，且均不宜小于100mm；

3) 防震缝两侧结构类型不同时，宜按需要较宽防震缝的结构类型和较低房屋高度确定缝宽。

综上所述，8度抗震区，两栋40m的框架结构建筑需要的抗震缝最大。

答案：A

15-24 解析：根据《建筑工程抗震设防分类标准》GB 50223—2008第6.0.8条，教育建筑中，幼儿园、小学、中学的教学用房以及学生宿舍和食堂，抗震设防类别应不低于重点设防类（乙类）。

第3.0.3.2款：对重点设防类，应按高于本地区设防烈度一度的要求加强其抗震措施，但抗震设防烈度为9度时应按比9度更高的要求采取抗震措施。因此7度的学校建筑应满足8度抗震设防要求加强其抗震措施。

另据《抗震规范》第6.1.2条表6.1.2及其条文说明，钢筋混凝土房屋结构应根据设防类别、烈度、结构类型和房屋高度四个因素确定抗震等级，抗震等级的划分，体现了对不同抗震设防类别、不同结构类型、不同烈度、同一烈度但不同高度的钢筋混凝土房屋结构延性要求的不同，以及同一种构件在不同结构类型中的延性要求的不同。

钢筋混凝土房屋结构应根据抗震等级采取相应的抗震措施，包括抗震计算时的内力调整和各种抗震构造措施。因此乙类建筑应提高一度查表6.1.2确定其抗震等级。

现浇钢筋混凝土房屋的抗震等级 表6.1.2

结构类型		设 防 烈 度							
		6		7			8			9
框架结构	高度（m）	≤24	>24	≤24	>24		≤24	>24		≤24
	框架	四	三	三	二		二	一		一
	大跨度框架	三		二			一			一
框架-抗震墙结构	高度（m）	≤60	>60	≤24	25～60	>60	≤24	25～60	>60	≤24	25～50
	框架	四	三	四	三	二	三	二	一	二	一
	抗震墙	三		三	二		二	一		一
抗震墙结构	高度（m）	≤80	>80	≤24	25～80	>80	≤24	25～80	>80	≤24	25～60
	剪力墙	四	三	四	三	二	三	二	一	二	一

在7度抗震条件下，3层的学校建筑按8度抗震设防，高度24m以下时，抗震等级低（三级）的结构体系有剪力墙结构和框架-剪力墙结构。根据学校建筑大空间的功能需要，适合采用框架-剪力墙结构。

答案：B

15-25 解析：根据《抗震规范》第6.7.1.1款：核心筒与框架之间的楼盖宜采用梁板体系；B图中核心筒与周边框架柱没有框架梁连系。

答案：B

15-26 解析：《抗震规范》第6.3.9.1款4），柱的箍筋配置需要全高加密的框架柱包括：剪跨比不大于2的柱、因设置填充墙等形成的柱净高与柱截面高度之比不大于4的柱、框支柱、一级和二级框架的角柱；故D项正确。

答案：D

15-27 解析：根据《抗震规范》第9.2.2.1款：厂房的横向抗侧力体系，可采用刚接框架、铰接框架、门式刚架或其他结构体系；A项正确。厂房的纵向抗侧力体系，8、9度应采用柱间支撑；6、7度宜采用柱间支撑，也可采用刚接框架；B项中"必须采用"说法错误。

第9.2.2.3款：屋盖应设置完整的屋盖支撑系统。屋盖横梁与柱顶铰接时，宜采用螺栓连接；C项正确。

第 9.2.3 条，当设置防震缝时，其缝宽不宜小于单层混凝土柱厂房防震缝宽度的 1.5 倍；D 项正确。

答案：B

15-28 解析：根据《高层混凝土规程》第 6.1.1 条，框架结构应设计成双向梁柱抗侧力体系。主体结构除个别部位外，不应采用铰接；A 项"可以采用铰接"说法错误。

第 6.1.2 条及其条文说明，抗震设计的框架结构不应采用单跨框架。单跨框架结构是指整栋建筑全部或绝大部分采用单跨框架的结构，不包括仅局部为单跨框架的框架结构；因此 B 项"任何部位都不可采用"说法错误。

第 6.1.3 条及其条文说明，框架结构的填充墙及隔墙宜选用轻质隔墙。如采用砌体填充墙，要注意防止砌体（尤其是砖砌体）填充墙对结构抗震设计的不利影响；C 项"可不考虑"说法错误。

第 6.1.4.1 款：抗震设计时，框架结构的楼梯间的布置应尽量减小其造成的结构平面不规则；D 项正确。

答案：D

15-29 解析：根据《高层混凝土规程》第 10.2.23 条，部分框支剪力墙结构中，框支转换层楼板厚度不宜小于 180mm，应双层双向配筋；故 A 项"不小于 150mm"错误，D 项正确。落地剪力墙和筒体外围的楼板不宜开洞；楼板边缘和较大洞口周边应设置边梁；故 B、C 项正确。

答案：A

15-30 解析：根据《抗震规范》第 4.1.6 条表 4.1.6，建筑的场地类别，应根据土层等效剪切波速和场地覆盖层厚度按表 4.1.6 划分为四类，其中 Ⅰ 类分为 I_0、I_1 两个亚类。

场地条件对震害的主要影响因素是：场地土的坚硬、密实程度及场地覆盖层厚度，土越软、覆盖层越厚，震害越严重。因此对抗震有利的场地类别是 I_0，答案为 A。

答案：A

15-31 解析：根据《抗震规范》第 8.3.1～第 8.3.3 条，钢框架结构的抗震构造措施包括框架柱的长细比，框架梁、柱板件宽厚比，以及梁柱构件的侧向支承等要求；未对剪压比作出要求。

答案：A

15-32 解析：根据《高层混凝土规程》第 10.2.4 条，转换结构构件可采用转换梁、桁架、空腹桁架、箱形结构、斜撑等，非抗震设计和 6 度抗震设计时可采用厚板，7、8 度抗震设计时地下室的转换结构构件可采用厚板；故 C 错误。

第 10.2.8.2 款：转换梁截面高度不宜小于计算跨度的 1/8；故 D 正确。

第 10.2.14.6 款：转换厚板上、下一层的楼板应适当加强，楼板厚度不宜小于 150mm；故 B 正确。

在超高层建筑设计中，转换层结合设备层设置是合理利用转换层空间的常见做法。

答案：C

15-33 解析：根据《高层混凝土规程》第 7.1.1.1 款、第 7.2.2.2 款、第 7.2.2.6 款：剪力墙结构应具有适宜的侧向刚度，其平面布置宜简单、规则，宜沿两个主轴方向或其他方向双向布置，两个方向的侧向刚度不宜相差过大。抗震设计时，不应采用仅单向有墙的结构布置。一字形剪力墙布置最不利，不宜采用一字形短肢剪力墙。

第 8.1.7.3 款：框架-剪力墙结构中，纵、横剪力墙宜组成 L 形、T 形和〔形等形式。

答案：A

15-34 解析：《建筑幕墙》GB/T 21086—2007 第 5.1.6.2 款：建筑幕墙平面内变形性能以建筑幕墙层间位移角为性能指标。在非抗震设计时，指标值应不小于主体结构弹性层间位移角控制值；在抗震设计时，指标值应不小于主体结构弹性层间位移角控制值的 3 倍。主体结构楼层最大弹性层间位移角控制值可按表 20 的规定执行。当建筑高度 $H \leqslant 150$m 时，钢结构的最大弹性层间位移角（1/300）高于钢筋混凝土结构的最大弹性层间位移角（1/550～1/1000）；故 D 项说法正确。

主体结构楼层最大弹性层间位移角 表 20

结构类型		建筑高度 H（m）		
		$H \leqslant 150$	$150 < H \leqslant 250$	$H > 250$
钢筋混凝土结构	框架	1/550	—	—
	板柱-剪力墙	1/800	—	—
	框架-剪力墙、框架-核心筒	1/800	线性插值	—
	筒中筒	1/1000	线性插值	1/500
	剪力墙	1/1000	线性插值	
	框支层	1/1000	—	—
多、高层钢结构		1/300		

注：1. 表中弹性层间位移角＝Δ/h，Δ 为最大弹性层间位移量，h 为层高。
   2. 线性插值系指建筑高度为 150～250m，层间位移角取 1/800（1/1000）与 1/500 线性插值。

答案：D

15-35 解析：在砌体墙洞口两侧宜增设的只能是竖向构件，除构造柱之外，其他选项均为水平构件；由此可判断只能选 A。

根据《抗震规范》第 7.5.2.5 款：过渡层的砌体墙，凡宽度不小于 1.2m 的门洞和 2.1m 的窗洞，洞口两侧宜增设截面不小于 120mm×240mm（墙厚 190mm 时为 120mm×190mm）的构造柱或单孔芯柱。

答案：A

15-36 解析：因高强度混凝土表现出明显的脆性，且随强度等级的提高而增加，因此规范对钢筋混凝土结构中的混凝土强度等级作了必要的限制：混凝土抗震墙的强度等级不宜超过 C60；其他构件，9 度时不宜超过 C60，8 度时不宜超过 C70。参见《抗震规范》第 3.9.3.2 款及其条文说明。

答案：B

15-37 解析：对要求较高的抗震结构，适用钢筋牌号为已有钢筋牌号后加"E"（如 HRB400E），因此答案为 D。其具体设计要求是：对有抗震设防要求的结构，当设计无具体要求时，对按一、二、三级抗震等级设计的框架和斜撑构件（含梯段）中的纵向受力钢筋应采用 HRB335E、HRB400E、JHRB500E、HRBF335E、HRBF400E 或 HRBF500E 钢筋。

带"E"钢筋和普通钢筋之间的区别，主要是对钢筋强度和伸长率的实测值在技术指标上作了一定的提升，以使钢筋获得更好的延性；从而能够更好地保证重要结构构件在地震时具有足够的塑性变形能力和耗能能力。

答案：D

15-38 解析：根据《抗震规范》第 3.4.1 条，建筑设计应根据抗震概念设计的要求明确建筑形体的规则性。不规则的建筑应按规定采取加强措施；特别不规则的建筑应进行专门研究和论证，采取特别的加强措施；严重不规则的建筑不应采用，答案为 C。其中平面不规则的情况又分为扭转不规则、凹凸不规则和楼板局部不连续。

答案：C

15-39 解析：根据《建筑工程抗震设防分类标准》GB 50223—2008 第 6.0.8 条；《抗震规范》第 7.1.2.1 款表 7.1.2 注 3，教育建筑中，幼儿园、小学、中学的教育用房以及学生宿舍和食堂，抗震设防类别不低于重点设防类（乙类）；乙类的多层砌体房屋不应采用底部框架-抗震墙砌体房屋。

答案：C

15-40 解析：根据《抗震规范》第11.3.3条，木结构房屋的高度应符合下列要求：

1 木柱木屋架和穿斗木构架房屋，6～8度时不宜超过二层，总高度不宜超过6m；9度时宜建单层，高度不应超过3.3m；

2 木柱木梁房屋宜建单层，高度不宜超过3m。

由此可知，6～8度设防时，木柱木屋架的房屋不宜超过2层，高度不宜超过6m。

答案：B

15-41 解析：根据《高层混凝土规程》第6.1.6条，框架结构按抗震设计时，不应采用部分由砌体墙承重之混合形式。框架结构中的楼、电梯间及局部出屋顶的电梯机房、楼梯间、水箱间等，应采用框架承重，不应采用砌体墙承重。故答案是D。

答案：D

15-42 解析：框架结构抗侧刚度最小，故要求的防震缝宽度最大。根据《高层混凝土规程》第3.4.10条第1、2款；《建筑抗震设计规范》第6.1.4条。

答案：C

15-43 解析：根据《高层钢结构规程》第7.5.1，高层民用建筑钢结构的中心支撑宜采用：十字交叉斜杆（图7.5.1-1a），单斜杆（图7.5.1-1b），人字形斜杆（图7.5.1-1c）或V形斜杆体系。中心支撑斜杆的轴线应交汇于框架梁柱的轴线上。抗震设计的结构不得采用K形斜杆体系（图7.5.1-1d）。当采用只能受拉的单斜杆体系时，应同时设不同倾斜方向的两组单斜杆（图7.5.1-2），且每层不同方向单斜杆的截面面积在水平方向的投影面积之差不得大于10%。

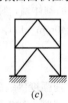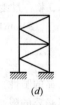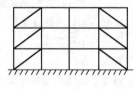

| (a) | (b) | (c) | (d) |

图7.5.1-1 中心支撑类型

(a) 十字交叉斜杆；(b) 单斜杆；(c) 人字形斜杆；

(d) K形斜杆

图7.5.1-2 单斜杆支撑

答案：B

15-44 解析：按照受弯构件梁的正应力分布，梁截面的中性轴正应力为0，所以在中性轴位置附近开洞对梁抗弯能力的影响最小，答案为C。

根据《高层混凝土规程》第6.3.7条，钢筋混凝土框架梁上开洞时，洞口位置宜位于梁跨中1/3区段，洞口高度不应大于梁高的40%；开洞较大时应进行承载力验算。梁上洞口周边应配置附加纵向钢筋和箍筋，并应符合计算及构造要求。

答案：C

15-45 解析：根据《高层混凝土规程》第9.1.5条，核心筒或内筒的外墙与外框柱间的中距，非抗震设计大于15m，抗震设计大于12m，宜采取增设内柱等措施。

答案：B

15-46 解析：根据《高层混凝土规程》第10.1.2条，9度抗震设计时不应采用带转换层的结构、带加强层的结构、错层结构和连体结构。

答案：D

15-47 解析：根据《抗震规范》第6.1.1条表6.1.1，抗震设防8度（0.2g），结构体系的适用高度分别是：框架结构 40m，板柱-抗震墙结构 55m，均不满足 70m 高度要求。全部落地剪力墙结构 100m，但不满足底层商业大空间要求。部分框支剪力墙结构适用高度 80m，是同时满足功能需要和适用高度的合理结构体系；故答案是 D。

答案：D

15-48 解析：根据《高层混凝土规程》第 11.1.1 条，混合结构系指由外围钢框架或型钢混凝土、钢管混凝土框架与钢筋混凝土核心筒所组成的框架-核心筒结构，以及由外围钢框筒或型钢混凝土、钢管混凝土框筒与钢筋混凝土核心筒所组成的筒中筒结构。

另据第 11.1.2 条表 11.1.2，选项 C 不属于混合结构体系。

混合结构高层建筑适用的最大高度 表 11.1.2

结 构 体 系		非抗震设计	抗震设防烈度				
			6 度	7 度	8 度		9 度
					0.2g	0.3g	
框架-核心筒	钢框架-钢筋混凝土核心筒	210	200	160	120	100	70
	型钢（钢管）混凝土框架-钢筋混凝土核心筒	240	220	190	150	130	70
筒中筒	钢外筒-钢筋混凝土核心筒	280	260	210	160	140	80
	型钢（钢管）混凝土外筒-钢筋混凝土核心筒	300	280	230	170	150	90

注：平面和竖向均不规则的结构，最大适用高度应适当降低。

答案：C

15-49 解析：《抗震规范》第 7.1.7.3 款：多层砌体房屋有下列情况之一时宜设置防震缝，缝两侧均应设置墙体，缝宽应根据烈度和房屋高度确定，可采用 70～100mm：

1）房屋立面高差在 6m 以上；

2）房屋有错层，且楼板高差大于层高的 1/4；

3）各部分结构刚度、质量截然不同。

综上所述，D 选项中"不小于 100mm"不符合要求。

答案：D

15-50 解析：根据《抗震规范》第 7.3.1 条表 7.3.1 注：多层砌体房屋在较大洞口两侧要求设置构造柱。较大洞口，内墙指不小于 2.1m 的洞口；外墙在内外墙交接处已设置构造柱时应允许适当放宽，但洞侧墙体应加强。D 选项"不设置"说法错误。

多层砖砌体房屋构造柱设置要求 表 7.3.1

房 屋 层 数				设 置 部 位	
6 度	7 度	8 度	9 度		
四、五	三、四	二、三		楼、电梯间四角，楼梯斜梯段上下端对应的墙体处	隔 12m 或单元横墙与外纵墙交接处；楼梯间对应的另一侧内横墙与外纵墙交接处
六	五	四	二	外墙四角和对应转角；错层部位横墙与外纵墙交接处；大房间内外墙交接处；较大洞口两侧	隔开间横墙（轴线）与外墙交接处；山墙与内纵墙交接处
七	≥六	≥五	≥三		内墙（轴线）与外墙交接处；内墙的局部较小墙垛处；内纵墙与横墙（轴线）交接处

注：较大洞口，内墙指不小于 2.1m 的洞口；外墙在内外墙交接处已设置构造柱时应允许适当放宽，但洞侧墙体应加强。

答案：D

15-51 **解析：** 剪跨比（λ）指构件截面弯矩与剪力和有效高度乘积的比值，是钢筋混凝土构件设计的控制指标，钢结构设计无此控制项目。

答案：B

15-52 **解析：** 纵向剪力墙布置在平面的尽端时，会造成对楼盖两端的约束作用，楼盖中部的梁板容易因混凝土收缩和稳定变化而出现裂缝，因此长矩形平面或平面有一部分较长的建筑中，纵向剪力墙不宜集中布置在房屋的两尽端；故选项 C 错误。

《高层混凝土规程》第 8.1.7.1 款：在框架-剪力墙结构中，剪力墙宜均匀布置在建筑物的周边附近、楼梯间、电梯间、平面形状变化及恒载较大的部位，剪力墙间距不宜过大；故选项 A、B 正确。

第 8.1.7.5 款：剪力墙宜贯通建筑物的全高，宜避免刚度突变；剪力墙开洞时，洞口宜上下对齐；故选项 D 正确。

答案：C

15-53 **解析：** 根据《高层混凝土规程》第 10.3.2.1 款：带加强层的高层建筑结构应合理设计加强层的数量、刚度和设置位置：

1）当布置 1 个加强层时，可设置在 0.6 倍房屋高度附近。

2）当布置 2 个加强层时，可分别设置在顶层和 0.5 倍房屋高度附近；故 A 项合理。

3）当布置多个加强层时，宜沿竖向从顶层向下均匀布置。

答案：A

15-54 **解析：** 根据《建筑工程抗震设防分类标准》GB 50223—2008 第 6.0.8 条，教育建筑中，幼儿园、小学、中学的教学用房以及学生宿舍和食堂，抗震设防类别应不低于重点设防类（乙类建筑）。

另据《抗震规范》第 6.1.5 条，对甲、乙类建筑以及高度大于 24m 的丙类建筑，不应采用单跨框架结构；C 选项为单跨框架结构，不应采用。

答案：C

15-55 **解析：** 根据《抗震规范》第 3.4.3.1 款表 3.4.3-1：根据平面凹凸不规则要求，平面凹进的尺寸，大于相应投影方向总尺寸的 30%，为平面不规则。另据条文说明图 2 可知，在 4 个选项中，B 图属于平面不规则的情况。

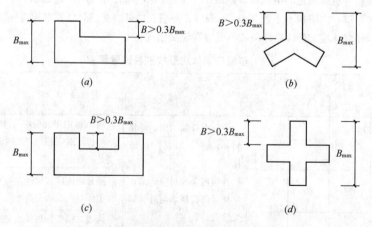

图 2　建筑结构平面的凸角或凹角不规则示例

答案：B

15-56 **解析：** 参见《高层混凝土规程》第 8.1.5 条，框架-剪力墙结构应设计成双向抗侧力体系；抗震设计时，结构两主轴方向均应布置剪力墙。第8.1.7.1款：剪力墙宜均匀布置在建筑物的周边附近、楼梯间、电梯间、平面形状变化及恒载较大的部位，剪力墙间距不宜过大。

A、B图剪力墙布置不够均匀对称，B图只有横向有剪力墙，均不符合规范要求。C图采用缩进一跨布置剪力墙，均匀。D图利用电梯井布置剪力墙，但过于集中，不利于结构受力。综上所述，C图的剪力墙布置更为合理。

答案：C

15-57 **解析**：根据《建筑工程抗震设防分类标准》第6.0.8条，教育建筑中，幼儿园、小学、中学的教学用房以及学生宿舍和食堂，抗震设防类别应不低于重点设防类（乙类）。

另据《抗震规范》第7.1.2条表7.1.2注3：乙类的多层砌体房屋，总高度应比表中的规定降低3m，层数相应减少一层；本题为7度抗震设防地区，查表可知总高度为21m，层数为7层；总高度降低3m后为18m，层数减少一层后为6层。故A项错误。

第7.1.3条，多层砌体承重房屋的层高，不应超过3.6m；故B项正确。

第7.1.5条，多层砌体房屋，木屋盖时的抗震横墙间距不应超过4m；故C项错误。

第7.1.6条，承重窗间墙最小宽度为1.2m；故D项错误。

答案：B

15-58 **解析**：根据《地震震级的规定》GB 17740—2017第2.16条、《中国地震烈度表》第2.1条，地震震级是对地震大小的量度，与一次地震所释放的能量有关。释放能量越大，地震震级也越大。

地震烈度是指地震引起的地面震动及其影响的强弱程度。一个地区的烈度，不仅与这次地震的释放能量（即震级）、震源深度、距离震中的远近有关，还与地震波传播途径中的工程地质条件和工程建筑物的特性有关。我国地震烈度划分为12个等级。

地震震级与地震烈度既有区别又有联系。一次地震只有一个震级，但在不同的地区造成的破坏程度不同，即一次地震在不同地区可以划分出不同的烈度。

答案：A

第十六章　地　基　与　基　础

第一节　概　　述

地基基础在建筑工程中的重要性：

（1）大家知道，房屋无论大小、高低，都要建造在土层上面。房屋有楼盖（屋顶）、墙身、柱子和基础。房屋的基础埋在地面以下一定深度的土层上，实际上它是房屋墙身或柱子的延伸部分。房屋基础承担房屋屋顶、楼面、墙或柱传来的重力荷载，以及风、雪荷载和地震作用，并起承上启下的作用。

（2）地基土受力后，会发生压缩变形，为了控制房屋的下沉和保证它的稳定，以达到房屋的正常使用，通常要将房屋基础的尺寸适当放大。也就是说，要比墙和柱子本身的截面尺寸大一些，以适应地基的承载能力。

（3）基础是房屋不可缺少的重要组成部分。没有一个牢靠的基础，就不能有一个完好的上部建筑。因此，为了保证房屋的安全和必要的使用年限，基础应当具备足够的强度和稳定性。地基虽不是房屋的组成部分，但它的好坏却直接影响整个房屋的安全和使用。如对地基下沉和不均匀下沉没有妥善处理，房屋建成后，会使楼板和墙体产生裂缝，并可能使房屋倾斜。以往就发生过因对地基承载力估计不足造成的房屋倒塌事故。

（4）从造价和工期来看，基础工程在建筑工程中占有很大的比重，就一般工程而言，基础造价约占建筑物总造价的 $10\%\sim20\%$，施工工期约占 $25\%\sim35\%$。由此可见，地基处理和基础设计，对房屋是否安全耐久和经济，具有十分重要的意义。

第二节　地基土的基本知识

一、有关名词术语

（1）地基（ground）。支承基础的土体或岩体。

（2）基础（foundation）。将结构所承受的各种作用传递到地基上的结构组成部分。

（3）地基承载力特征值。由载荷试验测定的地基土压力变形曲线线性变形段内规定的变形所对应的压力值，其最大值为比例界限值。

（4）重力密度（重度）。单位体积岩土体所承受的重力，为岩土体的密度和重力加速度的乘积。

（5）岩体结构面。岩体内开裂的和易开裂的面，如层面、节理、断层、片理等，又称不连续构造面。

（6）标准冻结深度。在地面平坦、裸露、城市之外的空旷场地中不少于 10 年的实测最大冻结深度的平均值。

（7）地基变形允许值。为保证建筑物正常使用而确定的变形控制值。

（8）土岩组合地基。在建筑地基的主要受力层范围内，有下卧基岩表面坡度较大的地基；或石芽密布并有出露的地基；或大块孤石或个别石芽出露的地基。

（9）地基处理。为提高地基承载力，或改善其变形性质或渗透性质而采取的工程措施。

（10）复合地基。部分土体被增强或被置换，而形成的由地基土和增强体共同承担荷载的人工地基。

（11）扩展基础。为扩散上部结构传来的荷载，使作用在基底的压应力满足地基承载力的设计要求，且基础内部的应力满足材料强度的设计要求，通过向侧边扩展一定底面积的基础。

（12）无筋扩展基础。由砖、毛石、混凝土或毛石混凝土、灰土和三合土等材料组成的，且不需配置钢筋的墙下条形基础或柱下独立基础。

（13）桩基础。由设置于岩土中的桩和连接于桩顶端的承台组成的基础。

（14）支挡结构。使岩土边坡保持稳定、控制位移、主要承受侧向荷载而建造的结构物。

（15）基坑工程。为保证地面向下开挖形成的地下空间在地下结构施工期间的安全稳定所需的挡土结构及地下水控制、环境保护等措施的总称。

二、地基土的主要物理力学指标

1. 土的形成

土是由岩石经物理、化学和生物风化作用形成的。岩石暴露在大气中，经受风、霜、雨、雪的侵蚀，动植物的破坏，地壳运动的压、挤，气温的变化，裂缝中积水成冰的膨胀作用等，逐渐由大块体崩解为较小的碎屑和颗粒。这些碎屑和颗粒，又受到大气中如碳酸气（CO_2）、氧气（O_2）或动植物的腐蚀等作用，使这些碎屑和颗粒分解为非常细小的颗粒状物质，这就是土的简单形成过程。

2. 土的性质

土不是坚固密实的整体，土颗粒之间有很多孔隙，在这些孔隙中有空气也有水。一般情况下，土是由三部分组成，即固体的颗粒、水和空气。这三部分之间的比例不是固定不变的，当气温升高时，土内一部分水蒸发，而使土内空气增加。土中颗粒、水和空气相互间的比例不同，反映出土处于各种不同的状态：干燥或潮湿，疏松或紧密，这对于评定土的物理和力学性质有着很重要的意义。

为研究土的物理力学性质，取一个单元土体表示土的三个组成成分，如图 16-1 所示，确定土的三个组成部分之间的相互比例关系：

（1）直接由试验测得的指标

1）土的重力密度 γ

土在天然状态下单位体积的重力称为土的重力密度，简称土的重度。

$$\gamma = g/V \tag{16-1}$$

土的重度随着土的颗粒组成，孔隙多少和水分含量的不同而变化，一般土的天然重度约为 $16 \sim 22 \text{kN/m}^3$。

【要点】重度较小，则表示土质孔隙较多，土不紧密，因而承载力相对较低；反之，

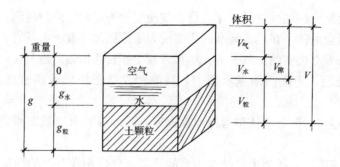

图 16-1 土的组成示意图

g—单元土的总重力；$g_{粒}$—单元土中颗粒的重力；$g_{水}$—单元土中水的重力；
V—单元土的总体积；$V_{气}$—单元土中空气的体积；$V_{粒}$—单元土中颗粒的体
积；$V_{隙}$—单元土中孔隙的体积；$V_{水}$—单元土中水所占的体积

则承载力就高。

2）土粒相对密度 d_s

干土颗粒的重度与同体积 4℃ 水的重力密度（γ_w）之比，称为土的相对密度，无量纲。

$$d_s = (g_{粒}/V_{粒}) \cdot \gamma_w \tag{16-2}$$

【要点】一般土粒相对密度约为 2.65～2.70。

3）含水量 w

土中水的重量与颗粒重量的百分比。

$$w = (g_{水}/g_{粒}) \times 100\% \tag{16-3}$$

【要点】土的含水量反映土的干湿程度。含水量越大，说明土越软；如果是黏性土，土越软，其工程性质就越差。

（2）换算指标

上面三个物理指标是直接用实验方法测定的，如果已知这三个指标，就可以用公式计算出以下几个物理指标。

1）干重度 γ_d

单位体积内颗粒的重力，称为土的干重度。

$$\gamma_d = g_{粒}/V \tag{16-4}$$

【要点】干重度能够较好地反映土的密实程度；干重度越大，土越密实，强度就越高；常用作填土和人工压实土的施工控制指标。

2）孔隙比 e

土中孔隙体积与颗粒体积之比称为孔隙比。

$$e = V_{隙}/V_{粒} \tag{16-5}$$

【要点】土的孔隙比，反映土的密实程度。孔隙比越大，土越松散；孔隙比越小，土越密实；是土体的重要物理性质指标，可用来评价土体的压缩特性。

3）饱和度 S_r

土中水的体积与孔隙体积之比，以百分数计。

$$S_r = (V_{水}/V_{隙}) \times 100\% \tag{16-6}$$

【要点】饱和度反映地基土的潮湿程度。在基础工程设计中，根据地基土的潮湿程度选用基础材料和砂浆等级。

第三节　地基与基础设计

（一）地基基础设计等级

根据地基复杂程度、建筑物规模和功能特征以及由于地基问题可能造成建筑物破坏或影响正常使用的程度，将地基基础设计分为三个设计等级；设计时应根据具体情况，按表 16-1 选用。

地基基础设计等级 表 16-1

设计等级	建筑和地基类型
甲级	重要的工业与民用建筑物 30 层以上的高层建筑 体型复杂，层数相差超过 10 层的高低层连成一体建筑物 大面积的多层地下建筑物（如地下车库、商场、运动场等） 对地基变形有特殊要求的建筑物 复杂地质条件下的坡上建筑物（包括高边坡） 对原有工程影响较大的新建建筑物 场地和地基条件复杂的一般建筑物 位于复杂地质条件及软土地区的二层及二层以上地下室的基坑工程 开挖深度大于 15m 的基坑工程 周边环境条件复杂、环境保护要求高的基坑工程
乙级	除甲级、丙级以外的工业与民用建筑物 除甲级、丙级以外的基坑工程
丙级	场地和地基条件简单、荷载分布均匀的七层及七层以下民用建筑及一般工业建筑；次要的轻型建筑物； 非软土地区且场地地质条件简单、基坑周边环境条件简单、环境保护要求不高且开挖深度小于 5.0m 的基坑工程

【要点】熟悉设计等级为甲级的建筑和地基类型。

（二）地基基础的设计要求

根据建筑物地基基础设计等级及长期荷载作用下地基变形对上部结构的影响程度，地基基础设计应符合下列规定：

（1）所有建筑物的地基计算均应满足承载力计算的有关规定。

（2）设计等级为甲级、乙级的建筑物，均应按地基变形设计。

（3）设计等级为丙级的建筑物有下列情况之一时应作变形验算：

1）地基承载力特征值小于 130kPa，且体型复杂的建筑；

2）在基础上及其附近有地面堆载或相邻基础荷载差异较大，可能引起地基产生过大的不均匀沉降时；

3）软弱地基上的建筑物存在偏心荷载时；

4）相邻建筑距离近，可能发生倾斜时；

5）地基内有厚度较大或厚薄不均的填土，其自重固结未完成时。

（4）对经常受水平荷载作用的高层建筑、高耸结构和挡土墙等，以及建造在斜坡上或边坡附近的建筑物和构筑物，尚应验算其稳定性。

（5）基坑工程应进行稳定性验算。

（6）建筑地下室或地下构筑物存在上浮问题时，尚应进行抗浮验算。

第四节　地基岩土的分类及工程特性指标

一、岩土的分类

作为建筑地基的岩土，可分为岩石、碎石土、砂土、粉土、黏性土和人工填土。

1. 岩石的分类

作为建筑物地基岩石，除应确定岩石的地质名称外，尚应划分其坚硬程度和完整程度。

（1）岩石的坚硬程度

应根据岩块的饱和单轴抗压强度 f_{rk} 按表 16-2 分为坚硬岩、较硬岩、较软岩、软岩和极软岩。岩石的风化程度可分为未风化、微风化、中风化、强风化和全风化。

岩石坚硬程度的划分　　　　　　　　　　　　　表 16-2

坚硬程度类别	坚硬岩	较硬岩	较软岩	软岩	极软岩
饱和单轴抗压强度标准值 f_{rk}（MPa）	$f_{rk}>60$	$60 \geqslant f_{rk}>30$	$30 \geqslant f_{rk}>15$	$15 \geqslant f_{rk}>5$	$f_{rk} \leqslant 5$

（2）岩体完整程度按表 16-3 划分为完整、较完整、较破碎、破碎和极破碎。

岩体完整程度划分　　　　　　　　　　　　　表 16-3

完整程度等级	完整	较完整	较破碎	破碎	极破碎
完整性指数	>0.75	0.75～0.55	0.55～0.35	0.35～0.15	<0.15

注：完整性指数为岩体纵波波速与岩块纵波波速之比的平方。选定岩体、岩块测定波速时应有代表性。

2. 碎石土的分类和密实度

碎石土为粒径大于 2mm 的颗粒含量超过全重 50% 的土。

（1）碎石土的分类

碎石土可按表 16-4 分为漂石、块石、卵石、碎石、圆砾和角砾。

碎石土的分类　　　　　　　　　　　表 16-4

土的名称	颗 粒 形 状	粒 组 含 量
漂石	圆形及亚圆形为主	粒径大于 200mm 的颗粒含量超过全重 50%
块石	棱角形为主	
卵石	圆形及亚圆形为主	粒径大于 20mm 的颗粒含量超过全重 50%
碎石	棱角形为主	
圆砾	圆形及亚圆形为主	粒径大于 2mm 的颗粒含量超过全重 50%
角砾	棱角形为主	

注：分类时应根据粒组含量栏从上到下以最先符合者确定。

（2）碎石土的密实度

碎石土难以取样试验，规范采用以重型动力触探锤击数为主划分其密实度，可按表 16-5 分为松散、稍密、中密、密实。

碎石土的密实度 表 16-5

重型圆锥动力触探锤击数 $N_{63.5}$	密实度	重型圆锥动力触探锤击数 $N_{63.5}$	密实度
$N_{63.5} \leqslant 5$	松散	$10 < N_{63.5} \leqslant 20$	中密
$5 < N_{63.5} \leqslant 10$	稍密	$N_{63.5} > 20$	密实

注：1. 本表适用于平均粒径小于或等于 50mm 且最大粒径不超过 100mm 的卵石、碎石、圆砾、角砾；对于平均粒径大于 50mm 或最大粒径大于 100mm 的碎石土，可按本规范附录 B 鉴别其密实度；

2. 表内 $N_{63.5}$ 为经综合修正后的平均值。

3. 砂土的分类和密实度

砂土为粒径大于 2mm 的颗粒含量不超过全重 50%、粒径大于 0.075mm 的颗粒超过全重 50% 的土。

（1）砂土的分类，可按表 16-6 分为砾砂、粗砂、中砂、细砂和粉砂。

砂土的分类 表 16-6

土的名称	粒 组 含 量	土的名称	粒 组 含 量
砾砂	粒径大于 2mm 的颗粒含量占全重 25%～50%	细砂	粒径大于 0.075mm 的颗粒含量超过全重 85%
粗砂	粒径大于 0.5mm 的颗粒含量超过全重 50%	粉砂	粒径大于 0.075mm 的颗粒含量超过全重 50%
中砂	粒径大于 0.25mm 的颗粒含量超过全重 50%		

注：分类时应根据粒组含量栏从上到下以最先符合者确定。

（2）砂土的密实度，可按表 16-7 分为松散、稍密、中密、密实。

砂土的密实度 表 16-7

标准贯入试验锤击数 N	密实度	标准贯入试验锤击数 N	密实度
$N \leqslant 10$	松散	$15 < N \leqslant 30$	中密
$10 < N \leqslant 15$	稍密	$N > 30$	密实

注：当用静力触探探头阻力判定砂土的密实度时，可根据当地经验确定。

4. 黏性土

（1）黏性土的塑限、液限、塑性指数、液性指数（图 16-2）

塑限是指土由可塑状态变化到半固体状态时的界限含水量，以 ω_p 表示。

液限是指土由可塑状态转变到流动状态时的界限含水量，以 ω_L 表示。

塑性指数：$I_p = \omega_L - \omega_p$，液限与塑限之差称为塑性指数，反映可塑状态下的含水量范

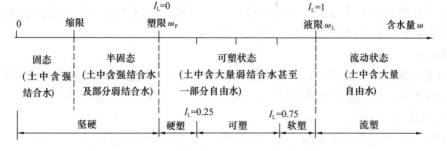

图 16-2 黏性土物理状态与含水量的关系

（引自：袁树基，袁静. 建筑结构快速通. 北京：中国建筑工业出版社，2014）

围，用于黏性土分类。

液性指数：$I_L=(\omega-\omega_p)/I_p$，表示天然含水量与界限含水量相对关系，是判别黏性土状态(软硬程度或稀稠程度)的一个指标。

（2）黏性土的分类

黏性土为塑性指数 I_p 大于 10 的土，可按塑性指数分为黏土、粉质黏土（表 16-8）。

黏性土的分类 表 16-8

塑性指数 I_p	土的名称
$I_p>17$	黏土
$10<I_p\leqslant17$	粉质黏土

注：塑性指数由相应于 76g 圆锥体沉入土样中深度为 10mm 时测定的液限计算而得。

（3）黏性土的状态

可按液性指数 I_L，分为坚硬、硬塑、可塑、软塑、流塑（表 16-9）。

黏性土的状态 表 16-9

液性指数 I_L	状态	液性指数 I_L	状态
$I_L\leqslant0$	坚硬	$0.75<I_L\leqslant1$	软塑
$0<I_L\leqslant0.25$	硬塑		
$0.25<I_L\leqslant0.75$	可塑	$I_L>1$	流塑

注：当用静力触探探头阻力判定黏性土的状态时，可根据当地经验确定。

【要点】

◆ 土中的含水量是随周围条件的变化而变化的。对于同一种土，由于含水量的不同，可以分别处于固体状态、塑性状态或流动状态，不同状态的界限含水量分别为塑限和液限。

◆ 塑性指数能判别黏性土的分类属性，液性指数能判定黏性土的坚硬状态。

◆ 在一般情况下，处于硬塑或坚硬状态的土具有较高的承载力；处于软塑或流塑状态的土具有较低的承载力，建造在这种土上的房屋，其沉降往往很大，且长期不易稳定。

5. 粉土

粉土为介于砂土与黏性土之间，塑性指数 I_p 小于或等于 10 且粒径大于 0.075mm 的颗粒含量不超过全重 50％的土。

6. 淤泥

淤泥为在静水或缓慢的流水环境中沉积，并经生物化学作用形成，其天然含水量大于液限、天然孔隙比大于或等于 1.5 的黏性土。当天然含水量大于液限而天然孔隙比小于1.5 但大于或等于 1.0 的黏性土或粉土为淤泥质土。

7. 红黏土

红黏土为碳酸盐岩系的岩石经红土化作用形成的高塑性黏土。其液限一般大于 50％。红黏土经再搬运后仍保留其基本特征，其液限大于 45％的土为次生红黏土。

8. 人工填土

人工填土根据其组成和成因，可分为素填土、压实填土、杂填土、冲填土。

素填土为由碎石土、砂土、粉土、黏性土等组成的填土。经过压实或夯实的素填土为压实填土。杂填土为含有建筑垃圾、工业废料、生活垃圾等杂物的填土。冲填土为由水力冲填泥沙形成的填土。

9. 膨胀土

膨胀土为土中黏粒成分主要由亲水性矿物组成，同时具有显著的吸水膨胀和失水收缩特性，其自由膨胀率大于或等于 40％的黏性土。

10. 湿陷性土

湿陷性土为在一定压力下浸水后产生附加沉降，其湿陷系数大于或等于 0.015 的土。

例 16-1 （10-121） 下列关于地基土的表述中，错误的是：

A　碎石土为粒径大于 2mm 的颗粒含量超过全重 50％的土

B　砂土为粒径大于 2mm 的颗粒含量不超过全重 50％，粒径大于 0.075mm 的颗粒含量超过全重 50％的土

C　黏性土为塑性指数 I_p 小于 10 的土

D　淤泥是天然含水量大于液限、天然孔隙比大于或等于 1.5 的黏性土

解析： 黏性土为塑性指数 I_p 大于 10 的土。

答案： C

规范：《建筑地基基础设计规范》GB 50007—2011（以下简称《地基基础规范》）第 4.1.5 条表 4.1.5、第 4.1.7 条表 4.1.7 及第 4.1.9 条表 4.1.9、第 4.1.12 条。

例 16-2 （11-104） 黏性土的状态，可分为坚硬、硬塑、可塑、软塑、流塑，这是根据下列哪个指标确定的？

A　液性指数　　　　　　　　　　B　塑性指数

C　天然含水量　　　　　　　　　D　天然孔隙比

答案： A

规范：《地基基础规范》第 4.1.10 条。

二、工程特性指标

（1）土的工程特性指标可采用以下特性指标表示：

①强度指标；②压缩性指标；③静力触探探头阻力；④动力触探锤击数；⑤标准贯入试验锤击数；⑥载荷试验承载力。

（2）地基土工程特性指标的代表值应分别为：

1）标准值，抗剪强度指标应取标准值；

2）平均值，压缩性指标应取平均值；

3）特征值，载荷试验承载力应取特征值。

（3）载荷试验应采用：

1）浅层平板载荷试验，适用于浅层地基；

2）深层平板载荷试验，适用于深层地基。

（4）土的抗剪强度指标可采用以下试验方法测定：

①原状土室内剪切试验；②无侧限抗压强度试验；③现场剪切试验；④十字板剪切试验。

（5）土的压缩性指标可采用以下试验确定：

①原状土室内压缩试验；②原位浅层；③深层平板载荷试验；④旁压试验。

（6）地基土的压缩性可按以下方法划分：

按 p_1 为 100kPa，p_2 为 200kPa 时相对应的压缩系数值 a_{1-2}，划分为低、中、高压缩性，并符合以下规定：

1）当 $a_{1-2}<0.1MPa^{-1}$ 时，为低压缩性土；

2）当 $0.1MPa^{-1}\leqslant a_{1-2}<0.5MPa^{-1}$ 时，为中压缩性土；

3）当 $a_{1-2}\geqslant 0.5MPa^{-1}$ 时，为高压缩性土。

【要点】

◆ 地基的强度是指土体的抗剪强度。地基虽然是受压，但其强度破坏形态却都是剪切滑移破坏。地基的变形是指土体受到压缩引起的沉降。土体被挤出的剪切滑移破坏亦称地基失稳。

◆ 一般情况下，粗颗粒岩土的地基承载力大于细颗粒岩土的地基承载力；粗颗粒的岩土压缩性小，细颗粒的岩土压缩性大。

例 16-3 （09-120） 在地基土的工程特性指标中，地基土的载荷试验承载力应取：

A 标准值　　　　B 平均值　　　　C 设计值　　　　D 特征值

解析： 地基工程特性指标的代表值分别是：抗剪强度指标取标准值，压缩性指标取平均值，载荷试验承载力应取特征值。

答案： D

规范：《地基基础规范》第 4.2.2 条。

例 16-4 （08-124） 土的强度实质上是下列哪一种强度？

A 土的黏聚力强度　　　　　　　　B 土的抗剪强度

C 土的抗压强度　　　　　　　　　D 土的抗拉强度

答案： B

第五节 地 基 计 算

（一）基础埋置深度

（1）基础的埋置深度，应按下列条件确定：

1）建筑物的用途，有无地下室、设备基础和地下设施，基础的形式和构造；

2）作用在地基上的荷载大小和性质；

3）工程地质和水文地质条件；

4）相邻建筑物的基础埋深；

5）地基土冻胀和融陷的影响。

（2）在满足地基稳定和变形要求的前提下，当上层地基的承载力大于下层土时，宜利用上层土作持力层。除岩石地基外，基础埋深不宜小于 0.5m。

（3）**高层建筑基础的埋置深度应满足地基承载力、变形和稳定性要求。位于岩石地基上的高层建筑，其基础埋深应满足抗滑稳定性要求。**

（4）在抗震设防区，除岩石地基外，天然地基上的箱形和筏形基础其埋置深度不宜小于建筑物高度的 1/15；桩箱或桩筏基础的埋置深度（不计桩长）不宜小于建筑物高度的 1/18。位于岩石地基上的高层建筑筏形和箱形基础，其基础埋深应满足抗滑移的要求。

（5）基础宜埋置在地下水位以上，当必须埋在地下水位以下时，应采取地基土在施工时不受扰动的措施。当基础埋置在易风化的岩层上，施工时应在基坑开挖后立即铺筑垫层。

（6）当存在相邻建筑物时，新建建筑物的基础埋深不宜大于原有建筑基础。当埋深大于原有建筑基础时，两基础间应保持一定净距，其数值应根据原有建筑荷载大小、基础形式和土质情况确定。

（7）季节性冻土地基的场地冻结深度 z_d 应按规范要求计算。

（8）季节性冻土地区基础埋置深度宜大于场地冻结深度。对于深厚季节冻土地区，当建筑基础底面土层为不冻胀、弱冻胀、冻胀土时，基础埋置深度可以小于场地冻结深度。基础底面下允许冻土层最大厚度应根据当地经验确定。没有地区经验时可按《地基基础规范》附录 G 查取。此时，基础最小埋置深度 d_{min} 可按下式计算：

$$d_{min} = z_d - h_{max} \tag{16-7}$$

式中　h_{max}——基础底面下允许冻土层最大厚度（m）。

（9）地基土的冻胀类别分为不冻胀、弱冻胀、冻胀、强冻胀和特强冻胀。在冻胀、强冻胀、特强冻胀地基上采用防冻害措施时应符合下列规定：

1）对在地下水位以上的基础，基础侧表面应回填不冻胀的中、粗砂，其厚度不应小于 200mm；对在地下水位以下的基础，可采用桩基础、保温性基础、自锚式基础（冻土层下有扩大板或扩底短桩），也可将独立基础和条形基础做成正梯形的斜面基础。

2）宜选择地势高、地下水位低、地表排水条件好的建筑场地。对低洼场地，建筑物的室外地坪标高应至少高出自然地面 300～500mm，其范围不宜小于建筑四周向外各一倍冻结深度距离的范围。

3）应做好排水设施，施工和使用期间防止水浸入建筑地基。在山区应设截水沟或在建筑物下设置暗沟，以排走地表水和潜水。

4）在强冻胀性和特强冻胀性地基上，其基础结构应设置钢筋混凝土圈梁和基础梁，并控制建筑的长高比，增强房屋的整体刚度。

5）当独立基础连系梁下或桩基础承台下有冻土时，应在梁或承台下留有相当于该土层冻胀量的空隙，以防止因土的冻胀将梁或承台拱裂。

6）外门斗、室外台阶和散水坡等部位宜与主体结构断开，散水坡分段不宜超过 1.5m，坡度不宜小于 3%，其下宜填入非冻胀性材料。

7）对跨年度施工的建筑，入冬前应对地基采取相应的防护措施；按采暖设计的建筑物，当冬季不能正常采暖时，也应对地基采取保温措施。

【要点】在影响高层建筑地基稳定的多个因素中，除建筑物高度、体型、基底压力、偏心距、地基土性质、抗震设防烈度等因素外，基础埋置深度是一个重要的因素。

例 16-5　（09-121）在一般土层中，确定高层建筑深度筏形和箱形基础的埋置深度时可不考虑：

（二）地基设计的基本原则

地基计算包括基础埋置深度、承载力、变形、稳定性计算等，是地基设计的重要依据。

地基设计的目的：确保房屋的稳定；不因地基产生过大不均匀变形而影响房屋的安全和正常使用。进行地基设计时，需遵守下列三个原则：

（1）上部结构荷载所产生的压力不大于地基的承载力值。

（2）房屋和构筑物的地基变形值不大于其允许值。

（3）对经常受水平荷载作用的构筑物（如挡土墙）等，不致使其丧失稳定而破坏。

（三）地基承载力计算

1. 关于基础底面压力的相关规定

（1）当轴心荷载作用时

$$p_k \leq f_a \tag{16-8}$$

式中　p_k——相应于作用的标准组合时，基础底面处的平均压力值（kPa）；

　　　f_a——修正后的地基承载力特征值（kPa）。

（2）当偏心荷载作用时，除符合式（16-8）要求外，尚应符合下式规定：

$$p_{kmax} \leq 1.2 f_a \tag{16-9}$$

式中　p_{kmax}——相应于作用的标准组合时，基础底面边缘的最大压力值（kPa）。

2. 基础底面压力的计算

（1）当轴心荷载作用时

$$p_k = \frac{F_k + G_k}{A} \tag{16-10}$$

式中　F_k——相应于作用的标准组合时，上部结构传至基础顶面的竖向力值（kN）；

　　　G_k——基础自重和基础上的土重（kN）；

　　　A——基础底面面积（m²）。

（2）当偏心荷载作用时

$$p_{kmax} = \frac{F_k + G_k}{A} + \frac{M_k}{W} \tag{16-11}$$

$$p_{kmin} = \frac{F_k + G_k}{A} + \frac{M_k}{W} \tag{16-12}$$

式中　M_k——相应于作用的标准组合时，作用于基础底面的力矩值（kN·m）；

　　　W——基础底面的抵抗矩（m³）；

　　　p_{kmin}——相应于作用的标准组合时，基础底面边缘的最小压力值（kPa）。

（3）当基础地面形状为矩形且偏心距 $e > b/6$ 时（图16-3），p_{kmax} 应按下式计算：

$$p_{kmax} = \frac{2(F_k + G_k)}{3l \cdot a} \qquad (16\text{-}13)$$

式中 l——垂直于力矩作用方向的基础底面边长（m）；

a——合力作用点至基础底面最大压力边缘的距离（m）。

3. 地基承载力修正

当基础宽度大于 3m 或埋置深度大于 0.5m 时，从载荷试验或其他原位测试、经验值等方法确定的地基承载力特征值，尚应按下式修正：

$$f_a = f_{ak} + \eta_b \gamma (b-3) + \eta_d \gamma_m (d-0.5) \qquad (16\text{-}14)$$

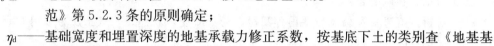

图 16-3 偏心荷载（$e>b/6$）下基底压力计算示意
b—力矩作用方向基础底面边长

式中 f_a——修正后的地基承载力特征值（kPa）；

f_{ak}——地基承载力特征值（kPa），按《地基基础规范》第 5.2.3 条的原则确定；

η_b、η_d——基础宽度和埋置深度的地基承载力修正系数，按基底下土的类别查《地基基础规范》取值；

γ——基础底面以下土的重度（kN/m³），地下水位以下取浮重度；

b——基础底面宽度（m），当基础底面宽度小于 3m 时按 3m 取值，大于 6m 时按 6m 取值；

γ_m——基础底面以上土的加权平均重度（kN/m³），位于地下水位以下的土层取有效重度；

d——基础埋置深度（m），宜自室外地面标高算起。在填方整平地区，可自填土地面标高算起，但填土在上部结构施工后完成时，应从天然地面标高算起。对于地下室，当采用箱形基础或筏形基础时，基础埋置深度自室外地面标高算起；当采用独立基础或条形基础时，应从室内地面标高算起。

【要点】

◆从公式和修正系数、土层重度，分析影响地基承载力的因素。基础埋置深度越深，基础底面以下土层的重度越大，地基承载力越高；基础宽度越大，基础底面以下土层的重度越大，地基承载力越大。

◆将地基基础看作一个受压构件来理解地基承载力计算，其实就是一个轴心或偏心受压构件简单的应力计算。

例 16-6 除淤泥和淤泥质土外，相同地基上的基础，当宽度相同时，则埋深愈深地基的承载力：

A 愈大　　　　　　　　B 愈小

C 与埋深无关　　　　　D 按不同土的类别而定

解析：相同地基上的基础，当宽度相同时，埋深愈深地基的承载力愈大。

答案：A

规范：《地基基础规范》第 5.2.4 条。

例 16-7 **(12-113)** 已知某柱下独立基础，在图示偏心荷载作用下，基础底面的

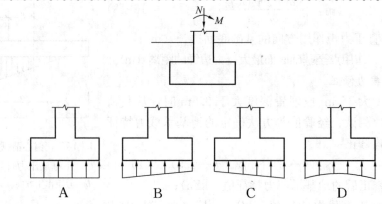

土压力示意正确的是：

　　解析： 有弯矩和轴压力共同作用时，为偏心受压状态，基底土压力如图 C 所示。

　　答案： C

　　注：在轴心压力作用下基础底面的土应力均匀分布，如图 A 所示。

（四）变形计算

（1）建筑物的地基变形计算值，不应大于地基变形允许值。

（2）地基变形特征可分为沉降量、沉降差、倾斜或局部倾斜。

（3）在计算地基变形时，应符合下列规定：

1）由于建筑地基不均匀、荷载差异很大、体型复杂等因素引起的地基变形，对于砌体承重结构应由局部倾斜控制；对于框架结构和单层排架结构应由相邻柱基的沉降差控制；对于多层或高层建筑和高耸结构应由倾斜控制；必要时尚应控制平均沉降量。

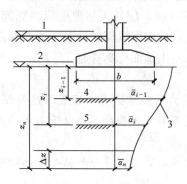

图 16-4　基础沉降计算的分层示意
1—天然地面标高；2—基底标高；
3—平均附加应力系数 $\bar{\alpha}$ 曲线；
4—$i-1$ 层；5—i 层

2）在必要情况下，需要分别预估建筑物在施工期间和使用期间的地基变形值，以便预留建筑物有关部分之间的净空，选择连接方法和施工顺序。

（4）建筑物的地基变形允许值应按规范的规定采用。

（5）计算地基变形时，地基内的应力分布，可采用各向同性均质线性变形体理论，其最终变形量可按规范要求计算（图 16-4）。

　　【要点】 地基变形计算主要指地基最终沉降量计算。最终沉降量是由瞬时沉降、固结沉降和次固结沉降三部分组成。

（6）在同一整体大面积基础上建有多栋高层和低层建筑，宜考虑上部结构、基础与地基的共同作用，进行变形计算。

（7）下列建筑物应在施工期间及使用期间进行变形观测：

1）地基基础设计等级为甲级的建筑物；

2）软弱地基上的地基基础设计等级为乙级的建筑物；

3）处理地基上的建筑物；

4）加层、扩建建筑物；

5）受邻近深基坑开挖施工影响或受场地下水等环境因素变化影响的建筑物；

6）采用新型基础或新型结构的建筑物。

例 16-8 **（08-131）** 关于建筑物的地基变形计算及控制，以下说法正确的是：

A 砌体承重结构应由沉降差控制

B 高耸结构应由倾斜值及沉降量控制

C 框架结构应由局部倾斜控制

D 单层排架结构仅由沉降量控制

解析： 结构形式不同，地基变形特点不同，变形计算控制应根据结构形式特点来确定变形计算和控制。地基变形特征值可分为沉降量、沉降差、倾斜、局部倾斜，对于多层或高耸结构应由倾斜值及沉降量控制。

答案： B

规范： 《地基基础规范》第 5.3.2 条、第 5.3.3-1 条。

例 16-9 **（09-122）** 在同一非岩地基上，有相同埋置深度 d、基础底面宽度 b 和附加压力的独立基础和条形基础，其地基的最终变形量分别为 S_1、S_2，关于两者大小判断正确的是：

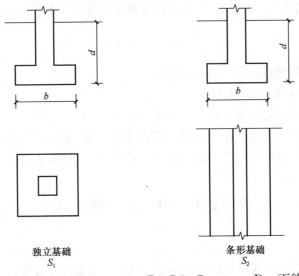

独立基础
S_1

条形基础
S_2

A $S_1 < S_2$ B $S_1 = S_2$ C $S_1 > S_2$ D 不能确定

解析： 地基的最终变形量不仅与基础埋深 d、基础底面宽度 b 和基础底面附加应力大小有关，还与附加应力在地基（土层）中的扩散有关。

条形基础的附加应力大，说明条形基础的附加应力影响深度大于独立基础（独立基础附加应力向四面扩散，而条形基础只能向两个面扩散）。因此独立基础的最终变形量小于条形基础的变形量，即 $S_1 < S_2$。

也可以把条形基础看作是由若干个独立基础组成，这样条形基础的沉降要比独

（五）稳定性计算

1. 地基稳定性

地基稳定性可采用圆弧滑动面法进行验算。最危险的滑动面上诸力对滑动中心所产生的抗滑力矩与滑动力矩应符合下式要求：

$$M_R/M_S \geqslant 1.2 \tag{16-15}$$

式中　M_S——滑动力矩（kN·m）；

　　　M_R——抗滑力矩（kN·m）。

【要点】一般对处于平整地基上的建筑物，只要基础具有必须的埋置深度以保证其承载力，就不会由于倾覆或滑移而导致破坏。但对于高大的建筑物，如地下水位在基础地面以上，特别是当建筑物经常受水平荷载或位于斜坡上，或存在倾斜或软弱底层时，有必要进行地基稳定性验算。

2. 抗浮稳定性

建筑物基础存在浮力作用时应进行抗浮稳定性验算，并应符合下列规定：

（1）对于简单的浮力作用情况，基础抗浮稳定性应符合下式要求：

$$G_k/N_{w,k} \geqslant K_w \tag{16-16}$$

式中　G_k——建筑物自重及压重之和（kN）；

　　　$N_{w,k}$——浮力作用值（kN）；

　　　K_w——抗浮稳定安全系数，一般情况下可取1.05。

（2）抗浮稳定性不满足设计要求时，可采用增加压重或设置抗浮构件等措施。在整体满足抗浮稳定性要求而局部不满足时，也可采用增加结构刚度的措施。

第六节　山　区　地　基

（一）一般规定

工程地质条件复杂多变是山区（包括丘陵地带）地基的显著特征。选择适宜的建设场地和建筑物地基尤为重要。详见《地基基础规范》第6.1节。

（二）土岩组合地基

常见的一种复杂类型地基。在建筑地基（或被沉降缝分隔区段的建筑地基）的主要受力层范围内，如遇下列情况之一者，属土岩组合地基：

（1）下卧基岩表面坡度较大的地基。

（2）石芽密布并有出露的地基。

（3）大块孤石或个别石芽出露的地基。

【要点】当建筑物对地基变形要求较高或地质条件比较复杂不宜按一般规定进行地基

处理时，可调整建筑平面位置或采用桩基或梁、拱跨越等处理措施。

在地基压缩性相差较大的部位，宜结合建筑平面形状、荷载条件设置沉降缝。

（三）填土地基

（1）当利用压实填土作为建筑工程的地基持力层时，在平整场地前，应根据结构类型、填料性能和现场条件等，对拟压实的填土提出质量要求。未经检验查明以及不符合质量要求的压实填土，均不得作为建筑工程的地基持力层。

注：按其堆填方式分为压实填土和未经填方设计已形成的填土两类。

（2）当利用未经填方设计处理形成的填土作为建筑物地基时，应查明填料成分与来源，填土的分布、厚度、均匀性、密实度与压缩性以及填土的堆积年限等情况，根据建筑物的重要性、上部结构类型、荷载性质与大小、现场条件等因素，选择合适的地基处理方法，并提出填土地基处理的质量要求与检验方法。

（3）拟填实的填土地基应根据建筑物对地基的具体要求，进行填方设计。填方设计的内容包括填料的性质、压实机械的选择、密实度要求、质量监督和检验方法等。对重大的填方工程，必须在填方设计前选择典型的场区进行现场试验，取得填方设计参数后，才能进行填方工程的设计与施工。

（4）填方工程设计前应具备详细的场地地形、地貌及工程地质勘察资料。位于塘、沟、积水洼地等地区的填土地基，应查明地下水的补给与排泄条件、底层软弱土体的清除情况、自重固结程度等。

（5）对含有生活垃圾或有机质废料的填土，未经处理不宜作为建筑物地基使用。

（6）压实填土的填料，应符合下列规定：

1）级配良好的砂土或碎石土；以卵石、砾石、块石或岩石碎屑作填料时，分层压实时其最大粒径不宜大于200mm，分层夯实时其最大粒径不宜大于400mm；

2）性能稳定的矿渣、煤渣等工业废料；

3）以粉质黏土、粉土作填料时，其含水量宜为最优含水量，可采用击实试验确定；

4）挖高填低或开山填沟的土石料，应符合设计要求；

5）不得使用淤泥、耕土、冻土、膨胀性土以及有机质含量大于5％的土。

（7）填土地基在进行压实施工时，应注意采取地面排水措施，当其阻碍原地表水畅通排泄时，应根据地形修建截水沟，或设置其他排水设施。设置在填土区的上、下水管道，应采取防渗、防漏措施，避免因漏水使填土颗粒流失，必要时应在填土土坡的坡脚处设置反滤层。

（8）位于斜坡上的填土，应验算其稳定性。对由填土而产生的新边坡，当填土边坡坡度符合边坡坡度允许值时，可不设置支挡结构。当天然地面坡度大于20％时，应采取防止填土可能沿坡面滑动的措施，并应避免雨水沿斜坡排泄。

> **例 16-10　（09-132）** 对于压实填土地基，下列哪种材料不适宜作为压实填土的填料？
>
> A　砂土　　　　　　　　　B　碎石土
> C　膨胀土　　　　　　　　D　粉质黏土

解析：不得使用淤泥、耕土、冻土、膨胀土以及有机含量大于 5% 的土，其中膨胀土是土中黏粒成分主要由亲水性矿物组成。同时具有显著的吸水膨胀和失水收缩两种变形特性的黏性土，不能作为压实填土的填料。

答案：C

规范：《地基基础规范》第 6.3.6-5 条。

（四）滑坡防治

（1）在建筑场区内，由于施工或其他因素的影响有可能形成滑坡的地段，必须采取可靠的预防措施。对具有发展趋势并威胁建筑物安全使用的滑坡，应及早采取综合整治措施，防止滑坡继续发展。

（2）应根据工程地质、水文地质条件以及施工影响等因素，分析滑坡可能发生或发展的主要原因，采取下列防治滑坡的处理措施：

1）排水。应设置排水沟以防止地面水浸入滑坡地段，必要时尚应采取防渗措施。在地下水影响较大的情况下，应根据地质条件，设置地下排水工程。

2）支挡。根据滑坡推力的大小、方向及作用点，可选用重力式抗滑挡墙、阻滑桩及其他抗滑结构。抗滑挡墙的基底及阻滑桩的桩端应埋置于滑动面以下的稳定土（岩）层中。必要时，应验算墙顶以上的土（岩）体从墙顶滑出的可能性。

（3）卸载。在保证卸载区上方及两侧岩土稳定的情况下，可在滑体主动区卸载，但不得在滑体被动区卸载。

（4）反压。在滑体的阻滑区段增加竖向荷载以提高滑体的阻滑安全系数。

例 16-11　（08-121）防治滑坡的措施，不正确的是：

A　采取排水和支挡措施

B　在滑体的主动区卸载

C　在滑体的阻滑区增加竖向荷载

D　在滑体部分灌注水泥砂浆

解析：防止滑坡的处理措施有：排水、支挡、卸载、反压，在滑体部分灌注水泥砂浆起不到防治滑坡的作用。

答案：D

规范：《地基基础规范》第 6.4.2 条。

（五）岩石地基

【要点】岩石相对于土而言，具有较坚固的刚性连接，因而具有较高的强度和较小的透水性。岩石地基具有承载力高、压缩性低和稳定性强的特点。

（1）岩石地基基础设计应符合下列规定：

1）置于完整、较完整、较破碎岩体上的建筑物可仅进行地基承载力计算。

2）地基基础设计等级为甲、乙级的建筑物，同一建筑物的地基存在坚硬程度不同，两种或多种岩体变形模量差异达 2 倍及 2 倍以上，应进行地基变形验算。

3）地基主要受力层深度内存在软弱下卧岩层时，应考虑软弱下卧岩层的影响，进行地基稳定性验算。

4）桩孔、基底和基坑边坡开挖应采用控制爆破，到达持力层后，对软岩、极软岩表面应及时封闭保护。

5）当基岩面起伏较大，且都使用岩石地基时，同一建筑物可以使用多种基础形式。

6）当基础附近有临空面时，应验算向临空面倾覆和滑移稳定性。存在不稳定的临空面时，应将基础埋深加大至下伏稳定基岩；亦可在基础底部设置锚杆，锚杆应进入下伏稳定岩体，并满足抗倾覆和抗滑移要求。同一基础的地基可以放阶处理，但应满足抗倾覆和抗滑移要求。

7）对于节理、裂隙发育及破碎程度较高的不稳定岩体，可采用注浆加固和清爆填塞等措施。

（2）对遇水易软化和膨胀、易崩解的岩石，应采取保护措施减少其对岩体承载力的影响。

（六）岩溶与土洞

岩溶是石灰岩、白云岩、石膏、岩盐等可溶性岩石在水的溶蚀作用下产生的各种地质作用、形态和现象的总称。

（1）在岩溶地区应考虑其对地基稳定的影响。

（2）由于岩溶发育具有严重的不均匀性，为区别对待不同岩溶发育程度场地上的地基基础设计，将岩溶场地分为岩溶强发育、中等发育和微发育三个等级。

（3）地基基础设计等级为甲级、乙级的建筑物主体宜避开岩溶强发育地段。

（七）土质边坡和重力式挡墙

1. 边坡设计的相关规定

（1）边坡设计应保护和整治边坡环境。

（2）对于平整场地而出现的新边坡，应及时进行支挡或构造防护。

（3）应根据边坡类型、边坡环境、边坡高度及可能的破坏模式，选择适当的边坡稳定计算方法和支挡结构形式。

（4）支挡结构设计应进行整体稳定性验算、局部稳定性验算、地基承载力计算、抗倾覆稳定性验算、抗滑移稳定性验算及结构强度计算。

（5）边坡工程设计前，应进行详细的工程地质勘察，并应对边坡的稳定性做出准确的评价；对周围环境的危害性做出预测。

（6）边坡的支挡结构应进行排水设计。支挡结构后面的填土，应选择透水性强的填料。

2. 挡土墙的分类

岩土工程中的"支挡"结构，用于"边坡"方面的支挡结构一般称"挡土墙"或"挡墙"，主要有重力式、悬臂式、扶壁式、锚杆式、锚定板式和土钉墙式，见图16-5。

【要点】

◆ 用于"边坡"方面的支挡结构一般称"挡土墙"或"挡墙"，主要有重力式、悬臂式、扶壁式、锚杆式、锚定板式和土钉墙式等。其中重力式挡土墙近年考试多有涉及，应重视。

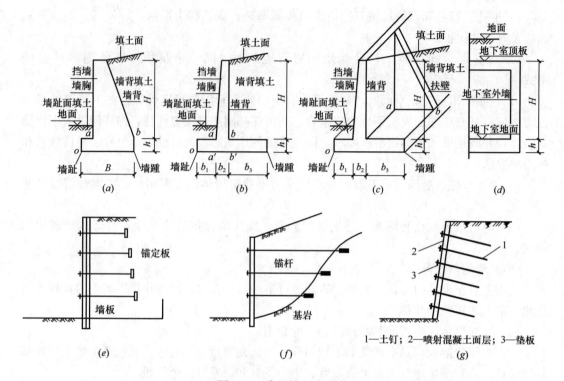

图 16-5 常见挡土墙形式

(a) 重力式挡墙；(b) 悬臂式挡墙；(c) 扶壁式挡墙；(d) 地下室外墙
(e) 锚定板式；(f) 锚杆式；(g) 土钉墙式

◆ 用于"基坑支护"的支挡结构，也属挡土墙，习惯上称为"支护结构"，主要有排桩、地下连续墙、水泥土墙、逆作拱墙等。

◆ 地下室和地下结构的挡墙，常与建筑物或构筑物的结构结合，由水平的顶板和地板支撑。

◆ 锚杆式挡土墙由锚固在坚硬地基中的锚杆拉结。

例 16-12　（12-108） 下列哪项是重力式挡土墙？

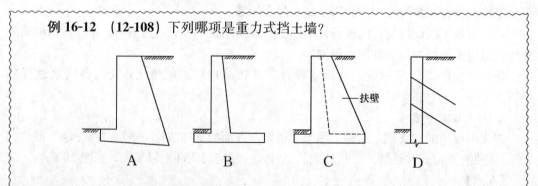

解析： 选项 A 属于重力式挡土墙；主要靠自重的重力来抵抗墙背土压力作用，维持自身稳定。

3. 挡土墙的土压力

挡土结构所受的侧向压力称为土压力。

（1）土压力分类

作用在挡土结构上的土压力，按挡土结构的位移方向、大小及土体所处的极限平衡状态，分为三种：静止土压力、主动土压力、被动土压力，见图 16-6。

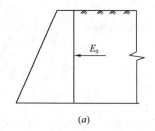 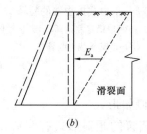 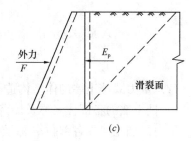

图 16-6　土压力分类

（a）静止土压力；（b）主动土压力；（c）被动土压力

（2）土压力的大小

主动土压力最小，静止土压力居中，被动土压力最大。

主动土压力（最小）——多数挡土墙采用（土推墙）；

静止土压力（居中）——地下室外墙；

被动土压力（最大）——拱脚基础采用（墙推土）。

（3）土压力分布

土压力沿挡土结构竖向一般为三角形分布，墙顶处压力小，墙底处压力大。

如果取单位挡土结构长度，则作用在挡土结构上的静止土压力如图 16-7 所示。

$$E_0 = \frac{1}{2}\gamma h^2 K_0 \tag{16-17}$$

式中　E_0——静止土压力（kN）；

　　　γ——填土的重度（kN/m³）；

　　　h——挡土墙高度（m）；

　　　K_0——静止土压力系数。

4. 重力式挡土墙

重力式挡土墙应用较广泛，利用挡土结构自身的重力，以支挡土质边坡的横推力，常采用条石垒砌或采用混凝土浇筑。

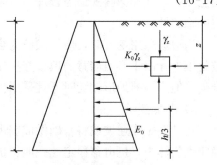

图 16-7　墙背竖直时的静止土压力

449

（1）挡土墙设计

应根据地质条件、材料和施工等因素考虑，内容包括：

1）抗滑移稳定性验算［图 16-8（a）］；

2）抗倾覆稳定性验算［图 16-8（b）］；

3）抗整体滑动稳定性（圆弧滑动面法）验算［图 16-8（c）］；

4）地基承载力验算［图 16-8（d）］。

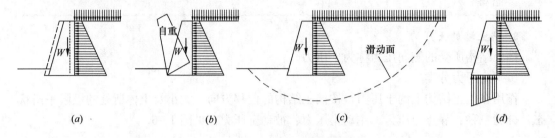

图 16-8　重力式挡土墙的验算

（a）抗滑移稳定性验算；（b）抗倾覆稳定性验算；（c）抗整体滑动稳定性验算；

（d）地基承载力验算

（2）重力式挡土墙的体型构造

1）挡土墙的各部位名称及墙背倾斜形式

重力式挡土墙的各部位名称及墙背的倾斜形式有仰斜、直立和俯斜三种，如图 16-9 所示。

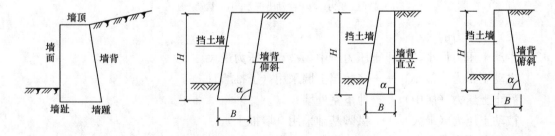

图 16-9　重力式挡土墙墙背倾斜形式

相同情况下，仰斜式受到的主动土压力最小，直立式居中，俯斜式最大。为减小墙背的土压力，选择仰斜式最为合理。另外仰斜墙重心后移，加大了抗倾覆力臂，提高了抗倾覆的稳定性。

当边坡采用挖方时，仰斜式较为合理，此时墙背可以与开挖的边坡紧密贴合；如果边坡是填方，由于仰斜墙背的填土夯实比直立式和俯斜式困难，则选择直立式和俯斜式更为合理。但当墙前地形较陡时不宜采用。

2）基底逆坡

将基底做成逆坡或将基础做成锯齿状是增加挡土墙的抗滑稳定性的有效方法。在墙体稳定性验算中，抗滑移稳定性一般比抗倾覆稳定更不易满足要求。但基底逆坡坡度也不能过大，以免造成墙身连同墙底的土体一起滑动，见图 16-10、图 16-11。

图 16-10　基底逆坡

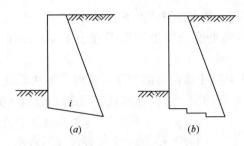

图 16-11　增强挡土墙抗滑移能力的措施

3）墙趾台阶

当墙高较大，基底压力超过地基承载力时，设置墙趾台阶增大底面宽度，同时还有利于提高挡土墙的抗滑移和抗倾覆稳定性，见图 16-12、图 16-13。

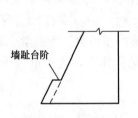

图 16-12　墙趾台阶

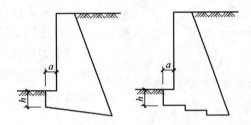

图 16-13　挡土墙下地基承载力不满足时的措施

例 16-13　（14-104）某悬臂式挡土墙，如图所示，当抗滑移验算不足时，在挡土墙埋深不变的情况下，下列措施最有效的是：

A　仅增加 a　　　　　　　　B　仅增加 b

C　仅增加 c　　　　　　　　D　仅增加 d

解析： 增加 c 值，对抗滑移最有效。

答案： C

例 16-14　（11-113）在挡土墙设计中，可以不必进行的验算为（　　）。

A　地基承载力验算　　　　　B　地基变形计算

C　抗滑移验算　　　　　　　D　抗倾覆验算

解析： 对挡土墙设计，应进行地基承载力验算、抗倾覆验算和抗滑移验算，可不进行的是地基变形计算。

答案： B

规范：《地基基础规范》第 6.7.4 条第 1、2、3、4 款。

（3）重力式挡土墙的构造应符合下列规定：

1）重力式挡土墙适用于高度小于 8m、地层稳定、开挖土石方时不会危及相邻建筑安全的地段。

2）重力式挡土墙可在基底设置逆坡。对于土质地基，基底逆坡坡度不宜大于 1：10；

对于岩石地基，基底逆坡坡度不宜大于 1：5。

3）毛石挡土墙的墙顶宽度不宜小于 400mm；混凝土挡土墙的墙顶宽度不宜小于 200mm。

4）重力式挡土墙的基础埋深，应根据地基承载力、水流冲刷、岩石裂隙发育及风化程度等因素进行确定。在特强冻胀、强冻胀地区应考虑冻胀的影响。在土质地基中，基础埋置深度不宜小于 0.5m；在软质岩地基中，基础埋置深度不宜小于 0.3m。

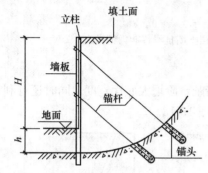

图 16-14　锚杆挡土墙由锚固在坚硬地基中的锚杆拉结

5）重力式挡土墙应每间隔 10～20m 设置一道伸缩缝。当地基有变化时宜加设沉降缝。在挡土墙的拐角处，应采取加强的构造措施。

（4）桩锚支挡结构体系

在有岩体存在的山区，可采用桩锚支挡结构体系。该支挡结构体系，由竖桩（立柱）、岩石锚杆等主要承力构件组成，辅以连系梁、压顶梁、面板等构件，组成完整的支挡结构体系，优于重力式挡土墙，如图 16-14。

第七节　软　弱　地　基

（一）一般规定

（1）当地基压缩层主要由淤泥、淤泥质土、冲填土、杂填土或其他高压缩性土层构成时应按软弱地基进行设计。在建筑地基的局部范围内有高压缩性土层时，应按局部软弱土层处理。

（2）勘察时，应查明软弱土层的均匀性、组成、分布范围和土质情况；冲填土尚应了解排水固结条件，杂土应查明堆积历史，明确自重压力下的稳定性、湿陷性等基本因素。

（3）设计时应考虑上部结构和地基的共同作用。对建筑体型、荷载情况、结构类型和地质条件进行综合分析，确定合理的建筑措施、结构措施和地基处理方法。

（4）施工时应注意对淤泥和淤泥质土基槽底面的保护，减少扰动。荷载差异较大的建筑物，宜先建重、高部分，后建轻、低部分。

（5）活荷载较大的构筑物或构筑物群（如料仓、油罐等），使用初期应根据沉降情况控制加载速率，掌握加载间隔时间，或调整活荷载分布，避免过大倾斜。

【要点】

◆ 软土的主要物理力学特性是含水量高、高压缩性、天然抗剪强度较低等。

◆ 由于软弱土的物质组成、成因及存在环境（如水的影响等）不同，不同的软弱地基其性质可能完全不同。

（二）利用与处理

（1）利用软弱土层作为持力层时，应符合下列规定：

1）淤泥和淤泥质土，宜利用其上覆较好土层作为持力层；当上覆土层较薄时，应采取避免施工时对淤泥和淤泥质土扰动的措施。

2）冲填土、建筑垃圾和性能稳定的工业废料，当均匀性和密实度较好时，可利用作为轻型建筑物地基的持力层。

（2）局部软弱土层以及暗塘、暗沟等，可采用基础梁、换土、桩基或其他方法处理。

（3）当地基承载力或变形不能满足设计要求时，地基处理可选用机械压实、堆载预压、真空预压、换填垫层或复合地基等方法。处理后的地基承载力应通过试验确定。

（4）机械压实包括重锤夯实、强夯、振动压实等方法，可用于处理由建筑垃圾或工业废料组成的杂填土地基，处理有效深度应通过试验确定。

（5）堆载预压可用于处理较厚淤泥和淤泥质土地基。预压荷载宜大于设计荷载，预压时间应根据建筑物的要求以及地基固结情况决定，并应考虑堆载大小和速率对堆载效果和周围建筑物的影响。采用塑料排水带或砂井进行堆载预压和真空预压时，应在塑料排水带或砂井顶部做排水砂垫层。

（6）换填垫层（包括加筋垫层）可用于软弱地基的浅层处理。垫层材料可采用中砂、粗砂、砾砂、角（圆）砾、碎（卵）石、矿渣、灰土、黏性土以及其他性能稳定、无腐蚀性的材料。加筋材料可采用高强度、低徐变、耐久性好的土工合成材料。

（7）复合地基设计应满足建筑物承载力和变形要求。当地基土为欠固结土、膨胀土、湿陷性黄土、可液化土等特殊性土时，设计采用的增强体和施工工艺应满足处理后地基土和增强体共同承担荷载的技术要求。

（8）复合地基承载力特征值应通过现场复合地基载荷试验确定，或采用增强体载荷试验结果和周边土的承载力特征值结合经验确定。

（9）增强体顶部应设褥垫层。褥垫层可采用中砂、粗砂、砾砂、碎石、卵石等散体材料。碎石、卵石宜掺入 20%～30% 的砂。

例 16-15　（08-122）机械压实地基措施，一般适用于下列哪一种地基？
A　含水量较大的黏性土地基　　　B　淤泥地基
C　淤泥质土地基　　　　　　　　D　建筑垃圾组成的杂填土地基
解析：A、B、C 是含水量较大的黏土和淤泥类地基，不适合采用机械压实处理。
答案：D
规范：《地基基础规范》第 7.2.4 条。
注：机械压实包括重锤夯实、强夯、振动压实等方法，可用于处理由建筑垃圾或工业废料组成的杂填土地基。

例 16-16　（14-110）关于地基处理的作用，下列说法错误的是：
A　提高地基承载力
B　改善场地条件，提高场地类别
C　减小地基变形，减小基础沉降量
D　提高地基稳定性，减少不良地质隐患
解析：地基处理是为了提高地基的承载力，减小地基的变形，减小基础沉降量，提高地基稳定性；与场地条件、类别无关。故正确答案是 B。

（三）建筑措施

软弱地基上的建筑物沉降比较显著，且不均匀，沉降稳定的时间很长，如果处理不好，会造成建筑物的倾斜、开裂或损坏，造成工程事故。

地基基础和上部结构是整体，共同作用，因此地基设计上除地基变形满足建筑物允许变形外，还应根据地基不均匀变形的分布规律，在建筑布置和结构处理上采取必要措施，使上部建筑结构适应地基变形。

（1）在满足使用和其他要求的前提下，建筑体型应力求简单。当建筑体型比较复杂时，宜根据其平面形状和高度差异情况，在适当部位用沉降缝将其划分成若干个刚度较好的单元；当高度差异（或荷载差异）较大时，可将两者隔开一定距离，若拉开距离后的两单元必须连接时，应采用能自由沉降的连接构造。

（2）建筑物设置沉降缝时，应符合下列规定：

1）建筑物的下列部位，宜设置沉降缝：

① 建筑平面的转折部位；

② 高度差异或荷载差异处；

③ 长高比过大的砌体承重结构或钢筋混凝土框架结构的适当部位；

④ 地基土的压缩性有显著差异处；

⑤ 建筑结构或基础类型不同处；

⑥ 分期建造房屋的交界处。

2）沉降缝应有足够的宽度，沉降缝宽度可按表16-10选用。

房屋沉降缝的宽度　　　　　　　　　　　　　表16-10

房 屋 层 数	沉降缝宽度（mm）
二～三	50～80
四～五	80～120
五层以上	不小于120

（3）相邻建筑物基础间的净距，可按表16-11选用。

相邻建筑物基础间的净距（m）　　　　　　　　　表16-11

影响建筑的预估平均沉降量 s（mm）＼被影响建筑的长高比	$2.0 \leqslant \dfrac{L}{H_f} < 3.0$	$3.0 \leqslant \dfrac{L}{H_f} < 5.0$
70～150	2～3	3～6
160～250	3～6	6～9
260～400	6～9	9～12
＞400	9～12	不小于12

注：1. 表中 L 为建筑物长度或沉降缝分隔的单元长度（m）；H_f 为自基础底面标高算起的建筑物高度（m）；

2. 当被影响建筑的长高比为 $1.5 < L/H_f < 2.0$ 时，其间净距可适当缩小。

454

（4）相邻高耸结构或对倾斜要求严格的构筑物的外墙间隔距离，应根据倾斜允许值计算确定。

（5）建筑物各组成部分或设备之间的沉降差处理。

建筑物各组成部分的标高，应根据可能产生的不均匀沉降采取下列相应措施：

1）室内地坪和地下设施的标高，应根据预估沉降量予以提高。建筑物各部分（或设备之间）有联系时，可将沉降较大者标高提高。

2）建筑物与设备之间，应留有足够的净空。当建筑物有管道穿过时，应预留孔洞，或采用柔性的管道接头等。

【要点】

◆ 建筑体型的合理组合（体型简单、高度和荷载均匀）；

◆ 对体型复杂或过长的建筑物设置沉降缝，并采用增强基础和上部结构刚度的方法，使每个单元具有适应和调整地基不均匀变形的能力；

◆ 相邻建筑物基础间保持一定的净距；

◆ 建筑物各组成部分或设备之间的沉降差处理。

（四）结构措施

建筑物沉降的均匀程度不仅与地基的均匀性和上部结构的荷载分布情况有关，还与建筑物的整体刚度有关。**建筑物的整体刚度是指建筑物抵抗自身变形的能力。**

（1）为减少建筑物沉降和不均匀沉降，可采用下列措施：

1）选用轻型结构，减轻墙体自重，采用架空地板代替室内填土；

2）设置地下室或半地下室，采用覆土少、自重轻的基础形式；

3）调整各部分的荷载分布、基础宽度或埋置深度；

4）对不均匀沉降要求严格的建筑物，可选用较小的基底压力。

（2）对于建筑体型复杂、荷载差异较大的框架结构，可采用箱基、桩基、筏基等可加强基础整体刚度，减少不均匀沉降。

（3）对于砌体承重结构的房屋，宜采用下列措施增强整体刚度和承载力：

1）对于三层和三层以上的房屋，其长高比 L/H_f 宜小于或等于 2.5；当房屋的长高比为 $2.5 < L/H_f \leqslant 3.0$ 时，宜做到纵墙不转折或少转折，并应控制其内横墙间距或增强基础刚度和承载力。当房屋的预估最大沉降量小于或等于 120mm 时，其长高比可不受限制。

2）墙体内宜设置钢筋混凝土圈梁或钢筋砖圈梁。

3）在墙体上开洞时，宜在开洞部位配筋或采用构造柱及圈梁加强。

（4）圈梁应按下列要求设置：

1）在多层房屋的基础和顶层处应各设置一道，其他各层可隔层设置，必要时也可逐层设置。单层工业厂房、仓库，可结合基础梁、连系梁、过梁等酌情设置。

2）圈梁应设置在外墙、内纵墙和主要内横墙上，并宜在平面内连成封闭系统。

【要点】

◆ 减少沉降和不均匀沉降的措施。

◆ 框架结构（体型复杂、荷载差异较大的）可加强基础整体刚度，如采用箱基、桩基、厚筏等，以减少不均匀沉降。

♦ 砌体结构（加强整体刚度的措施）。

♦ 圈梁的设置部位和数量（关键部位、连续封闭）。圈梁应根据地基不均匀变形、建筑物建成后可能的挠曲方向等因素确定。如建筑物可能发生正向挠曲时，应保证在基础处设置；反之，若可能发生反向挠曲时，则首先应保证顶层设置圈梁。

例 16-17 （12-105）建造在软弱地基上的建筑物，在适当部位设置沉降缝，下列哪一种说法是不正确的？

A 建筑平面的转折部位

B 长度大于 50m 的框架结构的适当部位

C 高度差异处

D 地基土的压缩性有明显差异处

解析：在软弱地基上的建筑物设置沉降缝与结构的长高比有关。

答案：B

规范：《地基基础规范》第 7.3.2 条第 3 款。

（五）大面积地面荷载

（1）在建筑范围内具有地面荷载的单层工业厂房、露天车间和单层仓库的设计，应考虑由于地面荷载所产生的地基不均匀变形及其对上部结构的不利影响。当有条件时，宜利用堆载预压过的建筑场地。

注：地面荷载系指生产堆料、工业设备等地面堆载和天然地面上的大面积填土。

（2）地面堆载应力求均衡，并应根据使用要求、堆载特点、结构类型和地质条件，确定允许堆载量和范围。

堆载不宜压在基础上。大面积的填土，宜在基础施工前三个月完成。

（3）地面堆载荷载应满足地基承载力、变形、稳定性要求，并应考虑对周边环境的影响。当堆载量超过地基承载力特征值时，应进行专项设计。

（4）厂房和仓库的结构设计，可适当提高柱、墙的抗弯能力，增强房屋的刚度。对于中、小型仓库，宜采用静定结构。

（5）特殊情况时宜采用桩基，详见《地基基础规范》。

第八节　基　　础

房屋基础形式种类很多：有无筋扩展基础（如毛石基础、混凝土基础等），扩展基础（如杯口基础），箱形基础与筏形基础及桩基础等。

（一）无筋扩展基础

无筋扩展基础系指由砖、毛石、混凝土或毛石混凝土、灰土和三合土等材料组成的墙下条形基础或柱下独立基础。无筋扩展基础，适用于多层民用建筑和轻型厂房。

无筋扩展基础（图 16-15）高度应满足下式要求：

$$H_0 \geqslant (b - b_0)/2\tan\alpha \qquad (16\text{-}18)$$

式中　b——基础底面宽度（m）；

b_0——基础顶面的墙体宽度或柱脚宽度（m）；

H_0——基础高度（m）；

$\tan\alpha$——基础台阶宽高比 $b_2 : H_0$，其允许值可按表 16-12 选用；

b_2——基础台阶宽度（m）。

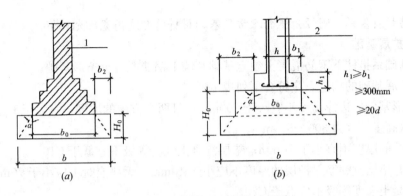

图 16-15　无筋扩展基础构造示意

d—柱中纵向钢筋直径；1—承重墙；2—钢筋混凝土柱

无筋扩展基础台阶宽高比的允许值

表 16-12

基础材料	质量要求	台阶宽高比的允许值		
		$p_k \leqslant 100$	$100 < p_k \leqslant 200$	$200 < p_k \leqslant 300$
混凝土基础	C15 混凝土	1：1.00	1：1.00	1：1.25
毛石混凝土基础	C15 混凝土	1：1.00	1：1.25	1：1.50
砖基础	砖不低于 MU10、砂浆不低于 M5	1：1.50	1：1.50	1：1.50
毛石基础	砂浆不低于 M5	1：1.25	1：1.50	—
灰土基础	体积比为 3：7 或 2：8 的灰土，其最小干密度： 粉土 1550kg/m³ 粉质黏土 1500kg/m³ 黏土 1450kg/m²	1：1.25	1：1.50	—
三合土基础	体积比 1：2：4～1：3：6（石灰：砂：骨料），每层约虚铺 220mm，夯至 150mm	1：1.50	1：2.00	—

注：1. p_k 为荷载效应标准组合时基础底面处的平均压力值（kPa）；

　　2. 阶梯形毛石基础的每阶伸出宽度，不宜大于 200mm；

　　3. 当基础由不同材料叠合组成时，应对接触部分作抗压验算；

　　4. 基础底面处的平均压力值超过 300kPa 的混凝土基础，尚应进行抗剪验算。

上述几种刚性基础，除三合土基础不宜超过四层建筑以外，其他均可用于六层和六层以下的一般民用建筑和墙体承重的轻型厂房。

【要点】

◆ 无筋扩展基础采用刚性材料——砖、毛石、混凝土、毛石混凝土、灰土、三合土等；

◆ 无筋扩展基础的刚性角概念及常见基础材料的台阶高宽比允许值。

（二）扩展基础

扩展基础系指柱下钢筋混凝土独立基础和墙下钢筋混凝土条形基础。

（1）扩展基础的构造，应符合下列规定：

1）锥形基础的边缘高度不宜小于200mm，且两个方向的坡度不宜大于1:3；阶梯形基础的每阶高度，宜为300~500mm。

2）垫层的厚度不宜小于70mm；垫层混凝土强度等级不宜低于C10。

3）当有垫层时钢筋保护层的厚度不应小于40mm；无垫层时不应小于70mm。

4）混凝土强度等级不应低于C20。

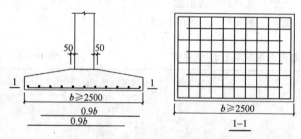

图16-16 柱下独立基础底板受力钢筋布置

5）当柱下钢筋混凝土独立基础的边长和墙下钢筋混凝土条形基础的宽度大于或等于2.5m时，底板受力钢筋的长度可取边长或宽度的0.9倍，并宜交错布置（图16-16）。

6）钢筋混凝土条形基础底板在T形及十字形交接处，底板横向受力钢筋仅沿一个主要受力方向通长布置，另一方向的横向受力钢筋可布置到主要受力方向底板宽度1/4处。在拐角处底板横向受力钢筋应沿两个方向布置（图16-17）。

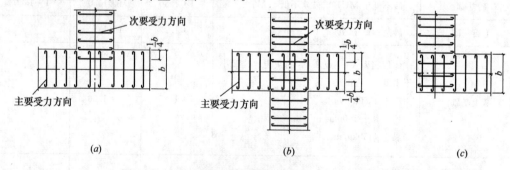

图16-17 墙下条形基础纵横交叉处底板受力钢筋布置

（2）现浇柱的基础，其插筋的数量、直径以及钢筋种类应与柱内纵向受力钢筋相同，见图16-18。

（3）扩展基础的计算应符合下列规定：

1） 对柱下独立基础，当冲切破坏锥体落在基础底面以内时，应验算柱与基础交接处以及基础变阶处的受冲切承载力。

2） 对基础底面短边尺寸小于或等于柱宽加两倍基础有效高度的柱下独立基础，以及墙下条形基础，应验算柱（墙）与基础交接处的基础受剪切承载力。

3）基础底板的配筋，应按抗弯计算确定。

4）当基础的混凝土强度等级小于柱的混凝土强度等级时，尚应验算柱下基础顶面的局部受压承载力。

（4）柱下独立基础的受冲切承载力验算，见图 16-19。

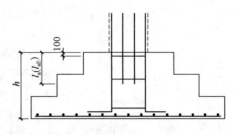

图 16-18　现浇柱的基础中插筋构造示意

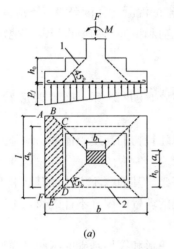 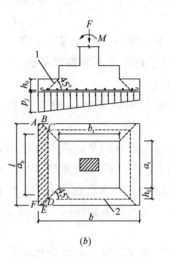

(a)　　　　　　　　　　　(b)

图 16-19　计算阶形基础的受冲切承载力截面位置

（a）柱与基础交接处；（b）基础变阶处

1—冲切破坏锥体最不利一侧的斜截面；2—冲切破坏锥体的底面线

例 16-18　（14-107）关于柱下独立基础之间设置的基础连系梁，下列说法正确的是：

A　加强基础的整体性，平衡柱底弯矩

B　为普通框架梁，参与结构整体抗震设计

C　等同于地基梁，按倒楼盖设计

D　连系梁上的荷载总是直接传递到地基

解析：基础连系梁不受地基反力作用，或者地基反力仅仅是由地下梁及其覆土的自重产生，不是由上部荷载的作用所产生。基础连系梁可加强基础的整体性，平衡柱底弯矩。

答案：A

（三）柱下条形基础

（1）柱下条形基础的构造，除应满足本节二、第 1 条的要求外，尚应符合下列规定：

1）柱下条形基础梁的高度宜为柱距的 1/4～1/8。翼板厚度不应小于 200mm。当翼板厚度大于 250mm 时，宜采用变厚度翼板，其顶面坡度宜小于或等于 1：3。

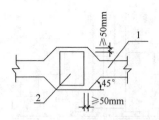

图 16-20 现浇柱与条形基础
梁交接处平面尺寸

1—基础梁；2—柱

2）条形基础的端部宜向外伸出，其长度宜为第一跨距的 0.25 倍。

3）现浇柱与条形基础梁的交接处，基础梁的平面尺寸应大于柱的平面尺寸，且柱的边缘至基础梁边缘的距离不得小于 50mm（图 16-20）。

4）条形基础梁顶部和底部的纵向受力钢筋除满足计算要求外，顶部钢筋应按计算配筋全部贯通，底部通长钢筋不应少于底部受力钢筋截面总面积的 1/3。

5）柱下条形基础的混凝土强度等级，不应低于 C20。

（2）柱下条形基础的计算，应满足抗弯、抗剪和抗冲切的要求以及其他规范规定。

（四）高层建筑箱形和筏形基础

1. 一般规定

（1）箱形和筏形基础的地基应进行承载力和变形计算，必要时应验算地基的稳定性。

在确定高层建筑的基础埋置深度时，应考虑建筑物的高度、体型、地基土质、抗震设防烈度等因素，并应考虑抗倾覆和抗滑移的要求。

抗震设防区天然地质地基上的箱形和筏形基础，其埋深不宜小于建筑物高度的 1/15；当桩与箱基底板或筏板固接时，桩箱或桩筏基础的埋置深度（不计桩长）不宜小于建筑高度的 1/18。

（2）对单幢建筑物，在均匀地基的条件下，箱形和筏形基础的基底平面形心宜与结构竖向荷载重心重合。

（3）箱形基础的混凝土强度等级不应低于 C20；筏形基础和桩箱、桩筏基础的混凝土强度等级不应低于 C30。当有地下室时，应采用防水混凝土。防水混凝土的抗渗等级应按表 16-13 选用。对重要建筑，宜采用自防水并设置架空排水层。

防水混凝土抗渗等级　　　　　　　　　　表 16-13

埋置深度 d（m）	设计抗渗等级	埋置深度 d（m）	设计抗渗等级
$d<10$	P6	$20 \leqslant d < 30$	P10
$10 \leqslant d < 20$	P8	$30 \leqslant d$	P12

2. 箱形基础

当地基软弱，建筑物荷载较大或上部结构荷载分布不均而对沉降要求甚为严格时，可以采用箱形基础。箱形基础是由底板、顶板、侧墙及一定数量的内隔墙构成的整体刚度较好的钢筋混凝土结构，所以它是高层建筑一种较好的基础类型。

由于箱形基础的整体刚度比较好，因此它调整不均匀沉降的能力及抗震能力比较强；且箱形基础有一定的埋深，可以充分利用地基的承载力，降低基底的附加压力，减少绝对沉降量；箱形基础的内部空间可以用作人防工程和设备用房。

高层建筑的箱形基础，一个十分重要的问题是防止箱形基础的整体倾斜。过大的整体倾斜不仅会造成人们心理的不安全感，而且危及建筑物安全。防止其整体倾斜的办法有：

一是，使上部结构的荷载重心尽量与基础底面的形心重合；二是，有一定的埋深，以保证建筑物的稳定性；三是，在选择建筑场地时，尽量选在地质条件比较均匀的场地。

箱形基础的设计要求：

(1) 箱形基础的内、外墙应沿上部结构柱网和剪力墙纵横均匀布置；当上部结构为框架或框剪结构时，墙体水平截面总面积不宜小于箱基水平投影面积的 1/12；基础平面长宽比大于 4 时，纵横水平截面面积不宜小于箱形基础水平投影面积的 1/18。

(2) 箱形基础的高度应满足结构承载力和刚度的要求，不宜小于箱形基础长度（不包括底板悬挑部分）的 1/20，且不宜小于 3m。

(3) 高层建筑统一结构单元内，箱形基础的埋置深度宜一致，且不得局部采用箱形基础。

顶板、底板及内外墙的厚度和配筋，均应根据实际受力情况通过计算确定。

(4) 箱形基础的底板厚度应根据受力情况、整体刚度及防水要求确定，底板厚度不应小于 400mm，且板厚与最大双向板格的短边净跨之比不应小于 1/14。底板处除应满足正截面受弯承载力的要求外，尚应满足受冲切承载力要求（图 16-21）。

(5) 箱形基础的底板应满足斜截面受剪承载力的要求。

(6) 箱形基础的墙身厚度应根据实际受力情况、整体刚度及防水要求确定。外墙厚度不应小于 250mm，内墙厚度不宜小于 200mm。墙体内应设置双面钢筋。

(7) 底层柱与箱形基础交接处，柱边和墙边或柱角和八字角之间的净距不宜小于 50mm，并应验算底层柱下墙体的局部受压承载力；当不能满足时，应增加墙体的承压面积或采取其他有效措施。

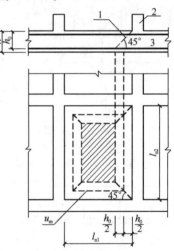

图 16-21　底板的冲切计算示意
1—冲切破坏椎体的斜截面；
2—梁；3—底板

3. 筏形基础

对基础刚度的要求稍低的建筑物，可以采用筏形基础；筏形基础对墙体数量、厚度、基础的整体性等要求不像箱形基础那样严格。

筏形基础分为梁板式和平板式两种类型。首层的柱可以直通到底板；可以采用与底板连在一起的倒梁，而不一定要布置许多内隔墙，由此形成较大空间，可作为地下商场或停车场等。

平板式筏形基础，相当于无柱帽的无梁楼盖。当柱荷载较大时，特别是高层建筑柱，对筏形底板有冲切和剪切要求；筏板往往较厚。

(1) 其选型应根据地基土质、上部结构体系、柱距、荷载大小、使用要求以及施工条件等因素确定。框架-核心筒结构和筒中筒结构宜采用平板式筏形基础。

(2) 平板式筏基的板厚除应符合受弯承载力的要求外，尚应符合受冲切承载力的要求，验算时应计入作用在冲切临界截面重心上的不平衡弯矩所产生的附加剪力。筏板的最小厚度不应小于 500mm。

（3）平板式筏基内筒下的板厚应满足受冲切承载力的要求。

（4）平板式筏基除应符合受冲切承载力的规定外，尚应验算距内筒和柱边缘 h_0 处截面的受剪承载力。

（5）梁板式筏基底板的厚度应符合受弯、受冲切和受剪切承载力的要求，且不应小于 400mm；板厚与最大双向板格的短边净跨之比尚不应小于 1/14，梁板式筏基梁的高跨比不宜小于 1/6。

（6）梁板式筏基的基础梁除应满足正截面受弯承载力的要求外，尚应验算柱边缘处或梁柱连接面八字角边缘处基础梁斜截面受剪承载力。

（7）梁板式筏形基础梁和平板式筏形基础底板的顶面应符合底层柱下局部受压承载力的要求。对抗震设防烈度为 9 度的高层建筑，验算柱下基础梁、筏板局部受压承载力时，应计入竖向地震作用对柱轴力的影响。

（8）地下室底层柱、剪力墙与梁板式筏基的基础梁连接的构造应符合下列规定：

1）柱、墙的边缘至基础梁边缘的距离不应小于 50mm（图 16-22）。

2）当交叉基础梁的宽度小于柱截面的边长时，交叉基础梁连接处宜设置八字角，柱角与八字角之间的净距不宜小于 50mm［图 16-22（a）］。

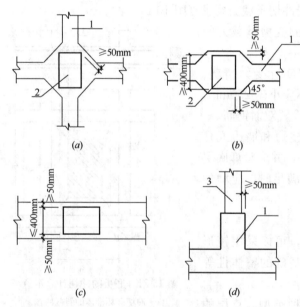

3）单向基础梁与柱的连接，可按图 16-22（b）、（c）采用。

4）基础梁与剪力墙连接，按图 16-22（d）采用。

（9）筏形基础地下室的外墙厚度不应小于 250mm，内墙厚度不宜小于 200mm。墙体内应设置双面钢筋。钢筋配置量除应满足承载力要求外，尚应考虑变形、抗裂及外墙防渗等要求。

图 16-22　地下室底层柱或剪力墙与梁板式筏基的基础
梁连接的构造要求
1—基础梁；2—柱；3—墙

及其上填土的自重。

（10）当地基土比较均匀、地基压缩层范围内无软弱土层或可液化土层，上部结构刚度较好，柱网和荷载较均匀、相邻柱荷载及柱间距的变化不超过 20%，且梁板式筏基梁的高跨比或平板式筏基板的厚跨比不小于 1/6 时，筏形基础可仅考虑局部弯曲作用，并扣除底板自重

（11）梁板式筏基的底板和基础梁的配筋除应满足计算要求外，基础梁和底板的顶部跨中钢筋应按实际配筋全部连通，纵横方向的底部支座钢筋尚应有不少于 1/3 贯通全跨。底部上下贯通配筋的配筋率均不应小于 0.15%。

（12）考虑到整体弯曲的影响，筏板的柱下板带和跨中板带的底部钢筋应有 1/3 贯通全跨，顶部钢筋应按实际配筋全部连通，上下贯通配筋的配筋率均不应小于 0.15%。

（13）带裙房的高层建筑筏形基础与沉降缝和后浇带设置应符合下列要求：

1）当高层建筑与相连的裙房之间设置沉降缝时，高层建筑的基础埋深应大于裙房基础的埋深至少 2m。地面以下沉降缝的缝隙应用粗砂填实［图16-23（a）］。

2）当高层建筑与相连的裙房之间不设置沉降缝时，宜在裙房一侧设置控制沉降差的后浇带。当沉降实测值和计

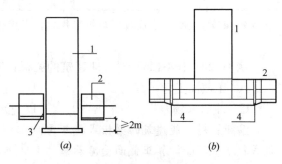

图 16-23　高层建筑与裙房间的沉降缝、后浇带处理示意
1—高层建筑；2—裙房及地下室；3—室外地坪
以下用粗砂填实；4—后浇带

算确定的后期沉降差满足设计要求后，方可进行后浇带混凝土浇筑。当高层建筑基础面积满足地基承载力和变形要求时，后浇带宜设在与高层建筑相邻裙房的第一跨内。当需要满足高层建筑地基承载力、降低高层建筑沉降量、减小高层建筑与裙房间的沉降差而增大高层建筑的基础面积时，后浇带可设在距主楼边柱的第二跨内。

3）当高层建筑与相连的裙房之间不设沉降缝和后浇带时，高层建筑及与其紧邻一跨裙房的筏板应采用相同厚度，裙房筏板的厚度宜从第二跨裙房开始逐渐变化，应同时满足主、裙楼基础整体性和基础板的变形要求，考虑地基与结构间变形的相互影响，并应采取有效措施防止产生有不利影响的差异沉降。

（14）筏形基础地下室施工完毕后，应及时进行基坑回填工作。回填基坑时，应先清除基坑中的杂物，并应在相对的两侧或四周同时回填并分层夯实。

4. 桩筏与桩箱基础

（1）当高层建筑箱形与筏形基础下的天然地基承载力或沉降值不能满足设计要求时，可采用桩筏或桩箱基础。

（2）当荷载较大，等厚度筏板的受冲切承载力不能满足要求时，可在筏板上增设柱墩或在筏板下局部增加板厚或在筏板内设置抗冲切钢筋提高受冲切承载力。

例 16-19　**（11-110）**某 15 层钢筋混凝土框架-抗震墙结构建筑，有两层地下室；采用梁板式筏形基础，下列设计中哪一项是错误的？

A　基础混凝土强度等级 C30

B　基础底板厚度 350mm

C　地下室外墙厚度 300mm

D　地下室内墙厚度 250mm

解析：梁板式筏形基础底板应计算正截面受弯承载力，其厚度尚应满足受冲切承载力、受剪切承载力的要求；且无论是双向板还是单向板，其板底厚度均不应小于 400mm（平板式筏基的最小板厚不应小于 500mm）；故 B 项"基础底板厚度350mm"错误，为答案。

答案：B

规范：《地基基础规范》第 8.4.4 条、8.4.5 条、8.4.6 条、8.4.11 条及第 8.4.12

条第 2、4 款;《高层建筑筏形与箱形基础技术规范》JGJ 6—2011 第 6.2.5 条、6.2.2 条。

例 16-20　(08-126)　对一般建筑的梁板式筏基,筏板厚度受以下哪项影响最小?

A　正截面受弯承载力　　　　B　地基承载力

C　冲切承载力　　　　　　　D　受剪承载力

解析:对一般建筑的梁板式筏基厚度都会受到题中选项的影响。规范规定:梁板式筏基底板除计算正截面受弯承载力外,其厚度还需考虑抗冲切承载力和抗剪切承载力的计算,相比之下地基承载力的影响最小。

答案:B

规范:《地基基础规范》第 8.4.11 条。

(五)桩基础

桩基础是一种常用的基础形式,是深基础的一种。当天然地基上的浅基础承载力不能满足要求而沉降量又过大或地基稳定性不能满足建筑物规定时,常采用桩基础。

这是因为桩基础具有承载力高、沉降速率低、沉降量小而均匀等特点,能够承受垂直荷载、水平荷载、上拔力及由机器产生的振动或动力作用,因而应用广泛,尤其在高层建筑中应用更为普遍。

1. 桩的分类

(1) 竖向受压桩按桩身竖向受力情况可分为端承型桩和摩擦型桩:

1) 端承型桩的桩顶竖向荷载主要由桩端阻力承受(图 16-24)。

2) 摩擦型桩的桩顶竖向荷载主要由桩侧阻力承受(图 16-25)。

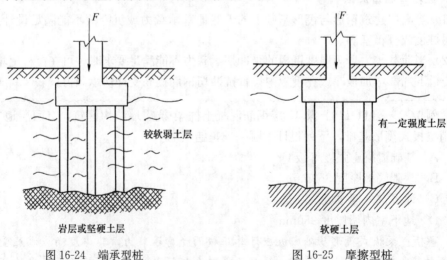

图 16-24　端承型桩　　　　　　　　　　图 16-25　摩擦型桩

(2) 按施工工艺分为预制桩和灌注桩:

1) 预制桩的种类,主要有钢筋混凝土桩和钢桩等多种。

预制桩的施工工艺包括制桩与沉桩两部分,沉桩工艺又根据沉桩机械的不同而有不同,主要有锤击式、静压式和振动式。

2）灌注桩的种类主要为沉管灌注桩、钻孔灌注桩和挖孔灌注桩等。

灌注桩是指在施工现场通过机械钻孔、钢管挤土或人力挖掘等手段，在地基土中形成桩孔，然后在孔内放置钢筋笼、灌注混凝土而做成的钢筋混凝土桩。

依成孔方法不同分为沉管灌注桩、钻孔灌注桩和挖孔灌注桩等。沉管灌注桩包括沉管、放笼、灌注、拔管四个步骤；钻孔灌注桩指各种在地面用机械方法挖土成孔的灌注桩；挖孔灌注桩指人工下到井底挖土护壁成孔的灌注桩。

【要点】钻孔桩的优点在于施工过程无挤土、无振动、噪声小，对邻近建筑物及地下管线危害较小，且桩径不受限制，是城区高层建筑常用桩型。近年来，钻孔灌注桩后压浆技术的逐步成熟和推广，拓展了钻孔灌注桩的使用空间。

2. 桩和桩基构造的相关规定

（1）摩擦型桩的中心距不宜小于桩身直径的 3 倍；扩底灌注桩的中心距不宜小于扩底直径的 1.5 倍，当扩底直径大于 2m 时，桩端净距不宜小于 1m。在确定桩距时尚应考虑施工工艺中挤土等效应对邻近桩的影响。

（2）扩底灌注桩的扩底直径，不应大于桩身直径的 3 倍。

（3）桩底进入持力层的深度，宜为桩身直径的 1~3 倍。在确定桩底进入持力层深度时，尚应考虑特殊土、岩溶以及震陷液化等影响。嵌岩灌注桩周边嵌入完整和较完整的未风化、微风化、中风化硬质岩体的最小深度，不宜小于 0.5m。

（4）布置桩位时宜使桩基承载力合力点与竖向永久荷载合力作用点重合。

（5）设计使用年限不少于 50 年时，非腐蚀环境中预制桩的混凝土强度等级不应低于 C30；预应力桩不应低于 C40，灌注桩不应低于 C25。二 b 类环境及三类、四类、五类微腐蚀环境中不应低于 C30。设计使用年限不少于 100 年的桩，桩身混凝土的强度等级宜适当提高。水下灌注混凝土的桩身混凝土强度等级不宜高于 C40。

（6）桩身混凝土的材料、最小水泥用量、水灰比、抗渗等级等应符合现行国家标准《混凝土结构设计规范》GB 50010 的有关规定。

（7）桩身纵向钢筋配筋长度应符合下列规定：

1）受水平荷载和弯矩较大的桩，配筋长度应通过计算确定；

2）桩基承台下存在淤泥、淤泥质土或液化土层时，配筋长度应穿过淤泥、淤泥质土层或液化土层；

3）坡地岸边的桩、8 度及 8 度以上地震区的桩、抗拔桩、嵌岩端承桩应通长配筋；

4）钻孔灌注桩构造钢筋的长度不宜小于桩长的 2/3；桩施工在基坑开挖前完成时，其钢筋长度不宜小于基坑深度的 1.5 倍。

（8）桩顶嵌入承台内的长度不应小于 50mm。主筋伸入承台内的锚固长度不应小于钢筋直径（HPB300）的 30 倍和钢筋直径（HRB335 和 HRB400）的 35 倍。对于大直径灌注桩，当采用一柱一桩时，可设置承台或将桩和柱直接连接。桩和柱的连接可按《地基基础规范》第 8.2.5 条高杯口基础的要求选择截面尺寸和配筋，柱纵筋插入桩身的长度应满足锚固长度的要求。

（9）灌注桩主筋混凝土保护层厚度不应小于 50mm；预制桩不应小于 45mm，预应力管桩不应小于 35mm；腐蚀环境中的灌注桩不应小于 55mm。

（10）在承台及地下室周围的回填中，应满足填土密实性的要求。

例 16-21　（08-128）下列关于桩和桩基础的说法，何项是不正确的？

A　桩底进入持力层的深度与地质条件及施工工艺等有关

B　桩顶应嵌入承台一定长度，主筋伸入承台长度应满足锚固要求

C　任何种类及长度的桩，其桩侧纵筋都必须沿桩身通长配置

D　在桩承台周围的回填土中，应满足填土密实性的要求

解析：坡地岸边的桩、8 度及 8 度以上地震区的桩、抗拔桩、嵌岩端承桩应通长配筋，选项 C 中"任何种类及长度的桩……"表述错误，C 为答案。

答案：C

规范：《地基基础规范》第 8.5.3 条第 3 款、第 8.5.3 条第 8 款 4)、第 8.5.3 条第 10 款，及 8.5.2 条第 12 款。

例 16-22　（14-108）某框架结构四层公寓，无地下室，地面以下土层分布均匀，地下 10m 范围内为非液化粉土，地基承载力特征值为 200kPa。其下为坚硬的基岩，最适宜的基础形式是：

A　独立基础　　　　　　　　B　筏形基础

C　箱形基础　　　　　　　　D　桩基础

解析：对四层框架结构，无地下室，土层分布均匀，地基承载力特征值较大，其下为坚硬的基岩，最适宜的基础形式是采用最简单经济的柱下独立基础，答案为 A。

答案：A

3. 单桩承载力计算

同其他结构构件设计一样，桩基础作为承托上部结构的基础，必须具有足够的承载力和抗沉降变形能力，桩和承台必须具有足够的强度、刚度和稳定性。

单桩承载力应符合下列规定：

（1）轴心竖向力作用下：

$$Q_k = (F_k + G_k)/n \tag{16-19}$$

（2）轴心竖向力作用下除满足上式外，尚应满足下式要求：

$$Q_k \leqslant R_a \tag{16-20}$$

（3）水平荷载作用下，尚应满足下式要求：

$$H_{ik} \leqslant R_{Ha} \tag{16-21}$$

式中　Q_k——相应于作用的标准组合时，轴心竖向力作用下任一单桩的竖向力（kN）；

H_{ik}——相应于作用的标准组合时，作用于任一单桩的水平力（kN）；

F_k——相应于作用的标准组合时，作用于桩基承台顶面的竖向力（kN）；

G_k——桩基承台自重及承台上土自重标准值（kN）；

R_a、R_{Ha}——单桩竖向、水平承载力特征值（kN）；

n——桩基中的桩数。

4. 单桩竖向承载力特征值的确定

对于重要的或用桩量很大的工程，应按《地基基础规范》的规定通过一定数量的单桩

竖向承载力特征值静载荷试验确定单桩竖向承载力，作为设计依据。在同一条件下的试桩数量，不宜少于总桩数的1‰且不应少于3根。

5. 桩身混凝土强度应满足桩的承载力设计要求

6. 桩基沉降计算的相关规定

（1）对以下建筑物的桩基应进行沉降验算：

1）地基基础设计等级为甲级的建筑物桩基；

2）体形复杂、荷载不均匀或桩端以下存在软弱土层的设计等级为乙级的建筑物桩基；

3）摩擦型桩基。

（2）桩基沉降不得超过建筑物的沉降允许值，并应符合《地基基础规范》的相应规定。

7. 以下情况可不进行沉降验算

嵌岩桩、设计等级为丙级的建筑物桩基、对沉降无特殊要求的条形基础下不超过两排桩的桩基、吊车工作级别A5及A5以下的单层工业厂房且桩端下为密实土层的桩基，可不进行沉降验算。当有可靠地区经验时，对地质条件不复杂、荷载均匀、对沉降无特殊要求的端承型桩基也可不进行沉降验算。

8. 桩基承台的构造要求

桩基承台的构造，除满足受冲切、受剪切、受弯承载力和上部结构的要求外，尚应符合下列要求：

（1）承台的宽度不应小于500mm。边桩中心至承台边缘的距离不宜小于桩的直径或边长，且桩的外边缘到承台边缘的距离不小于150mm。对于条形承台梁，桩的外边缘到承台梁边缘的距离不小于75mm。

（2）承台的最小厚度不应小于300mm。

（3）承台的配筋，对于矩形承台，其钢筋应按双向均匀通长布置[图16-26(a)]，钢筋直径不宜小于10mm，间距不宜大于200mm；对于三桩承台，钢筋应按三向板带均匀布置，且最里面的三根钢筋围成的三角形应在柱截面范围内[图16-26(b)]。承台梁的主筋除满足计算要求外，尚应符合现行《混凝土结构设计规范》关于最小配筋率的规定，主筋直径不宜小于12mm，架立筋不宜小于10mm，箍筋直径不宜小于6mm[图16-26(c)]。

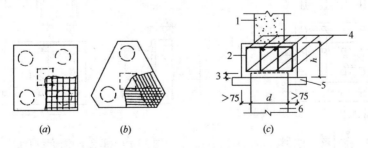

图16-26 承台配筋示意

(a) 矩形承台配筋；(b) 三桩承台配筋；(c) 承台梁配筋

1—墙；2—箍筋直径≥6mm；3—桩顶入承台≥50mm；4—承台梁内主筋除须计算
配筋外尚应满足最小配筋率；5—垫层100mm厚C10混凝土；6—桩

（4）承台混凝土强度等级不应低于C20；纵向钢筋的混凝土保护层厚度不应小于70mm；当有混凝土垫层时，不应小于50mm，且不应小于桩头嵌入承台内的长度。

9. 柱下承台的承载力计算

柱下承台应满足弯矩承载力、抗冲切承载力、斜截面抗剪承载力要求。

（1）受弯承载力

柱下桩基承台的弯矩设计值可按下列规定计算：

多桩矩形承台计算截面取在柱边和承台高度变化处（杯口外侧或台阶边缘，图 16-27），弯矩可按下列公式计算：

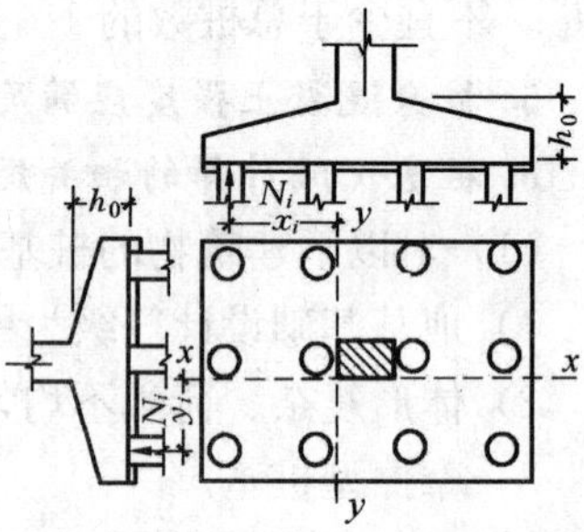

$$M_x = \sum N_i y_i \qquad (16\text{-}22)$$

$$M_y = \sum N_i x_i \qquad (16\text{-}23)$$

图 16-27　承台弯矩计算

式中　M_x、M_y——分别为垂直于 y 轴和 x 轴方向计算截面处的弯矩设计值（kN·m）；

　　　　x_i、y_i——垂直 y 轴和 x 轴方向自桩轴线到相应计算截面的距离（m）；

　　　　N_i——扣除承台和其上填土自重后相应于作用的基本组合时的第 i 桩竖向力设计值（kN）。

（2）受冲切承载力

1）桩基承台厚度应满足柱（墙）对承台的冲切和桩基对承台的冲切承载力要求；

2）轴心竖向力作用下桩基承台受柱的冲切（图 16-28），可按规定计算；

3）对于箱形、筏形承台，可按规定计算承台内部桩基的冲切承载力。

（3）斜截面受剪承载力（图 16-29）

柱下桩基础独立承台应分别对柱边和桩边、变阶处和桩边连线形成的斜截面进行受剪承载力验算。当柱边外有多排桩形成多个剪切斜截面时，尚应对每个斜截面的受剪承载力进行验算。

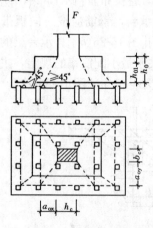

图 16-28　柱对承台的冲切

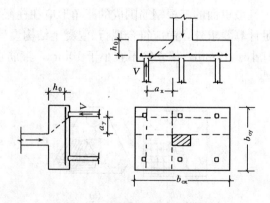

图 16-29　承台斜截面受剪计算

（4）局部受压承载力

当承台的混凝土强度等级低于柱或桩的混凝土强度等级时，尚应验算柱下或桩上承台的局部受压承载力。

（5）抗震验算

当进行承台的抗震验算时，应根据现行国家标准《抗震规范》的规定对承台顶面的地震作用效应和承台的受弯、受冲切、受剪承载力进行抗震调整。

10. 承台之间连接的相关要求

（1）单桩承台，宜在两个互相垂直的方向上设置连系梁。

（2）两桩承台，宜在其短向设置连系梁。

（3）有抗震要求的柱下独立承台，宜在两个主轴方向设置连系梁。

（4）连系梁顶面宜与承台位于同一标高。连系梁的宽度不应小于 250mm，梁的高度可取承台中心距的 1/10～1/15，且不小于 400mm。

（5）连系梁的主筋应按计算要求确定。连系梁内上下纵向钢筋直径不应小于 12mm 且不应少于 2 根，并应按受拉要求锚入承台。

例 16-23 **（13-112）** 某一桩基础，已知由承台传来的全部轴心竖向标准值为 5000kN，单桩竖向承载力特征值 R_a 为 1000kN，则该桩基础应布置的最少桩数为：

A 4   B 5   C 6   D 7

解析： 单桩承载力在轴心竖向力作用下应满足：

$$Q_k = (F_k + G_k)/n \quad Q_k \leqslant R_a$$

由 $R_a = 1000kN$，则任一单桩可承受的最大竖向力 Q_k 取 1000kN，该桩基础应布置的桩数 n 最少应为：

$$n \geqslant (F_k + G_k)/Q_k = 5000/1000 = 5$$

答案： B

规范： 《地基基础规范》第 8.5.4 条第 1 款、第 8.5.5 条第 1 款；《建筑桩基技术规范》JGJ 94—2008 第 5.1.1 条第 1）款式(5.1.1-1)、第 5.2.1 条式(5.2.1-1)。

例 16-24 **（08-130）** 关于建筑物桩基的沉降验算，以下说法不正确的是：

A 嵌岩桩可不进行沉降验算

B 当有可靠经验时，对地质条件不复杂、荷载均匀、对沉降无特殊要求的端承型桩基可不进行沉降验算

C 摩擦型桩基可不进行沉降验算

D 地基基础设计等级为甲级的建筑物桩基必须进行沉降验算

解析： 需要进行桩基沉降验算的桩基有以下几种：

1. 地基基础设计等级为甲级的建筑物桩基；

2. 体型复杂、荷载不均匀或桩端以下存在软弱土层的设计等级为乙级的；

3. 摩擦型桩基；摩擦型桩基是靠桩与土体的摩擦力把荷载传布给桩周土体。如果沉降过大，会减小摩擦力，影响荷载传递，所以需要进行沉降验算（C 错误）。

答案： C

规范： 《地基基础规范》第 8.5.13 条、8.5.14 条。

（六）高层建筑的基础设计

1. 高层建筑基础设计的相关规定

（1）基底压力不超过地基承载力或桩基承载力；不产生过大变形，更不能产生塑性流动。

（2）基础的总沉降量和差异沉降应在许可范围内。高层建筑结构是整体的空间结构，刚度较大，差异沉降产生的影响更为显著，尤其对主楼和裙房的基础设计要更加注意。

（3）基础底板、侧墙和沉降缝的构造，都应满足地下室防水的要求。

（4）在邻近已有建筑物时，进行基础施工，应采取有效措施防止对毗邻房屋产生影响，防止施工中因土体扰动使已建房屋下沉、倾斜和开裂。

（5）基础选型时要综合考虑安全可靠、技术先进、经济合理、使用要求和施工条件等因素。

2. 基础选型和埋置深度

（1）基础选型主要考虑的因素

1）上部结构的层数、高度和结构类型。主楼的层数多、荷载大，宜采用整体式基础或桩基；裙房部分则采用交叉梁式基础，或单独基础。

2）地基土质条件。地基土质均匀、承载力高、沉降量小时，可采用天然地基，采用刚度较小的基础；反之，则要求采用刚性整体式基础，甚至采用桩基。

3）抗震设计的要求。抗震设计时，对基础的整体性、埋深、稳定性以及地基的液化等，都有更高的要求。

4）施工条件和场地环境。施工技术水平、机械设备也是选择基础形式时需要考虑的因素；地下水位的高低也对基础选型有直接影响。

一般说来，应优先采用有利于高层建筑整体稳定、刚度较大能抵抗差异沉降，底面积较大有利于分散土压力的整体式基础，如：箱基和筏基。在层数较少的情况下或在裙房部分，可采用交叉梁式基础。

单独基础和条形基础整体性差、刚度小，难以调整各部分差异沉降，除非基础直接支承在微风化或未风化岩层上，一般不宜在高层建筑中采用。在裙房中采用时，必须在单独桩基的两个方向上加拉梁。

当地下室可以设置较多钢筋混凝土墙体时，宜按箱基进行设计；当地下室作为车库、商店等需要有较大空间时，则只能按筏形基础设计。

当采用桩基时，宜尽量采用大直径桩，使上部荷载直接由柱、墙传给桩顶，这样可使基础底板受力减小，减小板的厚度，因此可节省大量钢筋和水泥。

（2）基础的埋置深度

1）保证高层建筑在风力和地震力作用下的稳定性，防止建筑物产生滑移和倾覆。

2）增加埋深可以提高地基承载力，减少建筑物的沉降。

3）设置多层地下室有利于建筑物抗震。

① 7～9度，天然地基时，基础埋置深度不宜小于建筑物高度的 1/15；采用桩基时，不宜小于 1/18。桩基的埋深指承台底标高，桩长不计在内；

② 6度时可适当减小。

基础放在基岩上时，可不考虑埋深的要求，但要有可靠的锚固措施。

例 16-25　（14-113）某带裙房的高层建筑筏形基础，主楼与裙房之间设置沉降后浇带，该后浇带封闭时间至少应在：

A　主楼基础施工完毕之后两个月

B 裙房基础施工完毕之后两个月

C 主楼与裙房基础均施工完毕之后两个月

D 主楼与裙房结构均施工完毕之后

解析： 当高层建筑与相连的裙房之间不设置沉降缝时，宜在裙房一侧设置用于控制沉降差的后浇带。当沉降实测值和计算确定的后期沉降差满足设计要求后，方可进行后浇带混凝土浇筑。一般在主体结构施工完之后，沉降基本完成。

答案： D

规范：《地基基础规范》第 8.4.20 条第 2 款。

习　题

16-1 **(2019)** 如题 16-1 图所示下列桩基础深度错误的是?(　　　)

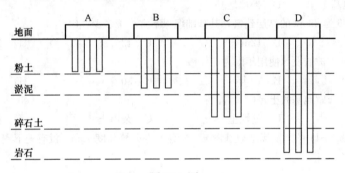

题 16-1 图

A　A　　　　　　　B　B　　　　　　　C　C　　　　　　　D　D

16-2 **(2019)** 下图中存在地基稳定性隐患的是(　　　)。

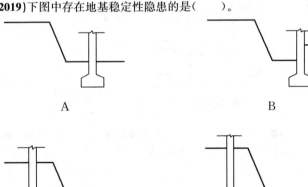

16-3 **(2019)** 底面为正方形的独立基础，边长 2m，已知修正后的地基承载力特征值为 150kPa，其最大可承担的竖向力标准值是(　　　)。

A　150kN　　　　　　B　300kN　　　　　　C　600kN　　　　　　D　1200kN

16-4 **(2019)** 压缩性高的地基，为了减少沉降，以下说法错误的是(　　　)。

	A 减少主楼及裙房自重	B 不设置地下室或半地下室
	C 采用覆土少、自重轻的基础形式	D 调整基础宽度或埋置深度

16-5 (2019)关于级配砂石,说法正确的是?(　　)

　　A 粒径小于 20mm 的砂石　　　　　　B 粒径大于 20mm 的砂石

　　C 天然形成的砂石　　　　　　　　　D 各种粒径按一定比例混合后的砂石

16-6 (2019)题 16-6 图所示基础地下水位上升超过设计水位时,不可能发生的变形是(　　)。

　　A 滑移　　　　　B 墙体裂缝

　　C 倾覆　　　　　D 上浮

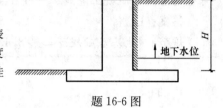

题 16-6 图

16-7 (2019)某 3 层框架结构宿舍楼,地下一层经地勘表明,该建筑场地范围−2m 到−20m 均为压缩性轻度非液化黏土层,其下为砂土层、砂石层,建筑最佳的地基方案是(　　)。

　　A 天然地基　　　　B CFG 转换地基

　　C 夯实地基　　　　D 换填地基

16-8 (2019) 高度为 230m 的高层建筑,其基础埋深不宜小于多少?(　　)

　　A 11m　　　　　　B 12m　　　　　　C 13m　　　　　　D 14m

16-9 (2019)基坑支护的设计使用年限为(　　)。

　　A 1 年　　　　　　B 10 年　　　　　　C 30 年　　　　　　D 50 年

16-10 (2018)不适合做地基的土是(　　)。

　　A 碎石土　　　　　B 黏性土　　　　　C 杂填土　　　　　D 粉土

16-11 (2018)如题 16-11 图所示场地地基情况,新建某办公楼高度 40m,没有地下室,采用何种基础最好?(　　)

题 16-11 图

　　A 筏板基础　　　　B 桩基础　　　　　C 柱下条形基础　　　　D 锚杆基础

16-12 (2018)如题 16-12 图所示挡土墙的土压力,关系正确的是(　　)。

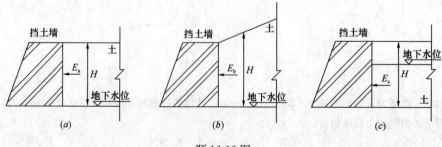

题 16-12 图

A $E_a > E_b$, $E_a > E_c$ B $E_a < E_b$, $E_a > E_c$
C $E_a < E_b < E_c$ D $E_a > E_b > E_c$

16-13 (2018)如题 16-13 图所示桩基础，桩顶的竖向压力 N 之间的关系是(   )。

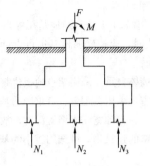

题 16-13 图

A $N_1 > N_2 > N_3$ B $N_2 > N_1 = N_3$ C $N_3 > N_2 > N_1$ D $N_1 = N_2 = N_3$

16-14 (2018)普通高层带地下室，采用何种基础形式较好?(   )
A 钢筋混凝土条形基础   B 岩石锚杆基础
C 筏板基础   D 桩基础

16-15 (2018)单层工业厂房，场地土均匀，为回填的 4m 密实粉土，设独立基础，地基该采用以下哪种处理?(   )
A 预压   B 夯实地基   C 桩基   D CFG 桩

16-16 (2018)某砌体结构采用钢筋混凝土条形基础，$f_a = 150\text{kPa}$，$F_k = 220\text{kN/m}$，$M_k = 0$，基础自重与其上土重的折算平均重度 $\gamma_g = 20\text{kN/m}^3$，基础埋深 $d = 2.5\text{m}$，计算公式：$F_k + \gamma_g \times d \times b = f_a \times b$，条形基础的最小宽度 b 为(   )。
A 2.0m   B 2.5m   C 2.8m   D 3.0m

16-17 (2018)复合地基的下列说法，错误的是(   )。
A 复合地基是用桩的方式处理的软弱地基
B 基土为欠固结土、膨胀土、湿陷性黄土、可液化土等特殊性土时，采用复合地基
C 复合地基承载力特征值应通过计算确定
D CFG 桩为复合地基

参考答案及解析

16-1 解析：《地基基础规范》第 7.2.1.1 款，淤泥和淤泥质土（属于软弱地基），宜利用其上覆较好土层作为持力层，当上覆土层较薄，应采取避免施工时对淤泥和淤泥质土扰动的措施。
第 8.5.2.4 款，桩基宜选用中、低压缩性土层作桩端持力层；故桩基础深度错误的是 B。
答案：B

16-2 解析：如本题图 C 所示，由于一侧开挖很深，造成开挖侧的土压力减小，地基两侧受力不平衡，有可能导致房屋向开挖的一侧倾斜，存在地基稳定性隐患。
答案：C

16-3 解析：《地基基础规范》第 5.2.1.1 款，对基础底面为正方形的独立基础，当轴心荷载作用时，应满足：

$$p_k \leq f_a \tag{5.2.1-1}$$

式中 f_a——修正后的地基承载力特征值（kPa）：$f_a = 150\text{kPa}$；

p_k——相应于作用的标准组合时，基础底面处的平均压力值（kPa）；$p_k = N_k/A$。

代入相应数据：$p_k = N_k/A \leqslant f_a$，其中基础面积 $A = 2 \times 2 = 4m^2$；

则：$N_k \leqslant f_a \times A = 150 \times 4 = 600kN$；即最大可承担的竖向力标准值 N_k 为 600kN。

答案：C

16-4　解析：根据《地基基础规范》第 7.1.1 条，当地基压缩层主要由淤泥、淤泥质土、冲填土、杂填土或其他高压缩性土层构成时，应按软弱地基进行设计；第 7.4.1 条，为减少建筑物沉降和不均匀沉降，可采用下列措施：

1　选用轻型结构，减轻墙体自重，采用架空地板代替室内填土；故 A 正确。

2　设置地下室或半地下室，采用覆土少、自重轻的基础形式；故 C 正确，B 错误。

3　调整各部分的荷载分布、基础宽度或埋置深度；故 D 正确。

4　对不均匀沉降要求严格的建筑物，可选用较小的基底压力。

答案：B

16-5　解析：级配砂石包括天然级配砂石和人工级配砂石。天然级配砂石是指连砂石；人工级配砂石是指人为将不同粒径（颗粒大小）的天然砂和砾石按一定比例混合后，用来做基础或其他用途的混合材料。

答案：D

16-6　解析：当基础的埋置深度在地下水位以下，当地下水位上升超过设计水位时，基础有可能发生滑移和上浮，以及由此造成的墙体开裂；但不会发生倾覆。根据《地基基础规范》第 5.4.3 条，建筑物基础存在浮力作用时，应进行抗浮稳定性验算。

答案：C

16-7　解析：在建筑场地地下 $-2m$ 到 $-20m$ 为压缩性很小的非液化黏土层，其下为砂土层、砂石层，建筑最佳的地基方案是天然地基。

答案：A

16-8　解析：根据《高层建筑混凝土结构技术规程》JGJ 3—2010 第 12.1.8 条和《地基基础规范》第 5.1.3 条、第 5.1.4 条，高层建筑基础的埋置深度应满足地基承载力、变形和稳定性要求，位于岩石地基上的高层建筑，还应满足抗滑稳定性要求。在抗震设防区，应综合考虑建筑物的高度、体型、地基土质、抗震设防烈度等因素，并宜符合下列规定：

1　天然地基或复合地基，可取房屋高度的 1/15；

2　桩基础，不计桩长，可取房屋高度的 1/18。

因此对于 230m 的建筑高度，桩基埋深不宜小于 $H/18 = 230/18 = 12.78m$。

答案：C

16-9　解析：根据《建筑基坑支护技术规程》JGJ 120—2012 第 3.1.1 条，基坑支护设计应规定其设计使用期限。基坑支护的设计使用期限不应小于一年。

答案：A

16-10　解析：根据《地基基础规范》第 4.1.1 条，作为建筑地基的岩土，可分为岩石、碎石土、砂土、粉土、黏性土和人工填土。

第 4.1.14 条，人工填土根据其组成和成因，可分为素填土、压实填土、杂填土、冲填土。杂填土为含有建筑垃圾、工业废料、生活垃圾等杂物的填土。

第 6.3.5 条，对含有生活垃圾或有机质废料的填土，未经处理不宜作为建筑物地基使用。

第 7.2.1.2 款，冲填土、建筑垃圾和性能稳定的工业废料，当均匀性和密实度较好时，可利用作为轻型建筑物地基的持力层，说明一般不适合直接用作建筑物地基持力层。

答案：C

16-11　解析：分析办公楼场地地基情况，地下有淤泥属于软弱地基，上覆土层较薄，建筑高度 40m，没有地下室，采用桩基础最为合适。

答案： B

16-12 **解析：** 本题主要考核挡土墙后的**主动土压力**——刚性挡土墙离开土体向前移动或转动，墙后土体达到极限平衡状态时，作用在墙背上的土压力，参见《地基基础规范》的下述条款。

第6.7.3.1款，重力式挡土墙土压力计算应符合下列规定：对土质边坡，边坡主动土压力应按下式进行计算。当填土为无黏性土时，主动土压力系数可按库仑土压力理论确定。当支挡结构满足朗肯条件时，主动土压力系数可按朗肯土压力理论确定。

$$E_a = \frac{1}{2} \psi_a \gamma h^2 k_a$$

第9.3.2条，主动土压力、被动土压力可采用库仑或朗肯土压力理论计算……

第9.3.3条，作用于支护结构的土压力和水压力，对砂性土宜按水土分算计算；对黏性土宜按水土合算计算；也可按地区经验确定。

条文说明第9.3.3条，**高地下水位地区土压力计算时，常涉及水土分算与水土合算两种算法。**

根据公式及题目条件图（b）边坡对水平面的坡角约为20°，图（b）相当于在图（a）的填土上增加一部分（三角形）附加填土，可判断出主动土压力合力 $E_a < E_b$（题目没有给出土的种类，但不影响定性判断的结果）。

根据《建筑基坑支护技术规程》JGJ 120—2012 第3.4.2条，**作用在支护结构上的土压力应按下列规定确定……其计算公式表明：支护结构上的土压力应是土压力与水压力的合力；** 在实际工程中，支护结构上的土压力的计算必须包括水压力。

地下水位升高，土颗粒产生的压力会适度减小，但由于水压力的加入，导致水土压力总和仍远大于无水时的土压力，由此判断出 $E_a < E_c$。对于图（c）与图（b），虽因土的种类及坡角没有给出，具有不确定性，但仍可通过 $E_a < E_b$、$E_a < E_c$，用排除法直接选出 C 选项。

定量计算涉及诸多公式，计算过程也较为复杂，故仅供感兴趣的读者作进一步了解。定量计算中挡土墙高度、坡度、水位高度等参数按考题中的图示比例确定，并且考虑了如下两种土的类型：

1. 挡土墙后为密实细砂土

（1）地下水位以上的计算公式：

$$E_{a1} = \frac{1}{2} \gamma H^2 K_a$$

$$K_a = \tan^2 \left(\frac{\pi}{4} - \frac{\varphi}{2} \right)$$

（2）地下水位以下的简化计算公式：

$$E_{a2} = \frac{1}{2} \gamma' H^2 K_a' + \frac{1}{2} \gamma_w H_w^2$$

$$\gamma' = \gamma_{sat} - \gamma_w$$

$$K_a' = \tan^2 \left(\frac{\pi}{4} - \frac{\varphi'}{2} \right)$$

式中　H—挡土墙高度；H_w—地下水位高度；γ—土的重度；γ'—土的有效重度（浮重度）；γ_{sat}—土的饱和重度；γ_w—地下水的重度；φ—砂土内摩擦角；φ'—饱和砂土内摩擦角。

计算条件： 挡土墙的墙背竖直光滑，墙后填土为密实细砂土，填土表面水平，具体计算参数为：$H = 5.0\text{m}$；$H_w = 4.0\text{m}$；$\gamma = 19.0\text{kN/m}^3$；$\gamma_{sat} = 21.0\text{kN/m}^3$；$\gamma_w = 9.8\text{kN/m}^3$；$\varphi = 33°$；$\varphi' = 28°$。

$$E_{a1} = \frac{1}{2} \times 19.0 \times 5.0^2 \tan^2 \left(45° - \frac{33°}{2} \right) = 70.02\text{kN/m}$$

$$E_{a2} = \frac{1}{2} \times 11.2 \times 5.0^2 \tan^2\left(45° - \frac{28°}{2}\right) + \frac{1}{2} \times 9.8 \times 4.0^2 = 128.80 \text{kN/m}$$

$$\gamma' = 21 - 9.8 = 11.2 \text{kN/m}^3$$

注：1. 若 $\beta = 20°$（β——边坡对水平面的坡角）；经计算，土压力将增至 90.17kN/m。

2. 因计算公式简化（实际工程需分层叠加计算），地下水位以上部分使用了砂土有效重度（浮重度）值，所以计算出的 E_{a2} 值会略偏小，准确分层叠加计算后 E_c 将增至 141kN/m。

3. 不考虑地下水渗流的影响。

计算结果： $E_a = 70.02 \text{kN/m}$；$E_b = 90.17 \text{kN/m}$；$E_c = 128.80 \text{kN/m}$。

2. 挡土墙后为粉质黏土

简化计算公式：

$$P_a = \sigma_z K_a - 2c\sqrt{K_a}$$

$$K_a = \tan^2\left(\frac{\pi}{4} - \frac{\varphi}{2}\right)$$

$$\sigma_{z1} = \gamma \times z；\sigma_{z2} = \gamma_{sat} \times z$$

式中 P_a——土压力强度；σ_z——深度为 z 处的应力（水位以下采用饱和重度）。

计算条件： 挡土墙的墙背竖直光滑，墙后填土为粉质黏土；图（b）填土表面坡度如题目所示约为 20°，具体计算参数为：$H = 5.0$m；$H_w = 4.0$m；$\gamma = 19.0 \text{kN/m}^3$；$\gamma_{sat} = 17.6 \text{kN/m}^3$；$\varphi = 21°$；$\varphi' = 18°$；$c = 12.0$kPa；$c' = 5.0$kPa。

注：H——挡土墙高度；H_w——地下水位高度；γ——土的重度；γ_{sat}——土的饱和重度；φ——含水率 23%～25% 的黏土内摩擦角；φ'——含水率 35%～40% 的黏土内摩擦角；c——含水率 23%～25% 的黏土黏聚力；c'——含水率 35%～40% 的黏土黏聚力。

采用水土合算计算（土压力中已经包含水压力）$P_w = 0$，在实际工程中需采用分层叠加计算，地下水位以下的总应力采用固结不排水抗剪强度指标（c_{cu}，φ_{cu}）计算。

计算结果： $E_a \approx 29.71 \text{kN/m}$；$E_b \approx 40.15 \text{kN/m}$；$E_c \approx 79.80 \text{kN/m}$。

因此，为了减少水压力，规范第 6.7.1.6 款规定：边坡的支挡结构应进行排水设计。对于可以向坡外排水的支挡结构，应在支挡结构上设置排水孔。排水孔应沿着横竖两个方向设置，其间距宜取 2～3m，排水孔外斜坡度宜为 5%，孔眼尺寸不宜小于 100mm。支挡结构后面应做好滤水层，必要时应做排水暗沟。支挡结构后面有山坡时，应在坡脚处设置截水沟。对于不能向坡外排水的边坡，应在支挡结构后面设置排水暗沟。

答案： C

16-13 **解析：** 因为有弯矩作用，属于偏心受力状态，右侧第 3 根桩的反力 N_3 最大，N_1 最小。

答案： C

16-14 **解析：** 根据《高层建筑混凝土结构技术规程》JGJ 3—2010 第 12.3 条基础设计和《高层建筑筏形与箱形基础技术规范》JGJ 6—2011。筏形基础与箱形基础是高层建筑常用的两种基础形式，由此可以排除 A、B 选项。从建筑使用角度考虑，筏形基础可以获得更灵活、更开敞的地下使用空间，箱形基础因设有更多的内墙，内部空间较小，所以相对而言优先选择筏形基础。四种基础的定义如下所述：

1. 条形基础：承受并传递墙体荷载或间距较小柱荷载的条形状基础。

2. 岩石锚杆基础：适用于直接建在基岩上的柱基，以及承受拉力或水平力较大的建筑物基础。以岩层为主的地基宜采用岩石锚杆抗浮。

3. 筏形基础：柱下或墙下连续的平板式或梁板式钢筋混凝土基础。

4. 箱形基础：由底板、顶板、侧墙及一定数量的内隔墙构成的整体刚度较好的单层或多层钢筋混凝土基础。

　　注：箱形基础外墙宜沿建筑物周边布置，内墙应沿上部结构的柱网或剪力墙位置纵横均匀布置，墙体水平截面总面积不宜小于箱形基础外墙外包尺寸的水平投影面积的1/10。对基础平面长宽比大于4的箱形基础，其纵墙水平截面面积不应小于箱基外墙外包尺寸水平投影面积的1/18。

　　答案：C

16-15　解析：本题考核大面积地面荷载，参见《地基基础规范》的如下条款。

　　第7.5.1条，在建筑范围内有地面荷载的单层工业厂房、露天车间和单层仓库的设计，应考虑由于地面荷载所产生的地基不均匀变形及其对上部结构的不利影响。当有条件时，宜利用堆载预压过的建筑场地。

　　注：地面荷载系指生产堆料、工业设备等地面堆载和天然地面上的大面积填土。

　　第7.5.5条，对于在使用过程中允许调整吊车轨道的单层钢筋混凝土工业厂房和露天车间的天然地基设计，除应遵守本规范第5章的有关规定外，尚应符合下式要求……

　　注：第7.5.5条给出了地基附加沉降量允许值。

　　第7.5.7条，具有地面荷载的建筑地基遇到下列情况之一时，宜采用桩基：

　　1　不符合本规范第7.5.5条要求；

　　2　车间内设有起重量300kN以上、工作级别大于A5的吊车；

　　3　基底下软土层较薄，采用桩基经济者。

　　本题考核在建筑范围内有大面积地面荷载的单层工业厂房，详见《地基基础规范》，值得注意的是：

　　1."宜"利用堆载预压过的建筑场地，在规范中表示允许稍有选择，在条件许可时首先应这样做的：正面词采用"宜"；反面词采用"不宜"；

　　2.本题若为重工业厂房，地面堆载荷载或基础不能满足地基承载力、变形、稳定性要求时，也可以采用CFG桩复合地基；

　　3.桩基是"基础"，不是"地基"，是地基处理方法（第7.2.2条），也可以认为是采取"结构措施"（第7.4.2条）。

　　4.通常回填土会产生沉降，回填土的自重固结时间与填料、上面的荷载情况有很大的关系。一般情况下认为自重固结相对稳定需要2年时间，自重固结完成需要10年时间。预压的目的是加固地基，加快回填土排水固结。

　　5.实际工程中A、B、C、D四个选项均可，本题按规范作答即可。

　　本题对密实粉土的具体条件未作表述，如规范要求饱和度$S_r<60\%$的粉土。粉土强夯可能会产生液化，《强夯地基处理技术规程》CECS 279规定：对砂土、粉土等可液化地基，应采用标准贯入试验、黏粒含量测定，评价液化消除深度，提供地基承载力、地基强度、变形参数等指标。

　　答案：A

16-16　解析：本题由题目所给公式：$F_k+\gamma_g \times d \times b = f_a \times b$

　　　　得：$b=F_k/(f_a-\gamma_g \times d)=220/(150-20\times 2.5)=220/100=2.2m$

　　　　计算所得最小宽度b与B项2.5m最接近，故取$b=2.5m$。

　　答案：B

16-17　解析：根据《地基基础规范》第7.2.7条，复合地基设计应满足建筑物承载力和变形要求。当地基土为欠固结土、膨胀土、湿陷性黄土、可液化土等特殊性土时，设计采用的增强体和施工工艺应满足处理后地基土和增强体共同承担荷载的技术要求。故B正确。

　　第7.2.8条，复合地基承载力特征值应通过现场复合地基载荷试验确定，或采用增强体载荷试验结果和其周边土的承载力特征值结合经验确定；故 C 错误。

复合地基是天然地基在地基处理过程中，部分土体得到增强，或被置换，或在天然地基中设置加筋体，由天然地基土体和增强体两部分组成共同承担荷载的人工地基。CFG 桩是水泥粉煤灰碎石桩的简称，是由水泥、粉煤灰、碎石、石屑或砂，加水拌和形成的高粘结强度桩，和桩间土、褥垫层一起形成复合地基。故 A、D 正确。

答案： C

2020 年度全国一级注册建筑师资格考试模拟试卷

建 筑 结 构

（基于 2020 年真题）

1. 题 **1** 图所示结构的零杆数量为( )。

A 1   B 2   C 3   D 5

2. 题 **2** 图所示结构在外力作用下，零杆数量为( )。

A 2   B 3   C 4   D 5

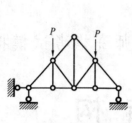 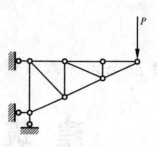

题1图   题2图

3. 题 **3** 图中多余约束的数量为? ( )

A 1   B 2   C 3   D 4

4. 题 **4** 图的超静定次数为( )。

A 2次   B 3次   C 4次   D 5次

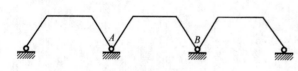 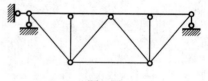

题3图   题4图

5. 题 **5** 图所示，说法正确的是( )。

A D 处有支座反力   B 仅 BC 段有内力

C AB、BC 有内力   D AB、BC、CD 段有内力

6. 求题 **6** 图 A 点的支座反力( )。

A 0   B $P/2$ C P D $2P$

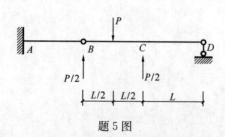 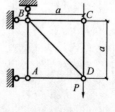

题5图   题6图

7. 题 **7** 图的正确的弯矩图是( )。

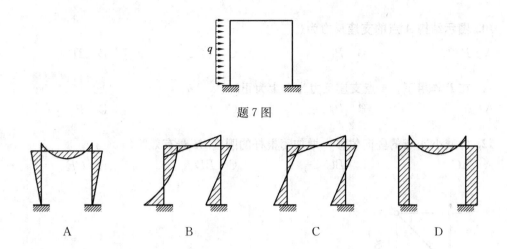

题 7 图

| A | B | C | D |

8. 题 8 图所示弯矩图，正确的是(　　)。

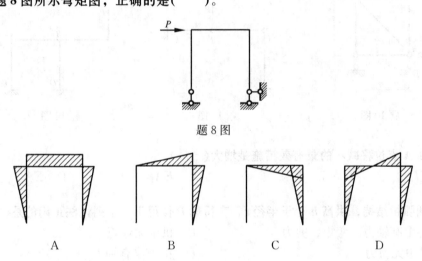

题 8 图

| A | B | C | D |

9. 题 9 图所示结构在外力作用下，正确的轴力图是(　　)。

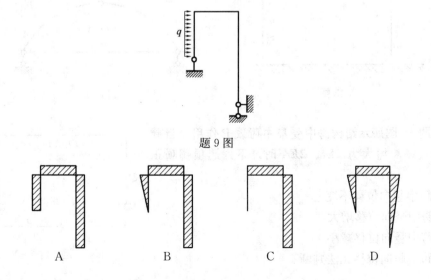

题 9 图

| A | B | C | D |

10. 图示结构 A 点的支座反力为(　　)。

A　$P/2$　　　　　　B　P　　　　　　C　$\sqrt{2}\,P$　　　　　D　$2P$

11. 在 P 作用下，A 点支座反力为（上为正）(　　)。

A　0　　　　　　B　$P/2$　　　　　　C　P　　　　　　D　P

12. 为减小 A 点的竖向位移，增加哪根杆的刚度 EI 最有效？(　　)

A　AC　　　　　　B　BC　　　　　　C　BD　　　　　　D　CE

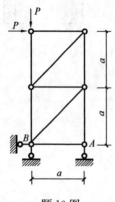
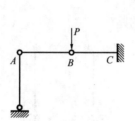
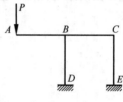

　　　　题 10 图　　　　　　　　题 11 图　　　　　　　　题 12 图

13. 使 A 点位移减小的最有效措施是增大(　　)。

A　EI_1　　　　　　B　EI_2　　　　　　C　EA_1　　　　　　D　EA_2

14. 圆弧拱结构，拱高 h 小于半径 r，在荷载 P 作用下，下列说法正确的是(　　)。

A　拱中有轴力、弯矩、剪力　　　　　B　拱中无弯矩

C　拱中无剪力　　　　　　　　　　　D　拱中仅有轴力

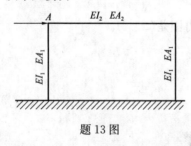
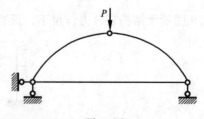

　　　　题 13 图　　　　　　　　　　题 14 图

15. 题 15 图所示结构跨中受集中荷载 P 作用，当截面刚度 EI、EA 增大为 $2EI$、$2EA$ 时，下列选项哪项正确？(　　)

A　跨中竖向位移不变

B　跨中竖向位移增大

C　跨中竖向位移减小

D　跨中竖向位移无法判断

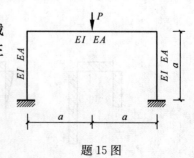

题 15 图

16. 题 16 图所示刚架结构支座 *A* 向左发生水平滑移，在结构中形成的弯矩图，正确的是( )。

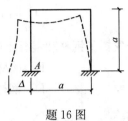

题 16 图

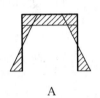 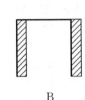 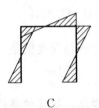

A　　　　　　　B　　　　　　　C　　　　　　　D

17. 关于混凝土强度等级，以下说法正确的是( )。

A　混凝土强度等级由立方体抗压强度标准值确定

B　混凝土强度等级由棱柱体抗压强度标准值确定

C　混凝土轴心抗压强度标准值等于立方体抗压强度标准值

D　混凝土轴心抗压强度标准值等于棱柱体抗压强度标准值

18. 关于砌体弹性模量，下面说法正确的是( )。

A　烧结普通砖的弹性模量大于烧结多孔砖的弹性模量

B　砌体弹性模量取决于砌块弹性模量

C　砌体弹性模量与砌块抗压强度有关

D　砌体弹性模量与砂浆强度无关

19. 混凝土叠合板中，预应力预制板的混凝土强度等级宜选择( )。

A　C20　　　　　　　B　C25　　　　　　　C　C30　　　　　　　D　C40

20. 电梯机房的设备吊环应选用( )。

A　Q235B 圆钢　　　　　　　　　　B　HRB335 钢筋

C　HEB400 钢筋　　　　　　　　　D　HRB500 钢筋

21. 提高钢筋混凝土受弯构件截面抗弯刚度最有效的方法是( )。

A　增大构件截面高度　　　　　　　B　增大截面配筋率

C　提高钢筋级别　　　　　　　　　D　提高混凝土强度等级

22. 下列地下室混凝土底板防渗措施无效的是( )。

A　采用抗渗混凝土　　　　　　　　B　增大底板厚度

C　采用高强度钢筋　　　　　　　　D　控制混凝土最大水胶比

23. 下列同等截面的受压构件中，能显著提高混凝土抗压性能的是(   )。

A　现浇钢筋混凝土柱　　　　　　　　　B　预制钢筋混凝土柱

C　钢骨混凝土柱　　　　　　　　　　　D　圆形钢管混凝土柱

24. 钢-混凝土组合楼盖，充分发挥了钢材和混凝土的哪些性能？(   )

A　钢材抗拉，混凝土抗压　　　　　　　B　钢材抗压，混凝土抗扭

C　钢材抗拉，混凝土抗弯　　　　　　　D　钢材抗压，混凝土抗剪

25. 下列钢材中，不宜用于焊接钢结构的是(   )。

A　Q235A　　　　　B　Q235B　　　　　C　Q235C　　　　　D　Q235D

26. 下列与原木强度设计值无关的是(   )。

A　使用环境　　　　B　组别　　　　　C　受力状态　　　　D　防火性能

27. 关于钢材选用的说法，错误的是(   )。

A　承重结构所用的钢材应具有屈服强度、抗拉强度、断后伸长率和硫、磷含量的合格证

B　对焊接结构应具有碳当量的合格保证

C　对焊接承重结构，应具有冷拉试验的合格保证

D　对需验算疲劳的构件，应具有冲击韧性的合格保证

28. 自然地面以下的砌体不宜采用(   )。

A　烧结普通砖　　　　B　蒸压普通砖　　　C　石材　　　　D　多孔砖

29. 下述防止砌体房屋开裂的措施，无效的是(   )。

A　增大圈梁刚度

B　提高现浇混凝土屋面板的强度等级

C　屋面设置保温隔热层

D　提高顶层砌体砂浆的强度等级

30. 工字钢框架梁腹板开孔，下列错误的是(   )。

A　圆孔的直径宜小于梁高的70%

B　矩形孔口高度宜小于梁高的70%

C　不应在距梁端相当于梁高范围设孔

D　不应在隅撑与梁柱连接区范围内设孔

31. 跨度为48m的主桁架，侧向支撑点间距12m，节间长度4m，不考虑美观和构造，钢材用量最少的受压桁架截面形式是(   )。

A　圆形　　　　　　B　正方形　　　　　C　矩形　　　　　D　工字钢

32. 在多遇地震作用下，弹性层间位移角限值最大的是(   )。

A　钢筋混凝土框架结构　　　　　　　　B　框架-核心筒结构

C 剪力墙结构   D 钢框架支撑结构

33. 为减小钢筋混凝土结构矩形受弯梁的裂缝宽度，下列最有效的措施是(　　)。

A 加密箍筋间距   B 提高钢筋强度

C 加大钢筋直径   D 加大主筋配筋率

34. 为降低框架结构柱的轴压比，以下效率最低的是(　　)。

A 提高纵筋配筋率   B 提高混凝土强度

C 加大柱截面   D 柱中央加型钢

35. 在常用合理数值范围内，关于柱的延性，正确的说法是(　　)。

A 柱轴压比越小，延性越好

B 柱剪跨比越小，延性越好

C 柱配箍筋率越小，延性越好

D 高纵筋配筋率（3%～5%）柱比低纵筋配筋率（1%～2%）柱延性好

36. 钢筋混凝土穿层受压柱长细比不宜过大，截面宜加大，其原因是(　　)。

A 防止正截面受压破坏

B 防止斜截面受剪破坏

C 防止混凝土受压破坏

D 防止因稳定性而使承载力降低过多

37. 钢筋混凝土的配筋有严格的计算要求，有时增加钢筋面积可能影响结构的抗震性能，以下哪项增加钢筋面积会严重影响结构的抗震性能(　　)。

A 增加梁箍筋面积   B 增加梁腰筋面积

C 增加梁跨中受拉钢筋面积   D 增加梁端受拉钢筋面积

38. 关于钢筋混凝土梁箍筋作用的说法，以下描述错误的是(　　)。

A 提高梁的抗弯承载力   B 提高梁的抗剪承载力

C 提高梁的抗扭承载力   D 方便绑扎架立钢筋的需要

39. 规定钢筋混凝土受弯构件的受剪截面限制条件 $(V \leqslant 0.25\beta_c f_c bh_0)$ 的目的是(　　)。

A 防止出现受弯裂缝   B 防止出现斜拉破坏

C 防止出现斜压破坏   D 防止出现剪压破坏

40. 桁架结构的基本受力特点是(　　)。

A 节点刚接，杆件承受轴力为主   B 节点刚接，杆件承受弯矩为主

C 节点铰接，杆件承受轴力为主   D 节点铰接，杆件承受弯矩为主

41. 与普通钢筋混凝土梁相比，预应力混凝土梁的特点，以下说法错误的是(　　)。

A 开裂所需荷载明显提高   B 使用阶段的刚度提高

C 抗震性能提高   D 框架梁的挠度更小

42. 关于高层抗震结构，以下说法错误的是(   )。

A 应减轻建筑自重
B 增加结构刚度
C 刚度中心与质量中心重合
D 抗侧力刚度应下大上小，竖向均匀

43. 下列无梁楼盖顶面布置局部荷载，对楼板受力影响最小的是(   )。

A   B   C   D

44. 下列转换结构，竖向变形最小的是(   )。

A   B   C   D

45. 下列钢筋混凝土框架-剪力墙结构，布置合理的是(   )。

A   B

C   D

46. 抗震设防 7 度（0.15g）地区，某 30m 高的钢筋混凝土框架结构房屋，相邻高度 15m 的钢框架结构，抗震缝的宽度为(   )。

A 70mm   B 100mm   C 120mm   D 150mm

486

47. 抗震烈度为 7 度 (0.1g) 地区的装配整体式混凝土结构房屋，建筑高度为 36m，以下说法正确的是(   )。

A 地下室外墙宜采用现浇混凝土，内部构件宜预制

B 剪力墙结构底部加强部位宜采用装配式结构

C 框架结构的首层柱子宜采用现浇混凝土

D 屋盖宜采用混凝土叠合板

48. 抗震烈度为 6 度地区的钢筋混凝土框架结构房屋，以下做法正确的是(   )。

A 主体可采用部分由砌体墙承重的做法

B 局部出屋面的电梯机房可采用砌体墙承重

C 局部出屋面的排烟机房应采用框架结构承重

D 局部出屋面的水箱间可采用砌体墙承重

49. 抗震设防烈度 9 度地区的高层建筑结构，下列描述错误的是(   )。

A 不应采用带转换层的结构

B 不应采用连体结构

C 可采用带加强层的结构

D 可采用隔震设计

50. 为了减小温度变化、混凝土收缩对超长混凝土结构的影响，下列措施无效的是(   )。

A 合理设置结构温度缝，以减小温度区段长度

B 顶层加强保温隔热措施，外墙设置外保温层

C 顶层、底层受温度变化影响较大的部位应当提高配筋率

D 顶部楼层采用比下部楼层刚度大的结构形式

51. 关于板柱-剪力墙结构的概念设计，下列说法错误的是(   )。

A 平面两主轴方向均应布置适量剪力墙

B 房屋周边不宜设置边梁

C 房屋的顶层及地下室顶板宜采用梁板结构

D 有楼、电梯间等较大开洞时，洞口周边宜设置框架梁或边梁

52. 某 50m 高层框架-剪力墙结构位于 8 度 (0.3g) 抗震设防区，Ⅲ类场地，为有效减小地震作用，下列措施最佳的是(   )。

A 增加竖向构件截面尺寸　　　　　B 增加水平构件截面尺寸

C 上部结构隔震　　　　　　　　　D 适当提高构件配筋率

53. 关于大底盘多塔楼结构的抗震设计，下列说法错误的是(   )。

A 各塔楼的层数、平面和刚度宜接近

B 各塔楼应采用连体结构相连

C 转换层不宜设置在底盘屋面的上层塔楼内

D　各塔楼对底盘宜对称布置

54. 抗震设计的钢框架-支撑体系房屋，下列何种支撑形式不宜采用(　　)。

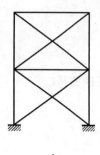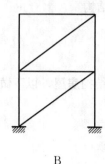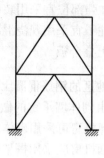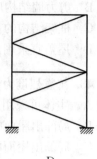

A　　　　　　　B　　　　　　　C　　　　　　　D

55. 某地区举办园艺博览会，需快速完成一单层大跨度临时建筑，下列结构形式最为适宜的是(　　)。

A　钢筋混凝土柱＋钢屋盖　　　　　B　预应力混凝土

C　索膜结构　　　　　　　　　　　D　型钢混凝土＋钢桁架

56. 关于多层砌体房屋建筑布置和结构体系，下列说法错误的是(　　)。

A　优先选用横墙承重的结构体系

B　可采用砌体墙和混凝土墙混合承重的结构体系

C　墙体布置宜均匀对称

D　纵横墙的数量不宜相差过大

57. 关于砌体结构中的构造柱，下列说法错误的是(　　)。

A　构造柱的设置可提高墙体在使用阶段的整体性和稳定性

B　在使用阶段的高厚比验算中，可以考虑构造柱的有利影响

C　构造柱应单独设置基础

D　构造柱的设置能提高结构的延性

58. 关于我国建筑工程抗震设防类别划分正确的是(　　)。

A　甲类、乙类、丙类、丁类　　　　B　甲类、乙类、丙类

C　Ⅰ、Ⅱ、Ⅲ、Ⅳ　　　　　　　　D　Ⅰ、Ⅱ、Ⅲ

59. 我国建筑主体结构的基本抗震设防目标是(　　)。

A　多遇地震、设防烈度地震不坏，罕遇地震可修

B　多遇地震不坏，设防烈度地震可修，罕遇地震不倒

C　多遇地震不坏，设防烈度地震不倒

D　多遇地震不坏，罕遇地震可修

60. 关于地震作用的大小，以下正确的是(　　)。

A　与建筑物自振周期近似成正比

B　与建筑物主体抗侧刚度近似成正比

C　与建筑物自重近似成正比

D　与建筑物结构体系无关

61. 我国抗震设防烈度的确定，以下正确的是(　　)。

A　由设计人员根据建筑的重要性来确定

B　由投资方根据项目投入的资金情况来确定

C　由施工图审查单位根据建筑的重要性来确定

D　按国家规定的权限审批、颁发的文件（图件）确定

62. 关于特别不规则的建筑，以下说法正确的是(　　)。

A　经结构计算，满足规范可以采用

B　设计人员采取结构加强措施后可以采用

C　经专门研究论证后，采取相应的加强措施后可以采用

D　不应采用

63. 根据相关资料，拟建中学场地被评定为抗震危险地段，选址方案正确的是(　　)。

A　严禁建造　　　　　　　　　　　　B　不应建造

C　不宜建造　　　　　　　　　　　　D　无法避开时，应采取有效措施

64. 拟在边坡坡顶附近建造某 5 层建筑，错误的做法是(　　)。

A　建筑远离边坡

B　根据建筑专业要求确定建筑基础与边坡边缘的距离

C　进行地基基础抗震稳定性验算

D　重新选址

65. 高层建筑采用部分框支-剪力墙，当托墙转换梁承受剪力较大时，不适用的做法是(　　)。

A　转换梁端上部剪力墙开洞　　　　　B　转换梁端部加腋

C　适当加大转换梁截面高度　　　　　D　转换梁端部加型钢

66. 关于高层建筑楼板开洞，错误的做法是(　　)。

A　有效楼板宽度不宜小于该层楼板宽度的 50%

B　楼板开洞总面积不宜超过楼面面积的 30%

C　在扣除凹入和开洞后，楼板在任一方向的最小净宽度不宜小于 5m，且开洞后每边的楼板净宽度不应小于 1m

D　转换层楼板不应开大洞

67. 某建筑物的高度为 **100m**，立面收进如下图所示，属于竖向不规则的是（单位为

mm)（　　）。

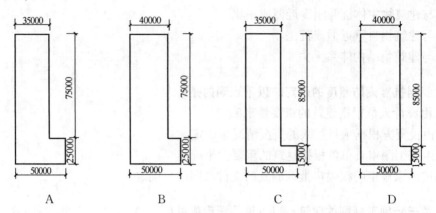

A   B   C   D

68. 相同设防烈度下，高层建筑结构适用高宽比限值最大的是（　　）。

A 框架-剪力墙结构   B 剪力墙结构

C 框架-核心筒结构   D 异形柱框架结构

69. 关于某中学的框架结构设计，错误的是（　　）。

A 不应用单跨框架

B 填充墙布置应避免形成短柱

C 楼梯结构应有足够的抗倒塌能力

D 楼梯间填充墙用钢丝网砂浆加强时，可不设构造柱

70. 关于剪力墙结构，说法正确的是（　　）。

A 抗震设计时，不应只在单方向设置剪力墙

B 楼面梁宜支撑在连梁上

C 剪力墙墙段长度不大于9m

D 底部加强部位的高度应从地下室底板算起

71. 关于抗震设防的高层剪力墙结构房屋采用短肢剪力墙，正确的是（　　）。

A 短肢剪力墙截面厚度应大于300mm

B 短肢剪力墙墙肢截面高度与厚度之比应大于8

C 高层建筑结构可以全部采用短肢剪力墙

D 具有较多短肢剪力墙的剪力墙结构房屋适用高度较剪力墙结构适当降低

72. 8度抗震设防区，4层幼儿园建筑不应采取的结构形式是（　　）。

A 普通砌体结构   B 底部框架-抗震墙砌体结构

C 钢筋混凝土框架结构   D 钢筋混凝土抗震墙结构

73. 某土层的地基承载力特征值 $f_{ak}=50\text{kPa}$，其最可能的土层是（　　）。

A 淤泥质土   B 粉土   C 砂土   D 碎石土

74. 题 74 图所示悬臂式挡土墙，当抗滑移验算不足时，在挡土墙埋深不变的情况下，下列措施最有效的是(　　)。

　　A　仅增加 a　　　　　B　仅增加 b　　　　　C　仅增加 c　　　　　D　仅增加 d

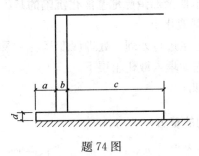

题 74 图

75. 下列图示中，存在地基稳定性隐患的是(　　)。

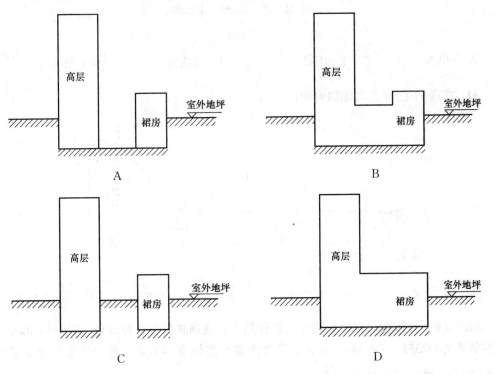

76. 某钢筋混凝土浅基础，通过地基的承载力验算，可以确定的是(　　)。

　　A　基础的底面面积　　　　　　　　　B　基础的混凝土强度
　　C　基础的高度　　　　　　　　　　　D　基础的配筋

77. 某 3 层砌体住宅，无地下室，场地地表至地面以下 10m 为压缩性较低的粉土层，其下为砂石层，则该建筑宜采用哪种基础形式(　　)。

　　A　独立基础　　　　　B　条形基础　　　　　C　筏形基础　　　　　D　桩基础

78. 关于地基处理的作用，下列说法错误的是(　　)。

A 提高地基承载能力   B 加强基础的刚度

C 改善地基变形能力   D 改变地基土的渗透性能

79. 下列各项措施中，不能全部消除地基液化沉陷的是（   ）。

A 用非液化土替换全部液化土

B 采用强夯法对液化土层进行处理，处理深度至液化深度下界

C 采用深基础，基础底面埋入液化土层下

D 加强基础的整体性和刚度

80. 求题 80 图 *B* 点右侧的剪力（   ）。

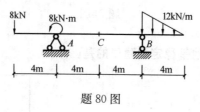

题 80 图

A 96kN   B 48kN   C 32kN   D 24kN

81. 求题 81 图 *B* 点右侧的弯矩（   ）。

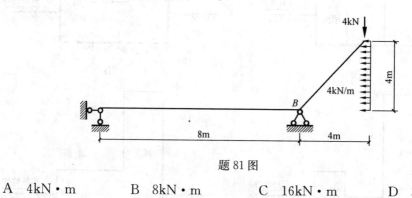

题 81 图

A 4kN·m   B 8kN·m   C 16kN·m   D 32kN·m

82. 简支工字形截面钢梁在均布荷载作用下，绕强轴的弯矩设计值 $M_x = 114.0$kN·m，钢材牌号为 Q235B，$f = 215$N/mm²，不考虑截面塑性发展系数，至少应选用的工字钢型号为（$M_x/(\gamma_x W_{mx}) \leqslant f$，$W_{mx} = \dfrac{2I}{h}$；$h$ 为截面高度，取 $\gamma_x = 1.0$）（   ）。

A Ⅰ28a（截面惯性矩 $I = 7115$cm⁴）

B Ⅰ28b（截面惯性矩 $I = 7481$cm⁴）

C Ⅰ32a（截面惯性矩 $I = 11080$cm⁴）

D Ⅰ32b（截面惯性矩 $I = 11626$cm⁴）

83. 钢筋混凝土框架支座截面尺寸及配筋如题 83 图所示，混凝土强度等级 C30（$f_c = 14.3$N/mm²），HRB335 钢筋（$f_y = 300$N/mm²）。当不计入梁下部纵向受力钢筋的受力作用时，要使梁端截面混凝土受压区高度满足 $x \leqslant 0.35h_0$ 的要求，梁的截面高度不应小于

(截面内力的平衡条件：$f_y A_s = f_c bx$，图中长度单位为 mm) (　　)。

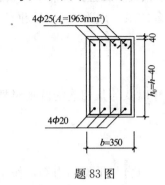

题 83 图

A　400mm　　　　B　450mm　　　　C　500mm　　　　D　550mm

84. 实心矩形截面钢梁受弯剪时，其剪应力沿截面高度的分布图为(　　)。

A　　　　　　　　B　　　　　　　　C　　　　　　　　D

85. 下列属于固定铰支座的是(　　)。

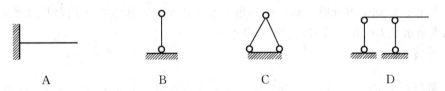

A　　　　　　　　B　　　　　　　　C　　　　　　　　D

参考答案及解析

1. 解析：仅 2 根竖杆为零杆。

　　答案：**B**

2. 解析：如题 2 解图所示，杆 1、2、3、4、5 均为零杆。

　　答案：**D**

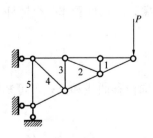

题 2 解图

3. 解析：方法一：去掉 3 个折杆，相当于去掉 3 个多余约束，成为 4 个固定铰链，每个固定铰支座都可以看作是静定结构。方法二：将 3 个折杆中间相当于刚结点处都变成中间铰链，相当于去掉了 3 个多余约束，成为 3 个三铰刚架，每个三铰刚架也都是静定结构。

答案：C

4. 解析：去掉最下面一根横杆以及与其相连的两根竖杆，则原结构成为一根简支梁带 2 个二元体的静定结构。

答案：B

5. 解析：图示结构外荷载为一组自相平衡的力系，作用在 BCD 杆（含铰链 B）上，所以 B、D 处无支座反力，AB 杆也无外力、无内力，只有 BC 杆有内力。

答案：B

6. 解析：取整体为研究对象，对 B 点取力矩 $\sum M_B = 0, R_A \times a = P \times a$，得 $R_A = P$。

答案：C

7. 解析：根据"零、平、斜；平、斜，抛"的微分规律，左边竖杆弯矩图应该是抛物线；故只能选 B。

答案：B

8. 解析：根据受力分析可知，左下角支座无水平力，所以左边的竖杆无弯矩；而右下角的支座水平力向左，故右边竖杆右侧受拉。

答案：B

9. 解析：根据受力分析，可知左侧竖杆的轴力等于左侧支座的竖向力（拉力），且是常数。

答案：A

10. 解析：取图示整体为研究对象，对左下角取矩：$\sum M_B = 0, R_A \times a = P \times 2a$，可得：$R_A = 2P$。

答案：D

11. 解析：取 AB 为研究对象，A 点可看作一个链杆支座，由 $\sum M_B = 0$，可知 A 点的支座反力为 0。

答案：A

12. 解析：类比外伸梁的竖向位移曲线和公式，可知应增加 AC 杆的刚度 EI。

答案：A

13. 解析：影响 A 点水平位移的因素类似悬臂梁，主要取决于两根竖杆的刚度 EI_1，故选 A。

答案：A

14. 解析：此题为普通带拉杆的三铰拱，且不是合理拱轴线，所以有轴力、弯矩和剪力。

  答案：A

15. 解析：当荷载不变时，竖向位移与刚度成反比；故当刚度增大时，跨中竖向位移减小。

  答案：C

16. 解析：图示刚架结构支座 A 向左发生水平滑移，相当于受到一个向左的水平力，属于对称结构受对称荷载，弯矩图应该是对称的，所以可排除 C。由于支座有水平力，故竖杆弯矩为斜线，可以排除 B 和 D；故只能选 A。

  答案：A

17. 解析：根据《混凝土结构设计规范》GB 50010—2010（2015 年版）第 4.1.1 条，混凝土强度等级应按立方体抗压强度标准值确定。故 A 项正确。

  答案：A

18. 解析：根据《砌体结构设计规范》GB 50003—2011 第 3.2.5 条表 3.2.5-1 可知，烧结普通砖与烧结多孔砖的弹性模量相同（故 A 项错误）；砌体弹性模量与砌块弹性模量无关（故 B 项错误）；砌体的弹性模量与砌体抗压强度设计值有关，又由表 3.2.1-7 可知，砌体抗压强度设计值与砌块强度有关（故 C 项正确）；砌体弹性模量与砂浆强度等级有关（故 D 项错误）。

  答案：C

19. 解析：根据《装配式混凝土结构技术规程》JGJ 1—2014 第 4.1.2 条规定，预制构件的混凝土强度等级不宜低于 C30；预应力混凝土预制构件的混凝土强度等级不宜低于 C40，且不应低于 C30。

  答案：D

20. 解析：根据《混凝土结构设计规范》GB 50010—2010（2015 年版）第 9.7.6 条，吊环应采用 HPB300 钢筋或 Q235B 圆钢。

  答案：A

21. 解析：根据《混凝土结构设计规范》GB 50010—2010（2015 年版）第 7.2.3 条公式（7.2.3-1），钢筋混凝土受弯构件的刚度与截面计算高度的平方成正比，所以增大截面高度是提高截面抗弯刚度最有效的方法。

  答案：A

22. 解析：采用强度等级较高的混凝土可以适当增加混凝土的密实性；但混凝土在硬化过程中可能会产生较大的温度和收缩裂缝，降低了混凝土的抗渗性。

  答案：C

23. 解析： 在圆形钢管或矩形钢管中浇筑混凝土，由于混凝土受到钢管的约束，处于三向受压状态，可以显著提高混凝土的抗压强度。

答案：D

24. 解析： 钢-混凝土组合楼盖充分发挥了钢材的抗拉和混凝土的抗压性能。

答案：A

25. 解析： 根据《钢结构设计标准》GB 50017—2017 第 4.3.3.1 款：A 级钢仅可用于结构工作温度高于 0℃的不需要验算疲劳的结构，且 Q235A 钢不宜用于焊接结构。

答案：A

26. 解析： 根据《木结构设计标准》GB 50005—2017 第 4.3.1 条表 4.3.1-1、表 4.3.1-2，不同的木材树种强度等级和组别不同，其强度设计值也不同。由表 4.3.1-3 可知，木材受力状态（如抗弯、抗压、抗拉、抗剪等）和分类组别（A、B）不同，强度设计值均不相同。另从 4.3.9 条表 4.3.9-1 可知，木材的使用条件（环境条件）不同，强度设计值应乘以相应的调整系数，故强度设计值也会不同。

答案：D

27. 解析： 根据《钢结构设计标准》GB 50017—2017 第 4.3.2 条，承重结构所用的钢材应具有屈服强度、抗拉强度、断后伸长率和硫、磷含量的合格保证（故 A 项正确），对焊接结构尚应具有碳当量的合格保证（故 B 项正确）。焊接承重结构以及重要的非焊接承重结构采用的钢材应具有冷弯试验的合格保证（故 C 项错误）；对直接承受动力荷载或需验算疲劳的构件所用钢材尚应具有冲击韧性的合格保证（故 D 项正确）。

答案：C

28. 解析： 根据《砌体结构设计规范》GB 50003—2011 第 4.3.5 条表 4.3.5 中所列地面以下砌体材料中不包含多孔砖；且表 4.3.5 注 1 规定：在冻胀地区，地面以下或防潮层以下的砌体，不宜采用多孔砖。

答案：D

29. 解析： 根据《砌体结构设计规范》GB 50003—2011 第 6.5 条，设置圈梁对砌体具有约束作用，并可承受拉力，对砌体抗裂有利（故 A 项正确）；设置保温、隔热层可减轻砌体的温度应力，对防止开裂有利（故 C 项正确）；提高砂浆强度，对提高砌体强度、抵抗开裂有利（故 D 项正确）。而提高现浇屋面混凝土的强度等级，对防止或减轻砌体房屋的墙体开裂没有帮助（故 B 项错误）。

答案：B

30. 解析： 根据《钢结构设计标准》GB 50017—2017 第 6.5.2 条，腹板开孔梁，当孔型为圆形或矩形时，应符合下列规定：

1 圆孔孔口直径不宜大于梁高的 0.70 倍，矩形孔口高度不宜大于梁高的 0.50 倍，矩形孔口长度不宜大于梁高及 3 倍孔高；故 A 项正确，B 项错误。

5 不应在距梁端相当于梁高范围内设孔，抗震设防的结构不应在隔撑与梁柱连接区域范围内设孔；故 C、D 项正确。

答案：B

31. 解析： 桁架上弦杆受压，在受压构件强度满足要求的前提下，构件的承载力一般由受压杆件的稳定性控制，受压构件的稳定性取决于计算长度和长细比，桁架上弦节间长度 4m，而桁架平面外的侧向支承点间距为 12m，故上弦计算长度受平面外稳定控制。相同计算长度下，构件的长细比取决于构件截面的回转半径，而当截面面积相同的情况下，工字钢强轴方向的回转半径最大，故其长细比最小，稳定承载力最高。故当工字钢强轴方向为桁架平面外方向时，稳定性最好。

答案：D

32. 解析： 根据《建筑抗震设计规范》GB 50011—2010（2016 年版）第 5.5.1 条表 5.5.1，在抗震设防地区，钢筋混凝土弹性层间位移角限值最大的是多、高层钢结构（1/250）；故应选 D。

弹性层间位移角限值　　　　　　　　　　表 5.5.1

结构类型	$[\theta_e]$
钢筋混凝土框架	1/550
钢筋混凝土框架-抗震墙、板柱-抗震墙、框架-核心筒	1/800
钢筋混凝土抗震墙、筒中筒	1/1000
钢筋混凝土框支层	1/1000
多、高层钢结构	1/250

答案：D

33. 解析： 提高纵向受力钢筋的配筋率可以降低钢筋的应力，也可以增加钢筋与混凝土之间的粘结力，是减小受弯构件正截面裂缝宽度的有效措施。根据《混凝土结构设计规范》GB 50010—2010（2015 年版）第 7.1.2 条。

答案：D

34. 解析： 根据《高层建筑混凝土结构技术规程》JGJ 3—2010 第 6.4.2 条表 6.4.2 注 1，柱轴压比指柱考虑地震作用组合的轴压力设计值与柱全截面面积和混凝土轴心抗压强度设计值乘积的比值。对于有抗震设防要求的框架结构，为保证柱有足够的延性，需要限制柱的轴压比，普通钢筋混凝土柱轴压比应满足式 $\mu \leqslant N/(f_c \times A)$ 的要求。从上式可知，在轴力 N 一定的情况下，提高混凝土抗压强度设计值 f_c，或增大柱截面尺寸 A，均可降低轴压比；而纵向钢筋配筋率与轴压比的关系则较为间接。

第 11.4.4 条，抗震设计时，混合结构中型钢混凝土柱的轴压比计算公式为：$\mu_N = N/(f_c A_c + f_a A_a)$；该公式考虑了型钢的作用，即在柱中配置型钢可降低轴压比。

答案：A

35. 解析： 轴压比等于轴向压力设计值与柱的全截面面积和混凝土抗压强度设计值乘

积之比值。抗震设计时，限制框架柱的轴压比主要是为了保证柱的延性要求和框架的抗倒塌能力；所以在合理数值范围内，柱的轴压比越小，其延性性能越好。

答案：A

36. 解析：根据《混凝土结构设计规范》GB 50010—2010（2015 年版）第 6.2.15 条式（6.2.15）和表 6.2.15，可知柱的长细比越大（可通过加大截面尺寸减小长细比），其稳定系数越小（稳定性越差），承载力越低。

答案：D

37. 解析：框架结构梁柱节点的抗震设计要求保证破坏首先发生在梁端，而不是柱端，即"强柱弱梁"的原则。为了保证实现这一目标，《建筑抗震设计规范》GB 50011—2010（2016 年版）第 6.2.2 条规定，对柱端组合的弯矩设计值进行放大。而增加梁端部钢筋会增加梁端的抗弯承载力，不符合"强柱弱梁"的抗震设计原则。

答案：D

38. 解析：箍筋是混凝土梁抗剪、抗扭的受力钢筋，纵向钢筋是抗弯的受力钢筋；故 A 项错误。

答案：A

39. 解析：其目的是防止构件的截面尺寸过小，出现斜压破坏。

答案：C

40. 解析：桁架结构的基本受力特点是：外荷载作用在节点上，节点和杆是铰链连接；各个杆件自重忽略不计，均为二力杆；主要承受轴向拉力或压力。

答案：C

41. 解析：普通钢筋混凝土梁施加预应力后，提高了梁的抗裂性（开裂荷载明显提高），在使用荷载作用下，构件不开裂或裂缝较小；使用阶段的刚度显著提高，挠度减小；但对构件的抗震性能影响不大。

答案：C

42. 解析：高层抗震结构的水平地震作用与结构刚度、自重成正比关系；增大自重或增大结构刚度，均会加大水平地震作用；故 A 项正确，B 项错误。

另据《建筑抗震设计规范》GB 50011—2010（2016 年版）第 3.4.2 条，建筑设计应重视其平面、立面和竖向剖面的规则性对抗震性能及经济合理性的影响，宜择优选用规则的形体，抗侧力构件的平面布置宜规则对称、侧向刚度沿竖向宜均匀变化、竖向抗侧力构件的截面尺寸和材料强度宜自下而上逐渐减小、避免侧向刚度和承载力突变。故 D 项正确。提倡平面布置规则对称是为了使结构的刚度中心和质量中心基本重合，这样可以避免地震时带来的扭转效应，避免扭转破坏；故 C 项正确。

答案：B

43. 解析：如图所示，荷载为局部荷载，荷载距离柱越近，对楼板的受力影响越小，答案为 D。

答案：D

44. 解析：D 图通过斜撑直接传力到柱，传力路径简洁且兼顾两层，竖向变形最小。其余选项均需通过梁或桁架二次传力到竖向构件。

答案：D

45. 解析：根据《高层混凝土结构技术规程》JGJ 3—2010 第 8.1.5 条，框架-剪力墙结构应设计成双向抗侧力体系；抗震设计时，结构两主轴方向均应布置剪力墙。C 图中的剪力墙双向、均衡，布置合理。

答案：C

46. 解析：根据《建筑抗震设计规范》GB 50011—2010（2016 年版）第 6.1.4.1 款3）：钢筋混凝土房屋需要设置防震缝时，防震缝两侧结构类型不同时，宜按需要较宽防震缝的结构类型和较低房屋高度确定缝宽。本题应按 15m 钢框架结构设置防震缝。

第 8.1.4 条，钢结构房屋需要设置防震缝时，缝宽应不小于相应钢筋混凝土结构房屋的 1.5 倍。

第 6.1.4.1 款 1）：框架结构房屋的防震缝宽度，当高度不超过 15m 时不应小于 100mm。钢结构防震缝宽取其 1.5 倍，即 150mm。

答案：D

47. 解析：根据《装配式混凝土结构技术规程》JGJ 1—2014 第 6.1.8 条，高层装配整体式结构应符合下列规定：

1　宜设置地下室，地下室宜采用现浇混凝土；故 A 项错误。

2　剪力墙结构底部加强部位的剪力墙宜采用现浇混凝土；故 B 项错误。

3　框架结构首层柱宜采用现浇混凝土，顶层宜采用现浇楼盖结构；故 C 项正确，D 项错误。

答案：C

48. 解析：根据《高层建筑混凝土结构技术规程》JGJ 3—2010 第 6.1.6 条，框架结构按抗震设计时，不应采用部分由砌体墙承重之混合形式。框架结构中的楼、电梯间及局部出屋顶的电梯机房、楼梯间、水箱间等，应采用框架承重，不应采用砌体墙承重。故 C 项做法正确。

答案：C

49. 解析：根据《高层建筑混凝土结构技术规程》JGJ 3—2010 第 10.1.2 条，9 度抗震设计时不应采用带转换层的结构、带加强层的结构、错层结构和连体结构；故 C 项"可采用"描述错误。

答案：C

50. 解析：根据《高层建筑混凝土结构技术规程》JGJ 3—2010 第 3.4.13 条，当采用有效的构造措施和施工措施减小温度和混凝土收缩对结构的影响时，可适当放宽伸缩缝的间距（伸缩缝又称温度缝，故 A 项正确）。这些措施可包括但不限于下列方面：

1 顶层、底层、山墙和纵墙端开间等受温度变化影响较大的部位提高配筋率（故 C 项正确）；

2 顶层加强保温隔热措施，外墙设置外保温层（故 B 项正确）；

顶部楼层刚度越大，变形越小，与下部结构之间的自由伸缩变形能力越差，越易开裂，故 D 项的措施无效且不利。

答案：D

51. 解析：根据《高层建筑混凝土结构技术规程》JGJ 3—2010 第 8.1.9 条，板柱-剪力墙结构的布置应符合下列规定：

1 应同时布置两个主轴方向的剪力墙以形成双向抗侧力体系，并应避免结构刚度偏心；故 A 项正确。

2 抗震设计时，房屋的周边应设置边梁，形成周边框架，房屋的顶层及地下室顶板宜采用梁板结构；故 B 项错误，C 项正确。

3 有楼、电梯间等较大开洞时，洞口周围宜设置框架梁或边梁；故 D 项正确。

答案：B

52. 解析：隔震体系通过延长结构的自振周期，能够减少结构的水平地震作用。根据《建筑抗震设计规范》GB 50011—2010（2016 年版）第 12.1.1 条注 1：隔震设计指在房屋基础、底部或下部结构与上部结构之间设置由橡胶隔震支座和阻尼装置等部件组成的具有整体复位功能的隔震层，以延长整个结构体系的自振周期，减少输入上部结构的水平地震作用，达到预期防震要求。选项 C 采用"上部结构隔震"可有效减小地震作用。

答案：C

53. 解析：抗震设计时，多塔楼高层建筑结构应符合《高层建筑混凝土结构技术规程》JGJ 3—2010 第 10.6.3.1 款：各塔楼的层数、平面和刚度宜接近；塔楼对底盘宜对称布置；上部塔楼结构的综合质心与底盘结构质心的距离不宜大于底盘相应边长的 20%；故 A、D 项正确。

第 10.6.3.2 款：转换层不宜设置在底盘屋面的上层塔楼内；故 C 项正确。

大底盘多塔楼结构采用连体结构设计对抗震不利；故 B 项错误。

答案：B

54. 解析：根据《高层民用建筑钢结构技术规程》JGJ 99—2015 第 7.5.1 条，高层民用建筑钢结构的中心支撑宜采用：十字交叉斜杆、单斜杆、人字形斜杆或 V 形斜杆体系。中心支撑斜杆的轴线应交汇于框架梁柱的轴线上。抗震设计的结构不得采用 K 形斜杆体系（详见第十五章习题 15-43 的解析）。

答案：D

55. 解析：最为适宜的是索膜结构。索膜结构是一种张拉体系，以立柱、压杆、预应力拉索为主要承重构件，上表面覆以紧绷的膜材。其造型轻巧，具有阻燃、制作简单、安装快捷、易于使用、安全等优点，适于建造临时性大跨建筑。

答案：C

56.解析：根据《建筑抗震设计规范》GB 50011—2010（2016 年版）第 7.1.7.1 款：多层砌体房屋的建筑布置和结构体系应优先采用横墙承重或纵横墙共同承重的结构体系（故 A 项正确）。不应采用砌体墙和混凝土墙混合承重的结构体系（故 B 项错误）。

第 7.1.7.2 款 1)：纵横向砌体抗震墙的布置，宜均匀对称（故 C 项正确），沿平面内宜对齐，沿竖向应上下连续；且纵横向墙体的数量不宜相差过大（故 D 项正确）。

答案：B

57.解析：构造柱一般设置在楼梯间、外墙转角、内外墙交接处等部位；带构造柱的砌体结构，其变形能力和延性得到较大的提高，因此建筑的稳定性和抗震性得以加强（故 A、B 项正确）。另据《砌体结构设计规范》GB 50003—2011 第 10.2.5.4 款，多层砌体房屋的构造柱可不单独设置基础（故 C 项错误）。由式（6.1.1）可知，在使用阶段的高厚比验算中考虑了构造柱的有利影响（故 B 项正确）。

答案：C

58.解析：根据《建筑工程抗震设防分类标准》GB 50223—2008 第 3.0.2 条，建筑工程抗震应分为 4 个抗震设防类别：特殊设防类（甲类）、重点设防类（乙类）、标准设防类（丙类）和适度设防类（丁类）；故 A 项正确。

答案：A

59.解析：根据《建筑工程抗震设防分类标准》GB 50223—2008 条文说明第 3.0.2 条，我国的抗震设防目标是：多遇地震不坏，设防烈度地震可修和罕遇地震不倒。故 B 项正确。

答案：B

60.解析：地震作用的大小与建筑物结构体系有关，与建筑物主体抗侧刚度及自振周期近似成反比，与建筑物自重近似成正比。故 C 项说法正确。

答案：C

61.解析：根据《建筑抗震设计规范》GB 50011—2010（2016 年版）第 1.0.4 条，抗震设防烈度必须按国家规定的权限审批、颁发的文件（图件）确定。故 D 项正确。

答案：D

62.解析：根据《建筑抗震设计规范》GB 50011—2010（2016 年版）第 3.4.1 条，特别不规则的建筑应进行专门研究和论证，采取特别的加强措施；故 C 项正确。

答案：C

63.解析：根据《建筑工程抗震设防分类标准》GB 50223—2008 第 6.0.8 条，教育建筑中，幼儿园、小学、中学的教学用房以及学生宿舍和食堂，抗震设防类别应不低于重点设防类（乙类）。另据《建筑抗震设计规范》第 3.3.1 条，对危险地段，严禁建造甲、乙类的建筑,不应建造丙类的建筑。故 A 项正确。

    答案:A

    64. **解析:**根据《建筑抗震设计规范》GB 50011—2010(2016 年版)第 3.3.5.3 款:边坡附近的建筑基础应进行抗震稳定性设计。建筑基础与土质、强风化岩质边坡的边缘应留有足够的距离,其值应根据设防烈度的高低确定,并采取措施避免地震时地基基础破坏。未经结构专业验算,B 项"根据建筑专业要求确定建筑基础与边坡边缘的距离"说法不科学,不能保证结构安全。

    答案:B

    65. **解析:**当框支梁上开有门洞,尤其是边门洞时,会形成应力集中;尤其是边门洞形成的小墙肢,应力集中尤为突出,使得门洞部位托墙转换梁的局部剪力急剧增加。

    根据《高层建筑混凝土结构技术规程》JGJ 3—2010 第 10.2.22.1 款:部分框支剪力墙结构,当框支梁上部墙体开有边门洞时(图 10.2.22),洞边墙体宜设置翼墙、端柱或加厚;当洞口靠近梁端部且梁的受剪承载力不满足要求时,可采取框支梁加腋或增大框支墙洞口连梁刚度等措施。故当托墙转换梁承载力不满足要求时,A 项做法不适用。

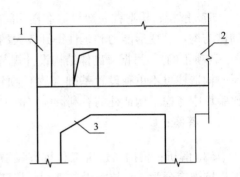

图 10.2.22 框支梁上墙体有边门洞时
洞边墙体的构造要求
1—翼墙或端柱;2—剪力墙;3—框支梁加腋

    答案:A

    66. **解析:**根据《高层建筑混凝土结构技术规程》JGJ 3—2010 第 3.4.6 条,当楼板平面比较狭长、有较大的凹入或开洞时,应在设计中考虑其对结构产生的不利影响。有效楼板宽度不宜小于该层楼面宽度的 50%(故 A 项正确);楼板开洞总面积不宜超过楼面面积的 30%(故 B 项正确);在扣除凹入或开洞后,楼板在任一方向的最小净宽度不宜小于 5m,且开洞后每一边的楼板净宽度不应小于 2m;故 C 项"1m"错误。

    另据《建筑抗震设计规范》GB 50011—2010(2016 年版)第 E.2.4 条,筒体结构转换层楼盖不应有大洞口;故 D 项正确。

    答案:C

    67. **解析:**根据《高层建筑混凝土结构技术规程》JGJ 3—2010 第 3.5.5 条,抗震设计时,当结构上部楼层收进部位到室外地面的高度 H_1 与房屋高度 H 之比大于 0.2 时,上部楼层收进后的水平尺寸 B_1 不宜小于下部楼层水平尺寸的 75%。在图 A、B 中,H_1/H =25/100=0.25>0.2;图 A:B_1/B=35/50=0.7<0.75;图 B:B_1/B=40/50=0.8>0.75。在图 C、D 中,H_1/H=15/100=0.15<0.2(单位:mm)。故图 A 属于竖向不规则。

    答案:A

68. 解析：根据《高层建筑混凝土结构技术规程》JGJ 3—2010 第 3.3.2 条，钢筋混凝土高层建筑结构的高宽比不宜超过表 3.3.2 的规定。相同设防烈度下，高宽比限值由大到小排序：筒中筒＞框架-核心筒＞框架-剪力墙、剪力墙＞板柱-剪力墙＞框架。故应选 C。

答案：C

69. 解析：根据《建筑工程抗震设防分类标准》GB 50223—2008 第 6.0.8 条，教育建筑中，幼儿园、小学、中学的教学用房以及学生宿舍和食堂，抗震设防类别应不低于重点设防类（乙类）。

《建筑抗震设计规范》GB 50011—2010（2016 年版）第 6.1.5 条，甲、乙类建筑以及高度大于 24m 的丙类建筑，不应采用单跨框架结构；高度不大于 24m 的丙类建筑不宜采用单跨框架结构。故 A 项正确。第 13.3.4.1 款：填充墙在平面和竖向的布置，宜均匀对称，宜避免形成薄弱层或短柱；故 B 项正确。

另据《高层建筑混凝土结构技术规程》JGJ 3—2010 第 6.1.4.2 款：抗震设计时框架结构的楼梯间宜采用现浇钢筋混凝土楼梯，楼梯结构应有足够的抗倒塌能力；故 C 项正确。第 6.1.5.4 款：楼梯间采用砌体填充墙时，应设置间距不大于层高且不大于 4m 的钢筋混凝土构造柱，并应采用钢丝网砂浆面层加强；故 D 项"可不设构造柱"说法错误。

答案：D

70. 解析：根据《高层建筑混凝土结构技术规程》JGJ 3—2010 第 7.1.1.1 款：剪力墙结构应具有适宜的侧向刚度，平面布置宜简单、规则，宜沿两个主轴方向或其他方向双向布置，两个方向的侧向刚度不宜相差过大。抗震设计时，不应采用仅单向有墙的结构布置。故 A 项正确。

第 7.1.2 条，剪力墙不宜过长，较长剪力墙宜设置跨高比较大的连梁将其分成长度较均匀的若干墙段，各墙段的高度与墙段长度之比不宜小于 3，墙段长度不宜大于 8m；故 C 项错误。

第 7.1.4.1 款：底部加强部位的高度，应从地下室顶板算起；故 D 项错误。

第 7.1.5 条，楼面梁不宜支承在剪力墙或核心筒的连梁上；故 B 项错误。

答案：A

71. 解析：根据《高层建筑混凝土结构技术规程》JGJ 3—2010 第 7.1.8 条注 1：短肢剪力墙是指截面厚度不大于 300mm、各肢截面高度与厚度之比的最大值大于 4 但不大于 8 的剪力墙；故 A、B 项错误。

第 7.1.8 条，抗震设计时，高层建筑结构不应全部采用短肢剪力墙；故 C 项错误。

第 7.1.8.2 款：当采用具有较多短肢剪力墙的剪力墙结构时，房屋适用高度应比剪力墙结构的最大适用高度适当降低；故 D 项正确。

答案：D

72. 解析：根据《建筑工程抗震设防分类标准》GB 50223—2008 第 6.0.8 条，教育建筑中，幼儿园、小学、中学的教学用房以及学生宿舍和食堂，抗震设防类别应不低于重点设防类（乙类）。另据《建筑抗震设计规范》表 7.1.2 注 3：乙类的多层砌体房屋不应采用底部框架-抗震墙砌体房屋。

答案：B

73. 解析：根据《建筑地基基础设计规范》GB 50007—2011 第 5.2.3 条，地基承载力特征值可由载荷试验或其他原位测试、公式计算，并结合工程实践经验等方法综合确定。规范没有给出相应的特征值表格。

工程中各种土质的承载力特征值：碎石土高于砂土，砂土高于粉土，粉土高于淤泥质土。题中的土层地基承载力特征值只有 $f_{ak}=50$kPa，较小，只能是淤泥质土。

答案：A

74. 解析：对悬臂式挡土墙，当抗滑移验算不足时，在挡土墙埋深不变的情况下，增加 c，其上有更多的土覆盖，可提高抗倾覆和抗滑移能力；故 C 项措施最有效。

答案：C

75. 解析：根据《高层建筑混凝土结构技术规程》JGJ 3—2010 第 12.1.9 条，高层建筑的基础和与其相连的裙房的基础，设置沉降缝时，应考虑高层主楼基础有可靠的侧向约束及有效埋深；不设沉降缝时，应采取有效措施减少差异沉降及其影响。图 A 高层建筑一侧无可靠的侧向约束及有效埋深，存在稳定性隐患。

答案：A

76. 解析：由《建筑地基基础设计规范》GB 50007—2011 第 5.2.2 条式（5.2.2-1）、式（5.2.2-2）可知，通过地基的承载力验算，可以确定基础的底面面积。

答案：A

77. 解析：低层砌体住宅，墙承载结构体系，压缩性较低的粉土层，土质良好，宜采用条形基础。

答案：B

78. 解析：根据《建筑地基处理技术规范》JGJ 79—2012 第 2.1.1 条，地基处理是提高地基承载力、改变其变形性能或渗透性能而采取的技术措施；与基础的刚度无关，故 B 项说法错误。

答案：B

79. 解析：根据《建筑抗震设计规范》GB 50011—2010（2016 年版）第 4.3.7 条，全部消除地基液化沉陷的措施，应符合下列要求：

2 采用深基础时，基础底面应埋入液化深度以下的稳定土层中，其深度不应小于 0.5m；故 C 项正确。

3 采用加密法（如振冲、振动加密、挤密碎石桩、强夯等）加固时，应处理至液化深度下界；故 B 项正确。

4 用非液化土替换全部液化土层，或增加上覆非液化土层的厚度；故 A 项正确。

第 4.3.9.3 款：减轻液化影响的基础和上部结构处理的措施之一是加强基础的整体性和刚度；故 D 项只是减轻液化影响的措施，但不是全部消除地基液化沉陷的措施。

答案：D

80. **解析**：B 点右侧剪力为悬臂端荷载，即三角形面积：$V_{B右} = \dfrac{4 \times 12}{2} = 24kN$

答案：D

81. **解析**：B 点右侧的弯矩为 B 点右侧外力对 B 点的力矩的代数和，即：

$$M_{B右} = (4 \times 4) \times 2 - 4 \times 4 = 16kN \cdot m$$

答案：C

82. Ⅰ **解析**：Ⅰ28a 计算最大应力为 224N/mm²，大于 215N/mm²；不满足。

Ⅰ28b 计算最大应力为 213N/mm²，小于 215N/mm²；满足。

Ⅰ32a 计算最大应力为 164N/mm²，小于 215N/mm²；满足。

Ⅰ32b 计算最大应力为 156N/mm²，小于 215N/mm²；满足。

故Ⅰ28b 为满足要求的最小截面型号。

答案：B

83. **解析**：框架梁支座承受的是负弯矩，截面上侧受拉。根据截面平衡条件，$f_y A_s = f_c bx$，且要求 $x \leqslant 0.35h_0$，代入得：$f_y A_s \leqslant 0.35 f_c bh_0$，则有：$h_0 \geqslant f_y A_s / (0.35 f_c b) = 300 \times 1963 / (0.35 \times 14.3 \times 350) = 336.18mm$；考虑保护层厚度：$h \geqslant h_0 + 40 = 376.18mm$，则梁的截面高度 h 不应小于 400mm。

答案：A

84. **解析**：矩形截面剪应力沿截面高度是抛物线形分布，在中间剪应力最大，上下两端为 0，故应选 A。

答案：A

85. **解析**：A 图是固定端，B 图是链杆支座，D 图是定向支座；只有 C 图是固定铰支座。

答案：C

附录1 全国一级注册建筑师资格考试大纲

一、设计前期与场地设计（知识题）

1.1 场地选择

能根据项目建议书，了解规划及市政部门的要求。收集和分析必需的设计基础资料，从技术、经济、社会、文化、环境保护等各方面对场地开发做出比较和评价。

1.2 建筑策划

能根据项目建议书及设计基础资料，提出项目构成及总体构想，包括：项目构成、空间关系、使用方式、环境保护、结构选型、设备系统、建筑规模、经济分析、工程投资、建设周期等，为进一步发展设计提供依据。

1.3 场地设计

理解场地的地形、地貌、气象、地质、交通情况、周围建筑及空间特征，解决好建筑物布置、道路交通、停车场、广场、竖向设计、管线及绿化布置，并符合法规规范。

二、建筑设计（知识题）

2.1 系统掌握建筑设计的各项基础理论、公共和居住建筑设计原理；掌握建筑类别等级的划分及各阶段的设计深度要求；掌握技术经济综合评价标准；理解建筑与室内外环境、建筑与技术、建筑与人的行为方式的关系。

2.2 了解中外建筑历史的发展规律与发展趋势；了解中外各个历史时期的古代建筑与园林的主要特征和技术成就；了解现代建筑的发展过程、理论、主要代表人物及其作品；了解历史文化遗产保护的基本原则。

2.3 了解城市规划、城市设计、居住区规划、环境景观及可持续发展建筑设计的基础理论和设计知识。

2.4 掌握各类建筑设计的标准、规范和法规。

三、建筑结构

3.1 对结构力学有基本了解，对常见荷载、常见建筑结构形式的受力特点有清晰概念，能定性识别杆系结构在不同荷载下的内力图、变形形式及简单计算。

3.2 了解混凝土结构、钢结构、砌体结构、木结构等结构的力学性能、使用范围、主要构造及结构概念设计。

3.3 了解多层、高层及大跨度建筑结构选型的基本知识、结构概念设计；了解抗震设计的基本知识，以及各类结构形式在不同抗震烈度下的使用范围；了解天然地基和人工地基的类型及选择的基本原则；了解一般建筑物、构筑物的构件设计与计算。

四、建筑物理与建筑设备

4.1 了解建筑热工的基本原理和建筑围护结构的节能设计原则；掌握建筑围护结构的保温、隔热、防潮的设计，以及日照、遮阳、自然通风方面的设计。

4.2 了解建筑采光和照明的基本原理，掌握采光设计标准与计算；了解室内外环境照明对光和色的控制；了解采光和照明节能的一般原则和措施。

4.3 了解建筑声学的基本原理；了解城市环境噪声与建筑室内噪声允许标准；了解建筑隔声设计与吸声材料和构造的选用原则；了解建筑设备噪声与振动控制的一般原则；了解室内音质评价的主要指

标及音质设计的基本原则。

4.4　了解冷水储存、加压及分配，热水加热方式及供应系统；了解建筑给排水系统水污染的防治及抗震措施；了解消防给水与自动灭火系统、污水系统及透气系统、雨水系统和建筑节水的基本知识以及设计的主要规定和要求。

4.5　了解采暖的热源、热媒及系统，空调冷热源及水系统；了解机房（锅炉房、制冷机房、空调机房）及主要设备的空间要求；了解通风系统、空调系统及其控制；了解建筑设计与暖通、空调系统运行节能的关系及高层建筑防火排烟；了解燃气种类及安全措施。

4.6　了解电力供配电方式，室内外电气配线，电气系统的安全防护，供配电设备，电气照明设计及节能，以及建筑防雷的基本知识；了解通信、广播、扩声、呼叫、有线电视、安全防范系统、火灾自动报警系统，以及建筑设备自控、计算机网络与综合布线方面的基本知识。

五、建筑材料与构造

5.1　了解建筑材料的基本分类；了解常用材料（含新型建材）的物理化学性能、材料规格、使用范围及其检验、检测方法；了解绿色建材的性能及评价标准。

5.2　掌握一般建筑构造的原理与方法，能正确选用材料，合理解决其构造与连接；了解建筑新技术、新材料的构造节点及其对工艺技术精度的要求。

六、建筑经济、施工与设计业务管理

6.1　了解基本建设费用的组成；了解工程项目概、预算内容及编制方法；了解一般建筑工程的技术经济指标和土建工程分部分项单价；了解建筑材料的价格信息，能估算一般建筑工程的单方造价；了解一般建设项目的主要经济指标及经济评价方法；熟悉建筑面积的计算规则。

6.2　了解砌体工程、混凝土结构工程、防水工程、建筑装饰装修工程、建筑地面工程的施工质量验收规范基本知识。

6.3　了解与工程勘察设计有关的法律、行政法规和部门规章的基本精神；熟悉注册建筑师考试、注册、执业、继续教育及注册建筑师权利与义务等方面的规定；了解设计业务招标投标、承包发包及签订设计合同等市场行为方面的规定；熟悉设计文件编制的原则、依据、程序、质量和深度要求；熟悉修改设计文件等方面的规定；熟悉执行工程建设标准，特别是强制性标准管理方面的规定；了解城市规划管理、房地产开发程序和建设工程监理的有关规定；了解对工程建设中各种违法、违纪行为的处罚规定。

七、建筑方案设计（作图题）

检验应试者的建筑方案设计构思能力和实践能力，对试题能做出符合要求的答案，包括：总平面布置、平面功能组合、合理的空间构成等，并符合法规范。

八、建筑技术设计（作图题）

检验应试者在建筑技术方面的实践能力，对试题能做出符合要求的答案，包括：建筑剖面、结构选型与布置、机电设备及管道系统、建筑配件与构造等，并符合法规范。

九、场地设计（作图题）

检验应试者场地设计的综合设计与实践能力，包括：场地分析、竖向设计、管道综合、停车场、道路、广场、绿化布置等，并符合法规范。

2020 年度全国一级注册建筑师资格考试题型、题量及考试时间

序号	科　目	题型	题量	考试时间（小时）
1	设计前期与场地设计	单项选择题	90	2.0
2	建筑设计	单项选择题	120	3.5

序号	科　目	题型	题量	考试时间 （小时）
3	建筑结构	单项选择题	85	4.0
4	建筑物理与建筑设备	单项选择题	85	2.5
5	建筑材料与构造	单项选择题	90	2.5
6	建筑经济 施工与设计业务管理	单项选择题	85	2.0
7	建筑方案设计	作图题	1	6.0
8	建筑技术设计	作图题	4	6.0
9	场地设计	作图题	4	3.5

附录2 现行常用建筑法规、规范、规程、标准一览表

现行常用建筑法规、规范、规程、标准一览表（截至 2020 年年底）

序号	编 号	名 称	被代替编号
		法律、法规	
1		中华人民共和国建筑法(2011 年 7 月 1 日起施行)	
2		中华人民共和国城乡规划法(2008 年 1 月 1 日起施行)	
3		中华人民共和国安全生产法(2014 年 12 月 1 日起施行)	
4		中华人民共和国环境保护法(2015 年 1 月 1 日起施行)	
5		中华人民共和国注册建筑师条例(1995 年 9 月 23 日施行)	
6		中华人民共和国注册建筑师条例实施细则(2008 年 3 月 15 日起施行)	
7		中华人民共和国招标投标法(2000 年 1 月 1 日起施行)	
8		中华人民共和国建筑法(2011 年修正版,2011 年 7 月 1 日起实施)	
9		中华人民共和国城市房地产管理法(2007 年 8 月 30 日第一次修正,2009 年 8 月 27 日第二次修正)	
10		建设工程勘察设计管理条例(2015 年 6 月 12 日公布,自公布之日起施行)	
11		建设工程质量管理条例(2000 年 1 月 30 日起施行)	
12		建筑工程设计文件编制深度规定(2017 年 1 月 1 日起施行)	2008 年版
13	HJ 169—2018	建设项目环境风险评价技术导则(2019 年 3 月 1 日实施)	
		总图、规划、道路	
1	GB 50137—2011	城市用地分类与规划建设用地标准	GBJ 137—90
2	GB 50925—2013	城市对外交通规划规范	

序号	编 号	名 称	被代替编号
3	GB/T 51328—2018	城市综合交通体系规划标准	城市道路交通规划设计规范 GB 50220—95 废止 城市道路绿化规划与设计 规范 CJJ 75—97 第 3.1、 3.2 节废止
4	CJJ 37—2012	城市道路工程设计规范(2016 年版)	局部修订
5	GB 51286—2018	城市道路工程技术规范	
6	GB/T 51149—2016	城市停车规划规范	
7	GB/T 51163—2016	城市绿线划定技术规范	
8	CJJ 75—97	城市道路绿化规划与设计规范	
9	GB/T 51346—2019	城市绿地规划标准	
10	GB/T 51329—2018	城市环境规划标准	
11	GB/T 50357—2018	历史文化名城保护规划标准	GB 50357—2005
12	GB 50180—2018	城市居住区规划设计标准	GB 50180—93(2016 年版)
13	GB 50437—2007	城镇老年人设施规划规范(2018 年版)	局部修订
14	CJJ 83—2016	城乡建设用地竖向规划规范	CJJ 83—99
15	GB 50289—2016	城市工程管线综合规划规范	GB 50289—98
16	GB/T 51345—2018	海绵城市建设评价标准	
17	GB/T 51327—2018	城市综合防灾规划标准	
18	GB/T 50805—2012	城市防洪工程设计规范	CJJ 50—92
19	GB 50318—2017	城市排水工程规划规范	GB 50318—2000
20	GB 50201—2014	防洪标准	GB 50201—94
21	GB 50413—2007	城市抗震防灾规划标准	
22	GB 51080—2015	城市消防规划规范	
23	GB/T 50103—2010	总图制图标准	GB/T 50103—2001
24	CJJ/T 97—2003	城市规划制图标准	
25	GB 50026—2007	工程测量规范	
26	CJJ 57—2012	城乡规划工程地质勘察规范	CJJ 57—94
建 筑			
1	GB/T 50353—2013	建筑工程建筑面积计算规范	GB/T 50353—2005
2	GB/T 50104—2010	建筑制图标准	GB/T 50104—2001
3	GB/T 50001—2010	房屋建筑制图统一标准	GB/T 50001—2001
4	GB/T 50002—2013	建筑模数协调标准	GBJ 2—86、 GB/T 50100—2001
5	GB/T 50504—2009	民用建筑设计术语标准	
6	GB 50352—2019	民用建筑设计统一标准	GB 50352—2005
7	GB 50763—2012	无障碍设计规范	JGJ 50—2001
8	GB/T 50378—2019	绿色建筑评价标准	GB/T 50378—2014

序号	编　号	名　　称	被代替编号
9	GB/T 51129—2017	装配式建筑评价标准	
10	GB 50096—2011	住宅设计规范	GB 50096—99
11	GB 50368—2005	住宅建筑规范	
12	GB/T 50362—2005	住宅性能评定技术标准	
13	JGJ 450—2018	老年人照料设施建筑设计标准	老年人居住建筑设计规范 GB 50340—2016 养老设施建筑设计规范 GB 50867—2013
14	JGJ/T 398—2017	装配式住宅建筑设计标准	
15	**JGJ 39—2016**	**托儿所、幼儿园建筑设计规范(2019 年版)**	**局部修订**
16	GB 50099—2011	中小学校设计规范	GBJ 99—86
17	**JGJ/T 67—2019**	**办公建筑设计标准**	**JGJ 67—2006**
18	**JGJ 91—2019**	**科研建筑设计标准**	**JGJ 91—93**
19	**JGJ 76—2019**	**特殊教育学校建筑设计标准**	**JGJ 76—2003**
20	JGJ 36—2016	宿舍建筑设计规范	JGJ 36—2005
21	JGJ 62—2014	旅馆建筑设计规范	
22	JGJ 58—2008	电影院建筑设计规范	JGJ 58—1988
23	JGJ 57—2016	剧场建筑设计规范	JGJ 57—2000
24	JGJ 218—2010	展览建筑设计规范	
25	JGJ/T 41—2014	文化馆建筑设计规范	JGJ/T 41—87(试行)
26	JGJ 25—2010	档案馆建筑设计规范	JGJ 25—2000
27	JGJ 38—2015	图书馆建筑设计规范	JGJ 38—99
28	JGJ 66—2015	博物馆建筑设计规范	JGJ 66—91
29	JGJ 48—2014	商店建筑设计规范	JGJ 48—88
30	JGJ 64—2017	饮食建筑设计标准	JGJ 64—89
31	JGJ 31—2003	体育建筑设计规范	
32	GB 50226—2007	铁路旅客车站建筑设计规范(2011 年版)	局部修订
33	GB 50091—2006	铁路车站及枢纽设计规范	
34	JGJ/T 60—2012	交通客运站建筑设计规范	JGJ 60—99/JGJ 86—92
35	CJJ 14—2005	城市公共厕所设计标准	
36	GB 51039—2014	综合医院建筑设计规范	JGJ 49—88
37	GB 50849—2014	传染病医院建筑设计规范	
38	GB 50333—2013	医院洁净手术部建筑技术规范	GB 50333—2002
39	JGJ/T 40—2019	疗养院建筑设计标准	JGJ 40—87
40	GB 50038—2005	人民防空地下室设计规范	GB 50038—94
41	JGJ 100—2015	车库建筑设计规范	汽车库建筑设计规范 JGJ 100—98
42	**GB 50041—2020**	**锅炉房设计标准**	**GB 50041—2008**

序号	编 号	名 称	被代替编号
43	JGJ/T 229—2010	民用建筑绿色设计规范	
44	GB/T 50668—2011	节能建筑评价标准	
45	GB 50037—2013	建筑地面设计规范	GB 50037—96
46	GB/T 50947—2014	建筑日照计算参数标准	
47	GB 50033—2013	建筑采光设计标准	GB 50033—2001
48	GB 50118—2010	民用建筑隔声设计规范	GBJ 118—88
49	GB 50121—2005	建筑隔声评价标准	
50	GB/T 50356—2005	剧场、电影院和多用途厅堂建筑声学设计规范	
51	JGJ/T 131—2012	体育场馆声学设计及测量规程	JGJ/T 131—2000
结 构			
1	GB/T 50105—2010	建筑结构制图标准	GB/T 50105—2001
2	GB 50068—2018	建筑结构可靠性设计统一标准	GB 50068—2001
3	GB/T 50083—2014	工程结构设计基本术语标准	GB/T 50083—97
4	GB 50223—2008	建筑工程抗震设防分类标准	GB 50223—2004
5	GB 50153—2008	工程结构可靠性设计统一标准	GB 50153—92
6	JGJ/T 97—2011	工程抗震术语标准	JGJ/T 97—95
7	GB 50011—2010	建筑抗震设计规范(2016年版)	局部修订
8	GB 50009—2012	建筑结构荷载规范	GB 50009—2001(2006年版)
9	GB 50003—2011	砌体结构设计规范	GB 50003—2001
10	GB 50010—2010	混凝土结构设计规范(2015年版)	局部修订
11	JGJ 369—2016	预应力混凝土结构设计规范	
12	JGJ 3—2010	高层建筑混凝土结构技术规程	JGJ 3—2002
13	GB 50005—2017	木结构设计标准	GB 50005—2003(2005年版)
14	GB/T 51226—2017	多高层木结构建筑技术标准	
15	GB 50017—2017	钢结构设计标准	GB 50017—2003
16	GB 50007—2011	建筑地基基础设计规范	GB 50007—2002
17	JGJ 79—2012	建筑地基处理技术规范	JGJ 79—2002
18	GB 50021—2001	岩土工程勘察规范(2009年版)	局部修订
19	JGJ 209—2010	轻型钢结构住宅技术规程	
20	JGJ 116—2009	建筑抗震加固技术规程	
21	JGJ 7—2010	空间网格结构技术规程	JGJ 7—91 和 JGJ 61—2003
22	GB 50422—2017	预应力混凝土路面工程技术规范	GB 50422—2007
23	GB/T 51336—2018	地下结构抗震设计标准	
24	JGJ 339—2015	非结构构件抗震设计规范	
给水排水			
1	GB/T 50106—2010	建筑给水排水制图标准	GB/T 50106—2001

序号	编　号	名　称	被代替编号
2	GB/T 50125—2010	给水排水工程基本术语标准	
3	**GB 50015—2019**	**建筑给水排水设计标准**	**GB 50015—2003**
4	GB 50013—2006	室外给水设计规范	GBJ 13—86
5	GB 50014—2006	室外排水设计规范（2016 年版）	局部修订
6	GB 50336—2018	建筑中水设计标准	GB 50336—2002
7	CJJ 140—2010	二次供水工程技术规程	
8	GB 50555—2010	民用建筑节水设计标准	
9	GB 50364—2018	民用建筑太阳能热水系统应用技术标准	
暖通、空调、燃气			
1	GB/T 50114—2010	暖通空调制图标准	GB/T 50114—2001
2	GB 50736—2012	民用建筑供暖通风与空气调节设计规范	GB 50019—2003
3	JGJ 26—2018	严寒和寒冷地区居住建筑节能设计标准	JGJ 26—2010
4	JGJ 75—2012	夏热冬暖地区居住建筑节能设计标准	JGJ 75—2003
5	JGJ 134—2010	夏热冬冷地区居住建筑节能设计标准	JGJ 134—2001
6	**JGJ 475—2019**	**温和地区居住建筑节能设计标准**	
7	GB 50176—2016	民用建筑热工设计规范	GB 50176—93
8	GB 50189—2015	公共建筑节能设计标准	
9	GB 51245—2017	工业建筑节能设计统一标准	
10	JGJ/T 177—2009	公共建筑节能检测标准	
11	JGJ/T 132—2009	居住建筑节能检测标准	JGJ/T 132—2001
12	JGJ 176—2009	公共建筑节能改造技术规范	
13	JGJ/T 129—2012	既有居住建筑节能改造技术规程	JGJ 129—2000
14	CJJ/T 185—2012	城镇供热系统节能技术规范	
15	GB/T 50785—2012	民用建筑室内热湿环境评价标准	
16	GB 50028—2006	城镇燃气设计规范	GB 50028—93
17	GB 50364—2005	民用建筑太阳能热水系统应用技术规范	
18	JGJ 142—2012	辐射供暖供冷技术规程	JGJ 142—2004
电　气			
1	GB/T 50786—2012	建筑电气制图标准	
2	**GB 51348—2019**	**民用建筑电气设计标准**	**JGJ 16—2008**
3	JGJ 242—2011	住宅建筑电气设计规范	
4	JGJ 310—2013	教育建筑电气设计规范	
5	JGJ 392—2016	商店建筑电气设计规范	
6	GB 50314—2015	智能建筑设计标准	GB/T 50314—2006
7	GB 50311—2016	综合布线系统工程设计规范	GB 50311—2007
8	GB 50057—2010	建筑物防雷设计规范	GB 50057—94

序号	编　号	名　称	被代替编号
9	GB 50052—2009	供配电系统设计规范	GB 50052—95
10	GB 50034—2013	建筑照明设计标准	GB 50034—2004
11	JGJ/T 119—2008	建筑照明术语标准	JGJ/T 119—98
12	**GB/T 51368—2019**	**建筑光伏系统应用技术标准**	**民用建筑太阳能光伏系统应用技术规范 JGJ 203—2010**
消　防			
1	GB 50016—2014	建筑设计防火规范（2018年版）	局部修订
2	GB 50067—2014	汽车库、修车库、停车场设计防火规范	GB 50067—97
3	GB 50222—2017	建筑内部装修设计防火规范	GB 50222—95（2001年版）
4	GB 50098—2009	人民防空工程设计防火规范	GB 50098—98
5	GB 50974—2014	消防给水及消火栓系统技术规范	
6	GB 51309—2018	消防应急照明和疏散指示系统技术标准	
7	GB 50116—2013	火灾自动报警系统设计规范	GB 50116—98
8	GB 50084—2017	自动喷水灭火系统设计规范	GB 50084—2001（2005年版）
9	GB 51249—2017	建筑钢结构防火技术规范	
10	GB 51251—2017	建筑防烟排烟系统技术标准	
施　工			
1	GB/T 50841—2013	建设工程分类标准	
2	GB/T 50375—2016	建筑工程施工质量评价标准	GB/T 50375—2006
3	GB/T 50502—2009	建筑施工组织设计规范	
4	GB 50345—2012	屋面工程技术规范	GB 50345—2004
5	GB 50207—2012	屋面工程质量验收规范	GB 50207—2002
6	GB 50693—2011	坡屋面工程技术规范	
7	JGJ 155—2013	种植屋面工程技术规程	JGJ 155—2007
8	JGJ 230—2010	倒置式屋面工程技术规程	
9	JGJ 255—2012	采光顶与金属屋面技术规程	
10	GB 50204—2015	混凝土结构工程施工质量验收规范	GB 50204—2002（2011年版）
11	**GB 50205—2020**	**钢结构工程施工质量验收标准**	**GB 50205—2001**
12	**JGJ/T 17—2020**	**蒸压加气混凝土制品应用技术标准**	**JGJ/T 17—2008**
13	JGJ/T 14—2011	混凝土小型空心砌块建筑技术规程	JGJ/T 14—2004
14	JGJ 126—2015	外墙饰面砖工程施工及验收规程	
15	JGJ/T 220—2010	抹灰砂浆技术规程	
16	JGJ/T 235—2011	建筑外墙防水工程技术规程	
17	**JGJ 144—2019**	**外墙外保温工程技术标准**	**JGJ 144—2004**
18	JG/T 372—2012	建筑变形缝装置	
19	**GB 50463—2019**	**工程隔振设计标准**	**GB 50463—2008**
20	GB 51004—2015	建筑地基基础工程施工规范	

序号	编号	名称	被代替编号
21	GB 50202—2018	建筑地基基础工程施工质量验收标准	GB 50202—2016
22	GB 50108—2008	地下工程防水技术规范	GB 50108—2001
23	GB 50209—2010	建筑地面工程施工质量验收规范	GB 50209—2002
24	GB 50330—2013	建筑边坡工程技术规范	GB 50330—2002
25	JGJ 120—2012	建筑基坑支护技术规程	JGJ 120—99
26	JGJ/T 104—2011	建筑工程冬期施工规程	JGJ/T 104—97
27	GB 50156—2012	汽车加油加气站设计与施工规范	GB 50156—2002
材　料			
1	GB 6566—2010	建筑材料放射性核素限量	GB 6566—2001
2	GB 18580—2001	室内装饰装修材料　人造板及其制品中甲醛释放限量	
3	**GB/T 7106—2019**	**建筑外门窗气密、水密、抗风压性能检测方法**	**GB/T 7106—2008**
4	GB/T 8484—2008	建筑外门窗保温性能分级及检测方法	GB/T 8484—2002、GB/T 16729—1997
5	GB/T 8485—2008	建筑门窗空气声隔声性能分级及检测方法	GB/T 8485—2002、GB/T 16730—1997
6	JGJ 214—2010	铝合金门窗工程技术规范	
7	JGJ 103—2008	塑料门窗工程技术规程	JGJ 103—96
8	GB 12955—2008	防火门	GB 12955—1991、GB 14101—1993
9	GB 16809—2008	防火窗	GB 16809—1997
10	JGJ 113—2015	建筑玻璃应用技术规程	JGJ 113—2009
11	JGJ/T 29—2015	建筑涂饰工程施工及验收规程	JGJ/T 29—2003
12	JG 138—2010	建筑玻璃点支承装置	JG 138—2001
13	GB/T 17748—2016	建筑幕墙用铝塑复合板	GB/T 17748—2008
14	GB 16776—2005	建筑用硅酮结构密封胶	GB 16776—1997
15	JGJ/T 191—2009	建筑材料术语标准	
16	JG/T 115—2018	建筑用钢门窗型材	彩色涂层钢板门窗型材 JG/T 115—1999 不锈钢建筑型材 JG/T 73—1999
装　修			
1	JGJ 367—2015	住宅室内装饰装修设计规范	
2	JGJ 345—2014	公共建筑吊顶工程技术规程	
3	JGJ 133—2001	金属与石材幕墙工程技术规范	
4	JGJ 102—2003	玻璃幕墙工程技术规范	JGJ 102—96
5	JGJ 298—2013	住宅室内防水工程技术规范	
6	JGJ/T 157—2014	建筑轻质条板隔墙技术规程	JGJ/T 157—2008

序号	编　号	名　　称	被代替编号
7	JGJ/T 175—2009	自流平地面工程技术规程	
8	JGJ 237—2011	建筑遮阳工程技术规范	
9	GB 50327—2001	住宅装饰装修工程施工规范	
10	GB 50210—2018	建筑装饰装修工程质量验收标准	GB 50210—2001
11	JGJ/T 29—2015	建筑涂饰工程施工及验收规程	JGJ/T 29—2003
12	**GB 50325—2020**	**民用建筑工程室内环境污染控制标准**	**GB 50325—2010**
园　林			
1	GB 50289—1999	风景名胜区规划规范	
2	GB 50420—2007	城市绿地设计规范(2016 年版)	局部修订
3	CJJ/T 294—2019	居住绿地设计标准	
4	GB 51192—2016	公园设计规范	CJJ 48—92
5	CJJ 267—2017	动物园设计规范	
6	CJJ/T 85—2017	城市绿地分类标准	CJJ/T 85—2002
其　他			
1	GB/T 50319—2013	建设工程监理规范	GB/T 50319—2000
2	GB 50500—2013	建设工程工程量清单计价规范	GB 50500—2008
3	GB/T 51095—2015	建设工程造价咨询规范	
4	CJJ/T 47—2016	生活垃圾转运站技术规范	CJJ 47—2006

注：全国注册建筑师管理委员会 2004 年 4 月 21 日通知：每年考试所使用的规范、标准，以本考试年度上一年 12 月 31 日以前正式实施的规范、标准为准。